全国中等职业学校
全 国 技 工 院 校 培养复合型技能人才系列教材

焊工知识与技能（初级）

（第二版）

人力资源社会保障部教材办公室组织编写

中国劳动社会保障出版社

简介

本书的主要内容包括焊接技术概述，焊接接头与焊缝符号，焊条电弧焊，焊接应力与变形、焊接缺欠与检验，气焊、气割与钎焊，CO_2焊与 MAG 焊，手工钨极氩弧焊，碳弧气刨，埋弧焊，等离子弧焊与等离子弧切割，电阻焊，焊接机器人操作与编程。

本书由米光明任主编，李冰任副主编，初向欣、夏洪雷、吴清萍、王长松、王宁、王亚琼、赵楠楠、郭庆玲、赵阳、魏星参加编写；王长忠任主审。

图书在版编目（CIP）数据

焊工知识与技能：初级 / 人力资源社会保障部教材办公室组织编写 . -- 2 版 . -- 北京：中国劳动社会保障出版社，2021

全国中等职业学校 / 全国技工院校培养复合型技能人才系列教材

ISBN 978-7-5167-4852-7

Ⅰ.①焊…　Ⅱ.①人…　Ⅲ.①焊接－中等专业学校－教材　Ⅳ.①TG4

中国版本图书馆 CIP 数据核字（2021）第 038472 号

中国劳动社会保障出版社出版发行

（北京市惠新东街 1 号　邮政编码：100029）

*

北京市艺辉印刷有限公司印刷装订　新华书店经销

787 毫米 ×1092 毫米　16 开本　25.5 印张　513 千字

2021 年 4 月第 2 版　2025 年 6 月第 3 次印刷

定价：59.00 元

营销中心电话：400-606-6496

出版社网址：http://www.class.com.cn

http://jg.class.com.cn

前　言

为了更好地适应全国技工院校机械类专业的教学要求，全面提升教学质量，人力资源社会保障部教材办公室组织有关学校的一线教师和行业、企业专家，在充分调研企业生产和学校教学情况、广泛听取教师对教材使用反馈意见的基础上，对全国技工院校培养复合型技能人才系列教材进行了修订和补充开发。本次修订（新编）的教材包括：《钳工知识与技能（初级）（第二版）》《车工知识与技能（初级）》《铣工知识与技能（初级）（第二版）》《磨工知识与技能（初级）（第二版）》《焊工知识与技能（初级）（第二版）》《电工知识与技能（初级）》等。

本次教材修订（新编）工作的重点主要体现在以下几个方面：

第一，合理更新教材内容。

根据机械类专业毕业生所从事岗位的实际需要和教学实际情况的变化，合理确定学生应具备的能力与知识结构，对部分教材内容及其深度、难度做了适当调整；根据相关专业领域的最新发展，在教材中充实新知识、新技术、新设备、新材料等方面的内容，体现教材的先进性；采用最新国家技术标准，使教材更加科学和规范。

第二，紧密衔接国家职业技能标准要求。

教材编写以国家职业技能标准《钳工（2020 年版）》《车工（2018 年版）》《铣工（2018 年版）》《磨工（2018 年版）》《焊工（2018 年版）》《电工（2018 年版）》等为依据，涵盖国家职业技能标准（初级）的知识和技能要求。

第三，精心设计教材形式。

在教材内容的呈现形式上，尽可能使用图片、实物照片和表格等形式将知识点生动地展示出来，力求让学生更直观地理解和掌握所学内容。在教材插图的制作中采用了立体造型技术，同时部分教材在印刷工艺上采用了四色印刷，增强了教材的表现力。

第四，进一步做好教学服务工作。

本套教材配有习题册和方便教师上课使用的电子课件，可以通过中国技工教育网（http://jg.class.com.cn）下载电子课件等教学资源。另外，在部分教材中使用了二维码技术，针对教材中的教学重点和难点制作了动画、视频、微课等多媒体资源，学生使用移动终端扫描二维码即可在线观看相应内容。

本次教材的修订（新编）工作得到了江苏、山东、河南等省人力资源和社会保障厅及有关学校的大力支持，在此我们表示诚挚的谢意。

人力资源社会保障部教材办公室

2020 年 11 月

目　录

第一单元　焊接技术概述 …… 1

课题一　焊接及发展 …… 2

课题二　焊接安全技术 …… 7

课题三　焊接劳动保护和安全检查 …… 10

第二单元　焊接接头与焊缝符号 …… 17

课题一　焊接接头与焊缝 …… 17

课题二　焊缝符号 …… 26

第三单元　焊条电弧焊 …… 37

基础知识 …… 37

课题一　平敷焊 …… 76

课题二　T 形接头平角焊 …… 83

课题三　板对接平焊（I 形坡口） …… 88

课题四　管对接水平转动焊 …… 92

课题五　板对接平焊（V 形坡口） …… 97

课题六　管板插入式垂直固定焊 …… 105

第四单元　焊接应力与变形、焊接缺欠与检验 …… 110

课题一　焊接应力与变形 …… 110

课题二　焊接缺欠 …… 126

课题三　焊接检验 …… 136

第五单元　气焊、气割与钎焊 …… 144

基础知识 …… 145

课题一　板 T 形接头平角焊气焊 …… 173

课题二　板对接平位气焊 …… 177

课题三　管对接水平转动气焊 …… 181

课题四　厚板气割 …… 186
课题五　铜管搭接钎焊 …… 190

第六单元　CO_2 焊与 MAG 焊 …… 194
基础知识 …… 194
课题一　平敷焊 CO_2 焊 …… 206
课题二　板 T 形接头平角焊 CO_2 焊 …… 210
课题三　板对接平焊 CO_2 焊 …… 214
课题四　管板骑座式垂直固定焊 MAG 焊 …… 219

第七单元　手工钨极氩弧焊 …… 223
基础知识 …… 223
课题一　平敷焊 …… 233
课题二　T 形接头平角焊 …… 238
课题三　板对接平焊（V 形坡口）…… 242
课题四　管对接水平转动焊 …… 246

第八单元　碳弧气刨 …… 251
基础知识 …… 251
课题　低碳钢板 U 形坡口碳弧气刨 …… 259

第九单元　埋弧焊 …… 263
基础知识 …… 263
课题一　板对接平焊（I 形坡口）…… 275
课题二　板对接平焊（V 形坡口）…… 280

第十单元　等离子弧焊与等离子弧切割 …… 287
基础知识 …… 287
课题一　板对接平焊等离子弧焊 …… 298
课题二　等离子弧切割 …… 302

第十一单元　电阻焊 …… 309
基础知识 …… 309
课题一　薄板电阻点焊 …… 323
课题二　薄板电阻缝焊 …… 326

课题三　钢筋闪光对焊 …… 330

第十二单元　焊接机器人操作与编程 …… 335

基础知识 …… 335
课题一　板对接平焊 …… 350
课题二　板对接横焊 …… 362
课题三　管对接垂直固定焊 …… 378
课题四　管板骑座式垂直固定焊 …… 390

第一单元
焊接技术概述

在金属结构和机器的制造中，经常需要将两个或两个以上的零件连接在一起，连接方式有两种：一种是机械连接，可以拆卸，如螺栓连接、键连接等；另一种是永久性连接，不能拆卸，如铆接、焊接等，如图 1–1 所示。

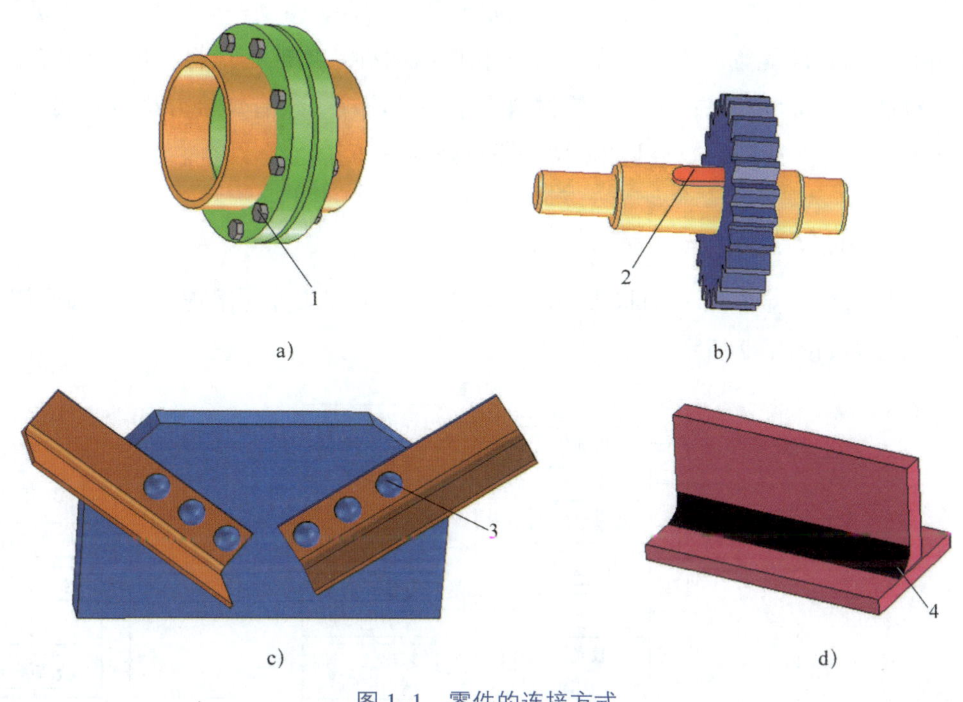

图 1–1 零件的连接方式

a）螺栓连接 b）键连接 c）铆接 d）焊接

1—螺栓 2—键 3—铆钉 4—焊缝

过去金属构件的连接主要采用铆接。今天，随着焊接技术的迅速发展及应用，焊接已经取代铆接，成为金属构件的主要连接方法之一。

焊接不仅可以连接金属材料，而且可以实现某些非金属材料之间或金属材料与非金属材料的永久性连接，如玻璃焊接、塑料焊接、陶瓷焊接、陶瓷与金属焊接等。在工业生产中，焊接主要用于金属材料的连接。

课题一　焊接及发展

学习目标

1. 了解焊接技术的发展简史及发展趋势。
2. 理解焊接的原理、分类、特点及应用。

一、焊接的原理

焊接就是通过加热或加压，或两者并用，并且用或不用填充材料，使工件达到结合的一种方法。

焊接过程的实质就是通过施加外部能量，去除阻碍原子键结合的一切表面氧化膜和吸附层杂质，促使分离材料的原子接近，形成原子键的结合，得到一个优质的焊接接头。

常用的施加外部能量的方法主要有加热和加压两种。加热是把材料加热到熔化状态，或者把材料加热到塑性状态；加压是使材料产生塑性流动。现有焊接方法尽管实现焊接的方式不同，但它们所达到的效果是相同的，即实现原子间的冶金结合。

二、焊接的分类

按照焊接过程中金属所处的状态不同，可以把焊接方法分为熔焊、钎焊和压焊三类。焊接方法的分类如图 1–2 所示。

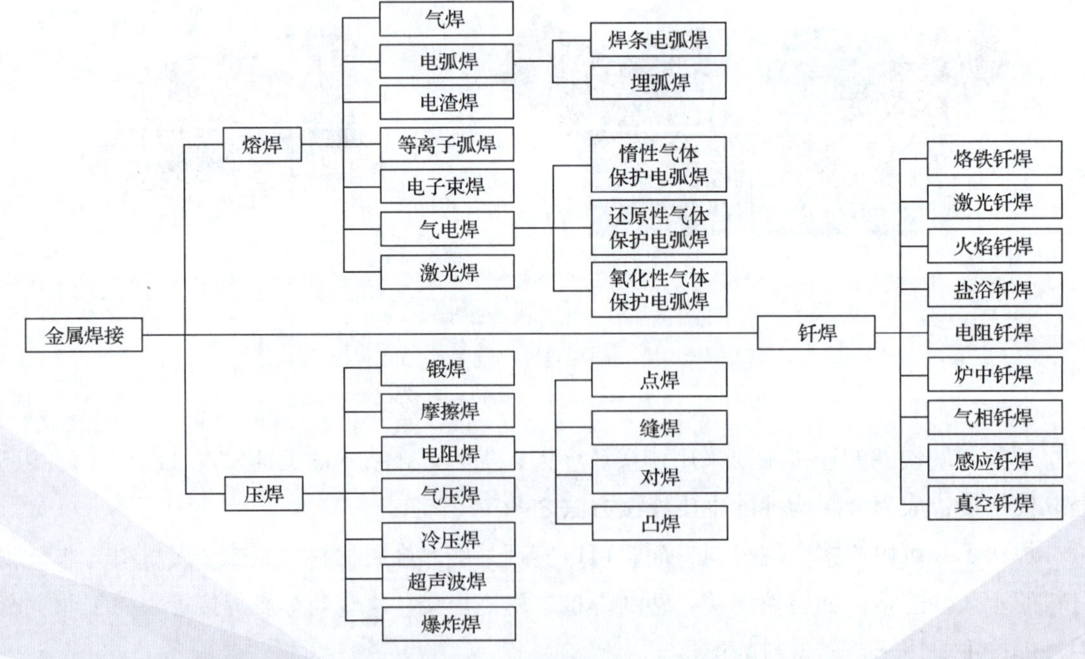

图 1–2　焊接方法的分类

1. 熔焊

熔焊是在焊接过程中，将焊件接头加热至熔化状态，不加压力完成焊接的方法。当被焊金属加热至熔化状态形成液态熔池，并同时向熔池中加入（或不加入）填充金属时，金属原子之间便相互扩散和紧密接触，直至冷却凝固，即形成牢固的焊接接头。常见的焊条电弧焊、气焊、电渣焊、埋弧焊、气体保护焊等都属于熔焊，其原理图如图 1–3 所示。

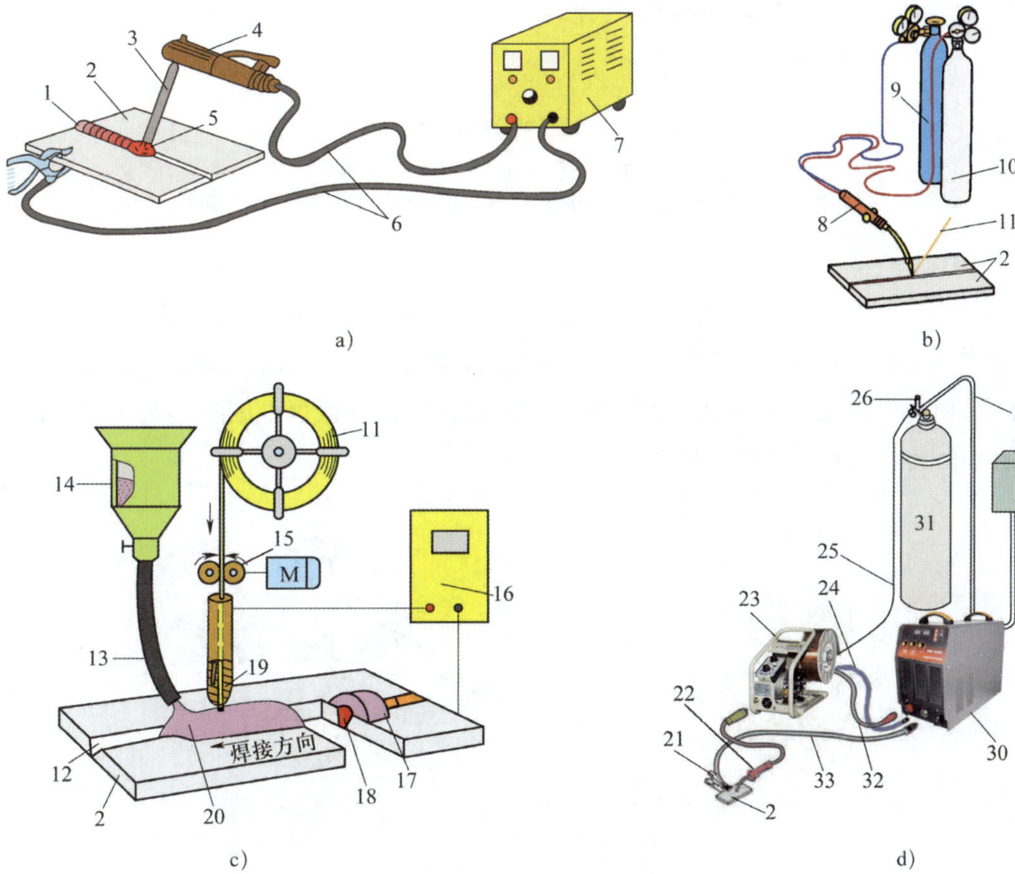

a)　　b)

c)　　d)

图 1–3　常见的熔焊原理图

a）焊条电弧焊　b）气焊　c）埋弧焊　d）二氧化碳气体保护焊

1—焊缝　2—焊件　3—焊条　4—焊钳　5—焊接电弧　6—焊接电缆　7、30—弧焊电源　8—焊炬　9—氧气　10—可燃气体　11—焊丝　12—坡口　13—软管　14—焊剂漏斗　15—送丝机构　16—电源　17—渣壳　18—熔敷金属　19—导电嘴　20—焊剂　21—地线夹　22—焊枪　23—送丝机　24—控制电缆　25—送气管　26—减压流量调节器　27—加热器电缆　28—配电盒　29—输入电缆　31—CO_2 气瓶　32—电缆　33—地线

2. 钎焊

钎焊是采用比母材熔点低的金属材料作钎料，将焊件和钎料加热到高于钎料熔点且低于母材熔点的温度，利用液态钎料润湿母材，填充接头间隙，并与母材相互扩散实现焊件连接的方法。常见的有烙铁钎焊、火焰钎焊等，其原理图如图 1–4 所示。

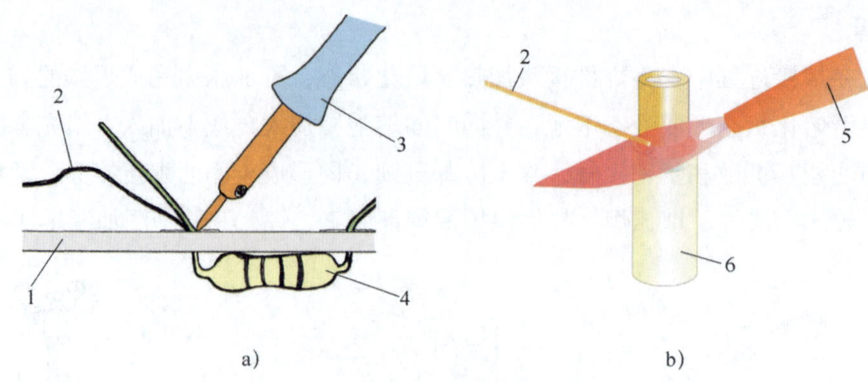

图 1–4　常见的钎焊原理图

a）烙铁钎焊　b）火焰钎焊

1—线路板　2—焊丝（钎料）　3—电烙铁　4—电子元件　5—焊炬　6—焊件

3. 压焊

压焊是在焊接过程中，必须对焊件施加压力（加热或不加热），以完成焊接的方法。在施加压力的同时，被焊金属接触处可以加热到熔化状态，如电阻点焊和电阻缝焊等，如图 1–5a、b 所示；也可以加热到塑性状态，如锻焊和搅拌摩擦焊（见图 1–5c）等；也可以不加热，如冷压焊和爆炸焊（见图 1–5d）等。

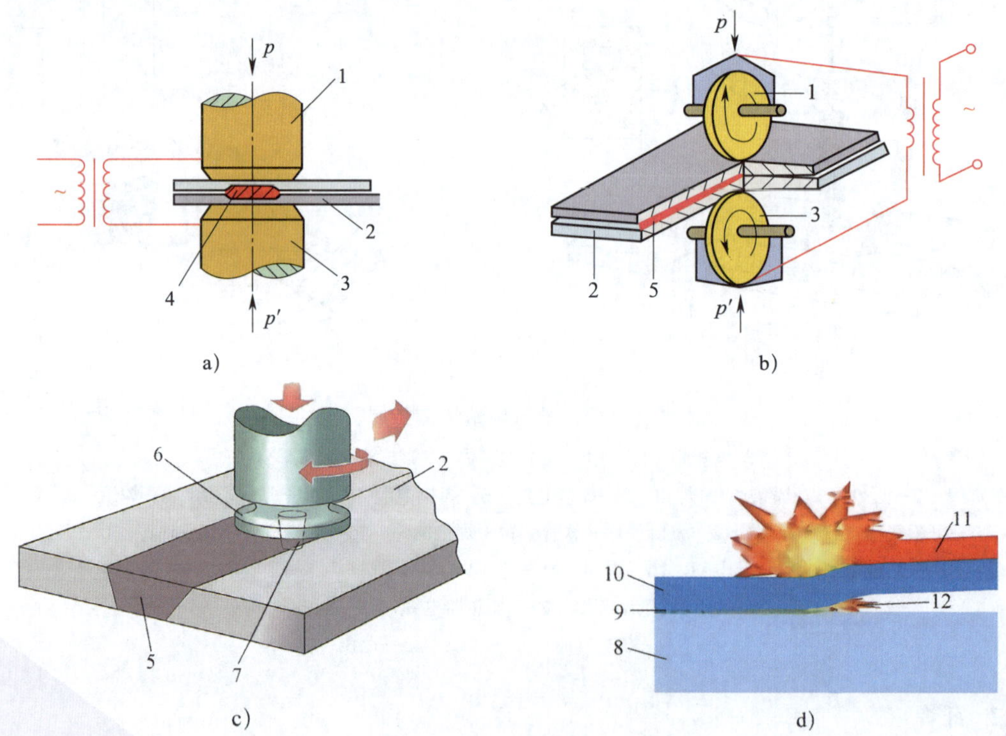

图 1–5　常见的压焊原理图

a）电阻点焊　b）电阻缝焊　c）搅拌摩擦焊　d）爆炸焊

1—上电极　2—焊件　3—下电极　4—焊点　5—焊缝　6—轴肩　7—搅拌针

8—基板　9—焊接区　10—覆板　11—炸药　12—喷射流

三、焊接的特点及应用

1. 特点

（1）与铆接相比，焊接可节约金属材料（见图 1–6），减小金属结构质量，接头密封性好，容易实现机械化和自动化。

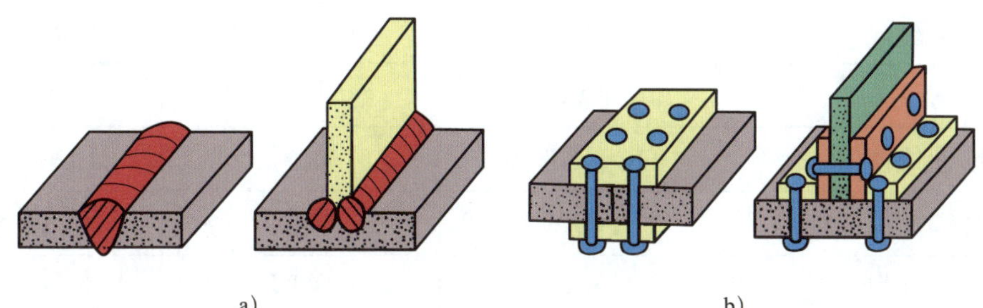

图 1–6　焊接与铆接

a）焊接结构　b）铆接结构

（2）与铸造、锻造相比，焊接生产工序简单，经济效益高。用型材等拼焊成焊接结构件来代替大型复杂的铸件，生产周期短，劳动强度低。

（3）设备简单，操作方便，产品成本低。

（4）焊接接头不仅强度高，而且其他性能（如耐热性、耐腐蚀性、密封性等）都能与焊件材料相匹配，焊接质量高。

（5）焊接会产生焊接应力与变形，焊件中存在一定数量的焊接缺欠，以及焊接过程中会产生有毒、有害的物质等。

2. 应用

焊接在现代工业生产中有着广泛的应用，目前世界各国年平均生产的焊接结构用钢已占钢产量的 50% 左右。在我国，随着国民经济的迅速发展，焊接技术的应用已遍及国防、造船、化工、石油、冶金、电力、建筑、桥梁、机车车辆、机械制造等行业。

四、焊接技术的发展

1. 焊接技术的发展简史

近代焊接技术从 1885 年出现碳弧焊开始，直到 20 世纪 40 年代才形成较完整的焊接工艺体系。特别是 20 世纪 40 年代初，优质焊条的出现带来了焊接技术发展的一次飞跃。

焊接技术的发展简史见表 1–1。

表 1–1　焊接技术的发展简史

焊接方法	英文缩写	发明国家	发明年份
电阻焊	RW	美国	1886—1900
氧乙炔焊	OAW	法国	1900

续表

焊接方法	英文缩写	发明国家	发明年份
铝热焊	TW	德国	1900
焊条电弧焊	MMA、SMAW	瑞典	1907
电渣焊	ESW	俄国、苏联	1908—1950
等离子弧焊	PAW	德国、美国	1909—1953
钨极惰性气体保护焊	TIG、GTAW	美国	1920—1941
药芯焊丝电弧焊	FCAW	美国	1926
螺柱焊	SW	美国	1930
熔化极惰性气体保护焊	MIG、GMAW	美国	1930—1948
埋弧焊	SAW	美国	1930
二氧化碳气体保护焊	MAG、GMAW	苏联	1953
电子束焊	EBW	苏联	1956
激光束焊	LBW	英国	1970
搅拌摩擦焊	FSW	英国	1991

2. 焊接技术的发展趋势

随着工业和科学技术的发展，焊接技术也在不断进步。如今，焊接已从一种传统加工工艺发展到了集材料、冶金、结构、力学、电子等多门学科于一体的工程工艺学科，从单一的加工工艺发展成为综合性的先进工艺技术。焊接技术的发展趋势主要体现在以下几个方面：

（1）在焊接材料方面，将继续扩大可焊材料的范围，如超细晶粒钢、非金属、金属与非金属组合等。

（2）在焊接结构方面，焊接既在超大型结构件（如大型船舶、高层建筑等）上，又在超微结构件（如微米级的零件）上努力取得突破。

（3）在焊接设备方面，要实现焊接设备的数字化、自动化、智能化、柔性化，提高设备的焊接效率，降低能耗，满足焊接的节能、环保要求。

（4）在工艺技术方面，以高效率、低能耗、环保为研究重点，改善、创新焊接工艺和措施。

现在世界上已有 50 余种焊接工艺方法应用于生产中。随着科学技术的不断发展，特别是近年来计算机技术的应用与推广，焊接技术特别是焊接自动化技术将进入一个崭新的阶段。

课题二　焊接安全技术

学习目标

1. 了解焊工职业道德。
2. 掌握焊工安全技术。

一、焊工职业道德

焊工职业道德是指从事焊工职业的人员在完成焊接及有关各项劳动的过程中，从思想到工作行为所必须遵守的焊接劳动道德规范和行为准则。

在焊接劳动中，焊工遵守职业道德，将有利于推动社会主义物质文明和精神文明建设；有利于焊接行业、企业的建设和发展；有利于个人的提高和发展。

焊工应遵守以下职业守则：

1. 遵守法律、法规和相关规章制度。
2. 爱岗敬业，开拓创新。
3. 勤于学习专业业务，提高能力素质。
4. 重视安全环保，坚持文明生产。
5. 崇尚劳动光荣和精益求精的敬业风气，具有弘扬工匠精神和争做时代先锋的意识。

二、焊工安全技术

在焊接操作过程中，焊工需接触各种可燃易爆气体、压力容器、燃料容器、电机、电器及使用明火等，有时还需要在高处或水下作业，或者在密闭容器、锅炉、船舱、坦克、地沟或管道等环境中操作，可能发生爆炸、火灾、触电、灼烫、高处坠落和溺水等工伤事故。焊接过程中产生的焊接烟尘、有毒气体、弧光辐射、噪声、高频电磁场和射线等有害因素（见表 1–2）会伤害焊工的眼睛、皮肤和神经系统。当长期在狭小的作业空间里操作而又通风不良时，会使呼吸系统受到伤害。这不仅危害焊工及其他有关生产人员的安全和健康，焊接过程中发生的爆炸、火灾等事故还会使国家财产遭受严重损失，影响生产的顺利进行。因此，我国把焊工定为特殊工种，为保护焊工的身体健康和生命安全，作业人员必须了解和掌握焊接安全技术知识，熟知在焊接过程中可能发生的事故和职业危害的原因，才能有效地避免和杜绝事故的发生。

表 1–2　　焊接过程中存在的各种有害因素

工艺方法	有害因素						
	弧光辐射	高频电磁场	烟尘	有毒气体	金属飞溅	射线	噪声
酸性焊条电弧焊	○		○○	○	○		
低氢型焊条电弧焊	○		○○○	○	○○		
高效铁粉焊条电弧焊	○		○○○○	○	○		
碳弧气刨	○		○○○	○			○
镀锌钢焊条电弧焊	○		○○○○	○	○		
电渣焊			○				
埋弧焊			○○	○			
实心细丝二氧化碳气体保护焊	○		○	○	○		
实心粗丝二氧化碳气体保护焊	○○		○○	○	○○		
钨极氩弧焊（铝、铁、铜、镍）	○○	○○	○	○○	○	○	
钨极氩弧焊（不锈钢）	○○	○○	○	○	○	○	
熔化极氩弧焊（不锈钢）	○○		○	○○	○		

注：○表示强烈程度，其中○为轻微，○○为中等，○○○为强烈，○○○○为最强烈。

1. 预防触电的安全技术

通过人体的电流大小取决于线路中的电压和人体的电阻。人体的电阻除人体自身的电阻外，还包括人所穿的衣服、鞋等的电阻。干燥的衣服、鞋及干燥的工作场地能使人体的电阻增大。人体的电阻为 800 ~ 50 000 Ω。通过人体的电流大小不同，对人体的伤害轻重程度也不同。当通过人体的电流超过 0.05 A 时，生命就有危险；达到 0.1 A 时，足以致命。根据欧姆定律推算可知，40 V 的电压就足以对人身安全产生危险。而焊接工作场地所用的网络电压为 380 V 或 220 V，焊机的空载电压一般都在 60 V 以上。因此，焊工在工作时必须注意防止触电。

（1）焊工要熟悉和掌握有关电的基本知识，以及预防触电和触电后的急救方法等知识，严格遵守有关部门规定的安全措施，防止触电事故的发生。

（2）遇到焊工触电时，切不可赤手去拉触电者，应先迅速切断电源。如果切断电源后触电者呼吸和心跳停止，应立即对其施行人工呼吸和胸外心脏按压，直至送到医院为止。

（3）在光线昏暗的场地或容器内操作或者夜间工作时，使用的工作照明灯的安全电压应不大于 36 V，高空作业或特别潮湿的场所，其安全电压不超过 12 V。

（4）焊工的工作服、手套、绝缘鞋应保持干燥。

（5）在潮湿的场地工作时，应用干燥的木板或橡胶板等绝缘物作垫板。

（6）焊工在拉、合电源开关或接触带电物体时，必须单手进行。因为双手操作电源开关或接触带电物体时，如发生触电事故，会通过人体心脏形成回路，使触电者迅速死亡。

2. 预防火灾和爆炸的安全技术

焊接时，由于电弧及气体火焰的温度很高，而且在焊接过程中有大量的金属火花飞溅物，如稍有疏忽大意，就会引起火灾甚至爆炸。因此，焊工在工作时，为了防止火灾及爆炸事故的发生，必须采取下列安全措施：

（1）焊接前要认真检查工作场地周围是否有易燃、易爆物品（如棉纱、涂料、汽油、煤油、木屑等），如有易燃、易爆物品，应将这些物品移至距离焊接工作场地 10 m 以外。

（2）在焊接作业时，应注意防止金属火花飞溅而引起火灾。

（3）严禁焊接或切割带压设备，带压设备一定要先解除压力（卸压），并且焊割前必须打开所有孔盖。常压而密闭的设备也不许进行焊接或切割。

（4）凡被化学物质或油脂污染的设备都应清洗后再进行焊接或切割。如果是易燃、易爆或者有毒的污染物，更应彻底清洗，经有关部门检查，并填写动火证后，才能进行焊接或切割。

（5）在进入容器内工作时，焊接或切割工具应随焊工同时进出，严禁将焊接或切割工具放在容器内而焊工擅自离去，以防混合气体燃烧和爆炸。

（6）焊条头及焊后的焊件不能随便乱扔，要妥善管理，更不能扔在易燃、易爆物品的附近，以免发生火灾。

（7）离开施焊现场时，应关闭气源、电源，并将火种熄灭。

3. 预防有害气体和烟尘中毒的安全技术

焊接时，焊工周围的空气常被一些有害气体及粉尘所污染，如氧化锰、氧化锌、臭氧、氟化物、一氧化碳和金属蒸气等。焊工长期呼吸这些烟尘和气体，对身体健康是不利的，甚至会使焊工患上尘肺病及导致其锰中毒等，因此应采取下列预防措施：

（1）焊接场地应有良好的通风，以便及时排出焊接形成的烟尘和有毒气体。可通过正确调节车间的侧窗和天窗，加强自然通风，或利用风机进行强制机械通风。

（2）合理组织劳动布局，避免多名焊工拥挤在一起操作。

（3）尽量扩大埋弧焊的使用范围，以代替焊条电弧焊。

（4）做好个人防护工作，减少烟尘等对人体的侵害，目前多采用静电防尘口罩。

（5）在容器内或狭小的场地焊接时，应充分注意通风排气工作。应采用压缩空气通风，严禁使用氧气。

4. 预防弧光辐射的安全技术

弧光辐射主要包括可见光、红外线、紫外线三种辐射。过强的可见光耀眼炫目。眼部受到红外线辐射，会感到强烈的灼伤和灼痛，发生闪光幻觉；紫外线对眼睛和皮肤有较大的刺激性，它能引起电光性眼炎。电光性眼炎的症状是眼睛疼痛、有砂粒感、多泪、畏光、怕风吹等，但电光性眼炎治愈后一般不会有任何后遗症。皮肤受到紫外线照射时，先是痒、发红、触疼，以后会变黑、脱皮。如果工作时注意防护，以上症状是不会发生的。因此，焊工应采取以下措施预防弧光辐射：

（1）焊工必须使用有焊接防护玻璃的面罩。

（2）面罩应该轻便、成形合适、耐热、不导电、不导热、不漏光。

（3）焊工工作时应穿白色帆布工作服，以防止弧光灼伤皮肤。

（4）焊工引弧时应注意周围是否有人，以免强烈的弧光伤害他人眼睛。

（5）在厂房内和人多的区域进行焊接时，应尽可能地使用弧光防护屏，避免周围的人受弧光伤害，如图 1–7 所示。

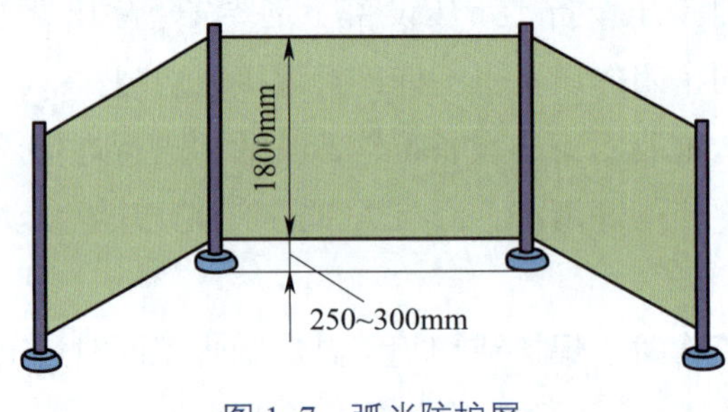

图 1–7　弧光防护屏

课题三　焊接劳动保护和安全检查

学习目标

1. 了解焊接劳动保护的知识，增强安全意识，提高焊工自我保护能力。
2. 能够对焊接与切割场地、设备及工具进行安全检查。
3. 掌握焊接劳动保护用品的正确使用方法。

一、焊接劳动保护

劳动保护是指为保障职工在生产劳动过程中的安全和健康所采取的措施。如果在焊接过程中不注意安全生产和劳动保护，就有可能引起爆炸、火灾、灼烫、触电、中毒等事故，甚至可能使焊工患上尘肺病、电光性眼炎、慢性中毒等职业病。因此，在焊接生产过程中必须重视焊接劳动保护，使其贯穿于整个焊接过程中。加强焊接劳动保护的措施很多，主要应从以下两方面来控制：

1. 改善焊工的工作条件

对于焊工工作条件中的诸多有害因素，主要从工艺、材料和环境三方面进行改善。

（1）改进焊接工艺

提高焊接机械化、自动化程度；推广采用单面焊双面成形工艺；采用水槽式等离子弧切割台或水射流切割技术；用无污染或污染较少的焊接方法（如埋弧焊和电阻焊等）代替污染较严重的焊接方法（如焊条电弧焊、二氧化碳气体保护焊、氩弧焊和等离子弧焊等），这些方法对消除或减少污染、避免或减轻职业危害都是十分有利的。

（2）优化焊接材料

焊条电弧焊产生的烟尘和有害气体都来自焊条的药皮。所以，焊条药皮是该焊接方法的污染源。因此，要改变焊条，减少发尘量和烟尘中有毒物质的含量，应从焊条药皮着手，这对减少或消除焊接污染，搞好焊接劳动保护工作是有直接意义的。例如，用低锰焊条代替高锰焊条，可减少烟尘中有毒物质的含量；采用低尘、低毒的碱性焊条代替普通焊条，可减少总发尘量和烟尘中有毒物质的含量。

（3）净化焊接环境

在焊接过程中，焊接烟尘和有害气体是危害焊工健康的主要因素。因此，切实地做好施焊现场的通风除尘工作，是焊接劳动保护极为重要的内容。焊接通风除尘是通过通风除尘系统（见图 1–8）向车间送入新鲜空气，或将作业区域内的有害烟尘排出，从而降低作业区域空气中的烟尘及有害气体浓度，使其符合国家卫生标准，达到改善作业环境、保护焊工健康的目的。

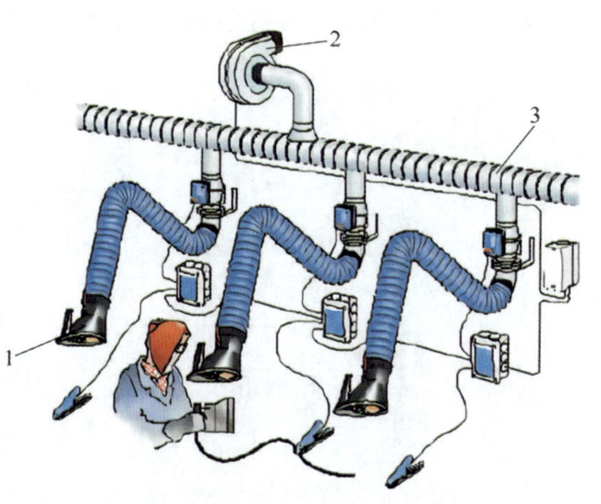

图 1–8　焊接通风除尘系统

1—排气罩　2—风机　3—风管

需要强调的是，一个完整的通风除尘系统不是简单地将车间内被污染的空气直接排至室外，而是将被污染的空气净化后排至室外，由此才能有效地防止对车间外大气环境的污染。

2. 加强焊工的个人防护

在焊接生产过程中，焊接操作人员要正确使用防护用品，这是加强焊工自我防护、加强焊接劳动保护的主要措施。

（1）劳动保护用品的种类及使用要求

在焊接操作现场，焊接操作人员必须穿戴个人防护用品，如图 1–9 所示。焊接作业时防护用品的种类较多，有工作服、工作帽、焊工防护手套、焊工防护鞋、焊接防护面罩、焊接护目镜、防尘口罩、防毒面具、耳塞、耳罩和防噪声头盔等。进行高空焊接作业时，还需戴安全帽、安全带等。

图 1–9　焊接操作现场

1）工作服。焊工工作服的种类很多，最常见的是棉质白色帆布工作服（见图 1–9）。白色对弧光有反射作用，棉帆布有隔热、耐磨、不易燃烧、可防止烧伤等作用。焊接与切割作业的工作服不能用一般合成纤维织物制作。

2）焊工防护手套。焊工防护手套一般为牛（猪）革制手套或以棉帆布和皮革合成材料制成，具有绝缘、耐辐射、抗热、耐磨、不易燃烧和防止高温金属飞溅物烫伤双手等作用，如图 1–10 所示。在可能带电的焊接场所工作时，焊工所用防护手套应经耐压 3 000 V 试验，合格后方能使用。

3）焊工防护鞋。焊工防护鞋应具有绝缘、抗热、不易燃、耐磨损和防滑的性能，焊工防护鞋的橡胶鞋底经 5 000 V 耐压试验合格（不击穿）后方能使用，如图 1–11 所示。如在易燃、易爆场合焊接时，鞋底不应有鞋钉，以免因摩擦而产生火星。在有积水的地面焊接或切割时，焊工应穿经过 6 000 V 耐压试验合格的防水橡胶鞋。

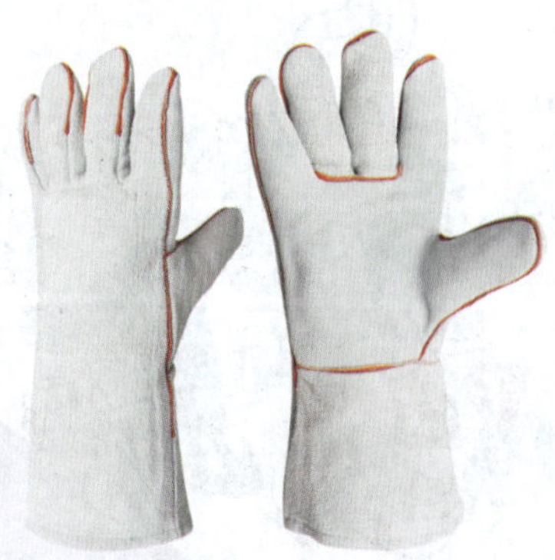
图 1–10　焊工防护手套

图 1–11　焊工防护鞋

4）焊接防护面罩。焊接防护面罩（见图 1–12）上有符合作业条件的滤光镜片，起防止焊接弧光伤害眼睛的作用。镜片颜色以墨绿色和橙色为多。面罩壳体应选用阻燃或不燃

且不刺激皮肤的绝缘材料制成，应遮住面部和耳部，结构牢靠，无漏光，起防止弧光辐射和熔融金属飞溅物烫伤面部与颈部的作用。在狭窄、密闭、通风不良的场合，还应采用输气式头盔或送风头盔，如图 1–13 所示。

图 1–12　焊接防护面罩

a)

b)

图 1–13　电动式送风头盔及其使用

5）焊接护目镜。如图 1–14 所示，气焊、气割的防护眼镜主要起滤光、防止金属飞溅物烫伤眼睛的作用。应根据气焊、气割试件的厚度和火焰的性质选择，工件越厚，火焰的性质越接近氧化焰，护目镜镜片的颜色应越深。

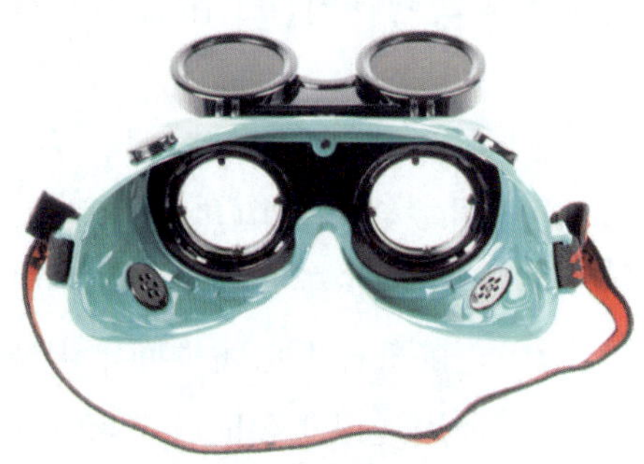

图 1–14　焊接护目镜

6）防尘口罩和防毒面具。在焊接、切割作业时，若通过整体或局部通风仍不能使烟尘浓度降低到允许浓度标准以下，必须选用合适的防尘口罩或防毒面具，如图 1–15 所示，过滤或隔离烟尘和有毒气体。

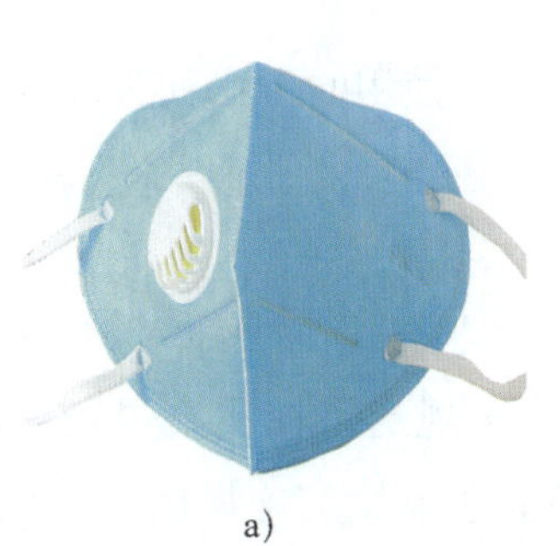

a)

b)

图 1–15　防尘口罩和防毒面具

a）防尘口罩　b）防毒面具

7）耳塞、耳罩和防噪声头盔。国家标准规定工业噪声一般应不超过 85 dB，最高不能超过 90 dB。为消除和降低噪声，应采取隔音、消声、减振等一系列噪声控制技术。若仍不能将噪声降低到允许标准以下，则应采用耳塞、耳罩和防噪声头盔等个人噪声防护用品，如图 1-16 所示。

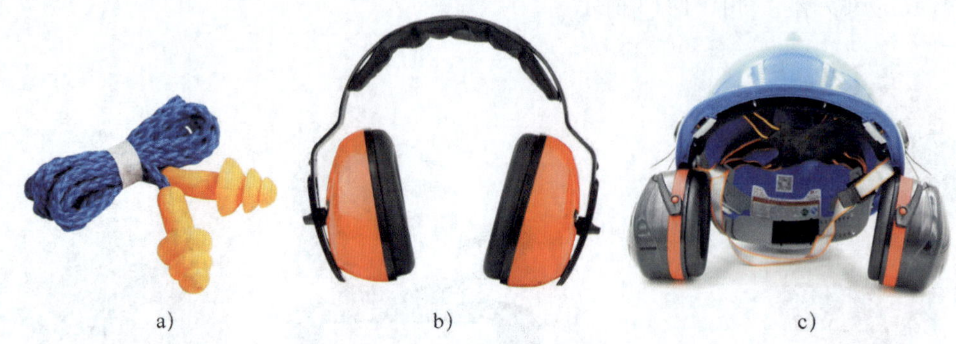

a)　　b)　　c)

图 1-16　耳塞、耳罩和防噪声头盔

a）耳塞　b）耳罩　c）防噪声头盔

（2）劳动保护用品的正确使用

1）正确穿戴工作服。穿工作服时要把衣领和袖口扣好，上衣不应扎在工作裤里边，裤腿不应塞到鞋内，工作服不应有破损、孔洞和缝隙，不允许沾有油脂或穿潮湿的工作服。

2）在仰位焊接、切割时，为了防止火星、熔渣从高处溅落到头部和肩上，焊工应在颈部围毛巾，头上戴隔热帽，穿戴用防燃材料制成的护肩、长套袖、围裙和鞋盖。

3）焊工防护手套和焊工防护鞋不应潮湿及破损。

4）正确选择焊接防护面罩上滤光镜片的遮光号以及气焊、气割护目镜的镜片。

5）采用送风头盔时，应经常使头盔内保持适当的正压。若在寒冷季节，应将空气适当加温后再供人使用。

6）戴各种耳塞时，要将塞帽部分轻轻推入外耳道内，使它与耳道贴合，不要用力太猛和塞得太紧。

7）使用耳罩时，应先检查外壳有无裂纹和漏气，使用时务必使耳罩软垫圈与周围皮肤贴合。

二、焊接安全检查

国家标准《焊接与切割安全》（GB 9448—1999）规定了在实施焊接、切割操作过程中避免人身伤害及财产损失所必须遵守的基本原则，为安全实施焊接、切割操作提供了依据。2015 年 5 月 29 日，国家安全生产监督管理总局令第 80 号第二次修正的《特种作业人员安全技术培训考核管理规定》中规定，特种作业人员必须经专门的安全技术培训并考核合格，取得《中华人民共和国特种作业操作证》（以下简称特种作业操作证）后，方可上岗作业。所以焊工在操作时，除加强个人防护外，还必须严格执行焊接安全规程，掌握安全用电、防火、防爆常识，最大限度地避免安全事故。

1. 焊接与切割场地、设备安全检查

（1）检查焊接与切割作业点的设备、工具、材料是否排列整齐，不得乱堆乱放。

（2）检查焊接与切割场地是否具备必要的通道，且车辆通道宽度不小于 3 m；人行通道宽度不小于 1.5 m。

（3）检查所有气焊和气割胶管、焊接电缆是否互相缠绕，如有缠绕，必须分开；气瓶用后是否已移出工作场地；在工作场地各种气瓶不得随便横躺竖放。

（4）检查焊工作业面积是否足够，焊工作业面积应不小于 4 m^2；地面应干燥；工作场地要有良好的自然采光或局部照明。

（5）检查焊接与切割场地周围 10 m 范围内各类可燃、易爆物品是否清除干净。如不能清除干净，应采取可靠的安全措施，如用水喷湿或用防火盖板、湿麻袋、石棉布等进行覆盖。

（6）室内作业时应检查通风是否良好。多点焊接作业或与其他工种混合作业时，各工位间应设防护屏。

（7）室外作业现场要检查以下内容：登高作业现场是否符合安全要求；在地沟、坑道、检查井、管段或半封闭地段等作业时，应该用仪器（如测爆仪、有毒气体分析仪等）进行检查分析，检查有无爆炸和中毒危险，禁止用明火及其他不安全的方法进行检查。对附近敞开的孔洞和地沟，应用石棉板盖严，防止火花进入。

（8）检查焊接与切割场地时要仔细观察环境，分析各类情况，认真加强防护。为保证安全生产，在下列情况下不得进行焊、割作业：

1）施焊人员没有特种作业操作证不能进行焊、割作业。

2）凡属于需要动火审批手续者，手续不全不得擅自进行焊、割作业。

3）焊工不了解焊、割现场周围情况时，不能盲目进行焊、割作业。

4）焊工不了解焊、割件内部是否安全时，不能进行焊、割作业。

5）对盛装过可燃气体和液体、有毒物质的各种容器，未经清洗，不能进行焊、割作业。

6）用可燃材料进行保温、冷却、隔音、隔热的部位，若火星能飞溅到，在采取可靠的安全措施前，不能进行焊、割作业。

7）有电流、压力的导管、设备、器具等在断电、泄压前，不能进行焊、割作业。

8）焊、割部位附近堆放有易燃、易爆物品，在彻底清理或采取有效防护措施前，不能进行焊、割作业。

9）与外围设备相接触的部位，在没有弄清楚外围设备有无影响或明知存在危险性又未采取切实有效的安全措施时，不能进行焊、割作业。

10）焊、割场所与附近其他工种互相抵触时，不能进行焊、割作业。

2. 工具和夹具的安全检查

为了保证焊工的安全，在焊接前应对所使用的工具和夹具进行检查。

（1）焊钳

焊接前应检查焊钳与焊接电缆接头处是否牢固。如果两者接触不牢固，焊接时将影响电流的传导，甚至会出现电火花。另外，接触不良将使接头处产生较大的接触电阻，造成焊钳发热、变烫，影响焊工的操作。此外，应检查钳口是否完好，以免影响焊条的夹持。

（2）面罩和护目镜

主要检查面罩和护目镜是否遮挡严密，有无漏光的现象。

（3）角向磨光机

要检查角向磨光机转动是否正常，有无漏电的现象；磨光片是否紧固牢靠，是否有裂纹、破损，杜绝使用过程中磨光片飞出伤人。

（4）锤子

检查锤头是否松动，避免在打击中锤头甩出伤人。

（5）錾子

检查其边缘有无毛刺、裂痕，若有应及时清除，防止使用中碎块飞出伤人。

（6）夹具

各类夹具，特别是带有螺栓的夹具（见图 1-17），要检查其上的螺栓是否转动灵活，若已锈蚀则应除锈，并加以润滑，否则使用中会失去作用。

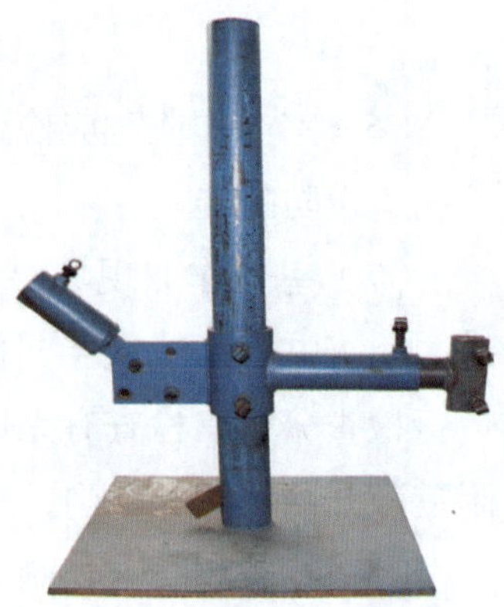

图 1-17　带螺栓的简单夹具

第二单元
焊接接头与焊缝符号

焊工要准确无误地完成焊接结构（产品）的装配与焊接，就必须能够识读焊接图样中连接零件（焊接接头）的焊缝符号，理解焊缝含义及图样的技术要求。图样是工程的语言，读懂和理解图样是进行施工的必要条件。所以，焊接识图主要就是读懂、弄清焊接图样中表示焊缝意义的符号以及装配、焊接的相关技术要求。

课题一　焊接接头与焊缝

学习目标

1. 了解焊接接头形式与组成。
2. 能够正确识读坡口的形式与尺寸、焊缝形式及尺寸。

一、焊接接头及组成

用焊接方法连接的接头称为焊接接头，简称接头，它主要起连接和传递力的作用。焊接接头由焊缝、熔合区和热影响区三部分组成，如图 2–1 所示。

焊缝是焊件经焊接后所形成的结合部分。熔焊时，熔池液态金属冷却凝固后所形成的结合部分就是焊缝。在焊接接头横截面上，宏观腐蚀所显示的焊缝轮廓线（即焊缝金属与母材的分界线）称为熔合线。

熔合区是焊缝与母材（焊接热影响区）交接的过渡区，即熔合线处微观显示的母材半熔化区。所谓半熔化区，是焊缝边界的固液两相交错共存而又凝固的区域。

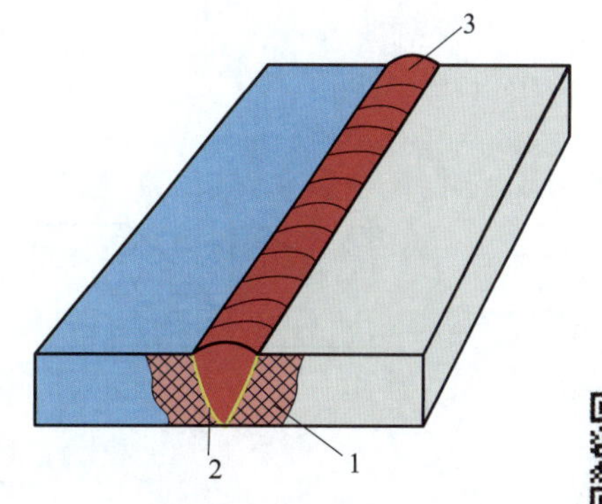

图 2–1　焊接接头的组成

1—热影响区　2—熔合区　3—焊缝

热影响区是在焊接或热切割过程中，母材因受热的

影响（但未熔化）而发生组织和力学性能变化的区域。

二、坡口的形式与尺寸

根据设计或工艺需要，在焊件的待焊部位加工并装配成的一定几何形状的沟槽叫作坡口。利用机械（如刨削、车削、铣削等）、火焰（氧乙炔焰）或电弧（碳弧气刨）等加工坡口的过程叫作开坡口。开坡口的目的是保证电弧能深入焊缝根部使其焊透，并获得良好的焊缝成形以及便于清渣。对于合金钢来说，坡口还能起到调节母材金属与填充金属比例（即熔合比）的作用。

1. 坡口形式

常用的坡口形式有 I 形坡口、V 形坡口、X 形坡口和 U 形坡口，如图 2–2 所示。

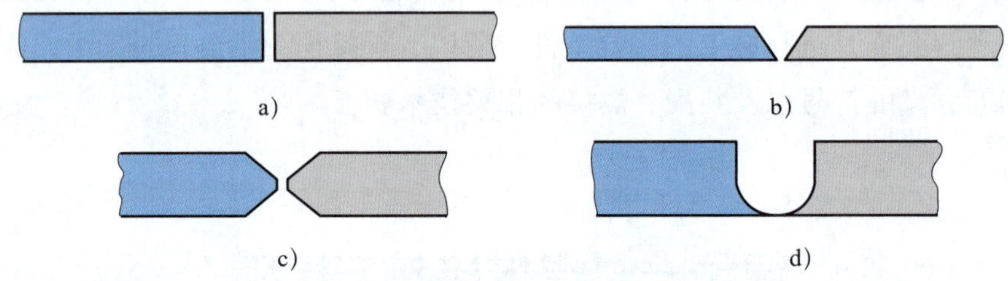

图 2–2　常用的坡口形式

a）I 形坡口　b）V 形坡口　c）X 形坡口　d）U 形坡口

2. 坡口尺寸及符号

（1）坡口面角度和坡口角度

坡口面指待焊件上的坡口表面。两坡口面之间的夹角叫作坡口角度，用 α 表示；待加工坡口的端面与坡口面之间的夹角叫作坡口面角度，用 β 表示，如图 2–3a、b 所示。

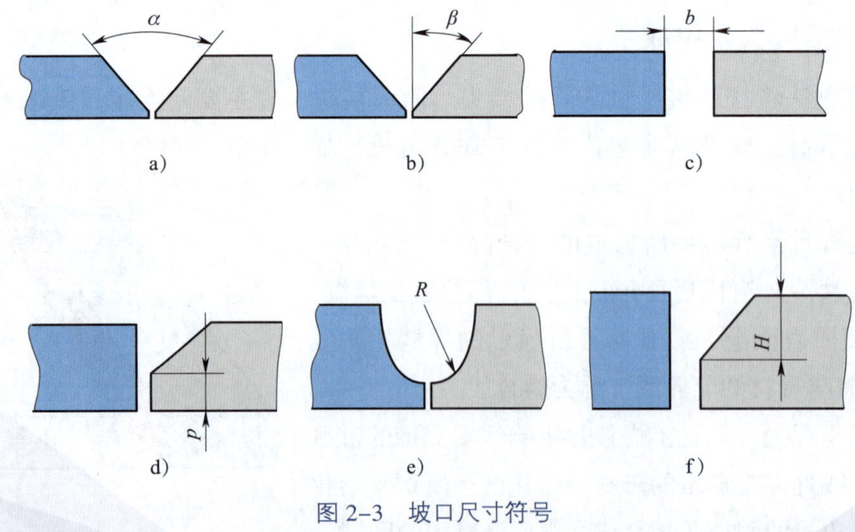

图 2–3　坡口尺寸符号

a）坡口角度 α　b）坡口面角度 β　c）根部间隙 b

d）钝边 p　e）根部半径 R　f）坡口深度 H

（2）根部间隙

焊前在接头根部之间预留的空隙叫作根部间隙，用 b 表示，如图 2–3c 所示。其作用在于打底焊时保证根部焊透，根部间隙又称装配间隙。

（3）钝边

焊件开坡口时，沿焊件接头坡口根部端面的直边部分叫作钝边，用 p 表示，如图 2–3d 所示。钝边的作用是防止根部烧穿。

（4）根部半径

在 J 形、U 形坡口底部的圆角半径叫作根部半径，用 R 表示，如图 2–3e 所示，其作用是增大坡口根部的空间，以便焊透根部。

（5）坡口深度

焊件上开坡口部分的深度叫作坡口深度，用 H 表示，如图 2–3f 所示。

3. 坡口的选择原则

在选择坡口时，应充分考虑焊接时焊件的准备、焊接过程的焊接工艺、焊接完成后的质量保证以及焊接材料的消耗等多方面因素，主要有以下几条原则：

（1）保证焊接质量

满足焊接质量要求是选择坡口形式和尺寸首先需要考虑的原则，也是选择坡口的最基本要求。

（2）便于焊接施工

对于不能翻转或内径较小的容器，为避免大量的仰焊工作和便于采用单面焊双面成形的工艺方法，宜采用 V 形或 U 形坡口。

（3）坡口易于加工

由于 V 形坡口是易于加工的一种坡口，因此，能采用 V 形坡口或 X 形坡口就不宜采用 U 形或双 U 形坡口等加工工艺较复杂的坡口形式。

（4）坡口的截面积应尽可能小

这样可以降低焊接材料的消耗，减少焊接工作量并节省电能。

（5）便于控制焊接变形

不适当的坡口形式容易产生较大的焊接变形。采用双 V 形坡口比 V 形坡口大约可以减少一半焊缝金属量，且焊后变形较小。

三、焊接接头形式

由于焊件的结构、厚度及技术要求不尽相同，往往需要把焊件装配成不同形式的焊接接头，以及将焊件边缘加工成各种形式的坡口。焊接接头的基本形式可分为对接接头、T 形接头、角接接头、搭接接头四种，如图 2–4 所示。

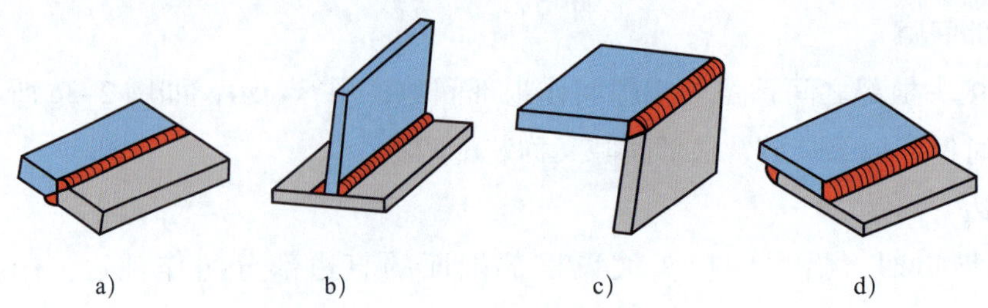

图 2-4　焊接接头的基本形式

a）对接接头　b）T 形接头　c）角接接头　d）搭接接头

有时焊接结构中还有一些特殊的接头形式，如十字接头、端接接头、卷边接头、斜对接接头、锁底对接接头等，如图 2-5 所示。

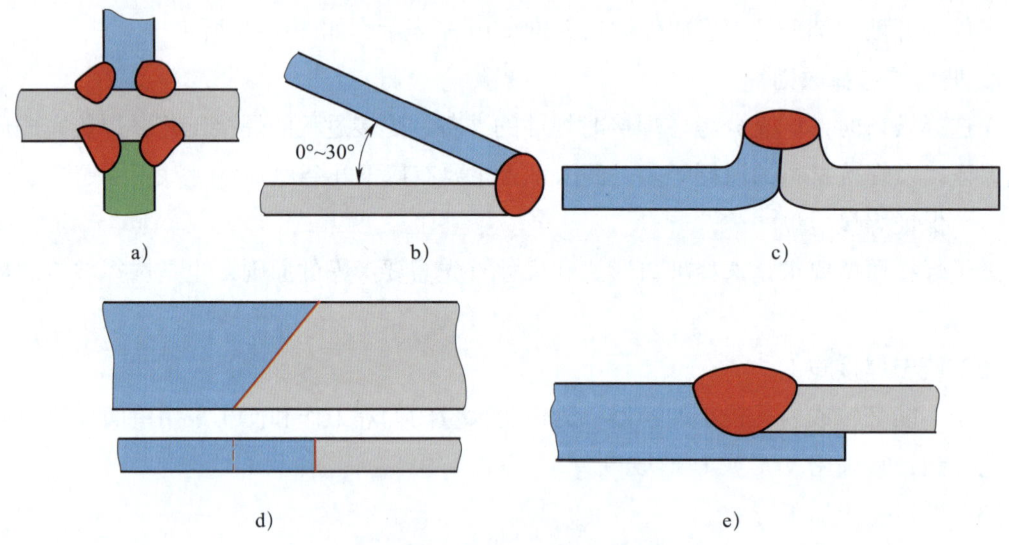

图 2-5　焊接接头的特殊形式

a）十字接头　b）端接接头　c）卷边接头

d）斜对接接头　e）锁底对接接头

1. 对接接头

两焊件表面构成大于或等于 135°、小于或等于 180°夹角的接头称为对接接头。对接接头由于其受力状况好，应力集中程度小，材料消耗低等，使其成为各种焊接结构中采用最多的接头形式。

钢板厚度在 6 mm 以下时，一般不开坡口，如图 2-6a 所示。为使焊接时达到一定的熔透深度，坡口留有 1 ~ 2 mm 的根部间隙。有的焊件在厚度方向不要求全部焊透，可进行单面焊接，但必须保证焊缝的熔透深度不小于板厚的 70%。如果产品要求在整个厚度上全部焊透，就需要在正面焊缝的背面用碳弧气刨清根后再焊，即形成不开坡口的双面焊接对接接头。

钢板厚度若大于 6 mm，则必须开坡口，可采用 V 形坡口（见图 2-6b，适用于厚度为

6 ~ 40 mm 的钢板）、X 形坡口（见图 2-6c，适用于厚度为 12 ~ 60 mm 的钢板）或 U 形坡口（见图 2-6d，适用于厚度为 20 ~ 60 mm 的钢板）。

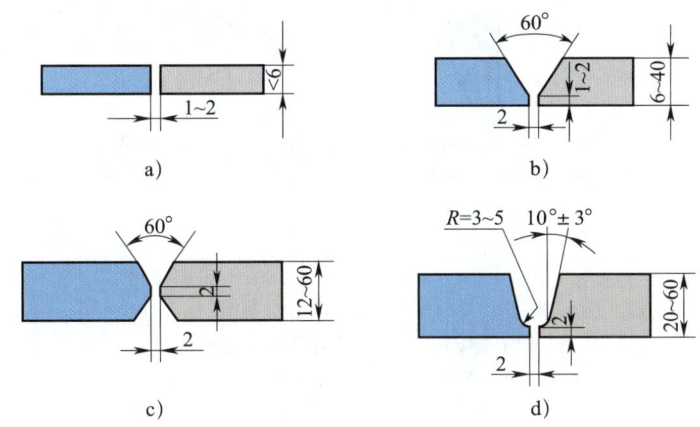

图 2-6　对接接头形式

a）I 形坡口　b）V 形坡口　c）X 形坡口　d）U 形坡口

在焊接生产中，常常会遇到不同厚度钢板的对接焊。若两钢板的厚度差（$\delta-\delta_1$）不超过表 2-1 所列的规定值，则接头的坡口形式与尺寸按厚板选取；否则应在较厚板上进行单面或双面削薄，其削薄长度 $L \geqslant 3(\delta-\delta_1)$，如图 2-7 所示。

表 2-1　　不同厚度钢板对接焊允许的厚度差　　mm

较薄板的厚度 δ_1	≥2 ~ 5	>5 ~ 9	>9 ~ 12	>12
允许的厚度差（$\delta-\delta_1$）	1	2	3	4

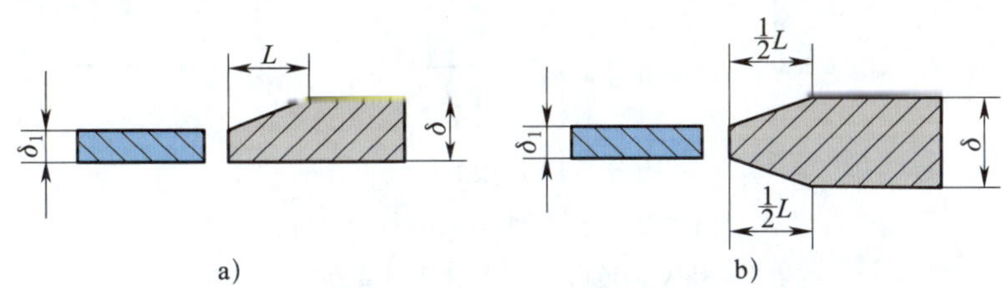

图 2-7　不同厚度钢板对接接头的削薄长度

a）单面削薄　b）双面削薄

2. T 形接头

一个焊件的端面与另一个焊件表面构成直角或近似直角的接头称为 T 形接头。T 形接头是箱体结构中最常见的接头形式，能承受各方向的力和力矩，使用范围仅次于对接接头。特别是在造船厂的船体结构中，约 70% 的焊缝是这种接头形式。

一般情况下，当钢板厚度为 2 ~ 30 mm 时，可不开坡口，采用 I 形坡口，如图 2-8a 所示。若焊缝要求承受载荷时，则应按照钢板厚度和对结构强度的要求，考虑选用带钝边单边 V 形、带钝边双单边 V 形或带钝边双 J 形等坡口形式，使接头焊透，以保证接头强度，如图 2-8b、c、d 所示。

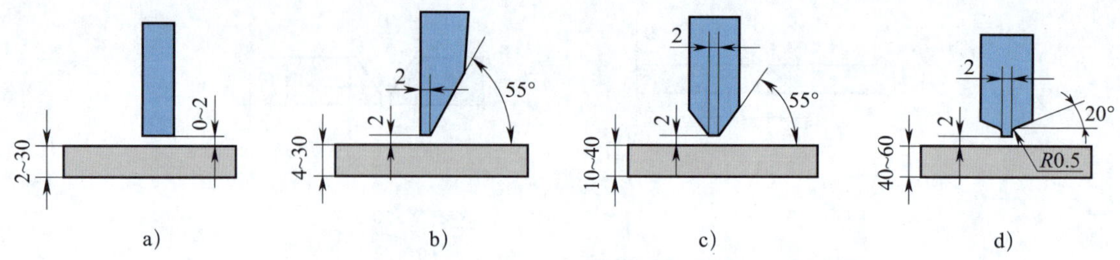

图 2-8 T 形接头形式

a）I 形坡口 b）带钝边单边 V 形坡口

c）带钝边双单边 V 形坡口 d）带钝边双 J 形坡口

3. 角接接头

两焊件端部构成大于 30°、小于 135°夹角的接头称为角接接头。角接接头承载能力较差，特别是当接头承受弯曲力时，焊根易出现应力集中而造成根部开裂，故一般用于不重要的焊接结构中。角接接头一般不开坡口，如需要也可根据焊件厚度选择坡口形式，如 I 形坡口、带钝边单边 V 形坡口、带钝边 V 形坡口或带钝边双单边 V 形坡口，如图 2-9 所示。

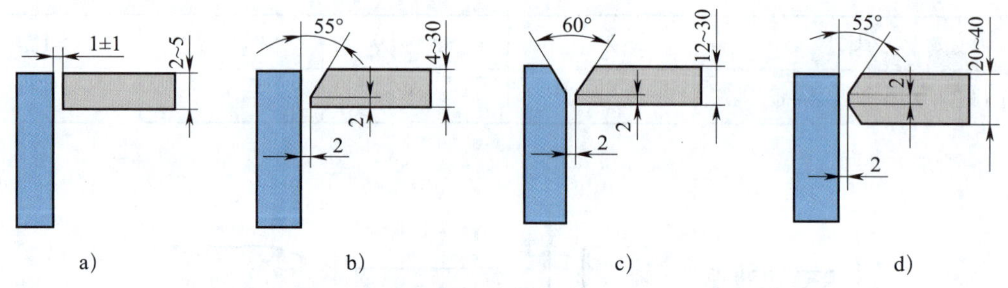

图 2-9 角接接头形式

a）I 形坡口 b）带钝边单边 V 形坡口

c）带钝边 V 形坡口 d）带钝边双单边 V 形坡口

4. 搭接接头

两焊件部分重叠构成的接头称为搭接接头。搭接接头应力分布不均匀，疲劳强度较低，不是理想的接头形式，但其焊前准备和装配较简单。根据其结构形式和对强度的要求不同，搭接接头可分为不开坡口、塞焊缝和槽焊缝等形式，如图 2-10 所示。

不开坡口的搭接接头一般用于厚度在 12 mm 以下的钢板，其重叠部分为 3 ~ 5 倍板厚，常用在不重要的结构中。当结构重叠部分的面积较大时，常选用圆孔塞焊缝和长孔槽焊缝的接头形式。

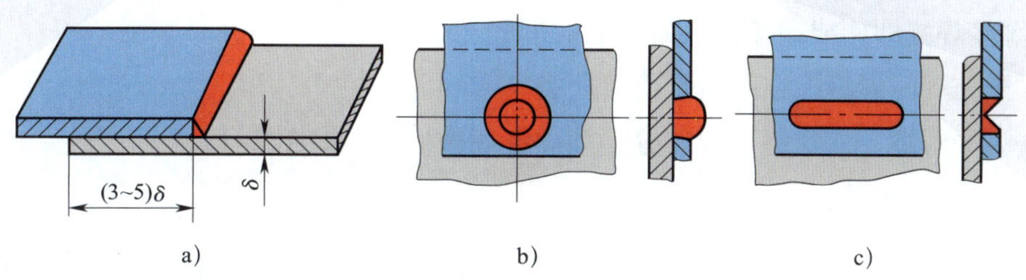

图 2-10　搭接接头形式

a）不开坡口　b）塞焊缝　c）槽焊缝

四、焊缝形式及形状尺寸

焊件经焊接后所形成的结合部分叫作焊缝。

1. 焊缝形式

焊缝的分类方法有以下几种：

（1）按焊缝结合形式分类

可分为对接焊缝、角焊缝、塞焊缝、槽焊缝和端接焊缝五种，如图 2-11 所示。

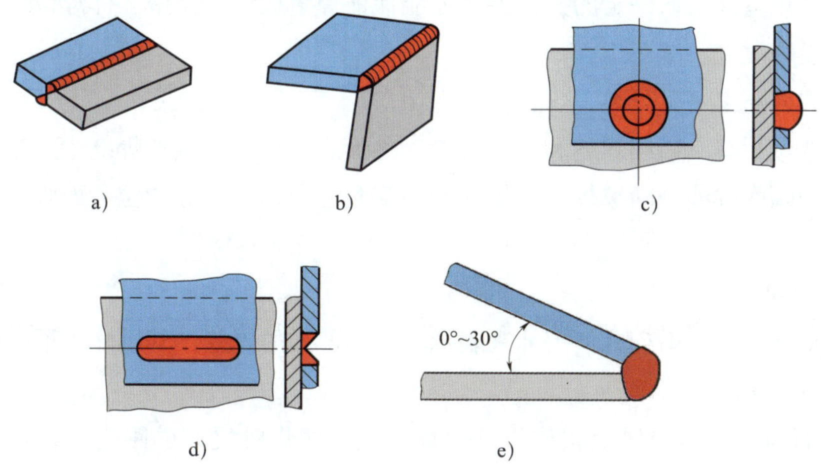

图 2-11　焊缝的分类（按焊缝结合形式分）

a）对接焊缝　b）角焊缝　c）塞焊缝

d）槽焊缝　e）端接焊缝

1）对接焊缝即在焊件的坡口面间或一个零件的坡口面与另一个零件表面间焊接的焊缝。

2）角焊缝即沿两直交或近直交零件的交线所焊接的焊缝。

3）塞焊缝即两板相叠，其中一块开圆孔，在圆孔中焊接两板所形成的焊缝。只在孔内焊角焊缝不称为塞焊。

4）槽焊缝即两板相叠，其中一块开长孔，在长孔中焊接两板的焊缝。只在长孔中焊角焊缝不称为槽焊。

5）端接焊缝即构成端接接头所形成的焊缝。

（2）按施焊时焊缝在空间所处位置分类

可分为平焊缝、立焊缝、横焊缝、仰焊缝四种形式，如图 2–12 所示。

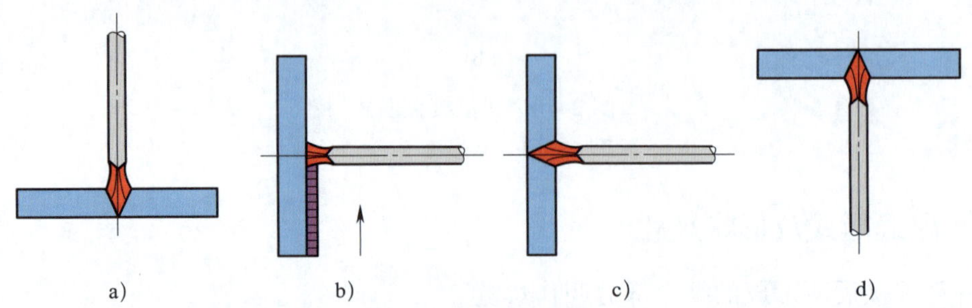

图 2–12 焊缝的分类（按焊缝在空间的位置分）

a）平焊缝 b）立焊缝 c）横焊缝 d）仰焊缝

平焊操作方便，焊缝成形条件好，容易获得优质焊缝并具有高的生产效率，是最合适的位置；其他三种又称空间位置焊，焊工操作比平焊困难，受熔池液态金属重力的影响，需要控制焊接规范并采取一定的操作方法才能保证焊缝成形，其中，仰焊位置焊接条件最差，立焊、横焊次之。

（3）按焊缝断续情况分类

可分为连续焊缝、断续焊缝和定位焊缝三种形式。连续焊接的焊缝为连续焊缝；焊接成具有一定间隔的焊缝为断续焊缝；焊前为装配和固定构件接缝的位置而焊接的短焊缝为定位焊缝。

2. 焊缝的尺寸

焊缝的形状可用一系列几何尺寸来表示，不同形式的焊缝，其尺寸也不一样。

（1）焊缝宽度

焊缝表面与母材的交界处叫作焊趾。焊缝表面两焊趾之间的距离叫作焊缝宽度，如图 2–13 所示。

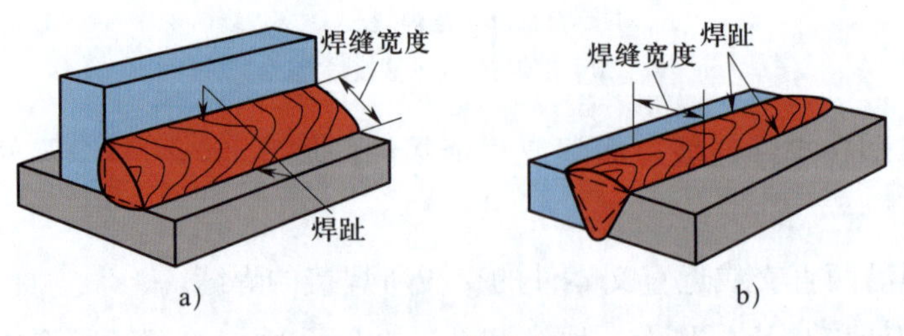

图 2–13 焊缝宽度

a）角焊缝 b）对接焊缝

（2）余高

超出母材表面连线上面的那部分焊缝金属的最大高度叫作余高，如图 2–14 所示。在

动载荷或交变载荷下，它不但起不到加强作用，反而因焊趾处应力集中而易于发生脆断，所以余高不能过高。焊条电弧焊的余高值一般为 0 ~ 3 mm。

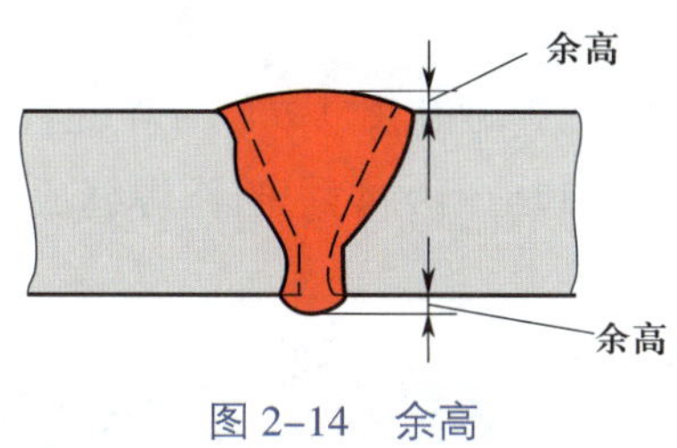

图 2-14　余高

（3）熔深

在焊接接头横截面上，母材或前道焊缝熔化的深度叫作熔深，如图 2-15 所示。

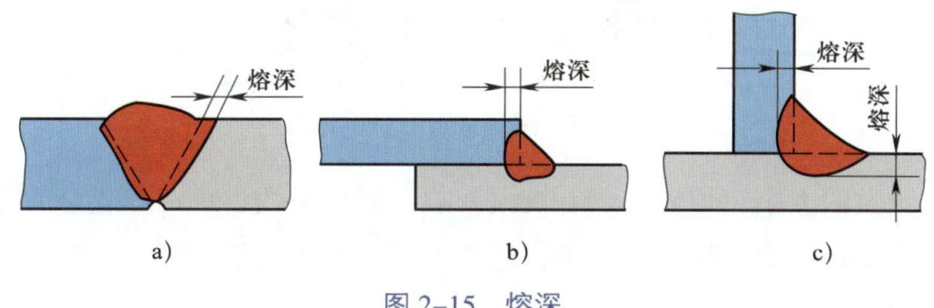

图 2-15　熔深

a）对接接头熔深　b）搭接接头熔深　c）T 形接头熔深

（4）焊缝厚度

在焊缝横截面中，从焊缝正面到焊缝背面的距离叫作焊缝厚度，如图 2-16 所示。

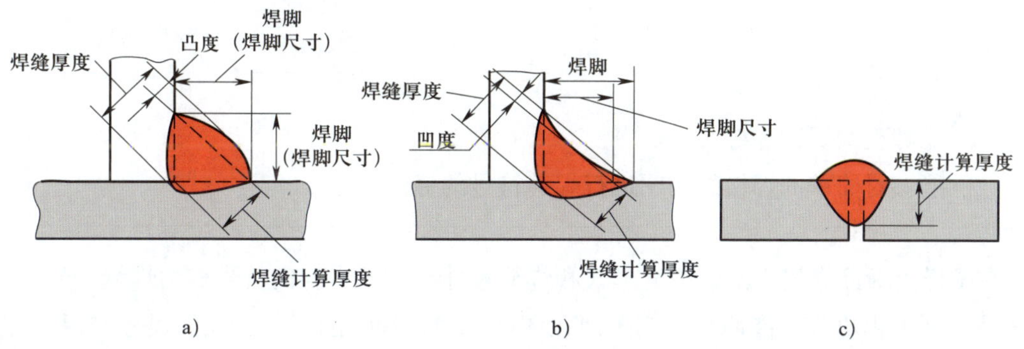

图 2-16　焊缝厚度及焊脚

a）凸形角焊缝　b）凹形角焊缝　c）对接焊缝

焊缝计算厚度是设计焊缝时使用的焊缝厚度。对接焊缝焊透时它等于焊件的厚度；角焊缝时它等于在角焊缝横截面内画出的最大等腰直角三角形中，从直角的顶到斜边的垂线长度，习惯上也称为喉厚，如图 2-16 所示。

（5）焊脚

在角焊缝的横截面中，从一个直角面上的焊趾到另一个直角面表面的最小距离叫作焊脚。在角焊缝的横截面中画出的最大等腰直角三角形中直角边的长度叫作焊脚尺寸，如图 2–16 所示。

（6）焊缝成形系数

熔焊时，在单道焊缝横截面上焊缝宽度（*B*）与焊缝计算厚度（*H*）的比值（$\varphi=B/H$）［见国家标准《焊接术语》（GB/T 3375—1994）］叫作焊缝成形系数，如图 2–17 所示。

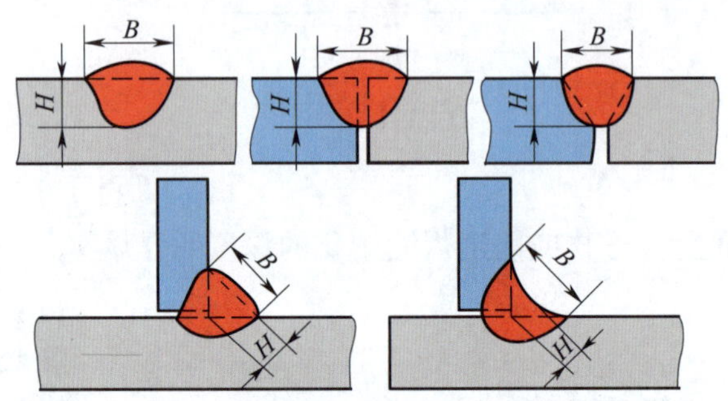

图 2–17　焊缝成形系数的计算

焊缝成形系数的大小对焊缝质量有较大影响，成形系数过小，焊缝窄而深，易产生气孔和裂纹；成形系数过大，焊缝宽而浅，易产生焊不透等现象，因此，焊缝成形系数应控制在合理数值内。

课题二　焊缝符号

学习目标

1. 能够正确识读焊缝符号。
2. 能够对简单的焊接结构图进行焊缝符号的标注。

在图样上标注焊接方法、焊缝形式和焊缝尺寸等技术内容的符号称为焊缝符号。焊缝符号是一种工程语言，能简单、明了地在图样上说明焊缝的形状、几何尺寸和焊接方法。焊缝符号由基本符号、指引线、补充符号、尺寸符号及数据等组成。国家标准《焊缝符号表示法》（GB/T 324—2008）规定了焊缝的基本符号、基本符号的组合、补充符号及标注方法。

一、基本符号及其组合

1. 焊缝基本符号

基本符号表示焊缝横截面的基本形式或特征，国家标准规定的焊缝基本符号见表 2–2。

表 2-2 焊缝基本符号（摘自 GB/T 324—2008）

序号	名称	示意图	符号
1	卷边焊缝 （卷边完全熔化）		
2	I 形焊缝		
3	V 形焊缝		
4	单边 V 形焊缝		
5	带钝边 V 形焊缝		
6	带钝边单边 V 形焊缝		
7	带钝边 U 形焊缝		
8	带钝边 J 形焊缝		
9	封底焊缝		
10	角焊缝		

续表

序号	名称	示意图	符号
11	塞焊缝或槽焊缝	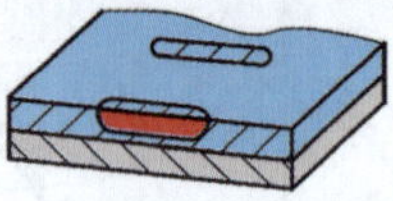	
12	点焊缝	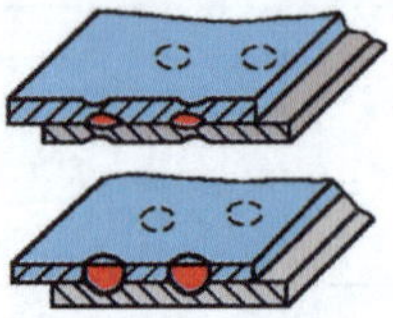	
13	缝焊缝	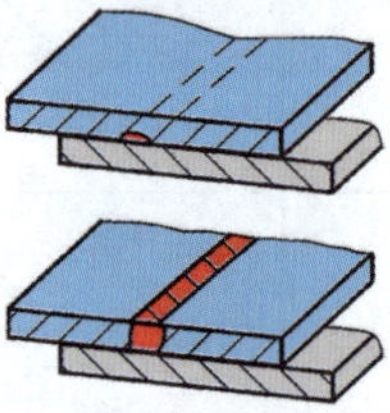	
14	陡边 V 形焊缝	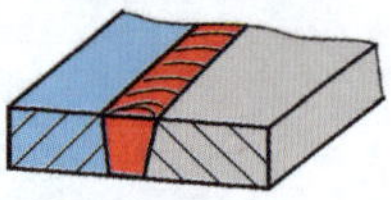	
15	陡边单 V 形焊缝	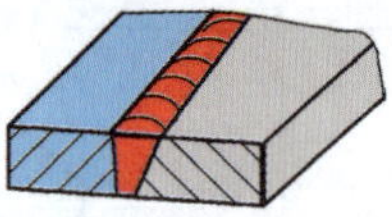	
16	端焊缝	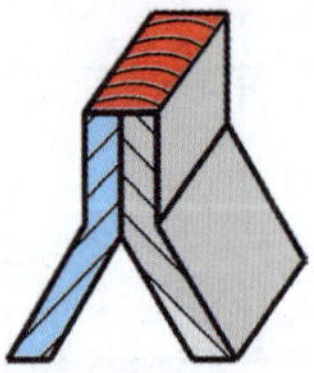	
17	堆焊缝		
18	平面连接（钎焊）	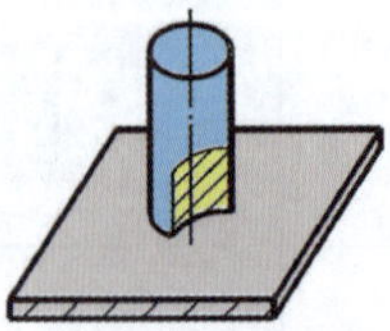 	

续表

序号	名称	示意图	符号
19	斜面连接（钎焊）	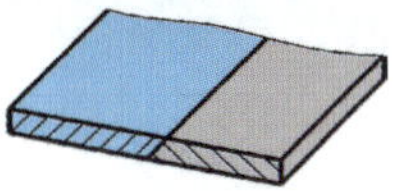	 ⫽
20	折叠连接（钎焊）	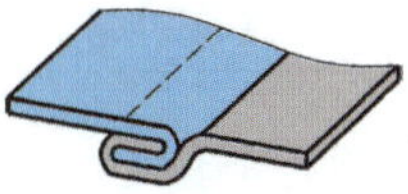	⊇

2. 焊缝基本符号的组合

标注双面焊焊缝或接头时，基本符号可以组合使用，见表 2-3。

表 2-3　　焊缝基本符号的组合（摘自 GB/T 324—2008）

序号	名称	示意图	符号
1	双面 V 形焊缝（X 焊缝）	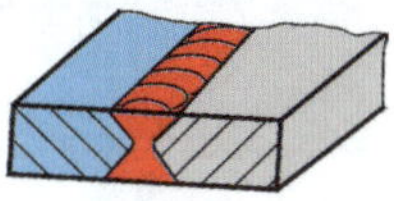	X
2	双面单 V 形焊缝（K 焊缝）	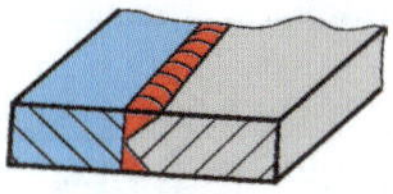	K
3	带钝边的双面 V 形焊缝	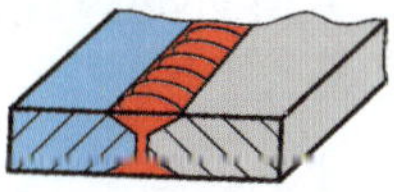	
4	带钝边的双面单 V 形焊缝	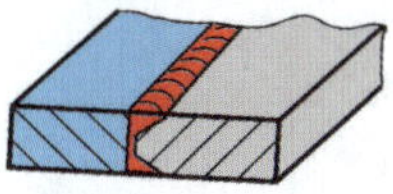	
5	双面 U 形焊缝	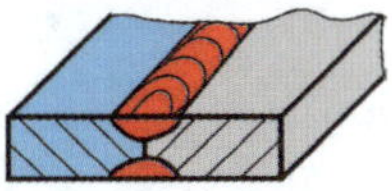	

二、补充符号

补充符号用来补充说明有关焊缝或接头的某些特征（如表面形状、衬垫、焊缝分布、施焊地点等），国家标准规定的焊缝补充符号见表 2-4。

表 2-4　　焊缝补充符号（摘自 GB/T 324—2008）

序号	名称	符号	说明
1	平面	—	焊缝表面通常经过加工后平整
2	凹面	◡	焊缝表面凹陷
3	凸面	◠	焊缝表面凸起
4	圆滑过渡		焊趾处过渡圆滑
5	永久衬垫	M	衬垫永久保留
6	临时衬垫	MR	衬垫在焊接完成后拆除
7	三面焊缝		三面带有焊缝
8	周围焊缝	○	沿着工件周边施焊的焊缝 标注位置为基准线与箭头线的交点处
9	现场焊缝		在现场焊接的焊缝
10	尾部	<	可以表示所需的信息

平面、凹面、凸面、圆滑过渡等补充焊缝符号可以与基本焊缝符号组合使用。补充符号应用示例见表 2-5。

表 2-5　　补充符号应用示例（摘自 GB/T 324—2008）

序号	名称	示意图	符号
1	平齐的 V 形焊缝		
2	凸起的双面 V 形焊缝		
3	凹陷的角焊缝		

续表

序号	名称	示意图	符号
4	平齐的 V 形焊缝和封底焊缝		
5	表面过渡平滑的角焊缝		

三、焊缝符号的标注

完整的焊缝符号包括基本符号、补充符号、指引线、尺寸符号和其他数据等。

1. 指引线的组成

指引线由箭头线和两条基准线（实线和虚线）组成，如图 2–18 所示。

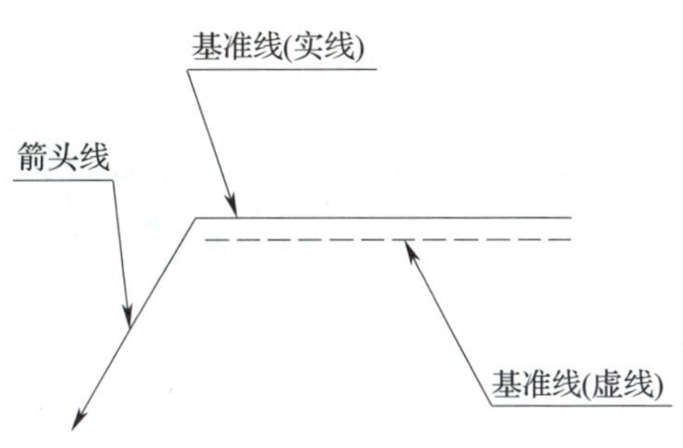

图 2–18　指引线

有时还在基准线实线末端加一尾部符号，用作其他说明（如焊接方法等）。

（1）箭头线

箭头直接指向的接头侧为“接头的箭头侧”，与之相对的则为“接头的非箭头侧”，如图 2–19 所示。

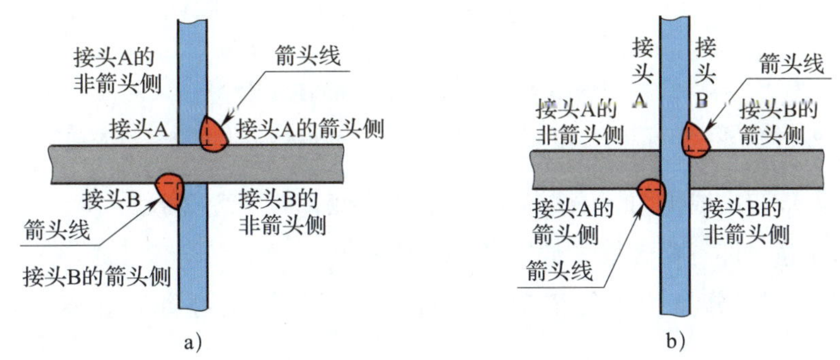

图 2–19　接头的“箭头侧”和“非箭头侧”示例

（2）基准线

基准线一般应与图样的底边相平行，必要时也可与底边相垂直。实线和虚线的位置（上侧或者下侧）可根据需要互换。

2. 焊缝的标注规定

（1）基本符号在实线侧时，表示焊缝在箭头侧，如图 2–20a 所示。

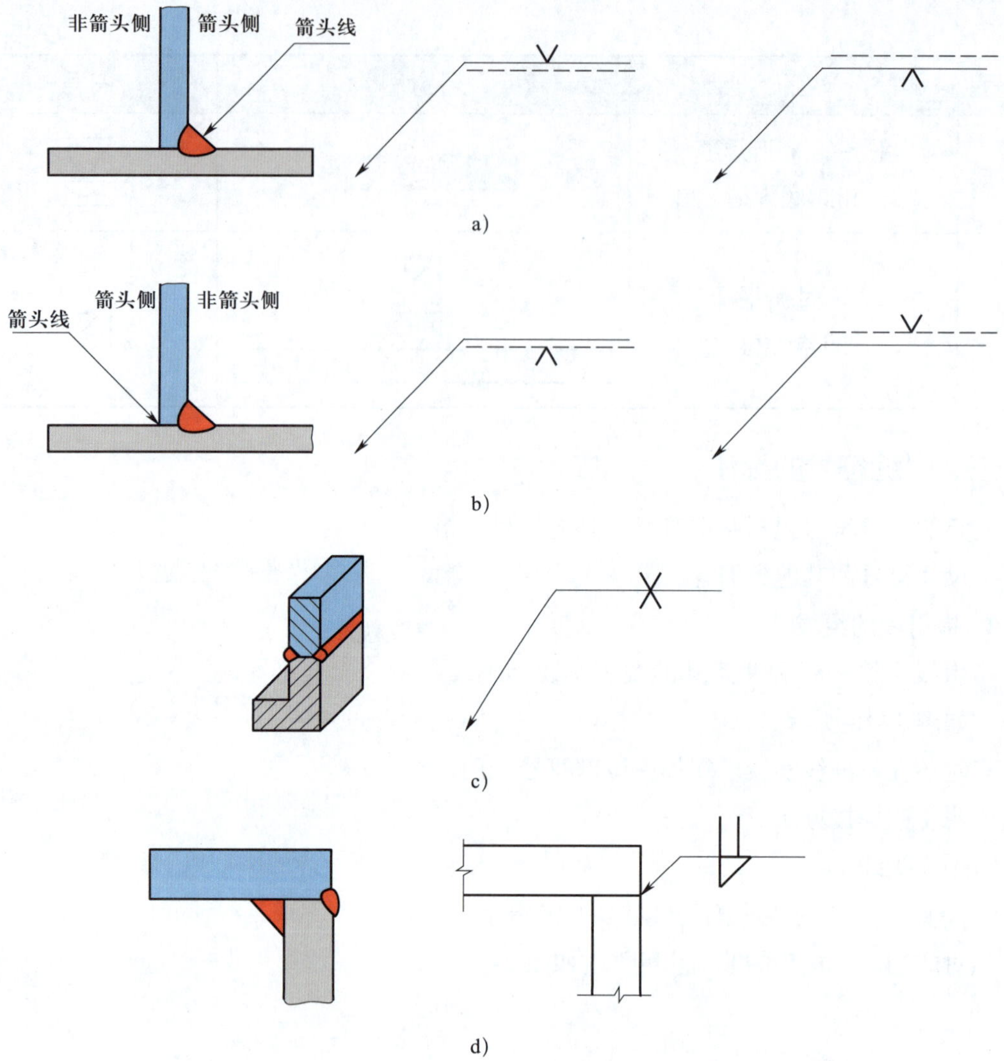

a）

b）

c）

d）

图 2–20　基本符号与基准线的相对位置

a）焊缝在接头的箭头侧　b）焊缝在接头的非箭头侧　c）对称焊缝　d）双面焊缝

（2）基本符号在虚线侧时，表示焊缝在非箭头侧，如图 2–20b 所示。

（3）对称焊缝允许省略虚线，如图 2–20c 所示。

（4）在明确焊缝分布位置的情况下，有些双面焊缝也可省略虚线，如图 2–20d 所示。

3. 焊缝尺寸符号及标注

（1）尺寸符号

在标注焊缝符号的指引线上除了标注基本符号、补充符号外，还需要标注焊缝截面尺寸、焊缝长度、焊缝数量等。常用焊缝尺寸符号见表 2–6。

（2）标注规则

焊缝尺寸标注方法如图 2–21 所示。

表 2-6　　常用焊缝尺寸符号（摘自 GB/T 324—2008）

符号	名称	示意图	符号	名称	示意图
δ	工件厚度		c	焊缝宽度	
α	坡口角度		K	焊脚尺寸	
β	坡口面角度		d	点焊：熔核直径 塞焊：孔径	
b	根部间隙		n	焊缝段数	n=2
p	钝边		l	焊缝长度	
R	根部半径		e	焊缝间距	
H	坡口深度		N	相同焊缝数量	N=3
S	焊缝有效厚度		h	余高	

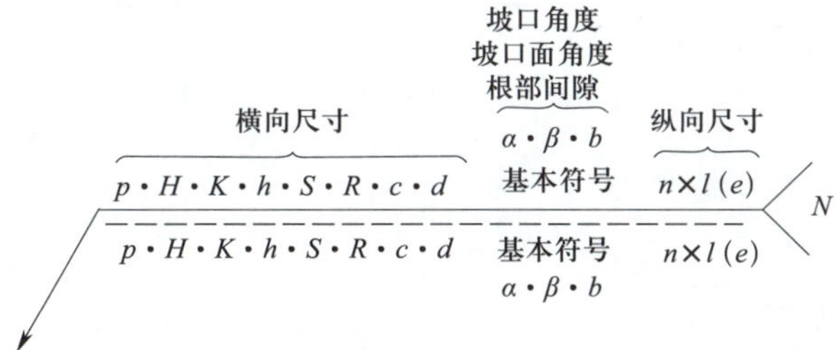

图 2-21　焊缝尺寸标注方法

1）焊缝横向尺寸的标注。在焊缝横向尺寸中，钝边 p、坡口深度 H、焊脚尺寸 K、余高 h、焊缝有效厚度 S、根部半径 R、焊缝宽度 c、熔核直径 d 等标注在基本符号的左侧；焊缝横向尺寸中坡口角度 α 、坡口面角度 β 和根部间隙 b 标注在基本符号的上侧（或下侧），如图 2–21 所示。

2）焊缝纵向尺寸的标注。焊缝纵向尺寸标注在基本符号的右侧，焊缝纵向尺寸有焊缝段数 n、焊缝长度 l、焊缝间距 e 等，如图 2–21 所示。

3）相同焊缝数量 N。在指引线的尾部，标注表示焊接方法的数字代号和相同焊缝数量 N。焊条电弧焊或没有特殊要求的焊缝可以省略尾部符号和标注。当尺寸较多而不易分辨时，可在尺寸数据前标注相应的尺寸符号。当箭头线方向改变时，上述规则不变。

4）周围焊缝和现场施焊的标注。当焊缝围绕在工件周围时，在基准线和箭头线的交点处加注圆形补充符号（○），如图 2–22 所示。当焊缝在野外或现场焊接时，在基准线和箭头线的交点处加注小旗补充符号（▶），如图 2–23 所示。

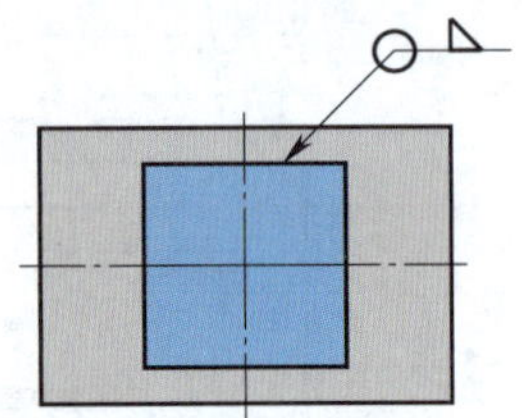
图 2–22　周围焊缝的标注

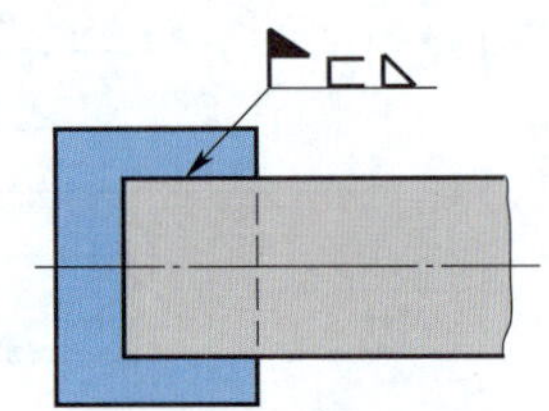
图 2–23　现场焊缝的标注

5）焊接方法的标注。必要时，可以在焊缝符号的尾部标注焊接方法代号，如图 2–24 所示。常见焊接方法及代号见表 2–7。

图 2–24　尾部标注焊接方法代号

表 2–7　　常见焊接方法及代号（摘自 GB/T 5185—2005）

焊接方法	代号	焊接方法	代号
电弧焊	1	电阻焊	2
焊条电弧焊	111	点焊	21
埋弧焊	12	气焊	3
单丝埋弧焊	121	氧乙炔焊	311
熔化极惰性气体保护电弧焊（MIG）	131	压力焊	4
熔化极非惰性气体保护电弧焊（MAG）	135	电渣焊	72
钨极惰性气体保护电弧焊（TIG）	141	硬钎焊、软钎焊及钎接焊	9
等离子弧焊	15	火焰硬钎焊	912

6）其他标注规定

①确定焊缝位置的尺寸不在焊缝符号中标注，应将其标注在图样上。

②在基本符号的右侧无任何尺寸标注且无其他说明时，意味着焊缝在工件的整个长度方向上是连续的。

③在基本符号的左侧无任何尺寸标注且无其他说明时，意味着对接焊缝应完全焊透。

④塞焊缝、槽焊缝带有斜边时，应标注其底部的尺寸。

（3）焊缝符号标注示例

常见焊缝符号标注示例见表2–8。

表2–8　　常见焊缝符号标注示例

接头形式	焊接形式及尺寸	标注示例	说明
对接接头	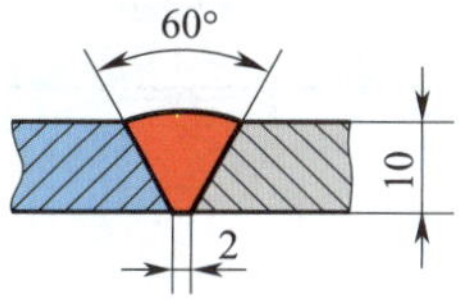	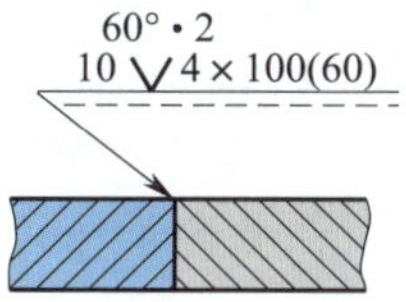	表示板厚为10 mm，对接焊缝间隙为2 mm，坡口角度为60°，4段焊缝，每段焊缝的长度为100 mm，焊缝间距为60 mm
角接接头	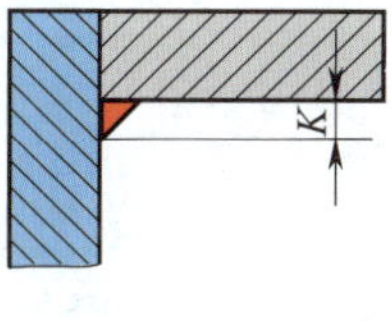	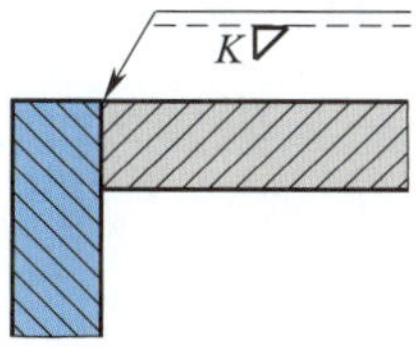	焊缝在非箭头侧，角焊缝，K表示焊脚尺寸
搭接接头	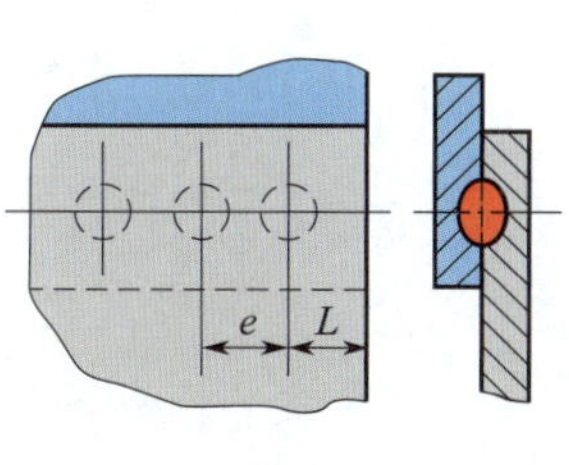	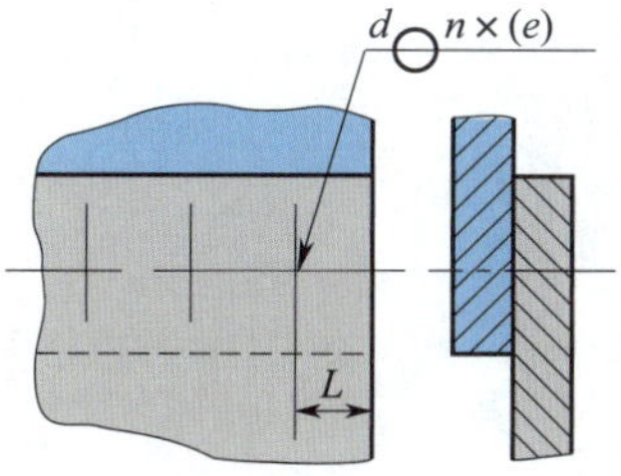	○表示点焊缝，熔核直径为d，共n个焊点，焊点间距为e，L是确定第一个起始焊点中心位置的定位尺寸
	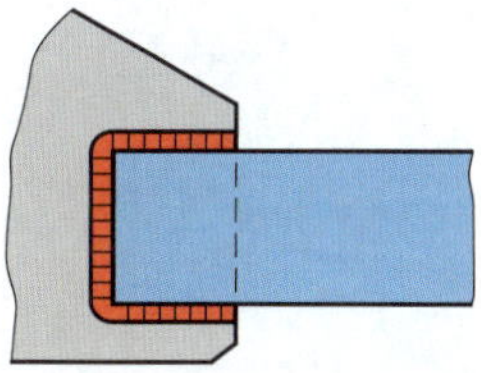	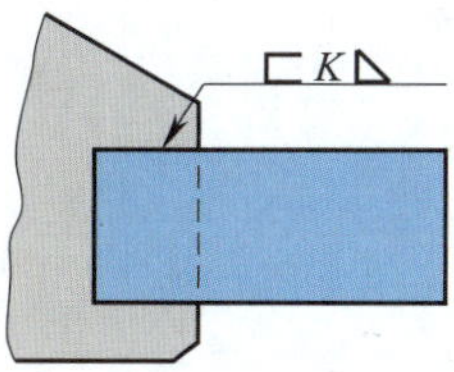	⊏表示三面焊缝 ◺表示单面角焊缝 K表示焊脚尺寸

续表

接头形式	焊接形式及尺寸	标注示例	说明
T形接头	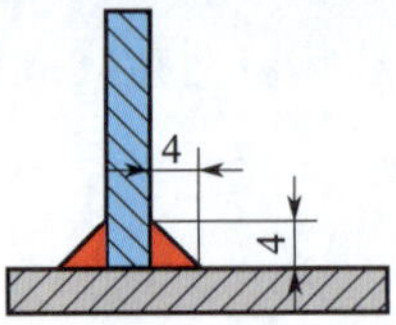 4 4	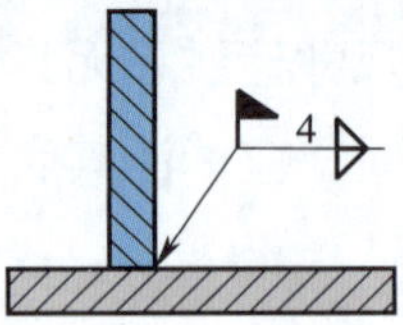 4	▶表示在现场装配时进行焊接 ⊳表示双面角焊缝，焊脚尺寸为 4 mm
	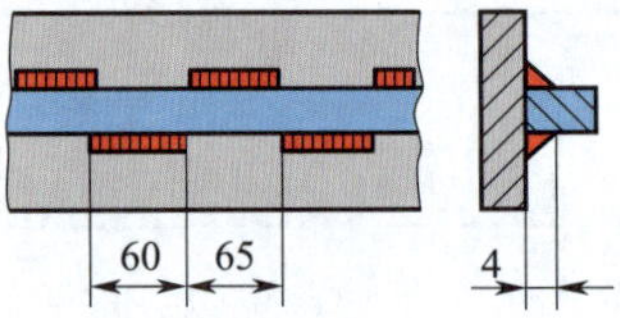 60 65 4	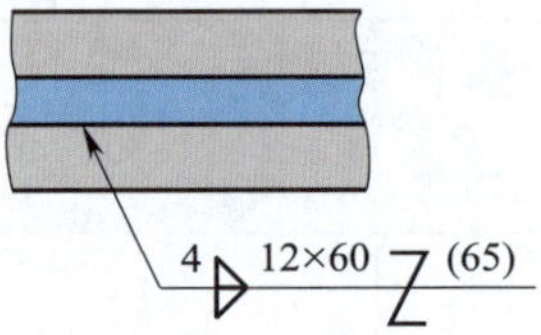 4 12×60 Z (65)	焊脚尺寸为 4 mm 的双面角焊缝，有 12 段断续焊缝，每段焊缝长度为 60 mm，焊缝间距为 65 mm，Z 表示两面断续交错焊缝

第三单元
焊条电弧焊

焊条电弧焊是用手工操纵焊条进行焊接的电弧焊方法，它是利用焊条和焊件之间产生的焊接电弧来加热并熔化焊条与局部焊件以形成焊缝的，是熔焊中最基本的一种焊接方法，也是目前焊接生产中使用较广泛的焊接方法。

基 础 知 识

学习目标

1. 了解焊接电弧的产生条件、引燃方法、构造和稳定性。
2. 理解焊条电弧焊的原理及特点。
3. 熟知焊条电弧焊设备及工具。
4. 掌握焊条电弧焊焊接材料的组成、作用、分类、型号的编制方法及选用原则；焊接参数的合理选用；控制和改善焊接接头性能的方法。

一、焊接电弧

由焊接电源供给的，具有一定电压的两电极间或电极与母材间，在气体介质中产生的强烈而持久的放电现象称为焊接电弧。如图 3–1 所示为焊条电弧焊焊接电弧。

1. 焊接电弧产生的条件

正常状态下，气体是良好的绝缘体，气体的分子和原子处于中性状态，气体中没有带电粒子，因此气体不能导电，电弧也不能自发地产生。要使电弧产生和稳定燃烧，就必须使两极（或电极与母材）之间的气体中有带电粒子，而获得带电粒子的方法就是中性气体的电离（中性气体分子或原子分离成带电粒子）和阴极电子发射（阴极金属表面的原子或分子接收外界的能量而连续地向外发射出电子）。所以，气体电离和阴极电子发射是焊接电弧产生和维持的两个必要条件。

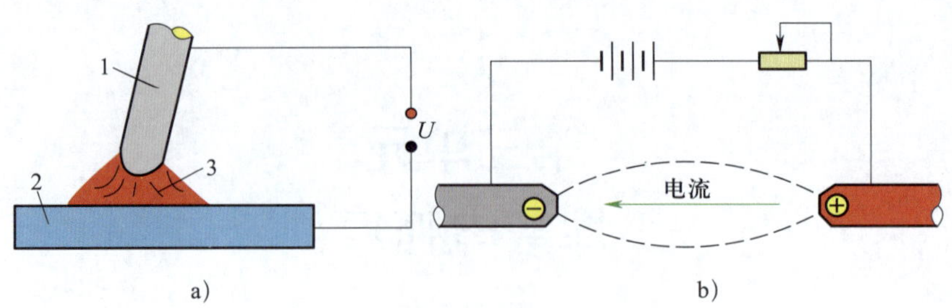

图 3-1　焊条电弧焊焊接电弧

a）电弧的产生　b）焊接电弧产生的原理

1—焊条　2—焊件　3—电弧

（1）气体电离

与自然界的一切物质一样，气体原子中的电子按一定的轨道环绕原子核运动。在常态下，原子是呈中性的。但在一定的条件下，气体原子中的电子从外面获得足够的能量，就能克服原子核的引力成为自由电子，同时，原子由于失去电子而成为正离子。这种使中性的气体分子或原子释放电子形成正离子的过程称为气体电离。

在焊接时，使气体介质电离的方式主要有热电离、电场作用下的电离和光电离。

1）热电离。气体粒子受热的作用而产生的电离称为热电离。温度越高，热电离作用越大。

2）电场作用下的电离。带电粒子在电场的作用下各自做定向高速运动，产生较大的动能，并不断与中性粒子相碰撞，不断地产生电离。两电极间的电压越高，电场作用越大，则电离作用越强烈。

3）光电离。中性粒子在光辐射的作用下产生的电离称为光电离。

（2）阴极电子发射

阴极的金属表面连续地向外发射出电子的现象称为阴极电子发射。阴极电子发射也与气体电离一样，是电弧产生和维持的重要条件。

一般情况下，电子不能自由离开金属表面产生电子发射。要实现电子发射，必须施加一定的能量，使电子克服金属内部正电荷对它的静电引力。所加的能量越大，阴极产生电子发射作用就越强烈。

焊接时，根据阴极吸收能量的方式不同，所产生的电子发射有热发射、电场发射和撞击发射等。

1）热发射。焊接时，阴极表面的温度很高，使阴极内部的电子热运动速度加快。当电子的动能大于其逸出功时，电子即冲出阴极表面而产生热电子发射。例如，用钢焊条作电极进行焊接时，阴极温度可达 2 100 ℃左右，热发射作用相当强烈。

2）电场发射。当阴极表面外部空间存在强电场时，电子可获得足够的动能克服正电荷对它的静电引力，从阴极表面发射出来。两极间电压越高，则电场发射作用越大。

3）撞击发射。高速运动的正离子撞击阴极表面时，将能量传递给阴极而产生电子发射的现象称为撞击发射。电场强度越大，在电场中正离子运动速度越快，产生撞击发射的作用也越强烈。

2. 焊接电弧的引燃方法

进行焊条电弧焊时，引燃焊接电弧的过程叫作引弧。引弧一般有两种方式，即接触引弧和非接触引弧。

（1）接触引弧

弧焊电源接通后，将电极（焊条或焊丝）与工件直接短路接触，随后拉开焊条或焊丝而引燃电弧，称为接触引弧。接触引弧是一种最常用的引弧方式。

接触引弧方式主要应用于焊条电弧焊、埋弧焊、熔化极气体保护焊等。对于焊条电弧焊，接触引弧又分为划擦法引弧和直击法引弧两种。

1）划擦法引弧。先将焊条端部对准焊件，像划火柴一样使焊条在焊件表面划擦一下，然后提起 2 ~ 3 mm 的高度引燃电弧，如图 3–2 所示。引燃电弧后，应保持电弧长度不超过所用焊条直径。

2）直击法引弧。先将焊条垂直对准焊件，然后使焊条碰击焊件，出现弧光后迅速将焊条提起 2 ~ 3 mm，如图 3–3 所示，产生电弧后使电弧稳定燃烧。

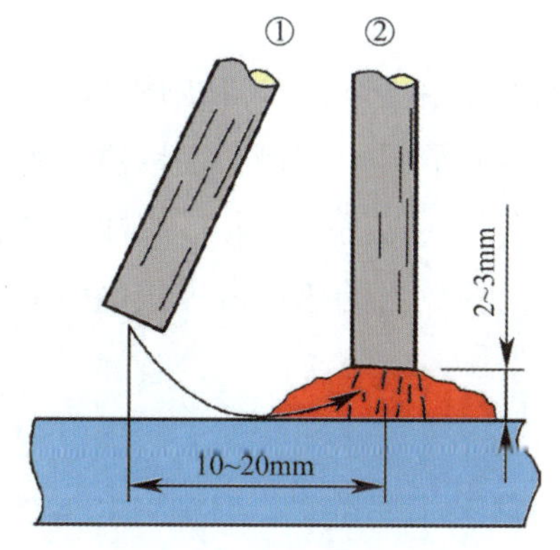

图 3–2 划擦法引弧

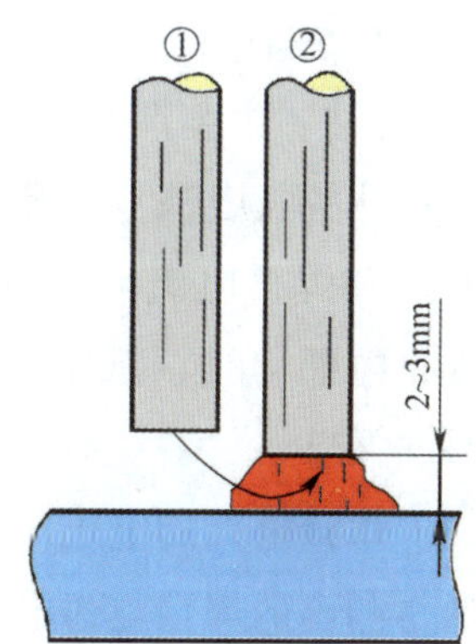

图 3–3 直击法引弧

（2）非接触引弧

引弧时，电极与工件之间保持一定间隙，然后在电极和工件之间施以高电压击穿间隙使电弧引燃，这种引弧方式称为非接触引弧。非接触引弧需利用引弧器才能实现，根据工作原理又分为高频高压引弧和高压脉冲引弧两种。高频高压引弧需要高频振荡器，其频率为 150 ~ 260 kHz，电压峰值为 2 ~ 3 kV。高压脉冲引弧需要高压脉冲发生器，其频率一般为 50 ~ 100 Hz，电压峰值为 3 ~ 10 kV。

非接触引弧方式主要应用于钨极氩弧焊和等离子弧焊。由于引弧时电极无须与工件接触，这样不仅不会污染工件上的引弧点，而且也不会损坏电极端部的几何形状，有利于保持电弧燃烧的稳定性。

3. 焊接电弧的构造、电压及静特性

（1）焊接电弧的构造

焊接电弧按其构造可分为阴极区、阳极区和弧柱三部分，如图 3–4 所示。

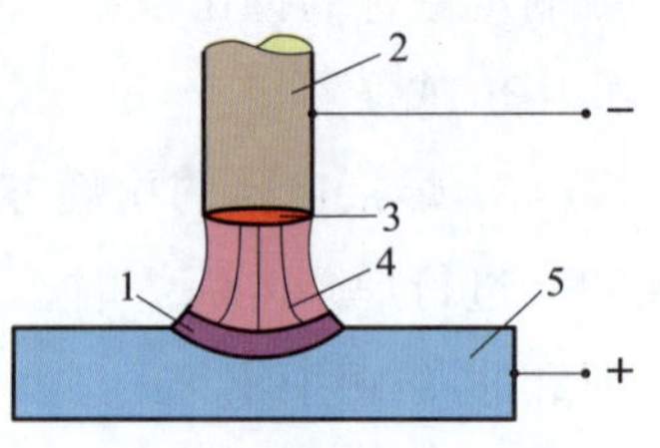

图 3–4　焊接电弧的构造

1—阳极区　2—焊条

3—阴极区　4—弧柱　5—焊件

1）阴极区。电弧紧靠负电极的区域称为阴极区，阴极区很短，长度为 $1\times(10^{-6}\sim10^{-5})$ cm。为保证电弧稳定燃烧，阴极区的任务是向弧柱提供电子流和接收弧柱送来的正离子流。在焊接时，阴极区的表面存在一个烁亮的辉点，称为阴极斑点。阴极斑点是电子发射源，也是阴极区温度最高的部分，一般为 2 130 ~ 3 230 ℃，释放出的热量占焊接总热量的 36% 左右。阴极温度的高低主要取决于阴极的电极材料，一般都低于材料的沸点。

2）阳极区。电弧紧靠正电极的区域称为阳极区，阳极区比阴极区长，长度为 $1\times(10^{-4}\sim10^{-3})$ cm，在阳极区的阳极表面也有光亮的斑点，称为阳极斑点。它是电弧放电时正电极表面集中接收电子的微小区域。

阳极不发射电子，消耗能量少，当阳极与阴极材料相同时，阳极区的温度高于阴极区。焊条电弧焊时，阳极区的温度一般为 2 330 ~ 3 930 ℃，释放出的热量占焊接电弧总热量的 43% 左右。

3）弧柱。电弧阴极区和阳极区之间的部分称为弧柱。由于阴极区和阳极区都很短，因此，弧柱的长度基本上等于电弧长度。弧柱的温度不受材料沸点限制，而取决于弧柱中气体介质和焊接电流大小等因素。焊接电流越大，弧柱中电离程度越大，弧柱温度也越高。焊条电弧焊时，弧柱中心温度为 5 370 ~ 7 730 ℃，释放出的热量占焊接电弧总热量的 21% 左右。

（2）焊接电弧的电压

通常测出的焊接电弧电压就是阴极区、阳极区和弧柱电压降之和。当弧长一定时，电弧电压的分布如图 3–5 所示。电弧电压可用下式表示：

$$U_{弧}=U_{阴}+U_{阳}+U_{柱}=U_{阴}+U_{阳}+bl_{弧}$$

式中　$U_{弧}$——电弧电压，V；

$U_{阴}$——阴极电压降，V；

$U_{阳}$——阳极电压降，V；

$U_{柱}$——弧柱电压降，V；

b——单位长度的弧柱电压降，一般为 20 ~ 40 V/cm；

$l_{弧}$——电弧长度，cm。

（3）焊接电弧的静特性

在电极材料、气体介质和弧长一定的情况下，电弧稳定燃烧时，焊接电流与电弧电压变化的关系称为电弧静特性，一般也称为伏—安特性。表示它们关系的曲线叫作电弧的静特性曲线，如图 3-6 所示。

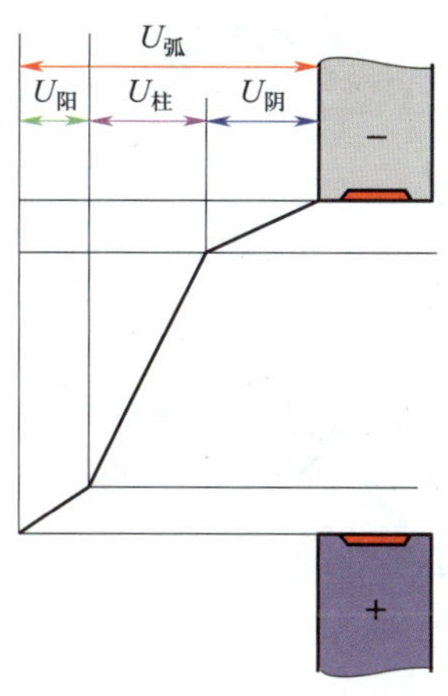

图 3-5 焊接电弧各区域的电压分布

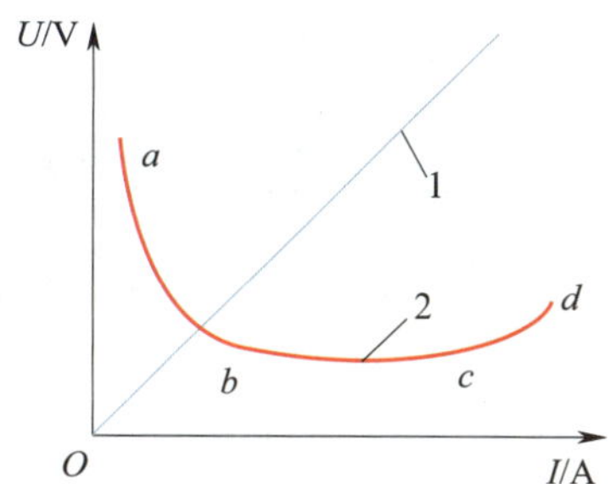

图 3-6 普通电阻静特性与电弧的静特性

1—普通电阻静特性 2—电弧的静特性

1）电弧静特性曲线的特点及区间划分。焊接电弧是焊接回路中的负载，它与普通电路中的普通电阻不同，普通电阻的电阻值是常数，电阻两端的电压与通过的电流成正比（$U=IR$），遵循欧姆定律，这种特性称为电阻静特性，为一条直线，如图 3-6 中的曲线 1 所示。焊接电弧也相当于一个电阻性负载，但其电阻值不是常数。电弧两端的电压与通过的焊接电流不成正比，而呈 U 形曲线关系，如图 3-6 中的曲线 2 所示。

电弧静特性曲线分为三个不同的区间，当电流较小时（见图 3-6 中的 *ab* 区），电弧静特性处于下降特性区，即电压随着电流的增大而减小；当电流稍大时（见图 3-6 中的 *bc* 区），电弧静特性处于平特性区，即电流变化时电压几乎不变；当电流较大时（见图 3-6 中的 *cd* 区），电弧静特性处于上升特性区，电压随电流的增大而升高。

2）电弧静特性曲线的应用。不同的电弧焊方法，在一定的条件下，其静特性只是曲线的某一区域。静特性的下降特性区由于电弧燃烧不稳定而很少采用。

焊条电弧焊、埋弧焊一般工作在静特性的平特性区，即电弧电压只随弧长而变化，与焊接电流关系很小。

钨极氩弧焊、等离子弧焊一般也工作在静特性的平特性区，当焊接电流较大时才工作在上升特性区。

熔化极氩弧焊、二氧化碳气体保护焊（简称 CO_2 焊）和熔化极活性气体保护焊（MAG 焊）基本工作在静特性的上升特性区。

电弧静特性曲线与电弧长度密切相关，当电弧长度增加时，电弧电压升高，其静特性曲线的位置也随之上升，如图 3-7 所示。

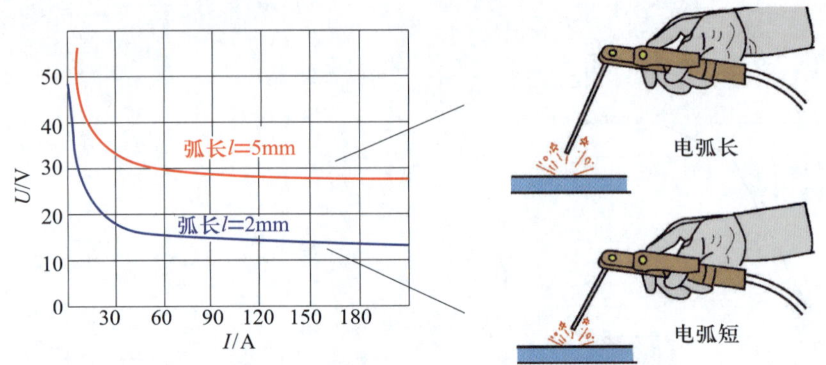

图 3-7 不同电弧长度的电弧静特性曲线

焊接操作时，常常通过调整电弧长度来改变熔池形状和焊件的熔透深度，通过压短弧长防止飞溅、电弧偏吹等。

4. 焊接电弧的稳定性

焊接电弧的稳定性是指电弧保持稳定燃烧（不产生断弧、飘移和偏吹等）的程度。电弧的稳定燃烧是保证焊接质量的一个重要因素，因此，维持电弧稳定性是非常重要的。电弧不稳定的原因除焊工操作技术不熟练外，还与下列因素有关：

（1）弧焊电源的影响

采用直流电源焊接时，电弧燃烧比采用交流电源稳定。此外，具有较高空载电压的焊接电源不仅引弧容易，而且电弧燃烧也稳定。这是因为焊接电源的空载电压较高，电场作用强，电离及电子发射强烈。

（2）焊接电流的影响

焊接电流越大，电弧的温度越高，则电弧气氛中的电离程度和热发射作用越强，电弧燃烧也就越稳定。试验结果表明：随着焊接电流的增大，电弧的引燃电压降低；同时，随着焊接电流的增大，断弧的最大弧长也增大。因此，焊接电流越大，电弧燃烧越稳定。

（3）焊条药皮或焊剂的影响

在焊条药皮或焊剂中加入易电离的物质（如 K、Na、Ca 的氧化物等），能增加电弧气氛中的带电粒子，这样就可以提高气体的导电性，从而提高电弧燃烧的稳定性。

如果焊条药皮或焊剂中含有不易电离的氟化物（如 CaF_2）及氯化物（如 KCl、NaCl）时，会降低电弧气氛的电离程度，使电弧燃烧不稳定。

（4）焊接电弧偏吹的影响

在焊接过程中，因焊条偏心、气流干扰和磁场的作用，常会使焊接电弧的中心偏离

焊条轴线，这种现象称为电弧偏吹。电弧偏吹不仅使电弧燃烧不稳定，飞溅加大，熔滴下落时失去保护而容易产生气孔，还会因熔滴落点的改变而无法正常焊接，直接影响焊缝成形。

1）焊接电弧偏吹的原因

①焊条偏心的影响。这主要是焊条制造中的质量问题引起的。由于焊条药皮厚度不均匀，电弧燃烧时药皮熔化不均匀，使电弧偏向药皮薄的一侧，形成偏吹，如图 3–8 所示。所以，施焊前应检查焊条是否偏心。

②气流的影响。由于焊接电弧是柔性体，气体的流动会使电弧偏离焊条轴线方向。特别是大风状态下或狭小通道内的空气流速快，会造成电弧的偏吹。

③磁场的影响。在使用直流弧焊机施焊过程中，常会因焊接回路中产生的磁场在电弧周围分布不均匀而引起电弧偏向一边，形成偏吹，这种偏吹称为磁偏吹。造成磁偏吹的原因主要有以下几种：

第一，导线接线位置引起的磁偏吹。如图 3–9 所示，焊件一侧接“+”极（称为正接），焊接时电弧左侧的磁感线由两部分组成：一部分是电流通过电弧产生的磁感线，另一部分是电流流经焊件产生的磁感线。而电弧右侧仅有电流通过电弧产生的磁感线，从而造成电弧两侧的磁感线分布极不均匀，电弧左侧的磁感线比右侧的磁感线密集，电弧左侧的电磁压缩力大于右侧的电磁压缩力，使电弧向右侧偏吹。

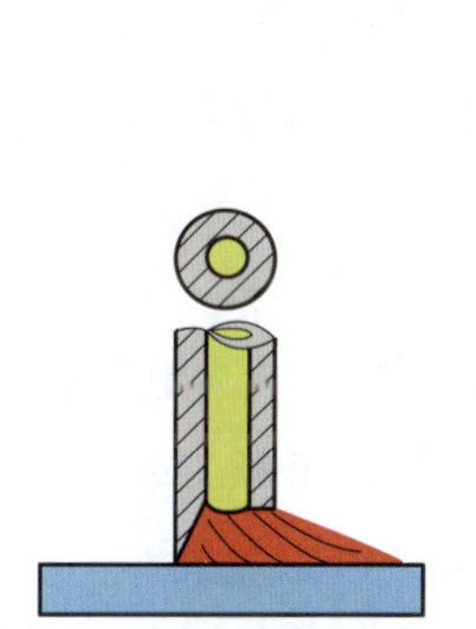

图 3–8 焊条偏心产生的偏吹

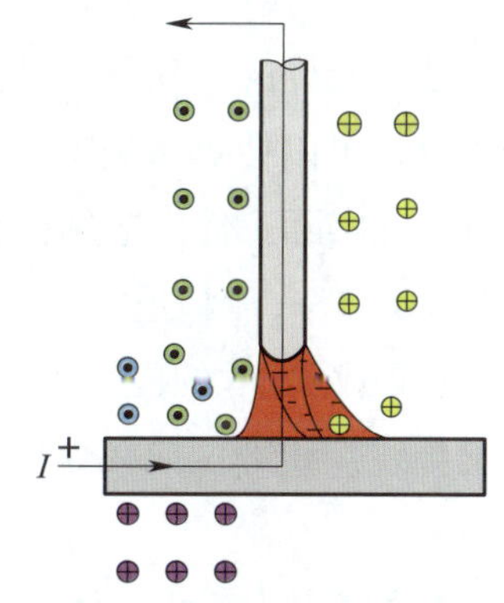

图 3–9 导线接线位置引起的磁偏吹

如果把图 3–9 中的导线接线位置改为焊件一侧接“–”极（称为反接），则焊接电流方向和相应的磁感线方向都同时改变，但作用于电弧左、右两侧磁感线的分布状况不变，电弧左侧的电磁压缩力仍大于右侧的电磁压缩力，故磁偏吹方向不变，即仍偏向右侧。

第二，铁磁物质引起的磁偏吹。由于铁磁物质（如钢板、铁块等）的导磁能力远远大于空气，因此，当焊接电弧周围有铁磁物质存在时，在靠近铁磁物质一侧的磁感线大部分都通过铁磁物质形成封闭曲线，使电弧与铁磁物质之间的磁感线变得稀疏，而电弧另一侧的磁感线就显得密集，造成电弧两侧的磁感线分布极不均匀，电弧向铁磁物质一侧偏吹，如图 3–10 所示。

第三，电弧运动至焊件端部时引起的磁偏吹。当在焊件边缘处开始焊接或焊接至焊件端部时，经常会发生电弧偏吹，而逐渐靠近焊件中心时，则电弧的偏吹现象就逐渐减小或消失。这是由于电弧运动至焊件端部时导磁面积发生变化，引起空间磁感线在靠近焊件边缘的地方密度增加，产生了指向焊件内部的磁偏吹，如图 3–11 所示。

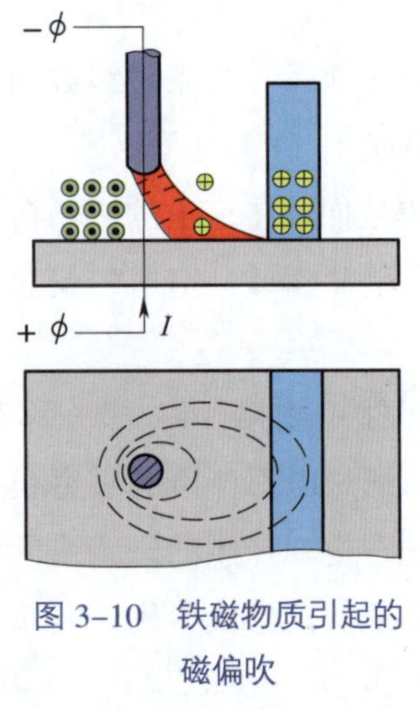

图 3–10　铁磁物质引起的磁偏吹

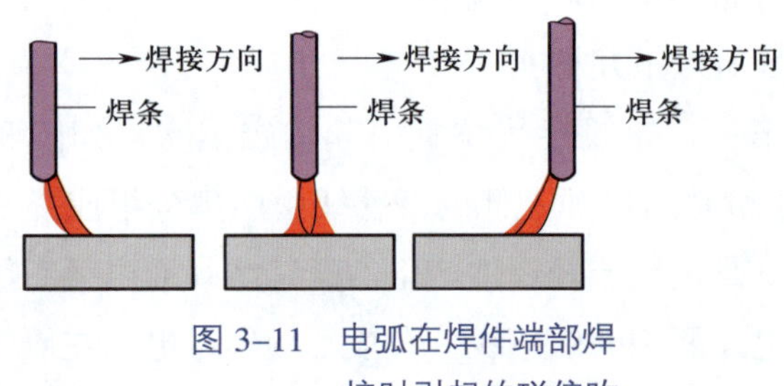

图 3–11　电弧在焊件端部焊接时引起的磁偏吹

2）防止或减少焊接电弧偏吹的措施

①焊接时，在条件允许的情况下尽量使用交流电源焊接。

②调整焊条角度，可以使焊条偏吹的方向转向熔池，即将焊条向电弧偏吹的方向倾斜一定角度，这种方法在实际工作中应用得较广泛。

③采用短弧焊接的方法，因为短弧焊接受气流的影响较小，而且在产生磁偏吹时，如果采用短弧焊接，也能减小磁偏吹的程度，所以，采用短弧焊接是减少电弧偏吹的较好方法。

④改变焊件上导线接线部位或在焊件两侧同时接地线，可减少因导线接线位置引起的磁偏吹。

⑤在焊缝两端各加一小块附加钢板（如引弧板和引出板），使电弧两侧的磁感线分布均匀并减少热对流的影响，以克服电弧偏吹。

⑥在露天操作时，如遇大风则必须用挡板遮挡，对电弧进行保护。在焊接管子时，必须将管口堵住，以防止气流对电弧的影响。在焊接间隙较大的对接焊缝时，可在接缝下面加垫板，以防止热对流引起的电弧偏吹。

⑦采用小电流焊接。这是因为磁偏吹的大小与焊接电流有直接关系，焊接电流越大，磁偏吹越严重。

5. 熔滴过渡

电弧焊时，焊条（或焊丝）端部在电弧高温作用下熔化成液态金属滴，通过电弧空间

不断地向熔池中过渡的过程称为熔滴过渡。

熔滴过渡的形式大致可分为滴状过渡、短路过渡、喷射过渡三种。熔滴过渡会出现不同的形式，是由于作用于液态金属熔滴上的力不同。

（1）熔滴过渡的作用力

1）熔滴的重力。任何物体都会因自身的重力而下垂。平焊时，金属熔滴的重力促进熔滴过渡。但是在立焊、横焊和仰焊时，熔滴的重力阻碍了熔滴向熔池过渡。

2）表面张力。液态金属像其他液体一样具有表面张力，即液体在没有外力作用时，其表面积会尽量减小，缩成圆形，对液态金属来说，表面张力使熔化的液态金属成为球形。焊条金属熔化后，其液态金属并不会马上掉下来，而是在表面张力的作用下形成球滴状悬挂在焊条端部。随着焊条不断熔化，熔滴体积不断增大，直到作用在熔滴上的作用力超过熔滴与焊芯界面间的张力时，熔滴才脱离焊芯过渡到熔池中去。因此，平焊时表面张力对熔滴过渡并不利。但表面张力在仰焊等其他位置的焊接时却有利于熔滴过渡，其一，熔池金属在表面张力作用下倒悬在焊缝上而不易滴落；其二，当焊芯端部熔滴与熔池金属接触时，会由于熔池表面张力的作用而将熔滴拉入熔池。表面张力的大小与多种因素有关，例如，焊条直径越大，焊条端部熔滴的表面张力也越大；液态金属温度越高，其表面张力越小；表面张力还与保护气体的性质有关，如果在氩气中加入少量氧气作为焊接钢的保护气体，降低了熔滴的表面张力，有利于形成细颗粒熔滴向熔池过渡。

3）电磁压缩力。由电工学可知，两根平行的导体通以同向电流时，彼此产生相互吸引的电磁力，方向是从外向内，如图 3–12 所示。电磁力的大小与两根导体上的电流成正比，即通过导体的电流越大，电磁力越大。

焊接时，把带电的焊条及熔滴看成是由许多平行导体组成的，如图 3–13 所示。根据上述电磁效应原理，焊条及熔滴上受到四周向中心的径向收缩力，称为电磁压缩力。电磁压缩力对焊条端部液态金属径向的压缩作用会促使熔滴很快形成。尤其是熔滴的细颈部分电流密度最大，电磁压缩力作用也最大。因此，随着颈部逐渐变细，电流密度增大，电磁压缩力也随之增强，促使熔滴很快脱离焊条端部向熔池过渡，这样就保证了熔滴在任何空间位置都能顺利地过渡到熔池。所以电磁压缩力在任何焊接位置都是有利于熔滴过渡的力。

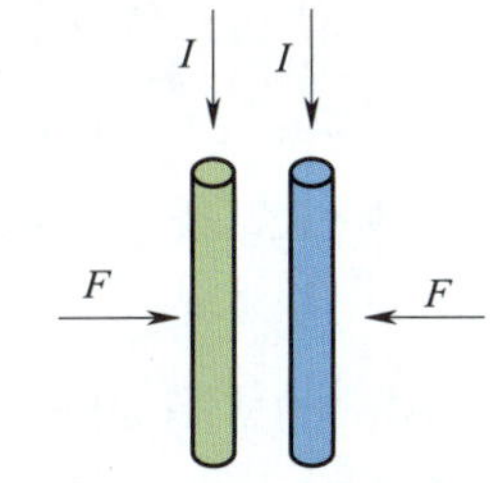

图 3–12　通过同方向电流的两根平行导线的相互作用力

I—电流　*F*—电磁力

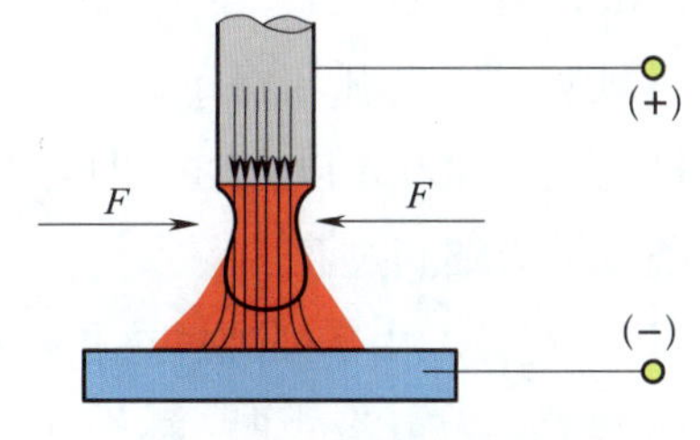

图 3–13　电磁力在熔滴上的压缩作用

F—电磁压缩力

焊接电流较小时，焊条端部的液态金属主要受到的是表面张力和重力，电磁压缩力影响很小。因此，当熔滴的重力克服表面张力时，熔滴脱离焊条端部落向熔池。这种情况下，熔滴的尺寸较大，常出现电弧短路，产生较大的飞溅，电弧不稳定。

焊接电流较大时，电磁压缩力也比较大，相比之下重力所起的作用很小，液态熔滴主要是在电磁压缩力的作用下以较小的熔滴向熔池过渡。而且，其方向性较强，不论是平焊或仰焊位置，总是沿着电弧轴线自焊条向熔池过渡。

焊接时，一般焊条或焊丝的电流密度都比较大，因此电磁压缩力是熔滴过渡的主要作用力。在气体保护焊时，常常通过调整焊接电流的大小来控制熔滴尺寸。

焊接时，电磁压缩力还会产生另外一种作用力。由于焊条端部的电弧导电截面小，而焊件端部的电弧导电截面大，因此，焊条的电流密度大于焊件的电流密度，从而在焊条上所产生的磁感应强度要大于焊件上所产生的磁感应强度。这样就产生一个沿焊条纵向指向焊件的电场力。该电场力无论焊缝的空间位置如何，总是有利于熔滴向熔池过渡。

4）斑点压力。焊接电弧中的电子和正离子由于电场的作用或在电场力的作用下向两极运动，撞击两极的斑点而产生机械压力，这个力称为斑点压力。它是阻碍熔滴过渡的力。若选用直流焊机负极接焊钳时，阻碍熔滴过渡的是正离子的压力；若正极接焊钳时，阻碍熔滴过渡的是电子的压力。由于正离子的质量比电子大，因此，正离子流的压力要比电子流的压力大，即阴极的斑点压力比阳极的斑点压力大。因此，采用直流反接时熔滴过渡比正接时容易。

5）气体的吹力。在焊条电弧焊时，焊条药皮的熔化稍落后于焊芯的熔化，在焊条端部形成一个套管。在套管内，大量药皮造气剂分解产生的气体及焊芯中碳元素氧化生成的 CO 气体被电弧加热到高温时体积急剧膨胀，并顺着套管方向以稳定的气流冲出，把熔滴“吹”到熔池中。不论焊缝空间位置如何，气体的吹力均有利于熔滴的过渡。

（2）熔滴过渡的形式

1）滴状过渡。滴状过渡分为粗滴过渡和细滴过渡两种。粗滴过渡是指熔滴呈粗大颗粒状向熔池自由过渡的形式，如图 3–14a 所示。当电流较小时，熔滴主要依靠重力的作用克服表面张力的束缚而下落，此时熔滴尺寸较大，呈粗滴过渡。由于粗滴过渡飞溅较大，电弧不稳定，通常不采用。当电流较大时，电磁压缩力随之增大，使熔滴细化，过渡频率提高，飞溅减小，电弧较稳定，这种过渡形式称为细滴过渡。焊丝直径为 1.6 mm 的 CO_2 焊，焊接电流达 400 A 以上时，即为细滴过渡，在生产中广泛应用。焊条电弧焊时，使用酸性焊条也多为细滴过渡。

2）短路过渡。由于强烈过热和磁收缩的作用使焊条或焊丝端部的熔滴爆断，直接向熔池过渡的形式称为短路过渡，如图 3–14b 所示。采用小电流焊接的同时降低电弧电压，可使电弧稳定，飞溅较小，形成良好的短路过渡。细丝（焊丝直径为 0.8 ~ 1.2 mm）CO_2 焊时，常采用短路过渡形式。焊条电弧焊时，碱性焊条在大电流范围内可呈滴状过渡和短路过渡。

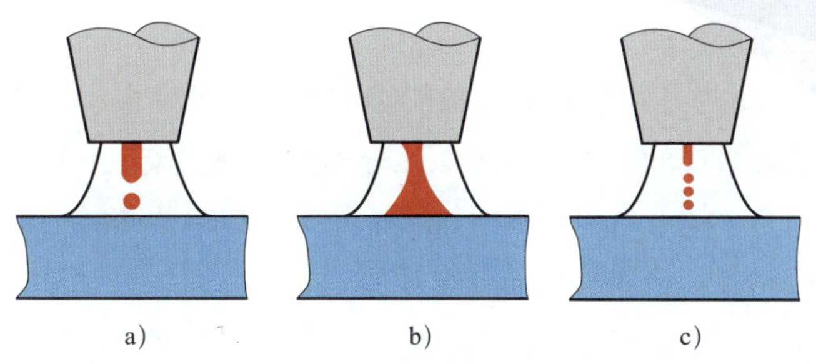

图 3–14　熔滴过渡的形式

a）粗滴过渡　b）短路过渡　c）喷射过渡

3）喷射过渡。熔滴呈细小颗粒并以喷射状态快速通过电弧空间向熔池过渡的形式称为喷射过渡，如图 3–14c 所示。采用氩气或富氩气体保护焊反极性焊接时，随焊接电流的逐渐增大，熔滴尺寸略有减小，当焊接电流达到某一临界电流值时，即出现喷射过渡。需要强调指出的是，除要求一定的电流密度外，产生喷射过渡还必须有一定的电弧长度（即电弧电压）。如果电弧长度太短（即电弧电压太低），即使电流较大，也不可能产生喷射过渡。

喷射过渡的特点是过渡频率高，熔滴以极细的颗粒沿电弧轴线高速射向熔池，发出“咝咝”声。喷射过渡具有电弧稳定、飞溅小、焊缝成形美观等优点。

二、焊条电弧焊原理及特点

1. 焊条电弧焊的原理

焊条电弧焊的原理如图 3–15 所示。开始焊接时，将焊条与焊件接触短路后立即提起焊条，引燃电弧。电弧的高温将焊条与焊件局部熔化，熔化了的焊芯以熔滴的形式过渡到局部熔化的焊件表面，熔合在一起形成熔池。焊条药皮在熔化过程中产生一定量的气体和液态熔渣，产生的气体充满在电弧和熔池周围，起隔绝空气、保护液态金属的作用。液态熔渣密度小，在熔池中不断上浮，覆盖在液态金属上面，也起着保护液态金属的作用。同时，药皮熔化产生的气体、熔渣与熔化了的焊芯、焊件发生一系列冶金反应，保证了所形成焊缝的性能。随着焊接电弧沿焊接方向不断移动，熔池液态金属逐步冷却结晶，形成焊缝。

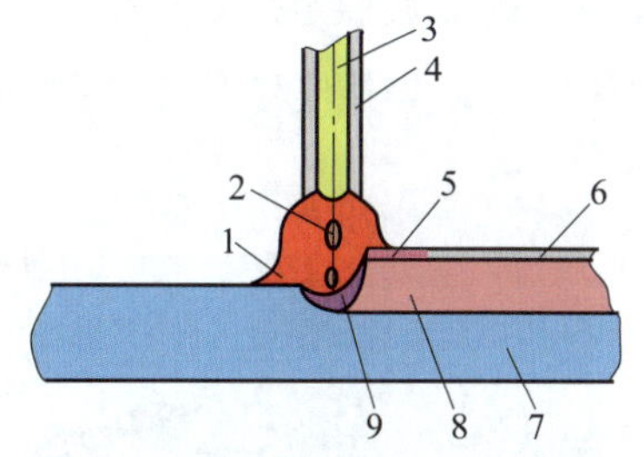

图 3–15　焊条电弧焊的原理

1—焊接电弧　2—金属熔滴　3—焊芯　4—焊条药皮　5—熔渣　6—焊渣　7—焊件　8—焊缝　9—熔池

2. 焊条电弧焊的特点

（1）焊条电弧焊的优点

1）工艺灵活，适应性强。对于不同的焊接位置、接头形式、焊件厚度的焊缝，只要焊条所能达到的任何位置，均能方便地进行焊接。对一些单件、小件、短的、不规则的空间任意位置的焊缝以及不易实现机

械化焊接的焊缝，更显得机动灵活，操作方便。

2）应用范围广泛。焊条电弧焊的焊条能够与大多数焊件金属性能相匹配，因此，接头的性能可以达到被焊金属的性能。焊条电弧焊不但能焊接碳钢、低合金钢、不锈钢及耐热钢，对于铸铁、高合金钢及有色金属等也可以用焊条电弧焊焊接。此外，焊条电弧焊还可以进行异种钢焊接和各种金属材料的堆焊等。

3）易于分散焊接应力及控制焊接变形。由于焊接是局部的不均匀加热，因此，焊件在焊接过程中都存在着焊接应力和变形。对结构复杂而焊缝又比较集中的焊件、长焊缝和大厚度焊件，其应力和变形问题更为突出。采用焊条电弧焊，可以通过改变焊接工艺，如采用跳焊、分段退焊、对称焊等方法，来减少变形及改善焊接应力的分布。

4）设备简单，成本较低。焊条电弧焊使用的交流焊机和直流焊机，其结构都比较简单，维护及保养也较方便；设备轻便，易于移动，且焊接中不需要辅助气体保护，并具有较强的抗风能力；投资少，成本相对较低。

（2）焊条电弧焊的缺点

1）焊接生产效率低，劳动强度大。由于焊条的长度是一定的，因此，每焊完一根焊条后必须停止焊接，更换新的焊条，而且每焊完一条焊道后要求清渣，焊接过程不能连续地进行，所以生产效率低，劳动强度大。

2）焊缝质量依赖性强。由于采用手工操作，焊缝质量主要靠焊工的操作技术和经验来保证，因此，焊缝质量在很大程度上依赖于焊工的操作技术及现场发挥，甚至焊工的精神状态也会影响焊缝质量。而且焊条电弧焊不适合活泼金属、难熔金属及薄板的焊接。

三、焊条电弧焊设备及工具

焊条电弧焊的焊接回路由弧焊电源（又称弧焊机）、焊接电缆、焊钳、焊条、焊接电弧和焊件等组成，如图 3–16 所示。其中，弧焊电源是焊条电弧焊的主要设备，它的作用是为焊接电弧稳定燃烧提供所需要的合适的电流和电压。焊接电弧是负载，弧焊电源为其提供电能，焊接电缆用于连接弧焊电源与焊钳、焊件。

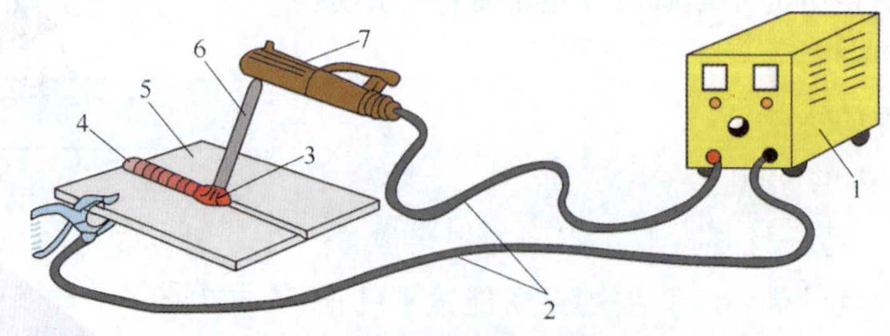

图 3–16　焊条电弧焊的焊接回路

1—弧焊电源　2—焊接电缆　3—焊接电弧　4—焊缝　5—焊件　6—焊条　7—焊钳

1. 焊条电弧焊对电源的要求

焊条电弧焊的电源是在焊接回路中为电弧提供电能的装置。它的基本原理与普通电源基本相同，但是在特性和结构上与普通电源却有着显著的区别。这是由焊接工艺特点所决定的。为使焊接电弧能够在要求的焊接电流下稳定燃烧，对弧焊电源有一定的性能要求。

（1）对弧焊电源外特性的要求

在电弧稳定燃烧状态下，弧焊电源输出电压与输出电流之间的关系称为弧焊电源的外特性。用来表示其关系的曲线称为弧焊电源的外特性曲线，如图 3-17 所示。弧焊电源的外特性基本上分为下降外特性、平特性和上升外特性三种类型。对于焊条电弧焊来说，弧焊电源必须有下降的外特性。

在焊接回路中，弧焊电源与电弧构成供电和用电系统。为了保证焊接电弧稳定燃烧和焊接参数稳定，电源外特性曲线与电弧静特性曲线必须相交。因为在交点，电源供给的电压和电流与电弧燃烧所需要的电压和电流相等，电弧才能燃烧。由于焊条电弧焊电弧静特性曲线的工作段在平特性区，因此，只有下降外特性曲线才与其有交点，如图 3-17 中的 A 点。因此，具有下降外特性曲线的电源才能满足焊条电弧焊的要求。

如图 3-18 所示为两种下降度不同的下降外特性曲线对焊接电流的影响情况。从图中可以看出，当弧长变化相同时，陡降外特性曲线 1 引起的电流偏差 ΔI_1 明显小于缓降外特性曲线 2 引起的电流偏差 ΔI_2，有利于焊接参数稳定。因此，焊条电弧焊应采用陡降外特性电源。

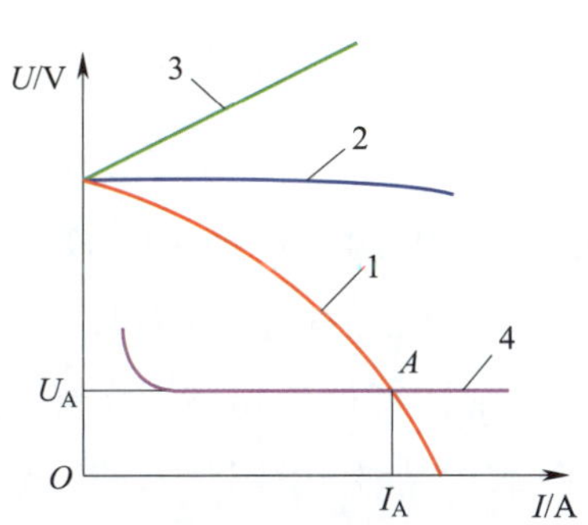

图 3-17 弧焊电源外特性与电弧静特性的关系

1—下降外特性 2—平外特性

3—上升外特性 4—电弧静特性

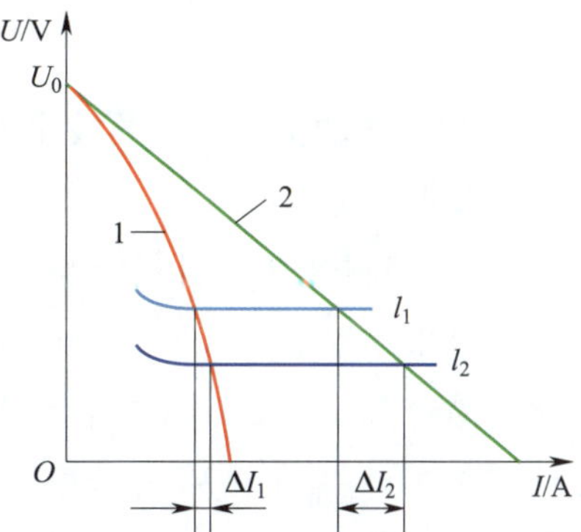

图 3-18 不同下降度的外特性曲线对焊接电流的影响

1—陡降外特性曲线 2—缓降外特性曲线

l_1—弧长为 l_1 时的静特性曲线

l_2—弧长为 l_2 时的静特性曲线

（2）对弧焊电源空载电压的要求

弧焊电源接通电网而焊接回路为开路时，弧焊电源输出端电压称为空载电压。为便于引弧，需要较高的空载电压，但空载电压过高，对焊工人身安全不利，制造成本也较高。

一般交流弧焊电源空载电压为 55 ~ 70 V，直流弧焊电源空载电压为 45 ~ 85 V。

（3）对弧焊电源短路电流的要求

当电极和焊件短路时，电压为零。此时，焊接电源输出的电流叫作短路电流。在引弧和熔滴过渡时，经常发生短路。如果短路电流过大，会使焊条过热，药皮脱落且飞溅增大，还会引起电源过载以致烧损的危险。相反，如果短路电流太小，则会使引弧和熔滴过渡产生困难。因此，对于下降外特性的弧焊电源，一般要求短路电流为焊接电流的 1.25 ~ 2.0 倍。

（4）对弧焊电源动特性的要求

在焊接过程中，焊条与焊件之间发生频繁的短路和重新引弧。如果焊机输出电流和输出电压不能适应电弧焊过程中的这些变化，电弧就不能稳定燃烧，很难得到质量良好的焊缝。弧焊电源的动特性是指弧焊电源适应焊接电弧变化的特性。动特性良好时，引弧容易，飞溅小，操作时会感到电弧柔和且富有弹性。因此，动特性是衡量弧焊电源质量的主要指标。

对弧焊电源动特性的具体要求如下：有合适的瞬时短路电流峰值；有较快的短路电流上升速度；能在极短的时间内完成短路到复燃的变化。

（5）对弧焊电源调节特性的要求

在焊接过程中，根据焊接材料的性质、厚度、焊接接头的形式、位置及焊条直径等的不同，需要选择不同的焊接电流。这就要求弧焊电源能在一定范围内对焊接电流进行均匀、灵活的调节，以利于保证焊接接头的质量。焊条电弧焊焊接电流的调节实质上是调节电源外特性。

2. 弧焊电源的型号及主要技术参数

（1）弧焊电源的型号

1）型号编制规则。国家标准《电焊机型号编制办法》（GB/T 10249—2010）规定，弧焊电源型号采用汉语拼音字母和阿拉伯数字表示，弧焊电源型号的编制规则如图 3–19 所示，主要由产品符号代码（包括大类名称 1、小类名称 2、附注特征 3 和系列序号 4，其含义见表 3–1）、基本规格 5、派生代号 6 和改进序号 7 组成。型号中的 1、2、3、6 项用汉语拼音字母表示；4、5、7 项用阿拉伯数字表示；3、4、6、7 项若不用时，可空缺。

①第 1 项，大类名称：B 表示弧焊变压器；A 表示弧焊发电机；Z 表示弧焊整流器。

②第 2 项，小类名称：X 表示下降特性；P 表示平特性；D 表示多特性。

③第 3 项，附注特征：如 E 表示交直流两用电源，M 表示脉冲电源。

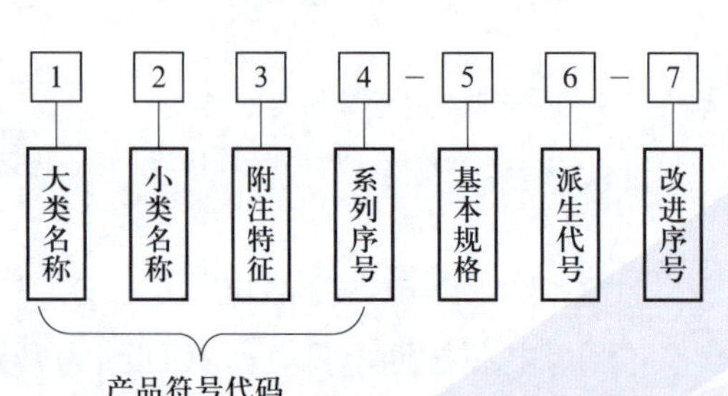

图 3–19　弧焊电源型号的编制规则

④第 4 项，系列序号：区别同小类名称的

各系列和品种。如弧焊变压器中“1”表示动铁心系列，“3”表示动圈系列；弧焊整流器中“1”表示动铁心系列，“3”表示动圈系列，“5”表示晶闸管系列，“7”表示逆变系列。

表 3-1　　弧焊电源部分产品符号代码的含义

第 1 项		第 2 项		第 3 项		第 4 项	
代表字母	大类名称	代表字母	小类名称	代表字母	附注特征	数字序号	系列序号
B	交流弧焊机（弧焊变压器）	X	下降特性	L	高空载电压	省略	磁放大器或饱和电抗器式
						1	动铁心式
						2	串联电抗器式
		P	平特性			3	动圈式
						4	
						5	晶闸管式
						6	变换抽头式
A	机械驱动的弧焊机（弧焊发电机）	X	下降特性	省略	电动机驱动	省略	直流
				D	单纯弧焊发电机	1	交流发电机整流
		P	平特性	Q	汽油机驱动	2	交流
				C	柴油机驱动		
		D	多特性	T	拖拉机驱动		
				H	汽车驱动		
Z	直流弧焊机（弧焊整流器）	X	下降特性	省略	一般电源	省略	磁放大器或饱和电抗器式
						1	动铁心式
				M	脉冲电源	2	
						3	动线圈式
		P	平特性	L	高空载电压	4	晶体管式
						5	晶闸管式
						6	变换抽头式
		D	多特性	E	交直流两用电源	7	逆变式

⑤第 5 项，基本规格：额定焊接电流，单位为安培（A）。

⑥第 6 项，派生代号：用汉语拼音字母表示。

⑦第 7 项，改进序号：按产品改进程序连续编号。

2）弧焊电源型号实例

① BX3-300：动圈式弧焊变压器，具有下降外特性，额定焊接电流为 300 A。

② ZX5-500：晶闸管式弧焊整流器，具有下降外特性，额定焊接电流为 500 A。

③ ZX7-400：逆变式弧焊整流器，具有下降外特性，额定焊接电流为 400 A。

（2）弧焊电源的技术参数

电焊机除了有规定的型号外，在其外壳上均标有铭牌，铭牌标明了焊机的名称、型号及各项主要技术参数，可供安装、使用、维护时参考。铭牌还标明了产品编号、生产年月、制造厂等。铭牌也是产品符合有关标准的合格证。

1）额定值。额定值即对焊接电源规定的使用限额，如额定电压、额定电流和额定功率等。焊工应按额定值合理地使用弧焊电源，若超过额定值工作则称为过载，过载容易使设备使用寿命缩短或损坏。在额定负载持续率下工作允许使用的最大焊接电流称为额定焊接电流。为保证焊机的温度不超过允许值，应根据弧焊电源的工作状态确定焊接电流大小。

2）负载持续率。负载持续率是指弧焊电源负载时间 t 与整个工作周期 T 的百分比，即负载持续率 $=\frac{t}{T}\times 100\%$。

500 A 以下的焊条电弧焊用弧焊电源的工作周期定为 5 min，如果在 5 min 内电源负载时间为 3 min，那么负载持续率为 60%。电焊机技术标准规定，焊条电弧焊电源的额定负载持续率为 60%。

对于弧焊电源来说，随着实际焊接（负载）时间的增加，间歇时间减少，负载持续率便会不断增高，弧焊电源就更容易发热，甚至烧毁。因此，焊工必须按规定的额定负载持续率来合理地使用弧焊电源。

3. 常用焊条电弧焊电源

（1）弧焊变压器

1）BX3-300 型弧焊变压器。BX3-300 型弧焊变压器属于动圈式，是生产中应用最广泛的一种交流弧焊机，其外形如图 3-20 所示。它是依靠一次绕组、二次绕组间漏磁获得陡降外特性的，其结构如图 3-21 所示。它有一个高而窄的口字形铁心，变压器的一次绕组分成两部分，固定在口字形铁心两铁心柱的底部；二次绕组也分成两部分，装在两铁心柱的上部，并固定于可动支架上，通过丝杆连接，转动手柄可使二次绕组上下移动，以改变一次绕组、二次绕组间的距离，从而调节焊接电流的大小。

焊接电流有两种调节方法，即粗调节和细调节。粗调节通过改变一次绕组、二次绕组的接线方法（接法 Ⅰ 或接法 Ⅱ），即通过改变一次绕组、二次绕组的匝数进行调节。当接成接法 Ⅰ 时，空载电压为 75 V，焊接电流调节范围为 40 ~ 125 A；当接成接法 Ⅱ 时，空载电压为 60 V，焊接电流调节范围为 115 ~ 400 A。

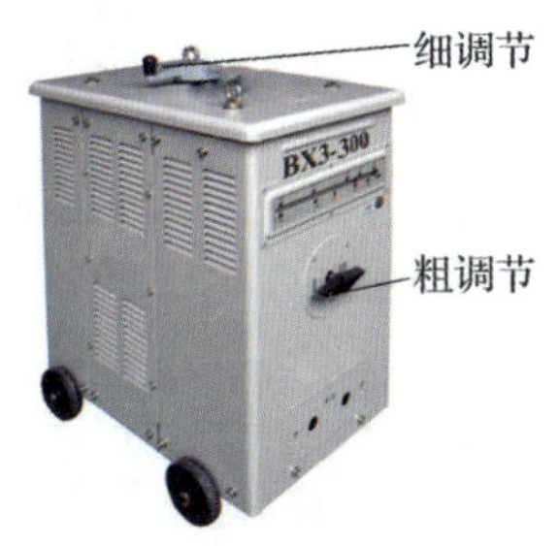

图 3-20　BX3-300 型弧焊变压器

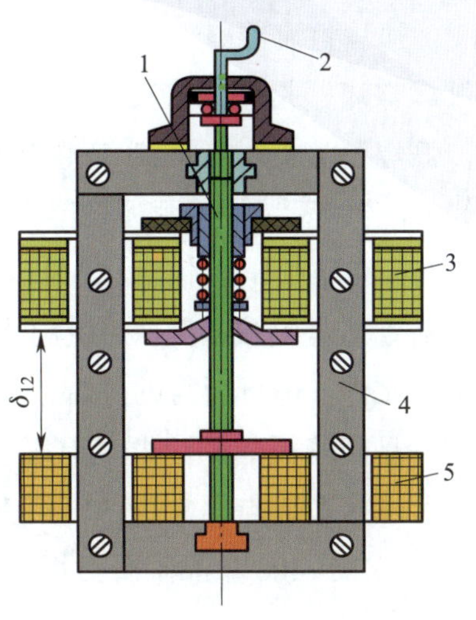

图 3-21　BX3-300 型弧焊变压器的结构

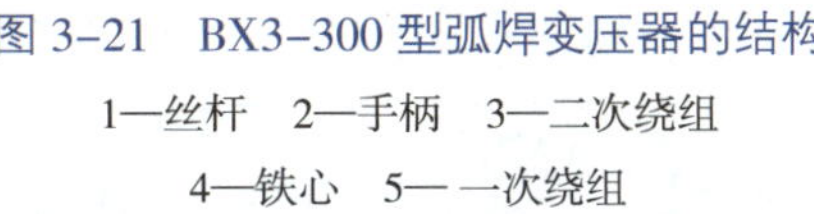

1—丝杆　2—手柄　3—二次绕组

4—铁心　5— 一次绕组

细调节通过手柄来改变一次绕组、二次绕组的距离进行调节，一次绕组、二次绕组距离增大，漏磁增加，焊接电流就减小；反之，焊接电流增大。

2）BX1-315 型弧焊变压器。BX1-315 型弧焊变压器是动铁心式弧焊变压器，它由一个口字形固定铁心Ⅰ和一个梯形活动铁心Ⅱ组成，活动铁心构成了一个磁分路，以增强漏磁，使焊机获得陡降外特性。它的一次绕组 W1 和二次绕组 W2 各自分成两半分别绕在变压器固定铁心上，一次绕组两部分串联接电源，二次绕组两部分并联接焊接回路。BX1-315 型弧焊变压器外形和电路结构如图 3-22a、b 所示。

BX1-315 型弧焊变压器的焊接电流调节方便，仅需移动铁心就可满足电流调节要求，其调节范围为 60 ~ 380 A，调节范围广泛。当活动铁心由里向外移动而离开固定铁心时，漏磁减少，则焊接电流增大；反之，焊接电流减小。焊接电流调节如图 3-23 所示。

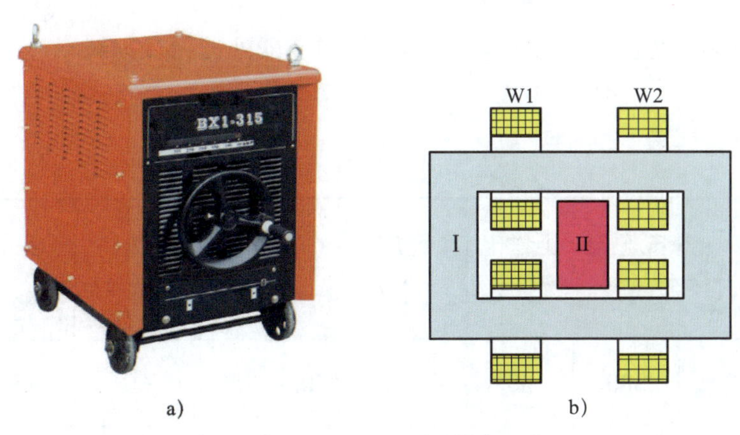

图 3-22　BX1-315 型弧焊变压器

a）外形　b）电路结构

（2）弧焊整流器

图 3–23　焊接电流调节

弧焊整流器是一种将交流电变压、整流转换成直流电的弧焊电源。弧焊整流器包括硅弧焊整流器、晶闸管弧焊整流器、晶体管弧焊整流器等。晶闸管弧焊整流器以其优异的性能已逐步代替了弧焊发电机和硅弧焊整流器，成为目前一种主要的直流弧焊电源。

晶闸管弧焊整流器是一种电子控制的弧焊电源，它用晶闸管作为整流元件，进行所需的外特性及焊接参数（如电流、电压等）的调节。晶闸管弧焊整流器具有耗材少、质量轻、节电、动特性及调节性能好等优点。常用的国产型号有 ZX5–250、ZX5–400、ZX5–630 等，其技术参数见表 3–2。ZX5–400 型晶闸管弧焊整流器外形如图 3–24 所示。

表 3–2　晶闸管弧焊整流器技术参数

产品型号	额定输入容量 /kW	电源电压 /V	工作电压 /V	额定焊接电流 /A	焊接电流调节范围 /A	负载持续率 /%	质量 /kg	主要用途
ZX5–250	14	380	21 ～ 30	250	25 ～ 250	60	150	适用于焊条电弧焊
ZX5–400	24	380	21 ～ 36	400	40 ～ 400	60	200	
ZX5–630	48	380	44	630	130 ～ 630	60	260	

（3）弧焊逆变器

图 3–24　ZX5–400 型晶闸管弧焊整流器

将直流电变换成交流电称为逆变，实现这种变换的装置叫作逆变器。为焊接电弧提供电能，并具有弧焊方法所要求性能的逆变器称为弧焊逆变器或逆变式弧焊电源。目前各类逆变式弧焊电源已应用于多种焊接方法，逐步成为更新换代的重要产品。常用的国产型号有 ZX7–250、ZX7–400 等，其技术参数见表 3–3。ZX7–400 型弧焊逆变器外形如图 3–25 所示。

表 3–3　弧焊逆变器技术参数

产品型号	额定输入容量 /kW	电源电压 /V	工作电压 /V	额定焊接电流 /A	焊接电流调节范围 /A	负载持续率 /%	质量 /kg	主要用途
ZX7–250	9.2	380	30	250	50 ～ 250	60	35	适用于焊条电弧焊或氩弧焊
ZX7–400	14	380	36	400	50 ～ 400	60	70	

弧焊逆变器的逆变系统主要有以下两种：

1）交流→直流→交流。

2）交流→直流→交流→直流。

通常，弧焊逆变器多采用后一种系统，故还可把弧焊逆变器称为逆变弧焊整流器。弧焊逆变器的优点是高效节能，效率可达 80% ~ 90%；质量轻，体积小，整机质量仅为传统弧焊电源的 1/10 ~ 1/5；具有良好的动特性和弧焊工艺性能；所有焊接参数均可无级调整；具有多种外特性，能适应各种弧焊方法，如焊条电弧焊、气体保护电弧焊、等离子弧焊、埋弧焊等，并适合作焊接机器人的弧焊电源。弧焊逆变器的缺点是设备复杂，维修需要较高技术等。

图 3-25　ZX7-400 型弧焊逆变器

4. 焊条电弧焊电源的选择

（1）根据焊接产品质量要求选择

焊接产品质量要求（如韧性、抗裂性等）较高且焊条为低氢钠型时，必须选择直流弧焊电源；焊接产品质量要求不高时，选择交流弧焊电源。

（2）根据焊件厚度和焊条的直径选择

焊件较厚且焊条直径较粗时，应选择输入容量较大的弧焊电源；焊件较薄且焊条直径较细时，应选择输入容量较小、电流调节范围下限较低的弧焊电源。

（3）根据弧焊电源的价格选择

因为交流弧焊电源比直流弧焊电源价格低，所以在满足使用条件的前提下，应尽量选择交流弧焊电源。

（4）交直流两用弧焊电源的选择

如果焊接工作量不大，且碱性焊条和酸性焊条都需要使用，可选用交直流两用弧焊电源。

5. 焊条电弧焊工具

（1）焊钳

焊钳是夹持焊条并传导电流以进行焊接的工具，如图 3-26 所示。它既能控制焊条的夹持角度，又能把焊接电流传输给焊条。目前，焊钳有 300 A 和 500 A 两种规格。

（2）面罩

面罩是防止焊接时的飞溅、弧光及熔池和焊件的高温对焊工面部和颈部造成损伤的一种遮蔽工具，有手持式（单手作业时使用）和头盔式（双手作业时使用）两种，如图 3-27a、b 所示。面罩正面开有长方形孔，内嵌防护白玻璃和滤光黑玻璃。滤光黑玻璃起减弱弧光和过滤红外线、紫外线的作用。滤光黑玻璃按亮度的深浅不同分为 6 个型号（7 ~ 12 号），号数越大，

图 3-26　焊钳

色泽越深。应根据年龄和视力情况选用，一般常用9 ~ 10号。防护白玻璃仅起保护黑玻璃的作用。

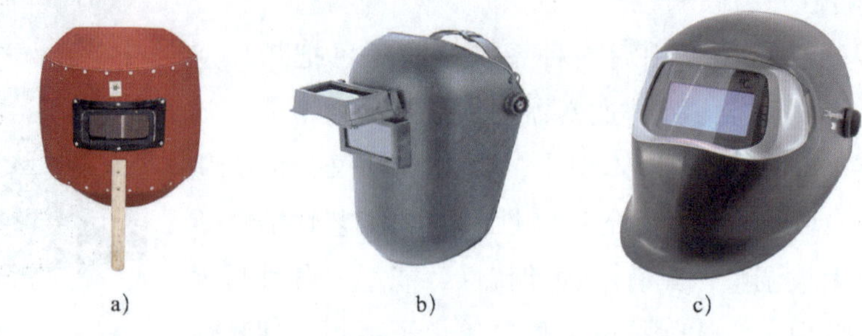

a）　　b）　　c）

图 3-27　焊接面罩

a）手持式面罩　b）头盔式面罩　c）光控面罩（头盔式）

目前，应用现代微电子和光控技术研制而成的光控面罩（头盔式）（见图 3-27c）在弧光产生的瞬间自动变暗，弧光熄灭的瞬间自动变亮，非常便于焊工的操作，但价格要比普通面罩高很多。

（3）焊条保温筒

焊条保温筒是焊接时不可缺少的工具，如图 3-28 所示，在焊接锅炉、压力容器时尤为重要。经过烘干后的焊条在使用过程中易再次受潮，从而使焊条的工艺性能变差，焊缝质量降低。因此，焊条从烘箱取出后，应储存在焊条保温筒内，在焊接时随用随取。

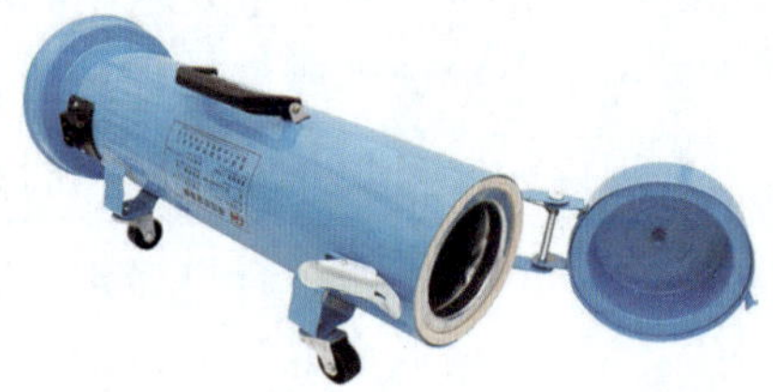

图 3-28　焊条保温筒

（4）焊接检验尺

焊接检验尺是一种精密量规，用来测量焊件的坡口角度、装配间隙、错边及焊缝的余高、焊缝宽度和角焊缝焊脚等。

焊接检验尺的测量用法如图 3-29 ~ 图 3-34 所示。

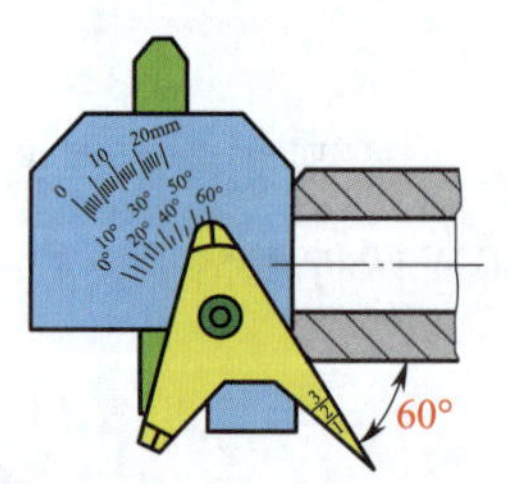

图 3-29　测量管子坡口角度

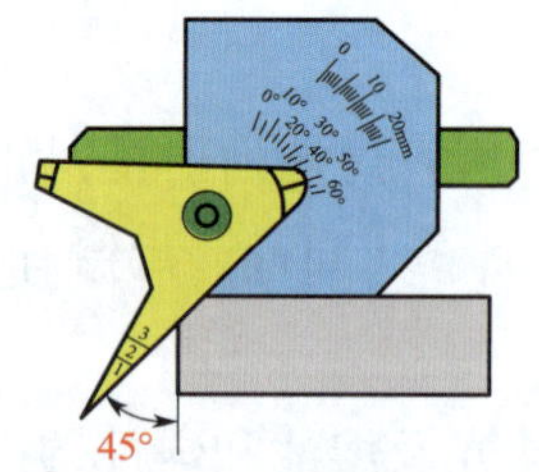

图 3-30　测量钢板坡口角度

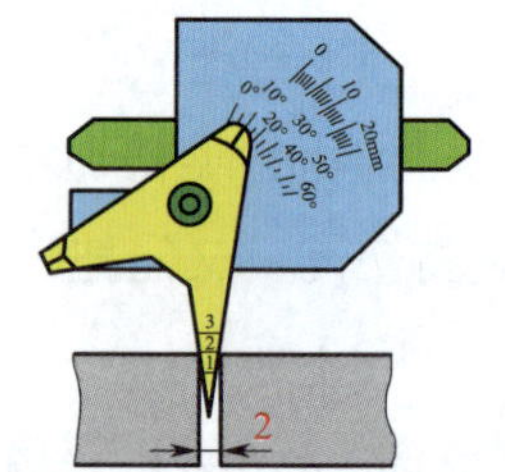

图 3-31　测量装配间隙

四、焊条电弧焊焊接材料

焊条是焊条电弧焊用的焊接材料。进行焊条电弧焊时，焊条既作为电极，又作为填充金属，熔化后与母材熔合形成焊缝。因此，焊条的性能将直接影响电弧的稳定性、焊缝金

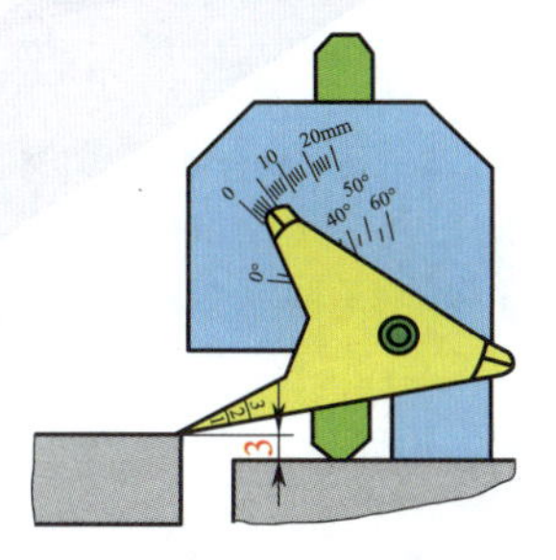

图 3–32　测量焊件错边

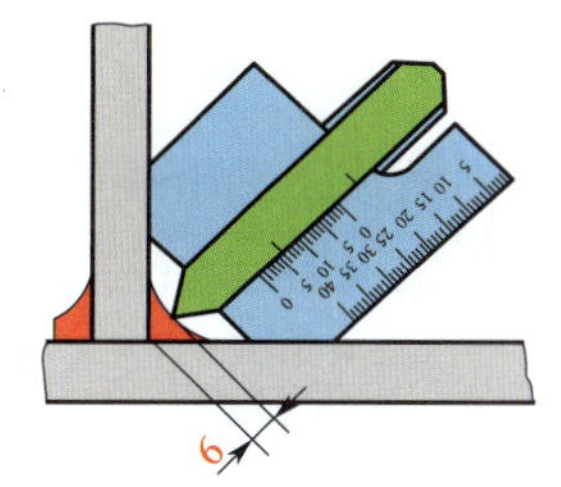

图 3–33　测量角焊缝厚度

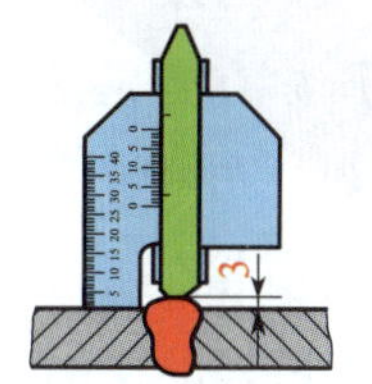

图 3–34　测量焊缝余高

属的化学成分、力学性能等。为了保证焊缝质量，要根据焊接的需要，依据焊条的组成、分类、牌号等要素，合理地选用焊条。

1. 焊条的组成及作用

焊条由焊芯和药皮组成，如图 3–35 所示。焊条端部（引弧端）药皮有 45°左右的倒角，以便于引弧，在尾部有一段裸焊芯（夹持端），长度（L_1）为 10 ~ 35 mm，便于焊钳夹持和导电。焊条长度（L）一般为 250 ~ 450 mm。焊条直径是以焊芯直径（d）来表示的，常用的有 2.0 mm、2.5 mm、3.2 mm、4.0 mm、5.0 mm 等几种规格。

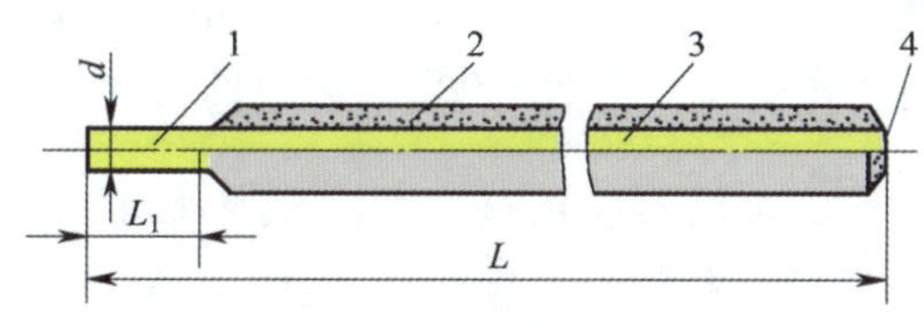

图 3–35　焊条的组成

1—夹持端　2—药皮　3—焊芯　4—引弧端

（1）焊芯

1）焊芯的作用。焊条中被药皮包覆的金属芯称为焊芯，焊芯一般是一根具有一定长度及直径的钢丝。焊接时，焊芯有两个作用：一是传导焊接电流，产生电弧把电能转换成热能；二是焊芯本身熔化作为填充金属与液态母材金属熔合形成焊缝。

进行焊条电弧焊时，焊芯金属占整个焊缝金属的 50% ~ 70%，所以焊芯的化学成分直接影响焊缝的质量。焊芯用的钢丝都是经特殊冶炼的，这种焊接专用钢丝用于制造焊条，就是焊芯。如果用于埋弧焊、电渣焊、气体保护电弧焊、气焊等作为填充金属时，则称为焊丝。

2）焊芯的牌号。碳素结构钢、合金结构钢焊芯（焊丝）符合国家标准《熔化焊用钢丝》（GB/T 14957—1994）的规定，不锈钢焊芯（焊丝）符合黑色冶金行业标准《焊接用不锈钢丝》（YB/T 5092—2016）的规定。焊芯（焊丝）的牌号编制方法如下：字母“H”表示焊丝；“H”后的两位（碳钢、低合金钢含量为万分率）或一位（不锈钢含量为千分率）数字表示含碳量的平均数；化学元素符号及其后面的数字表示该元素的近似含量，当其合金元素的含量低于 1% 时，该化学元素符号后面的数字可省略；尾部标有“A”或“E”时，分别表示“优质品”或“高级优质品”，表明硫、磷等有害杂质的含量更低。

焊芯（焊丝）牌号示例如图 3–36 所示。

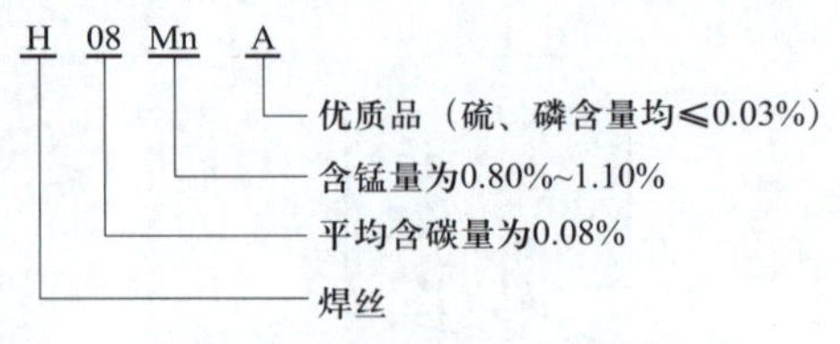

图 3–36　焊芯（焊丝）牌号示例

（2）药皮

压涂在焊芯表面的涂料层称为药皮。焊条药皮在焊接过程中起着极为重要的作用，是决定焊缝金属质量的主要因素之一。焊芯和药皮之间要有一个适当的比例，这个比例就是焊条药皮与焊芯（不包括夹持端）的质量比，称为药皮的质量系数，用 K_b 表示。K_b 值一般为 40% ~ 60%。

1）药皮的组成。焊条药皮由各种矿石粉末、铁合金粉、有机物和化工制品等原料组成。药皮组成物的成分相当复杂，一种焊条药皮的配方一般都由八九种以上的原料组成。焊条药皮组成物按其在焊接过程中的作用可分为稳弧剂、造渣剂、造气剂、脱氧剂、合金剂、黏结剂、增塑润滑剂七大类，其成分及作用见表 3–4。

表 3–4　焊条药皮组成物的名称、成分及主要作用

名称	组成成分	主要作用
稳弧剂	碳酸钾、碳酸钠、钾硝石、水玻璃及大理石或石灰石、花岗石、钛白粉等	改善焊条引弧性能，提高焊接电弧稳定性
造渣剂	钛铁矿、赤铁矿、金红石、长石、大理石、花岗石、萤石、菱苦土、锰矿、钛白粉等	能形成具有一定物理性能和化学性能的熔渣，产生良好的机械保护作用和冶金处理作用
造气剂	造气剂有无机物和有机物两类。无机物常用碳酸盐类矿物，如大理石、菱镁矿、白云石等；有机物常用木粉、纤维素、淀粉等	形成保护气氛，有效地保护焊缝金属，同时也有利于熔滴过渡
脱氧剂	锰铁、硅铁、钛铁等	对熔渣和焊缝金属脱氧
合金剂	铬、钼、锰、硅、钛、钨、钒的铁合金以及铬、锰等纯金属	向焊缝金属中渗入必要的合金成分，以补偿已经烧损或蒸发的合金元素，补加特殊性能要求的合金元素
黏结剂	水玻璃、酚醛树脂等	使药皮粉料在压涂过程中具有一定的黏性，使其能与焊芯牢固地粘接，并使焊条药皮在烘干后具有一定的强度
增塑润滑剂	云母、合成云母、滑石粉、白土、二氧化钛、白泥、木粉、膨润土、碳酸钠、海泡石、绢云母等	增加药皮粉料在焊条压涂过程中的塑性、滑性及流动性，提高焊条的压涂质量，减小偏心度

2）药皮的作用。焊条药皮的作用见表 3–5。

表 3–5　焊条药皮的作用

作用	具体内容
机械保护	利用焊条药皮熔化后产生的大量气体和形成的熔渣，起隔离空气作用，防止空气中的氧气、氮气侵入，保护熔滴和熔池金属
冶金处理	通过熔渣与熔化金属的冶金反应，除去有害杂质（如氧、氢、硫、磷等）及添加有益元素，使焊缝获得符合要求的力学性能
改善焊接工艺性能	提高电弧燃烧的稳定性，减少飞溅，易脱渣，改善熔滴过渡和焊缝成形，提高熔敷效率

焊条药皮中的许多物质往往同时可起几种作用。例如，大理石既有稳弧作用，又是造气剂和造渣剂。某些铁合金（如锰铁、硅铁等）既可作为脱氧剂，又可作为合金剂。水玻璃虽然主要作为黏结剂，但实际上也是稳弧剂和造渣剂。

3）药皮的类型。为了适应各种工作条件下材料的焊接对不同的焊芯和焊缝的要求，焊条药皮必须具有一定的特性。药皮中的主要成分不同，焊条的工艺性能和其他性能及特点也不同。如果焊芯牌号相同，但是涂的药皮类型不同，则焊条的性能也不同。

常用的药皮类型、主要成分、性能特点、适用的焊接位置、电源及极性见表 3–6。

表 3–6　常用的药皮类型、主要成分、性能特点、适用的焊接位置、电源及极性

药皮类型	药皮主要成分	性能特点	适用的焊接位置、电源及极性
钛铁矿型	30% 以上的钛铁矿	熔渣流动性良好，电弧吹力较大，熔深较深，熔渣覆盖良好，脱渣容易，飞溅一般，焊波整齐	焊接电流为交流或直流正、反接，适用于全位置焊接
钛钙型	30% 以上的氧化钛和 20% 以下的钙或镁的碳酸盐矿	熔渣流动性良好，脱渣容易，电弧稳定，熔深适中，飞溅少，焊波整齐，成形美观	焊接电流为交流或直流正、反接，适用于全位置焊接
高纤维素钠型	大量的有机物及氧化钛	焊接时有机物分解，产生大量气体，熔化速度快，电弧稳定，熔渣少，飞溅一般	焊接电流为直流反接，适用于全位置焊接

续表

药皮类型	药皮主要成分	性能特点	适用的焊接位置、电源及极性
高钛钠型	35% 以上的氧化钛及少量的纤维素、锰铁、硅酸盐和钠水玻璃等	电弧稳定，再引弧容易。脱渣容易，焊波整齐，成形美观	焊接电流为交流或直流正接
低氢钠型	碳酸盐矿和萤石	焊接工艺性能一般，熔渣流动性好，焊波较粗，熔深中等，脱渣性较好。焊接时要求焊条干燥，并采用短弧。该类焊条的熔敷金属具有良好的抗裂性能和力学性能	可全位置焊接，焊接电流为直流反接
低氢钾型	在低氢钠型焊条药皮的基础上添加了稳弧剂，如钾水玻璃等	电弧稳定，工艺性能、焊接位置与低氢钠型焊条相似，焊接电流为交流或直流反接。该类焊条的熔敷金属具有良好的抗裂性能和力学性能	可全位置焊接，焊接电流为交流或直流反接
氧化铁型	大量氧化铁及较多的锰铁	焊条熔化速度快，焊接生产效率高，电弧燃烧稳定，再引弧容易，熔深较深，脱渣性好，焊缝金属抗裂性好。但飞溅稍大，不适宜焊接薄板	只适用于平焊及平角焊，焊接电流为交流或直流正接

2. 焊条的分类

（1）按焊条的用途分类

焊条按用途不同可分为非合金钢及细晶粒钢焊条、热强钢焊条、高强钢焊条、不锈钢焊条、堆焊焊条、铸铁焊条、铜及铜合金焊条、铝及铝合金焊条、镍及镍合金焊条等。

（2）按焊条药皮熔化后的熔渣特性分类

焊条可分为酸性焊条和碱性焊条两大类。

1）酸性焊条。焊条药皮熔化后的熔渣主要以酸性氧化物组成的焊条称为酸性焊条，钛铁矿型、钛钙型、纤维素型（如高纤维素钾型）、氧化钛型（如高钛钠型）及氧化铁型等药皮类型的焊条为酸性焊条。酸性焊条的突出特点是焊接工艺性能好，容易引弧，电弧稳定，脱渣性好，飞溅小，对弧长不敏感，焊前准备要求低，焊缝成形好，而且价格较低，广泛用于焊接低碳钢和不太重要的钢结构。

2）碱性焊条。焊条药皮熔化后的熔渣主要以碱性氧化物组成的焊条称为碱性焊条，低氢钠型和低氢钾型药皮类型的焊条为碱性焊条。碱性焊条的突出特点是工艺性能差，引弧较困难，电弧稳定性差，飞溅较大，焊缝成形稍差，鱼鳞纹较粗，不易脱渣。但焊缝金属的力学性能和抗裂性均较好，可用于合金钢和重要碳钢结构的焊接。

碱性焊条的力学性能、抗裂纹性能优于酸性焊条，而酸性焊条的工艺性能优于碱性焊条。

酸性焊条和碱性焊条的性能对比见表 3–7。

表 3–7　　酸性焊条和碱性焊条的性能对比

比较的内容	酸性焊条	碱性焊条
焊机电源类型	交、直流电源（大多数情况用交流电源焊接）	直流反接电源（除 E4316、E5016 外）
对水、铁锈产生气孔的敏感性	不敏感	比较敏感
焊前对焊件表面的清洁要求	不高	高
焊前烘干温度和时间要求	使用前须经 75 ~ 150 ℃烘干，保温 1 ~ 2 h	使用前须经 350 ~ 400 ℃烘干，保温 1 ~ 2 h
药皮颜色	灰暗	白亮
焊接电流的大小	较大	焊接电流约小 10%（与同样规格的酸性焊条相比）
电弧稳定性	稳定	不够稳定
操作特点	可长弧操作	短弧操作（否则易引起气孔）
焊接烟尘	量少	量多
焊渣特点	脱渣较方便	坡口内第一层脱渣较困难，以后各层脱渣较容易

3. 常用焊条型号的编制方法

（1）非合金钢及细晶粒钢焊条

国家标准《非合金钢及细晶粒钢焊条》（GB/T 5117—2012）规定，非合金钢及细晶粒钢焊条型号由以下五部分组成：

1）第一部分用字母“E”表示焊条。

2）第二部分为字母“E”后面紧邻的两位数字，表示熔敷金属的最小抗拉强度代号，见表 3–8。

表 3–8　非合金钢及细晶粒钢焊条熔敷金属抗拉强度代号

抗拉强度代号	最小抗拉强度值 /MPa
43	430
50	490
55	550
57	570

3）第三部分为字母“E”后面的第三、第四位数字，表示药皮类型、焊接位置和电流类型，见表 3–9。

表 3–9　非合金钢及细晶粒钢焊条的药皮类型、焊接位置和电流类型代号

代号	药皮类型	焊接位置[a]	电流类型
03	钛型	全位置[b]	交流和直流正、反接
10	纤维素	全位置	直流反接
11	纤维素	全位置	交流和直流反接
12	金红石	全位置[b]	交流和直流正接
13	金红石	全位置[b]	交流和直流正、反接
14	金红石 + 铁粉	全位置[b]	交流和直流正、反接
15	碱性	全位置[b]	直流反接
16	碱性	全位置[b]	交流和直流反接
18	碱性 + 铁粉	全位置[b]	交流和直流反接
19	钛铁矿	全位置[b]	交流和直流正、反接
20	氧化铁	PA、PB	交流和直流正接
24	金红石 + 铁粉		交流和直流正、反接
27	氧化铁 + 铁粉		交流和直流正、反接
28	碱性 + 铁粉	PA、PB、PC	交流和直流反接
40	不做规定	由制造商确定	
45	碱性	全位置	直流反接
48	碱性	全位置	交流和直流反接

a 焊接位置见国家标准《焊缝　工作位置　倾角和转角的定义》（GB/T 16672—1996），其中，PA=平焊，PB=平角焊，PC=横焊。

b 此处“全位置”并不一定包含向下立焊，由制造商确定。

4）第四部分为熔敷金属化学成分分类代号，可为“无标记”或短线“–”后的字母、数字或字母和数字的组合，见表 3–10。

表 3-10　非合金钢及细晶粒钢焊条熔敷金属化学成分分类代号

分类代号	主要化学成分的名义含量（质量分数）/%				
	w（Mn）	w（Ni）	w（Cr）	w（Mo）	w（Cu）
无标记、-1、-P1、-P2	1.0	—	—	—	—
-1M3	—	—	—	0.5	—
-3M2	1.5	—	—	0.4	—
-3M3	1.5	—	—	0.5	—
-N1	—	0.5	—	—	—
-N2	—	1.0	—	—	—
-N3	—	1.5	—	—	—
-3N3	1.5	1.5	—	—	—
-N5	—	2.5	—	—	—
-N7	—	3.5	—	—	—
-N13	—	6.5	—	—	—
-N2M3	—	1.0	—	0.5	—
-NC	—	0.5	—	—	0.4
-CC	—	—	0.5	—	0.4
-NCC	—	0.2	0.6	—	0.5
-NCC1	—	0.6	0.6	—	0.5
-NCC2	—	0.3	0.2	—	0.5
-G	其他成分				

5）第五部分为熔敷金属化学成分分类代号之后的焊后状态代号，其中“无标记”表示焊态，“P”表示热处理状态，“AP”表示焊态和焊后热处理两种状态均可。

非合金钢及细晶粒钢焊条型号示例如图 3-37a、b 所示。

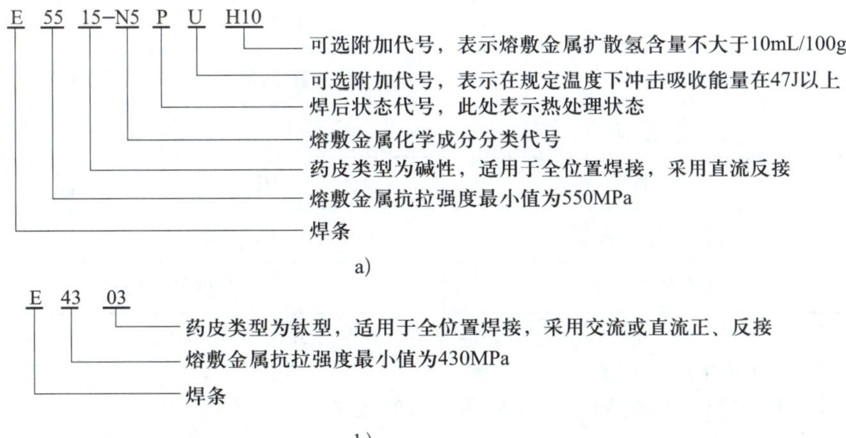

图 3-37　非合金钢及细晶粒钢焊条型号示例

a）示例 1　b）示例 2

（2）热强钢焊条

国家标准《热强钢焊条》（GB/T 5118—2012）规定，热强钢焊条型号由以下四部分组成：

1）第一部分用字母“E”表示焊条。

2）第二部分为字母“E”后面紧邻的两位数字，表示熔敷金属的最小抗拉强度代号，见表 3–11。

表 3–11　　热强钢焊条熔敷金属抗拉强度代号

抗拉强度代号	最小抗拉强度值 /MPa
50	490
52	520
55	550
62	620

3）第三部分为字母“E”后面的第三、第四位数字，表示药皮类型、焊接位置和电流类型，见表 3–12。

表 3–12　　热强钢焊条的药皮类型、焊接位置和电流类型代号

代号	药皮类型	焊接位置[a]	电流类型
03	钛型	全位置[c]	交流和直流正、反接
10[b]	纤维素	全位置	直流反接
11[b]	纤维素	全位置	交流和直流反接
13	金红石	全位置[c]	交流和直流正、反接
15	碱性	全位置[c]	直流反接
16	碱性	全位置[c]	交流和直流反接
18	碱性 + 铁粉	全位置（PG 除外）	交流和直流反接
19[b]	钛铁矿	全位置[c]	交流和直流正、反接
20[b]	氧化铁	PA、PB	交流和直流正接
27[b]	氧化铁 + 铁粉	PA、PB	交流和直流正接
40	不做规定	由制造商确定	

a 焊接位置见 GB/T 16672—1996，其中，PA= 平焊，PB= 平角焊，PG= 向下立焊。

b 仅限于熔敷金属化学成分分类代号 1M3。

c 此处“全位置”并不一定包含向下立焊，由制造商确定。

4）第四部分为短线后的字母、数字或字母和数字的组合，表示熔敷金属的化学成分分类代号，见表 3–13。

表 3–13　　热强钢焊条熔敷金属化学成分分类代号

分类代号	主要化学成分的名义含量（质量分数）/%
–1M3	此类焊条中含有 Mo，Mo 是在非合金钢焊条基础上唯一添加的合金元素。数字 1 约等于名义上含钼量两倍的整数，字母“M”表示 Mo，数字 3 表示 Mo 的名义含量，大约为 0.5%
–×C×M×	对于含铬—钼的热强钢，标识“C”前的整数表示 Cr 的名义含量，“M”前的整数表示 Mo 的名义含量。对于 Cr 或者 Mo，如果名义含量少于 1%，则字母前不标记数字。如果在 Cr 和 Mo 之外还加入了 W、V、B、Nb 等合金成分，则按照此顺序，加于铬和钼标记之后。标识末尾的“L”表示含碳量较低。最后一个字母后的数字表示成分有所改变
–G	其他成分

热强钢焊条型号示例如图 3–38 所示。

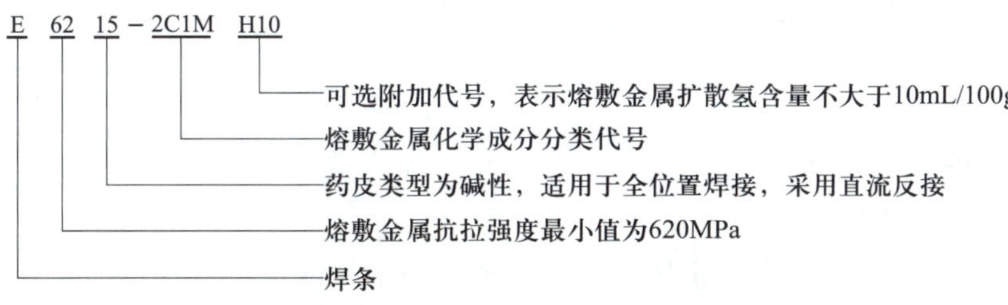

图 3–38　热强钢焊条型号示例

（3）不锈钢焊条

国家标准《不锈钢焊条》（GB/T 983—2012）规定，不锈钢焊条型号由以下四部分组成：

1）第一部分用字母“E”表示焊条。

2）第二部分为“E”后面的数字，表示熔敷金属化学成分分类。数字后面的“L”表示含碳量低，“H”表示含碳量高。如有其他特殊要求的化学成分，该化学成分用元素符号表示，放在数字后面。

3）第三部分为短线“–”后的第一位数字，表示焊接位置，其代号见表 3–14。

表 3–14　　焊接位置代号

代号	焊接位置[a]
–1	PA、PB、PD、PF
–2	PA、PB
–4	PA、PB、PD、PF、PG

a 焊接位置见 GB/T 16672—1996，其中，PA= 平焊，PB= 平角焊，PD= 仰角焊，PF= 向上立焊，PG= 向下立焊。

4）第四部分为最后一位数字，表示药皮类型和电流类型，见表 3–15。

表 3–15　焊条药皮类型和电流类型

代号	药皮类型	电流类型
5	碱性	直流
6	金红石	交流和直流 [a]
7	钛酸型	交流和直流 [b]

a 46 型采用直流焊接。

b 47 型采用直流焊接。

不锈钢焊条型号示例如图 3–39 所示。

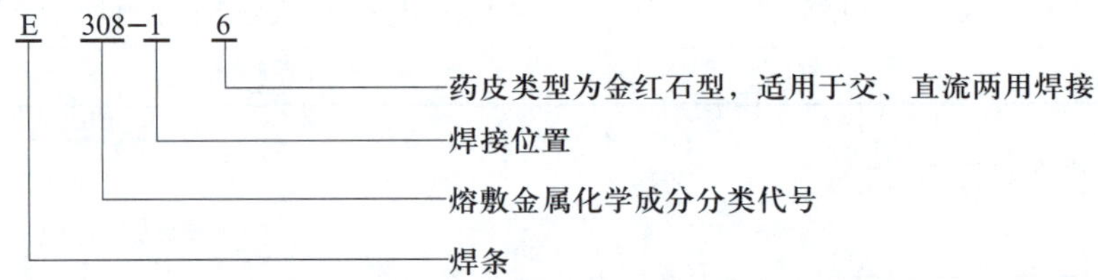

图 3–39　不锈钢焊条型号示例

4. 焊条的选用及使用

（1）焊条的选用原则

1）等强度原则。对于承受静载荷或一般载荷的工件或结构，通常选用抗拉强度与母材相等的焊条。例如，20 钢抗拉强度在 400 MPa 左右，可以选用 E43 系列的焊条。

2）同等性能原则。在特殊环境下工作（如耐磨、耐腐蚀、耐高温或低温等）的结构要求具有较高的力学性能，则应选用能保证熔敷金属的性能与母材相同或相近的焊条。例如，焊接不锈钢时应选用不锈钢焊条。

3）等条件原则。根据焊件或焊接结构的工作条件和特点选择焊条。例如，焊件需要承受动载荷或冲击载荷，应选用熔敷金属冲击韧度较高的低氢型碱性焊条；反之，焊接一般结构时应选用酸性焊条。

（2）焊条的外观检查

为了保证焊缝的质量，在使用焊条前须对其烘干并进行外观检查。

对焊条进行外观检查是为了避免由于使用了不合格的焊条而造成焊缝质量的不合格。外观检查包括以下几个方面：

1）偏心。偏心是指焊条药皮沿焊芯直径方向偏心的程度，如图 3–40 所示。焊条若偏心，则表明焊条沿焊芯直径方向的药皮厚度有差异。这样，焊接时焊条药皮熔化速度不同，无法形成正常的套筒，因此，在焊接时产生电弧的偏吹，使

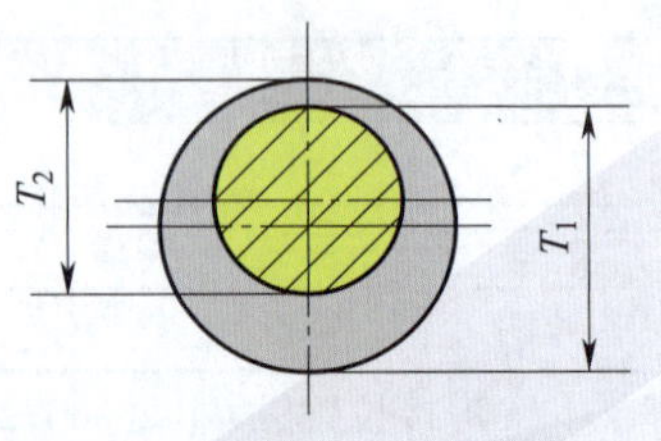

图 3–40　焊条偏心

电弧不稳定，造成母材熔化不均匀，影响焊缝质量。所以，应尽量不使用偏心的焊条。

焊条的偏心度可用下式计算：

$$焊条偏心度 = \frac{2(T_1-T_2)}{T_1+T_2} \times 100\%$$

式中 T_1——焊条截面药皮层最大厚度＋焊芯直径，mm；

T_2——同一截面药皮层最小厚度＋焊芯直径，mm。

国家标准规定，直径不大于 2.5 mm 的焊条，其偏心度应不大于 7%；直径为 3.2 mm 和 4.0 mm 的焊条，其偏心度应不大于 5%；直径不小于 5 mm 的焊条，其偏心度应不大于 4%。

2）锈蚀。一般来说，若焊芯仅有轻微的锈迹，基本上不影响性能。但是如果焊接质量要求高时，就不宜使用。若焊条锈迹严重就不宜使用，至少也应降级使用或只能用于一般结构件的焊接。

3）药皮裂纹及脱落。药皮在焊接过程中起着很重要的作用，如果药皮出现裂纹甚至脱落，则直接影响焊缝质量。因此，对于药皮脱落的焊条，不应使用。

（3）焊条的烘干

焊条在出厂时都有一定的含水量，焊条的型号不同，其含水量也不一样。但是焊条在存放时会从空气中吸收水分，普通碱性焊条裸露在外面一天，受潮就很严重。受潮的焊条在使用中很不利，不仅会使焊接工艺性能变差，而且也影响焊接质量，容易产生氢致裂纹、气孔等缺欠，造成电弧不稳定，飞溅增多，烟尘增大等。因此，焊条在使用前必须烘干，特别是碱性焊条更要注意烘干。

焊条烘干温度、时间应严格依据标准要求，并做好温度、时间记录，烘干温度不宜过高或过低。温度过高，会使焊条中一些成分发生氧化，过早分解，从而失去保护等作用；温度过低，焊条中的水分就不能完全蒸发掉。此外，还要注意温度、时间配合问题，烘干温度和时间相比，温度较为重要，如果烘干温度过低，即使延长烘干时间，其烘干效果也不佳。

酸性焊条药皮中一般有含结晶水的物质和有机物，在烘干时，应以除去药皮中的吸附水而不使有机物分解变质为原则。因此，烘干温度不能太高，一般规定为 75 ~ 150 ℃，保温时间为 1 ~ 2 h；碱性焊条在空气中极易吸潮，而且药皮中没有有机物，因此，烘干温度应比酸性焊条高，一般为 350 ~ 450 ℃，保温时间为 1 ~ 2 h。焊条累计烘干次数一般不宜超过三次。

五、焊条电弧焊焊接参数

焊接参数是指焊接时为保证焊接质量而选定的各项参数（如焊接电流、电弧电压、焊接速度、线能量等）的总称。

焊条电弧焊的焊接参数主要包括焊条直径、焊接电流、电弧电压、焊接速度、焊接层数、电源种类和极性等。焊接参数选择得正确与否，直接影响到焊缝的形状、尺寸、焊接质量和生产效率。正确选择焊接参数是获得质量优良的焊缝和较高的生产效率的关键。

1. 焊条直径

在实际生产中，为了提高生产效率，应尽可能选用较大直径的焊条，但是用直径过大的焊条焊接，会造成未焊透或焊缝成形不良，因此，必须正确选择焊条的直径。焊条直径的选择与下列因素有关：

（1）焊件的厚度

厚度较大的焊件应选用直径较大的焊条；反之，薄焊件的焊接则应选用小直径的焊条。焊条直径与焊件厚度的关系见表 3–16。

表 3–16　　焊条直径与焊件厚度的关系　　mm

焊件厚度	≤ 1.5	2.0	3.0	4.0 ~ 5.0	6.0 ~ 12	≥ 12
焊条直径	1.5	2.0	3.2	3.2 ~ 4.0	4.0 ~ 5.0	4.0 ~ 6.0

（2）焊缝的位置

在板厚相同的条件下，焊接平焊缝用的焊条直径应比其他位置的大一些，但一般不超过 5.0 mm；立焊一般使用 ϕ3.2 mm、ϕ4.0 mm 的焊条；仰焊、横焊时，为避免熔化金属下淌，能够得到较小的熔池，选用的焊条直径不超过 4.0 mm。

（3）焊接层次

进行多层焊时，为保证第一层焊道根部焊透，打底层焊接应选用直径较小的焊条，以后各层可选用较大直径的焊条。

（4）接头形式

搭接接头、T 形接头因不存在全焊透问题，所以应选用较大的焊条直径，以提高生产效率。

2. 焊接电流

焊接时，流经焊接回路的电流称为焊接电流，焊接电流的大小直接影响焊接质量和焊接生产效率。

焊接时，适当加大焊接电流，可以加快焊条的熔化速度，从而提高工作效率。但是过大的焊接电流会使焊缝产生咬边、焊瘤、烧穿等缺欠，而且金属组织还会因过热发生性能变化。如果焊接电流过小，则易造成夹渣、未焊透等缺欠，降低焊接接头的力学性能。所以应选择合适的焊接电流。选择焊接电流的主要依据是焊条直径、焊缝位置、焊条类型、焊接层次等，也可凭焊接经验调节到合适的焊接电流。

（1）根据焊条直径选择

不同的焊条直径均有不同的许用焊接电流范围。如果超出焊接电流许用范围，就会直接影响焊件的力学性能。

每种直径的焊条都有一个最合适的电流范围，表 3–17 列出了各种直径焊条使用的焊接电流参考值。还可以根据下列经验公式来确定焊接电流范围，再通过试焊，逐步得到合适的焊接电流。

$$I_h=(30\sim55)d$$

式中 I_h——焊接电流，A；

d——焊条直径，mm。

表 3–17　　各种直径焊条使用的焊接电流参考值

焊条直径 /mm	1.6	2.0	2.5	3.2	4.0
焊接电流 /A	25 ~ 40	40 ~ 65	50 ~ 80	100 ~ 130	160 ~ 210

（2）根据焊缝位置选择

在焊条直径相同的条件下，平焊时熔池中的熔化金属容易控制，可以适当地选择较大的焊接电流；立焊和横焊时的焊接电流应比平焊时减小 10% ~ 15%；而仰焊时的焊接电流要比平焊时减小 10% ~ 20%。

（3）根据焊条类型选择

在焊条直径相同时，奥氏体不锈钢焊条使用的焊接电流要比非合金钢及细晶粒钢焊条小些；否则，会因其焊芯电阻热过大，使焊条药皮过热而脱落。碱性焊条使用的焊接电流要比酸性焊条小些；否则，焊缝中易形成气孔。

（4）根据焊接层次选择

焊接打底层，特别是单面焊双面成形时，为保证背面焊缝质量，常使用较小的焊接电流；焊接填充层时，为提高生产效率，保证熔合良好，常使用较大的焊接电流；焊接盖面层时，为防止咬边和保证焊缝成形，使用的焊接电流应比焊接填充层稍小些。

（5）根据焊接经验选择

在实际工作中，还可以凭经验从以下几个方面来判断焊接电流大小是否合适：

1）听响声。焊接时可以从电弧的响声来判断电流的大小。当焊接电流较大时，发出“哗哗”的声音，犹如大河流水一样；当电流较小时，发出“沙沙”的声音，同时夹杂着清脆的“劈啪”声。

2）观察飞溅状态。电流过大时，电弧吹力大，有较大颗粒的熔滴向熔池外飞溅，且焊接时爆裂声大，焊件表面不干净；电流太小时，焊条熔化慢，电弧吹力小，熔渣和熔液很难分离。

3）观察焊条熔化状况。电流过大时，在焊条连续熔掉大半根后，可以发现剩余部分产生发红现象；电流过小时，电弧燃烧不稳定，焊条容易粘在焊件上。

4）看熔池形状。电流较大时，椭圆形熔池长轴较长；电流较小时，熔池呈扁形；电流适中时，熔池呈鸭蛋形。

5）检查焊缝成形状况。电流过大时，焊缝熔敷金属低，熔深较深，易产生咬边；电流过小时，焊缝熔敷金属窄而高，且两侧与母材结合不良；电流适中时，焊缝熔敷金属高度适中，焊缝两侧与母材结合得很好。

3. 电弧电压

焊条电弧焊的电弧电压主要由电弧长度来决定。电弧长，电弧电压高；电弧短，电弧电压低。

在焊接过程中，如果电弧过长，则电弧燃烧不稳定，飞溅增多，焊缝成形不易控制。尤其对熔化金属的保护不利，有害气体的侵入将直接影响焊缝金属的力学性能。因此，应该使用短弧焊接。短弧即焊接时的弧长为焊条直径的 0.5 ～ 1.0 倍。

4. 焊接速度

单位时间内完成的焊缝长度称为焊接速度。焊接速度应该均匀、适当，既要保证焊透，又要保证不烧穿。如果焊接速度过慢，使高温停留时间增加，热影响区宽度增大，焊接接头的晶粒变粗，力学性能降低，同时使变形量增大。当焊接较薄焊件时，则易烧穿。如果焊接速度过快，熔池温度不够，易造成未焊透、未熔合、焊缝成形不良等缺欠。焊接速度直接影响焊接生产效率，所以，应该在保证焊缝质量的基础上采用较大的焊条直径和焊接电流，同时，根据具体情况适当加快焊接速度，以保证在获得焊缝的高低和宽窄一致的条件下提高焊接生产效率。

5. 焊接层数

当焊件较厚时，往往采用多层焊。多层焊时，后层焊道对前层焊道重新加热和部分熔合，可以消除前层焊道存在的偏析、夹渣及一些气孔。同时，后层焊道还对前层焊道有热处理作用，能改善焊缝的金属组织，提高焊缝的力学性能。因此，一些重要的结构应采用多层焊，每层厚度一般不大于 4 mm。

6. 电源种类和极性

（1）电源种类

采用交流电源焊接时，电弧稳定性差。采用直流电源焊接时，电弧稳定，飞溅少，但电弧磁偏吹比交流电源严重。低氢钠型焊条稳弧性差，通常必须采用直流电源。用小电流焊接薄板时，也常用直流电源，因为引弧比较容易，电弧比较稳定。

（2）极性

极性是指在直流电弧焊或电弧切割时焊件的极性。焊件与电源输出端正、负极的接法有正接和反接两种。正接是指焊件接电源正极、焊条接电源负极的接线法，正接又称正极性；反接是指焊件接电源负极、焊条接电源正极的接线法，反接又称反极性，如图 3–41 所示。对于交流电源来说，由于极性是交变的，因此不存在正接和反接。

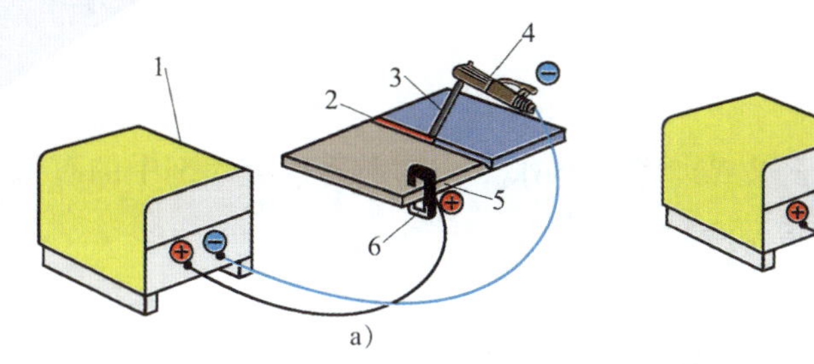

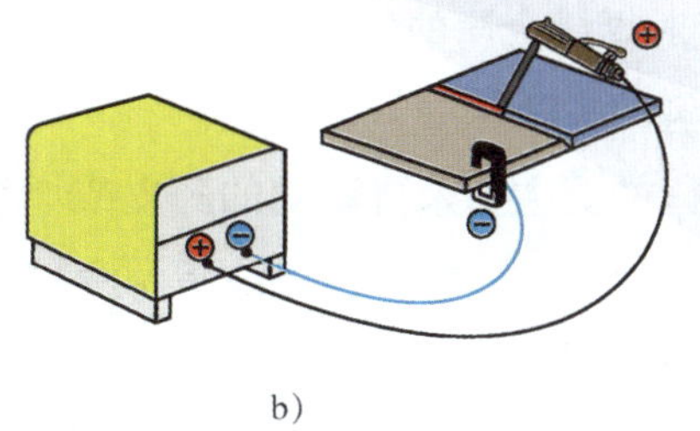

图 3-41　直流电弧焊正接与反接

a）直流电弧焊的正接　b）直流电弧焊的反接

1—焊接电源　2—焊缝金属　3—焊条　4—焊钳　5—焊件　6—地线夹头

六、有害元素对焊缝金属的作用

焊缝金属中的有害元素主要是氧、氢、氮、硫、磷。焊接中的 O_2、H_2、N_2 主要来自焊条、焊丝、焊剂等焊接材料以及电弧周围的空气和未清理干净的母材表面；焊缝中的硫、磷主要来自母材、焊条、焊丝、焊剂等。它们将严重影响焊缝质量，因此，焊接中必须对氧、氢、氮、硫、磷进行控制。

1. 氧对焊缝金属的作用

（1）氧的来源

焊接区的氧气主要来自电弧中的氧化性气体（如 CO_2、O_2、H_2O 等），空气中氧的侵入，焊剂、药皮中的高价氧化物和焊件表面的铁锈、水分等的分解产物。

氧在电弧高温作用下分解为原子，原子状态的氧非常活泼，能使铁和其他元素氧化，其中氧化生成的 FeO 能溶解于液态金属，所以，氧在焊缝金属中主要以 FeO 的形式存在。焊缝金属中的 FeO 还会使其他元素进一步氧化。

（2）氧对焊接质量的影响

1）焊缝金属中的氧不仅会使焊缝中有益元素大量烧损，而且会使焊缝的强度、塑性、硬度和冲击韧度降低，其中，冲击韧度降低得尤为明显。

2）降低焊缝金属的物理性能和化学性能，如降低导电性、导磁性和耐腐蚀性等。

3）氧与碳、氢反应，生成不溶于金属的 CO 气体和 H_2O，若结晶时来不及顺利逸出，则会在焊缝内形成气孔。

4）产生飞溅，影响焊接过程的稳定性。

（3）控制氧的措施

1）加强保护，如采用短弧焊、选用合适的气体流量等，防止空气侵入。还可以在惰性气体保护下进行焊接。

2）清理焊件及焊丝表面的水分、油污、锈迹，按规定温度烘干焊剂、焊条等焊接材料。

2. 氢对焊缝金属的作用

（1）氢的来源

焊接区的氢主要来自受潮的药皮或焊剂中的水分，焊条药皮或焊剂中的有机物，空气中的水分，焊件表面的铁锈、油脂及涂料等。

（2）氢对焊接质量的影响

1）形成气孔。熔池结晶时氢的溶解度突然降低，容易造成过饱和的氢残留在焊缝金属中，当焊缝金属的结晶速度大于它的逸出速度时，就会形成气孔。

2）产生白点和氢脆。钢焊缝含氢量高时，常常在焊缝拉断面上出现如鱼目状的、直径为 0.5 ~ 5 mm 的白色圆形斑点，称为白点。氢在室温时使钢的塑性严重下降的现象称为氢脆。白点和氢脆使焊缝金属塑性严重下降。

3）产生冷裂纹。焊接时溶解于焊缝中的氢在冷却过程中溶解度下降，会向热影响区扩散。当某区域氢浓度很高而温度下降时，一些氢原子结合成氢分子，会在金属内造成很大的局部应力。对于淬硬倾向大的材料，在约束应力作用下就会产生冷裂纹。另外，在接头处还易产生淬硬组织，使塑性严重下降。

（3）控制氢的措施

1）焊前清理干净焊件及焊丝表面的铁锈、油污、水分等。

2）焊前按规定温度烘干焊剂、焊条，对气体保护焊的保护气体进行去水、干燥处理。

3）尽量选用低氢型焊条，焊接时采用直流反接，短弧操作。

4）焊后消氢处理，即焊后立即将焊件加热到 250 ~ 350 ℃，保温 2 ~ 6 h，使焊缝金属中的扩散氢加速逸出，降低焊缝和热影响区中的含氢量。

3. 氮对焊缝金属的作用

（1）氮的来源

焊接区中的氮主要来自周围空气。氮可以原子、NO 及离子形式溶入铁及其合金中，氮在铁中的溶解度随温度升高而增大。

（2）氮对焊接质量的影响

1）形成气孔。氮与氢一样，在熔池结晶时溶解度突然降低，此时有大量的氮会析出，当来不及析出时，就会形成气孔。

2）影响焊缝的力学性能。氮与铁等形成化合物，并以针状夹杂物形式存在于焊缝金属中，使焊缝的硬度和强度提高，塑性、韧性降低，影响其力学性能。

（3）控制氮的措施

1）加强对焊接区液态金属的保护，防止空气中氮的侵入，是控制焊缝中含氮量的主要措施。

2）采取正确的焊接工艺措施，如尽量采用短弧焊接，因为电弧越长，氮侵入熔池越多，焊缝中的含氮量越高。此外，采用直流反接比直流正接可减少焊缝中的含氮量。

4. 焊缝金属中硫、磷的危害及控制

焊缝金属中的有害元素除了上述的氢、氧、氮之外，还有硫和磷。

（1）硫、磷的来源

焊缝中的硫、磷主要来自母材、焊丝、药皮、焊剂等材料。

（2）硫、磷对焊接质量的影响

硫以 FeS 和 MnS 夹杂物形式存在于焊缝金属中，会导致高温脆性（又称热脆），产生热裂纹。磷会导致低温脆性（又称冷脆），产生冷裂纹。磷在奥氏体不锈钢中也会产生低熔点杂质，引起热裂纹。

（3）控制硫、磷的措施

为了减少硫、磷的来源，应限制药皮、焊剂和母材中硫、磷的含量。这是降低焊缝中硫、磷含量的关键措施。另外，还可以进行冶金处理，即脱硫、脱磷。

七、控制及改善焊接接头性能的方法

焊接接头是由焊缝、熔合区和焊接热影响区组成的，是一个成分、组织和性能都不一样的不均匀体，其组织和性能存在着极大的不均匀性。因此，必须采取措施加以控制，改善焊接接头的性能。控制和改善焊接接头性能的方法包括：材料的匹配；控制熔合比；选择合适的焊接方法；选择合适的焊接参数和焊接热输入；采用合理的操作方法；焊后热处理等。

1. 材料的匹配

材料的匹配主要是指焊接材料的选用。焊接材料与母材不同的匹配将会影响焊缝金属的化学成分和性能，但不影响热影响区的组织和性能。

焊接低碳钢、低合金高强度结构钢、低温钢时，一般不要求焊缝金属化学成分与母材一样，而是要求力学性能与母材相同，按照等性能原则选配焊接材料。对焊缝的塑性、韧性要求高的，应选用碱性焊条和焊剂。

对于耐热钢和不锈钢，为保证焊缝具有与母材相近的高温性能和耐腐蚀性，其焊接材料的化学成分应与母材大致相同。

2. 控制熔合比

熔焊时，被熔化的母材在焊缝金属中所占的百分比称为熔合比，如图 3–42 所示。熔合比只对焊缝金属的化学成分有影响，因此，只影响焊缝金属的性能。熔合比的计算公式如下：

$$r=\frac{S_m}{S_m+S_t}$$

式中　r——熔合比，%；

S_m——熔化的母材金属的横截面积，mm^2；

S_t——焊缝中填充金属的横截面积，mm^2。

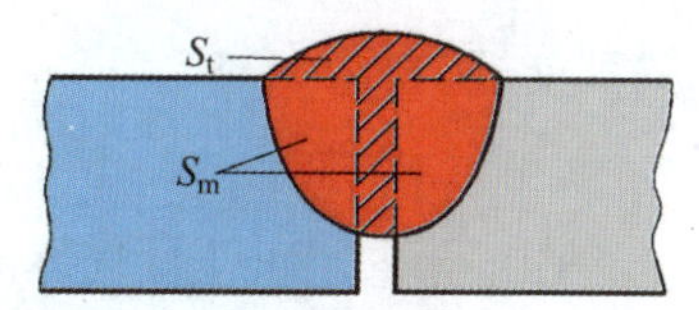

图 3–42　熔合比

（1）当焊接材料与母材的化学成分基本相同时，熔合比对焊缝和熔合区的性能无明显影响。

（2）当母材中合金元素较少，焊接材料中合金元素较多时，在这些合金元素对改善焊缝性能起关键作用的情况下，应将熔合比控制得小一些；否则，熔合比增大会导致焊缝性能下降。

（3）当母材中含合金元素较多，而焊接材料合金元素较少时，如果这些合金元素对改善焊缝性能有利，则增大熔合比可提高焊缝的性能。

（4）当母材中碳和硫、磷的含量较多时，应减小熔合比，以减少碳、硫、磷成分进入焊缝，提高焊缝的塑性和韧性，防止产生裂纹。

控制熔合比就是要获得所希望的焊缝金属的化学成分、组织和性能。在生产中，常常通过调节焊接坡口的大小来控制熔合比。不开坡口，熔合比最大；坡口越大，熔合比越小。

3. 选择合适的焊接方法

不同的焊接方法其特点不同，因而对焊接接头的性能也会产生不同的影响。

（1）气焊

气焊的机械保护效果较差，合金元素烧损较大，焊缝中气体元素和杂质元素含量也较高。同时，气焊加热速度慢，焊缝和热影响区易产生过热和过烧的组织，晶粒粗大，热影响区宽。因此，焊接接头性能差。

（2）焊条电弧焊

焊条电弧焊机械保护效果较好，合金元素烧损较少，焊缝中气体元素和杂质元素含量较低。焊条电弧焊的热输入较小，接头高温停留时间较短，焊缝和热影响区的组织较细，热影响区相对较窄。因此，焊接接头性能较好。

（3）埋弧焊

埋弧焊的机械保护效果也较好，合金元素烧损较少，焊缝中气体元素和杂质元素含量也较低。由于埋弧焊电弧功率比焊条电弧焊大得多，热输入大，因此，埋弧焊的焊缝和热影响区组织较粗大。总的来说，埋弧焊的焊接接头性能较好。

（4）手工钨极氩弧焊

手工钨极氩弧焊由于采用氩气保护，保护效果好，合金元素基本没有烧损，焊缝中气体元素和杂质元素含量极少，焊缝金属纯净。同时，由于氩弧热量集中，热输入小，接头高温停留时间短，焊缝和热影响区组织细，热影响区窄。因此，手工钨极氩弧焊的焊接接头性能好。

（5）CO_2 焊

CO_2 焊采用氧化性气体 CO_2 进行保护，对合金元素烧损较多，故需采用含硅、锰较多的焊丝。但其焊缝含氢量低，抗裂性能好，热影响区窄，所以焊接接头性能较好。

4. 选择合适的焊接参数和焊接热输入

焊接参数和焊接热输入直接影响焊缝形状和焊接热循环特征，从而影响焊接接头的组织和性能。

（1）焊接参数对焊接接头性能的影响及控制

采用小的焊接电流、较高的电弧电压焊接时，可以获得宽而浅的焊缝（见图 3–43a），结晶时最后凝固的低熔点杂质被推向焊缝表面，因而可以改善焊缝中心线处的力学性能，并可防止产生裂纹。若采用大电流、低电压焊接时，焊缝窄而深（见图 3–43b），凝固时形成严重的偏析，使焊缝中心性能下降，易产生热裂纹。因此，应正确选择焊接参数。

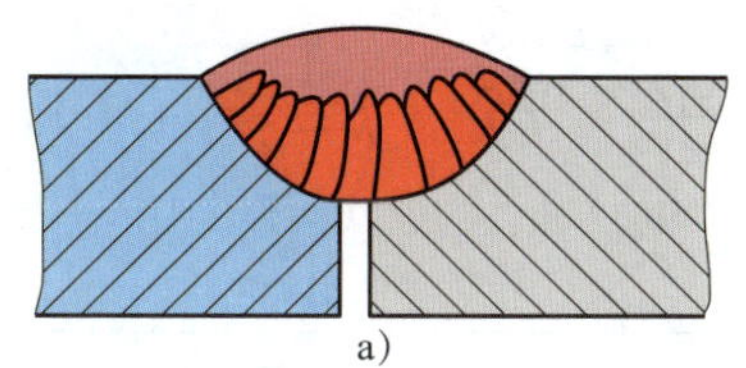
a)

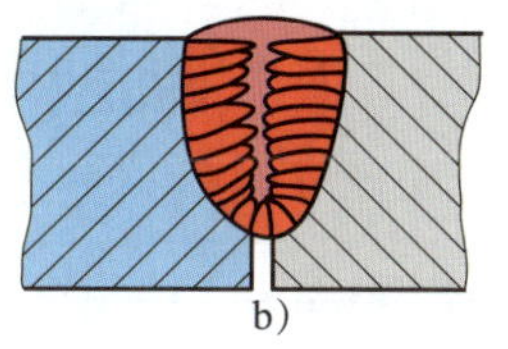
b)

图 3–43　焊缝的一次结晶

a）宽而浅的焊缝　b）窄而深的焊缝

（2）焊接热输入对焊接接头性能的影响及控制

焊接热输入越大，高温停留时间越长，焊接热影响区越宽，过热现象越严重，晶粒也越粗大，因而塑性和韧性严重降低；焊接热输入过小，则焊后冷却速度增大，易产生硬脆的马氏体组织，导致塑性和韧性严重降低，甚至产生冷裂纹。

对于淬硬倾向较小的钢，采用小的热输入时冷裂倾向也不大，所以从减少过热，防止晶粒粗化的角度出发，应选用小的热输入；对于淬硬倾向较大的钢，为降低淬硬倾向，防止冷裂纹的产生，热输入应偏大一些。但热输入过大，又会增大粗晶脆化倾向，这时采用预热等工艺措施配合小的热输入更为合理。

5. 采用合理的操作方法

焊接操作方法有单道焊法与多层多道焊法、小电流快速不摆动焊法、大电流慢速摆动焊法等。

（1）采用单道焊、大电流慢速摆动焊法

由于焊接电流大，高温停留时间长，因此焊缝和过热区晶粒粗大，导致塑性和韧性下降，还可能产生焊缝中心线裂纹。

（2）采用多层多道焊、小电流快速不摆动焊法

由于热输入小，焊接热影响区小，因此焊缝和过热区晶粒较细，塑性和韧性得到改善。多层多道焊的焊缝杂质元素偏析比较分散，不会集中在焊缝中心线上，可避免产生焊缝中心线裂纹。此外，多层多道焊的后焊焊道对前一焊道和热影响区进行再加热。在 Ac_3 以上的再加热区发生同正火一样的组织转变，形成细小的等轴晶，在此温度范围的焊缝中

柱状晶消失，塑性和韧性得到改善。对于易淬火钢，在回火温度加热区，使淬硬组织软化，塑性和韧性得到改善。

6. 焊后热处理

焊接后，为改善焊接接头的组织和性能或消除残余应力而进行的热处理称为焊后热处理。电渣焊的焊缝和热影响区晶粒粗大，焊后应正火，以细化晶粒，改善塑性和韧性。对于易淬火的低合金高强度结构钢和耐热钢，为了改善焊接接头的性能，提高高温性能，焊后必须进行高温回火，以消除淬硬组织，得到高温回火组织。

课题一　平　敷　焊

学习目标

1. 能够合理地选择平敷焊焊接参数。
2. 掌握焊条电弧焊引弧操作和运条的基本方法。
3. 掌握焊缝起头、接头和收尾的方法。

平敷焊是在焊缝倾角为 0°、焊缝转角为 90°的焊接位置上堆敷焊缝的一种操作方法。它是焊条电弧焊其他位置焊接操作的基础，如图 3–44 所示。本课题的主要任务就是通过平敷焊训练掌握焊条电弧焊的基本操作要领。

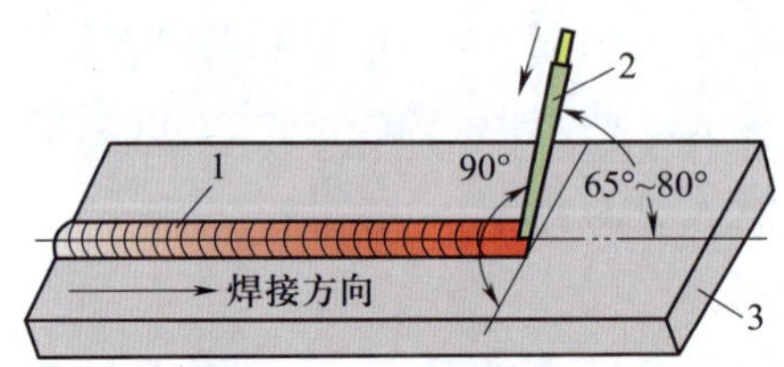

图 3–44　平敷焊操作图

1—焊缝　2—焊条　3—母材

工艺分析

焊接时，若在引弧及平敷焊操作过程中手法不稳定，焊条会粘在焊件上；运条速度不均匀，焊缝成形后宽窄会不一致；焊条向熔池送进时，会出现电弧过长或过短现象；此外，还有熔渣分不清及焊接电流调整不当的问题。因此，在练习前期阶段可以只做焊条沿焊接方向移动和向熔池送进两个动作，待动作熟练掌握后，再加上焊条的横向摆动。特别需要注意的是，焊条沿焊接方向的移动速度要慢，以便形成饱满的焊缝。

1. 焊前准备

（1）焊件材料：Q235 钢。

（2）焊件尺寸：300 mm × 200 mm × 6 mm，如图 3–45 所示。

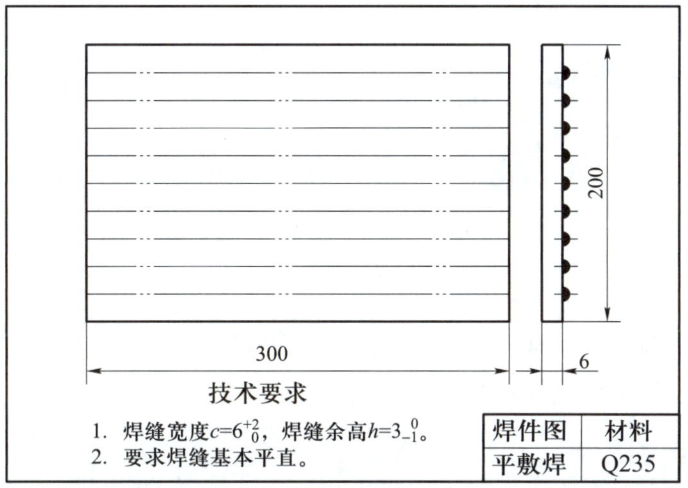

图 3–45　平敷焊焊件图

（3）焊接材料：E4303 型焊条，焊条直径为 3.2 mm 或 4.0 mm。焊条烘干温度为 75 ~ 150 ℃，恒温 1 ~ 2 h，随用随取。

（4）焊接设备：BX3–300 型弧焊变压器、BX1–315 型弧焊变压器、ZX5–400 型弧焊整流器或 ZX7–400 型弧焊逆变器。

2. 焊件清理及画线

（1）清除焊件表面的油污、锈蚀、水分及其他污物，直至露出金属光泽。

（2）在焊件上以 20 mm 间距用石笔画出焊缝位置线。

3. 确定焊接参数

平敷焊焊接参数见表 3–18。

表 3–18　平敷焊焊接参数

焊接层次	焊条直径 /mm	焊接电流 /A
盖面焊	3.2	100 ~ 120
盖面焊	4.0	140 ~ 180

4. 操作要点及注意事项

（1）平焊操作姿势

平焊时，一般采用蹲式操作，如图 3–46 所示。蹲姿要自然，两脚夹角为 70° ~ 85°，两脚距离为 240 ~ 260 mm。持焊钳的胳膊半伸开，要悬空无依托地操作。

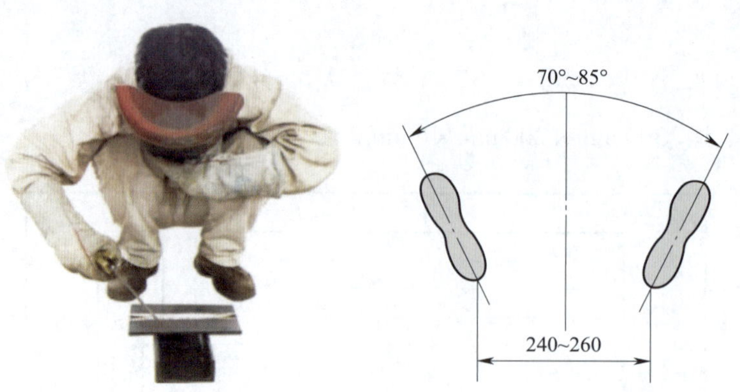

图 3–46　平焊操作姿势

（2）引弧

引弧操作时首先用防护面罩挡住面部，将焊条端部对准引弧处。焊条电弧焊采用接触法引弧，引弧方法有划擦引弧法和直击引弧法两种。

1）划擦引弧法。先将焊条端部对准引弧处，然后利用腕力像划火柴一样使焊条在焊件表面轻轻划擦一下（划擦距离为 10 ～ 20 mm），并将焊条提起 2 ～ 3 mm，如图 3–2 所示，电弧即可引燃。引燃电弧后，应保持电弧长度不超过所用焊条直径。

2）直击引弧法。将焊条垂直对准焊件待焊部位轻轻触击，并适时提起 2 ～ 3 mm，如图 3–3 所示，即引燃电弧。直击法引弧不能用力过大；否则，焊条引弧端药皮容易被碰裂，甚至脱落，影响引弧和焊接。

引弧时，不得随意在焊件（母材）表面“打火”，尤其是高强度钢、低温钢、不锈钢。这是因为电弧擦伤部位容易引起淬硬或微裂，降低焊件的耐腐蚀性，引起应力集中等。所以引弧应在待焊部位或坡口内进行。

经验点滴

在引弧过程中，如果焊条与焊件粘在一起，通过晃动不能取下焊条时，应立即将焊钳与焊条脱离，待焊条冷却后，即可很容易地将其扳下来。

（3）运条

运条一般分为三个基本运动（见图 3–47）：沿焊条中心线向熔池送进、沿焊接方向均匀移动、横向摆动。

焊条向熔池方向逐渐送进既是为了向熔池填充金属，也是为了在焊条熔化后继续保持一定的电弧长度，因此，焊条送进的速度应与焊条熔化的速度相同；否则，会发生断弧现象或粘在焊件上。

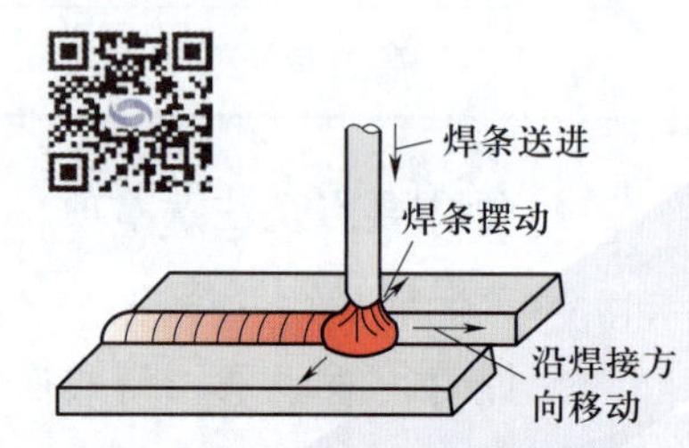

图 3–47　运条的三个基本运动

焊条沿焊接方向均匀移动是为了随着焊条的不断熔化，

逐渐形成一条焊道。若焊条移动速度太慢，则焊道会过高、过宽、外形不整齐，焊接薄板时会发生烧穿现象；若焊条移动速度太快，则焊条与焊件会熔化不均匀，焊道较窄，甚至发生未焊透现象。焊条移动时应与前进方向成65°～80°的夹角，以使熔化金属和熔渣推向后方；否则，熔渣流向电弧的前方，会造成夹渣等缺欠。

焊条的横向摆动是为了对焊件输入足够的热量，以便于排气、排渣，并获得一定宽度的焊缝。焊条摆动的幅度根据焊件的厚度、坡口形式、焊缝层次和焊条直径等来决定。

上述三个动作不能机械地分开，而应相互协调，才能焊出满意的焊缝。

运条的方法很多，选用时应根据接头的形式、装配间隙、焊缝的空间位置、焊条的直径与性能、焊接电流及焊工技术水平等方面而定。常用的运条方法及适用范围参见表3-19。

表3-19　　常用的运条方法及适用范围

运条方法		运条示意图	适用范围
直线形运条法			薄板对接平焊 多层焊的第一层焊道及多层多道焊
直线往返运条法			薄板焊 对接平焊（间隙较大）
锯齿形运条法			对接接头平焊、立焊、仰焊 角接接头立焊
月牙形运条法			管的焊接 对接接头平焊、立焊、仰焊 角接接头立焊
三角形运条法	斜三角形		角接接头仰焊 开V形坡口对接接头横焊
	正三角形		角接接头立焊 对接接头立焊
圆圈形运条法	斜圆圈形		角接接头平焊、仰焊 对接接头横焊
	正圆圈形		对接接头厚板平焊
8字形运条法			对接接头厚板平焊

（4）焊缝的起头、收尾和接头

1）焊缝的起头。焊缝的起头是焊缝的开始部分，由于焊件的温度很低，引弧后又不能迅速地使焊件温度升高，一般情况下这部分焊缝余高略高，熔深较浅，甚至会出现熔合不良和夹渣等缺欠。因此，引弧后应稍拉长电弧对焊件预热，然后压低电弧进行正常焊接。平焊和碱性焊条多采用回焊法，从距离始焊点 10 mm 左右处引弧，再回焊到始焊点（见图 3–48），其间逐渐压低电弧，同时焊条微微摆动，从而达到所需要的焊道宽度，然后进行正常的焊接。

2）焊缝的收尾。焊缝结束时不能立即拉断电弧，否则会形成弧坑，如图 3–49 所示。弧坑不仅减小焊缝局部截面积，从而削弱强度，还会引起应力集中，而且弧坑处含氢量较高，易产生延迟裂纹，有些材料焊后在弧坑处还容易产生弧坑裂纹。所以，焊缝应进行收尾处理，以保证连续的焊缝外形，维持正常的熔池温度，逐渐填满弧坑后熄弧。

焊缝的收尾方法有反复断弧收尾法、划圈收尾法、回焊收尾法三种，如图 3–50 所示。

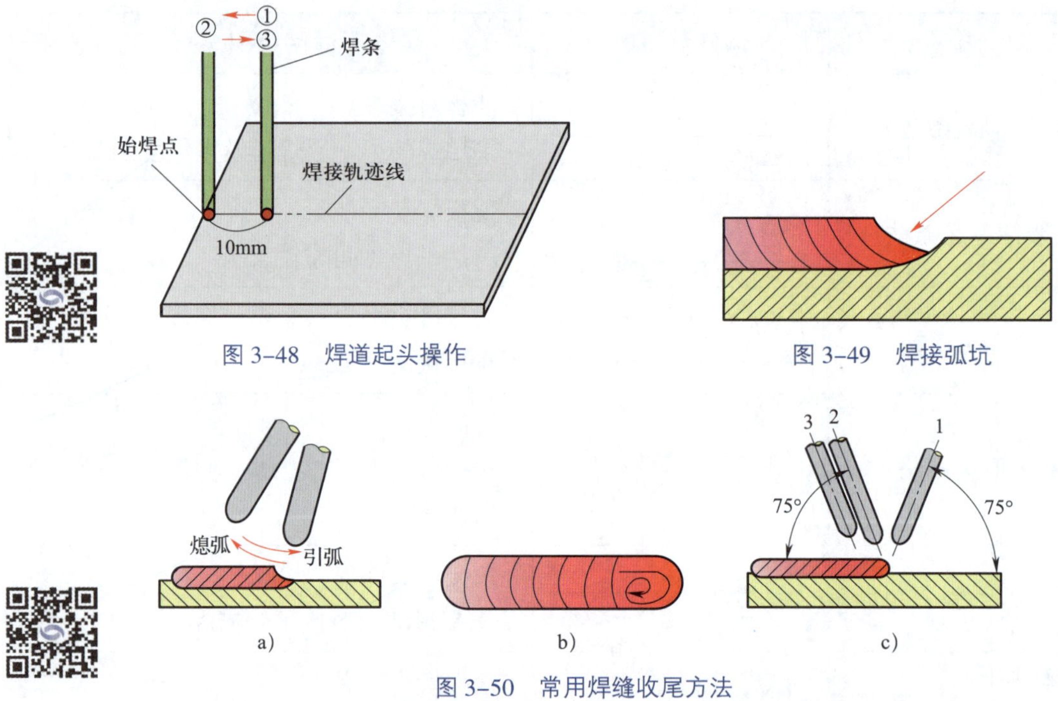

图 3–48　焊道起头操作

图 3–49　焊接弧坑

图 3–50　常用焊缝收尾方法

a）反复断弧收尾法　b）划圈收尾法　c）回焊收尾法

①反复断弧收尾法。焊到焊缝终端时，在熄弧处反复进行点弧动作，直至填满弧坑为止，该法不适用于碱性焊条。

②划圈收尾法。焊到焊缝终端时，焊条做圆圈形摆动，直到填满弧坑再拉断电弧，此法适用于厚板的焊接。

③回焊收尾法。焊到焊缝终端时，在收弧处稍作停顿，然后改变焊条角度向后回焊 20 ~ 30 mm，再将焊条拉向一侧熄弧，此法适用于碱性焊条。

3）焊缝的接头。由于焊条长度有限，不可能一次连续焊完长焊缝，因此会出现焊缝

接头。这不仅是外观成形问题，还涉及焊缝的内部质量，所以要重视焊缝的接头。焊缝的接头形式分为以下四种，如图 3–51 所示。

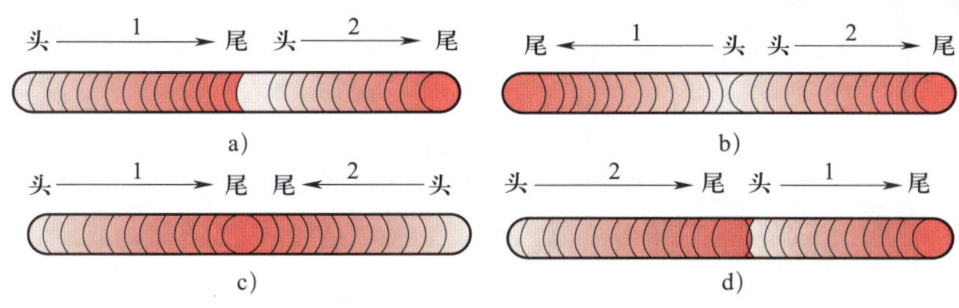

图 3–51 焊缝的接头形式

a）中间接头 b）相背接头 c）相向接头 d）分段退焊接头

1—前焊缝 2—后焊缝

①中间接头。这是用得最多的一种焊缝接头，接头时在前焊缝弧坑前约 10 mm 处引弧，电弧长度可稍大于正常焊接，然后将电弧拉到原弧坑 2 ~ 3 mm 处，待填满弧坑后再向前转入正常焊接。此法适用于单层焊及多层多道焊的盖面层接头。

②相背接头。即两焊缝的起头相接。接头时要求前焊缝起头处略低些，在前焊缝起头前方引弧，并稍微拉长电弧，运弧至起头处覆盖住前焊缝的起头，待焊平后再沿焊接方向移动。

③相向接头。接头时两焊缝的收尾处相接，即后焊缝焊到前焊缝的收尾处，焊接速度略减慢些，填满前焊缝的弧坑后再向前运弧，然后熄弧。

④分段退焊接头。接头时前焊缝起头和后焊缝收尾相接。接头形式与相向接头情况基本相同，只是前焊缝起头处应略低些。

（5）引弧训练

1）引弧堆焊。首先在焊件的引弧位置用石笔画直径为 13 mm 的一个圆，然后用直击引弧法在圆圈内直击引弧。引弧后，保持适当电弧长度在圆圈内做划圈动作 2 ~ 3 次后熄弧。待熔化的金属冷却凝固后，再在其上面引弧堆焊，这样反复操作直到堆起高度为 50 mm 为止，如图 3–52 所示。

2）定点引弧。先在焊件上按图 3–53 所示用石笔画线，然后在直线的交点处用划擦引弧法引弧。引弧后，焊成直径为 13 mm 的焊点后熄弧，这样不断重复操作完成若干个焊点的引弧训练。

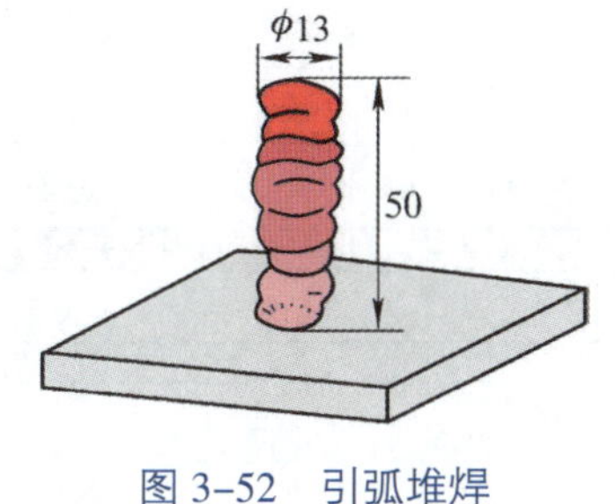

图 3–52 引弧堆焊

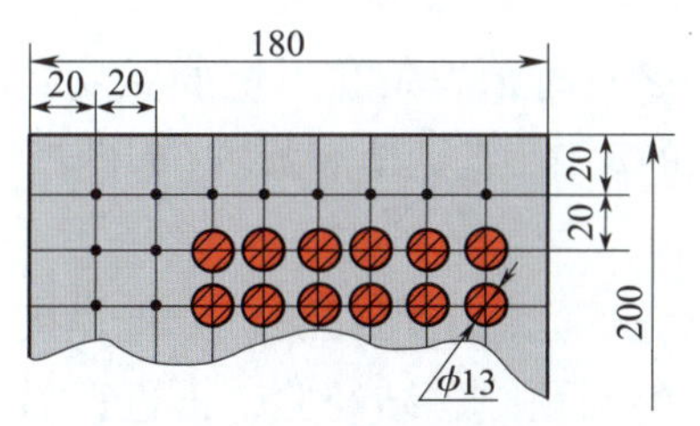

图 3–53 定点引弧

引弧练习时，可以用 E4303（结 422）和 E5015（结 507）两种焊条，分别使用交流、直流焊机引弧。注意酸性焊条和碱性焊条在使用焊接电流上的区别。

5. 操作步骤及要领

平敷焊操作步骤及要领见表 3-20。

表 3-20　平敷焊操作步骤及要领

操作步骤及要领	图示
（1）起头 从距离始焊点 10 mm 左右处引弧，回焊到始焊点，如图 3-54 所示，逐渐压低电弧，同时焊条微微摆动，从而达到所需要的焊缝宽度，然后进行正常的焊接。	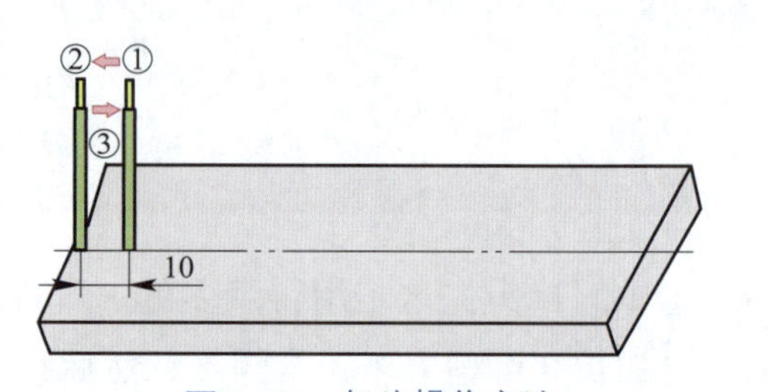 图 3-54　起头操作方法
（2）正常焊接 以焊缝位置线为运条轨迹，采用直线形运条法、月牙形运条法、正圆圈形运条法和 8 字形运条法进行练习，焊条角度如图 3-55 所示。	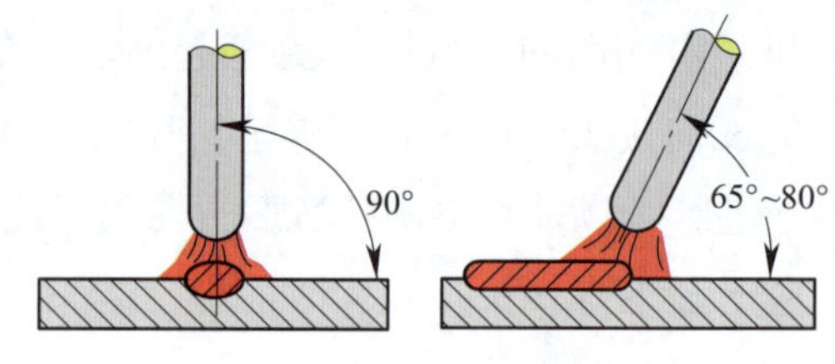 图 3-55　焊条角度
（3）接头 从距离弧坑前 10 mm 左右处引弧，回焊到弧坑处，如图 3-56 所示，小幅摆动焊条，使熔敷金属与弧坑边缘完全重合，迅速压低电弧，进行正常的焊接。	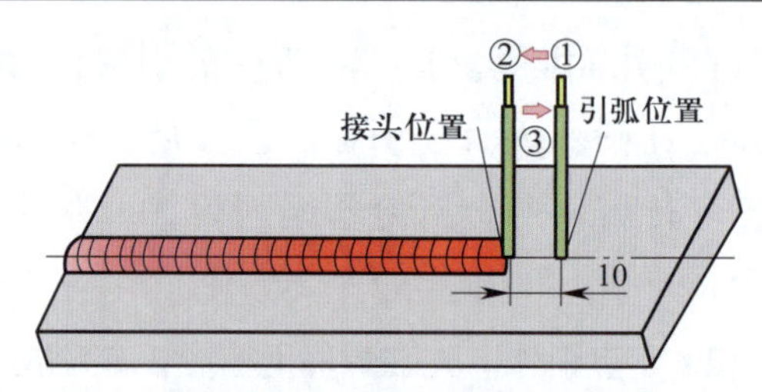 图 3-56　接头操作方法
（4）收尾 待焊到终点时，焊条在弧坑处反复做熄弧—引弧的动作，直到填满弧坑，如图 3-57 所示。 每条焊缝焊完，清理焊渣，分析焊接过程中产生的问题并总结经验，再进行另一道焊缝的焊接。	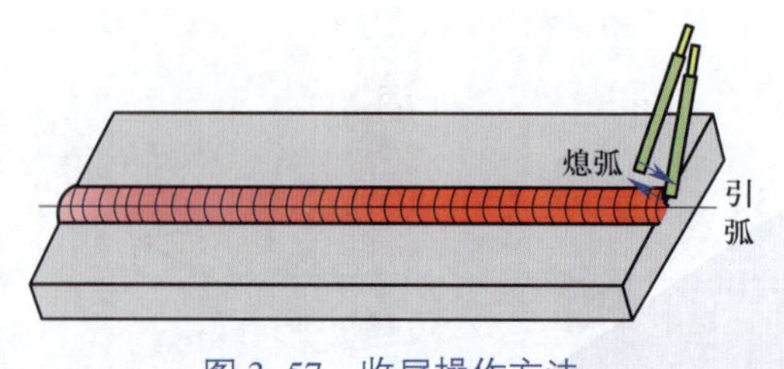 图 3-57　收尾操作方法

6. 焊接质量要求

（1）焊缝的起头和连接处平滑过渡，无局部过高现象，收尾处弧坑填满。

（2）焊缝表面波纹均匀，无明显未熔合和咬边缺欠，其咬边深度≤ 0.5 mm 为合格。

（3）焊缝边缘直线度误差≤ 3 mm。

（4）焊件表面非焊道上不应有引弧痕迹。

教师指导

【问题 1】焊缝中常出现夹渣缺欠，应怎样避免？应如何保证焊缝宽窄一致？

回答：焊缝中出现夹渣的原因是焊接电流过小，熔渣无法从熔化金属中分离。因此一定耐心调整好焊接电流，区分出不同颜色的熔渣和熔化金属，保持均匀的焊接速度，就能焊出宽窄一致的焊缝。

【问题 2】焊缝波纹不细腻，比较粗糙怎么办？

回答：焊接电流过大或焊接速度过快，熔渣不能很好地覆盖熔化金属，而使熔化金属过于裸露，就会造成焊缝波纹比较粗糙。因此，要合理调节焊接电流，并控制合适的焊接速度，保持熔化金属上面的熔渣始终处于半露半敷状态，以获得波纹细腻的焊缝成形。

课题二　T 形接头平角焊

学习目标

1. 能合理地选择平角焊焊接参数。
2. 能正确运用焊条角度焊接平角焊的单层焊、多层焊以及多层多道焊。

工艺分析

平角焊是在角接焊缝倾角为 0°或 180°、转角为 45°或 135°的角接焊位置的焊接；船形焊是 T 形、十字形和角接接头翻转 45°，使接头处于平焊位置的焊接。

进行平角焊时，一般焊条与两板成 45°角，与焊接方向成 65° ~ 80°角。当两板板厚不等时，要相应地调整焊条角度，使电弧偏向厚板一侧，增加厚板所受热量，使厚、薄两板受热趋于均匀，以保证接头良好地熔合及焊脚高度和宽度相同。平角焊时焊条角度如图 3–58 所示。

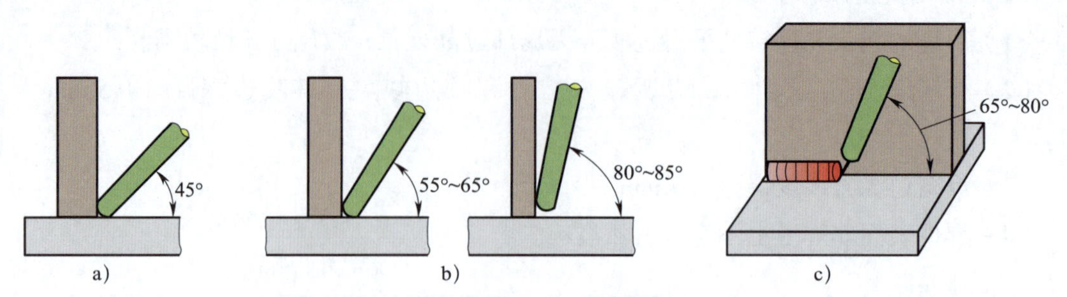

图 3–58　平角焊时焊条角度

a）两板板厚相同　b）两板板厚不同　c）焊条与焊接方向夹角

在平角焊操作过程中，要调整好焊条角度，保持电弧长度在 2 ~ 3 mm 范围内，焊接电流以能观察到液态金属并有熔渣覆盖为宜，控制焊道搭接量在 1/2 ~ 2/3 之间，并注意层间焊渣的清理等，即可获得较好的焊接质量。

1. 焊前准备

（1）焊件材料：Q235 钢。

（2）焊件尺寸：300 mm × 110 mm × 10 mm 一块，300 mm × 50 mm × 10 mm 一块，I 形坡口，如图 3–59 所示。

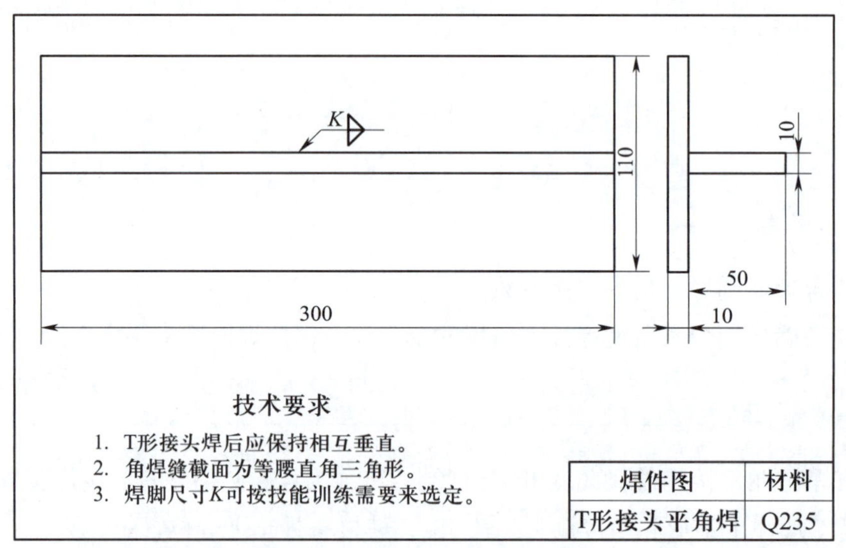

图 3–59　T 形接头平角焊焊件图

（3）焊接要求：多层多道焊，焊脚尺寸为 12 mm。

（4）焊接材料：E4303 型焊条，焊条直径为 3.2 mm 或 4.0 mm。焊条烘干温度为 75 ~ 150 ℃，恒温 1 ~ 2 h，随用随取。

（5）焊接设备：BX3–300 型弧焊变压器、BX1–315 型弧焊变压器、ZX5–400 型弧焊整流器或 ZX7–400 型弧焊逆变器。

2. 焊件清理与装配

（1）焊前清理

清理焊件坡口面与坡口正、反面两侧各 20 mm 范围内的油污、锈蚀、水分及其他污物，直至露出金属光泽。

（2）装配

装配间隙为 0 ～ 2 mm。

（3）定位焊

定位焊采用与正式焊接相同牌号的焊条，定位焊的位置应在焊件两端的对称处，将焊件组焊成 T 形接头，四条定位焊缝长度均为 10 ～ 15 mm。定位焊完毕矫正焊件，保证立板与平板间的垂直度。

经验点滴

定位焊是指焊前为装配和固定焊件的相对位置而焊接的短焊缝，俗称点固焊。为确保定位焊缝的质量，定位焊时应做到以下几点：

（1）定位焊缝是最终正式焊缝的一部分，因此选用的焊条应与正式焊接所用的焊条相同。

（2）定位焊缝应有较深的熔深，以防止产生未焊透等缺欠，定位焊时焊接参数应比正式焊时大 10% ～ 15%。

（3）定位焊缝余高不能过大，应与母材平缓过渡，以防止焊接时产生未焊透等缺欠，必要时用角向磨光机打磨。

（4）若是重要焊件，对定位焊缝的开裂、未焊透、超高等缺欠必须铲除或打磨，必要时重新定位。

（5）定位焊件时最好设置引弧板，不要在焊件上随意引弧。

3. 确定焊接参数

T 形接头平角焊焊接参数见表 3–21。

表 3–21　　T 形接头平角焊焊接参数

焊接层次		焊条直径 /mm	焊接电流 /A	运条方法
第一层	第一条焊道	3.2	125 ～ 140	直线形运条法
第二层	第二条焊道	4.0	150 ～ 170	斜圆圈形或 小锯齿形运条法
	第三条焊道	3.2	110 ～ 120	直线形运条法

4. 操作步骤及要领

进行平角焊时，由于立板熔化金属有下淌趋势，容易产生咬边缺欠，焊缝分布不均匀，造成焊脚不对称。因此，操作时要注意立板的熔化情况和液态金属流动情况，适时调整焊条角度和运条方法。

焊接时，引弧的位置超前 10 mm，电弧燃烧稳定后，再回到起头处，如图 3-60 所示。由于电弧对起头处有预热作用，可以减少起头处熔合不良的缺欠，也能消除引弧的痕迹。

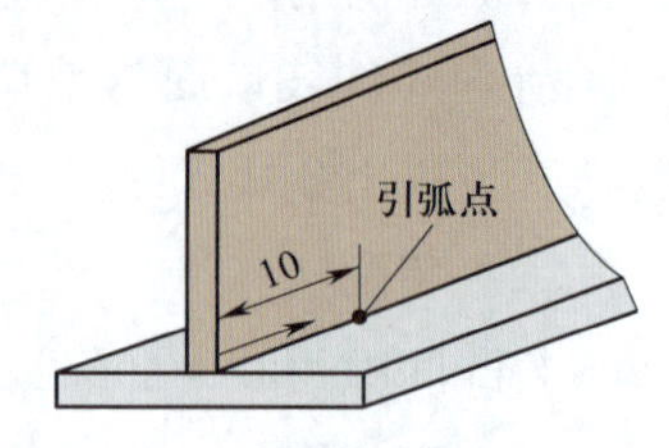

图 3-60　平角焊起头引弧位置

T 形接头平角焊操作步骤及要领见表 3-22。

表 3-22　T 形接头平角焊操作步骤及要领

操作步骤及要领	图示
（1）第一层焊接 本课题焊脚尺寸为 12 mm，采用两层三道焊法，如图 3-61 所示。 第一道焊接时，用直径为 3.2 mm 的焊条，电流稍大，采用直线形运条法，焊条角度如图 3-62 所示。收弧时填满弧坑，焊后彻底清渣。	图 3-61　两层三道焊各焊道的焊条角度 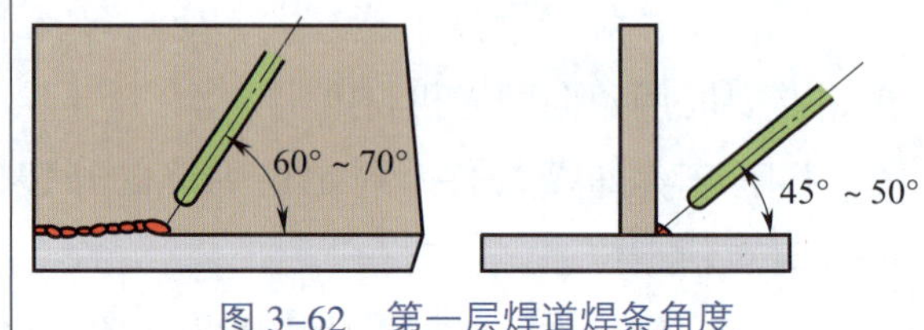 图 3-62　第一层焊道焊条角度
（2）第二层焊接 焊接第二道时，应覆盖第一条焊道的 2/3，焊条与水平焊件的夹角为 45° ~ 50°，如图 3-63b 所示，以使水平焊件能够较好地熔合焊道，焊条与焊接方向夹角为 65° ~ 80°，如图 3-63a 所示。运条时采用斜圆圈形或小锯齿形运条法。	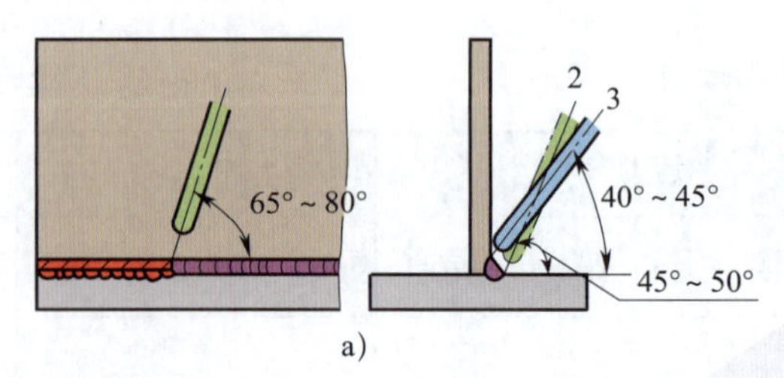

续表

操作步骤及要领	图示
焊接第三道时，对第二条焊道覆盖1/3 ~ 1/2，焊条与水平焊件的角度为40° ~ 45°，如图 3-63c 所示，仍用直线形运条法。若希望焊道薄一些，可以采用直线往返运条法，将夹角处焊平整。最终整条焊缝应宽窄一致，平整圆滑，无咬边、夹渣和焊脚下偏等缺欠。	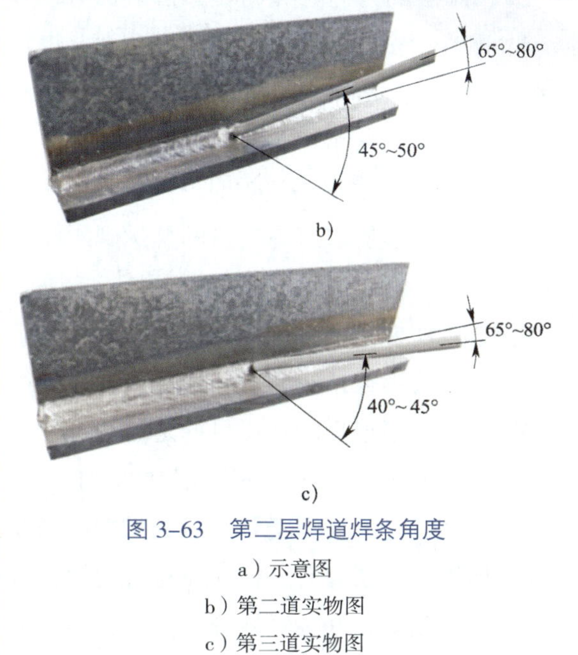 图 3-63　第二层焊道焊条角度 a）示意图 b）第二道实物图 c）第三道实物图

5. 焊接质量要求

（1）角焊缝的焊脚和焊缝厚度应符合工程设计技术要求，以保证焊接接头的强度。一般焊脚随焊件厚度的增大而增大。

（2）焊缝表面不得有裂纹、未熔合、夹渣、气孔、焊瘤和未焊透等缺欠。

（3）焊缝表面的咬边深度≤ 0.5 mm，两侧的咬边总长度不得超过焊缝长度的 10%。

（4）焊缝的凹度或凸度（见图 3-64）应小于 1.5 mm。

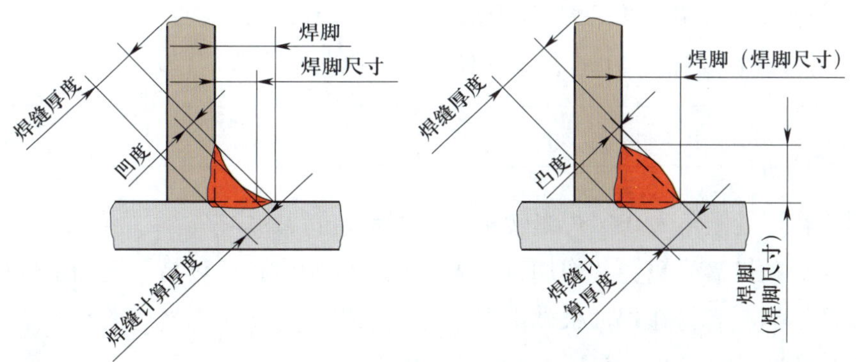

图 3-64　平角焊焊缝的凹度或凸度

（5）焊脚应对称，其高宽差≤ 2 mm。

（6）焊件上非焊道处不得有引弧痕迹。

教师指导

【问题 1】多层多道焊的焊缝表面有较多飞溅物，而且没有金属光泽，怎么办？

回答：多层多道焊的焊脚尺寸大，焊接层数、焊道多。应注意最外层表面焊缝成形，焊接时熔渣不要立即清除，应等待所有焊缝焊接完成后一起清理，这样可保持焊缝表面的金属光泽。

【问题 2】多层多道焊时，是否必须用前面所介绍的运条法进行焊接？

回答：多层多道焊的目的是达到所要求的焊脚尺寸，运条方法应灵活掌握，可通过可行的运条来满足焊接质量要求。例如，各条焊道均用直线形运条法来进行堆焊，直至达到所要求的焊脚尺寸；也可以采用直线形运条法和其他运条法（如斜圆圈形运条法、锯齿形运条法、月牙形运条法）的组合进行焊接。至于采用哪种运条法并不是关键，多层多道焊的真正目的是通过一种或几种运条法控制焊接熔池，从而形成质量良好、外形美观、没有焊接缺欠的焊缝。

【问题 3】平角焊有没有较为省力的操作方法？

回答：单层焊有一种简便易行的操作方法，即只要将焊条端部的套筒边缘靠在两钢板的夹角处，并轻轻地施压，随着焊条的熔化，焊条便会自动地向前移动。这种操作方法容易掌握，而且焊缝成形也很美观。

课题三　板对接平焊（I 形坡口）

学习目标

1. 能合理地选择板对接平焊（I 形坡口）焊接参数。
2. 能熟练掌握板对接（I 形坡口）双面焊接的操作技术。

工艺分析

平焊是在焊缝倾角为 0°、焊缝转角为 90°焊接位置的焊接。

平焊时焊条熔滴受重力的作用过渡到熔池，其操作相对容易。但如果焊接参数不合适或操作不当，容易在焊件根部出现未焊透或焊瘤等缺欠；当运条和焊条角度不当时，熔渣和熔池金属不能良好分离，容易产生夹渣。

板厚小于 6 mm 时，一般采用不开坡口（I 形坡口）对接焊；板厚大于 6 mm 时，为保证焊透，应采用开 V 形坡口或 X 形坡口等形式对接，进行多层焊或多层多道焊。

1. 焊前准备

（1）焊件材料：Q235 钢。

（2）焊件尺寸：300 mm × 55 mm × 6 mm，I 形坡口，5 块为一组，如图 3–65 所示。

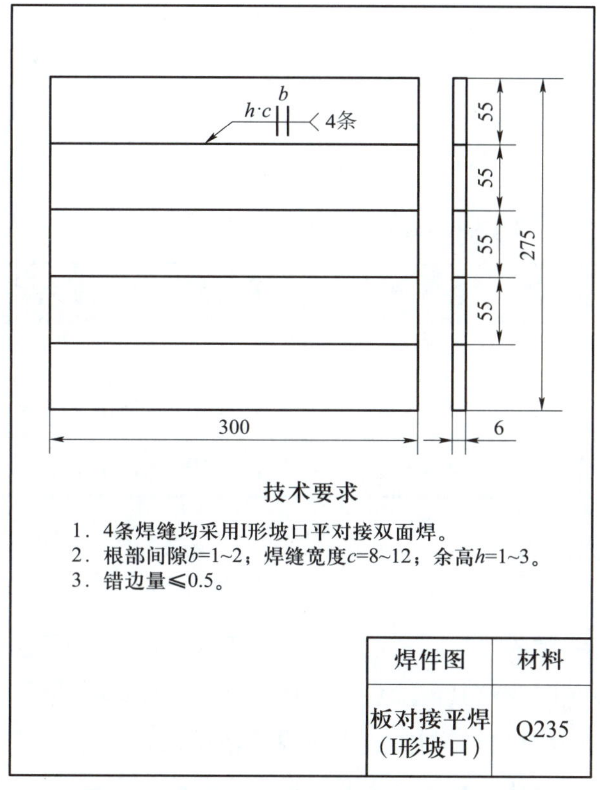

图 3–65　板对接平焊（I 形坡口）焊件图

（3）焊接要求：双面焊。

（4）焊接材料：E4303 型焊条，焊条直径为 3.2 mm 和 4.0 mm。焊条烘干温度为 75 ~ 150 ℃，恒温 1 ~ 2 h，随用随取。

（5）焊接设备：BX3–300 型弧焊变压器、BX1–315 型弧焊变压器、ZX5–400 型弧焊整流器或 ZX7–400 型弧焊逆变器。

2. 焊件清理与装配

（1）焊前清理

清理焊件坡口面与坡口正、反面两侧各 20 mm 范围内的油污、锈蚀、水分及其他污物，直至露出金属光泽。

（2）装配

装配间隙为 1 ~ 2 mm，错边量≤ 0.5 mm。

（3）定位焊

定位焊采用与正式焊接相同型号的焊条，定位焊缝长度均为 10 ~ 15 mm。

经验点滴

焊接时，时常会出现液态金属和熔渣混淆在一起而产生夹渣的情况，此时，可适当加大焊接电流或把焊接电弧稍微拉长一些，同时倾斜焊条使电弧吹向熔渣，并做往熔池后面推送熔渣的动作，将熔渣推向熔池后面，焊缝就不会产生夹渣了。

3. 确定焊接参数

板对接平焊（I 形坡口）焊接参数见表 3–23。

表 3–23　　板对接平焊（I 形坡口）焊接参数

焊接层次		焊条直径 /mm	焊接电流 /A	运条方法
正面	打底层	3.2	100 ~ 130	直线形运条法
	盖面层	4.0	140 ~ 160	小锯齿形运条法
背面	盖面层	4.0	140 ~ 160	小锯齿形运条法

4. 操作要点及注意事项

（1）定位焊要求

1）定位焊缝的起头和收尾应圆滑过渡，以免正式焊接时焊不透。

2）定位焊缝有缺欠时应将其清除后重新焊接，以保证焊接质量。

3）定位焊所用的焊接材料应与正式焊接牌号相同。

4）定位焊所用的电流比正式焊接大些，通常大 10% ~ 15%，以保证焊透。

5）在焊缝交叉部位和焊缝方向急剧变化处不应进行定位焊，应离开其 50 mm 以上。

6）若焊件正式焊接时需要预热，定位焊时也应按相同规范预热。

（2）板对接平焊（I 形坡口）

焊接厚度小于等于 3 mm 的薄焊件时，往往会出现烧穿现象，因此装配时可不留间隙，定位焊缝呈点状密集形式。为避免焊件局部温度过高，操作中可采用短弧的快速直线往复运条法，也可以采用分段焊接，必要时还可以将焊件一端垫起，使其倾斜 15° ~ 20° 进行下坡焊（见图 3–66），以提高焊接速度，减小熔深，防止烧穿和减小变形。

图 3–66　下坡焊操作方法

5. 操作步骤及要领

板对接平焊（I 形坡口）操作步骤及要领见表 3–24。

表 3-24 板对接平焊（I 形坡口）操作步骤及要领

操作步骤及要领	图示
（1）正面焊接 1）打底焊。焊接正面时，打底层焊接采用 ϕ3.2 mm 的焊条，保持焊条与焊件夹角，运用直线形运条法焊接，稍作搅动，并填满弧坑。打底层焊缝的熔深应超过板厚 2/3，以保证焊件在板厚方向上全部焊透，若达不到板厚 2/3 的熔深，可适当增大焊接电流或装配间隙。 焊缝的起头、接头和收尾与平敷焊要求相同。 为了获得较大的熔深和熔宽，运条速度可以慢一些或者焊条微微搅动，焊条角度如图 3-67 所示。运条过程中，如发现熔渣与熔化金属混淆不清时，可把电弧拉长，同时将焊条向前倾斜，利用电弧的吹力吹动熔渣，并做向熔池后方推送熔渣的动作，如图 3-68 所示。动作要快捷，以免熔渣超前而产生夹渣等缺欠。 2）盖面焊。将正面打底层焊缝的焊渣清理干净后，采用 ϕ4.0 mm 的焊条，运用小锯齿形运条法稍加摆动，完成盖面层的焊接。	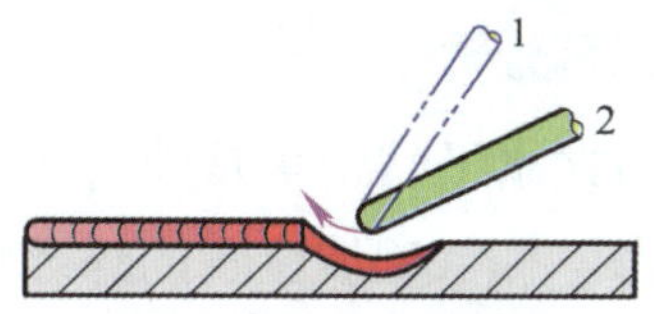 图 3-67 焊条角度 图 3-68 推送熔渣的方法
（2）背面焊接 正面焊缝焊完后，将焊件翻转过来，清除背面的焊渣。采用 ϕ4.0 mm 的焊条，运用小锯齿形运条法稍加摆动，进行背面盖面层焊接。 此外，还要注意该层焊接时要适当加大焊接电流，保证与正面焊缝内部熔合，以免产生未焊透的现象。 焊接完成的焊缝外形及尺寸要求如图 3-69 所示。	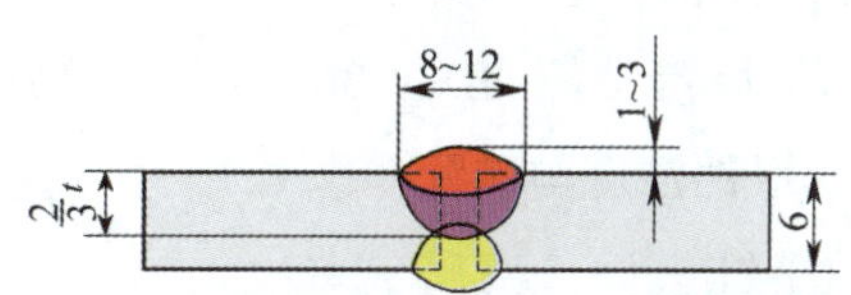 图 3-69 焊缝外形及尺寸要求

6. 焊接质量要求

（1）焊缝表面与母材圆滑过渡，焊缝宽度为 8 ~ 12 mm，焊缝余高为 1 ~ 3 mm，不得低于母材表面。

（2）焊缝表面不得有裂纹、未熔合、夹渣、气孔、焊瘤和未焊透等缺欠。

（3）焊缝表面的咬边深度≤ 0.5 mm，两侧的咬边总长度不得超过焊缝长度的 10%。

课题四　管对接水平转动焊

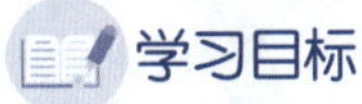

学习目标

1. 了解管对接水平转动焊的方法。
2. 掌握管对接水平转动焊的操作技术。

工艺分析

管对接水平转动焊是处于平焊与立焊之间的焊接位置，又称爬坡焊。钢管处于转动状态，即待爬坡位置的焊缝焊接完成后，需要依次将未焊接的位置转动到爬坡焊位置进行焊接，虽然是沿着管子的弯曲焊接了一周，但实际上只是在平焊与立焊之间的爬坡位置进行焊接。本课题操作难度并不大，是钢管焊接中最简单的焊接位置。

1. 焊前准备

（1）焊件材料：20 钢管。

（2）焊件尺寸：ϕ57 mm × 4 mm，L=100 mm，每组两根，坡口形式及尺寸如图 3–70 所示。

（3）焊接材料：E4303 型焊条，焊条直径为 2.5 mm。焊条烘干温度为 75 ~ 150 ℃，恒温 1 ~ 2 h，随用随取。

（4）焊接设备：BX3–300 型弧焊变压器或 ZX5–400 型弧焊整流器。

2. 焊件清理与装配

（1）钝边

修磨钝边为 0.5 ~ 1 mm，去除毛刺。

（2）焊前清理

清理坡口及其两侧内表面（使用模具电磨机清理）、外表面（使用角向磨光机清理）各 20 mm 范围内的油污、锈蚀、水分及其他污物，直至露出金属光泽。

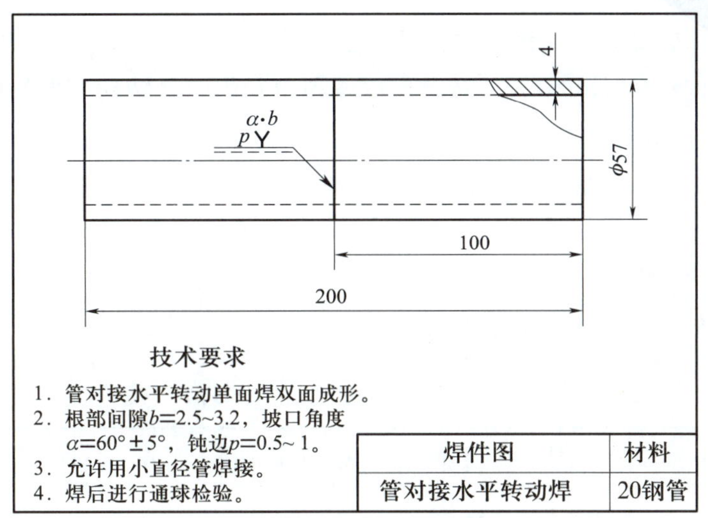

图 3–70　管对接水平转动焊焊件图

（3）装配

装配间隙为 2.5 ~ 3.2 mm，错边量≤ 0.5 mm，如图 3–71 所示。

（4）定位焊

定位焊时，采用与正式焊接相同牌号的焊条，在焊接时钟 10 点和 2 点的位置进行两处定位焊，如图 3–72 所示。 定位焊缝长度约为 10 mm，要求焊透，不得有气孔、夹渣、未焊透等缺欠。定位焊缝两端须修磨成斜坡，以利于接头。

（5）装夹

装夹焊件时，需要将图 3–72 所示的引弧点转到 3 点的位置，即为管对接水平转动焊第一个熔池形成的位置。

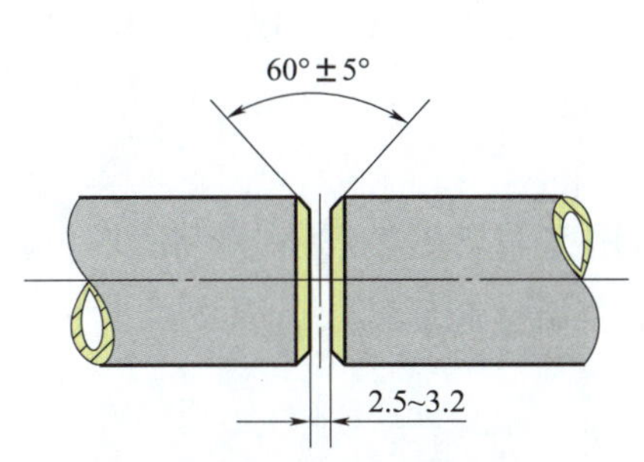

图 3–71　坡口角度及装配间隙

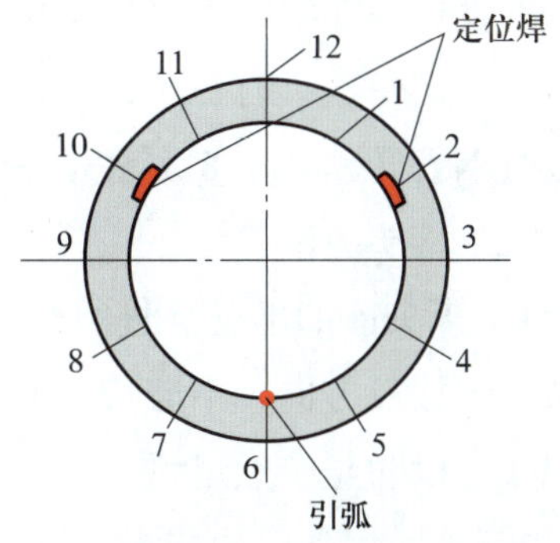

图 3–72　小直径管对接水平转动焊定位焊

经验点滴

管对接水平转动焊开始练习时，可先在一根管子上（不对接，不开坡口）进行敷焊练习。焊接时，管子可由人手转动，也可利用专用胎具转动，焊条只做相对移动。焊接电流为 70 ~ 85 A。运条方法采用小锯齿形或月牙形摆动，横向摆动要小，运条到焊道两侧时要稍作停留，以保证焊道与母材熔合良好，防止咬边。

3. 确定焊接参数

管对接水平转动焊焊接参数见表 3–25。

表 3–25　　管对接水平转动焊焊接参数

焊接层次	焊条直径 /mm	焊接电流 /A	运条方法
打底层	2.5	75 ~ 85	单点击穿断弧法
盖面层	2.5	70 ~ 80	小锯齿形或月牙形运条法

4. 操作要点与注意事项

（1）焊接方向与焊件转动方向

将焊件按图 3–72 所示的引弧点置于焊接时钟 3 点位置（即 *A* 点）装夹后，就可以施焊了。然后按逆时针方向由 *A* 点焊接到 *B* 点（见图 3–73a），接着将焊件按顺时针方向大约转动 90°，按逆时针方向由 *B* 点焊接到 *C* 点（见图 3–73b），然后按此顺序依次转动焊件及进行焊接，直至焊接完成，如图 3–73c、d 所示。

图 3–73 中管子的转动角度及焊接位置（立位、立位至平位的爬坡位、平位）都是比较好的设想，在实际焊接过程中，钢管每次转动不一定都是 90°（一般小于 90°），焊接位置也不一定每次只有三个，因此，在实际焊接过程中，只要掌握好焊接的操作要领，焊接完成时钢管转动 4 ~ 8 次都是正常的。

（2）接头方法

1）接头前的准备。进行焊条电弧焊时，一根焊条用完需要更换焊条，停弧前，应将焊条向焊接反方向、沿着坡口斜拉带弧约 10 mm，或沿着熔池向后稍快点焊 2 ~ 3 下，然后熄弧，以防止突然熄弧产生弧坑裂纹、缩孔等缺欠。

2）更换焊条时的接头方法

①热接。当弧坑仍保持红热状态时，迅速更换焊条，在熔孔下面 10 mm 处引弧，然后将电弧拉到熔孔处，焊条向里推一下，听到“噗噗”声后，稍作停留，即转入正常焊接。

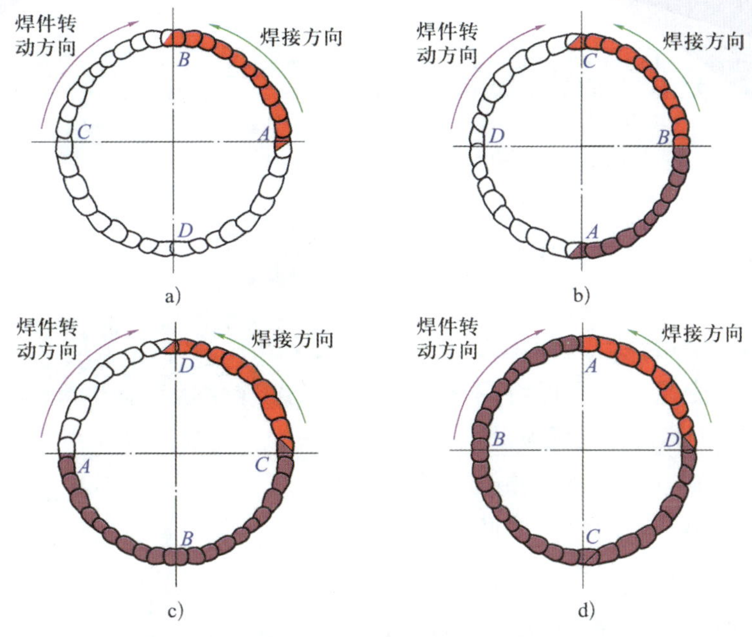

图 3-73　管对接水平转动焊焊接方向与焊件转动方向

a）由 A 焊接到 B　b）由 B 焊接到 C　c）由 C 焊接到 D　d）由 D 焊接到 A

②冷接。当熔池冷却后，必须将收弧处打磨出斜坡方向接头。更换焊条后，在打磨处附近引弧；运条到打磨处的斜坡根部时，焊条向里推一下，听到“噗噗”声后，稍作停留，恢复原来的操作。

5. 操作步骤及要领

管对接水平转动焊操作步骤及要领见表 3-26。

表 3-26　　管对接水平转动焊操作步骤及要领

操作步骤及要领	图示
（1）打底焊 为了使坡口根部焊透，采用单点击穿断弧法进行打底焊。 焊接时，焊条角度应随焊接位置的不断变化而随时调整。在立焊区段，焊条与钢管切线的夹角为 90° ~ 100°。随着焊接向上进行，在立焊与平焊的爬坡区段该夹角为 100° ~ 105°。当焊至斜平焊、平焊区段时，该夹角变化为 110° ~ 120°，如图 3-74 所示。	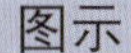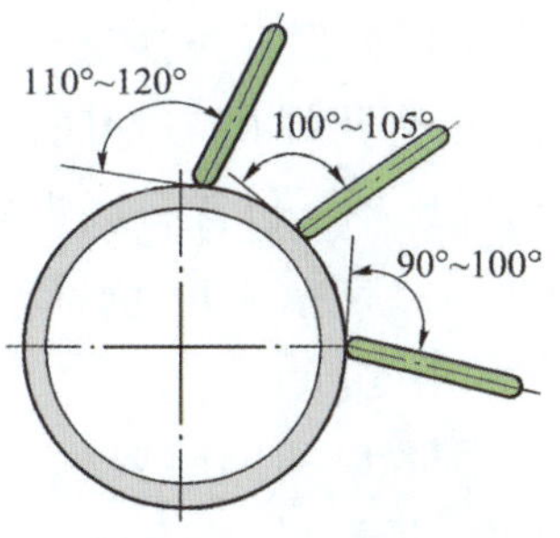 图 3-74　焊条角度

续表

操作步骤及要领	图示
施焊时首先在始焊点位置（立焊位置）引弧，然后将电弧对准坡口根部中心，向背面尽量顶送焊条并稍作停顿，当听到“噗”的一声后，电弧即击穿坡口根部，待形成第一个熔池后立即熄弧。当熔池降温，颜色变暗时，立即将焊条端部果断落于第一个熔池形成弧坑的前 1/3 处引弧，然后压低电弧向背面顶送，并稍作停留，形成第二个熔池，如此反复均匀地点射送给熔滴，并控制熔池之间的搭接量，向前施焊。爬坡焊时钢管与焊条的角度如图 3–75 所示。 这样逐步地将钝边熔透，使背面成形均匀，直至焊至平焊位置。然后按图 3–73 所示的方向转动钢管及进行焊接。 施焊过程中，应注意不要拉长弧，始终保持短弧施焊。 打底层焊缝如图 3–76 所示。	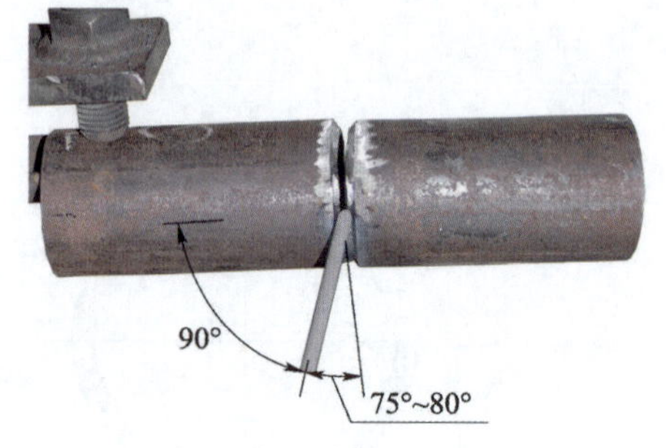 图 3–75　打底焊爬坡焊位置钢管与焊条的角度  图 3–76　打底层焊缝
（2）盖面焊 清除打底层焊渣及飞溅物，修理局部凸起的接头。在打底层焊缝上引弧，采用月牙形或小锯齿形运条法进行连弧焊接。钢管的转动及焊接与打底焊相同。但是焊条角度比相同位置打底焊要大 5° 左右，如图 3–77 所示为盖面焊爬坡焊时钢管与焊条的角度。 焊条摆动到坡口两侧时要稍作停留，熔化两侧坡口边缘各 1.5 mm，并严格控制弧长，即可获得宽窄一致、波纹均匀的盖面层焊缝，如图 3–78 所示。	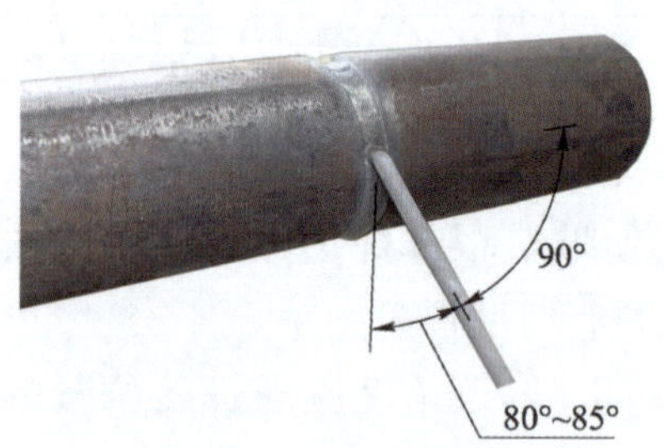 图 3–77　盖面焊爬坡焊时钢管与焊条的角度  图 3–78　盖面层焊缝

6. 焊接质量要求

（1）焊缝表面不得有裂纹、未熔合、夹渣、气孔、焊瘤或未焊透等缺欠。

（2）焊缝与母材圆滑过渡，咬边深度≤ 0.5 mm，焊缝两侧咬边总长度不得超过焊缝长度的 10%。焊缝宽度小于等于 14 mm，焊缝宽度差≤ 3 m，焊缝余高为 0 ～ 4 mm，余高差≤ 3 mm，背面凹坑小于 25% 壁厚，且小于 1 mm。

（3）进行通球检验，检验球直径为 85% 管内径，通过为合格。

（4）焊件上非焊道处不得有引弧痕迹。

课题五　板对接平焊（V 形坡口）

学习目标

1. 能够合理地选择板对接平焊（V 形坡口）焊接参数。
2. 掌握板对接平焊（V 形坡口）单面焊双面成形的操作方法。

工艺分析

板对接平焊（V 形坡口）时，焊件处于俯焊位置，打底焊时熔孔不容易观察和控制，在电弧吹力和熔化金属的重力作用下，焊道背面容易产生超高、焊瘤等缺欠。填充焊和盖面焊时，如果焊接电流过小，容易出现夹渣；电流过大，会使焊缝表面波纹粗糙及咬边。另外，使用碱性焊条必须采用直流电源，而采用不同的弧焊电源会给操作带来不同的影响，其中主要是电流的极性和电弧的偏吹。因此，焊接时应注意打底层、填充层及盖面层焊接电流和焊条角度的调整。

1. 焊前准备

（1）焊件材料：Q235 钢。

（2）焊件尺寸：300 mm × 100 mm × 12 mm，每组两块，坡口形式和尺寸如图 3–79 所示。

（3）焊接要求：单面焊双面成形。

（4）焊接材料：E4303 型焊条，焊条烘干温度为 75 ～ 150 ℃，恒温 1 ～ 2 h，随用随取。

（5）焊接设备：BX3–300 型弧焊变压器或 ZX5–400 型弧焊整流器。

2. 焊件清理与装配

（1）钝边

修磨钝边为 0.5 ～ 1 mm，去除毛刺。

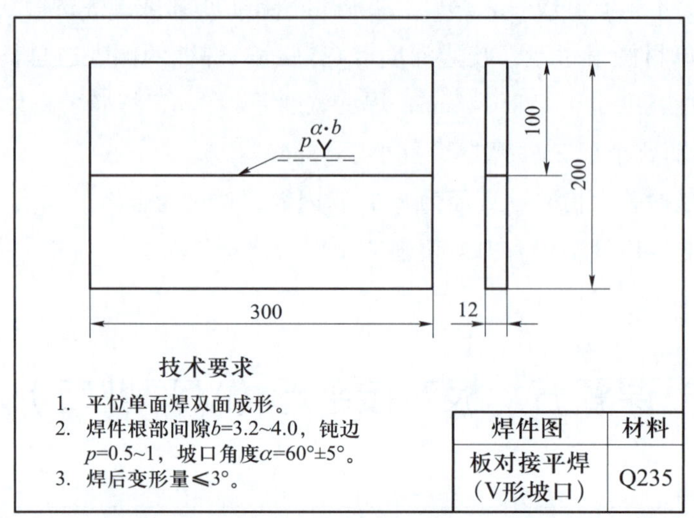

图 3–79　板对接平焊（V 形坡口）焊件图

（2）焊前清理

清理焊件坡口面与坡口正、反面两侧各 20 mm 范围内的油污、锈蚀、水分及其他污物，直至露出金属光泽，如图 3–80 所示。

（3）装配

始焊端装配间隙为 3.2 mm，终焊端装配间隙为 4.0 mm，如图 3–81 所示。放大终焊端的间隙是考虑到焊接过程中产生的焊缝横向收缩量，以保证熔透根部所需要的间隙。错边量≤ 0.5 mm。

图 3–80　焊件的清理

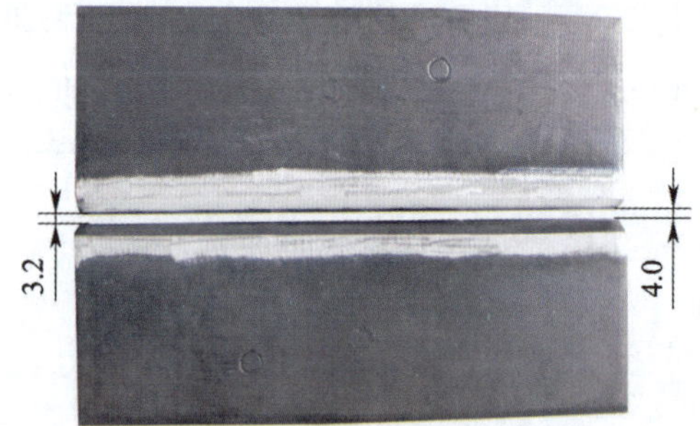

图 3–81　焊件装配间隙

（4）定位焊

采用与正式焊接相同型号的焊条，将修磨完毕的焊件按装配间隙进行固定，在距离焊件两端 20 mm 以内的坡口面内进行定位焊，焊缝长度为 10 ~ 15 mm，如图 3–82 所示。始焊端可少焊，终焊端要多焊一些，以防止在焊接过程中焊缝收缩，造成未焊段间隙变窄而影响施焊。

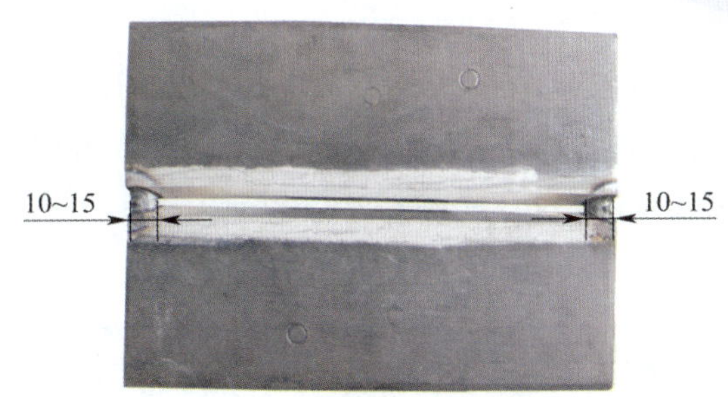

图 3-82　焊件定位焊缝

（5）预置反变形

预置反变形量为 3°，如图 3-83 所示，反变形角度 θ 的对边高度 Δ 可按下式计算：

$$\Delta = b\sin\theta = 100\ \text{mm} \times \sin 3° \approx 5.23\ \text{mm}$$

预置反变形量的方法如下：两手拿住经定位焊的焊件一边，坡口面向下，在垫板上轻轻磕打另一块钢板，如图 3-84 所示。磕打后测量反变形量的方法如图 3-85 所示，若是预置过大，要把焊件翻过来磕打，直至尺寸符合要求为止。

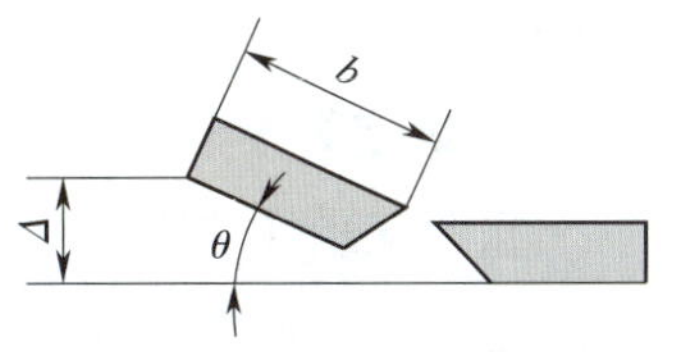

图 3-83　预置反变形量

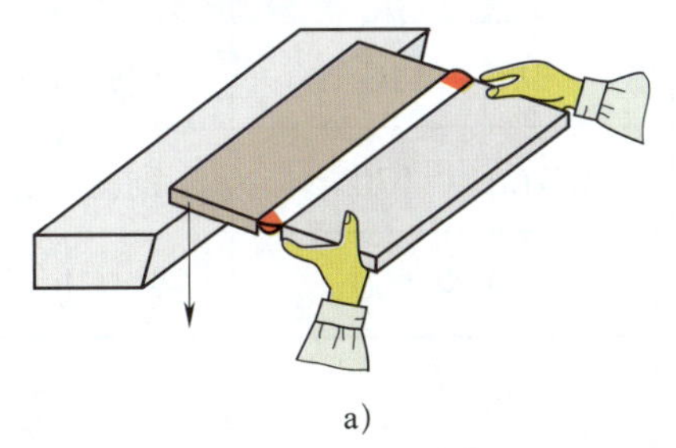

a）

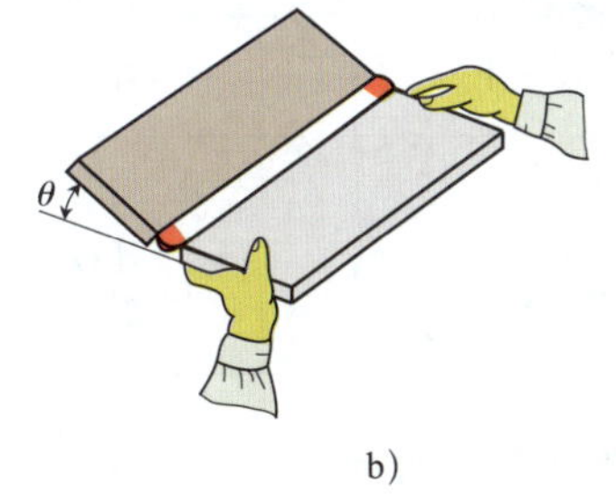

b）

图 3-84　预置反变形量的方法

a）反变形量的获得　b）反变形角

图 3-85　反变形量的测量

经验点滴

（1）装配时，将 ϕ3.2 mm 和 ϕ4.0 mm 焊条的夹持端夹在焊件两端的间隙内，能够保证装配间隙。

（2）用一把钢直尺放在被置弯的焊件一侧，保证中间的空隙能通过一根带药皮的焊条，如图 3-86 所示（焊件宽度 b=100 mm 时，放置直径为 3.2 mm 的焊条）。这样预置的反变形量待焊件焊后其变形角 θ 均在合格范围内。

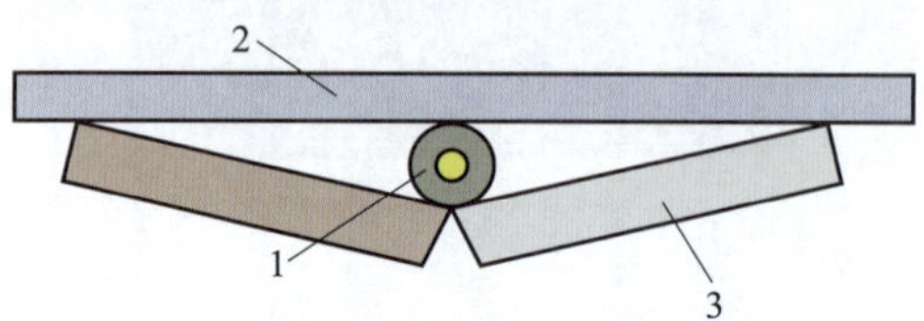

图 3-86 反变形量经验测定法

1—焊条 2—钢直尺 3—焊件

3. 确定焊接参数

板对接平焊（V 形坡口）焊接参数见表 3-27。

表 3-27 板对接平焊（V 形坡口）焊接参数

焊接层次	焊条直径 /mm	焊接电流 /A	运条方法
打底层（1）	3.2	95 ~ 110	单点击穿断弧法
填充层（2、3）	4.0	160 ~ 170	锯齿形运条法
盖面层（4）	4.0	140 ~ 160	锯齿形运条法

4. 操作步骤及要领

板对接平焊（V 形坡口）操作步骤及要领见表 3-28。

表 3-28 板对接平焊（V 形坡口）操作步骤及要领

操作步骤及要领	图示
（1）打底焊 打底焊的焊条角度如图 3-87 所示。具体操作步骤如下： 1）引弧。在始焊端的定位焊缝处引弧，并略抬高电弧稍作预热，焊至定位焊缝尾部时，将焊条向下压一下，听到“噗”的一声后，立即熄弧。此时熔池前方应有熔孔，熔孔的轮廓由熔池边缘和坡口两侧被熔化的缺口构成，深入两侧母材	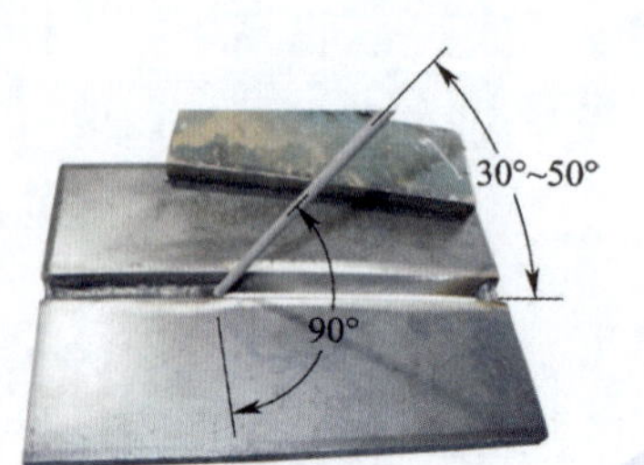 图 3-87 打底焊的焊条角度

续表

操作步骤及要领	图示
0.5 ~ 1 mm，如图 3-88 所示。当熔池边缘变成暗红，熔池中间仍处于熔融状态时，立即在熔池的中间引燃电弧，焊条略向下轻微地压一下，形成熔池，打开熔孔后立即熄弧，这样反复击穿直到焊完。运条间距要均匀、准确，使电弧的 2/3 压住熔池，1/3 作用在熔池前方，用来熔化和击穿坡口根部形成熔池。 2）收弧。收弧前，应在熔池前方构成一个熔孔，然后回焊 10 mm 左右，再熄弧；或向熔池的根部送进 2 ~ 3 滴熔液，然后熄弧，以使熔池缓慢冷却，避免接头出现冷缩孔。 3）接头。采用热接法，接头时换焊条的速度要快，在收弧熔池还没有完全冷却时，立即在熔池后 10 ~ 15 mm 处引弧。当电弧移至收弧熔池边缘时，将焊条向下压，听到“噗”的一声击穿声后，稍作停顿，再滴下两滴液态金属，以保证接头过渡平整，防止形成冷缩孔，然后转入正常断弧焊。 更换焊条时的电弧轨迹如图 3-89 所示。电弧在①的位置重新引弧，回焊到接头处②的位置后，开始做长弧预热来回摆动。按③④⑤⑥的轨迹摆动几下后，在⑦的位置压低电弧。当出现熔孔并听到“噗噗”声时，迅速熄弧。这时更换焊条的接头操作结束，转入正常断弧焊。 断弧焊要求将每一个熔滴准确送到待焊位置，燃弧、熄弧节奏控制在 45 ~ 55 次 /min。节奏过快，坡口根部熔不透；节奏过慢，熔池温度过高，焊件背面焊缝会超高，甚至出现焊瘤和烧穿现象。要求每形成一个熔池都要在其前面出现一个熔孔。 在离右侧定位焊缝 4 mm 时，要做好收弧准备，待最后一个熔孔完成后不要立即熄灭电弧，而是要沿着定位焊缝采用连弧法焊接到最右端，这样能保证打底焊背面与右侧定位焊缝的接头良好。 打底焊背面焊缝如图 3-90 所示。	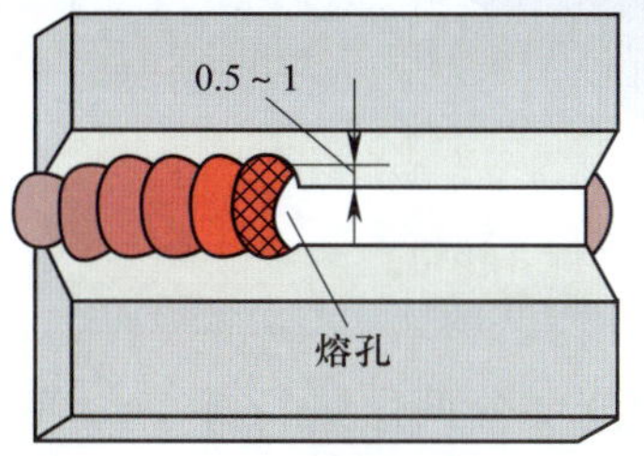 图 3-88　板对接平焊（V 形坡口）时的熔孔 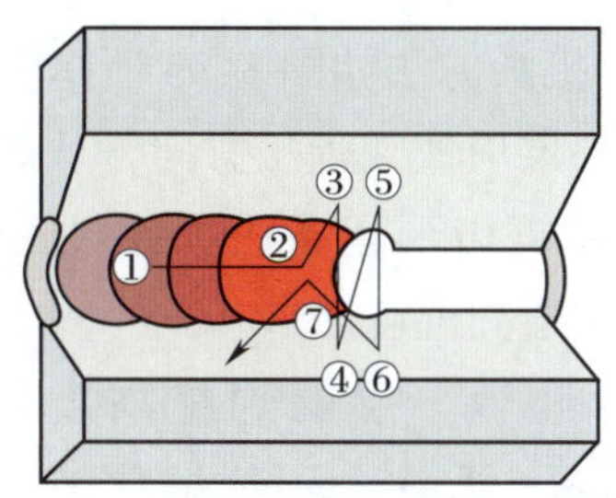 图 3-89　更换焊条时的电弧轨迹  图 3-90　打底焊背面焊缝

续表

操作步骤及要领	图示
（2）填充焊 填充层分两层进行焊接。填充焊前应对前一层焊缝仔细清渣，特别是与坡口面的夹角处更要清理干净。填充焊的运条方法为锯齿形运条法，焊条与焊件的角度如图 3–91 和图 3–92 所示。填充焊时应注意以下几点： 1）摆动到两侧坡口处应稍作停留，保证两侧有一定的熔深，并使填充层焊缝略向下凹。 2）接头方法如图 3–93 所示，焊缝接头应错开，每焊一层应改变焊接方向，从焊件的另一端起焊，并采用锯齿形运条法，各层间焊渣要认真清理，并控制层间温度。 3）最后一层的焊缝高度应低于母材 0.5 ~ 1.0 mm，要注意不能熔化坡口两侧的棱边，最好呈凹形，以便于盖面焊时控制焊缝宽度和高度。	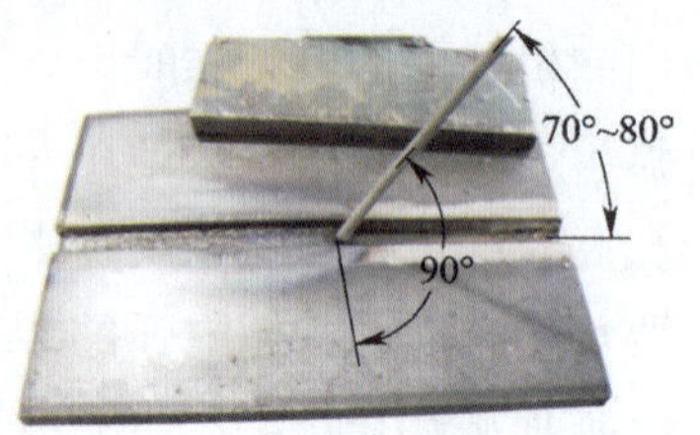 图 3–91　填充层（2）第一层焊条与焊件的角度 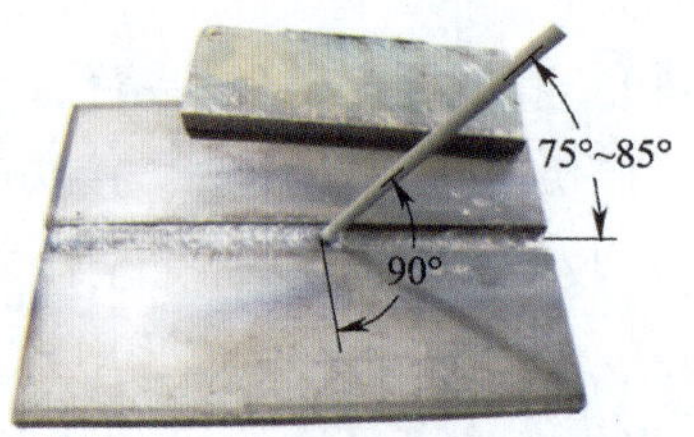 图 3–92　填充层（3）第二层焊条与焊件的角度 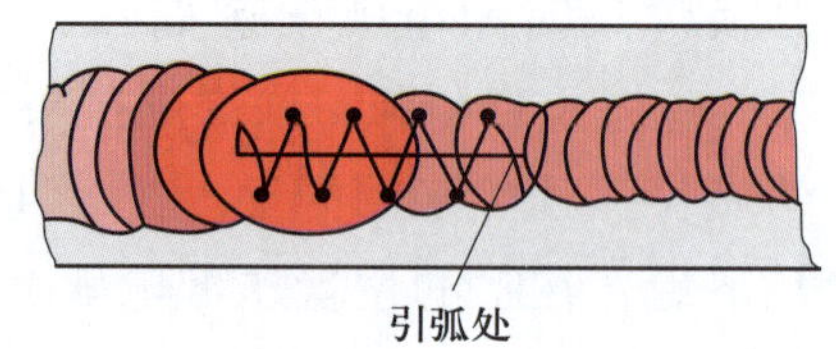 图 3–93　填充层接头方法
（3）盖面焊 盖面焊焊接电流应稍小一点，要使熔池形状和大小保持均匀一致，焊条与焊接方向的夹角保持 75° ~ 85°，如图 3–94 所示。采用锯齿形运条法，焊条摆动到坡口边缘时应稍作停顿，以免产生咬边缺欠。	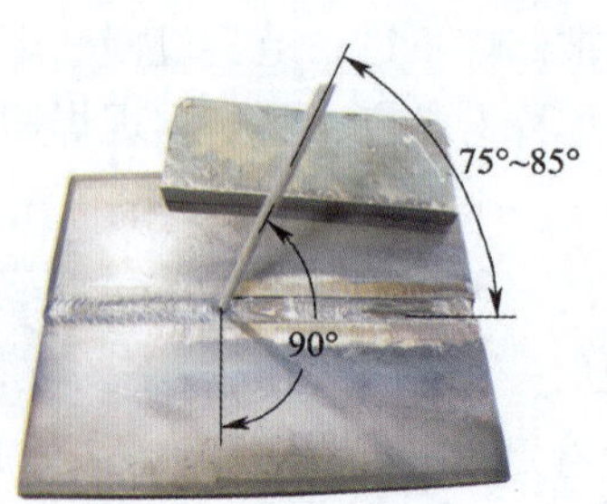 图 3–94　盖面焊焊条角度

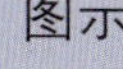

续表

操作步骤及要领	图示
更换焊条收弧时应对熔池稍填熔滴，迅速更换焊条，并在弧坑前 10 mm 左右处引弧，然后将电弧退至弧坑的 2/3 处，填满弧坑后正常进行焊接。接头时应注意：若接头位置偏后，则接头部位焊缝过高；若偏前，则焊缝脱节。焊接时应注意保证熔池边缘超出坡口棱边要小于 2 mm；否则，焊缝超宽。盖面层的收尾采用划圈收尾法和反复断弧收尾法，最后填满弧坑使焊缝平滑过渡，盖面层焊缝如图 3–95 所示。	 图 3–95　盖面层焊缝

教师指导

【问题】焊接电流的大小对焊缝成形有哪些影响?

回答：操作过程中，焊接电流过小会使熔渣超前，熔池与熔渣分不清，即电弧在熔渣后方，很容易产生夹渣的缺欠；若焊接电流过大，熔渣明显拖后，熔池裸露出来会使焊缝成形粗糙。

5. 焊接质量要求

板对接平焊（V 形坡口）焊接质量要求如下：

（1）焊件外观检查及评分标准见表 3–29。

表 3–29　板对接平焊（V 形坡口）焊件外观检查及评分标准

焊件外观	检查项目	焊缝等级标准及配分			
		Ⅰ	Ⅱ	Ⅲ	Ⅳ
正面	焊缝高度	0 ~ 2 mm	>2 mm，≤ 3 mm	>3 mm，≤ 4 mm	>4 mm，<0
		5 分	3 分	1 分	0 分
	高度差	≤ 1 mm	>1 mm，≤ 2 mm	>2 mm，≤ 3 mm	>3 mm
		7 分	4 分	1 分	0 分
	焊缝宽度	≤ 20 mm	>20 mm，≤ 21 mm	>21 mm，≤ 22 mm	>22 mm
		5 分	3 分	1 分	0 分

续表

焊件外观	检查项目	焊缝等级标准及配分			
		Ⅰ	Ⅱ	Ⅲ	Ⅳ
正面	宽度差	≤ 1 mm	>1 mm，≤ 2 mm	>2 mm，≤ 3 mm	>3 mm
		7 分	4 分	1 分	0 分
	咬边	无咬边	深度≤ 0.5 mm 且长度≤ 15 mm	深度≤ 0.5 mm，15 mm< 长度≤ 30 mm	深度 >0.5 mm 或长度 >30 mm
		10 分	7 分	5 分	0 分
	错边量	无错边	≤ 0.5 mm	>0.5 mm，≤ 1 mm	>1 mm
		6 分	4 分	1 分	0 分
	角变形	0 ~ 1 mm	>1 mm，≤ 3 mm	>3 mm，≤ 5 mm	>5 mm
		5 分	3 分	1 分	0 分
	焊缝外表成形	优	良	一般	差
		成形美观，鱼鳞均匀、细密，高低、宽窄一致	成形较好，鱼鳞均匀，焊缝平整	成形尚可，焊缝平直	焊缝弯曲，高低、宽窄不一致，有表面焊接缺欠
		5 分	3 分	1 分	0 分
背面	焊缝高度	0 ~ 3 mm，5 分；>3 mm，0 分			
	咬边	无咬边，5 分；有咬边，0 分			
	气孔	无气孔，5 分；有气孔，0 分			
	背面成形	优	良	一般	差
		5 分	3 分	1 分	0 分
	未焊透	无未焊透，10 分；有未焊透，0 分			
	凹陷	无内凹 10 分；深度≤ 0.5 mm，每 2 mm 长扣 1 分（最多扣 10 分）；深度 >0.5 mm 为 0 分			
安全文明生产		合格 10 分；违反操作规程，视情况扣 1 ~ 10 分			

（2）参照能源行业标准《承压设备无损检测　第 2 部分：射线检测》（NB/T 47013.2—2015）进行 X 射线检测，射线透照质量应不低于 AB 级，焊缝缺欠等级不低于Ⅱ级为合格。

（3）焊件上非焊道处不得有引弧痕迹。

课题六 管板插入式垂直固定焊

学习目标

1. 熟悉管板插入式垂直固定焊的单面焊双面成形焊接技能。
2. 掌握管板插入式垂直固定焊时调整焊条角度变化的技能。

工艺分析

管板插入式垂直固定焊是锻炼手臂和手腕灵活性的基本功，操作时，要随焊接位置的变化适时调整相应的焊条角度，并控制好熔池的熔化状态；时刻注意熔渣不要超前，以免产生夹渣和未熔合等缺欠。

1. 焊前准备

（1）焊件材料：管材选用 20 钢管，板材选用 Q235 钢板。

（2）焊件尺寸：管材为 ϕ57 mm × 4 mm，L=100 mm；板材为 100 mm × 100 mm × 10 mm，如图 3–96 所示。

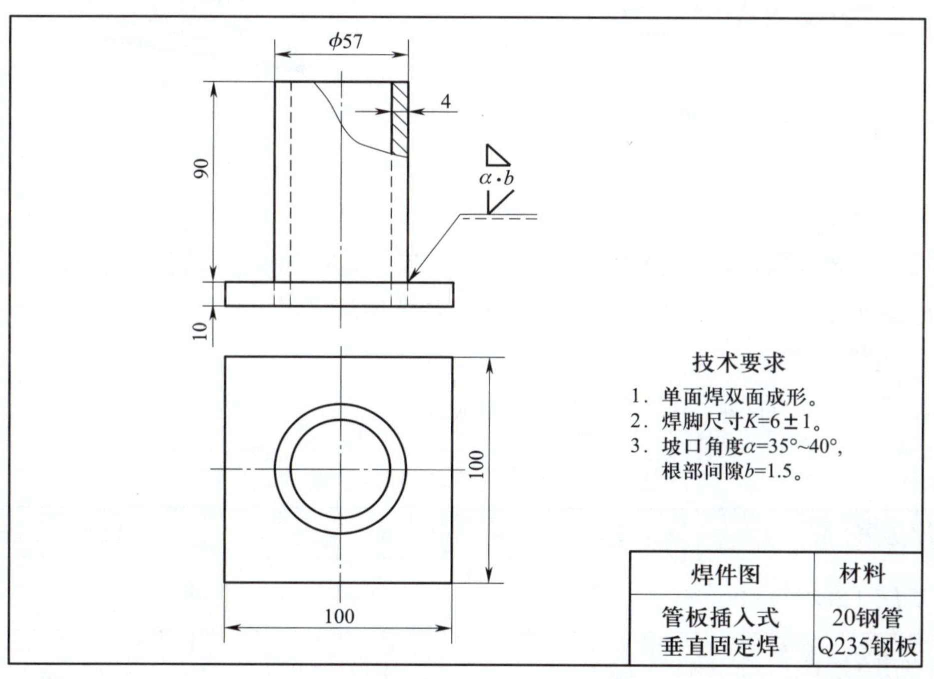

图 3–96 管板插入式垂直固定焊

（3）板材通孔及坡口尺寸：板材加工 ϕ60 mm 通孔并开 35° ~ 40° 单边 V 形坡口，如图 3–97 所示。

（4）焊接材料：E4303（结 422）型焊条烘干温度为 100 ~ 150 ℃，E5015 型焊条烘干温度为 350 ~ 400 ℃，恒温 1 ~ 2 h，随用随取。

（5）焊接设备：BX3–300 型弧焊变压器或 ZX5–400 型弧焊整流器。

2. 焊件清理与装配

（1）钝边

修磨钝边为 0.5 ~ 1 mm，去除毛刺。

（2）焊前清理

清理板材坡口及坡口正、反面两侧 20 mm 和管子端部 30 mm 范围内的油污、锈蚀、水分及其他污物，直至露出金属光泽。

（3）装配

装配间隙为 1.5 mm，管子垂直插入孔板，四周间隙均匀，背面平齐，相差不超过 0.4 mm，如图 3–98 所示。

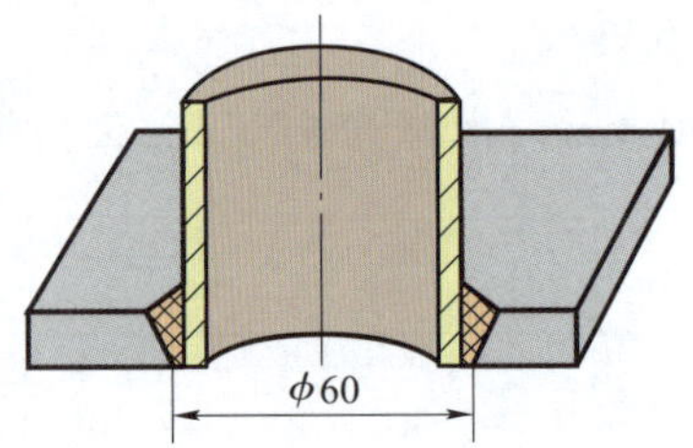

图 3–97　管板角接接头形式

图 3–98　管板插入式垂直固定焊装配实物图

（4）定位焊

采用与正式焊接相同牌号的焊条，在任意方位进行定位焊，焊缝长度为 10 mm 左右，要求焊缝厚度为 2 ~ 3 mm，应焊透且无缺欠，焊缝两端呈斜坡状，以利于接头。

3. 确定焊接参数

管板插入式垂直固定焊焊接参数见表 3–30。

表 3–30　管板插入式垂直固定焊焊接参数

焊接层次	焊条直径 /mm	焊接电流 /A	运条方法
打底层（1）	2.5	75 ~ 80	小锯齿形运条法
填充层（2）	3.2	100 ~ 120	锯齿形运条法
盖面层（3、4）	3.2	100 ~ 110	直线形或小斜圆圈形运条法

4. 操作步骤及要领

管板插入式垂直固定焊操作步骤及要领见表 3–31。

表 3–31　　管板插入式垂直固定焊操作步骤及要领

操作步骤及要领	图示
（1）打底焊 1）引弧。打底层焊道采用连弧法，在定位焊缝相对称的位置、孔板坡口内引弧，拉长电弧稍加预热（酸性焊条），待其两侧接近熔化温度时，向孔板一侧移动，压低电弧使孔板坡口击穿形成熔孔，然后用小锯齿形运条法进行正常焊接。焊条与管子外壁的夹角为 10° ~ 15°，与管子的切线成 60° ~ 70° 角，如图 3–99 所示。焊接过程中焊条角度要求不变，随管子的弯曲移动焊条，速度要均匀，电弧在坡口根部与管子边缘应稍作停留，保持短弧操作，使电弧 1/3 在熔池前，用来击穿和熔化坡口根部，2/3 覆盖在熔池上。电弧稍偏向管子，以保证两侧熔合良好，保持熔池大小和形状基本一致，避免产生未焊透和夹渣等缺欠。若发现熔池温度过高，可以采用挑弧法，减少对熔池的热输入，防止焊穿和背面产生焊瘤。 2）更换焊条的方法。一般采用热接法。熄弧前回焊 10 mm 左右，并逐渐拉长电弧至熄灭，迅速更换焊条，在熄弧处引燃并拉长电弧继续加热，移至接头处，压低电弧，当根部有击穿声后，形成熔孔，稍停片刻，转入正常焊接。 3）定位焊缝接头。焊至定位焊缝接头处时应压低电弧稍停片刻，再快速移动电弧至定位焊缝另一端，稍停片刻，然后恢复正常焊接。当焊至封闭焊缝接头时也要稍停片刻，并与始焊部位重叠 5 ~ 10 mm，填满弧坑即可熄弧。	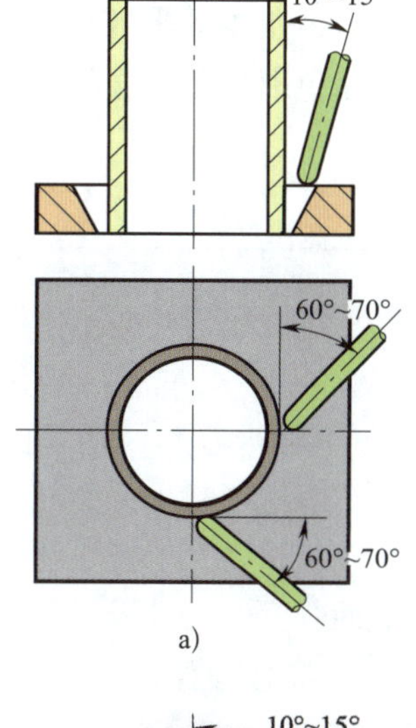 a) 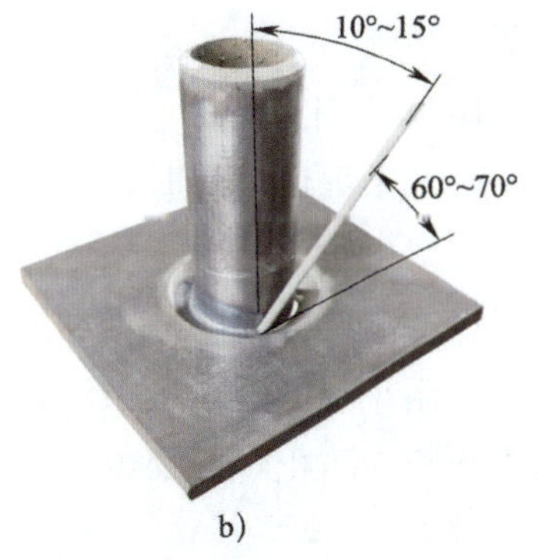 b) 图 3–99　管板插入式垂直固定焊打底焊的焊条角度 a）示意图　b）焊件图

续表

操作步骤及要领	图示
（2）填充焊 填充层焊接采用锯齿形运条法，保证坡口两侧熔合良好，焊条与管壁夹角为 15° ~ 25°，与管子的切线夹角为 80° ~ 85°，如图 3-100 所示。运条速度均匀，保证熔渣对熔池的覆盖保护，不超前或拖后，基本填平坡口，但不能熔化板材坡口边缘，以免影响盖面层的焊接。	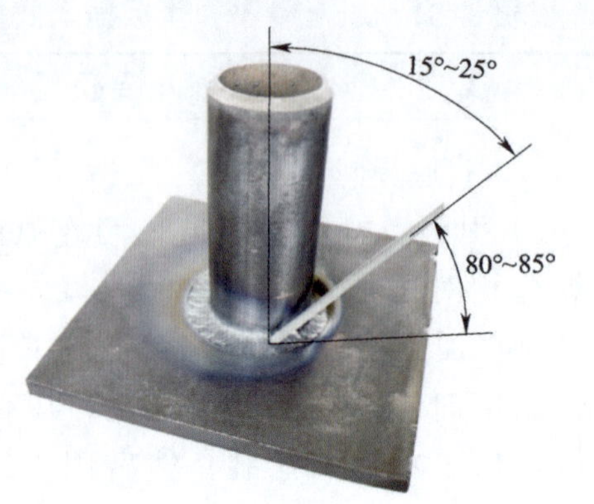 图 3-100　填充焊焊条角度
（3）盖面焊 盖面层焊接必须保证焊脚尺寸。采用两道焊，焊条角度如图 3-101 所示。第一条焊道紧靠孔板表面，熔化坡口边缘 1 ~ 2 mm，保证焊道外边整齐。第二条焊道施焊时，适当调整焊条与管壁夹角为 45° ~ 60°，与第一条焊道重叠 1/2 ~ 2/3，并根据焊道需要的宽度适当增加焊条摆动和焊接速度，或用小斜圆圈形运条法，避免焊道间形成凹槽或凸起，防止管壁咬边。	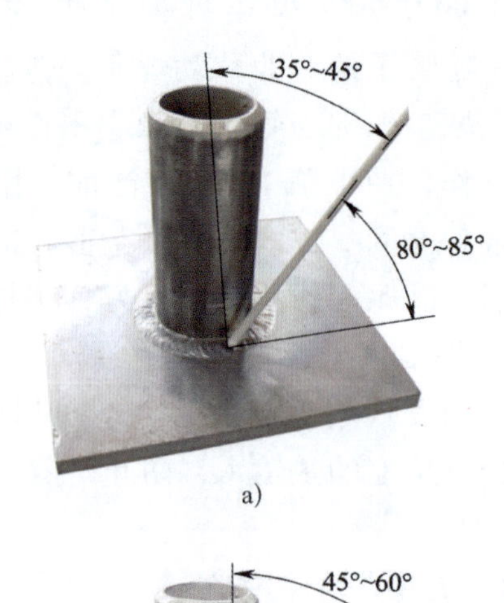 a） 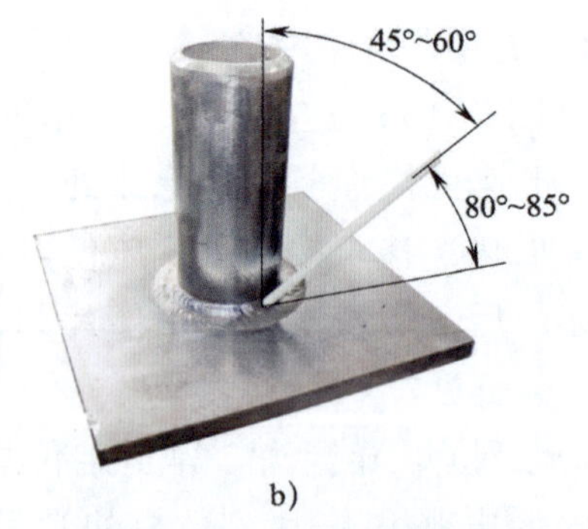 b） 图 3-101　盖面焊焊条角度 a）盖面层第一道　b）盖面层第二道

5. 焊接质量要求

（1）焊缝表面不得有裂纹、未熔合、夹渣、气孔、焊瘤和未焊透等缺欠。

（2）焊缝的凹度或凸度≤ 1.5 mm，管侧焊脚尺寸为壁厚 +（0 ~ 3）mm。

（3）焊缝表面咬边深度≤ 0.5 mm，两侧的咬边总长度不得超过焊缝长度的 10%；背面凹坑深度小于等于壁厚的 25%，且≤ 1 mm。

（4）焊件上非焊道处不得有引弧痕迹。

教师指导

【问题】遇到固定管板所处位置操作不便时，应注意什么？

回答：在生产实践中经常会遇到固定管板所处位置有一侧操作不太方便的情况，这时一定要先焊接较难操作的这一侧，即将此侧作为前半部分先焊，这样有利于管板后半部接头的操作，以保证焊接质量。

第四单元
焊接应力与变形、焊接缺欠与检验

课题一　焊接应力与变形

学习目标

1. 了解焊接应力、焊接变形、焊接残余应力、焊接残余变形的概念。

2. 理解焊接应力与变形产生的原因、焊接检验的原理及目的。

3. 掌握控制焊接残余变形及焊接残余应力的措施、消除焊接残余应力及矫正焊接残余变形的方法。

一、焊接应力与焊接变形

1. 焊接应力

物体在受到外力作用发生变形的同时，其内部会出现一种抵抗变形的力，这种力叫作内力。单位截面积上所受的内力叫作应力。

应力并不都是由外力引起的，如物体在加热膨胀或冷却收缩过程中受到阻碍，就会在其内部出现应力，这种情况在不均匀加热或不均匀冷却过程中就会出现。当没有外力存在时，物体内部存在的应力叫作内应力。焊接构件由焊接而产生的内应力叫作焊接应力，焊后残留在焊件内的焊接应力叫作焊接残余应力。

2. 焊接变形

物体在受到外力的作用时，会出现形状、尺寸的变化，称为物体的变形。若在外力去除后，物体能恢复到原来的形状和尺寸，这种变形称为弹性变形，反之称为塑性变形。焊件由焊接产生的变形叫作焊接变形，焊后焊件残留的变形叫作焊接残余变形。

二、焊接应力与变形产生的原因

1. 均匀加热引起应力与变形的原因

假设有一根金属杆放在两边无约束的支点上，如图 4–1a 实线所示。当对金属杆均匀

加热后，由于热膨胀使金属杆变粗和伸长，如图 4–1a 细双点画线所示。当金属杆均匀冷却后，因冷却收缩，金属杆又会自由恢复到原来的形状和尺寸。由于它热胀和冷缩时均没有受到阻碍，因此金属杆不会产生应力和变形。

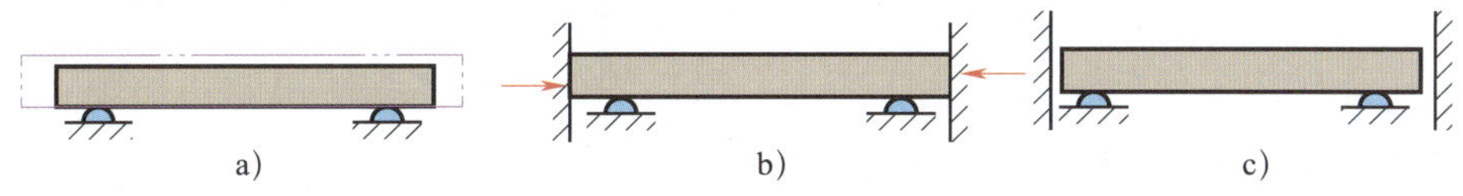

图 4–1　焊接应力和变形产生过程

a）金属杆自由收缩　b）金属杆加热时的变形　c）金属杆冷却后的变形

如果将金属杆嵌在两刚性墙之间，如图 4–1b 所示，然后对它均匀加热，由于热膨胀金属杆要伸长，但由于受到墙的阻挡不能伸长，金属杆在长度上没有变化（假定不产生弯曲），这样在金属杆内就出现了压应力。

如果压应力小于屈服强度，则金属杆冷却后仍能恢复原状。如果压应力达到了屈服强度，则冷却后金属杆将产生塑性变形，长度比原来缩短，如图 4–1c 所示。

2. 焊接过程引起应力与变形的原因

在焊接过程中，由于焊件经受了不均匀加热，其加热温度为中间高、两边低。为了便于分析，将焊件分为高温区和低温区两部分：焊缝及其附近为高温区，焊缝两侧焊件边缘部分为低温区，并假设高温区和低温区内的温度均匀一致，如图 4–2a 所示。

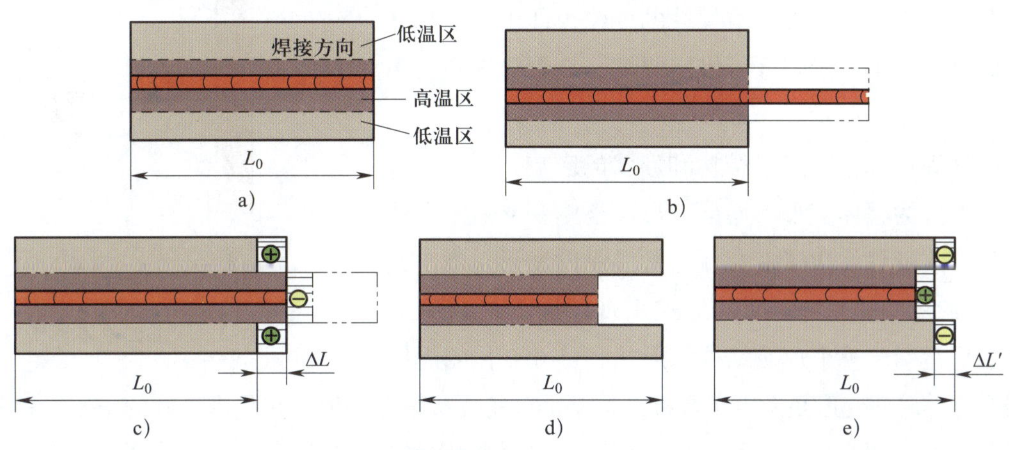

图 4–2　板对接焊时的焊接应力与变形

a）原始状态　b）加热过程（可分离时）　c）加热过程（整体）

d）冷却以后（可分离时）　e）冷却以后（整体）

⊕表示拉应力　⊖表示压应力

焊接加热时，若焊件高温区与低温区是可分离的、能自由伸缩的两部分，高温区由于温度高将自由伸长，如图 4–2b 所示。但实际上，焊件是一个整体，高温区不可能自由伸长，其伸长受到低温区的牵制，使其受到压缩产生压应力，当压应力达到屈服强度时就会产生压缩塑性变形。同时，低温区也受到高温区的拉伸作用而伸长，产生拉应力，结果焊

件将整体伸长 ΔL，如图 4–2c 所示。

焊接冷却时，由于高温区在加热时产生压缩塑性变形，若高温区与低温区是可分离的、能自由收缩的，高温区冷却后将自由缩短，如图 4–2d 所示。同样，由于焊件是一个整体，两边的低温区将阻碍高温区的收缩，使高温区产生拉应力，同时，高温区收缩又对低温区有压缩作用，使低温区产生压应力。最后焊件将整体缩短 $\Delta L'$，如图 4–2e 所示。这就是焊件产生焊接应力与变形的实际情况。

由此可见，焊接时局部的不均匀加热及冷却是产生焊接应力和变形的根本原因。

由于焊接应力和变形是焊接时局部的不均匀加热和冷却造成的，因此，焊件焊接后不可避免地要产生焊接应力和变形。在焊接过程中，若焊件能自由收缩，则焊后焊接变形较大而焊接应力较小；反之，焊件不能自由收缩，则焊接变形较小而焊接应力较大。焊后焊件中的应力分布不均匀，焊缝及其附近通常是拉应力，焊缝两侧焊件边缘部分是压应力。

三、焊接残余变形

1. 焊接残余变形的分类

在实际生产中，焊接结构的变形是比较复杂的。按焊接残余变形的特征不同，可将其分为纵向变形、横向变形、弯曲变形、角变形、波浪变形、扭曲变形等。焊接残余变形表现为三种基本尺寸的变化，即垂直于焊缝的横向收缩、平行于焊缝的纵向收缩、绕焊缝旋转的角变形，如图 4–3 所示。

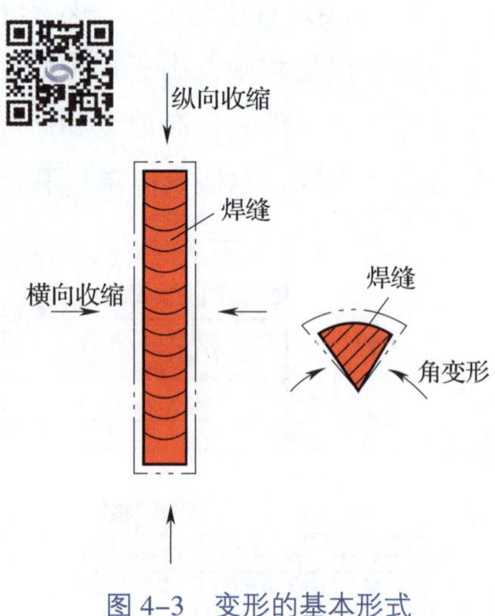

图 4–3　变形的基本形式

根据焊接残余变形对结构和形状的影响，可将焊接残余变形分为整体变形、局部变形。整体变形是整个焊件的尺寸或形状发生了变化，通常以纵向变形、横向变形、弯曲变形和扭曲变形的形式出现，如图 4–4 所示。整体变形是引起整个焊接结构的形状和尺寸变化的焊接残余变形。局部变形是发生于焊接结构某部分的焊接残余变形，它是由焊件的角变形和波浪变形引起的，如图 4–5 所示。局部变形对结构的使用性能影响较小，一般也容易控制和矫正。

2. 焊接残余变形的产生原因

（1）纵向变形

焊件焊后产生的纵向变形主要是纵向缩短。焊缝的纵向收缩量一般随焊缝的长度、熔敷金属截面积的增大而增大，随焊件截面积的增大而减小。

（2）横向变形

焊件焊后产生的横向变形主要是横向缩短。焊缝的横向收缩量随板厚的增大而增大。板厚相同的情况下，坡口角度越大，横向收缩量也越大。

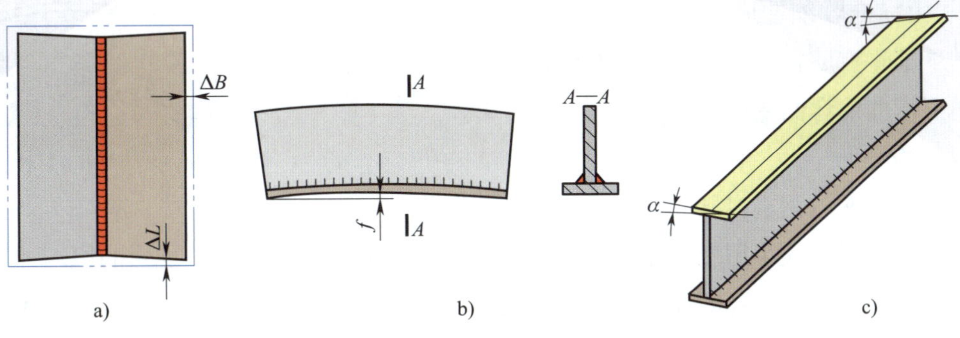

图 4-4　整体变形

a）纵向变形与横向变形（ΔL 为纵向变形量，ΔB 为横向变形量）

b）弯曲变形（f 为挠度）　c）扭曲变形（α 为扭曲角度）

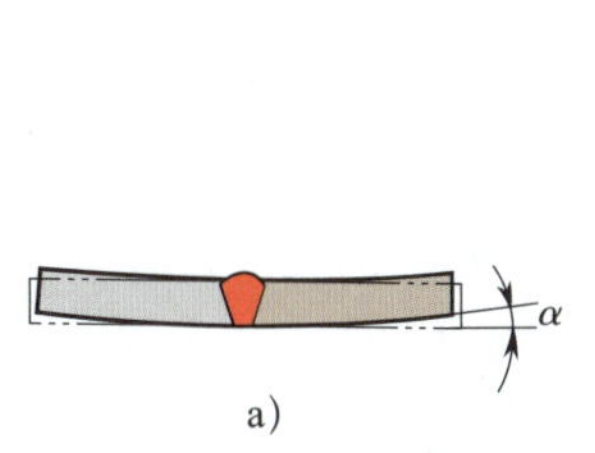

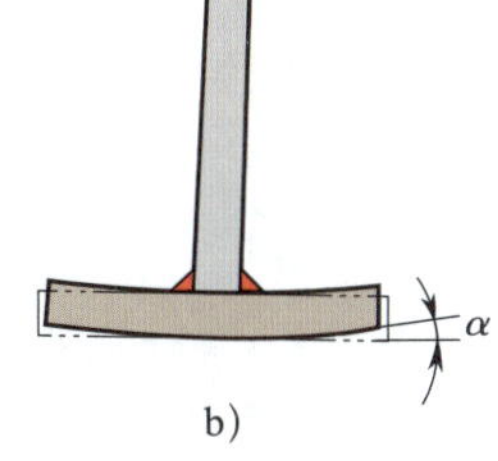

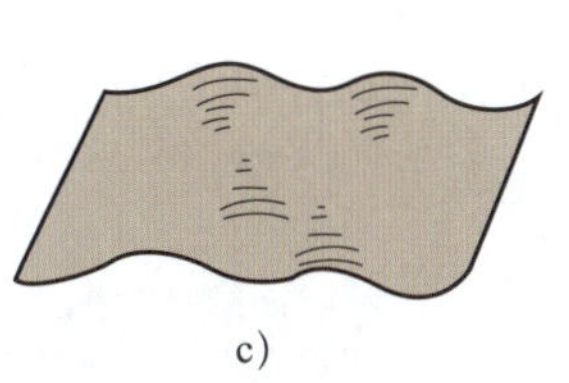

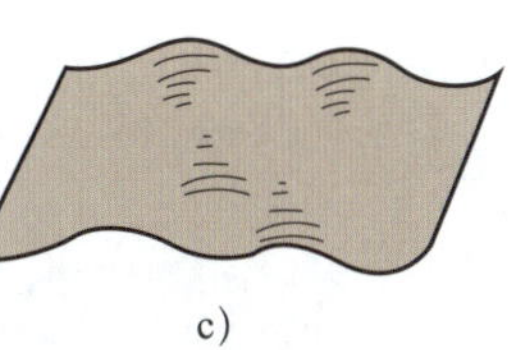

图 4-5　局部变形

a）对接焊缝的角变形　b）角焊缝的角变形　c）波浪变形

（3）弯曲变形

焊件焊后向一侧变弯的变形叫作弯曲变形。焊接梁、柱、管道等长焊缝时经常产生弯曲变形，其弯曲变形的大小以挠度 f 进行度量，如图 4-6 所示。

1）由纵向收缩造成的弯曲变形。当在焊件边缘一侧施焊时，纵向收缩将产生弯曲变形，如图 4-7a 所示。T 形梁的焊缝只在焊件的一侧，则焊后产生的弯曲变形如图 4-7b 所示。由此可知，只要焊缝不在构件的中性轴上，焊后便很容易产生弯曲变形。

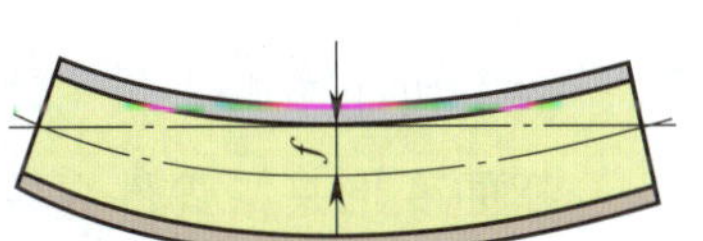

图 4-6　弯曲变形的挠度

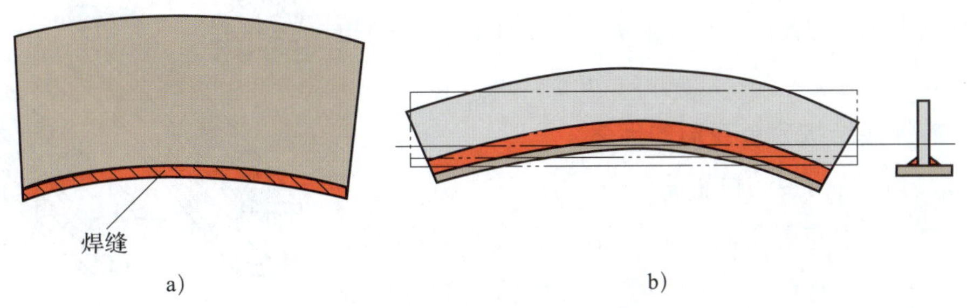

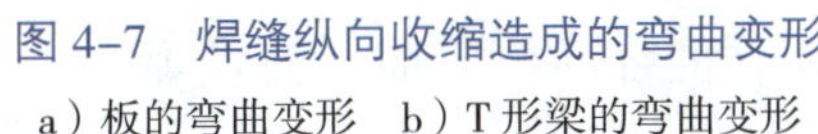

图 4-7　焊缝纵向收缩造成的弯曲变形

a）板的弯曲变形　b）T 形梁的弯曲变形

2）由横向收缩造成的弯曲变形。如图 4–8 所示为一工字梁，其下部焊有肋板，由于肋板角焊缝的横向收缩，会使焊件产生向下弯曲的弯曲变形。

图 4–8　焊缝横向收缩造成的弯曲变形

（4）角变形

焊后焊件两侧钢板离开原来位置翘起一个角度的变形叫作角变形。角变形的大小用变形角来度量，如图 4–5a、b 所示。产生角变形的原因如下：焊缝的截面总是上宽下窄，因而在焊缝厚度上横向收缩变形不一致，焊缝一侧收缩大，另一侧收缩小，结果就形成了焊件的平面偏转，两侧便翘起一个角度，如图 4–5a 所示。

（5）波浪变形

波浪变形一般在薄板焊接结构中产生，如图 4–9 所示。产生波浪变形有两种原因：一种是由于薄板结构焊接时，纵向和横向的压应力使薄板失去稳定而造成波浪变形，如图 4–9a 所示；另一种是由于角焊缝的横向收缩引起角变形而造成的，如图 4–9b 所示为船体隔板结构焊后产生的波浪变形。

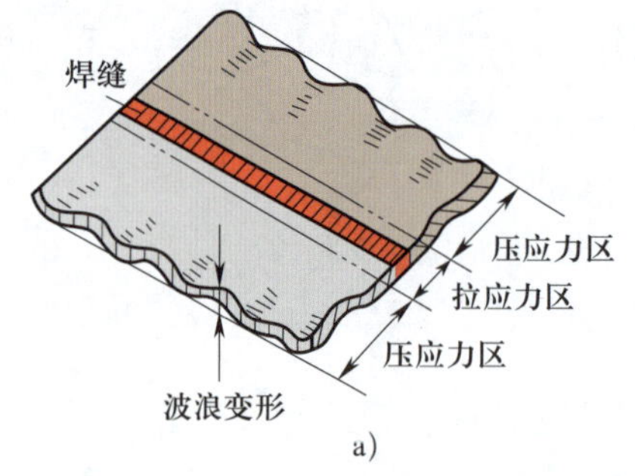

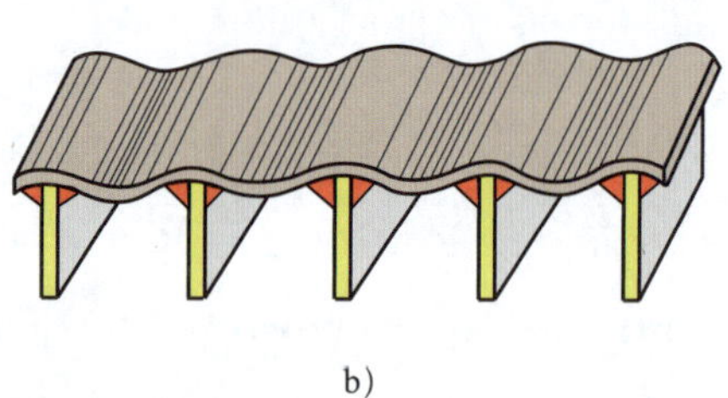

图 4–9　薄板焊接的波浪变形

a）纵向和横向压应力造成的波浪变形　b）角焊缝的横向收缩引起角变形而造成波浪变形

（6）扭曲变形

扭曲变形是指焊件焊后两端绕中性轴相反方向扭转一定角度。它产生的原因较复杂：装配质量不高，即在装配之后焊接之前的焊件位置尺寸不符合图样的要求；焊件的零部件形状不正确而强行装配；焊件在焊接时位置搁置不当，焊接顺序及方向不当等。如图 4–10 所示为工字梁的扭曲变形。

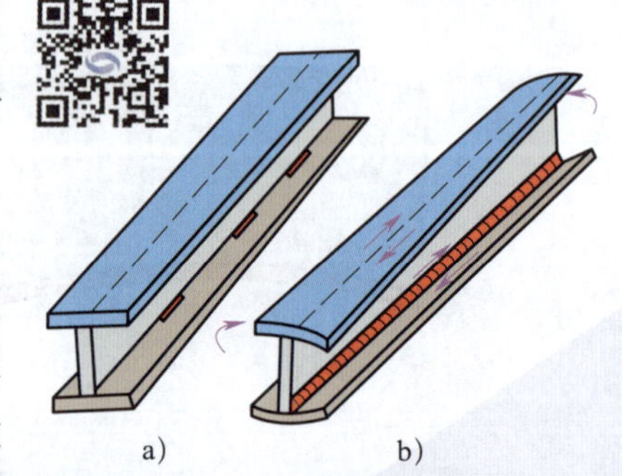

图 4–10　工字梁的扭曲变形

a）焊前　b）焊后

3. 影响焊接结构残余变形的因素

（1）焊缝在结构中的位置

焊缝在结构中布置不对称时，则焊后会产生弯曲变形，弯曲方向朝向焊缝较多的一侧。焊缝偏离焊件中性轴时，焊件在焊后将向焊缝所在的那一侧弯曲，而且焊缝距离焊件中性轴越远，焊件就越容易产生弯曲变形。

（2）焊接结构的刚度

焊接结构刚度（即抵抗变形的能力）的高低也将影响焊件焊后的变形。刚度越高，结构就越不易变形。结构的刚度取决于其自身的截面形状及其尺寸大小。

（3）焊接结构的装配及焊接顺序

一般来说，将焊接结构总装后再进行焊接，可以使结构的刚度提高，减少焊后变形。但是，对于一些大型复杂结构，有时可将结构适当地分成部件，分别装配、焊接，然后再拼焊成整体，使不对称的焊缝或收缩量较大的焊缝能比较自由地收缩，组焊时对整体结构的影响就较小，从而控制焊后变形。

有了合理的装配方法，还应该有合理的焊接顺序。即使焊缝布置对称的焊接结构，如果焊接顺序不合理，仍然会引起变形。如图 4–11 所示，对称的 X 形坡口对接接头采用不同的焊接顺序会产生不同的效果。

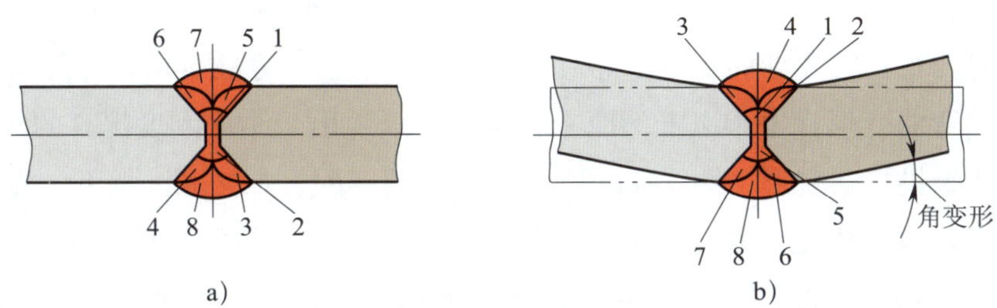

图 4–11　X 形坡口对接接头的焊接顺序

a）合理的焊接顺序　b）不合理的焊接顺序

（4）其他因素

1）材料的线膨胀系数。线膨胀系数大的金属，其焊后变形也大。常用的金属材料中铝、不锈钢、Q355 钢、碳素钢的线膨胀系数依次减小，因此，碳素钢焊件焊后变形相对较小。

2）焊接方法。与电弧焊相比，气焊的热源分散，受热范围大，加上焊接速度慢，使金属热膨胀加大，因此，气焊焊件的焊后变形比电弧焊大。

3）焊接电流和焊接速度。一般焊后变形随着焊接电流的增大而增大，随着焊接速度的加快而减小。

4）焊接方向。对一条直焊缝来说，采用同一方向从头焊到尾（直通焊）的方法，会使整条焊缝在焊接过程中热量分布不均匀，焊件内产生的内应力也不同，其焊缝越长，焊后变形也就越大。如果直焊缝采用分段跳焊法，焊后变形就会小一些。

5）坡口形式。坡口角度及对口间隙过大，变形量增大。在焊件材质、厚度相同的情况下，V 形坡口比 U 形坡口变形大；X 形坡口比双 U 形坡口变形大；I 形坡口变形最小。

此外，焊接结构的自重和形状、焊缝装配间隙的大小都会影响焊后的变形量。

总之，各种影响焊接残余变形的因素并不是孤立地起作用的。因此，在分析焊接结构的应力和变形时，要考虑各种影响因素，以便能制定出较合理的防止和减少焊接残余变形的措施。

4. 控制焊接残余变形的措施

控制焊接残余变形，可以从两个方面考虑：一是从设计上考虑，如在保证结构有足够强度的前提下，适当采用冲压结构来代替焊接结构；减少焊缝的数量和尺寸；尽量使焊缝对称布置；避免交叉焊缝和焊缝集中等，这些措施都可以防止或减少焊接变形。二是从工艺方面考虑，即采取一些适当的工艺措施来控制焊接变形。

（1）选择合理的装配、焊接顺序

采用不同的装配、焊接顺序，焊后会产生不同的变形效果。如图 4–12 所示为工字梁的两种装配、焊接顺序。图 4–12a 所示工字梁的装配、焊接顺序如下：先装配、焊接成 T 形，然后再装配另一块翼板，最后焊成工字梁。按照这种装配、焊接顺序焊接 T 形结构时，由于焊缝分布在中性轴的下方，焊后将产生较大的上拱弯曲变形，即使另一块翼板焊后会产生反向弯曲变形，也难以抵消原来产生的变形（由于结构刚度提高的缘故），最后工字梁将形成上拱弯曲变形。图 4–12b 所示工字梁的装配、焊接顺序如下：先整体装配成工字梁，然后再进行焊接。在这种装配、焊接顺序中，整体装配使得工字梁的刚度提高，再采用对称、分段的焊接顺序，焊后上拱弯曲变形就小得多。可见，“先总装，后焊接”的工艺措施可以控制结构的焊后变形。

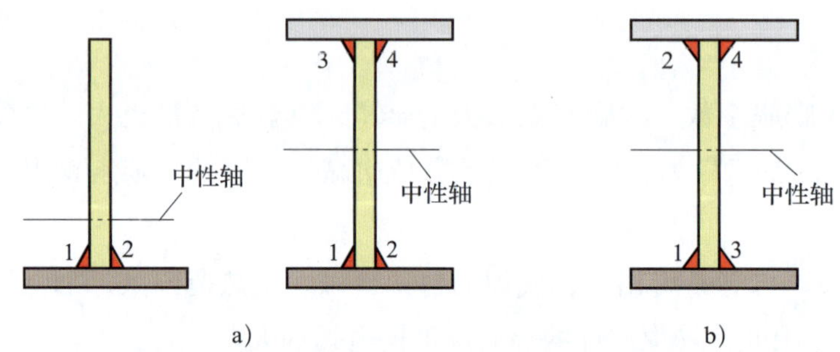

图 4–12　工字梁的装配、焊接顺序

a）先装配、焊接成 T 形，再装配、焊接成工字形　b）整体装配、焊接

（2）采取合理的焊接顺序

1）对称焊缝。如果焊接结构的焊缝是对称布置的，应该采用对称焊接的方法。如图 4–12b 所示的工字梁，当采用 1、2、3、4 的焊接顺序时，虽然结构的焊缝对称，焊后仍将产生较大的上拱弯曲变形。应该注意焊接顺序，因为焊接结构的刚度会随着先焊焊缝熔敷量的增加而增大，同时所产生的变形也会增大。在结构刚度提高的情况下，即使后焊的焊缝以同样的熔敷量产生相反方向的变形，也不能完全抵消原来产生的变形。

因此，如果将图 4–12b 所示的工字梁 1、2 焊缝的长度分成若干段，采取分段、跳焊的对称焊接，先焊完总长度的 60% ~ 70%。然后，将工字梁翻转 180°，也采取分段、跳焊的对称焊接将 3、4 焊缝全部焊完。再将工字梁翻转，采取同样的焊法焊完 1、2 焊缝。这样通过先后焊缝的熔敷量差来控制变形量，效果较好。

2）不对称焊缝。如果焊接结构的焊缝是不对称布置的，焊接时应先焊焊缝少的一侧，后焊焊缝多的一侧，使后焊的焊缝产生的变形足以抵消先前的变形，以使总体变形减少。如图 4–13 所示为压力机压型上模的结构、焊接变形与焊接顺序。如果先焊焊缝多的一侧，结构将出现总体下挠弯曲变形。如果按图 4–13c 所示，先焊焊缝 1、1′（即焊缝少的一侧），焊后会出现如图 4–13b 所示的上拱变形；接着按图 4–13d 所示焊接焊缝 2、2′ 及 3、3′（即焊缝多的一侧），则焊后它们的收缩足以抵消先前产生的上拱变形。如果按图 4–13e 所示的焊接顺序进行船形焊，则焊后变形最小。

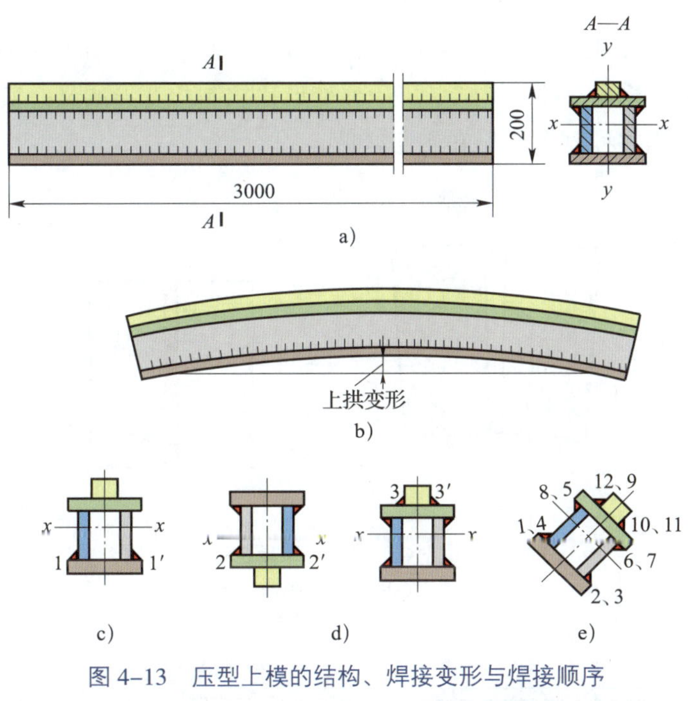

图 4–13　压型上模的结构、焊接变形与焊接顺序

a）压型上模结构　b）上拱变形　c）焊接焊缝少的一侧
d）焊接焊缝多的一侧　e）船形焊的焊接顺序

3）采用不同的焊接顺序。如果结构中的长焊缝采用连续的直通焊，将会产生较大的变形。除了焊接方向因素外，在结构中焊接热量过于集中而分布不均匀也是产生焊接残余变形的一个重要原因。在实际焊接操作中，经常采用图 4–14 所示的不同焊接顺序来控制变形。其中，分段退焊法、分中分段退焊法、跳焊法和交替焊法常用于长度为 1 m 以上的焊缝。退焊法和跳焊法的每段焊缝长度一般为 100 ~ 350 mm。长度为 0.5 ~ 1 m 的焊缝可用分中对称焊法。

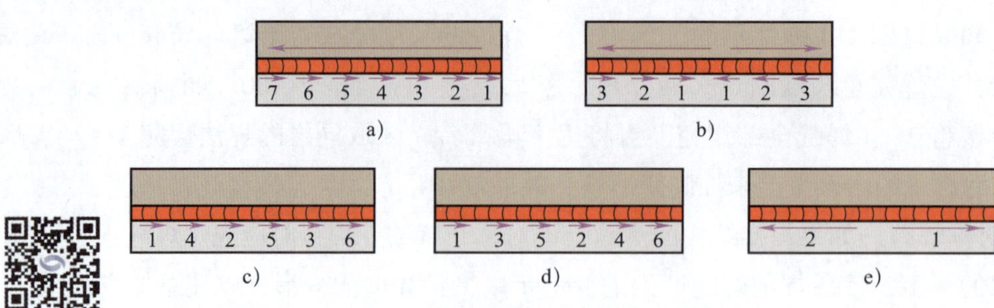

图 4–14　采用不同焊接顺序的焊法

a）分段退焊法　b）分中分段退焊法　c）跳焊法　d）交替焊法　e）分中对称焊法

（3）反变形法

根据焊件变形规律，预先把焊件人为地制造一个变形，使这个变形与焊接变形的方向相反而数值相等，从而防止产生焊接残余变形的方法称为反变形法。反变形法在实际生产中使用较广泛，如图 4–15 所示为两个焊件对接装配时，终焊端的根部间隙比始焊端大，以避免焊接过程中由于横向收缩而使终焊端的间隙变小，从而影响打底层焊接质量。如图 4–16 所示的 Y 形坡口对接焊则是采用反变形法控制角变形的又一实例。

反变形法主要用来控制角变形和弯曲变形。

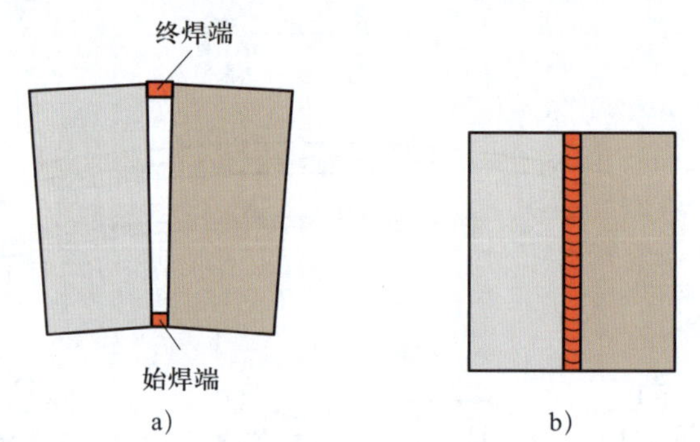

图 4–15　板对接装配间隙的反变形法应用

a）焊前　b）焊后

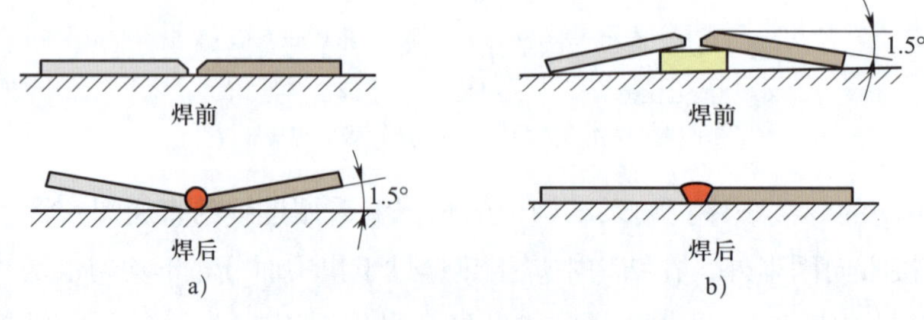

图 4–16　Y 形坡口对接的反变形法应用

a）产生角变形　b）采用反变形法

（4）刚性固定法

利用外加刚性约束来减少焊件焊后变形的方法称为刚性固定法，其实质是通过刚性

约束来提高结构的整体刚度，从而减少焊接变形。因为刚度高的焊件焊后变形较小。如图 4-17、图 4-18、图 4-19 所示为几种不同焊接结构采用刚性固定法减少焊接变形的实例。

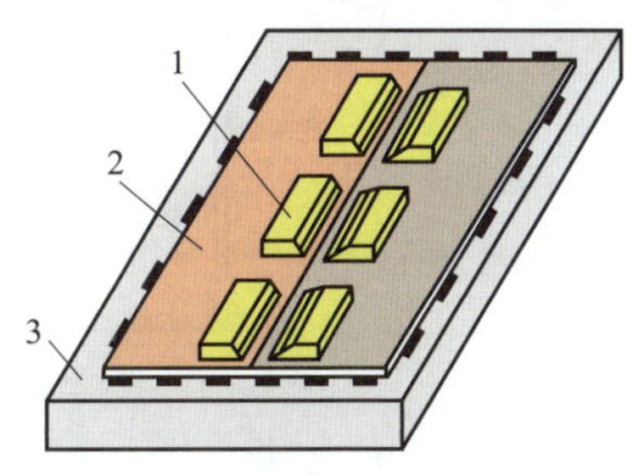

图 4-17　薄板焊接的刚性固定法

1—压铁　2—焊件　3—平台

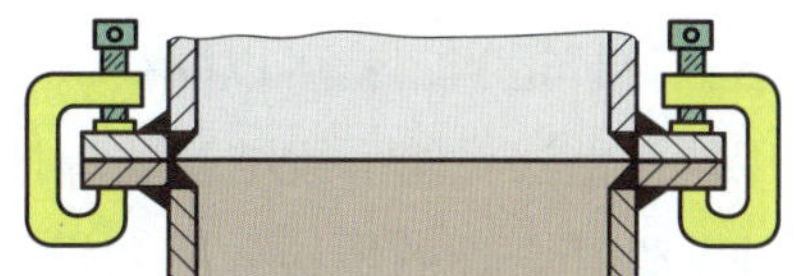

图 4-18　刚性固定法防止法兰角变形

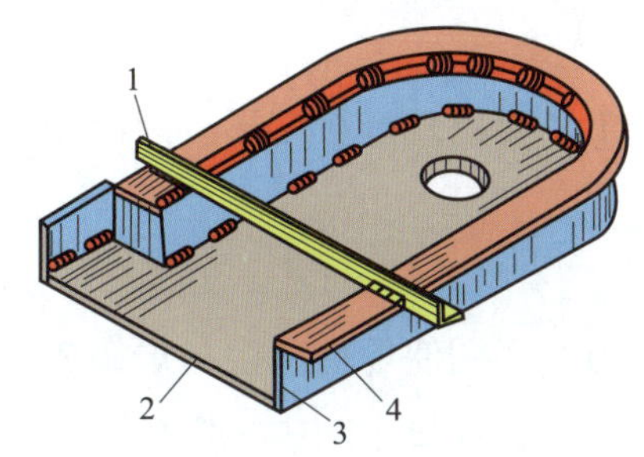

图 4-19　防护罩用临时支承的刚性固定

1—临时支承　2—底平板　3—立板　4—圆周法兰盘

在生产实践中，常采用手动、气动、磁力等通用夹具及专用装焊夹具来控制焊接残余变形。

（5）散热法

散热法又称强迫冷却法，是将焊接处的热量迅速散发，使焊缝附近金属受热区域大大减小，以达到减小焊接变形的目的。如图 4-20a 所示为喷水散热焊接；图 4-20b 所示为将焊件浸入水中散热焊接；图 4-20c 所示为用水冷铜块散热焊接。

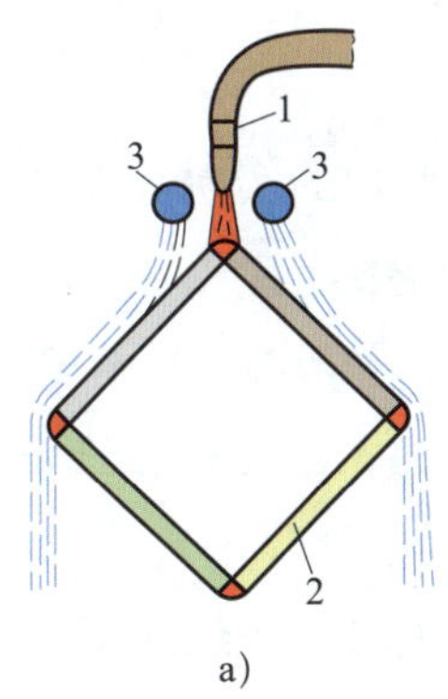

a)

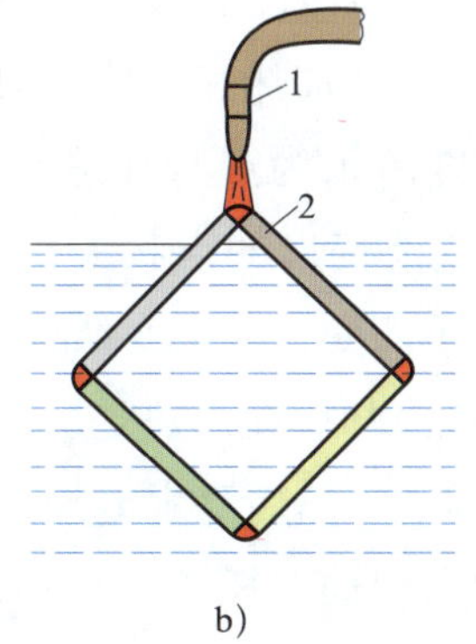

b)

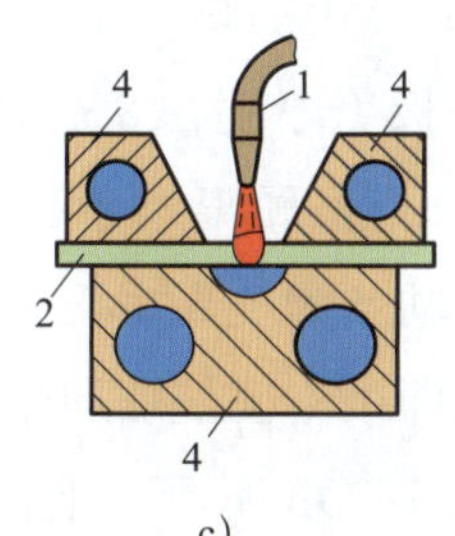

c)

图 4-20　采用散热法防止焊接变形

a）喷水散热　b）浸入水中散热　c）水冷铜块散热

1—焊炬　2—焊件　3—喷水管　4—水冷铜块

散热法常用于焊接不锈钢时防止焊接变形，但不适用于具有淬火倾向的钢材；否则在焊接时易产生裂纹。

（6）热平衡法

对于某些焊缝不对称布置的结构，焊后往往会产生弯曲变形。如果在与焊缝对称的位置上用气体火焰同步加热焊件，只要加热的焊接参数选择适当，就可以减少或防止弯曲变形。如图 4–21 所示为采用热平衡法对箱形梁结构的焊接变形进行控制。

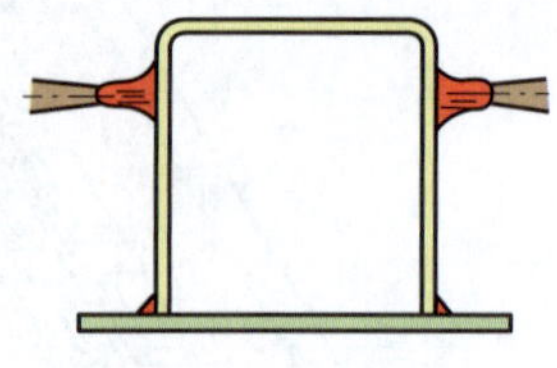

图 4–21　热平衡法示例

此外，选择合理的焊接方法和焊接参数也可以减少焊接变形。如采用热量集中、热影响区较窄的 CO_2 焊、MAG 焊、等离子弧焊代替气焊和焊条电弧焊就能减少焊接变形；采用较小的焊接参数以减小热输入，也可以减少焊接变形。

5. 焊接残余变形的矫正

在焊接结构生产中，总免不了要出现焊接变形。因此，焊后对残余变形的矫正是必不可少的一种工艺措施。

（1）机械矫正法

机械矫正法是指利用机械力的作用使焊件产生与焊接变形相反的塑性变形，并使两者抵消，从而消除焊接变形的方法。在焊接生产中，机械矫正法应用较广泛，例如，筒体容器纵缝角变形常在卷板机上采用反复碾压的方法进行矫正；薄板的波浪变形常采用锤打焊缝区的方法进行矫正。机械矫正法适用于低碳钢等塑性较好的金属材料焊接变形的矫正。如图 4–22 所示为工字梁焊后变形的机械矫正。

（2）火焰矫正法

火焰矫正法是指用氧乙炔焰或其他气体火焰（一般采用中性焰），以不均匀加热的方式引起结构的某部位变形，来矫正原有的焊接残余变形的一种方法。具体方法如下：将变形构件的伸长部位加热到 600 ~ 800 ℃，此时钢板呈褐红色（适用于低碳钢），然后让其自然冷却或强制冷却，使之冷却后产生收缩变形，从而抵消原有的变形。

火焰加热的方式有点状加热、线状加热和三角形加热三种。

1）点状加热矫正。如图 4–23 所示为点状加热矫正钢板和钢管的实例。图 4–23a 所示为钢板（厚度在 8 mm 以下）波浪变形的点状加热矫正，其加热点直径 d 一般不小于 15 mm。点间距离 l 随变形量的大小而变，残余变形越大，l 越小，一般在 50 ~ 100 mm 范围内变动。为提高矫正速度和避免冷却后在加热处出现小泡状凸起，往往在加热完一个点后，立即用木锤敲打加热点及其周围，然后浇水冷却。

图 4–23b 所示为钢管弯曲的点状加热矫正。加热温度为 800 ℃，加热速度要快，加热一点后迅速移到另一点加热。采用同样的方法加热并自然冷却 1 ~ 2 次，即能矫直钢管。

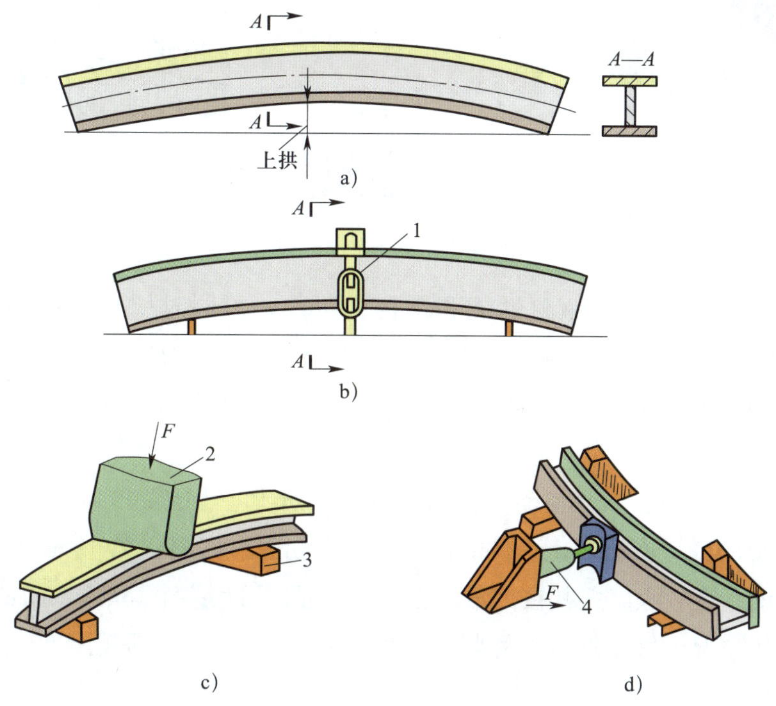

图 4-22 工字梁焊后变形的机械矫正

a）拱曲焊件 b）用拉紧器拉 c）用压头压 d）用千斤顶顶

1—拉紧器 2—压头 3—支承 4—千斤顶

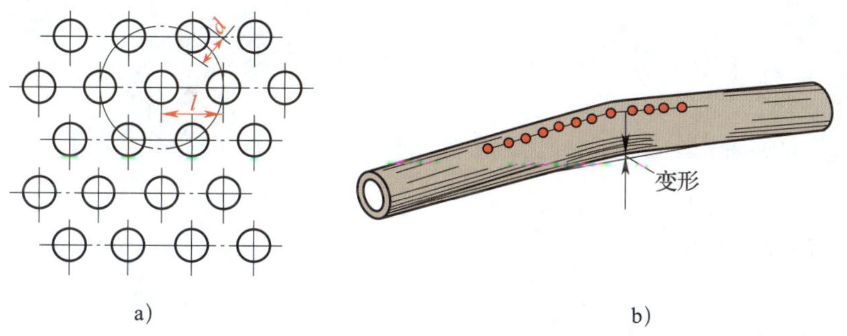

图 4-23 点状加热矫正

a）钢板的点状加热矫正 b）钢管的点状加热矫正

2）线状加热矫正。火焰沿着直线方向移动，或者同时在宽度方向上进行横向摆动，形成带状加热，称为线状加热矫正。如图 4-24 所示为线状加热的几种形式。在线状加热矫正时，加热线的横向收缩大于纵向收缩，加热线的宽度越大，横向收缩也越大。因此，在线状加热矫正时要尽可能发挥加热线横向收缩的作用。加热线宽度一般等于钢板厚度乘以 0.5 ~ 2。这种矫正方法多用于变形较大或刚度较高的结构，也可矫正钢板。如图 4-25 所示为薄板线状加热矫正。

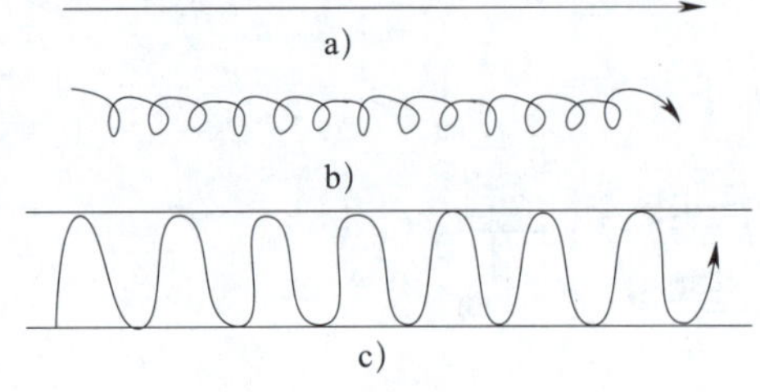

图 4–24 线状加热的形式

a）直线加热 b）链状加热 c）带状加热

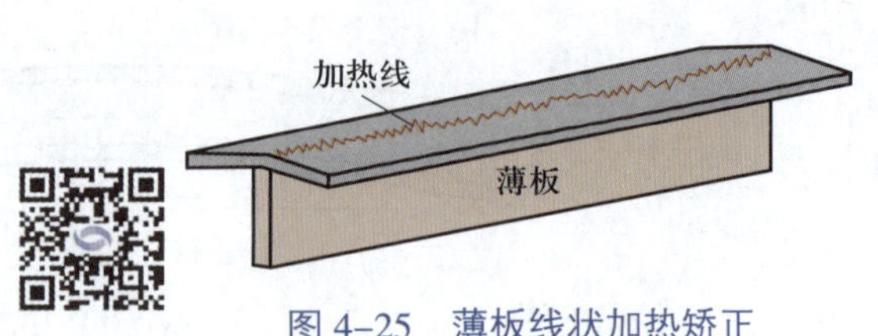

图 4–25 薄板线状加热矫正

线状加热矫正时，根据钢材性能和结构的可能，可同时用水冷却，即水火矫正。这种方法一般用于厚度小于 8 mm 的钢板，水火距离通常为 25 ~ 30 mm。对于允许采用水火矫正的低碳钢，在矫正时应根据不同钢种调整水火距离。水火矫正如图 4–26 所示。

3）三角形加热矫正。三角形加热即加热区呈三角形。加热的部位是在弯曲变形焊件的凸缘，三角形的底边在被矫正焊件的边缘，顶点朝内，如图 4–27 所示。由于加热面积较大，因此收缩量也较大，尤其在三角形底部更明显。可用多个焊炬同时加热，并根据结构和材料的具体情况，另加外力或用水火矫正。这种方法常用于矫正厚度较大、刚度较高焊件的弯曲变形。

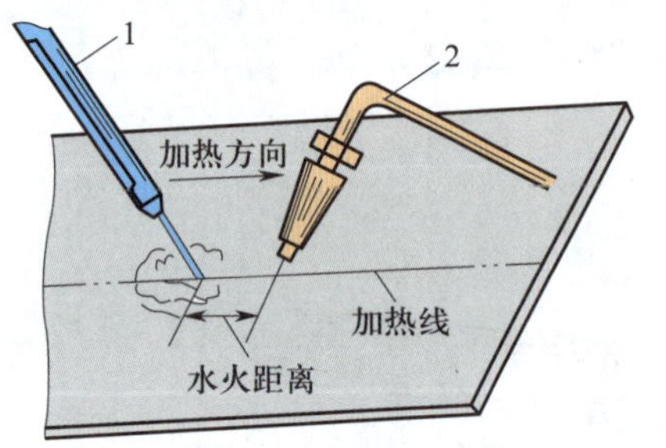

图 4–26 水火矫正

1—水管 2—焊炬

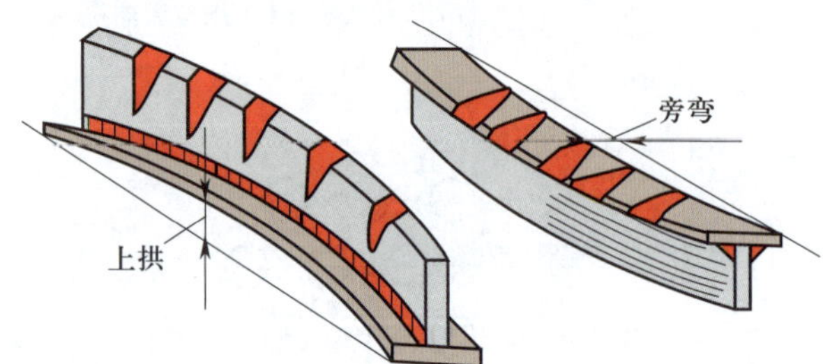

图 4–27 T 形梁的三角形加热矫正

四、焊接残余应力

1. 焊接残余应力的分类

（1）按引起应力的基本原因分类

1）热应力。由于焊接时温度分布不均匀而引起的应力称为热应力，又称温度应力。

2）相变应力。在焊接时由于温度变化而引起的组织变化所产生的应力称为相变应力，又称组织应力。

3）拘束应力。由于结构本身或外加拘束作用而引起的应力称为拘束应力。

（2）按应力的作用方向分类

1）纵向应力。方向平行于焊缝轴线的应力称为纵向应力。

2）横向应力。方向垂直于焊缝轴线的应力称为横向应力。

（3）按应力在空间的方向分类

1）单向应力。在焊件中沿一个方向存在的应力称为单向应力，又称线应力。例如，焊接薄板的对接焊缝和在焊件表面堆焊时产生的应力是单向应力。

2）双向应力。作用在焊件某一平面内两个互相垂直的方向上的应力称为双向应力，又称平面应力。它通常产生在厚度为 15 ~ 20 mm 的中、厚板焊接结构中。

3）三向应力。作用在焊件内互相垂直的三个方向的应力称为三向应力，又称体积应力。例如，焊接厚板的对接焊缝和互相垂直的三个方向焊缝交会处的应力是三向应力。

实际上，焊件中产生的残余应力总是三向应力。当在一个或两个方向上的应力值很小可以忽略不计时，就可以认为它是双向应力或单向应力。

2. 控制焊接残余应力的措施

控制焊接残余应力可从以下两个方面来考虑：一是从设计上考虑，如在保证结构有足够强度的前提下，尽量减小焊缝的数量和尺寸；适当采用冲压结构以减少焊接结构；将焊缝布置在最大工作应力区域以外等。二是从工艺上考虑，即采取一些适当的工艺措施来调节或减小焊接残余应力。

常用的减小焊接残余应力的工艺措施有以下几种：

（1）选择合理的焊接顺序

1）尽可能考虑焊缝能自由收缩。尽可能让焊缝能自由收缩，以减小焊接结构在施焊时的拘束度，最大限度地减小焊接应力。

如图 4–28 所示为大型容器底部，它是由许多平板拼接而成的。考虑到焊缝能自由收缩的原则，应从中间向四周进行焊接，使焊缝的收缩由中间向外依次进行。同时，应先焊错开的短焊缝，后焊直通的长焊缝；否则，若先焊直通的长焊缝，再焊短焊缝时，会由于其横向收缩受阻而产生很大的应力。正确的焊接顺序如图 4–28 中数字顺序所示。

2）先焊收缩量最大的焊缝。先焊收缩量大、焊后可能产生较大焊接应力的焊缝，使它能在拘束较小的情况下收缩，以减小焊接残余应力。如对接焊缝的收缩量比角焊缝的收缩量大，故同一构件中应先焊对接焊缝。如图 4–29 所示为带盖板的双工字梁结构，应先焊盖板上的对接焊缝 1，后焊盖板与工字梁之间的角焊缝 2。

3）先焊交叉焊缝的短焊缝，后焊直通长焊缝。这主要是保证短焊缝在焊后有自由收缩的可能。如图 4–30 所示为交叉焊缝的焊接顺序。

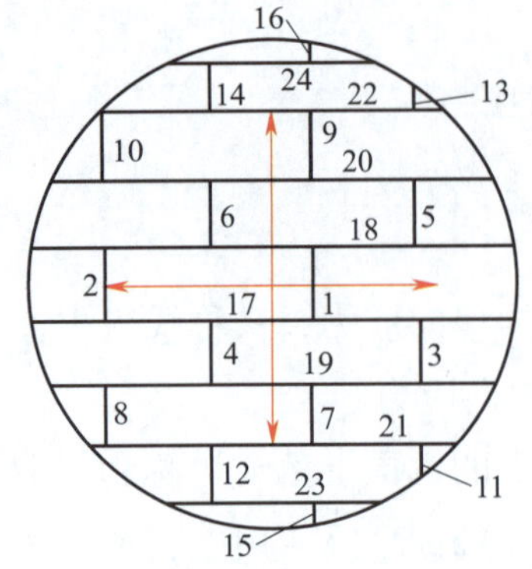

图 4-28　大型容器底部的焊接顺序

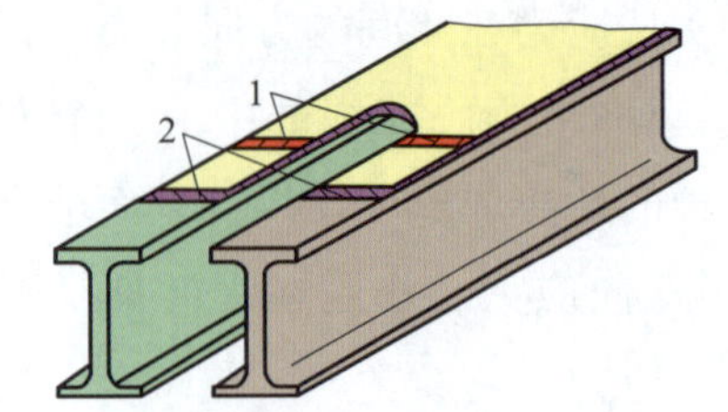

图 4-29　带盖板的双工字梁结构焊接顺序

1—对接焊缝　2—角焊缝

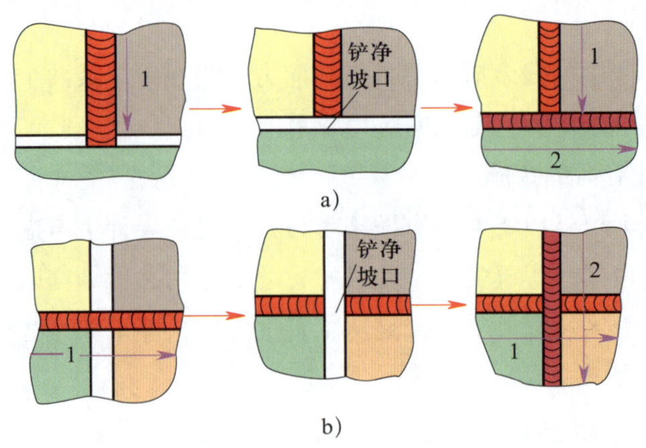

图 4-30　交叉焊缝的焊接顺序

a）T 形交叉焊缝的焊接顺序　b）十字形交叉焊缝的焊接顺序

（2）选择合理的焊接参数

焊接时应尽量采用小的焊接热输入，选用小直径焊条、较小的焊接电流和快速焊等，以减小焊件受热范围，从而减小焊接残余应力。焊接热输入的减小须视焊件的具体情况而定。

（3）采用预热法

预热法是指在焊前对焊件的全部（或局部）进行加热的工艺措施，一般预热的温度在 150 ~ 350 ℃之间。其目的是减小焊接区和结构整体的温差，使焊缝区与结构整体尽可能地均匀冷却，从而减小应力。此法常用于易裂材料的焊接，预热温度视材料、结构刚度等具体情况而定。

（4）加热减应区法

加热减应区法是指在焊接或焊补刚度很高的焊接结构时，选择构件的适当部位进行加热，使之伸长，然后再进行焊接，这样焊接残余应力可大大减小，这个加热部位就叫作减应区。减应区应在阻碍焊接区自由收缩的部位，加热该部位的实质是使它能与焊接区近乎

均匀地冷却和收缩，以减小内应力。如图 4–31 所示为框架及带轮轮辐和轮缘断口采用加热减应区法进行修补。

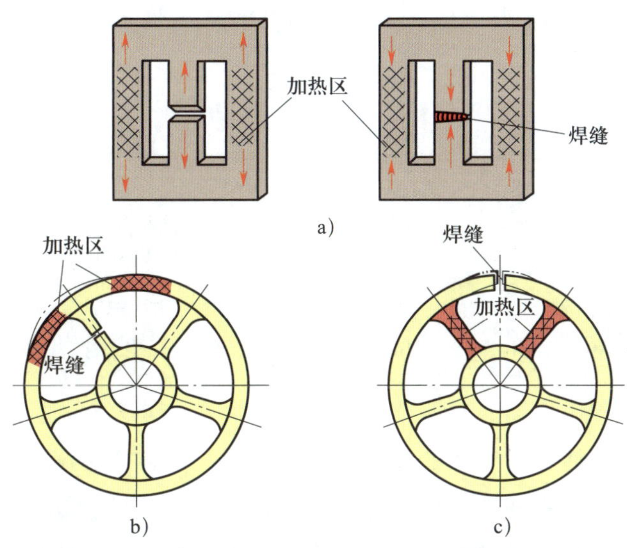

图 4–31　加热减应区法的应用

a）框架断口焊接　b）轮辐断口焊接　c）轮缘断口焊接

（5）锤击法

由于焊缝区金属在冷却收缩时受阻而产生拉应力，如在焊接每条焊道后用锤子锤击焊缝金属，促使它产生延伸塑性变形，以抵消焊接时产生的压缩塑性变形，这样便能起到减小焊接残余应力的作用。试验证明，锤击多层焊第一层焊缝金属，几乎能使内应力完全消失。锤击必须在焊缝塑性较好的热态时进行，以防止因锤击而产生裂纹。另外，为保持焊缝表面美观，表层焊缝一般不锤击。

3. 消除焊接残余应力的方法

消除焊接残余应力的方法有消除应力热处理、机械拉伸法、温差拉伸法、振动时效法等。钢结构常用的方法是消除应力热处理，即消除应力退火。

（1）消除应力退火

焊后把焊件总体或局部均匀加热至相变点以下某一温度（一般为 600 ~ 650 ℃），保温一定时间，然后均匀、缓慢冷却，从而消除焊接残余应力的方法叫作消除应力退火。消除应力退火虽然加热的温度在相变点以下，金属未发生相变，但在此温度下其屈服强度降低了，使内部在残余应力的作用下产生一定的塑性变形，使应力得以消除。消除应力退火有整体消除应力退火和局部消除应力退火两种。

整体消除应力退火一般在炉内进行。退火加热温度越高，保温时间越长，应力消除越彻底。整体消除应力退火一般可消除 80% ~ 90% 的残余应力。对于某些不允许或无法用加热炉进行加热的焊件，可采用局部加热消除应力退火，即对焊缝及其附近局部区域进行加热退火，局部消除应力退火效果不如整体消除应力退火。如图 4-32 所示为 14MnMoVB 消除应力退火工艺曲线。

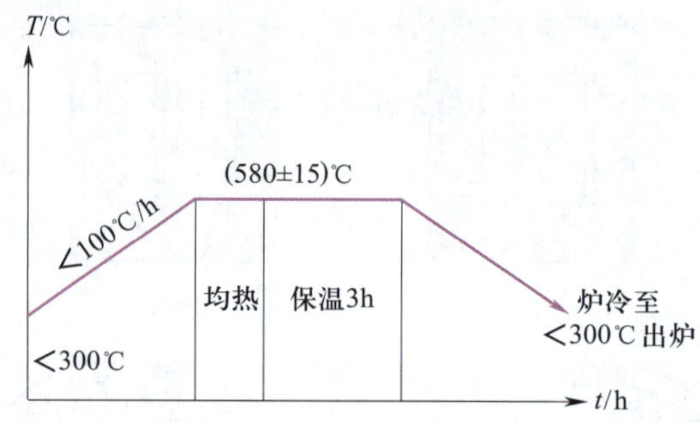

图 4-32　14MnMoVB 消除应力退火工艺曲线

（2）机械拉伸

对焊接构件加载，使焊后产生的压缩残余变形得到拉伸，可减小由焊接引起的局部压缩塑性变形量，使内应力降低。例如，焊接压力容器的水压试验就属于机械拉伸，既对容器进行了水压试验，又对材料进行了一次拉伸，从而消除了部分残余应力。

（3）温差拉伸

温差拉伸法的基本原理与机械拉伸法相同。它是利用适当宽度的氧乙炔焰在焊缝两侧加热，使两侧的金属因受热（温度约为 200 ℃）而膨胀，对温度较低（约 100 ℃）的焊缝区进行拉伸，使之产生拉伸塑性变形，以抵消原来的压缩塑性变形，从而消除内应力。此方法对于焊缝较规则且厚度小于 40 mm 的板、壳结构的焊接残余应力的消除是比较实用的。

（4）振动时效

振动时效是利用偏心轮和变速电动机组成的激振器，使焊接结构发生共振，产生循环应力，以降低内应力。此方法对于大型焊接结构效果较好。

课题二　焊 接 缺 欠

学习目标

1. 了解焊接缺欠的分类及危害。
2. 理解常见焊接缺欠的产生原因。
3. 掌握常见焊接缺欠的防止措施。

一、焊接缺欠的分类

焊接过程中在焊接接头产生的金属不连续、不致密或连接不良的现象称为焊接缺欠。焊接缺欠的种类很多，按其在焊缝中的位置不同，可分为外部缺欠和内部缺欠两大类。

1. 外部缺欠

外部缺欠通常位于焊缝表面，主要包括焊缝表面尺寸不符合要求、咬边、焊瘤、根部未焊透、表面裂纹、弧坑和烧穿等，用肉眼或低倍放大镜即可看到。

2. 内部缺欠

内部缺欠主要包括气孔、夹渣、未熔合、未焊透和内部裂纹，可通过无损探伤检验和破坏性检验来发现。

二、焊接缺欠的危害

焊接接头中的缺欠不仅破坏了接头的连续性，而且还引起了应力集中，缩短结构使用寿命，严重的甚至会导致结构的脆性破坏，危及生命及财产安全。焊接缺欠的危害主要包括以下两个方面：

1. 引起应力集中

在焊接接头中，凡是结构截面有突然变化的部位，其应力的分布就特别不均匀，在某点的应力值可能比平均应力值大许多倍，这种现象称为应力集中。在焊缝中存在的焊接缺欠是产生应力集中的主要原因。如焊缝中的咬边、未焊透、气孔、夹杂、裂纹等，不仅减小了焊缝的有效承载截面积，削减了焊缝的强度，更严重的是在焊缝或焊缝附近造成缺口，由此产生很大的应力集中。当应力值超过缺欠前端部位金属材料的抗拉强度时，材料就开裂，接着新开裂的端部又产生应力集中，使原缺欠不断扩展，直至产品破裂。

2. 造成脆断

从国内外大量脆性断裂事故的分析中可以发现，脆断部位是从焊接接头中的缺欠开始的。这是一种很危险的破坏形式，因为脆性断裂是结构在没有塑性变形情况下发生的快速突发性断裂，其危害性很大。防止结构脆断的重要措施之一就是尽量避免和控制焊接缺欠。焊接结构中危害性最大的缺欠是裂纹和未熔合等。

三、焊接缺欠产生的原因及防止措施

1. 焊缝形状和尺寸不符合要求

焊缝形状和尺寸不符合要求主要是指焊缝外形高低不平，波形粗劣；焊缝宽窄不均匀，太宽或太窄；焊缝余高过高或高低不均匀；角焊缝焊脚不均匀及变形较大等，如图 4–33 所示。

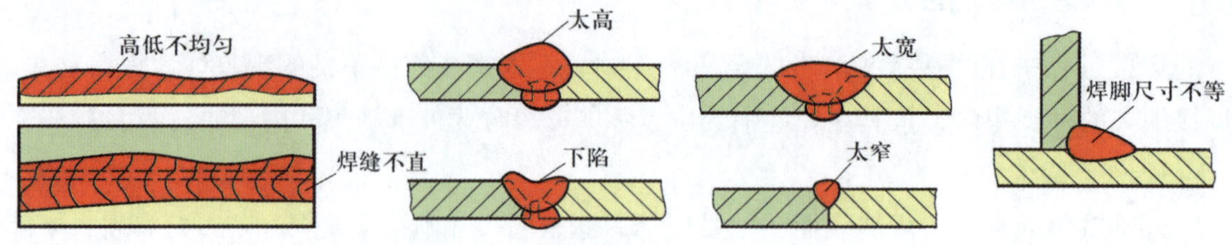

图 4–33　焊缝形状和尺寸不符合要求

焊缝宽窄不均匀，除了造成焊缝成形不美观外，还影响焊缝与母材的结合强度；焊缝余高太高，使焊缝与母材交界突变，形成应力集中，而焊缝低于母材，就不能得到足够的接头强度；角焊缝的焊脚不均匀，且无圆滑过渡也易造成应力集中。

（1）焊缝形状和尺寸不符合要求的原因

主要是由于焊接坡口角度不当或装配间隙不均匀；焊接电流过大或过小；运条速度或手法不当以及焊条角度选择不合适。埋弧焊时主要是由于焊接参数选择不当。

（2）防止措施

选择正确的坡口角度及装配间隙；正确选择焊接参数；提高焊工操作技术水平，正确掌握运条手法和速度，随时适应焊件装配间隙的变化，以保持焊缝均匀。

2. 咬边

由于焊接参数选择不当或操作方法不正确，母材（或前一道熔敷金属）在焊趾处因焊接而产生的不规则缺口称为咬边，如图 4–34 所示。

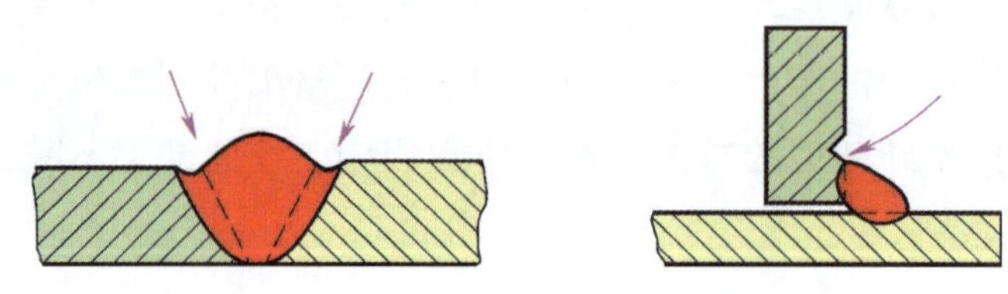
图 4–34　咬边

咬边减小了母材的有效面积，降低了焊接接头强度，并且在咬边处形成应力集中，容易引发裂纹。

（1）产生咬边的原因

主要是由于焊接电流过大以及运条速度不合适；角焊时焊条角度或电弧长度不适当；埋弧焊时焊接速度过快等。

（2）防止措施

选择适当的焊接电流，保持运条速度均匀；角焊时焊条要采用合适的角度并保持一定的电弧长度；埋弧焊时要正确选择焊接参数。

3. 焊瘤

焊瘤是指焊接过程中熔化金属流淌到焊缝之外未熔化的母材上所形成的金属瘤，如

图 4–35 所示。焊瘤多发生在平位、仰位、立位焊缝表面及打底层的背面焊缝表面。焊瘤不仅影响焊缝的成形，而且也容易导致裂纹的产生。

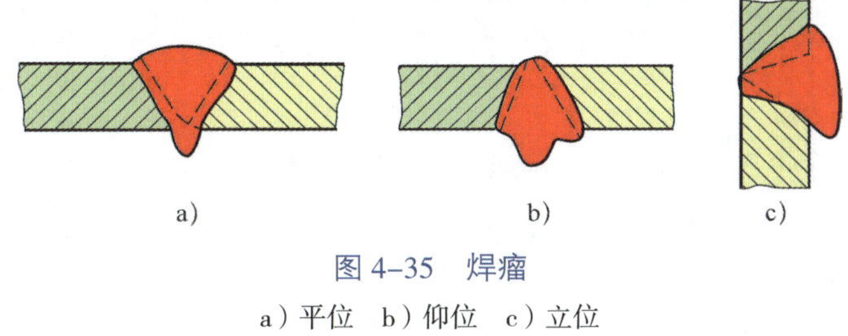

图 4–35　焊瘤

a）平位　b）仰位　c）立位

（1）产生焊瘤的原因

主要是由于焊接电流过大，焊接速度过慢，引起熔池温度过高，液态金属凝固较慢，在自重作用下形成焊瘤。操作不熟练和运条不当也易产生焊瘤。

（2）防止措施

提高操作技术水平，选用正确的焊接电流，控制熔池的温度。使用碱性焊条时宜采用短弧焊接，运条方法要正确。

4. 凹坑与弧坑

凹坑是焊后在焊缝表面或背面形成的低于母材表面的局部低洼部分。弧坑是在焊缝收尾处产生的下陷部分，如图 4–36 所示。

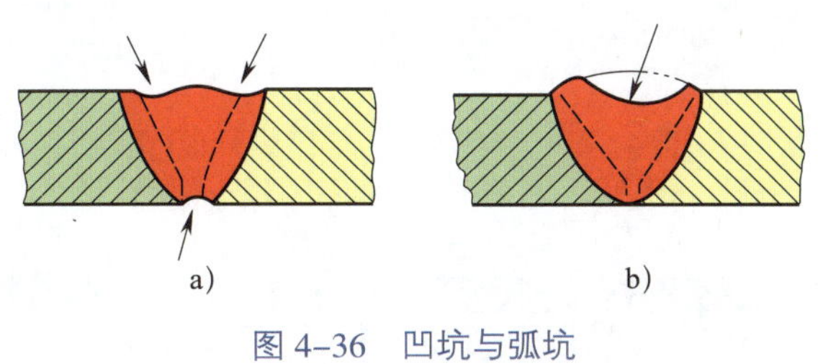

图 4–36　凹坑与弧坑

a）凹坑　b）弧坑

凹坑与弧坑使焊缝的有效截面积减小，削弱了焊缝强度。对弧坑来说，由于杂质集中，会产生弧坑裂纹。

（1）产生凹坑与弧坑的原因

主要是由于操作技能不熟练，电弧拉得过长；焊接表面焊缝时，焊接电流过大，焊条又未适当摆动，熄弧过快；过早进行表面焊缝焊接或中心偏移等会导致凹坑；埋弧焊时，导电嘴压得过低，造成导电嘴黏渣，也会造成表面焊缝两侧凹陷等。

（2）防止措施

提高焊工操作技能；采用短弧焊接；填满弧坑，如焊条电弧焊时，焊条在收尾处做短时间的停留或做几次环形运条；使用收弧板；CO_2 焊时，选用有“火口处理（弧坑处理）”

装置的焊机。

5. 下塌与烧穿

下塌是指单面熔焊时，由于焊接工艺不当，造成焊缝金属过量而透过背面，使焊缝正面塌陷、背面凸起的现象。烧穿是在焊接过程中，熔化金属自坡口背面流出，形成穿孔的缺欠，如图 4–37 所示。

下塌与烧穿是在焊条电弧焊和埋弧焊中常见的缺欠，前者削弱了焊接接头的承载能力；后者则使焊接接头完全失去了承载能力，是一种绝对不允许存在的缺欠。

（1）产生下塌与烧穿的原因

主要是由于焊接电流过大，焊接速度过慢，使电弧在焊缝处停留时间过长；若装配间隙太大，也会产生上述缺欠。

（2）防止措施

正确选择焊接电流和焊接速度；减少熔池高温停留时间；严格控制焊件的装配间隙。

6. 裂纹

在焊接应力及其他致脆因素共同作用下，焊接接头局部地区的金属原子结合力遭到破坏而形成的新界面所产生的缝隙称为焊接裂纹。它具有尖锐的缺口和大的长宽比特征。裂纹不仅会降低接头强度，而且还会引起严重的应力集中，使结构断裂破坏。所以裂纹是一种危害性最大的焊接缺欠。裂纹按其产生的温度和原因不同可分为热裂纹、冷裂纹、再热裂纹等。按其产生的部位不同又可分为纵向裂纹、横向裂纹、根部裂纹、弧坑裂纹、熔合线裂纹、热影响区裂纹等，如图 4–38 所示。

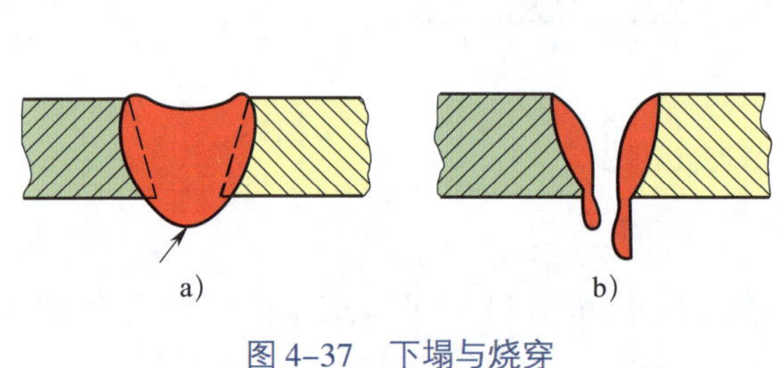

图 4–37　下塌与烧穿

a）下塌　b）烧穿

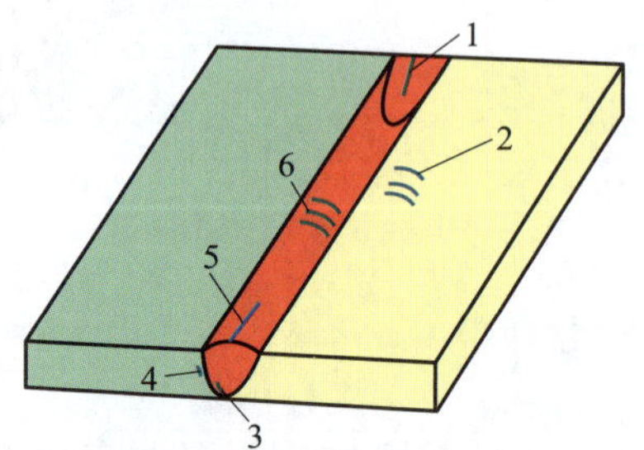

图 4–38　焊接裂纹

1—弧坑裂纹　2—热影响区裂纹
3—根部裂纹　4—熔合线裂纹
5—纵向裂纹　6—横向裂纹

（1）热裂纹

在焊接过程中，焊缝和热影响区金属冷却到固相线附近的高温区产生的裂纹称为热裂纹。

1）热裂纹产生的原因。由于焊接熔池在结晶过程中存在偏析现象，偏析出的物质多为低熔点共晶和杂质。在开始冷却结晶时，晶粒刚开始生成，如图 4–39a 所示，液态金属

比较多，流动性比较好，可以在晶粒间自由流动，而由焊接拉应力造成的晶粒间的间隙都能被液态金属填满，所以不会产生热裂纹。温度继续下降，柱状晶体继续生长。由于低熔点共晶的熔点低，往往最后结晶，在晶界以“液体夹层”形式存在，如图 4–39b 所示，这时焊接应力已增大，被拉开的“液体夹层”产生的间隙已没有足够的低熔点液态金属来填充，因而就形成了裂纹。

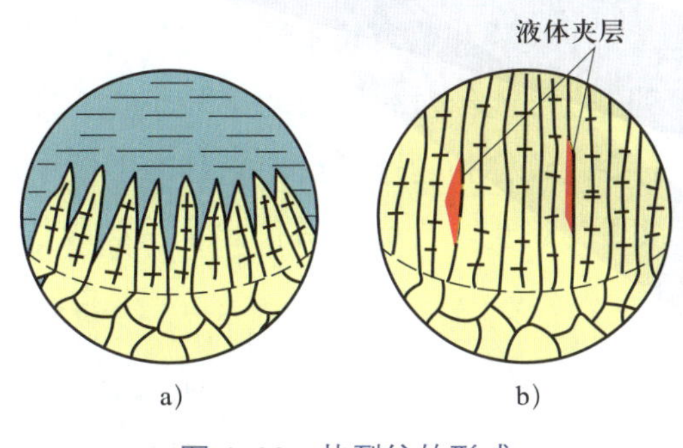

图 4–39　热裂纹的形成

a）结晶初期　b）结晶后期

因此，热裂纹可看成是焊接拉应力和低熔点共晶两者共同作用而形成的，增大任何一方面的作用，都可能促使在焊缝中形成热裂纹。

2）热裂纹的特征

①热裂纹多贯穿在焊缝表面，并且断口被氧化，呈氧化色。一般热裂纹宽度为 0.05 ~ 0.5 mm，末端略呈圆形。

②热裂纹大多产生在焊缝中，有时也出现在热影响区。

③热裂纹的微观特征一般是沿晶界开裂，故又称晶间裂纹。

3）热裂纹的防止措施。热裂纹的产生与冶金因素和力学因素有关，故防止热裂纹主要从以下几个方面来考虑：

①限制钢材和焊材中硫、磷等元素的含量。例如，焊丝中硫、磷的含量一般应小于 0.04%。焊接高合金钢时要求硫、磷的含量必须限制在 0.03% 以下。

②降低含碳量。从实践可知，当焊缝金属中的含碳量小于 0.15% 时产生裂纹的倾向很小。一般碳钢焊丝含碳量应控制在 0.11% 以下。

③改善熔池金属的一次结晶。由于细化晶粒可以提高焊缝金属的抗裂性，因此，广泛采用的方法是向焊缝中加入细化晶粒的元素，如钛、铝、锆、硼或稀土金属铈等，进行变质处理。

④控制焊接参数。适当提高焊缝成形系数；采用多层多道焊，避免偏析集中在焊缝中心，防止产生中心线裂纹。

⑤采用碱性焊条和焊剂。碱性焊条和焊剂脱硫能力强，脱硫效果好，抗热裂性好，生产中对于热裂纹倾向较大的钢材一般都采用碱性焊条和焊剂进行焊接。

⑥采用适当的断弧方式。断弧时采用收弧板或逐渐断弧，填满弧坑，可以防止弧坑裂纹。

⑦降低焊接应力。采取降低焊接应力的各种措施，如焊前预热、焊后缓冷等。

（2）冷裂纹

焊接接头冷却到较低温度（马氏体转变开始温度）时产生的焊接裂纹属于冷裂纹。

冷裂纹和热裂纹不同，它是在焊接后较低的温度下产生的，冷裂纹可以在焊后立即出现，也可能经过一段时间（几小时、几天甚至更长时间）才出现。这种滞后一段时间出现的冷裂纹称为延迟裂纹，它是冷裂纹中比较普遍的一种形态。它的危害性比其他形态的裂纹更为严重。冷裂纹有焊道下冷裂纹、焊趾冷裂纹和焊根冷裂纹三种形式，如图 4–40 所示。

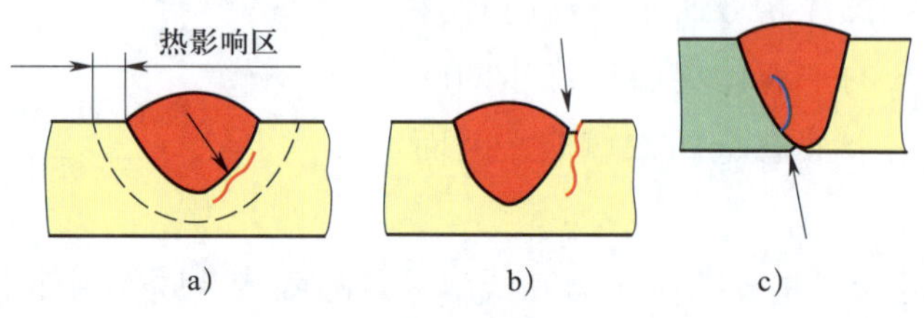

图 4–40　冷裂纹

a）焊道下冷裂纹　b）焊趾冷裂纹　c）焊根冷裂纹

1）冷裂纹产生的原因。冷裂纹主要发生在中碳钢、高碳钢、低合金或中合金高强度钢中。产生冷裂纹的主要原因有三个方面，即钢的淬硬倾向、焊接应力、较多氢的存在和聚集。这三个因素共同存在时，就容易产生冷裂纹。一般钢的淬硬倾向越大，焊接应力越大，氢的聚集越多，越易产生冷裂纹。在许多情况下，氢是诱发冷裂纹的最活跃因素。

在焊接过程中，高温的焊缝金属中存在较多的氢，由于焊缝金属含碳量通常比母材低，从铁碳合金相图可知，冷却时焊缝金属比热影响区先发生相变，由奥氏体转变为铁素体、珠光体等。由于氢在奥氏体中的溶解度比铁素体大，因此，相变时氢的溶解度突然降低，氢就会迅速从焊缝越过熔合线向热影响区扩散；又由于氢在奥氏体中的扩散速度较慢，因此，氢不能很快扩散到距熔合线较远的母材中去，而在熔合线附近形成富氢带。在随后的冷却过程中，热影响区的奥氏体将转变为马氏体，氢便以过饱和状态残存在马氏体中。当热影响区存在显微缺欠时，氢便会在这些缺欠处聚集，并由原子状态转变为分子状态，造成很大的局部应力，再加上焊接应力的作用，促使显微缺欠扩大，从而形成裂纹。氢引起冷裂纹的机理如图 4–41 所示。

2）冷裂纹的特征

①冷裂纹的断裂表面没有氧化色，这表明冷裂纹与热裂纹不一样，它是在较低温度（200 ~ 300 ℃）下产生的。

②冷裂纹多产生在热影响区或热影响区与焊缝交界的熔合线上，但也有可能产生在焊缝上。

③冷裂纹一般为穿晶裂纹，少数情况下也可能沿晶界发生。

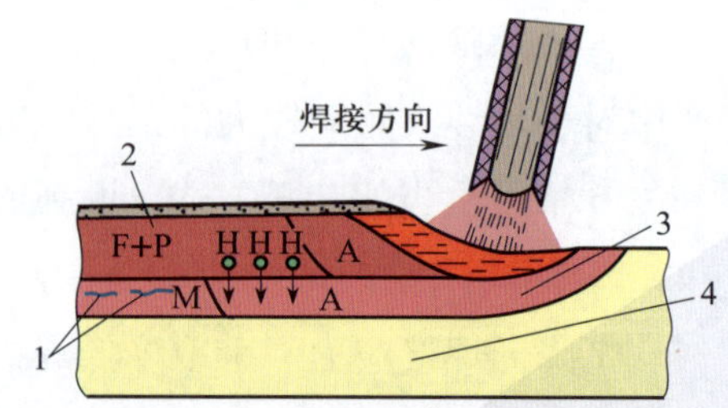

图 4–41　氢引起冷裂纹的机理

1—裂纹　2—焊缝　3—热影响区　4—母材

3）冷裂纹的防止措施。防止冷裂纹主要应从降低扩散氢含量、改善组织和降低焊接应力等几个方面来解决，具体措施如下：

①选用碱性低氢型焊条，可减少焊缝中的氢。

②焊条和焊剂应严格按规定进行烘干，随用随取。应控制保护气体的纯度，严格清理焊丝和焊件坡口两侧的油污、铁锈、水分，控制环境湿度等。

③改善焊缝金属的性能，加入某些合金元素，以提高焊缝金属的塑性，例如，使用新J507MnV焊条可提高焊缝金属的抗冷裂能力。此外，采用奥氏体组织的焊条焊接某些淬硬倾向较大的低合金高强度钢，可有效避免冷裂纹的产生。

④正确选择焊接参数，采取预热、缓冷、后热以及焊后热处理等工艺措施，以改善焊缝及热影响区的组织，去氢和消除焊接应力。

⑤改善焊接结构的应力状态，降低焊接应力等。

7. 气孔

焊接时，熔池中的气泡在凝固时未能及时逸出而残留下来所形成的空穴叫作气孔。产生气孔的气体主要有氢气、氮气和一氧化碳。气孔有球形、条虫状和针状等多种形状；有时是单个分布的，有时是密集分布的，也有连续分布的，如图4–42a、b所示；有时在焊缝内部，有时暴露在焊缝外部，如图4–42c、d所示。

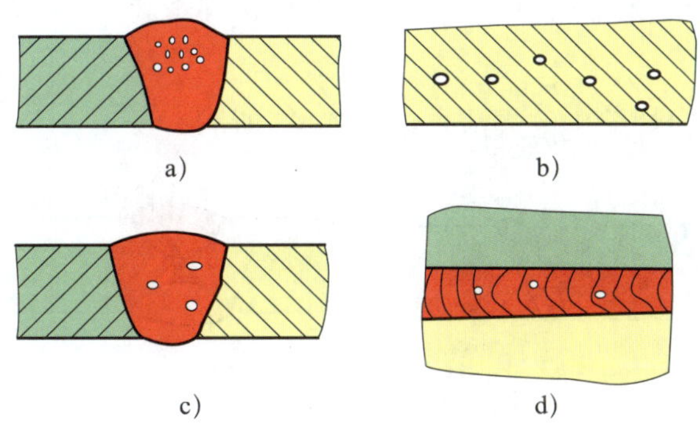

图4–42　焊缝中的气孔

a）密集气孔　b）连续气孔　c）内部气孔　d）外部气孔

气孔的存在会削弱焊缝的有效工作截面，造成应力集中，降低焊缝金属的强度和塑性，尤其是冲击韧度和疲劳强度降低得更为显著。

（1）产生气孔的原因

焊接时，高温熔池内存在着各种气体，一部分是能溶解于液态金属中的氢气和氮气。氢和氮在液态、固态焊缝金属中的溶解度差别很大，高温液态金属中的溶解度大，固态焊缝中的溶解度小。另一部分是冶金反应产生的不溶于液态金属的一氧化碳等。焊缝结晶时，由于溶解度突变，熔池中就有一部分超过固态金属溶解度的“多余的”氢和氮。这些“多余的”氢和氮与不溶解于熔池的一氧化碳就要从液态金属中析出形成气泡上浮，由于焊接熔池结晶速度快，气泡来不及逸出而残留在焊缝中形成了气孔。

1）氢气孔。焊接低碳钢和低合金钢时，氢气孔主要产生在焊缝表面，截面为螺钉状，从焊缝表面看呈喇叭口形，气孔的内壁光滑。有时氢气孔也会出现在焊缝内部，呈小圆球状。焊接铝、镁等有色金属时，氢气孔主要产生在焊缝内部。

2）氮气孔。氮气孔大多产生在焊缝表面，且成堆出现，呈蜂窝状。一般产生氮气孔的机会较小，只有在熔池保护条件较差，较多的空气侵入熔池时才会产生。

3）一氧化碳气孔。焊接熔池中产生一氧化碳的途径有两个：一是碳被空气中的氧直接氧化而成；另一个是碳与熔池中 FeO 反应生成。一氧化碳气孔主要在碳钢的焊接中产生，这类气孔在多数情况下存在于焊缝内部。气孔沿结晶方向分布，呈条虫状，表面光滑。

（2）防止措施

1）焊前将焊丝和焊接坡口及其两侧 20 ~ 30 mm 范围内的焊件表面清理干净。

2）按规定烘干焊条和焊剂，不得使用药皮开裂、剥落、变质、偏心或焊芯锈蚀的焊条。进行气体保护焊时，保护气体纯度应符合要求，并注意防风。

3）选择合适的焊接参数。

4）碱性焊条施焊时应采用短弧焊，并采用直流反接。

5）若发现焊条偏心，要及时调整焊条角度或更换焊条。

8. 夹渣

夹渣是指焊后残留在焊缝中的焊渣，如图 4–43 所示。

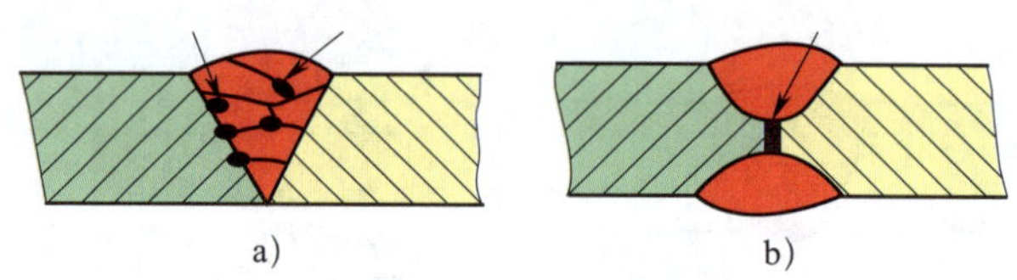

图 4–43　夹渣

a）单面焊缝　b）双面焊缝

夹渣削弱了焊缝的有效工作截面，降低了焊缝的力学性能，还会引起应力集中，易使焊接结构在承载时遭受破坏。

（1）产生夹渣的原因

主要是由于焊件边缘及焊道、焊层之间清理不干净；焊接电流太小，焊接速度过快，使熔渣残留下来而来不及浮出；运条角度和运条方法不当，使熔渣和铁液分离不清，以至于阻碍了熔渣上浮等。

（2）防止措施

采用具有良好工艺性能的焊条；选择适当的焊接参数；焊前、焊间要做好清理工作，清除残留的锈皮和焊渣；操作过程中注意熔渣的流动方向，调整焊条角度和运条方法，特

别是在采用酸性焊条时，必须使熔渣在熔池的后面，若熔渣流到熔池的前面，就很容易产生夹渣。

9. 未焊透

未焊透是焊接时接头根部未完全熔透的现象，对于对接焊缝，也指焊缝厚度未达到设计要求的现象，如图 4–44 所示。根据未焊透产生的部位，可分为根部未焊透、边缘未焊透、中间未焊透和层间未焊透等。

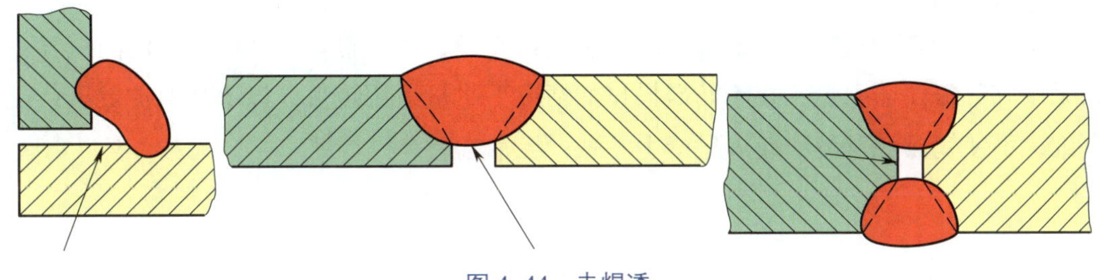

图 4–44 未焊透

未焊透是一种比较严重的焊接缺欠，它使焊缝的强度降低，引起应力集中，因此，重要的焊接接头不允许存在未焊透现象。

（1）产生未焊透的原因

主要是由于焊接坡口钝边过大，坡口角度太小，装配间隙太小；焊接电流过小，焊接速度过快，使熔深浅，边缘未充分熔化；焊条角度不正确，电弧偏吹，使电弧热量偏于焊件一侧；层间或母材边缘的铁锈或氧化皮、油污等未清理干净。

（2）防止措施

正确选用坡口形式及尺寸，保证装配间隙；正确选用焊接电流和焊接速度；认真操作，防止焊偏，注意调整焊条角度，使熔化金属与母材金属充分熔合。

10. 未熔合

未熔合是指熔焊时焊道与母材之间或焊道与焊道之间未完全熔化结合的部分。对于电阻点焊，母材与母材之间未完全熔化结合的部分也称为未熔合。

未熔合直接降低了焊接接头的力学性能，严重的未熔合会使焊接结构无法承载。

（1）产生未熔合的原因

主要是由于焊接热输入太低；焊条、焊丝或焊炬火焰偏于坡口一侧，使母材或前一层焊缝金属未得到充分熔化就被填充金属覆盖；坡口及层间清理不干净；单面焊双面成形焊接时，第一层的电弧燃烧时间短等。

（2）防止措施

焊条、焊丝和焊炬的角度要合适，运条摆动应适当，要注意观察坡口两侧的熔化情况；选用稍大的焊接电流和火焰能率，焊接速度不宜过快，使热量增加，足以熔化母材或前一层焊缝金属；发生电弧偏吹时应及时调整焊条角度，使电弧对准熔池；加强坡口及层间清理。

11. 夹钨

进行钨极惰性气体保护焊时，由钨极进入焊缝中的钨粒称为夹钨。

（1）产生夹钨的原因

主要是由于当焊接电流过大或钨极直径太小时，使钨极端部强烈地熔化烧损；氩气保护不良引起钨极烧损；炽热的钨极触及熔池或焊丝而产生飞溅等。

（2）防止措施

根据焊件的厚度选择相应的焊接电流和钨极直径；使用符合标准要求纯度的氩气，施焊时采用高频振荡器引弧，在不妨碍操作的情况下尽量采用短弧，以增强保护效果；操作要仔细，不使钨极触及熔池或焊丝产生飞溅；经常修磨钨极端部。

课题三　焊 接 检 验

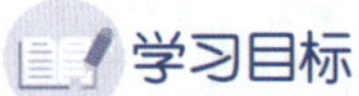

学习目标

1. 了解焊接缺欠的分类及危害。
2. 理解常见焊接缺欠的产生原因。
3. 掌握常见焊接缺欠的防止措施。

一、焊接检验的意义

焊接检验是保证焊接产品质量的重要措施，是及时发现、消除焊接缺欠并防止废品产生的重要手段。通过焊接检验，提高了产品的生产质量和生产效率，降低了生产成本。

二、焊接检验的过程

焊接检验自始至终贯穿于焊接结构的制造过程中。焊接检验的过程由焊前检验、焊接过程中的检验和焊后成品检验三个阶段组成。通常所说的焊接检验主要是指焊后成品检验。

1. 焊前检验

焊前检验的目的是通过对焊前准备的检查，预先防止和减少焊接时产生缺欠的可能性。检验的主要内容包括：焊接产品图样和焊接工艺规程等技术文件是否齐备；母材及焊条、焊丝、焊剂、保护气体等焊接材料是否符合设计及工艺规程的要求；焊接坡口的加工质量和焊接接头的装配质量是否符合图样要求；焊接设备及其辅助工具是否完好；焊工是否具有上岗资格等。

2. 焊接过程中的检验

焊接过程中的检验目的是防止缺欠的形成和及时发现缺欠，检验的主要内容包括：焊接过程中焊接设备的运行情况是否正常，焊接参数是否正确；焊接夹具在焊接过程中的夹紧是否牢固；多层焊过程中对夹渣、气孔、未焊透等缺欠进行自检；焊接顺序及施焊方向是否正确；热处理工艺参数是否正确等。

3. 焊后成品检验

焊后成品检验的目的是确保产品的焊接质量，以便使其安全服役。检验的主要内容包括：外观质量及焊缝尺寸是否符合要求；破坏性检验、非破坏性检验能否达到要求等。

三、焊接检验的分类

焊接检验可分为非破坏性检验、破坏性检验和声发射检验三类，具体分类如图 4–45 所示。

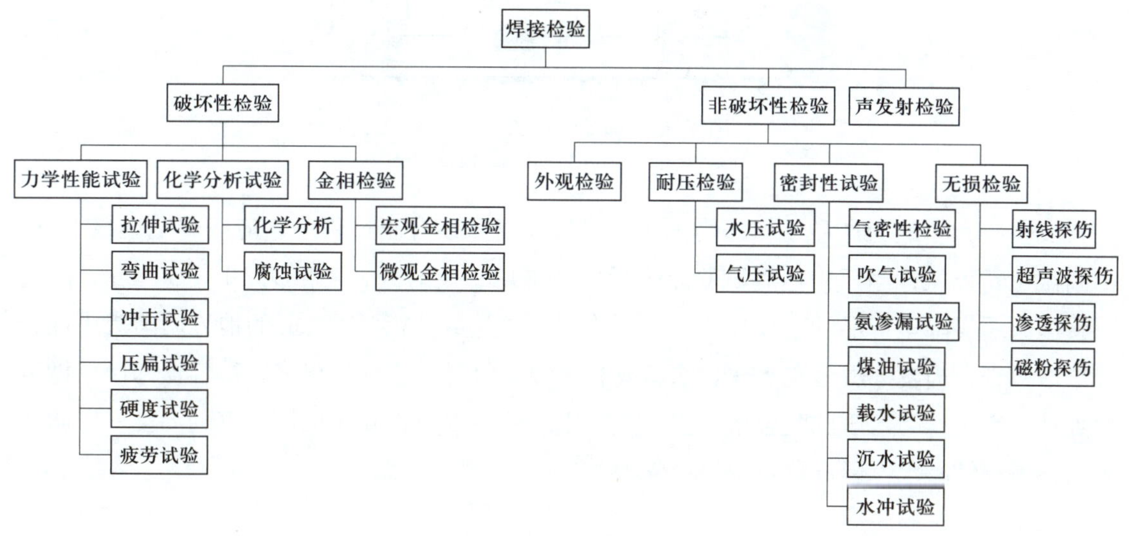

图 4–45　焊接检验方法的分类

四、非破坏性检验

非破坏性检验是指在不损坏被检验材料或成品的性能和完整性的条件下检测缺欠的方法，包括外观检验、耐压检验、密封性试验和无损检验。

1. 外观检验

外观检验是一种简便而又实用的检验方法。它是指用肉眼或借助于焊接检验尺、量具或用低倍（5 倍）放大镜观察焊件，以发现焊缝表面缺欠的方法。外观检验的主要目的是发现焊接接头的表面缺欠，如焊缝的表面气孔、表面裂纹、咬边、焊瘤、烧穿及焊缝尺寸偏差、焊缝成形不良等。检验前须将焊缝附近 10 ~ 20 mm 内的飞溅和污物清除干净。

2. 耐压检验

耐压检验是将水、油、气等充入容器内慢慢加压，以检查其泄漏、耐压、破坏等的试验。常用的耐压试验有水压试验和气压试验。

（1）水压试验

水压试验主要用来对锅炉、压力容器、管道的整体致密性和强度进行检验。

试验时，将容器注满水，密封各接管及开孔，并用试压泵向容器内加压，如图 4–46 所示。

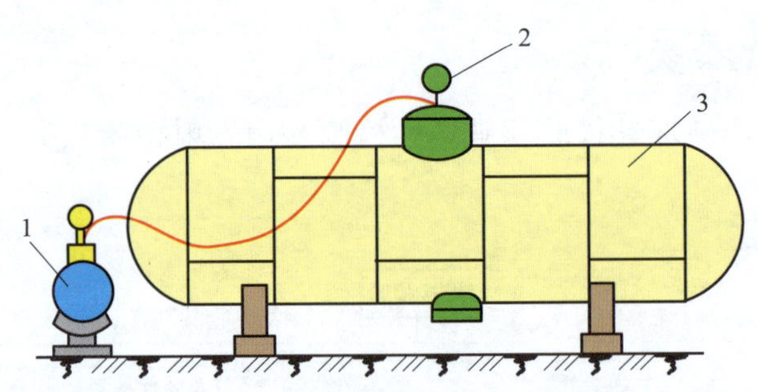

图 4–46　锅炉汽包的水压试验

1—水压机　2—压力计　3—锅炉汽包

试验压力一般为产品工作压力的 1.25 ~ 1.5 倍。在升压过程中，应按规定逐级上升，中间做短暂停压，当压力达到试验压力后，应恒压一定时间，一般为 10 ~ 30 min，随后再将压力缓慢降至产品的工作压力。这时在沿焊缝边缘 15 ~ 20 mm 的地方用圆头小锤轻轻敲击检查，当发现焊缝有水珠、水雾或有潮湿现象时，应标记出来，待容器卸压后做返修处理，直至产品水压试验合格为止。试验用水的温度应稍高于周围空气的温度，以防止容器外表凝结露水，影响检验。

（2）气压试验

气压试验和水压试验一样，用于检验在压力下工作的焊接容器与管道的焊缝致密性和强度。

气压试验比水压试验更为灵敏和迅速，但气压试验的危险性比水压试验大，所以，试验要在隔离场所进行，并要严格遵守安全技术操作规程。试验时，先将气体（常用压缩空气）加压至试验压力的 10%，保持 5 ~ 10 min，并将肥皂水涂至焊缝上进行初次检查。如无泄漏，继续升压至试验压力的 50%，其后按 10% 的级差升压至试验压力并保持 10 ~ 30 min，然后再降到工作压力，至少保持 30 min 并进行检验，直至合格。

3. 密封性试验

密封性试验是用来检查有无漏水、漏气和渗油、漏油等现象的试验。主要用来检验焊接管道、盛器、密闭容器上焊缝或接头是否存在不致密缺欠等。密封性试验的方法很多，

常用的有气密性检验、煤油试验等。

（1）气密性检验

常用的气密性检验是将低于容器工作压力的压缩空气压入容器，利用容器内外气体的压力差来检查有无泄漏。检验时，在焊缝外表面涂上肥皂水，当焊接接头有穿透性缺欠时，气体就会逸出，焊缝表面就有气泡出现而显示缺欠。这种检验方法常用于检查受压容器接管、加强圈的焊缝。

若在被试容器中通入含 1%（体积分数）氨气的混合气体来代替压缩空气，则效果更好。这时应在容器的外壁焊缝表面贴上一条比焊缝略宽、用含 5% 硝酸汞的水溶液浸过的试纸。若焊缝或热影响区有泄漏，氨气就会透过这些地方与硝酸汞溶液起化学反应，使该处试纸呈现出黑色斑纹，从而显示出缺欠所在。这种方法比较准确、迅速，同时可在低温下检查焊缝的密封性。

（2）煤油试验

在焊缝表面涂上石灰水，干燥后便呈白色。再在焊缝的另一面涂上煤油。由于煤油渗透力较强，当焊缝存在贯穿性缺欠时，煤油就能透过去，使涂有石灰水的一面显示出明显的油斑，从而显示缺欠所在。

煤油试验的持续时间与焊件板厚、缺欠大小及煤油量有关，一般为 15 ~ 20 min，如果在规定时间内焊缝表面未显现油斑，可认为焊缝密封性合格。

4. 无损检验

无损检验是非破坏性检验中一类特殊的检验方式，它是利用渗透（荧光检验、着色检验）、磁粉、超声波、射线等检验方法来发现焊缝表面的细微缺欠及存在于焊缝内部的缺欠。目前，这类检验方法已广泛应用于重要焊接结构的焊接质量检验中。

（1）射线探伤

射线探伤是指利用射线可穿透物质和在物质中具有衰减的特性来发现缺欠的检验方法。按所用射线种类不同，射线探伤分为 X 射线探伤、γ 射线探伤和高能射线探伤。其中，X 射线探伤应用较多，如图 4–47 所示。它利用 X 射线透过物体并使照相底片感光的性能进行焊接检验。当射线通过被检验焊缝时，在缺欠处和无缺欠处被吸收的程度不同，使得射线透过接头后射线强度的衰减有明显差异，在底片上相应部位的感光程度也不一样。

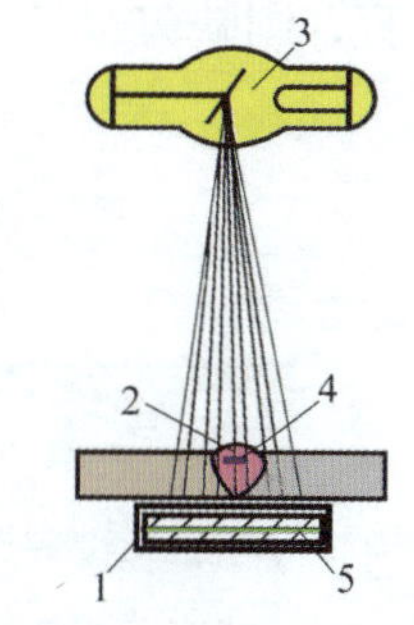

图 4–47　X 射线探伤

1—底片夹　2—焊缝
3—射线管　4—缺欠
5—底片

当射线通过缺欠时，由于被吸收较少，穿出缺欠的射线强度大，对底片感光较强，冲洗后的底片在缺欠处颜色就较深。无缺欠处则底片感光较弱，冲洗后颜色较淡。通过对底片上影像的观察、分析，便能发现焊缝内有无缺欠及缺欠的种类、大小与分布。

根据显示缺欠的方法不同，射线探伤有电离法、荧光屏观察法、照相法和工业电视法。目前应用较多、灵敏度高、能识别小缺欠的理想方法是射线照相法。

（2）超声波探伤

超声波探伤是利用超声波探测焊接接头表面和内部缺欠的检测方法。按其工作原理不同可分为脉冲反射法、穿透法和共振法，常用脉冲反射法。它是利用焊缝中的缺欠与正常组织具有不同声阻抗以及声波在不同声阻抗的异质界面会产生反射的原理来发现缺欠的。

（3）渗透探伤

渗透探伤是指利用带有荧光染料（荧光法）或红色染料（着色法）的渗透剂的渗透作用，显示缺欠痕迹的无损检验方法。

检验时，将溶有染料且具有高渗透能力的液体渗透剂涂敷到焊件的表面，使其渗入焊缝表面的细微缺欠中，然后去除表面多余的渗透剂，再涂一层吸附能力很强的显像剂，将缺欠中的渗透剂吸附到焊件表面，在显像剂上显示出缺欠的痕迹，从而确定缺欠的位置和形状。

（4）磁粉探伤

磁粉探伤是指利用在强磁场中，铁磁性材料表面缺欠产生的漏磁场吸附磁粉的现象而进行的无损检验方法。

检验时，首先将焊缝两侧充磁，焊缝中便有磁感线通过。若焊缝中没有缺欠，材料分布均匀，则磁感线的分布是均匀的。当焊缝中有气孔、夹渣、裂纹等缺欠时，则磁感线因各段磁阻不同而产生弯曲，磁感线将绕过磁阻较大的缺欠。如果缺欠位于焊缝表面或接近表面，则磁感线不仅在焊缝内部弯曲，而且将穿过焊缝表面形成漏磁，在缺欠两端形成新的S极、N极而产生漏磁场，如图4–48所示。当焊缝表面撒有磁性粉末时，漏磁场就会吸引磁粉，在有缺欠的地方形成磁粉堆积，探伤时就可根据磁粉堆积的图形情况等来判断缺欠的形状、大小和位置。进行磁粉探伤时，磁感线的方向与缺欠的相对位置十分重要。如果缺欠长度方向与磁感线平行，则缺欠不易显露；如果磁感线方向与缺欠长度方向垂直，则缺欠最易显露。因此，进行磁粉探伤时，必须从两个以上不同的方向进行充磁检验。

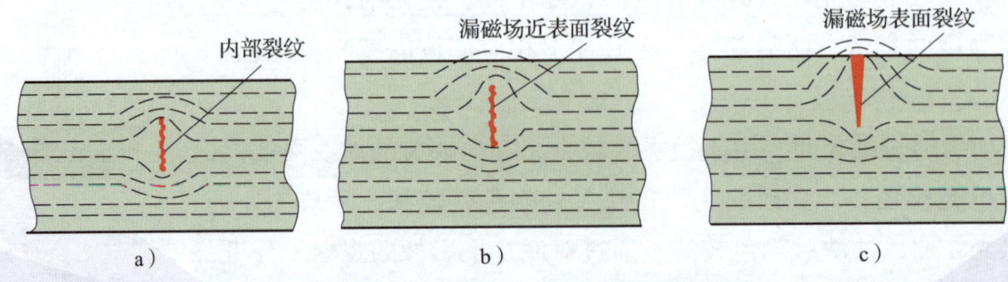

图4–48　焊缝中有缺欠时产生漏磁场的情况

a）内部裂纹　b）近表面裂纹　c）表面裂纹

磁粉探伤仅适用于检验铁磁性材料的表面和近表面缺欠。

五、破坏性检验

破坏性检验是从焊件或试件上切取试样，或以产品（或模拟体）的整体破坏做试验，以检查其各种力学性能、耐腐蚀性等的试验法。破坏性检验包括力学性能试验、化学分析试验和金相检验等。

1. 力学性能试验

力学性能试验是按相应的国家标准要求在焊接试件（板、管）上相应位置截取毛坯，再加工成标准试样后通过拉伸、弯曲、冲击、压扁和硬度等试验方法检验焊接材料、焊接接头及焊缝的力学性能。

（1）拉伸试验

拉伸试验是为了测定焊接接头或焊缝金属的抗拉强度、屈服强度、断后伸长率和断面收缩率等力学性能指标。在进行拉伸试验时，还可以发现试样断口中的某些焊接缺欠。焊缝金属拉伸试样的受试部分应全部取在焊缝中，焊接接头拉伸试样则包括母材、焊缝、热影响区三部分。典型的三种焊接拉伸试样如图 4–49 所示。

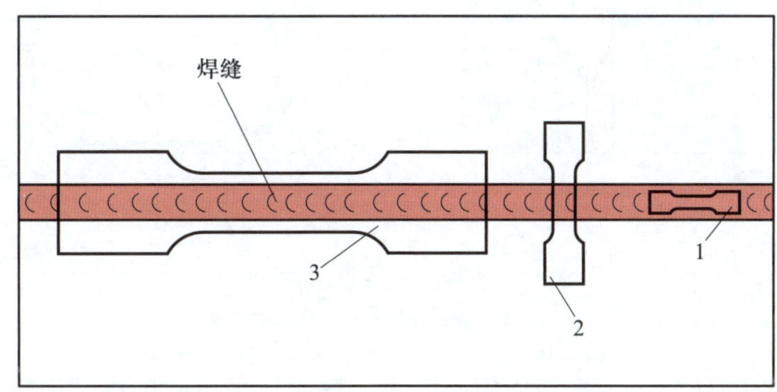

图 4–49　典型的三种焊接拉伸试样

1—焊缝金属拉伸试样　2—接头横向拉伸试样　3—接头纵向拉伸试样

（2）弯曲试验

弯曲试验又称冷弯试验，是测定焊接接头塑性的一种试验方法。弯曲试验还可反映焊接接头各区域的塑性差别，考核熔合区的熔合质量及暴露焊接缺欠。弯曲试验分为横弯、纵弯和侧弯三种，横弯、纵弯又可分为正弯和背弯。背弯易于发现焊缝根部缺欠，侧弯则能检验焊层与焊件之间的结合强度。

弯曲试验是以弯曲角度的大小及产生缺欠的情况作为评定标准的，如锅炉、压力容器的冷弯角一般为 50°、90°、100°或 180°，当试样达到规定角度后，完成试验，试样拉伸面上任何方向最大缺欠长度均不大于 3 mm 为合格。弯曲试验如图 4–50 所示。

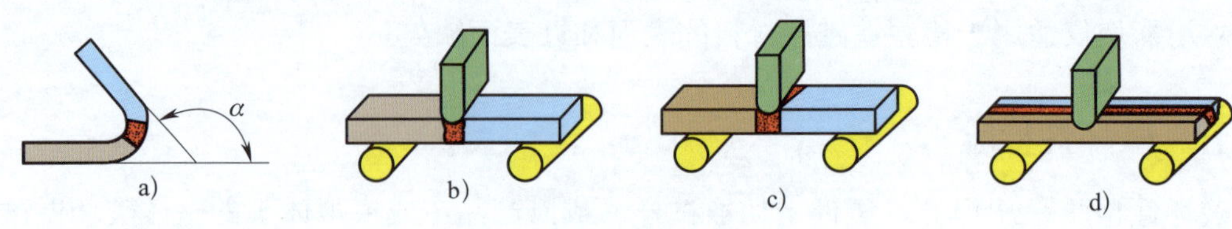

图 4–50 弯曲试验
a）弯曲角度 b）横弯 c）侧弯 d）纵弯

（3）冲击试验

冲击试验是用来测定焊接接头和焊缝金属在受冲击载荷时不被破坏的能力（韧性）及脆性转变的温度。冲击试验通常在一定温度（如 0 ℃、–20 ℃、–40 ℃等）下把有缺口的冲击试样放在试验机上进行测定。

（4）压扁试验

压扁试验是测定管子对接接头塑性的试验，有环缝压扁试验和纵缝压扁试验两种，如图 4–51 所示。

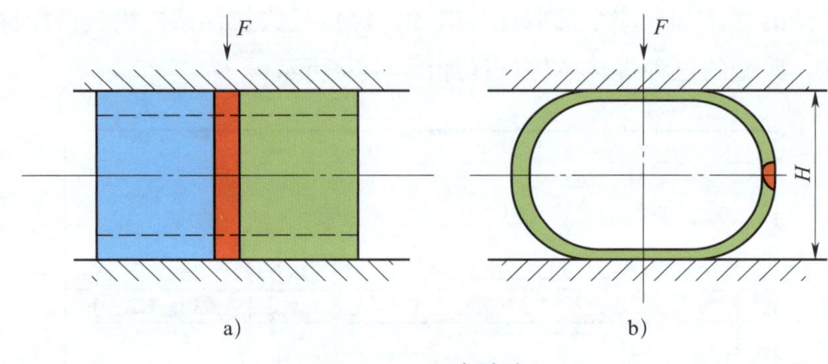

图 4–51 压扁试验
a）环缝压扁试验 b）纵缝压扁试验

环缝压扁试验的环缝应位于加压中心线上；纵缝压扁试验的纵缝应位于与作用力 F 相垂直的半径平面内。压扁试验是按管接头从外壁距离压至 H 值时在焊缝拉伸部位有无裂纹及其他焊接缺欠来评定的。

2. 化学分析试验

（1）化学分析

焊缝的化学分析是指检查焊缝金属的化学成分。化学分析的试样从焊缝金属或堆焊层上取得。焊件细屑的厚度应小于 1.5 mm，可用钻削、刨削、铣削等机械加工方法获得。取样区应离起弧、收弧处 15 mm 以上，距母材 5 mm 以上。若要分析碳、锰、硅、硫和磷等元素，则需试样 50 ~ 60 g；若要对一些合金钢或不锈钢中含有的镍、铬、钛、钒、铜进行分析，则要多取一些试样。

（2）腐蚀试验

金属受周围介质的化学和电化学作用而引起的损坏称为腐蚀。焊缝和焊接接头的腐蚀破坏形式有总体腐蚀、晶间腐蚀、刀状腐蚀、点腐蚀、应力腐蚀、海水腐蚀、气体腐蚀和腐蚀疲劳等。腐蚀试验的目的在于确定在给定的条件下金属抗腐蚀的能力，估计产品的使用寿命，分析腐蚀的原因，找出防止或延缓腐蚀的方法。

腐蚀试验的方法应根据产品对耐腐蚀性的要求而定，常用的方法有不锈钢晶间腐蚀试验、应力腐蚀试验、腐蚀疲劳试验、大气腐蚀试验、高温腐蚀试验等。

3. 金相检验

焊接接头的金相检验用来检查焊缝、热影响区和母材的金相组织情况及确定内部缺欠等。金相检验分为宏观金相检验和微观金相检验两大类。

（1）宏观金相检验

宏观金相检验是用肉眼或借助低倍放大镜直接进行检查的方法。通过宏观金相检验，可以了解焊缝一次结晶组织的粗细程度和方向、焊接缺欠的形状及其在产品的部位和扩展的情况、焊道横截面形状、热影响区宽度和多层焊道层次情况。

（2）微观金相检验

微观金相检验是用 1 000 ~ 1 500 倍的显微镜来观察焊接接头各区域的显微组织、偏析、缺欠及析出相的状况等的一种金相检验方法。通过分析检验结果，可确定焊接材料、焊接方法和焊接参数等是否合理。

第五单元
气焊、气割与钎焊

气焊（割）是利用可燃气体与助燃气体混合燃烧所释放出的热量进行金属焊接（切割）的一种工艺方法，如图 5–1 所示。

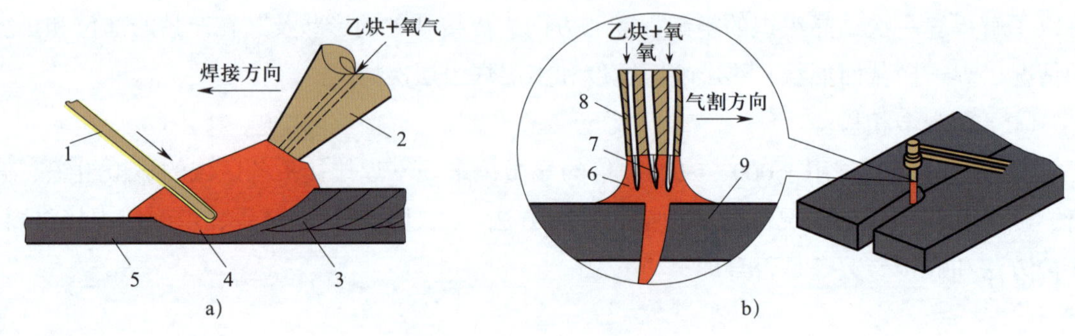

图 5–1　气焊与气割原理

a）气焊原理图　b）气割原理图

1—焊丝　2—焊炬　3—焊缝　4—熔池　5—焊件

6—预热焰　7—切割氧流　8—割嘴　9—割件

钎焊是指利用熔点比母材低的金属作为焊缝的填充材料，把两个焊件在固态下连接起来的一种特殊焊接方法，如图 5–2 所示。

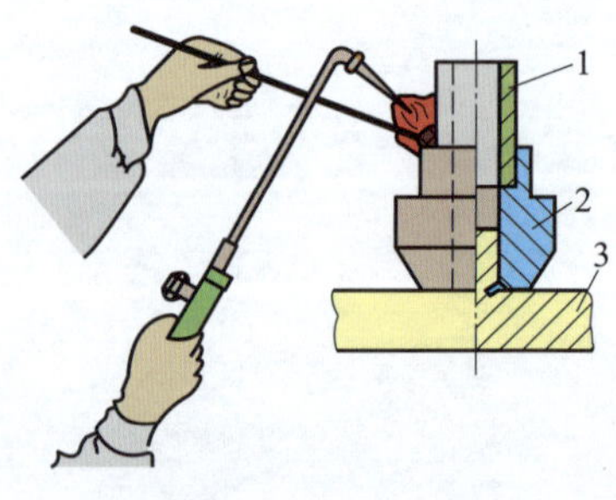

图 5–2　火焰钎焊

1—导管　2—套嘴　3—支承块

基础知识

学习目标

1. 了解气焊、气割、钎焊的原理、特点及应用，气焊、气割与钎焊所用材料、设备及工具。

2. 理解气焊、气割与钎焊相关参数。

3. 掌握焊炬、割炬的握法及焊丝的送丝手法。

一、气焊

气焊是利用气体火焰作热源的一种熔焊方法。常用氧气和乙炔混合燃烧的火焰进行焊接，故又称氧乙炔焊。

1. 气焊的原理、特点及应用

（1）气焊的原理

气焊是利用可燃气体和氧气通过焊炬按一定的比例混合，获得所要求的火焰能率和性质的火焰作为热源，熔化被焊金属和填充金属，使其形成牢固的焊接接头。

气焊时，先将焊件的焊接处金属加热到熔化状态形成熔池，并不断地熔化焊丝向熔池中填充，气体火焰覆盖在熔化金属的表面起保护作用，随着焊接过程的进行，熔化金属冷却形成焊缝。气焊原理图如图 5–1a 所示。

（2）气焊的特点及应用

气焊的优点是设备简单，操作方便，成本低，适应性强，在无电力供应的地方可方便焊接。气焊的缺点如下：火焰温度低，加热分散，热影响区宽，焊件变形大且过热严重，气焊接头质量不如焊条电弧焊容易保证；生产效率低，不易焊接厚的金属；难以实现自动化。

目前，在工业生产中气焊主要用于焊接薄板、小直径薄壁管、铸铁、有色金属、低熔点金属及硬质合金等。此外，气焊火焰还可用于钎焊、喷焊和火焰矫正等。

2. 气焊设备及工具

常用的气焊设备及工具主要有氧气瓶、乙炔瓶、液化石油气瓶、氧气减压器、乙炔减压器、液化石油气减压器、胶管、焊炬等，其组成如图 5–3 所示。

（1）氧气瓶

氧气瓶是储存和运输氧气的高压容器，其构造与外形如图 5–4 所示。气瓶的容积为 40 L，在 15 MPa 压力下可储存 6 000 L 的氧气。瓶体外表按国家标准《气瓶颜色标记》（GB/T 7144—2016）漆成淡（酞）蓝色，并标注黑色“氧”字样。

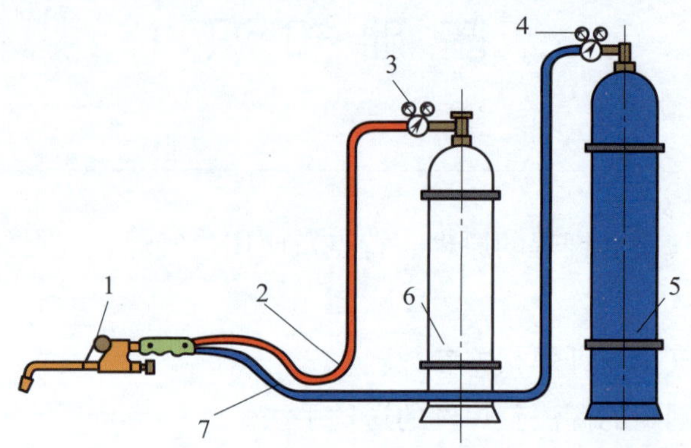

图 5-3　气焊设备的组成

1—焊炬　2—乙炔胶管（红色）　3—乙炔减压器　4—氧气减压器
5—氧气瓶　6—乙炔瓶　7—氧气胶管（蓝色）

使用时，如果逆时针方向旋转手轮，则开启瓶阀；顺时针方向旋转手轮，则关闭瓶阀（乙炔气瓶、液化石油气瓶开启与关闭瓶阀的方法与氧气瓶一致）。瓶阀的一侧装有安全膜片。当瓶内压力超过规定值时，安全膜片即自行爆破放气，从而保证了氧气瓶的安全。

使用时，氧气瓶应直立放置，安放稳固，以防止倾倒。只有在特殊情况下才允许卧放，但瓶头一端必须垫高，并防止滚动；开启氧气瓶时，焊工应站在出气口的侧面，先拧开瓶阀，吹掉出气口内的杂质，再与氧气减压器连接。开启和关闭氧气瓶瓶阀时用力不要过猛；氧气瓶内的氧气不能全部用完，至少要保持 0.1 ~ 0.3 MPa 的压力，以便充氧时便于鉴别气体性质及吹除瓶阀内的杂质，还可以防止使用中可燃气体倒流或空气进入瓶内；夏季露天操作时，氧气瓶应放在阴凉处，避免阳光的强烈照射。

（2）乙炔瓶

乙炔瓶是储存及运输乙炔的低压容器，其构造与外形如图 5-5 所示。瓶体外表按国家标准《气瓶颜色标记》（GB/T 7144—2016）漆成白色，并标注大红色“乙炔　不可近火”字样。瓶内最高压力为 1.5 MPa。为使乙炔稳定而安全地储存，瓶内装有浸满丙酮的多孔填料。

乙炔瓶在使用时只能直立放置，不能横放；否则会使瓶内的丙酮流出，甚至会通过减压器流入乙炔胶管和焊炬内，引起燃烧或爆炸；运输过程中应避免剧烈的振动和撞击，以免填料下沉形成孔洞，影响乙炔的储存，甚至造成乙炔瓶爆炸；乙炔减压器与乙炔瓶的瓶阀连接必须可靠，严禁在漏气的状况下使用；瓶内的乙炔不能全部用完，当高压表的读数为零，低压表的读数为 0.01 ~ 0.03 MPa 时，应立即关闭瓶阀。

（3）液化石油气瓶

液化石油气瓶是储存液化石油气的专用容器，其中工业用液化石油气瓶如图 5-6 所示，民用液化石油气瓶如图 5-7 所示。

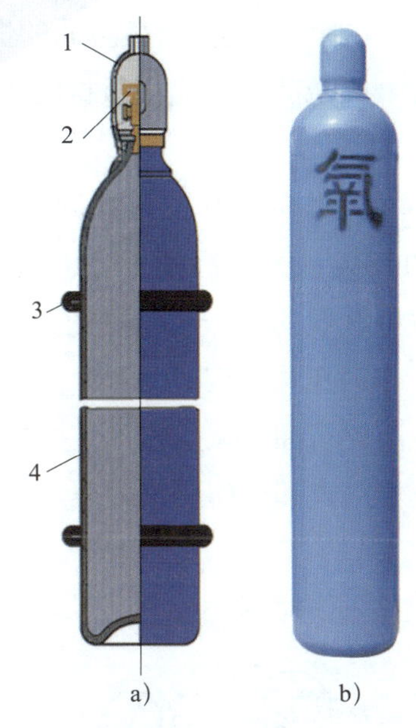

图 5-4　氧气瓶

a）结构图　b）实物图

1—瓶帽　2—瓶阀　3—防振圈　4—瓶体

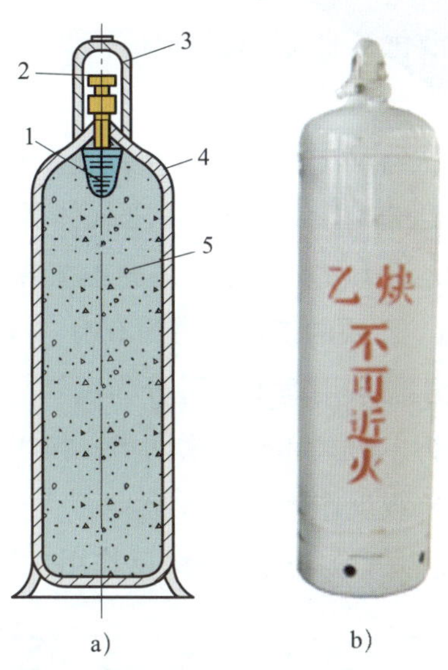

图 5-5　乙炔瓶

a）结构图　b）实物图

1—石棉　2—瓶阀　3—瓶帽　4—瓶壳　5—多孔填料

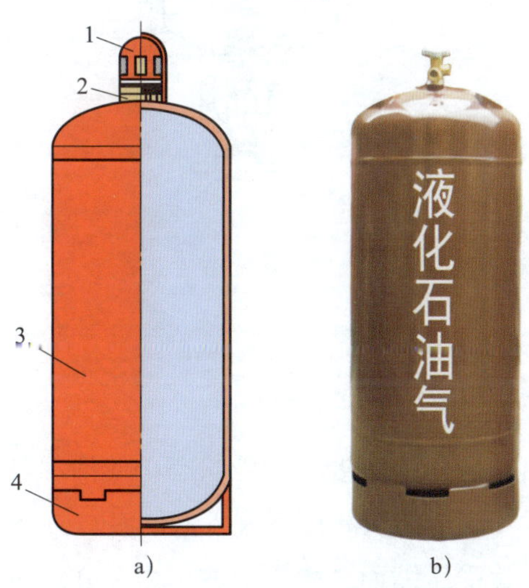

图 5-6　工业用液化石油气瓶

a）结构图　b）实物图

1—护罩　2—瓶阀　3—瓶体　4—底座

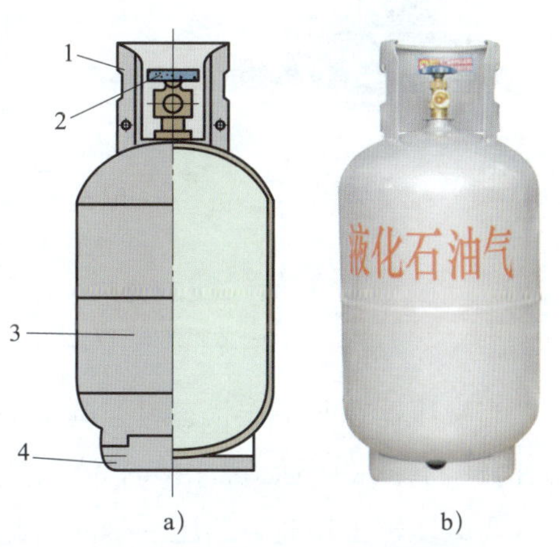

图 5-7　民用液化石油气瓶

a）结构图　b）实物图

1—护罩　2—瓶阀　3—瓶体　4—底座

国家标准《气瓶颜色标记》（GB/T 7144—2016）规定，工业用液化石油气瓶体漆成棕色，并标注白色“液化石油气”字样；民用液化石油气瓶体漆成银灰色，并标注大红色“液化石油气”字样。按用量及使用方式，气瓶容量有 15 kg、20 kg、30 kg、50 kg 等多种规格，工业上常用 30 kg 容量的气瓶。气瓶最大工作压力为 1.6 MPa。

由于液化石油气价格低廉，又较安全（不易产生回火现象），目前国内外已将液化石油气作为一种新的生产性产业燃料，广泛应用于金属薄板的切割和低熔点有色金属的焊接。但由于液化石油气燃烧时热值较低，因此仅用于低熔点金属的焊接及较薄金属板材的切割。

（4）减压器

减压器又称压力调节器，它是将气瓶内的高压气体降为工作时低压气体的调节装置。使用减压器可将气瓶内高压气体的压力（如氧气瓶内的氧气压力最高达 15 MPa，乙炔瓶内的乙炔压力最高达 1.5 MPa）降为工作时所需的压力（氧气的工作压力一般为 0.1 ~ 0.4 MPa，乙炔的工作压力为 0.01 ~ 0.04 MPa），并保持工作时压力稳定。

减压器按用途不同可分为氧气减压器、乙炔减压器、液化石油气减压器等；按构造不同可分为单级式和双级式两类；按工作原理不同可分为正作用式和反作用式两类。目前常用的是单级反作用式减压器。

1）氧气减压器。单级反作用式氧气减压器的构造及工作原理如图 5-8 所示。

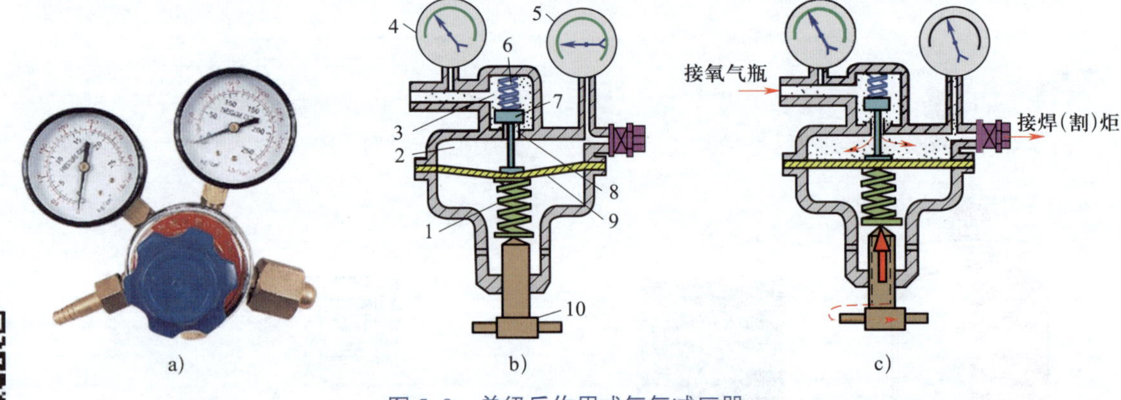

图 5-8　单级反作用式氧气减压器

a）外形图　b）非工作状态　c）工作状态

1—调压弹簧　2—低压室　3—高压室　4—高压表　5—低压表

6—活门弹簧　7—活门　8—通道　9—弹性薄膜　10—调压手柄

当减压器在非工作状态时，调压手柄向外旋出，调压弹簧处于松弛状态，使活门被活门弹簧压下，关闭通道，由气瓶流入高压室的高压气体不能从高压室流入低压室。

当减压器工作时，调压手柄向内旋入，调压弹簧受压缩而产生向上的压力，并通过弹性薄膜将活门顶开，高压气体从高压室流入低压室。气体从高压室流入低压室时，由于体积膨胀而使压力降低，起到了减压作用。

气体流入低压室后，对弹性薄膜产生了向下的压力，并传递到活门，影响活门的开启。当低压室的气体输出量降低而压力升高时，活门的开启度缩小，减少了流入低压室的气体，使低压室内气体的压力不会增高。同样，当低压室的气体输出量增加而压力降低时，活门的开启度增大，流入低压室的气体增多，使低压室内气体的压力增高。这种自动调节作用使低压室内气体的压力稳定地保持为工作压力，这就是减压器的稳压作用。

2）乙炔减压器。乙炔减压器的构造、工作原理和使用方法与氧气减压器基本相同，所不同的是乙炔减压器与乙炔瓶的连接采用特殊的夹环，并借助紧固螺钉加以固定，如图 5-9 所示。

3）液化石油气减压器。液化石油气减压器的作用也是将气瓶内的压力降至工作压力并稳定输出压力，以保证供气量均匀，如图 5-10 所示。

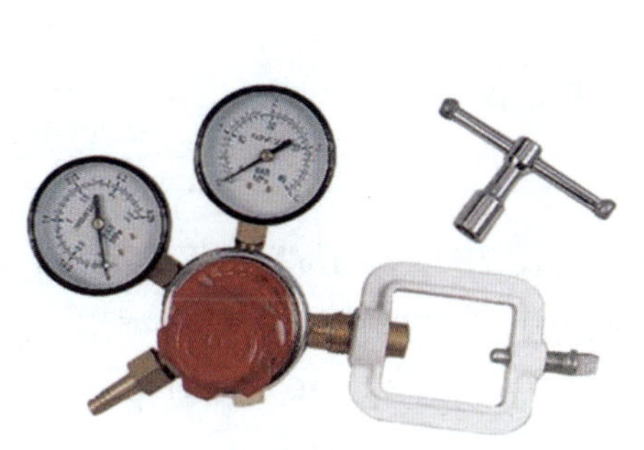
图 5-9　乙炔减压器

图 5-10　液化石油气减压器

4）使用减压器的注意事项。安装氧气减压器前，要稍微打开氧气瓶瓶阀，吹除污物，以防将灰尘和水分带入减压器。同时，还要检查减压器接头螺纹是否损坏，应保证减压器接头螺纹与氧气瓶瓶阀连接达到 5 圈以上，以防因安装不牢而使高压气体射出伤人；还要检查高压表和低压表的表针是否处于零位。

在开启瓶阀时，瓶阀出气口不得对准操作者或者他人，以防高压气体突然冲出伤人。将减压器的调压螺钉旋松，使其处于非工作状态，以免开启瓶阀时损坏减压器。

使用乙炔或液化石油器减压器时，若瓶阀有污物，可以用棉纱擦拭，不能打开瓶阀吹除。减压器的夹环与瓶阀连接后要拧紧至不能活动，也不能拧得太紧，以免损坏夹环。

在气焊工作中，必须注意观察工作压力表的压力值。调节工作压力时，要缓慢地旋进调压螺钉，以免高压氧冲坏活门弹簧、弹性薄膜和低压表。停止工作时，应先关闭高压气瓶的瓶阀，然后放出减压器内的全部余气，放松调压螺钉，使表针回到零位。

减压器上不得沾染油脂、污物。如果有油脂，应擦拭干净后再用。

严禁不同气体的减压器及压力表交替使用。

减压器如果有冻结现象，应用热水或水蒸气解冻，绝不允许使用火焰烘烤。

（5）胶管

氧气瓶、乙炔瓶和液化石油气瓶中的气体须用胶管输送到焊炬或割炬中。国家标准《气体焊接设备　焊接、切割和类似作业用橡胶软管》（GB/T 2550—2016）规定，氧气胶管的外观为蓝色，乙炔胶管的外观为红色，液化石油气胶管的外观为橙色，如图 5-11 所示。连接于焊炬的胶管长度不能短于 5 m，但太长会增大气体流动的阻力，一般为 10 ~ 15 m。焊炬用胶管严禁沾染油污及漏气，并严禁互换使用。

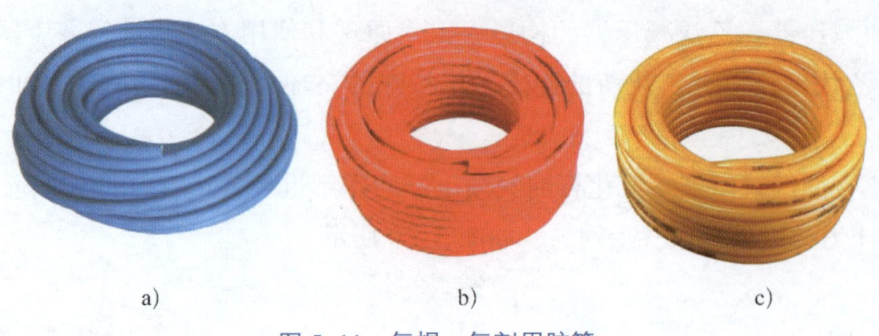

图 5-11　气焊、气割用胶管

a）氧气胶管　b）乙炔胶管　c）液化石油气胶管

（6）焊炬

机械行业标准《气焊设备　焊接、切割及相关工艺用炬》（JB/T 7947—2017）规定，焊接、切割及相关工艺用炬按用途分为焊炬、割炬、烤炬和焊割两用炬四种类型，按照结构形式（气体混合方式）分为射吸式和等压式，按照操作方式分为手工和机用。

焊炬的表示方法如图 5-12 所示。

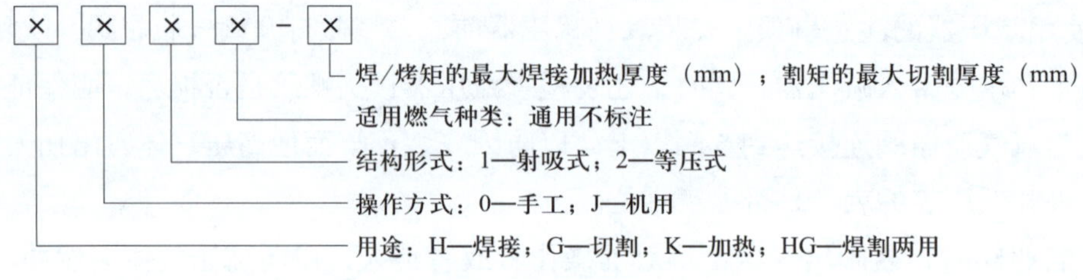

图 5-12　焊炬的表示方法

如“H01-6”表示手工操作的可焊接最大厚度为 6 mm 的射吸式焊炬。

焊炬是气焊时用于控制气体混合比、流量及火焰，并进行焊接的工具。焊炬的作用是将可燃气体和氧气按一定比例混合，并以一定的速度喷出燃烧，从而生成具有一定能量、成分和形状稳定的火焰。焊炬按可燃气体与氧气混合的方式不同，可分为射吸式焊炬（又称低压焊炬）和等压式焊炬两类，现在常用的是射吸式焊炬，等压式焊炬可燃气体的压力和氧气的压力相等，不能用于低压乙炔，所以目前很少使用。

射吸式焊炬的外形如图 5-13a 所示。焊炬工作时，打开氧气调节阀，氧气即从喷嘴口快速射出，并在喷嘴外围造成负压（吸力）；再打开乙炔调节阀，乙炔聚集在喷嘴的外围。由于氧射流负压的作用，聚集在喷嘴外围的乙炔很快被氧气吸出，并按一定的比例与氧气混合，经过射吸管、混合气管，从焊嘴喷出，如图 5-13b 所示。

使用射吸式焊炬前，必须检查其射吸能力。检查时，不接乙炔胶管，接上氧气胶管，按逆时针方向打开氧气调节阀和乙炔调节阀，用手指按在乙炔进气管接头上，如手指上感到有吸力，说明射吸能力正常；如果没有吸力，说明射吸能力不正常，不能使用，如图 5-14 所示。

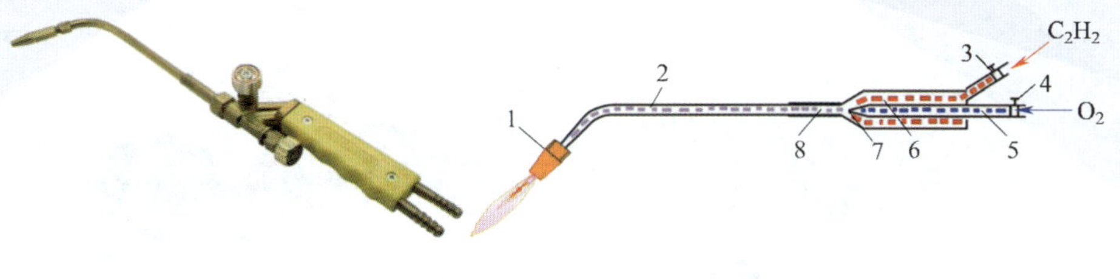

图 5–13　射吸式焊炬的工作原理

a）外形图　b）原理图

1—焊嘴　2—混合气管　3—乙炔调节阀　4—氧气调节阀

5—氧气导管　6—乙炔导管　7—喷嘴　8—射吸管

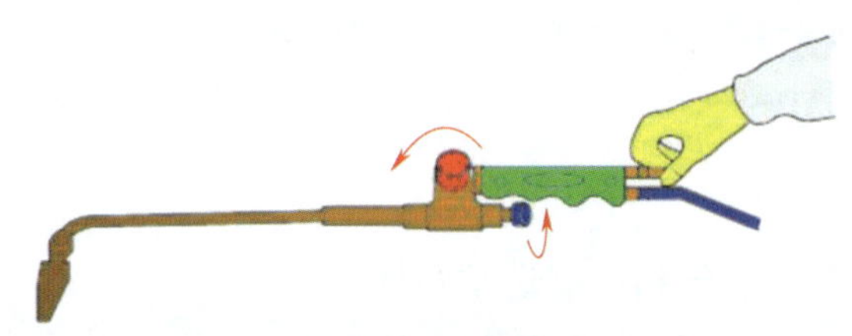

图 5–14　焊（割）炬射吸能力的检查

3. 气焊设备的连接

（1）氧气瓶、氧气减压器、氧气胶管及焊炬（或割炬）的连接

首先用活扳手将氧气瓶瓶阀稍打开（逆时针方向为开），吹去瓶阀口黏附的污物，以免污物进入氧气减压器中，随后立即关闭瓶阀。开启瓶阀时，操作者必须站在瓶阀气体喷出方向的侧面并缓慢开启，避免氧气流吹向人体以及易燃气体或火源喷出。在使用氧气减压器前，调压螺钉应向外旋出，使减压器处于非工作状态，然后将氧气减压器拧在氧气瓶瓶阀上，必须拧足 5 圈以上，再把氧气胶管的一端接牢在氧气减压器的出气口上，如图 5–15 所示，另一端接牢在焊炬（或割炬）的氧气胶管接头上。

（2）乙炔瓶、乙炔减压器、乙炔胶管及焊炬（或割炬）的连接

乙炔瓶必须直立放置，严禁在地面卧放。首先将乙炔减压器上的调压螺钉松开，使减压器处于非工作状态，然后将夹环紧固螺钉松开，把乙炔减压器上的连接管对准乙炔瓶瓶阀出气口并夹紧，再把乙炔胶管的一端与乙炔减压器上的出气口接牢，如图 5–16 所示，另一端与焊炬（或割炬）的乙炔胶管接头相连。

4. 焊炬的握法和送丝方式

（1）焊炬的握法

右手的小指、无名指、中指和掌心握着焊炬手柄（也可只用拇指与掌心握着，小指、中指、无名指与焊件接触作为支承），使焊炬在焊接过程中保持稳定，而拇指和食指则放于氧气瓶瓶阀侧，以便及时调节氧气流量大小，如图 5–17 所示。调节火焰大小时，左手的拇指、食指、中指控制乙炔瓶瓶阀；焊接时左手用来拿焊丝。

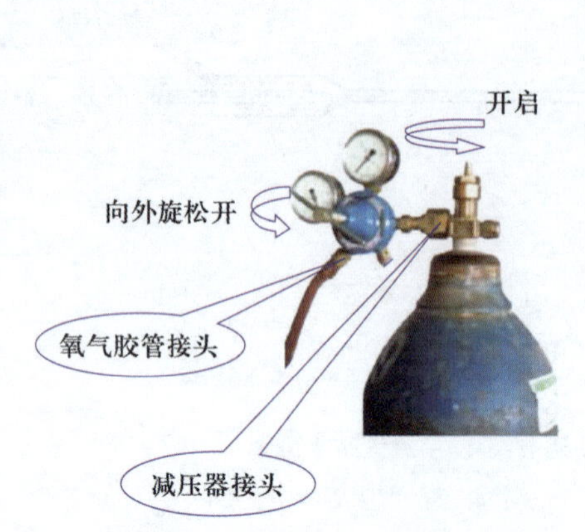

图 5-15　氧气瓶、氧气减压器、氧气胶管及焊炬（或割炬）的连接

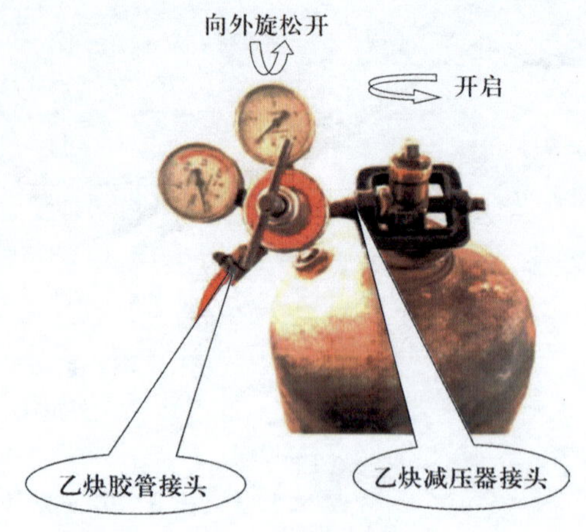

图 5-16　乙炔瓶、乙炔减压器、乙炔胶管及焊炬（或割炬）的连接

（2）送丝方式

气焊的送丝方式有断续送丝和连续送丝两种。

1）断续送丝。用左手的拇指与食指拿着焊丝，将焊丝置于食指第三节指腹上侧与无名指指甲上侧，小指掌侧与焊件接触作为支承，利用手腕向右的断续移动完成送丝，随着焊丝熔化，要不时地停焊以改变拿焊丝的位置，这种送丝方式比较容易掌握。

图 5-17　焊炬的握法

2）连续送丝。用左手拇指与食指拿着焊丝，用食指与中指的第一节指腹与小指的指背夹着焊丝，通过拇指与食指的配合连续不断地向熔池中送进焊丝，这种送丝方式比较难掌握，但熟练后有利于提高焊接速度与效率。

5. 气焊材料

气焊所用材料主要指焊丝、气焊熔剂、助燃气体和可燃气体等。助燃气体使用的是氧气。可燃气体使用的种类很多，如乙炔、氢气、天然气和液化石油气等，目前应用普遍的是乙炔和液化石油气。

（1）焊丝

气焊用的焊丝在气焊中作为填充金属并与熔化的母材一起形成焊缝。常用的焊丝有碳钢焊丝、低合金钢焊丝、铜及铜合金焊丝、铝及铝合金焊丝、铸铁焊丝、不锈钢焊丝等。焊丝的规格按其直径划分，一般为 1.6 mm、2.0 mm、2.5 mm、3.0 mm、3.2 mm、4.0 mm 等，可根据不同的焊件厚度选用不同规格的焊丝。

1）碳钢焊丝、低合金钢焊丝。国家标准《气体保护电弧焊用碳钢、低合金钢焊丝》（GB/T 8110—2008）规定，其焊丝型号由三部分组成：第一部分用字母“ER”表示焊丝；第二部分的两位数字表示焊丝熔敷金属抗拉强度最低值；第三部分为短线后的字母或数字，表示化学成分代号，如图 5-18 所示。根据供需双方协商，可在型号后附加扩散氢代号 H15、H10 或 H5。

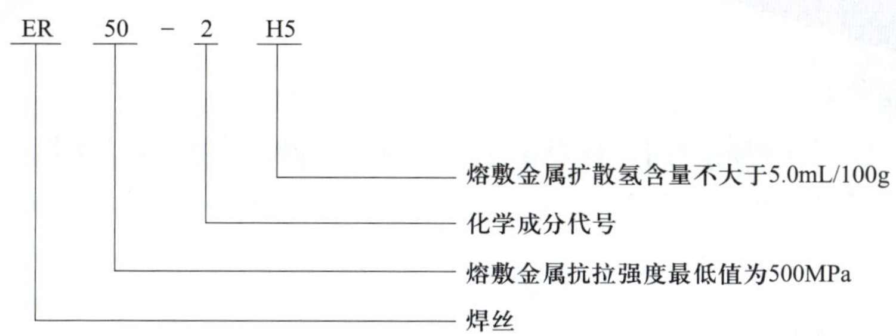

图 5-18　碳钢焊丝、低合金钢焊丝的型号

2）铜及铜合金焊丝。国家标准《铜及铜合金焊丝》（GB/T 9460—2008）规定，其焊丝型号由三部分组成：第一部分用字母“SCu”表示铜及铜合金焊丝；第二部分为 4 位数字，表示焊丝型号；第三部分为可选部分，表示化学成分代号，如图 5-19 所示。

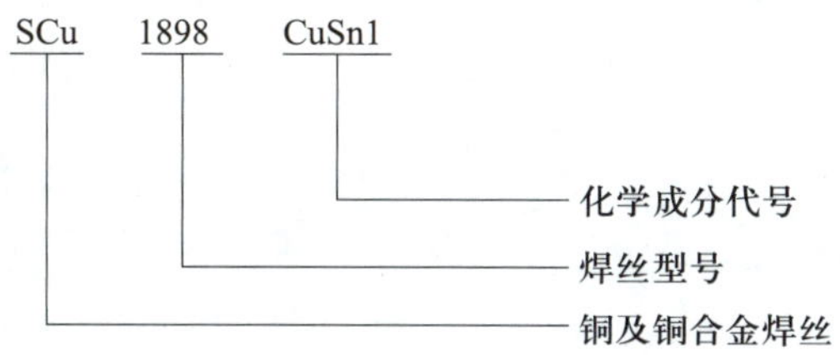

图 5-19　铜及铜合金焊丝的型号

3）铝及铝合金焊丝。国家标准《铝及铝合金焊丝》（GB/T 10858—2008）规定，其焊丝型号由三部分组成：第一部分用字母“SAl”表示铝及铝合金焊丝；第二部分为 4 位数字，表示焊丝型号；第三部分为可选部分，表示化学成分代号，如图 5-20 所示。

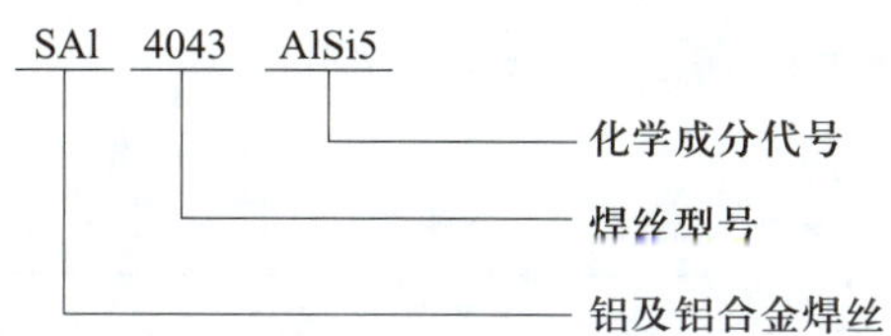

图 5-20　铝及铝合金焊丝的型号

4）铸铁焊丝。国家标准《铸铁焊条及焊丝》（GB/T 10044—2006）规定，铸铁焊丝型号由三部分组成：字母“ER”表示气体保护焊焊丝；字母“Z”表示焊丝用于铸铁焊接；在“ERZ”字母后用焊丝主要化学元素符号或金属类型代号表示，如图 5-21 所示。

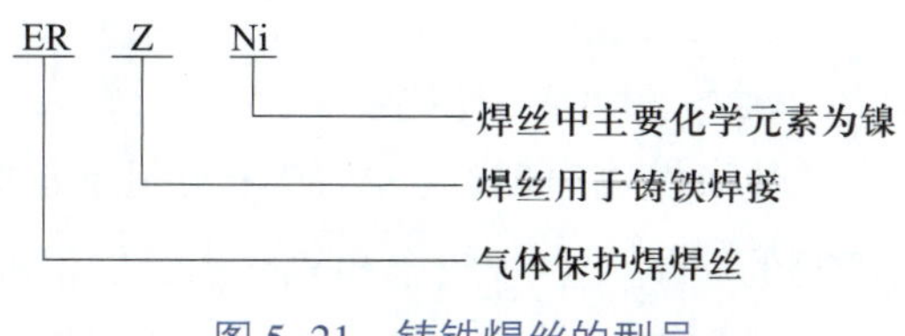

图 5-21　铸铁焊丝的型号

（2）气焊熔剂

气焊熔剂是气焊时的助熔剂，其作用是与熔池内的金属氧化物或非金属夹杂物相互作用生成熔渣，覆盖在熔池表面，使熔池与空气隔离，因而能有效防止熔池金属的继续氧化，改善焊缝的质量。所以，焊接有色金属（如铜及铜合金、铝及铝合金）、铸铁及不锈钢等材料时，通常必须采用气焊熔剂。气焊熔剂使用时，可以在焊前直接撒在焊件坡口上或者蘸在焊丝上加入熔池。

机械行业标准《气焊熔剂》（JB/T 13355—2017）规定，气焊熔剂按用途分为不锈钢及耐热钢气焊熔剂、铸铁气焊熔剂、铜气焊熔剂、铝气焊熔剂四类。

气焊熔剂型号由字母和数字组成，其常用格式为 CJ+ 三位数字（CJ×××）。CJ 表示气焊熔剂，其后的第一位数字表示气焊熔剂的用途及适用材料，“1”表示不锈钢及耐热钢气焊用熔剂，“2”表示铸铁气焊用熔剂，“3”表示铜及铜合金气焊用熔剂，“4”表示铝及铝合金气焊用熔剂；第二位、第三位数字表示同一类型气焊熔剂的不同编号。例如，图 5–22 所示为不锈钢及耐热钢气焊熔剂的型号。

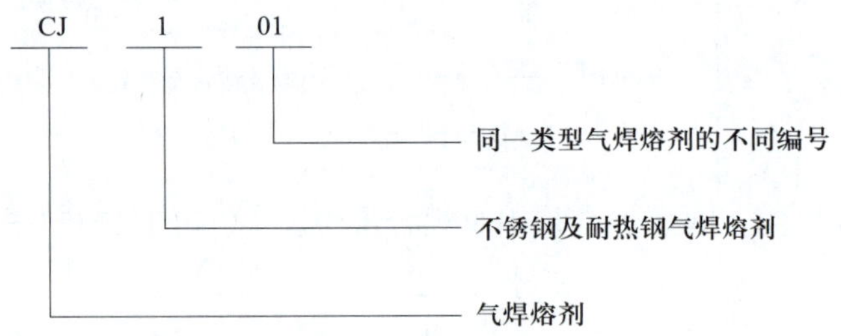

图 5–22　不锈钢及耐热钢气焊熔剂的型号

常用气焊熔剂的型号和适用材料见表 5–1 。

表 5–1　常用气焊熔剂的型号和适用材料

型号	名称	适用材料
CJ1××	不锈钢及耐热钢气焊熔剂	不锈钢及耐热钢
CJ2××	铸铁气焊熔剂	铸铁
CJ3××	铜气焊熔剂	铜及铜合金
CJ4××	铝气焊熔剂	铝及铝合金

（3）氧气

在常温、常压下，氧呈气态，分子式为 O_2。氧气是一种无色、无味、无毒的气体，它本身不能燃烧，但能帮助其他可燃物质燃烧，具有强烈的助燃作用。

氧气的纯度对气焊与气割的质量、生产效率和氧气本身的消耗量都有直接影响。气焊与气割对氧气的要求是纯度越高越好。气焊与气割用的工业用氧气一般分为两级：一级纯

度氧气含量不低于 99.2%，二级纯度氧气含量不低于 98.5%。

一般情况下，由氧气厂和氧气站供应的氧气可以满足气焊与气割的要求。对于质量要求较高的气焊应采用一级纯度的氧气。气割时氧气纯度应不低于 98.5%。

（4）乙炔

乙炔在常温、常压下呈气态。乙炔是一种无色而带有特殊臭味的碳氢化合物，其化学式为 C_2H_2。

乙炔是可燃性气体，它与空气混合燃烧时所产生的火焰温度为 2 350 ℃，而与氧气混合燃烧时所产生的火焰温度为 3 000 ~ 3 300 ℃，因此，足以迅速熔化金属而进行焊接和切割。

乙炔与纯铜或银长期接触后生成的乙炔铜（Cu_2C_2）或乙炔银（Ag_2C_2）是具有爆炸性的化合物。它们受到剧烈振动或加热到 110 ~ 120 ℃时就会爆炸。所以，严禁用纯铜或银制造与乙炔接触的器具和设备，但可用含铜量不超过 70% 的铜合金制造。乙炔和氯、次氯酸盐等反应会发生燃烧和爆炸，所以乙炔燃烧时绝对禁止用四氯化碳灭火。

乙炔是一种具有爆炸性的危险气体，在一定压力和温度下很容易发生爆炸。乙炔爆炸时会产生高热，特别是产生高压气浪，其破坏力很强，因此，使用乙炔时必须注意安全。

（5）液化石油气

液化石油气是油田开发或炼油厂裂化石油的副产品，其主要成分是丙烷（C_3H_8）、丁烷（C_4H_{10}）、丙烯（C_3H_6）、丁烯（C_4H_8）和少量的乙烷（C_2H_6）、乙烯（C_2H_4）等碳氢化合物。工业上使用的液化石油气是一种略带臭味的无色气体。

液化石油气与乙炔一样，与空气或氧气形成的混合气体具有爆炸性，但它比乙炔安全得多。

液化石油气的火焰温度比乙炔的火焰温度低，其在氧气中的燃烧温度为 2 800 ~ 2 850 ℃。液化石油气在氧气中的燃烧速度慢，约为乙炔的 1/3，其完全燃烧所需的氧气量比乙炔所需的氧气量大。因此，液化石油气用于气割时，金属预热时间稍长，但其切割质量容易保证，切口光洁，不渗碳，质量较好。

由于液化石油气价格低廉，比乙炔安全，质量又较好，目前，国内外已把液化石油气作为一种新的可燃气体来逐渐代替乙炔。液化石油气在气割中已有成熟技术，广泛应用于钢材的气割和低熔点的有色金属焊接中，如黄铜焊接、铝及铝合金焊接等。

6. 气焊参数

气焊参数是指焊接时为保证气焊质量而选定的各项参数，包括焊丝的型号及直径、火焰性质及火焰能率、焊炬倾斜角、焊丝倾角、焊接方向和焊接速度等。

（1）焊丝的型号及直径

1）焊丝的型号。根据焊件材料的力学性能或化学成分，选择相应性能或成分的焊丝。

2）焊丝的直径。焊丝的直径应根据焊件厚度、坡口形式、焊缝位置、火焰能率等因素确定。在火焰能率一定时，即焊丝熔化速度确定的情况下，如果焊丝过细，则焊接时往往在焊件尚未熔化时焊丝已熔化下滴，容易造成焊缝组织熔合不良和焊波高低不平、焊缝宽窄不一等缺欠；如果焊丝过粗，则熔化焊丝所需要的加热时间会延长，同时增大对焊件的加热范围，使焊件焊接热影响区增大，容易造成组织过热，降低焊接接头的质量。

焊丝直径常根据焊件厚度初步选择，试焊后再调整确定。碳钢气焊时焊丝直径可参照表 5–2 选择。

表 5–2　焊丝直径与焊件厚度的关系　mm

焊件厚度	1 ~ 2	2 ~ 3	3 ~ 5	5 ~ 10	10 ~ 15
焊丝直径	1 ~ 2	2 ~ 3	3 ~ 4	3 ~ 5	4 ~ 6

焊接开坡口焊件的第一层、第二层焊缝时，应选用较细的焊丝，其他各层焊缝可采用较粗的焊丝。焊丝直径还与焊接方向有关，一般右向焊法所选用的焊丝要比左向焊法粗一些。

（2）火焰性质及火焰能率

1）火焰性质。通常所用的氧乙炔焰可分为碳化焰、中性焰和氧化焰三种，其特点和应用范围见表 5–3。

表 5–3　氧乙炔焰的特点和应用范围

火焰性质	氧气与乙炔混合比	图示	火焰特点	应用范围
碳化焰（见图5–23）	<1.1	1 2 3 a) b) 图 5–23　碳化焰 a）示意图　b）实物图 1—焰心　2—内焰（轻微闪动）　3—外焰	乙炔过剩，火焰中有游离状态的碳和氢，具有较强的还原作用，也有一定的渗碳作用。碳化焰整个火焰比中性焰长	轻微碳化焰适用于高碳钢、铸铁、高速钢、硬质合金、蒙乃尔合金、碳化钨和铝青铜等材料的焊接（气割）

续表

火焰性质	氧气与乙炔混合比	图示	火焰特点	应用范围
中性焰（见图5-24）	1.1 ~ 1.2	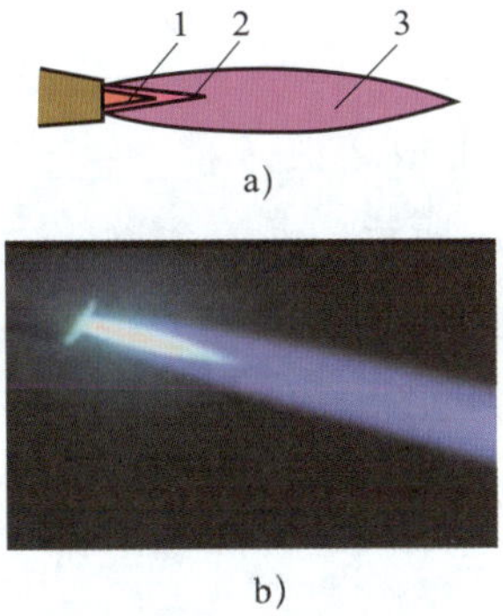 a) b) 图 5-24　中性焰 a）示意图　b）实物图 1—焰心　2—内焰　3—外焰	氧气与乙炔充分燃烧，既无过剩的氧，也无过剩的乙炔。焰心明亮，轮廓清晰，内焰具有一定的还原性	中性焰适用于低碳钢、中碳钢、低合金钢、不锈钢、纯铜、锡青铜和灰铸铁等材料的焊接（气割）
氧化焰（见图5-25）	>1.2	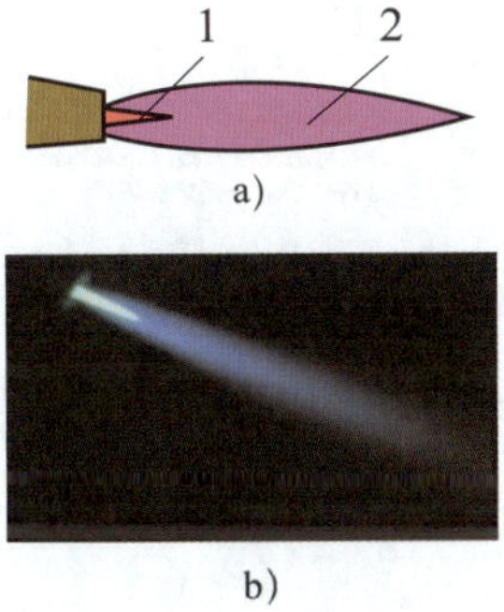 a) b) 图 5-25　氧化焰 a）示意图　b）实物图 1—焰心　2—外焰	火焰中有过量的氧，具有强烈的氧化性，整个火焰较短，内焰和外焰层次不清	氧化焰适用于黄铜、锰黄铜、镀锌钢板等材料的焊接（气割）

2）火焰能率。火焰能率是指单位时间内可燃气体（乙炔）的消耗量，单位为L/h，其物理意义是单位时间内可燃气体所提供的能量。

气体消耗量取决于焊嘴的大小，焊嘴号码越大，火焰能率也越大。在实际生产中，如果焊件较厚，金属材料熔点较高，导热性较好（如铜、铝及其合金等），焊缝又是平焊位置，则应选择较大的火焰能率；反之，如果焊接薄板或其他位置焊缝时，火焰能率要适当减小。

（3）焊炬倾斜角

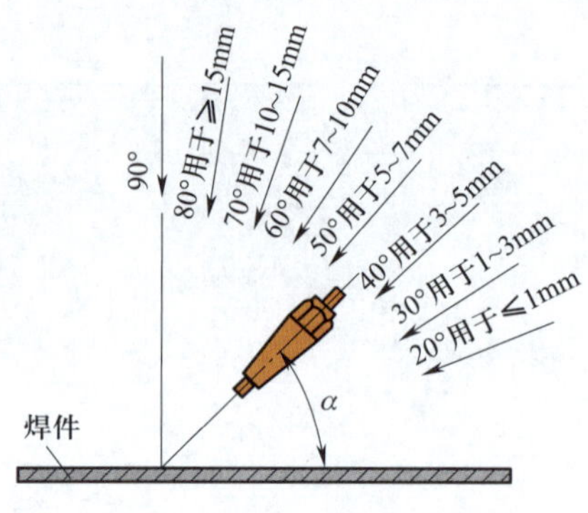

图 5–26　焊炬倾斜角与焊件厚度的关系

焊炬倾斜角的大小主要取决于焊件厚度及其熔点和导热性。焊件越厚，导热性越好，熔点越高，应采用较大的焊炬倾斜角，使火焰的热量集中；反之，则应采用较小的倾斜角。焊接碳素钢时，焊炬倾斜角与焊件厚度的关系如图 5–26 所示。

焊炬倾斜角在焊接过程中是需要不断改变的。在焊接开始时，为了较快地加热焊件，以迅速地形成熔池，采用的焊炬倾斜角应为 50° ~ 70°，如图 5–27a 所示。焊接过程中，焊炬倾斜角一般为 30° ~ 50°，如图 5–27b 所示。当焊接收尾时，可将焊炬的倾斜角减小为 20° ~ 30°（见图 5–27c），使焊炬对准焊丝加热，并使火焰上下跳动，断续地对焊丝和熔池加热，这样做可填满弧坑及避免烧穿。

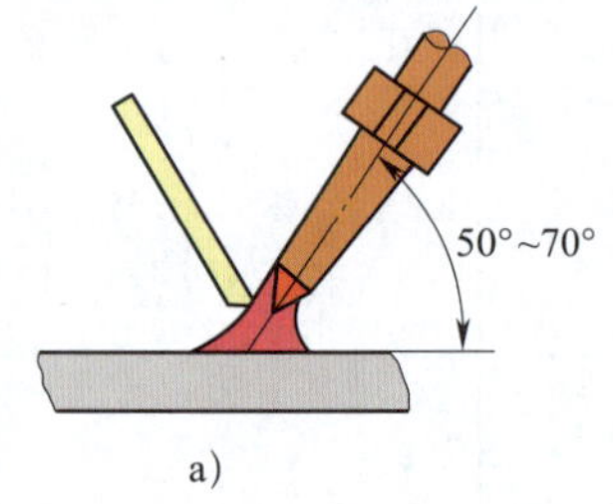

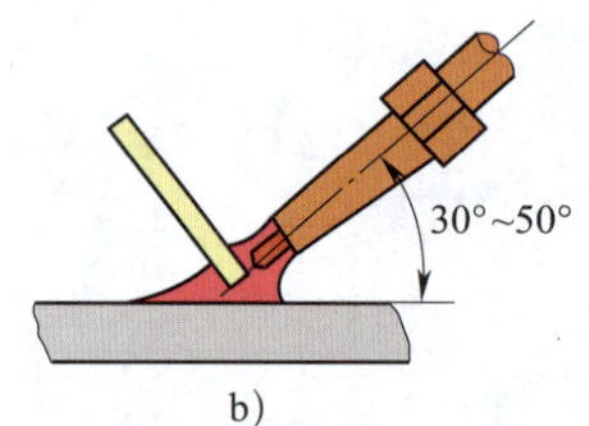

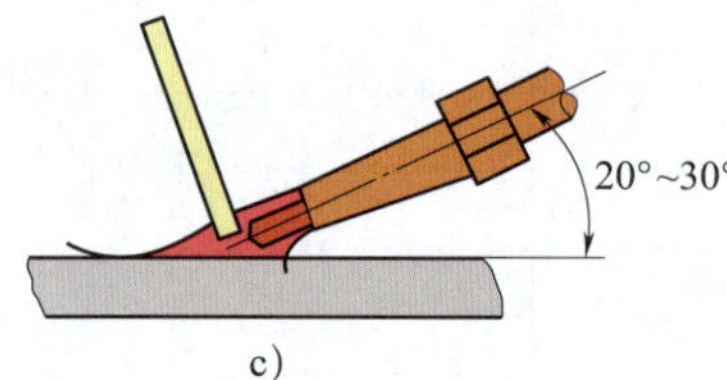

图 5–27　焊炬的倾斜角

a）焊接开始时　b）焊接过程中　c）收尾时

（4）焊丝倾角

在气焊中，焊丝与焊件表面的夹角一般为 30° ~ 40°；它与焊炬中心线的夹角为 90° ~ 100°，如图 5–28 所示。

（5）焊接方向

按照焊炬和焊丝的移动方向不同，气焊方法可分为右向焊法和左向焊法两种。

1）右向焊法。右向焊法如图 5–29a 所示，焊炬指向焊缝，焊接过程自左向右，焊炬在焊丝前面移动。焊炬火焰直接指向熔池，并遮盖整个熔池，使周围空气与熔池隔离，所以能防止焊缝金属的氧化及减小产生气孔的可能，同时能使已焊完的焊缝缓慢地冷却，改善了焊缝组织。由于焰心距熔池较近及火焰受焊缝的阻挡，火焰热量集中，热量的利用率也较高，使熔深增加及提高生产效率。因此，右向焊法适合焊接厚度较大、熔点较高及导热性较好的焊件。但右向焊法不易掌握，一般较少采用。

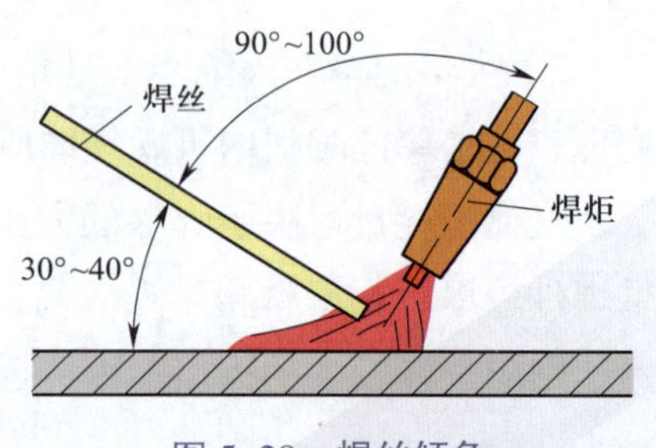

图 5–28　焊丝倾角

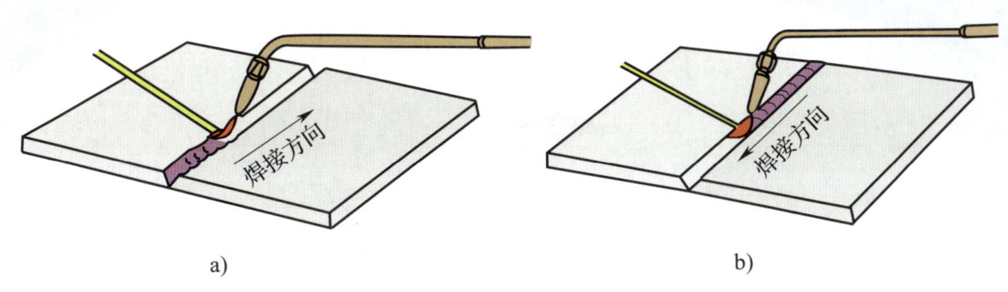

图 5-29　焊接方向

a）右向焊法　b）左向焊法

2）左向焊法。左向焊法如图 5-29b 所示。焊炬指向焊件未焊部分，焊接过程自右向左，焊炬跟着焊丝移动。采用左向焊法焊接时，由于火焰指向焊件未焊部分，对金属有预热作用，因此焊接薄板时生产效率很高。同时，这种方法操作方便，容易掌握。因此它是普遍应用的方法。左向焊法的缺点是焊缝易氧化，冷却较快，热量利用率低。

（6）焊接速度

一般情况下，厚度大、熔点高的焊件，焊接速度要慢些，以免产生未熔合的缺欠；厚度小、熔点低的焊件，焊接速度要快些，以免烧穿和使焊件过热，降低产品质量。总之，在保证焊接质量的前提下，应尽量加快焊接速度，以提高生产效率。

7. 气焊（割）火焰的点燃、调节和熄灭

（1）火焰的点燃

先逆时针方向旋转乙炔调节阀放出乙炔，再逆时针微开氧气调节阀，使焊（割）炬内存在的混合气体从焊（割）嘴喷出，然后将焊（割）嘴靠近电子点火枪点火。开始时，可能不易点燃或出现连续的“放炮”声，原因是氧气量过大或乙炔不纯，应微关氧气调节阀或放出不纯的乙炔后重新点火。点火时，拿火源的手不要正对焊（割）嘴，也不要将焊（割）嘴指向他人，以防烧伤。

（2）火焰的调节

火焰的调节方法如图 5-30 所示。开始点燃的火焰多为碳化焰，如要调成中性焰，应逐渐增加氧气的供给量，直至火焰的内焰、外焰无明显界限。如继续增加氧气或减少乙炔，可得到氧化焰；反之，减少氧气或增加乙炔，可得到碳化焰。调节氧气和乙炔流量大小，还可得到不同的火焰能率：先减少氧气，后减少乙炔，可减小火焰能率；先增加乙炔，后增加氧气，可增大火焰能率。

（3）火焰的熄灭

先顺时针方向旋转乙炔调节阀，直至关闭乙炔，再顺时针方向旋转氧气调节阀关闭氧气，这样可避免黑烟和火焰倒袭。注意旋转调节阀时以不漏气为准，不要关得太紧，以防阀门磨损太快，缩短焊（割）炬的使用寿命。

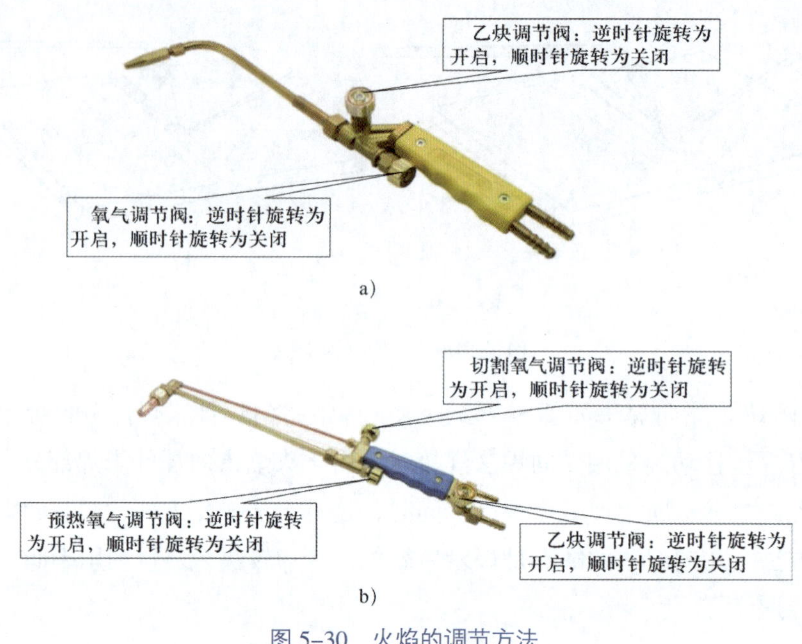

图 5-30　火焰的调节方法

a）气焊火焰的调节　b）气割火焰的调节

二、气割

1. 气割的原理、特点及应用

气割是利用气体火焰的能量将金属分离的一种加工方法，是实际生产中分离钢材的重要手段之一。气割技术的应用几乎覆盖了军工、石油化工、矿山机械及交通能源等多种工业领域。

（1）气割的原理

气割是利用气体火焰的热能，将工件切割处预热到燃烧温度后，喷出高速切割氧流，使其燃烧并放出热量，从而实现切割的方法。气割过程包括以下三个阶段：

1）气割开始时，用预热火焰将气割处的金属预热到燃烧温度（燃点）。

2）向被加热到燃点的金属喷射切割氧，使金属剧烈地燃烧。

3）金属燃烧氧化后生成熔渣和产生反应热，熔渣被切割氧吹除，所产生的热量和预热火焰热量将下层金属加热到燃点，这样持续下去就将金属逐渐地割穿，随着割炬的移动，金属材料就被切割成所需的形状和尺寸。

因此，氧气切割过程是预热—燃烧—吹渣过程，其实质是铁在纯氧中的燃烧过程，而不是熔化过程。气割原理图如图 5-1b 所示。

（2）气割的特点及应用

1）气割的优点

①切割效率高，切割钢的速度比其他机械切割方法快。

②对于用机械方法难以切割的截面形状和厚度，采用氧乙炔焰切割比较经济。

③气割设备的投资比机械切割设备的投资低，气割设备轻便，可用于野外作业。

④切割小圆弧时，能迅速改变切割方向。切割大型工件时，不用移动工件，借助于移动气体火焰，便能迅速切割。

⑤可进行手工和机械切割。

2）气割的缺点

①切割的尺寸精度低，切割后的尺寸误差比机械方法获得的尺寸误差大。

②预热火焰和排出的炽热熔渣存在发生火灾、烧坏设备、烧伤操作工人等危险。

③切割时，由于有燃气的燃烧和金属的氧化，需要采用合适的烟尘控制装置和通风装置。

④切割材料受到限制，如铜、铝、不锈钢、铸铁等不能用氧乙炔焰切割。

3）气割的应用。气割的效率高，成本低，设备简单，并能在各种位置进行切割和在钢板上切割各种外形复杂的零件，因此，广泛应用于钢板下料、开焊接坡口和铸件浇冒口的切割，切割厚度可达 300 mm 以上。

目前，气割主要用于各种碳钢和低合金钢的切割，其中，气割淬火倾向大的高碳钢和强度等级较高的低合金钢时，为避免切口淬硬或产生裂纹，应采取适当加大预热火焰能率和放慢切割速度，甚至在气割前对钢材进行预热等措施。

2. 气割设备及工具

常用的气割设备及工具主要有氧气瓶、乙炔瓶、液化石油气瓶、氧气减压器、乙炔减压器、液化石油气减压器、割炬等，其组成如图 5-31 所示。

（1）割炬的表示方法

割炬的表示方法如图 5-32 所示。

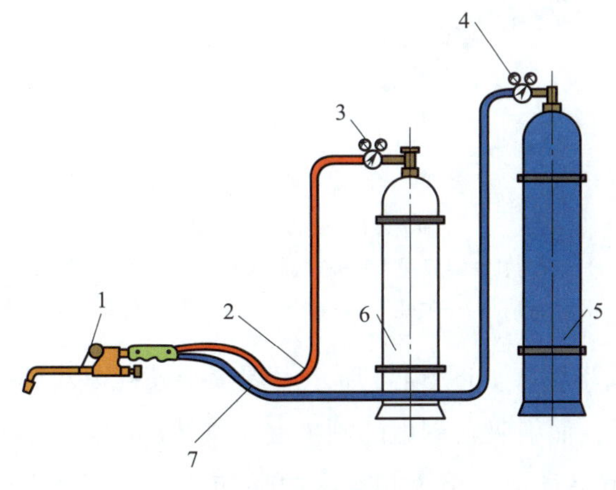

图 5-31 气割设备的组成

1—割炬 2—乙炔胶管（红色） 3—乙炔减压器

4—氧气减压器 5—氧气瓶 6—乙炔瓶 7—氧气胶管（蓝色）

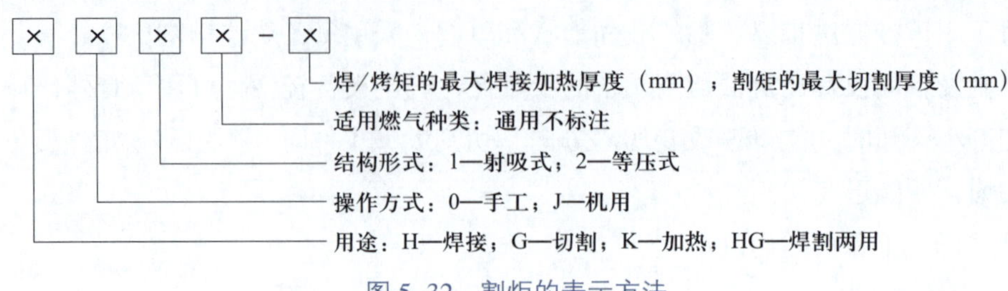

图 5–32　割炬的表示方法

如“G01–30”表示手工操作的可切割最大厚度为 30 mm 的射吸式割炬。

（2）割炬的作用及分类

割炬是手工气割的主要工具，割炬的作用是将可燃气体与氧气以一定的比例和方式混合后，形成具有一定能量和形状的预热火焰，并在预热火焰的中心喷射切割氧气进行气割。

割炬按可燃气体与氧气混合的方式不同可分为射吸式割炬和等压式割炬两种；按可燃气体种类不同可分为乙炔割炬、液化石油气割炬等。目前，射吸式割炬应用最为普遍。

（3）射吸式割炬的构造及工作原理

射吸式割炬的外形如图 5–33a 所示；它的结构可分为两部分：一部分为预热部分，其构造与射吸式焊炬相同，具有射吸作用，可以使用低压乙炔；另一部分为切割部分，它由切割氧气调节阀、切割氧气管、割嘴等组成，如图 5–33b 所示。

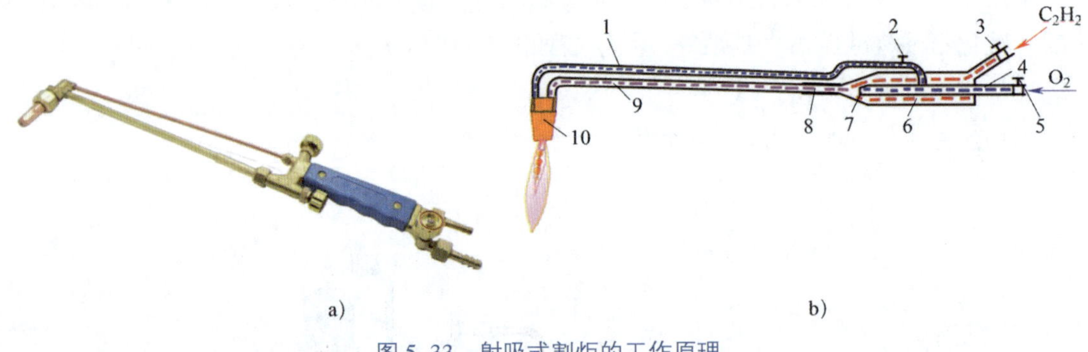

图 5–33　射吸式割炬的工作原理

a）外形图　b）原理图

1—切割氧气管　2—切割氧气调节阀　3—乙炔调节阀　4—氧气导管　5—预热氧气调节阀
6—乙炔导管　7—喷嘴　8—射吸管　9—混合气管　10—割嘴

割嘴的构造与焊嘴不同，如图 5–34 所示。焊嘴上喷孔是小圆孔，所以气焊火焰呈圆锥形，如图 5–34a 所示；而射吸式割炬的割嘴混合气体的喷射孔有环形和梅花形两种。环形割嘴的混合气体孔道呈环形，整个割嘴由内嘴和外嘴两部分组合而成，又称组合式割嘴，如图 5–34b 所示。梅花形割嘴的混合气体孔道呈小圆孔形，均匀地分布在高压氧孔道周围，整个割嘴为一体，又称整体式割嘴，如图 5–34c 所示。

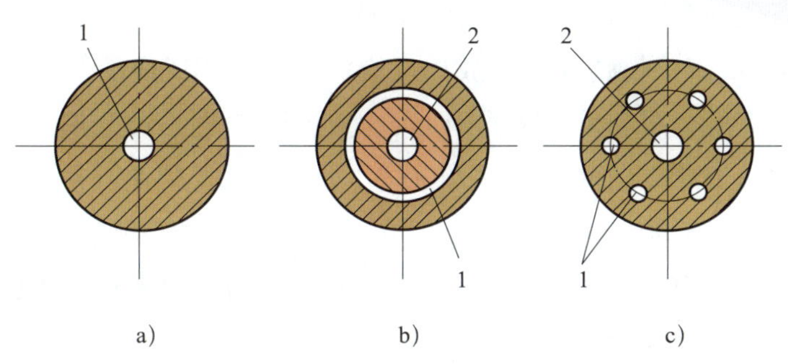

图 5–34　焊嘴与割嘴

a）焊嘴　b）环形割嘴　c）梅花形割嘴

1—混合气体喷孔　2—高压氧喷孔

气割时，先逆时针方向稍微开启预热氧气调节阀，再打开乙炔调节阀并立即点火，然后增大预热氧气流量，使氧气与乙炔在喷嘴处混合，经过混合气体通道从割嘴喷出，产生环形预热火焰，对割件进行预热。待割件预热至燃点时，逆时针方向开启切割氧气调节阀，此时高速氧气流将割缝处的金属氧化物吹除，随着割炬的不断移动，即在割件上形成割缝。

（4）割炬的握法

右手的小指、无名指、中指和掌心握着割炬手柄，拇指和食指放于预热氧气调节阀侧，以便及时调节预热氧气流量大小。左手的拇指和食指放于切割氧气调节阀侧（用于打开和关闭切割氧气），中指置于切割氧气管和混合气管之间（用于支承和稳固割炬），无名指和小指置于混合气管下方（用于支承割炬），如图 5–35 所示。调节火焰大小时，用左手拇指、食指和中指控制乙炔调节阀。

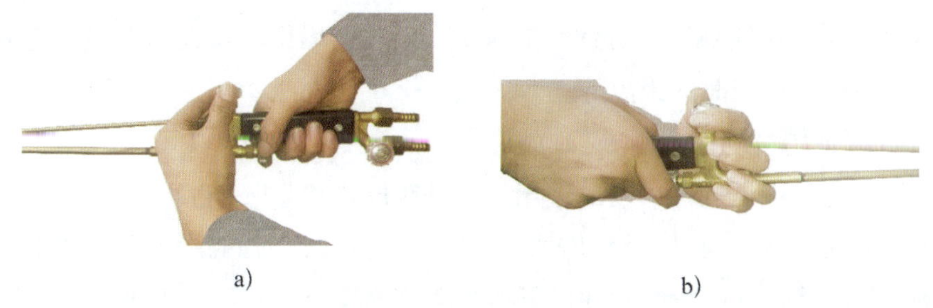

图 5–35　割炬的握法

a）正面　b）背面

3. 气割的条件及金属的气割性

（1）气割的条件

能进行氧气切割需要符合下列条件：

1）金属在氧气中的燃点应低于熔点，这是氧气切割过程能正常进行的最基本条件；否则，金属在燃烧之前已熔化就不能实现正常的切割过程。

2）氧气切割过程中产生的金属氧化物的熔点必须低于该金属本身的熔点，同时流动性要好，这样的氧化物能以液体状态从割缝处被吹除。

3）金属在切割氧流中燃烧应该是放热反应。因为放热反应的结果是上层金属燃烧产生很大的热量，对下层金属起着预热作用。如气割低碳钢时，由金属燃烧所产生的热量约占 70%，而由预热火焰所供给的热量仅为 30%。如果金属燃烧是吸热反应，则下层金属得不到预热，气割过程就不能进行。

4）金属的导热性不应太高；否则，预热火焰及气割过程中氧化所放出的热量会被传导散失，使气割不能开始或中途停止。

（2）常用金属的气割性

1）低碳钢和低合金钢能满足上述要求，所以能很顺利地进行气割。钢的气割性能与含碳量有关，钢的含碳量增加，熔点降低，燃点升高，气割性能变差。

2）铸铁不能用氧气切割，原因是它在氧气中的燃点比熔点高很多，同时会产生高熔点的二氧化硅（SiO_2），而且氧化物的黏度很高，流动性差，切割氧流不能把它吹除。此外，由于铸铁中含碳量高，碳燃烧后产生的 CO 和 CO_2 冲淡了切割氧流，降低了氧化效果，使气割发生困难。

3）高铬钢和铬镍钢会产生高熔点的氧化铬和氧化镍（约 1 990 ℃），遮盖了金属的割缝表面，阻碍下一层金属燃烧，也会使气割发生困难。

4）铜、铝及其合金燃点比熔点高，导热性好，加之铝在切割过程中产生高熔点二氧化铝（约 2 050 ℃），而铜产生的氧化物放出的热量较低，这些都使气割发生困难。

目前，铸铁、高铬钢、铬镍钢、铜及铜合金、铝及铝合金均采用等离子弧切割。

4. 气割参数

气割参数主要包括气割氧压力、切割速度、预热火焰性质及火焰能率、割嘴与割件的倾斜角度、割嘴离割件表面的距离等。

（1）气割氧压力

气割氧压力主要根据割件厚度来选用。割件越厚，要求气割氧压力越大。若气割氧压力过大，不仅造成浪费，而且使切口表面粗糙，割缝加大；若气割氧压力过小，不能将熔渣全部从割缝处吹除，使割缝的背面留下很难清除的挂渣，甚至出现割不透现象。

气割氧压力可参照表 5-4 选用。

表 5-4　　钢板厚度与切割速度、气割氧压力的关系

钢板厚度 /mm	切割速度 /（mm/min）	气割氧压力 /MPa
4	450 ~ 500	0.2
5	400 ~ 500	0.3
10	340 ~ 450	0.35
15	300 ~ 375	0.375

续表

钢板厚度 /mm	切割速度 /（mm/min）	气割氧压力 /MPa
20	260 ~ 350	0.4
25	240 ~ 270	0.425
30	210 ~ 250	0.45
40	180 ~ 230	0.45
60	160 ~ 200	0.5
80	150 ~ 180	0.6

氧气纯度对切割速度、气体消耗量及割缝质量有很大影响。氧气的纯度低，金属氧化缓慢，使气割时间增加，而且气割单位长度割件的氧气消耗量也增加。例如，在氧气纯度为 97.5% ~ 99.5% 的范围内，纯度每降低 1% 时，1 m 长的割缝气割时间增加 10% ~ 15%，而氧气消耗量增加 25% ~ 35%。

（2）切割速度

切割速度与割件厚度和使用的割嘴形状有关，割件越厚，切割速度越慢；割件越薄，则切割速度越快。切割速度太慢，会使割缝边缘熔化；切割速度过快，则会产生很大的后拖量（沟纹倾斜）或割不透现象。切割速度正确与否主要根据割缝后拖量来判断。

后拖量是指气割面上切割氧流轨迹的始点与终点在水平方向上的距离，如图 5-36 所示。

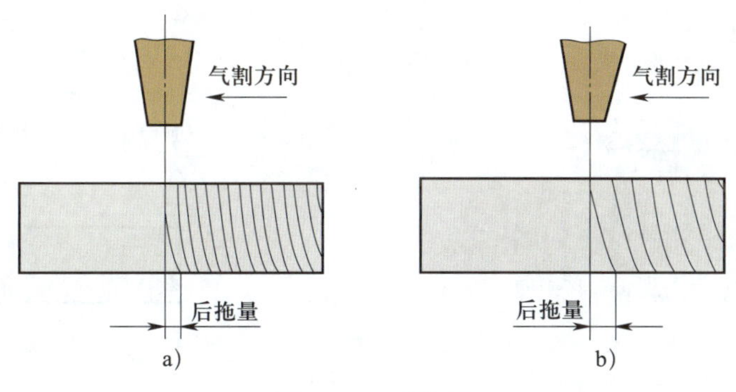

图 5-36　后拖量

a）速度正常　b）速度过快

气割的后拖量是不可避免的，尤其是在气割厚钢板时更为显著。因此，采用的切割速度应以割缝产生的后拖量较小为原则，以保证气割质量。切割速度可参照表 5-4 选用。

气割时产生后拖量的主要原因如下：气割上层金属在燃烧时所产生的气体冲淡了切割氧流，使下层金属燃烧缓慢而产生后拖量；下层金属无预热火焰的直接预热作用，火焰不能充分对下层金属加热，使割件下层不能剧烈燃烧而产生后拖量；割件金属离割嘴距离较大，切割氧流吹除氧化物的能量降低而产生后拖量；切割速度过快，来不及将下层金属氧化而产生后拖量。

（3）预热火焰性质及火焰能率

预热火焰的作用是把金属割件加热，并始终保持能在氧气流中燃烧的温度，同时使钢材表面的氧化皮剥落和熔化，便于氧气流与铁化合。预热火焰对金属割件的加热温度在加热低碳钢时为 1 100 ～ 1 150 ℃。

气割时，预热火焰应采用中性焰或轻微氧化焰，不能使用碳化焰，因为碳化焰会使切口边缘产生增碳现象。

预热火焰能率是以每小时可燃气体消耗量来表示的，应根据割件厚度来选择，一般割件越厚，预热火焰能率应越大。但预热火焰能率过大时，会使割缝上缘产生连续珠状钢粒（见图 5-37），甚至熔化成圆角，同时造成割件背面黏渣增多而影响气割质量。当预热火焰能率过小时，割件得不到足够的热量，迫使切割速度减慢，甚至造成气割困难。

（4）割嘴与割件的倾斜角度

割嘴与割件的倾斜角度直接影响切割速度和后拖量，如图 5-38 所示。当割嘴沿气割相反方向倾斜一定角度（后倾）时，能使氧化燃烧而产生的熔渣吹向切割线的前缘，这样可充分利用燃烧反应产生的热量来减少后拖量，从而促使切割速度的提高。进行直线切割时，应充分利用这一特性。割嘴与割件倾斜角度大小主要根据割件厚度而定，割嘴与割件倾斜角度的大小可按表 5-5 选择。

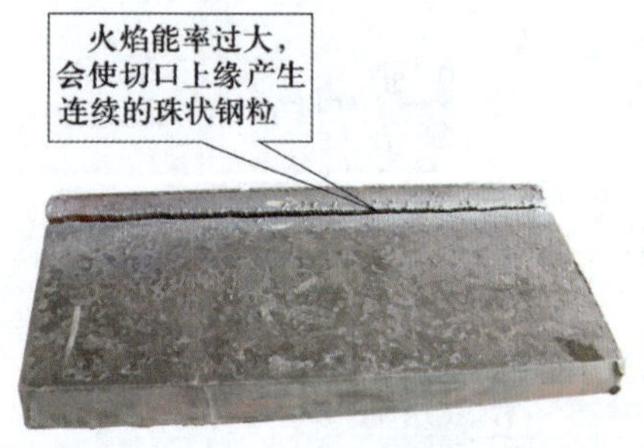

图 5-37　气割火焰能率过大

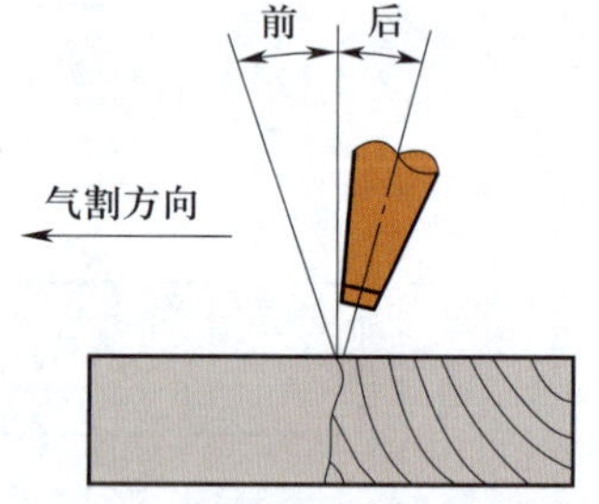

图 5-38　割嘴与割件的倾斜角度

表 5-5　割嘴与割件倾斜角度和割件厚度的关系

割件厚度 /mm	<4	4 ～ 20	20 ～ 30	>30		
				起割	割穿后	停割
倾角方向	后倾	后倾	垂直	前倾	垂直	后倾
倾角度数	25° ～ 45°	5° ～ 10°	0°	5° ～ 10°	0°	5° ～ 10°

（5）割嘴离割件表面的距离

割嘴离割件表面的距离可由割件厚度和预热火焰的长度来确定，如图 5–39 所示。一般情况下为 3 ～ 5 mm；当割件厚度在 20 mm 以下时，距离可适当加大，预热火焰可长些；当割件厚度在 20 mm 以上时，距离要适当减小，预热火焰可短些。

图 5–39　割嘴离割件表面的距离

手工气割参数见表 5–6。

表 5–6　手工气割参数

<table>
<tr><th rowspan="3">板材厚度 /mm</th><th colspan="4">割炬</th><th colspan="2">气体压力 /MPa</th><th rowspan="3">切割速度 /（mm/min）</th></tr>
<tr><th rowspan="2">型号</th><th colspan="3">割嘴</th><th rowspan="2">氧气</th><th rowspan="2">乙炔</th></tr>
<tr><th>号码</th><th>切割氧孔直径 /mm</th><th>切割氧孔形状</th></tr>
<tr><td>4.0 以下</td><td>G01–30</td><td>1</td><td>0.6</td><td>环形</td><td>0.3 ～ 0.4</td><td>0.001 ～ 0.12</td><td>450 ～ 500</td></tr>
<tr><td>4 ～ 10</td><td>G01–30</td><td>1 ～ 2</td><td>0.6</td><td>环形</td><td>0.4 ～ 0.5</td><td>0.001 ～ 0.12</td><td>400 ～ 450</td></tr>
<tr><td rowspan="2">10 ～ 25</td><td rowspan="2">G01–30</td><td>2</td><td>0.8</td><td rowspan="2">环形</td><td rowspan="2">0.5 ～ 0.7</td><td rowspan="2">0.001 ～ 0.12</td><td rowspan="2">250 ～ 350</td></tr>
<tr><td>3</td><td>1.0</td></tr>
<tr><td rowspan="2">25 ～ 50</td><td rowspan="2">G01–100</td><td rowspan="2">3 ～ 5</td><td>1.0</td><td rowspan="2">环形
梅花形</td><td rowspan="2">0.5 ～ 0.7</td><td rowspan="2">0.001 ～ 0.12</td><td rowspan="2">180 ～ 250</td></tr>
<tr><td>1.3</td></tr>
<tr><td rowspan="2">50 ～ 100</td><td rowspan="2">G01–100</td><td>3 ～ 5</td><td>1.3</td><td rowspan="2">梅花形</td><td rowspan="2">0.5 ～ 0.7</td><td rowspan="2">0.001 ～ 0.12</td><td rowspan="2">130 ～ 180</td></tr>
<tr><td>5 ～ 6</td><td>1.6</td></tr>
</table>

三、气焊、气割过程中回火现象的处理

在气焊或气割过程中，有时会出现气体火焰倒入喷嘴内逆向燃烧的现象，这种现象称

为回火。产生回火的原因如下：

1. 焊（割）嘴离熔融金属太近，使焊（割）嘴喷孔附近阻力增大，焊（割）炬内混合气体难以流出，压力升高，将部分混合气体压进乙炔系统。

2. 焊（割）嘴过热，使混合气体膨胀，增大了混合气体的流动阻力。如焊（割）嘴温度超过 400 ℃时，一部分混合气体来不及流出焊（割）嘴，就在喷嘴内部燃烧而发出“啪啪”的爆炸声。

3. 焊（割）嘴被熔化金属或飞溅的火星填塞，混合气体难以喷出而倒流入乙炔系统。

4. 乙炔压力过小，氧气容易进入乙炔系统，在熄火的瞬间，往往因氧气或空气进入焊（割）炬的乙炔管而引起爆炸。

5. 焊（割）炬年久失修，阀门渗漏，造成氧气倒流入乙炔系统内，点火时即发生回火爆炸，这种情况危险性最大。

回火有逆火和回烧两种情况，逆火是火焰向喷嘴孔逆行，并瞬时自行熄灭，同时伴有爆鸣声的现象，又称爆鸣回火；回烧是火焰向喷嘴孔逆行，并继续向气体管路燃烧的现象，这种回火可能烧毁焊（割）炬、管路及引起可燃气体储罐的爆炸，又称倒袭回火。因此，若发生回火现象，操作者要迅速做现场处理，否则会造成严重的损失。

当发生回火现象，听到“嗞嗞”的响声时，不要慌张，应立即按顺时针方向关闭氧气调节阀和乙炔调节阀（若是气割，还要关闭切割氧气调节阀），切断气源。当回火火焰熄灭后，再打开氧气调节阀，将残留在焊（割）炬内的余焰和烟灰彻底吹除，再重新点燃火焰即可，如图 5–40 所示。

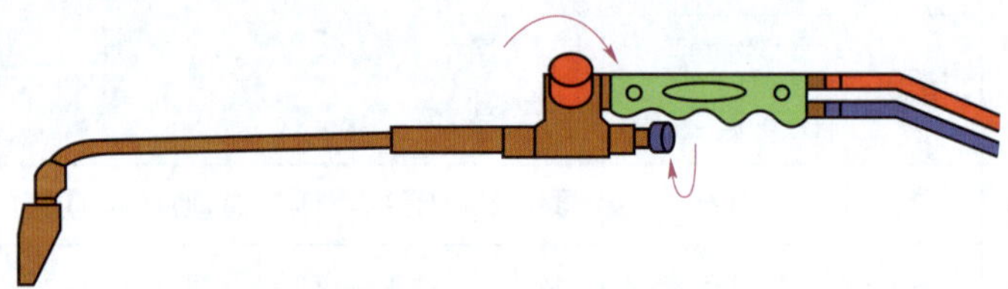

图 5–40　回火现象的处理

四、钎焊

1. 钎焊的原理、特点及分类

（1）钎焊的原理

钎焊就是在低于母材熔点、高于钎料熔点的某一温度下加热母材，通过液态钎料在母材表面或间隙中润湿、铺展、毛细流动填缝，最终凝固结晶，从而实现结合的一种材料连接方法，其过程如图 5–41 所示。

从钎焊过程可知，要获得牢固的钎焊接头，必须使熔化的钎料能很好地流入接头间隙中去，并与焊件金属相互作用，这样冷却结晶后才能得到理想的接头。

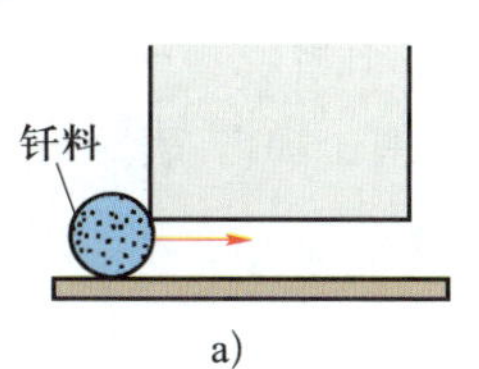

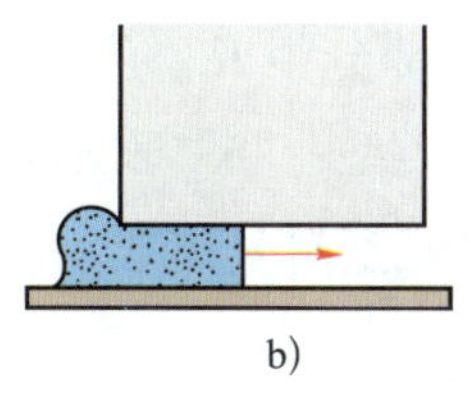

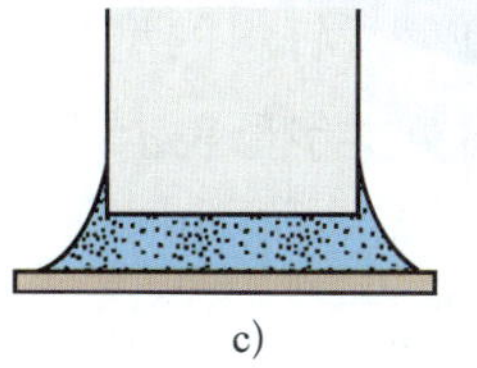

图 5-41　钎焊过程

a）在接头处安置钎料，并对焊件和钎料进行加热　b）钎料熔化并开始流入钎缝间隙

c）钎料填满整个钎缝间隙，凝固后形成钎焊接头

（2）钎焊的特点

与熔焊方法相比，钎焊具有以下特点：

1）优点

①钎焊时加热温度低于母材熔点，对母材的组织性能影响小。

②应力与变形小，适用于高精度、复杂零部件或结构的连接。

③生产效率高，诸多连接缝可一次完成。

④适用范围广泛，可焊金属、非金属及异种金属。

⑤接头表面质量好。

2）缺点

①接头强度较低，耐热性差。

②钎料的强度一般远小于母材，要达到等强度要求必须增大接头面积；多用搭接接头，浪费金属，增大结构质量，易产生应力集中。

③焊前准备要求高，特别是表面质量及装配接头间隙要求较高。

④炉中钎焊等钎焊工艺方法设备投资大，费用高。

（3）钎焊的分类

根据使用钎料的不同，钎焊一般分为软钎焊和硬钎焊。钎料液相线的温度低于 450 ℃时，称为软钎焊；钎料液相线的温度高于 450 ℃时，称为硬钎焊。

按照热源种类和加热方式不同，可分为火焰钎焊、炉中钎焊、感应钎焊、电阻钎焊、浸渍钎焊、激光钎焊、气相钎焊、烙铁钎焊等。最简单、最常用的是火焰钎焊和烙铁钎焊。

2. 钎焊焊接材料及焊接参数

（1）钎焊焊接材料

钎焊焊接材料包括钎料和钎剂。钎料和钎剂的合理选择对钎焊接头的质量有着重要的作用。

1）钎料

①钎料的分类。钎料根据熔点不同可以分为两大类：熔点低于 450 ℃的称为软钎料，这类钎料熔点低，强度也低；熔点高于 450 ℃的称为硬钎料，具有较高的强度，可以连接承受重载荷的零件，应用较广泛。

②钎料的型号。钎料的型号由两部分组成，两部分间用短线“-”分开。型号中第一部分用一个大写英文字母表示钎料的类型：“S”表示软钎料，“B”表示硬钎料。钎料型号中的第二部分由主要合金组分的化学元素符号组成。

在这部分中第一个化学元素符号表示钎料的基本组成，其他化学元素符号按其质量分数顺序排列，当几种元素具有相同质量分数时，按其原子序数顺序排列。

软钎料每个化学元素符号后都要标出其公称质量分数。硬钎料仅第一个化学元素符号后标出。

例如，一种含锡量为60%、含铅量为39%、含锑量为0.4%的软钎料，型号表示为SSn60Pb40Sb。

二元共晶钎料含银量为72%，含铜量为28%，型号表示为BAg72Cu。

2）钎剂。钎剂是钎焊时使用的熔剂。它的作用是清除钎料和焊件表面的氧化物，并保护焊件和液态钎料在钎焊过程中不被氧化，以改善液态钎料对焊件的润湿性。

钎剂与钎料类似，也可分为软钎剂和硬钎剂。常用的硬钎剂主要是硼砂、硼酸及其混合物，还常加入某些碱金属或碱土金属的氟化物、氯化物，如QJ102、QJ103等。

①硬钎剂型号及分类。机械行业标准《硬钎焊用钎剂》（JB/T 6045—2017）规定，钎剂型号由五部分组成，第一部分用字母“FB”表示硬钎焊用钎剂；第二部分用数字1～5表示钎剂主要组分分类代号；第三部分用01、02等表示辅助分类代号；第四部分用大写字母S（粉状）、P（膏状）、L（液态）表示钎剂形态；第五部分用数字或者字母表示厂家代号。型号表示方法如图5-42所示。

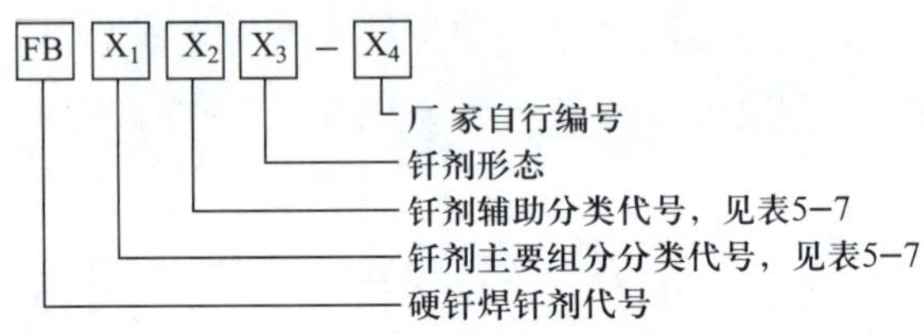

图5-42 钎剂型号的表示方法

表5-7 钎剂分类代号

主要组分分类代号（X_1）	辅助分类代号（X_2）	主要组分（质量分数）和特性（不包括膏剂）	钎焊温度范围（参考）/℃
1		硼酸＋硼酸盐＋卤化物≥90%	
1	01	主要组分不含卤化物	565～850
	02	卤化物≤45%	565～850
	03	卤化物≤45%	550～850
	04	显碱性	565～850
	05	钎焊温度高	760～1 200

续表

主要组分分类代号（X_1）	辅助分类代号（X_2）	主要组分（质量分数）和特性（不包括膏剂）	钎焊温度范围（参考）/℃
2		卤化物≥ 80%，含有氯化物	
2	01	含有重金属卤化物	450 ～ 620
	02	不含有重金属卤化物	500 ～ 650
3		硼酸 + 硼酸盐 + 氟硼酸盐≥ 80%	
3	01	硼酸 + 硼酸盐≥ 60%	750 ～ 1 100
	02	氟硼酸盐≥ 40%	565 ～ 925
4		硼酸三甲酯≥ 30%	
4	01	硼酸三甲酯≥ 30% ～ 45%	750 ～ 950
	02	硼酸三甲酯≥ 45% ～ 60%	750 ～ 950
	03	硼酸三甲酯≥ 60% ～ 65%	750 ～ 950
	04	硼酸三甲酯≥ 65%	750 ～ 950
5		氟铝酸盐≥ 80%	
5	01	氟铝酸钾≥ 80%	500 ～ 620
	02	氟铝酸铯或氟铝酸铷≥ 10%	450 ～ 620

②软钎剂分类。国家标准《软钎剂　分类与性能要求》（GB/T 15829—2008）规定，软钎剂根据钎剂的主要组分进行分类，具体分类见表 5–8。

表 5–8　　软钎剂的分类

钎剂类型	钎剂基体	钎剂活性剂	钎剂形态
1 树脂类	1 松香	1 未添加活性剂 2 加入卤化物活性剂[a] 3 加入非卤化物活性剂	A 液体 B 固体 C 膏状
	2 非松香（树脂）		
2 有机物类	1 水溶性		
	2 非水溶性		
3 无机物类	1 盐类	1 含有氯化铵 2 不含有氯化铵	
	2 酸类	1 磷酸 2 其他酸	
	3 碱类	1 氨和（或）铵	

a 也可能存在其他活性剂。

常用金属材料火焰钎焊钎料和钎剂的选用见表 5–9。

表 5–9　　常用金属材料火焰钎焊钎料和钎剂的选用

钎剂型号	钎料型号	母材型号	温度 /℃
FB101	BAg56CuZnSn	08（碳素钢）、06Cr18Ni11Ti（不锈钢）	700 ~ 750
FB102	BAg56CuZnSn	08（碳素钢）、06Cr18Ni11Ti（不锈钢）	700 ~ 750
FB103	BAg50CuZn	QAl7（铝青铜）	700 ~ 750
FB104	BAg50CuZnNi	06Cr19Ni10（不锈钢）、06Cr18Ni11Ti（不锈钢）、08（碳素钢）	750 ~ 800
FB105	BCu48ZnNi（Si）	06Cr19Ni10（不锈钢）、08（碳素钢）	950 ~ 1 000
	BNi82CrSiBFe	06Cr19Ni10（不锈钢）、06Cr18Ni11Ti（不锈钢）	1 000 ~ 1 050
FB201	BAl88Si	3003（铝合金）	550 ~ 600
FB202	BAl89SiMg	AZ31B（镁合金）、3003（铝合金）	550 ~ 600
FB301	BCu48ZnNi（Si）	08（碳素钢）、T3（纯铜）	850 ~ 950
FB302	BAg50CuZnNi	06Cr19Ni10（不锈钢）、06Cr18Ni11Ti（不锈钢）、1008（碳素钢）	700 ~ 800
FB401	BCu48ZnNi（Si）	08（碳素钢）、06Cr18Ni11Ti（不锈钢）	800 ~ 950
FB402	BCu48ZnNi（Si）	08（碳素钢）、06Cr18Ni11Ti（不锈钢）	800 ~ 950
FB403	BCu48ZnNi（Si）	08（碳素钢）、06Cr18Ni11Ti（不锈钢）	800 ~ 950
FB501	BAl88Si	3003（铝合金）	550 ~ 600
FB502	BAl88Si	3003（铝合金）	500 ~ 550

（2）钎焊焊接参数

钎焊焊接参数主要包括钎焊温度、钎焊保温时间和钎焊间隙等。

1）钎焊温度。通常选择高于钎料液相线温度 25 ~ 60 ℃，以保证钎料能填满间隙，温度过高或过低都不利于保证钎缝质量。

2）钎焊保温时间。钎焊保温时间可根据焊件大小及钎料与母材相互作用的剧烈程度而定。较大的焊件保温时间应长些，以保证熔合均匀。钎料与母材相互作用剧烈的，保温时间要短。

3）钎焊间隙。钎焊间隙是指在钎焊温度下待钎焊焊件之间狭窄的间隙。间隙太小，妨碍钎料流入；间隙太大，会破坏毛细管作用，两者都将使钎料不能填满间隙。因此，钎焊接头预留间隙的大小和均匀程度直接决定接头的致密性和强度。适用于不同材料的钎焊间隙见表 5-10。

表 5-10　钎焊间隙　mm

母材	钎料	间隙
碳钢	铜基钎料	0.01 ～ 0.15
	银钎料	0.02 ～ 0.15
	锰基钎料	0.05 ～ 0.20
	镍基钎料	0.01 ～ 0.04
不锈钢	铜基钎料	0.02 ～ 0.08
	锰基钎料	0.05 ～ 0.20
	镍基钎料	0.01 ～ 0.08

教师指导

【问题 1】乙炔燃烧时，为什么绝对禁止用四氯化碳灭火？

回答：乙炔与氯、次氯酸盐等反应会发生燃烧和爆炸，因此，乙炔燃烧时绝对禁止用四氯化碳灭火。

【问题 2】可燃气体除乙炔、液化石油气外，还有哪些？

回答：可燃气体除乙炔、液化石油气外，还有丙烯、天然气、焦炉煤气、氢气，以及丙炔、丙烷与丙烯的混合气体，乙炔与丙烯的混合气体，乙炔与丙烷的混合气体，乙炔与乙烯的混合气体，同时还包括以丙烷、丙烯、液化石油气为原料，再辅以一定比例的添加剂的气体和经雾化后的汽油。这些气体主要用于气割，但综合效果均不及液化石油气。

课题一　板 T 形接头平角焊气焊

学习目标

1. 能够正确使用气焊设备，合理选择气焊参数。
2. 掌握低碳钢薄板 T 形接头平角焊气焊的操作方法。

工艺分析

T 形接头平角焊气焊具有平焊和立焊的特点，平板焊缝成形较好，而立板熔敷金属则容易下坠，焊缝表面不易形成均匀的焊缝波纹。焊接时的火焰能率应比平焊时小，并应严格控制熔池温度，熔池面积和深度应小一些。

焊炬与焊件的角度根据焊件厚度来决定。但各种厚度的焊件在刚开始焊接时，焊炬与焊件的角度可以大些，随着焊接过程的进行，由于焊件的温度升高，则焊炬与焊件的角度可以减小些。焊丝始终沉浸在熔池内，并不断地搅拌熔池，在整个施焊过程中，火焰必须始终笼罩着熔池和焊丝端部，以免熔化金属与空气接触而氧化。

1. 焊前准备

（1）焊件材料：Q235 钢。

（2）焊件尺寸：200 mm × 50 mm × 5 mm 一块，200 mm × 100 mm × 5 mm 一块，如图 5-43 所示。

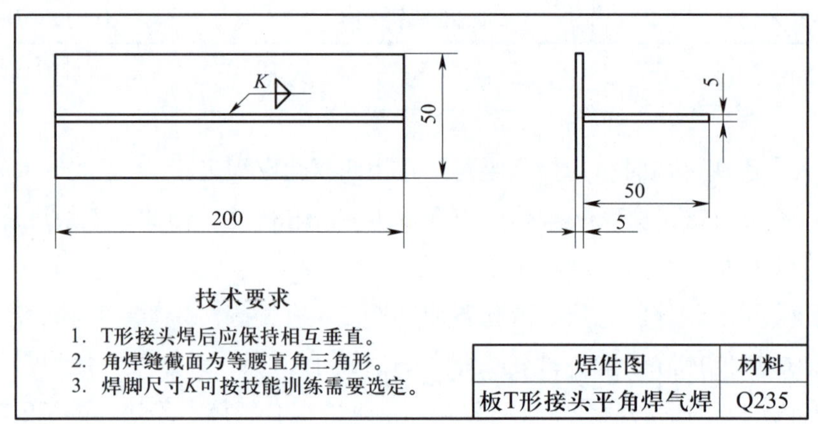

图 5-43 板 T 形接头平角焊气焊焊件图

（3）焊接材料：焊丝牌号为 H08A，直径为 2 mm。

（4）焊接要求：平位单面气焊。

（5）焊接设备：氧气瓶、氧气减压器、乙炔瓶、乙炔减压器、焊炬（H01-12 型）、橡胶软管。

（6）辅助器具：护目镜、点火枪、通针、钢丝刷等。

2. 焊前清理

焊前应将焊件表面的氧化皮、铁锈、油污、污物等用钢丝刷、砂布或抛光的方法进行清理，直至露出金属光泽。

3. 确定气焊参数

（1）选择左向焊法

焊丝在焊炬前面，火焰指向焊件待焊部分，两者同时从焊缝右端向左端移动。

（2）调节火焰能率

用与焊件同样材质、厚度的钢板作试验板，根据经验调节适于平角焊位置的火焰能率。

（3）选择火焰性质

应选择中性焰进行焊接。

4. 装配与定位焊

（1）装配

将准备好的两个焊件按图 5–43 所示的位置整齐地放置在工作台上，预留根部间隙约 0.5 mm。

（2）定位焊

定位焊采用与正式焊接相同牌号的焊丝，定位焊的位置应在焊件两端的对称处，将焊件组焊成 T 形接头，四条定位焊缝长度均为 10 ~ 15 mm，定位焊缝不宜过长、过高或过宽，但要保证熔合良好。定位焊完毕矫正焊件，保证立板与平板的垂直度，如图 5–44 所示。

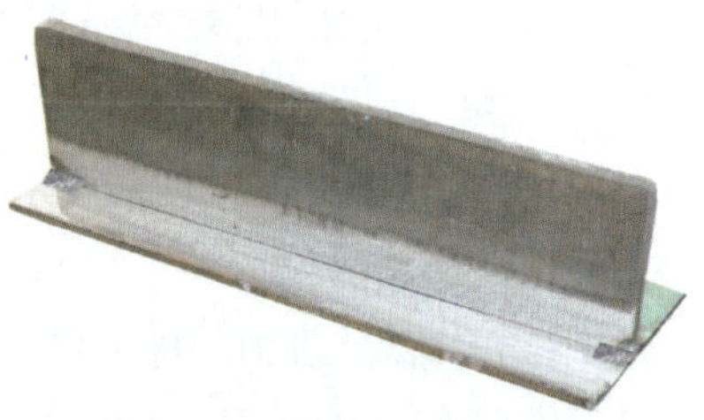

图 5–44　定位与矫正后焊件

5. 操作步骤及要领

板 T 形接头平角焊气焊操作步骤及要领见表 5–11。

表 5–11　板 T 形接头平角焊气焊操作步骤及要领

操作步骤及要领	图示
（1）起头 首先使焊炬与焊接方向的反方向成 80° ~ 90°夹角，然后对准焊件始焊端定位焊缝处做往复运动，进行预热，如图 5–45 所示。在第一个熔池形成前，仔细观察熔池的形成情况，并将焊丝端部置于火焰中进行预热。当焊件及定位焊缝处由红色熔化成白亮而清晰的熔池时，便可熔化焊丝，将焊丝熔滴滴入熔池。焊接开始时要少量填加，焊炬进行小圆圈形摆动，注意摆到两边时稍作停留。焊过定位焊缝后可以多加焊丝，焊丝要始终浸在熔池中，并不断地把熔化金属向熔池斜右上方推去，焊丝做斜圆圈形运动，使熔池略倾斜，以便焊缝容易成形，并防止熔化金属形成咬边和焊瘤等缺欠。	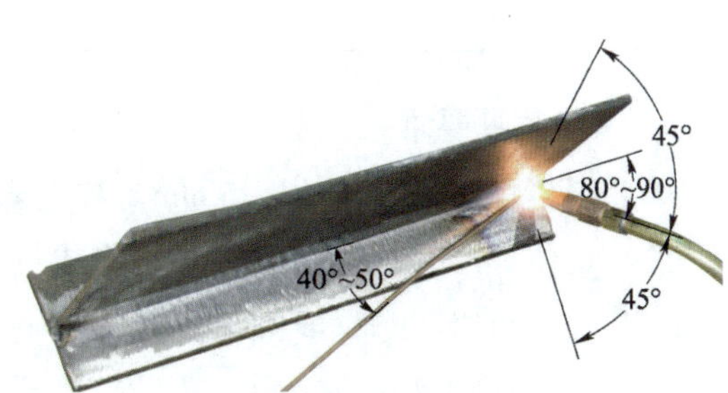 图 5–45　焊前预热焊炬的倾斜角

续表

操作步骤及要领	图示
（2）焊接 在焊接过程中，应严格控制熔池温度，随时掌握熔池温度的变化，控制熔池形状，当发现熔池温度过高，熔化金属即将下淌时，应立即将火焰移开，使熔池温度降低后再继续进行焊接。一般为了避免熔池温度过高，可以把火焰较多地集中在焊丝上，同时加快焊接速度，以保证焊接过程正常进行。为了保证焊接质量和获得优质而美观的焊缝，焊炬与焊丝应保持合适的角度（见图 5-46）并做均匀、协调的摆动，当焊炬摆动到焊缝的两侧时要稍作停留，待焊丝熔滴与平板和立板熔合良好后再摆动，并保持均匀的送丝速度、焊接速度和摆动幅度。	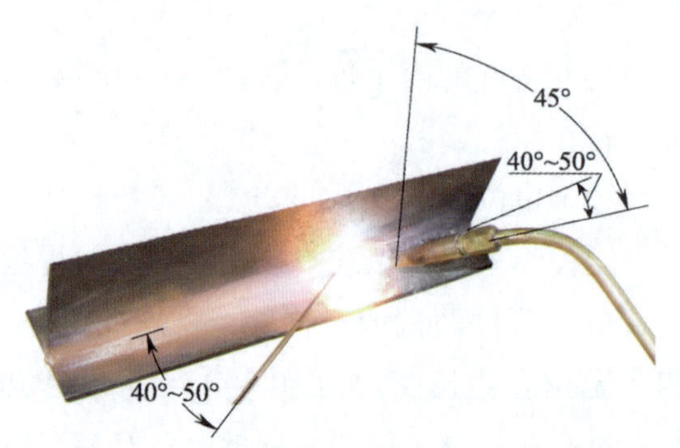 图 5-46　焊接过程中焊炬与焊丝的角度
（3）收尾 当焊到焊件的左侧终点时，要适当减小焊炬的倾斜角（见图 5-47），将气体火焰的热量较多地集中在焊丝上，多填加焊丝，从而加快焊接速度，以使焊缝收尾处成形饱满，防止烧穿。	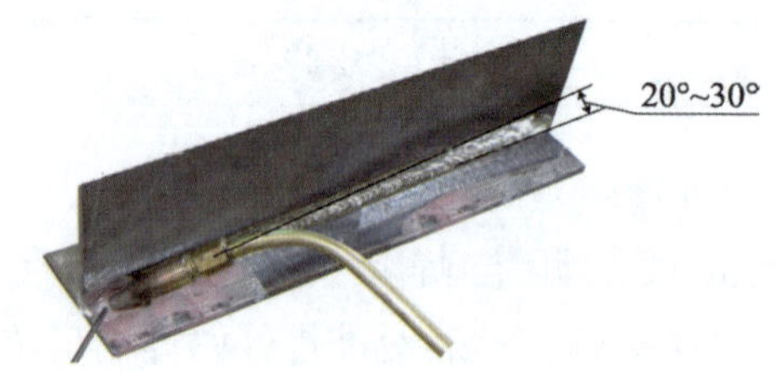 图 5-47　收尾时焊炬的倾斜角

6. 焊接质量要求

（1）焊缝焊脚尺寸为 4 ~ 5 mm，焊缝表面略呈内凹状，焊道成形应整齐、美观。

（2）定位焊产生缺欠时，必须清除或打磨后修补，以保证质量。

（3）焊缝边缘和母材要圆滑过渡，无咬边。

（4）焊缝焊脚尺寸要均匀一致，不能过大或过小，焊缝两侧要界线清晰。

经验点滴

（1）在焊接过程中，要随时保持熔池向右倾斜的形状，以对熔化金属起到支承的作用，使其不易下坠，避免产生未熔合或焊瘤等缺欠。

（2）焊接过程中焊炬倾角是不断变化的，可以根据需要灵活调整。

课题二　板对接平位气焊

学习目标

1. 能够正确使用气焊设备，合理选择气焊参数。
2. 掌握低碳钢薄板对接平位气焊的操作方法。

工艺分析

薄板气焊时，如果焊件较薄，焊缝数量较多，很容易产生焊接变形，应采取合理的焊接顺序，使焊件的热量得到均匀分布，避免焊件热量过于集中；当焊件较复杂时，应先焊接平板并进行矫平后，再装配、焊接其他部件。

操作时要控制焊缝成形；焊缝余高和焊缝宽度要适宜；焊缝边缘与基体金属要圆滑过渡，无过深、过长的咬边；焊缝背面必须均匀焊透；焊缝不允许有粗大的焊瘤和凹坑等。

1. 焊前准备

（1）焊件材料：Q235 钢。

（2）焊件尺寸：200 mm × 50 mm × 1.5 mm，每组两块，如图 5–48 所示。

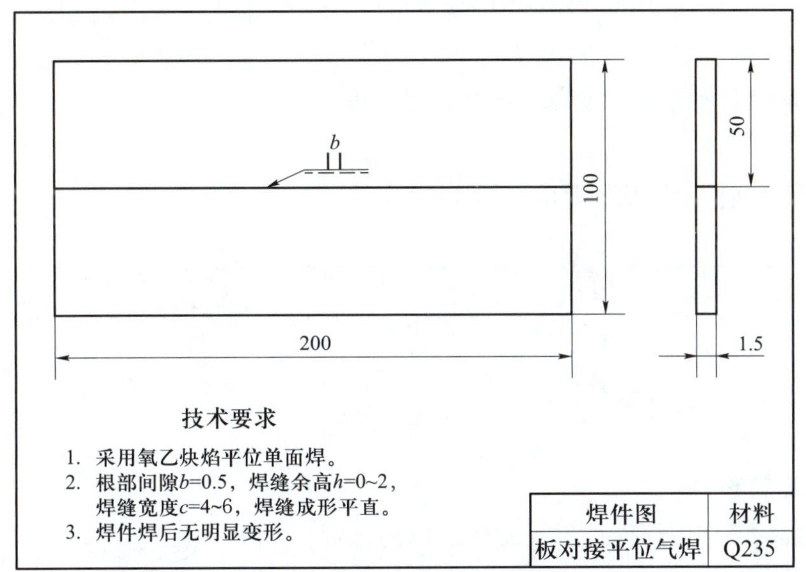

图 5–48　板对接平位气焊焊件图

（3）焊接材料：焊丝牌号为 H08A，直径为 2 mm。

（4）焊接要求：平位单面气焊。

（5）焊接设备：氧气瓶、氧气减压器、乙炔瓶、乙炔减压器、焊炬（H01-6 型）、橡胶软管。

（6）辅助器具：护目镜、点火枪、通针、钢丝刷等。

2. 焊前清理

焊前应将焊件表面的氧化皮、铁锈、油污、污物等用钢丝刷、砂布或抛光的方法进行清理，直至露出金属光泽。

3. 确定气焊参数

（1）选择左向焊法

焊丝在焊炬前面，火焰指向焊件待焊部分，两者同时从焊缝右端向左端移动。

（2）调节火焰能率

用与焊件同样材质、厚度的钢板作试验板，根据经验调节适于平焊位置的火焰能率。

（3）选择火焰性质

应选择中性焰进行焊接。

4. 定位焊

将准备好的两个焊件水平整齐地放置在工作台上，预留根部间隙约 0.5 mm。定位焊缝的长度和间距视焊件的厚度和焊缝长度而定。焊件越薄，定位焊缝的长度和间距越小；反之则应加大。本课题焊件厚度为 1.5 mm，定位焊由焊件中间开始向两头进行，定位焊缝长度为 5 ~ 7 mm，间隔为 50 ~ 100 mm，如图 5-49 所示。定位焊缝不宜过长、过高或过宽，但要保证焊透。

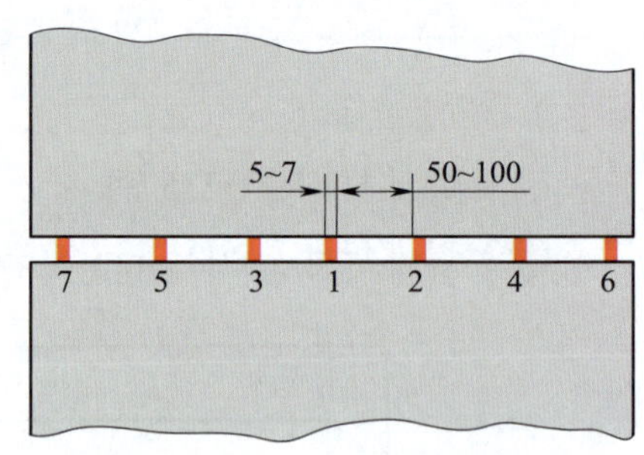

图 5-49　定位焊的顺序

对定位焊缝横截面形状的要求如图 5-50 所示。

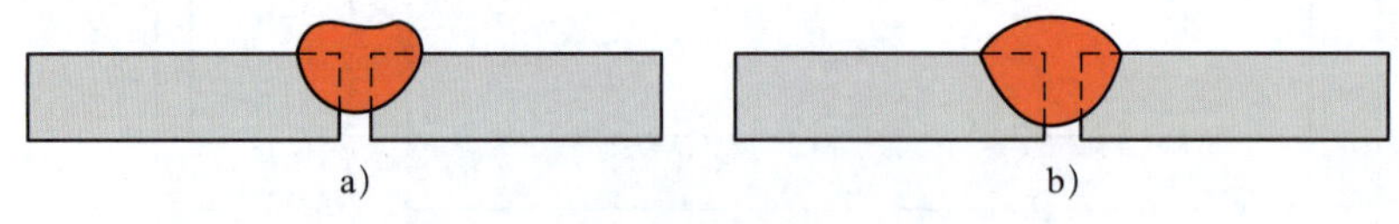

图 5-50　对定位焊缝横截面形状的要求

a）不好　b）好

5. 预置反变形

定位焊后，可采用焊件预置反变形法以防止焊件产生角变形。即将焊件沿接缝处向下折成 160°左右，如图 5-51 所示，然后用胶木锤将接缝处矫正齐平。

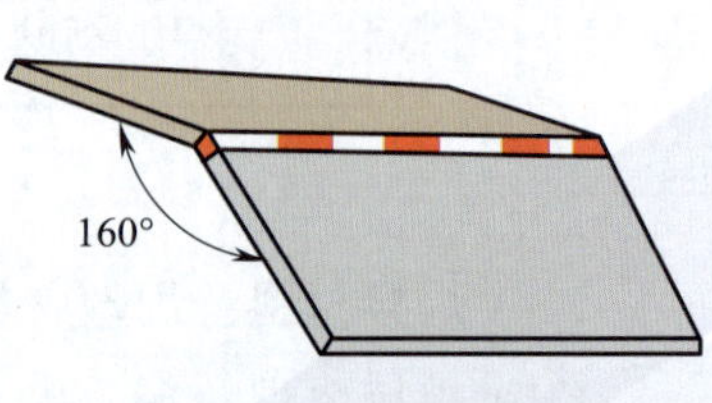

图 5-51　预置反变形

6. 操作步骤及要领

板对接平位气焊操作步骤及要领见表 5-12。

表 5-12　　板对接平位气焊操作步骤及要领

操作步骤及要领	图示
（1）起焊 首先将焊炬的倾斜角放大些，然后对准焊件始焊端做往复运动，进行预热，如图 5-52 所示。在第一个熔池形成前，仔细观察熔池的形成情况，并将焊丝端部置于火焰中进行预热。当焊件由红色熔化成白亮而清晰的熔池时，便可熔化焊丝，将焊丝熔滴滴入熔池，随后立即将焊丝抬起，焊炬向前移动，形成新的熔池，如图 5-53 所示。	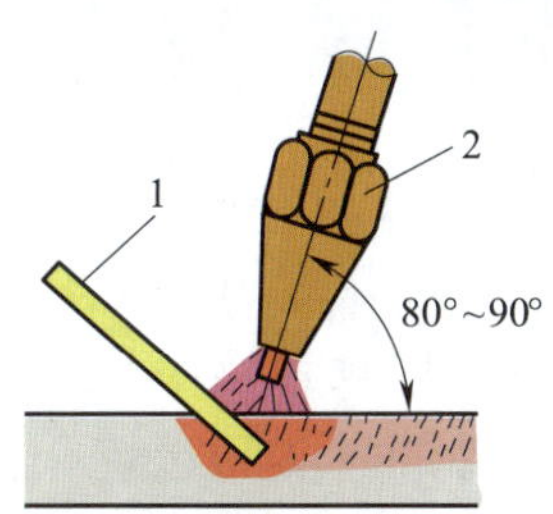 a） 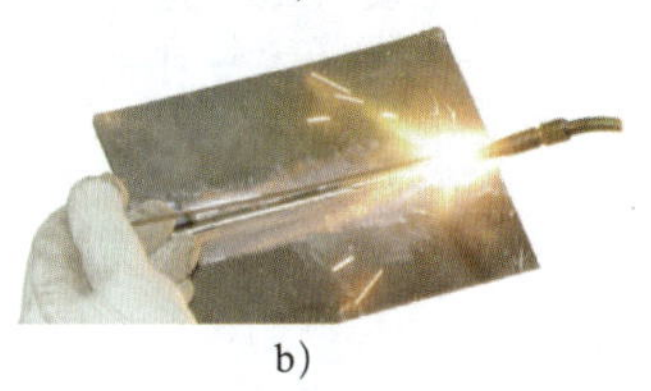 b） 图 5-52　焊前预热焊炬的倾斜角 a）示意图　b）实物图 1—焊丝　2—焊炬 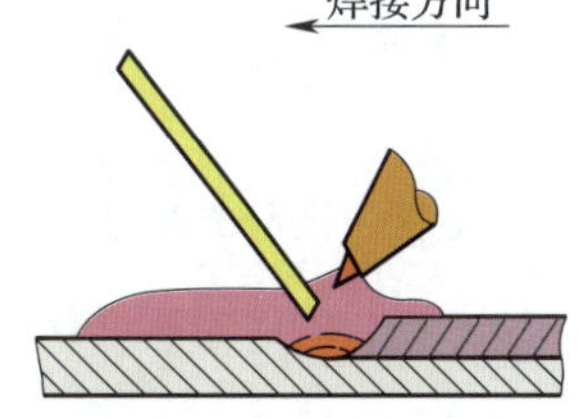 图 5-53　采用左向焊法时焊炬与焊丝端部的位置
（2）焊接 在焊接过程中，必须保证火焰为中性焰；否则，易出现熔池不清晰、有气泡、火花飞溅或熔池沸腾等现象，如图 5-54 所示。同时，可通过改变焊炬的倾斜角、高度和焊接速度来控制熔池的大小。若发现熔池过小，焊丝与焊件材料不能充分熔合，应增大焊炬倾斜角，减慢焊接速度，以增加热量。若发现熔池过大，且没有流动金属时，表明焊件被烧穿。此时应迅速提起焊炬或加快焊接速度，减小焊炬倾斜角，并多加焊丝，再继续施焊。	 图 5-54　火花飞溅

续表

操作步骤及要领	图示
在焊接过程中，为了获得优质而美观的焊缝，焊炬与焊丝应保持合适的角度（见图 5–55）并做均匀、协调的摆动。通过摆动，既能使焊缝金属熔透、熔匀，又避免了焊缝金属的过热和过烧。在焊接某些有色金属时，还要不断地用焊丝搅动熔池，以促使熔池中各种氧化物及有害气体排出。 焊炬和焊丝均匀、协调摆动包括以下三个动作： 1）沿焊件接缝的纵向移动，以便不间断地熔化焊件和焊丝，形成焊缝。 2）焊炬沿焊缝做横向摆动，充分地加热焊件，并借混合气体的冲击力把液态金属搅拌均匀，使熔渣浮起，得到致密性好的焊缝。 3）焊丝在垂直于焊缝的方向送进并做上下移动，以调节熔池热量和焊丝的填充量。 焊炬和焊丝在操作时的摆动方法与幅度要根据焊件材料的性质、焊缝位置、接头形式及板厚等情况进行选择。本课题焊炬和焊丝的摆动方法如图 5–56 所示。	45°　30°~50° a) b) 图 5–55　焊接过程中焊炬与焊丝的角度 a）示意图　b）实物图 焊丝 焊炬 图 5–56　焊炬和焊丝的摆动方法
（3）接头 在焊接中途停顿后又继续施焊时，应用火焰将原熔池重新加热熔化，形成新的熔池后再加焊丝。重新开始焊接时，每次续焊应与前一焊缝重叠 5 ~ 10 mm，如图 5–57 所示，重叠焊缝可不加焊丝或少加焊丝，以保证焊缝高度合适及均匀、光滑过渡。	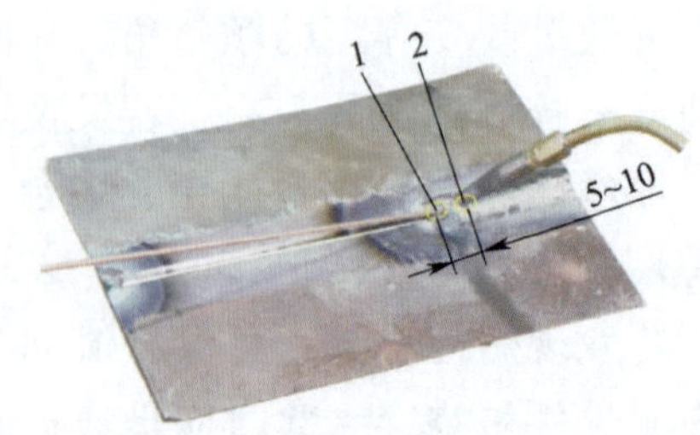 图 5–57　与前一焊缝部分重叠 1—原熔池　2—新熔池

续表

操作步骤及要领	图示
（4）收尾 当焊到焊件的终点时，要减小焊炬的倾斜角，增大焊接速度，并多加一些焊丝，避免熔池扩大，防止烧穿，如图 5–58 所示。同时，应用温度较低的外焰保护熔池，直至将熔池填满，火焰才能缓慢离开熔池。	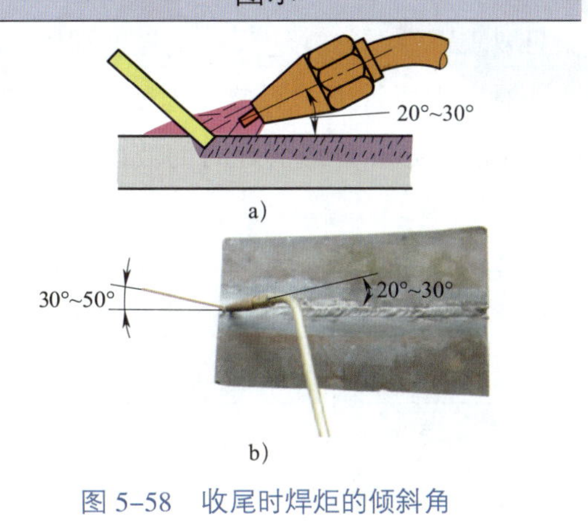 图 5–58　收尾时焊炬的倾斜角 a）示意图　b）实物图

经验点滴

（1）在焊接过程中，如果发现熔池不清晰、有气泡、火花飞溅或熔池沸腾，是因为中性焰变成了氧化焰，应及时用食指调整氧气调节阀，将火焰调节为中性焰，然后进行焊接。

（2）发现熔池金属被吹出或火焰发出“呼呼”的响声，说明气体流量过大，应立即减小火焰能率。

（3）若发现焊缝过高，与基体金属熔合不圆滑，则说明火焰能率低，应增大火焰能率，减慢焊接速度。

7. 焊接质量要求

（1）焊缝宽度为 4 ~ 6 mm，焊缝余高为 0 ~ 2 mm，焊道成形应整齐、美观，不允许有粗大的焊瘤或凹坑。

（2）定位焊产生缺欠时，必须清除或打磨后修补，以保证质量。

（3）焊缝边缘和母材要圆滑过渡，无咬边。

（4）焊缝背面必须均匀焊透。

课题三　管对接水平转动气焊

学习目标

掌握小直径低碳钢管对接水平转动气焊打底焊和盖面焊的操作方法。

钢管气焊时一般均采用对接接头。管的用途不同，对焊接质量的要求也不同。重要的管道要求单面焊双面成形，以满足较高工作压力的要求；工作压力较低的管道，对焊缝接头只要求不泄漏，并达到一定强度即可。

对于重要管道的焊接，当壁厚大于 2.5 mm 时，为了保证焊缝全部焊透，需开 V 形坡口并留有钝边。管道气焊时的坡口形式及尺寸见表 5–13。

表 5–13　管道气焊时的坡口形式及尺寸

管壁厚度 /mm	≤ 2.5	2.5 ～ 6	6 ～ 10	10 ～ 15
坡口形式	I 形	V 形	V 形	V 形
坡口角度 /°	—	40 ～ 60	40 ～ 60	40 ～ 60
钝边 /mm	—	0.5 ～ 1.5	1 ～ 2	2 ～ 3
间隙 /mm	1 ～ 1.5	1 ～ 2	2 ～ 2.5	2 ～ 3

注：采用右向焊法时，坡口角度为 60° ～ 70°。

管对接水平转动气焊分为左向爬坡焊和右向爬坡焊两种施焊方式。

左向爬坡焊：应始终控制在与管道水平中心线夹角为 50° ～ 70° 的范围内进行焊接，如图 5–59 所示。这样可以加大熔深，并易于控制熔池形状，使接头全部焊透；同时，被填充的熔滴金属自然流向熔池下边，使焊缝堆高快，有利于控制焊缝的高低，更好地保证焊缝质量。

右向爬坡焊：因火焰吹向熔化金属部分，为了防止熔化金属被火焰吹成焊瘤，熔池也应控制在与管道垂直中心线夹角为 10° ～ 30° 的范围内进行焊接，如图 5–60 所示。

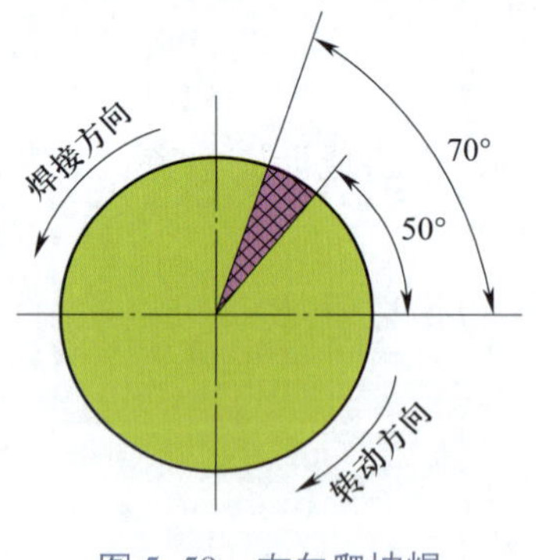

图 5–59　左向爬坡焊

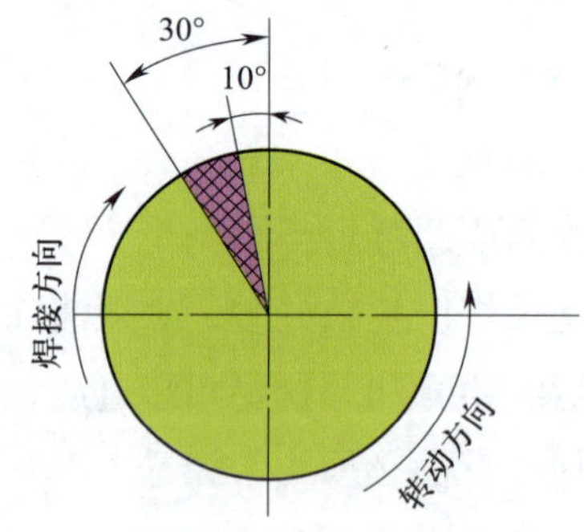

图 5–60　右向爬坡焊

工艺分析

在管对接水平转动气焊中，应当灵活地改变焊丝、焊炬和钢管之间的夹角，才能保证不同位置的熔池形状，达到既能焊透又不产生过热和烧穿现象的目的。起点和终点处应相互重叠 10 ～ 15 mm，以避免起点和终点处产生焊接缺欠。

1. 焊前准备

（1）焊件材料：20 钢管。

（2）焊件尺寸：ϕ57 mm × 4 mm，L=80 mm，每组两根，坡口角度为 60° ±5°，V 形坡口，如图 5–61 所示。

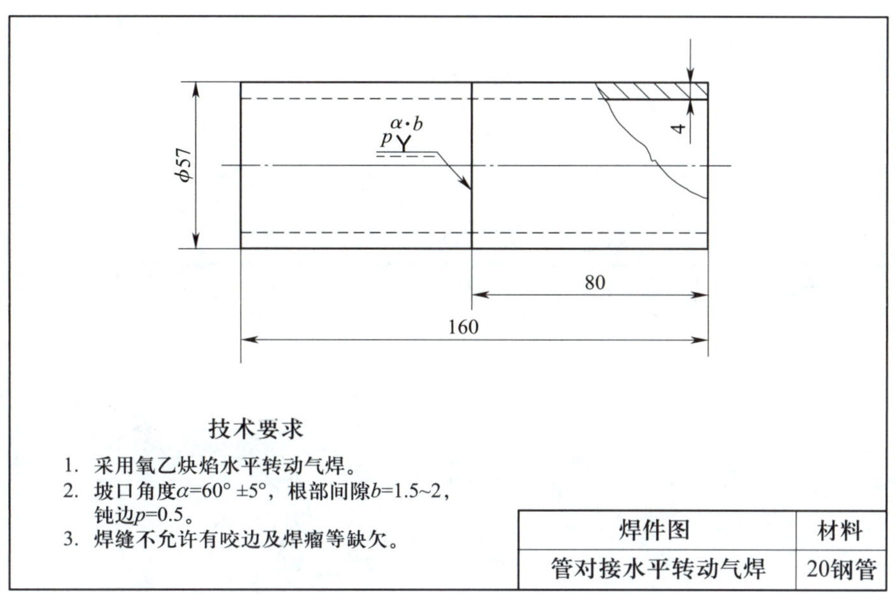

图 5–61　管对接水平转动气焊焊件图

（3）焊接要求：单面焊双面成形，采用左向焊法。

（4）焊接材料：焊丝牌号为 H08，直径为 2 mm。

（5）焊接设备：氧气瓶、氧气减压器、乙炔瓶、乙炔减压器、焊炬（H01–6 型）、橡胶软管。

（6）辅助器具：护目镜、点火枪、通针、钢丝刷等。

2. 焊前清理

将焊件坡口面及坡口两侧内、外表面的氧化皮、铁锈、油污、污物等用钢丝刷、砂布或抛光的方法进行清理，直至露出金属光泽。

3. 焊件装配

钝边为 0.5 mm，无毛刺，根部间隙为 1.5 ~ 2 mm，错边量≤ 0.5 mm。

4. 定位焊

对直径不超过 70 mm 的管子，一般只需定位焊 2 处；对直径为 70 ~ 300 mm 的管子可定位焊 4 ~ 6 处；对直径超过 300 mm 的管子可定位焊 6 ~ 8 处或以上。无论管子直径大小，定位焊的位置要均匀、对称布置，焊接时的始焊点应在两个定位焊点中间，如图 5–62 所示。

5. 操作步骤及要领

管对接水平转动气焊操作步骤及要领见表 5–14。

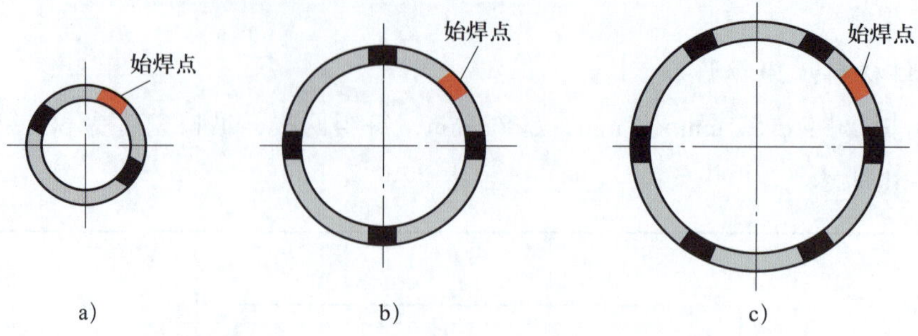

图 5-62　不同管径定位焊点及始焊点

a）直径 <70　b）直径为 70 ～ 300　c）直径 >300

表 5-14　　管对接水平转动气焊操作步骤及要领

操作步骤及要领	图示
（1）打底焊 在打底焊过程中，焊嘴与钢管表面的倾斜角度为 45° 左右，如图 5-63 所示。在施焊位置加热始焊点，保证焰心端部到熔池的间距为 4 ～ 5 mm，当看到坡口钝边熔化并形成熔池后，立即把焊丝送入熔池前沿，使其熔化后填充熔池。 焊嘴做圆圈形运动，熔孔不断前移，焊丝处于熔池的前沿并不断地向熔池中填充形成焊缝，如图 5-64 所示。收尾时，火焰要慢慢离开熔池。	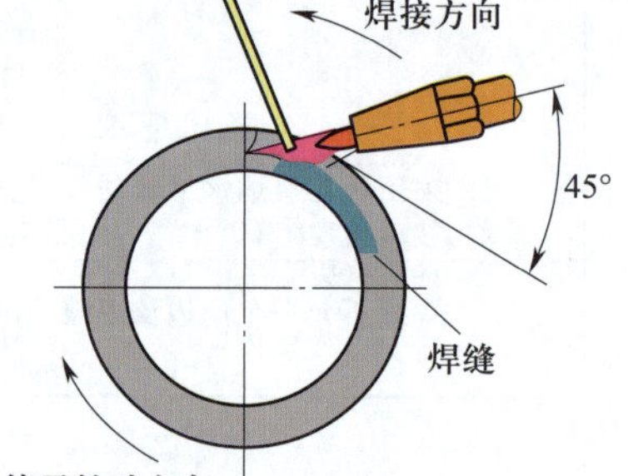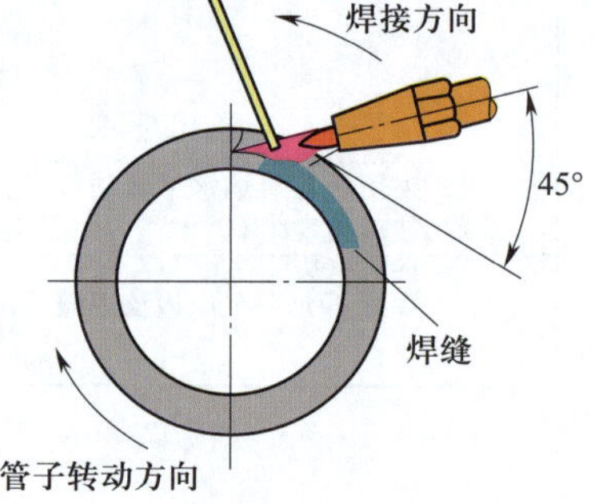 图 5-63　焊嘴与钢管表面的倾角 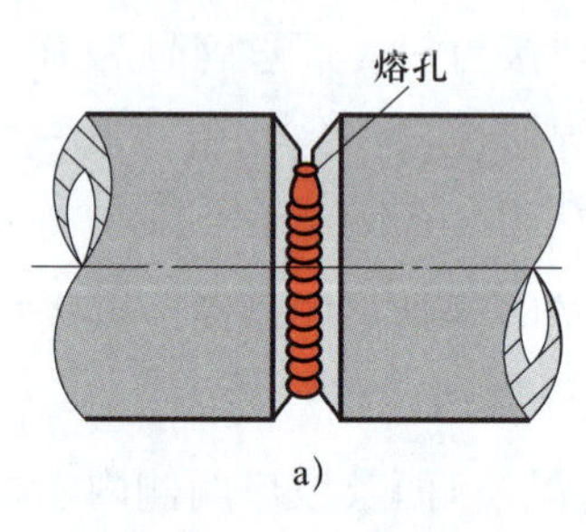 a) 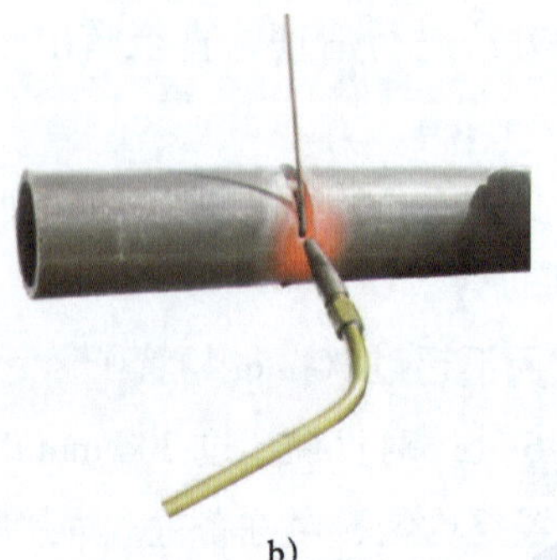 b) 图 5-64　打底层焊缝 a）示意图　b）实物图

续表

操作步骤及要领	图示
（2）盖面焊 在盖面层焊接中，焊炬要做适当的横向摆动，火焰能率应适当小些，使焊缝表面成形良好，如图 5-65 所示。收尾时，应将终焊端和始焊端重叠 10 mm 左右，并使火焰慢慢离开熔池。 在整个焊接过程中，每一层焊缝应一次焊完，并且各层的始焊点互相错开 20 ~ 30 mm。每次焊接结束时，要填满熔池，火焰慢慢离开熔池，防止产生气孔、夹渣等缺欠。	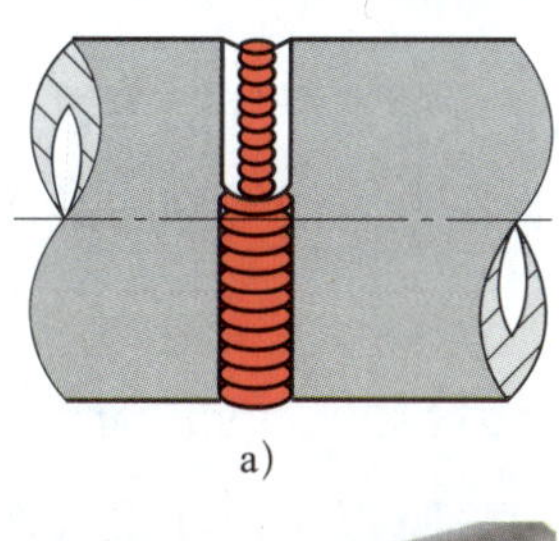 a） 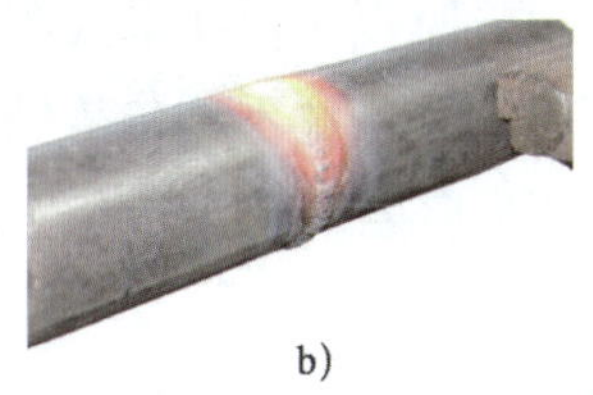 b） 图 5-65　盖面层焊缝 a）示意图　b）实物图

6. 焊接质量要求

（1）焊缝表面宽度为 10 ~ 12 mm，正面高度为 0 ~ 2 mm，背面高度为 0 ~ 3 mm，焊缝表面成形美观。

（2）焊缝表面无裂纹、夹渣、咬边、气孔、未熔合或未焊透等缺欠。

（3）焊缝与母材圆滑过渡。

（4）进行通球检验，检验球直径为 85% 管内径，通过为合格。

经验点滴

（1）在焊接过程中，应始终保持熔池大小一致，才能焊出均匀的焊缝。如发现熔池过小，焊丝不能与焊件熔合，仅敷在焊件表面，表明热量不足，因此应增大焊炬倾角，减慢焊接速度。如发现熔池过大，且没有流动金属时，表明焊件被烧穿。此时，应迅速提起火焰或加快焊接速度，减小焊炬倾角，并多加焊丝。

（2）焊炬和焊丝的移动要配合好。焊道的宽度、高度和直线度必须均匀、整齐，表面的波纹要规则、平整，没有焊瘤、凹坑、气孔等缺欠。

课题四　厚板气割

学习目标

1. 能够合理选择气割参数。
2. 掌握厚板直线气割的操作方法。

工艺分析

气割中、厚板时，如果气割参数选择不当，操作不熟练，容易产生挂渣、塌角、切割面不垂直及割纹不均匀等缺欠；还会因为切割速度掌握不当，出现割不透现象，或使切口产生后拖量等而影响气割质量。因此，气割参数的选择非常重要。

1. 气割前准备

（1）割件材料：Q235 钢。

（2）割件尺寸：450 mm × 300 mm × 30 mm，如图 5-66 所示。

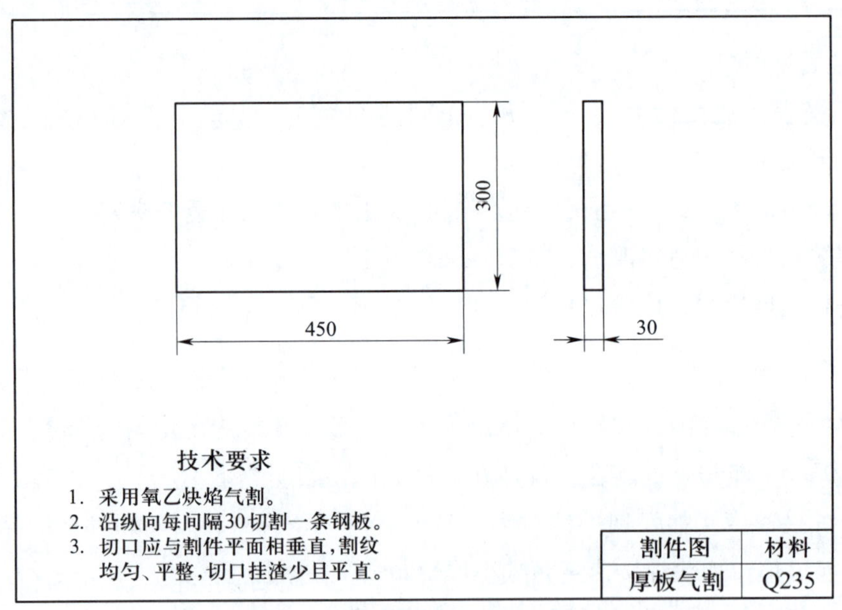

图 5-66　厚板气割割件图

（3）气割设备：氧气瓶、氧气减压器、乙炔瓶、乙炔减压器、割炬（G01-100 型）、3 号环形（或梅花形）割嘴、橡胶软管。

（4）辅助器具：护目镜、点火枪、通针、钢丝刷等。

2. 气割前清理

用钢丝刷等工具将割件表面的铁锈、鳞皮和污物等仔细清理干净，然后将割件用耐火

砖垫空，以便于切割。

3. 气割操作步骤及要领

厚板气割操作步骤及要领见表 5–15。

表 5–15　　厚板气割操作步骤及要领

操作步骤及要领	图示
（1）点火 点火前应先检查割炬的射吸能力，然后逆时针方向旋转乙炔调节阀放出乙炔，再逆时针微开氧气调节阀，左手持点火枪置于割嘴的后侧，开始点火。点火时手要避开火焰，以防止烧伤，如图 5–67 所示。 将火焰调成中性焰或轻微氧化焰，然后打开割炬上的切割氧气调节阀，并增大氧气流量，使切割氧流的形状（即风线形状）成为笔直而清晰的圆柱体，并有一定的长度；否则，应关闭割炬上所有的阀门，用通针进行修整或者调整内嘴和外嘴的同轴度。预热火焰和风线调整好，关闭割炬上的切割氧气调节阀，准备起割。	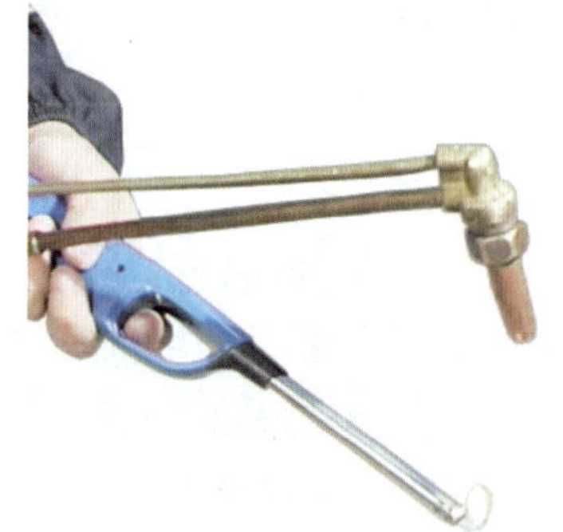 图 5–67　点火姿势
（2）起割 开始切割时，由割件边缘棱角处开始预热，要准确控制割嘴与割件间的垂直度，如图 5–68 所示。待边缘呈现亮红色时，表明割件金属已达到切割温度，此时逐渐开大切割氧气调节阀，并将割嘴稍向切割方向	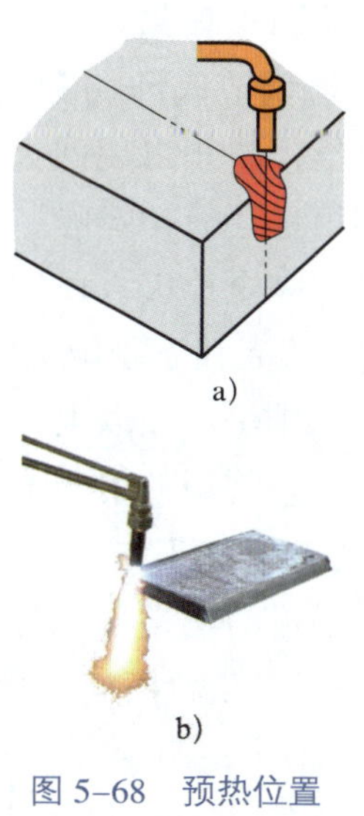 a) b) 图 5–68　预热位置 a）示意图　b）实物图

续表

操作步骤及要领	图示
倾斜 5° ~ 10°，如图 5–69 所示。同时，将火焰局部移出边缘线以外。当看到被预热的红点在氧气流中被吹掉时，进一步开大切割氧气调节阀，看到割件背面飞出鲜红的氧化金属渣时，证明割件已被割透，再加大切割氧流，并使割嘴垂直于割件，进入正常气割过程。	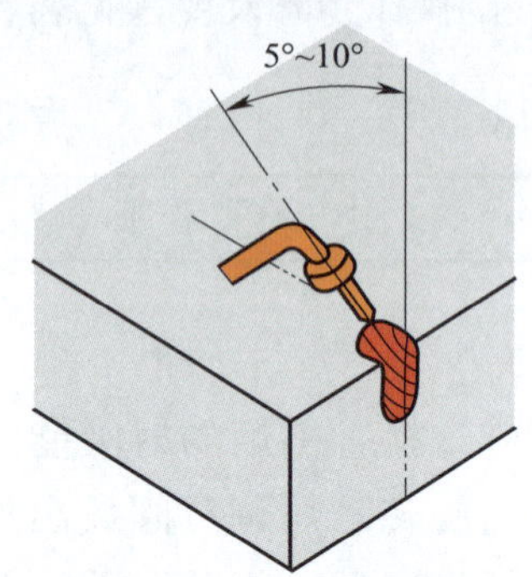 图 5–69　预热、起割钢板边缘
（3）气割 起割后，为了保证切口的质量，在整个气割过程中，割炬移动速度要均匀，割嘴离割件表面的距离要保持一定。若身体需更换位置，应先关闭切割氧气调节阀，待身体的位置移好后，再将割嘴对准待割处，适当加热，然后慢慢打开切割氧气调节阀，继续向前切割。 在气割过程中，因割嘴过热或氧化金属渣的飞溅，使割嘴堵塞或乙炔供应不足时，会出现爆鸣或回火现象。此时，必须迅速关闭预热氧气调节阀和切割氧气调节阀，切断氧气供给，防止出现回火现象。如果仍然听到割炬里还有“嗞嗞”的响声，则说明火焰没有完全熄灭，此时应迅速关闭乙炔调节阀，或者拔下割炬上的乙炔软管，将回火的火焰排出。经以上处理恢复正常后，要重新检查割炬的射吸力，然后才允许重新点燃割炬开始工作。 在中、厚钢板的正常气割过程中，割嘴要始终垂直于割件做横向月牙形或“之”字形摆动，如图 5–70 所示。移动速度要慢，并且应连续进行，尽量不中断气割，避免割件温度下降。	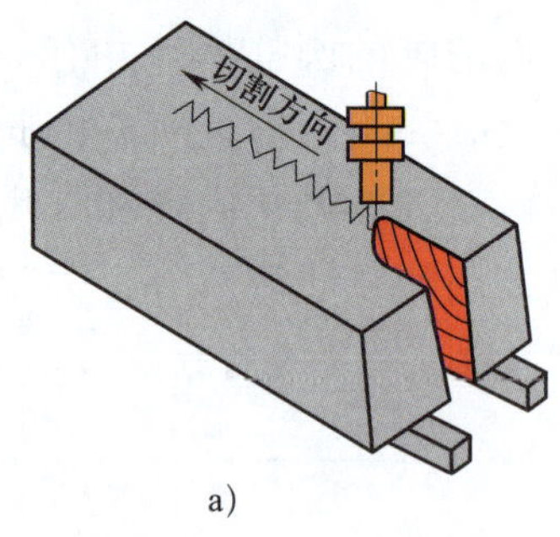 a) 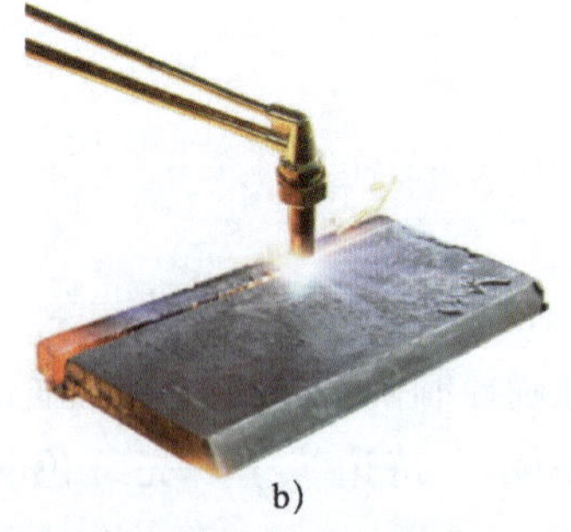 b) 图 5–70　割嘴沿切割方向横向摆动 a）示意图　b）实物图

续表

操作步骤及要领	图示
（4）停割 1）气割过程接近终点时，割嘴应沿气割方向的反方向倾斜 5° ~ 10°，将切割速度适当放慢，这样可以减少后拖量，以便将钢板的下部提前割透，使切口在收尾处整齐、美观。 2）到达终点时，应迅速关闭切割氧气调节阀并将割炬抬起，再关闭乙炔调节阀，最后关闭预热氧气调节阀。松开减压器调节螺钉，将氧气放出。 3）停割后，要仔细检查及清理切口边缘的挂渣，以便于以后的加工，如图 5–71 所示。	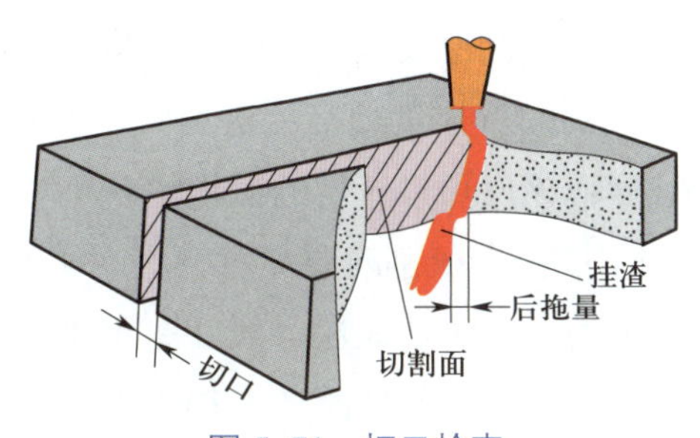 图 5–71　切口检查

4. 结束气割工作

关闭氧气瓶和乙炔瓶瓶阀。

5. 气割质量要求

气割切口表面应光滑、干净，而且粗细纹路要一致，气割的挂渣容易脱落；气割切口缝隙较窄，而且宽窄一致；气割切口的钢板边缘棱角没有熔化等。

教师指导

【问题 1】怎样正确使用割炬？

回答：（1）根据割件的厚度，选用合适的割嘴。装配割嘴时，内嘴与外嘴必须保持同轴，这样才能使切割氧流位于预热火焰的中心而不发生偏斜。

（2）经检查确认割炬射吸情况正常后，方可把乙炔胶管接上，并用细铁丝扎紧。

（3）割炬点火后，应将火焰调整正常。如果出现打开切割氧气时火焰立即熄灭的现象，则表明割嘴的外嘴与内嘴配合不当、气道之间有漏气等，处理方法是将射吸管螺母拧紧。

（4）随时用通针清除割嘴通道内的污物、飞溅物等，以保持通道清洁、光滑。

（5）当发生回火时，应立即关闭切割氧气调节阀，然后关闭乙炔和预热氧气调节阀。

【问题 2】气割时产生后拖量的主要原因是什么？

回答：（1）切口上层金属在燃烧时产生的气体冲淡了切割氧流，使下层金属燃烧缓慢。

（2）下层金属无预热火焰的直接作用，因而使火焰不能充分地对下层金属加热，使割件下层不能剧烈燃烧。

（3）割件下层金属离割嘴距离较远，氧气流射线直径增大，吹除氧化物的能力降低。

（4）切割速度太快，来不及将下层金属氧化而造成后拖量。

气割的后拖量是不可避免的，尤其是在气割厚钢板时更为显著。因此，合理的切割速度应该以切口产生的后拖量较小为原则，以保证气割质量。

【问题 3】气割时要注意哪些问题？

回答：（1）乙炔瓶、氧气瓶距离割炬或其他火源不得小于 10 m。

（2）两瓶之间的距离不得小于 3 m。

（3）空油桶、空沥青桶等在经严格清洗前禁止进行气割。

（4）气割工作完毕，按规定及时清理场地。

课题五　铜管搭接钎焊

学习目标

1. 能够进行铜管火焰钎焊前的清洗和表面处理以及焊后对焊缝的清洗。
2. 能够正确选择铜管火焰钎焊的钎剂和钎料。
3. 掌握铜及铜合金管搭接接头火焰钎焊的操作方法。

工艺分析

管接头火焰钎焊时，钎焊件母材表面及钎料表面应清理干净；接头间隙应适当，并设出气孔，否则容易产生气孔。

焊后冷却不宜太快；否则凝固过程中会有振动，容易产生裂纹。

钎焊时间不宜过长，温度不宜过高；否则会促使钎料金属晶粒粗大，造成钎缝表面不光滑。

1. 钎焊前准备

（1）焊件材料：T2。

（2）焊件尺寸：具体尺寸如图 5–72 所示。

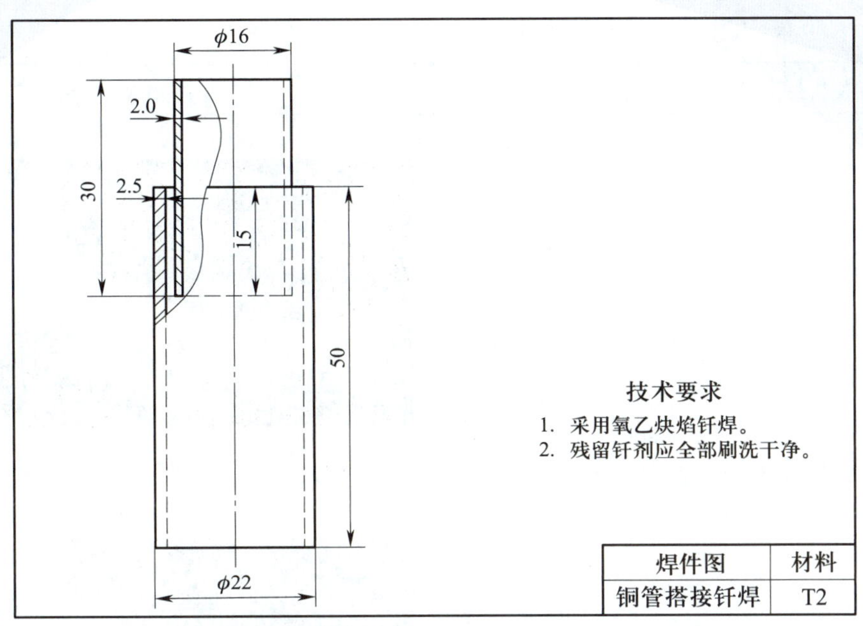

图 5-72　铜管搭接钎焊焊件图

（3）钎料和钎剂：选用丝状或棒状（ϕ 3.0 ~ 5.0 mm）的 BCu93P 为钎料，粉状 FB102 为钎剂。

（4）钎焊间隙：0.1 ~ 0.5 mm。

（5）钎焊设备及工具：氧气瓶、氧气减压器、乙炔瓶、乙炔减压器、焊炬（H01-12 型）、橡胶软管。

（6）辅助器具：护目镜、点火枪、通针、钢丝刷等。

2. 钎焊前清理

（1）修整管口边缘并去除毛刺，管口不应有裂纹、破损或其他缺欠。

（2）在装配前需将铜管插入接头部分的表面及其连接部分的表面进行清理，用钢丝刷或砂布清除氧化物，用丙酮等有机溶剂清除油污。

3. 装配及定位焊

按照图 5-72 所示的要求，采用小管在上、大管在下的位置进行装配，如图 5-73 所示，用一处定位焊将其固定，并注意将定位焊缝熔入焊缝中。

图 5-73　装配及定位焊

4. 钎焊操作步骤及要领

铜管搭接钎焊操作步骤及要领见表 5-16。

表 5-16 铜管搭接钎焊操作步骤及要领

操作步骤及要领	图示
（1）预热 将火焰调成中性焰，在铜管插口至上方 15 mm 处采用俯位进行局部预热，在铜管下部也进行局部预热，加热时，应不断将火焰上下移动，并做圆周运动，使管子受热均匀，如图 5-74 所示。加热至 400 ~ 500 ℃，使火焰在插口部位集中加热，注意加热要均匀。	 图 5-74 预热
（2）投放钎剂 将钎剂投入搭接的焊缝口，如图 5-75 所示，使钎剂受热熔成液态，在毛细作用下，钎剂被充分吸入环缝内。	 图 5-75 投放钎剂
（3）填加钎料 将钎料用焊炬加热，并涂以钎剂，填加至接头处，如图 5-76 所示。加热至熔融状态（650 ~ 700 ℃），熔融的钎料在毛细作用下流动，并被吸入后填充到接头间隙，直至环缝内钎料饱满。然后缓慢地将火焰移开，使接头自然冷却。 在钎料逐步冷却凝固完全呈固体状态时，温度下降到 400 ~ 500 ℃，此时，应仔细检查钎缝是否有缺欠，如有缺欠，可趁接口处温度较高进行补焊。 氧气和乙炔燃烧温度可达 3 250 ℃，但钎焊温度不能高于 800 ℃，因此，要注意加热均匀，掌握火候。	 图 5-76 填加钎料

续表

操作步骤及要领	图示
（4）清理 钎焊后不允许立即移动焊件或将焊件的夹具卸下，应待接头温度降到 200 ℃以下时，接头已具有足够的强度，才可用水清洗，并用毛刷清理残渣，这些残渣对钎焊接头有较强的腐蚀作用，清理不彻底会导致接头的早期失效，清理后的焊件如图 5-77 所示。	图 5-77　清理后的焊件

5. 钎焊质量要求

钎缝表面应圆滑过渡、成形美观，无裂纹、气孔、未熔合等缺欠。

6. 钎焊注意事项

（1）焊件表面必须采取化学法严格清理，避免二次污染。

（2）钎剂在存放、使用中应注意防潮，避免长时间暴露在空气中。

（3）两焊件接头要均匀加热。

（4）焊后及时清理，一定要彻底清除残渣。

（5）钎焊的时间应力求最短，以减少接触处的氧化。

（6）不能用火焰直接加热钎料，应加热焊件，使钎料接触焊件后熔化。

（7）火焰的高温区不要对着已熔化的钎料和钎剂；否则，会使钎料和钎剂过热、过烧，造成某些成分的挥发和氧化，从而导致接头的性能变差。

（8）钎焊后的焊件须待钎料凝固后方可挪动位置。

安全生产

火焰钎焊过程中除严格遵守气焊的有关安全操作规程外，还应注意以下问题：

（1）钎焊过程中接触的化学溶液较多，应严格遵守使用和保管有关化学溶液的规定。

（2）钎焊过程中要防止锌、镉等蒸气及氟化氢的毒害。凡使用含锌、镉等钎料及氟化物钎剂进行钎焊时，应在通风良好的条件下进行，操作时要戴防毒面具。凡钎焊工作区域天花板的高度低于 5 m，或在妨碍对流通风的场合进行钎焊时，必须安装通风装置，以防有毒物质积聚。

第六单元
CO_2焊与MAG焊

基础知识

学习目标

1. 了解 CO_2 焊和 MAG 焊的原理、分类、特点、设备及焊接材料。
2. 了解 CO_2 焊的冶金特点和熔滴过渡形式。
3. 能正确选择焊接参数。

一、气体保护电弧焊的原理、分类及特点

气体保护电弧焊是用外加气体作为电弧介质并保护电弧和焊接区的电弧焊，简称气体保护焊。

1. 气体保护电弧焊的原理

气体保护电弧焊直接依靠从喷嘴中连续送出的气流，在电弧周围形成局部的气体保护层，使电极端部、熔滴和熔池金属与周围空气隔绝，以保证焊接过程的稳定性，并获得质量优良的焊缝。

2. 气体保护电弧焊的分类

（1）按所用的电极材料不同，可分为非熔化极气体保护焊和熔化极气体保护焊，如图 6–1a、b 所示，其中熔化极气体保护焊应用最广泛。

（2）按保护气体的种类不同，可分为氩弧焊、CO_2 焊、氦弧焊、氮弧焊、氢原子焊等。

（3）按操作方式不同，可分为手工气体保护焊、半自动气体保护焊和自动气体保护焊等。

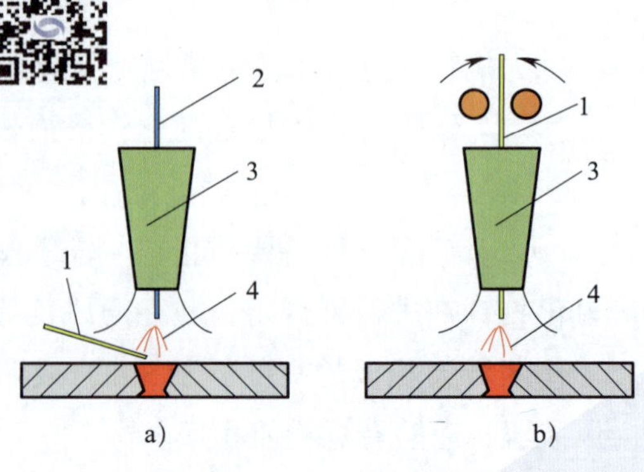

图 6–1 气体保护焊方式
a）非熔化极气体保护焊 b）熔化极气体保护焊
1—焊丝 2—钨极 3—喷嘴 4—电弧

3. 气体保护电弧焊的特点

气体保护电弧焊与其他电弧焊方法相比具有以下特点：

（1）采用明弧焊，一般不必用焊剂，没有熔渣，熔池可见度好，便于操作。而且保护气体喷射而出，适宜进行全位置焊接，不受空间位置的限制，有利于实现焊接过程的机械化和自动化。

（2）由于电弧在保护气流的压缩下热量集中，焊接熔池和热影响区很小，因此，焊接变形小，焊接裂纹倾向不大，尤其适用于焊接薄板。

（3）采用氩气、氦气等惰性气体进行保护，焊接化学性质较活泼的金属或合金时，可获得高质量的焊接接头。

（4）气体保护焊不宜在有风的地方施焊，在室外作业时须有专门的防风措施。此外，弧光的辐射较强，焊接设备较复杂。

二、CO_2 焊的原理、分类及特点

1. CO_2 焊的原理

二氧化碳气体保护电弧焊是利用 CO_2 作为保护气体的气体保护焊，简称 CO_2 焊。其工作原理如图 6–2 所示，电源的两输出端分别接在焊枪和焊件上。盘状焊丝由送丝机构带动，经焊枪中的送丝软管和导电嘴不断地向电弧区域送给；同时，CO_2 气体以一定的压力和流量送入焊枪，通过喷嘴后，形成保护气流，包围电弧和熔池，使熔池和电弧不受空气的侵入。随着焊枪的移动，熔池金属冷却凝固形成焊缝。

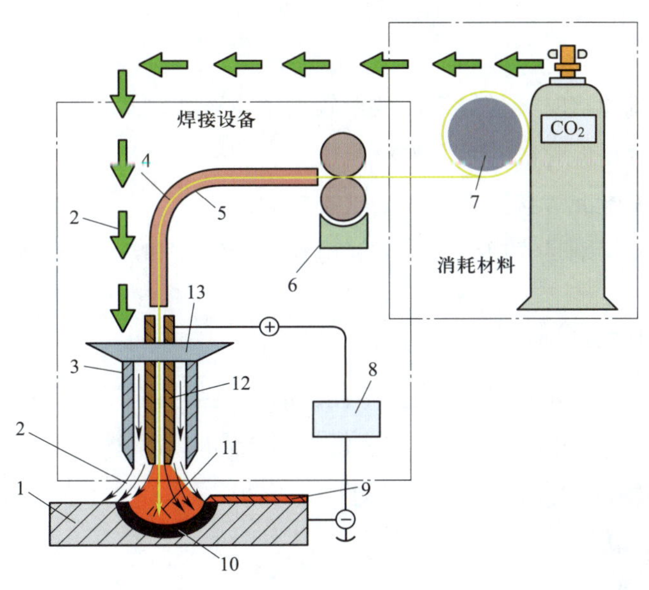

图 6–2　CO_2 焊工作原理

1—焊件　2—CO_2 气体　3—喷嘴　4—焊丝　5—软管　6—送丝机构
7—焊丝盘　8—电源　9—焊缝　10—熔池　11—电弧　12—导电嘴　13—焊枪

2. CO_2 焊的分类

CO_2 焊按所用的焊丝直径不同，可分为细丝 CO_2 焊（焊丝直径≤ 1.2 mm）和粗丝 CO_2 焊（焊丝直径≥ 1.2 mm）。由于细丝 CO_2 焊工艺比较成熟，因此应用最广泛。

CO_2 焊按操作方式不同又可分为 CO_2 半自动焊和 CO_2 自动焊，其主要区别在于：CO_2 半自动焊用手工操作焊枪完成电弧热源的移动，而送丝、送气等与 CO_2 自动焊一样，由相应的机械装置来完成。CO_2 半自动焊的机动性较大，适用于不规则或较短焊缝的焊接。CO_2 自动焊主要用于较长的直线焊缝和环形焊缝的焊接。

3. CO_2 焊的特点

（1）CO_2 焊的优点

1）生产效率高。

① CO_2 焊采用的电流密度大，焊丝的熔敷速度快，母材的熔深较深。

② CO_2 焊采用 CO_2 气体进行保护，熔渣极少，电弧可见性好，便于观察及控制熔池，层间不必清渣。

③ CO_2 焊采用整盘焊丝，焊接过程中不必频繁更换焊丝，减少了停弧换焊丝的时间。

2）对油污、锈蚀不敏感，对焊前清理的要求不高。

3）CO_2 焊电流密度高，热量集中，CO_2 气体有冷却作用，受热面积小，所以焊后焊件变形小。

4）CO_2 焊焊缝中扩散氢含量少，在焊接低合金高强度结构钢时，出现冷裂纹的倾向较小。

5）CO_2 焊采用自动送丝，操作简单，容易掌握。

6）CO_2 焊的成本低，仅为焊条电弧焊的 40% ~ 50%。

（2）CO_2 焊的缺点

1）使用大电流焊接时，焊缝表面成形较差，飞溅物较多。

2）不能焊接容易氧化的有色金属材料。

3）很难用交流电源焊接及在有风的地方施焊。

4）弧光较强，特别是大电流焊接时，电弧的光辐射和热辐射均较强。

三、CO_2 焊的冶金特点

在常温下，CO_2 气体的化学性能呈中性，但在电弧高温下，CO_2 气体被分解而表现很强的氧化性，能使合金元素氧化烧损，降低焊缝金属的力学性能，还是产生气孔和飞溅的根源。因此，CO_2 焊的冶金特点具有特殊性。

1. 合金元素的氧化与脱氧

（1）合金元素的氧化

CO_2 气体在电弧高温作用下易分解为一氧化碳和氧气，使电弧气氛具有很强的氧化性。其中 CO 气体在焊接条件下不溶于金属，也不与金属发生反应，而原子状态的氧使

铁、锰、硅等焊缝有用的合金元素大量氧化烧损，降低力学性能。同时，溶入金属的 FeO 与 C 元素作用产生 CO 气体，一方面使熔滴和熔池金属发生爆破，产生大量的飞溅物；另一方面结晶时来不及逸出，导致焊缝产生气孔。

（2）脱氧

CO_2 焊通常的脱氧方法是采用具有足够脱氧元素的焊丝。常用的脱氧元素是锰、硅、铝、钛等，对于低碳钢及低合金钢的焊接，主要采用锰、硅联合脱氧的方法，因为锰和硅脱氧后生成的 MnO 和 SiO_2 能形成复合物浮出熔池，形成一层微薄的渣壳覆盖在焊缝表面。

2. CO_2 焊的气孔问题

焊缝金属中产生气孔的根本原因是熔池金属中的气体在冷却结晶过程中来不及逸出造成的。CO_2 焊时，熔池表面没有熔渣覆盖，CO_2 气流又有冷却作用，因此，结晶较快，容易在焊缝中产生气孔。CO_2 焊可能产生的气孔有以下三种：

（1）一氧化碳气孔

当焊丝中脱氧元素不足时，大量的 FeO 不能还原而溶于金属中，在熔池结晶时发生下列反应：

$$FeO+C \longrightarrow Fe+CO\uparrow$$

若所生成的 CO 气体来不及逸出，就会在焊缝中形成气孔。因此，应保证焊丝中含有足够的脱氧元素 Mn 和 Si，并严格限制焊丝中的含碳量，就可以减小产生 CO 气孔的可能性。CO_2 焊时，只要焊丝选择适当，产生 CO 气孔的可能性不大。

（2）氢气孔

氢气的来源主要是焊丝和焊件表面的铁锈、水分、油污，以及 CO_2 气体中含有的水分。如果熔池金属溶入大量的氢气，就可能形成氢气孔。为防止产生氢气孔，应尽量减少氢的来源，焊前要适当清除焊丝和焊件表面的杂质，并需对 CO_2 气体进行提纯与干燥处理。

此外，由于 CO_2 焊的保护气体氧化性很强，可减弱氢气的不利影响，因此，CO_2 焊时形成氢气孔的可能性较小。

（3）氮气孔

当 CO_2 气流的保护效果不好，如 CO_2 气体流量太小，焊接速度过快，喷嘴被飞溅物堵塞等，以及 CO_2 气体纯度不高，含有一定量的空气时，空气中的氮气就会大量溶入熔池金属内。当熔池金属结晶凝固时，若氮气来不及从熔池中逸出，便形成氮气孔。

应当指出，CO_2 焊最常产生的是氮气孔，而氮气主要来自空气。因此，必须加强 CO_2 气流的保护效果，这是防止 CO_2 焊的焊缝中产生气孔的重要途径。

四、CO_2 焊的熔滴过渡

CO_2焊熔滴过渡主要有短路过渡和滴状过渡两种形式。一般来说，喷射过渡在 CO_2 焊时很难出现。

1. 短路过渡

CO_2 焊在采用细焊丝、小电流和低电弧电压焊接时，熔滴呈短路过渡。短路过渡时，弧长很短，焊丝端部熔化形成的熔滴与熔池表面接触而短路，此时熔滴上的作用力使熔滴金属很快地脱离焊丝端部过渡到熔池中，随后电弧又重新引燃。这样周期性的短路—燃弧交替进行。通常把每一次短路和燃弧的时间称为一个周期（T），每秒内的周期数称为短路频率。CO_2 焊短路过渡过程及焊接电流、电弧电压波形如图 6–3 所示。

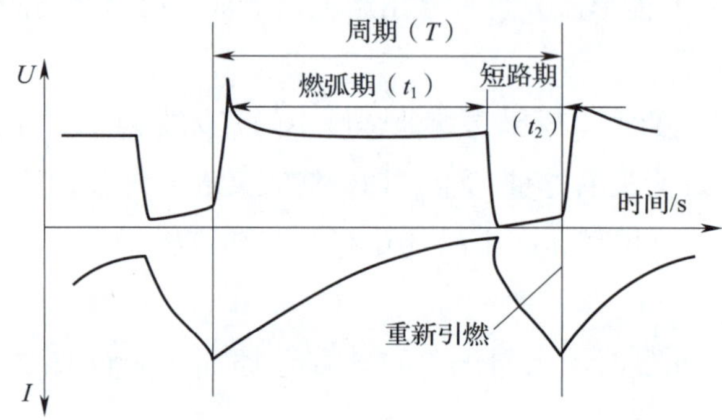

图 6–3　短路过渡过程及焊接电流、电弧电压波形

CO_2 焊的短路频率可达每秒几十次到百余次。由于短路频率高，因此焊接过程稳定，飞溅小，焊缝成形好。另外，由于焊接电流小，而且电弧是断续燃烧的，因此电弧热量低，适用于焊接薄板及全位置焊接。

2. 滴状过渡

CO_2 焊在采用粗焊丝、较大电流和较高电压时会出现滴状过渡。

滴状过渡有两种形式，一是粗滴过渡，这时的电流、电压比短路过渡稍高，电流一般在 400 A 以下。此时，熔滴较大且不规则，过渡频率较低，易形成偏离焊丝轴线方向的非轴向过渡，如图 6–4 所示。这种粗滴非轴向过渡电弧不稳定，飞溅很大，焊缝成形较差，在实际生产中不宜采用。二是细滴过渡，这时焊接电流、电弧电压进一步增大，焊接电流在 400 A 以上。此时，由于电磁收缩力的加强，熔滴细化，过渡频率也随之增大。虽然仍为非轴向过渡，但飞溅相对较小，电弧较稳定，焊缝成形较好，故在生产中应用较广泛。因此，粗丝 CO_2 焊滴状过渡时，由于焊接电流较大，电弧穿透力强，母材的焊缝厚度较大，多用于中、厚板的焊接。

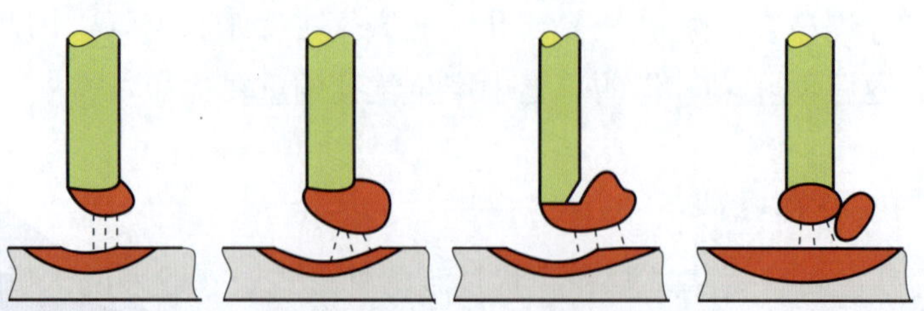
图 6–4　非轴线方向粗滴过渡

五、CO_2 焊的焊接材料

CO_2 焊所用的焊接材料是 CO_2 气体和焊丝。

1. CO_2 气体

焊接用的 CO_2 气体一般是将其压缩成液态储存于钢瓶内。CO_2 气瓶的容量为 40 L，可装 25 kg 的液态 CO_2，占容积的 80%，满瓶压力为 5 ～ 7 MPa，瓶体外表按国家标准《气瓶颜色标记》（GB/T 7144—2016）漆成铝白色，并标注黑色“液化二氧化碳”字样。

液态 CO_2 在常温下容易汽化。溶于液态 CO_2 中的水分易蒸发成水汽混入 CO_2 气体中，影响 CO_2 气体的纯度。在气瓶内汽化 CO_2 气体中的含水量与瓶内的压力有关，随着使用时间的增加，瓶内压力降低，水汽增多。当压力降低到 0.98 MPa 时，CO_2 气体中含水量大为增加，不能继续使用。焊接用 CO_2 气体的纯度应大于 99.5%，含水量不超过 0.05%。

2. 焊丝

（1）对焊丝的要求

1）CO_2 焊焊丝必须比母材含有更多的 Mn 和 Si 等脱氧元素，以防止焊缝产生气孔，减少飞溅物，保证焊缝金属具有足够的力学性能。

2）焊丝含碳量限制在 0.10% 以下，并控制硫、磷的含量。

3）焊丝表面镀铜，镀铜可防止生锈，有利于保存，并可改善焊丝的导电性及送丝的稳定性。

（2）焊丝的型号与规格

国家标准《气体保护电弧焊用碳钢、低合金钢焊丝》（GB/T 8110—2008）规定，焊丝型号由三部分组成，第一部分用字母“ER”表示焊丝；第二部分用两位数字表示焊丝熔敷金属的最低抗拉强度；第三部分为短划“–”后的字母或数字，表示焊丝化学成分分类代号；如还附加其他化学成分时，直接用元素符号表示，并以短划“–”与前面的数字分开，如图 6–5 所示。

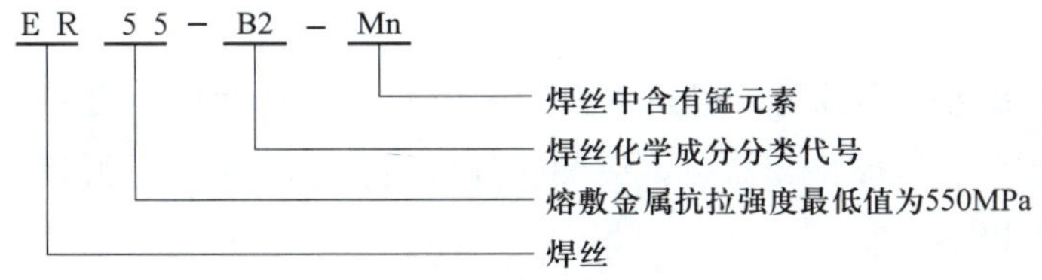

图 6–5　焊丝型号组成举例

目前常用的 CO_2 焊焊丝有 ER49–1 和 ER50–6 等。焊接低碳钢及低合金高强度结构钢时常用焊丝 ER50–6。

CO_2 焊所用的焊丝直径在 0.5 ～ 5 mm 范围内，CO_2 半自动焊常用的焊丝直径有 0.6 mm、0.8 mm、1.0 mm、1.2 mm 等几种，CO_2 自动焊除上述细焊丝外，大多采用直径为 2.0 mm、2.5 mm、3.0 mm、4.0 mm、5.0 mm 的焊丝。

六、CO_2 焊的焊接设备

CO_2 焊的焊接设备包括半自动焊设备和自动焊设备。其中，CO_2 半自动焊在生产中应用较广泛，如图 6–6 所示，其设备主要由焊接电源、送丝系统及焊枪、CO_2 供气系统、控制系统等组成。

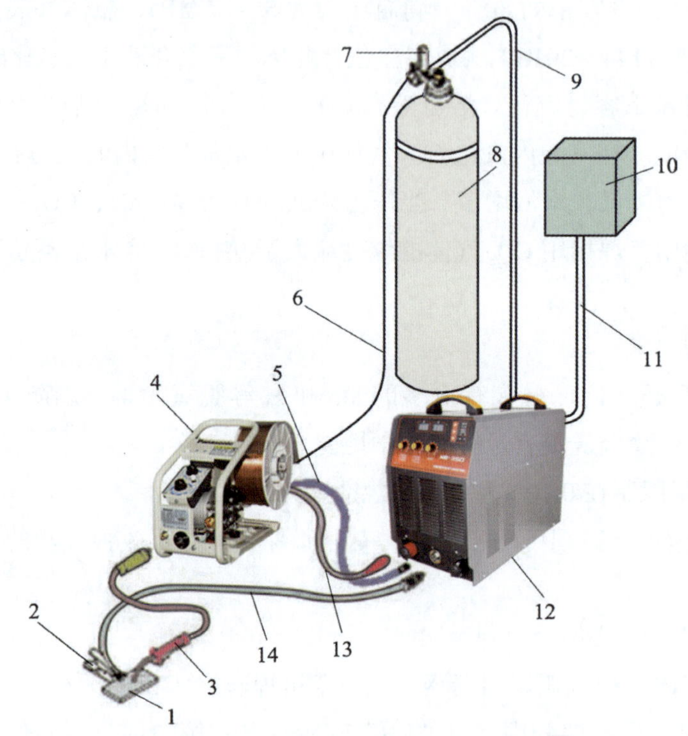

图 6–6　CO_2 半自动焊焊接设备的连接

1—焊件　2—地线夹　3—焊枪　4—送丝机　5—送丝控制电缆　6—送气管
7—CO_2 气体减压流量调节器　8—CO_2 气瓶　9—加热器电缆　10—配电箱
11—输入电缆　12—焊接电源　13—输出电缆　14—连接焊件电缆

1. 焊接电源

CO_2 焊使用交流电源焊接时，电弧不稳定，飞溅较大，所以，必须使用直流电源，通常选用具有平外特性的弧焊整流器。常用的弧焊整流器有抽头式硅弧焊整流器、晶闸管弧焊整流器和逆变弧焊整流器。

2. 送丝系统及焊枪

（1）送丝系统

送丝系统由送丝机（包括电动机、矫直轮和送丝轮）、送丝软管、焊丝盘等组成，如图 6–7 所示。CO_2 半自动焊机为等速送丝焊接设备，其送丝方式有推丝式、拉丝式、推拉式三种，如图 6–8 所示。

图 6-7 送丝系统

1—加压手柄 2—焊丝盘 3—焊丝 4—送丝电动机
5—矫直轮 6—送丝滚轮 7—加压滚轮架

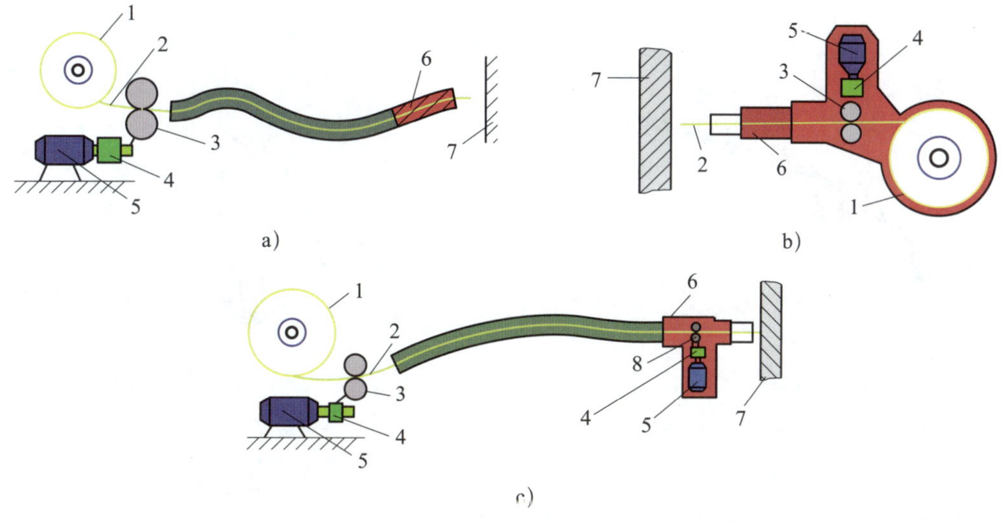

图 6-8 CO_2半自动焊送丝机构

a）推丝式 b）拉丝式 c）推拉式

1—焊丝盘 2—焊丝 3—送丝滚轮 4—减速器 5—电动机 6—焊枪 7—焊件 8—拉丝滚轮

1）推丝式。焊枪与送丝机构是分开的，焊丝经一段软管送到焊枪中。这种焊枪结构简单、轻便，但焊丝通过软管时受到的阻力大，因而软管长度受到限制，通常只能在距送丝机 2 ~ 4 m 的范围内使用。目前，CO_2半自动焊多采用推丝式送丝。

2）拉丝式。送丝机构与焊枪合为一体，没有软管，送丝阻力小，送丝较稳定，但焊枪结构复杂，质量增大，焊工劳动强度大，只适用于细焊丝（直径为 0.5 ~ 0.8 mm）送丝。

3）推拉式。这种结构是以上两种送丝方式的组合。送丝时以推为主，由于焊枪上装有拉丝滚轮，可将焊丝拉直，以减小焊丝在软管内的摩擦阻力。推拉式可使软管加长至 15 m，增加了操作的灵活性。

（2）焊枪

焊枪的作用是导电、导丝、导气。按送丝方式不同可分为推丝式焊枪和拉丝式焊枪；按结构不同可分为鹅颈式焊枪和手枪式焊枪；按冷却方式不同可分为空气冷却焊枪和内循环水冷却焊枪。其中，鹅颈式空气冷却焊枪应用最广泛，如图 6–9 所示。

3. CO_2 供气系统

CO_2 供气系统由气瓶、预热器、干燥器、减压器、流量计和电磁气阀组成。

瓶装的液态 CO_2 汽化时要吸热，吸热反应可使瓶阀及减压器冻结，所以，CO_2 气体在经过减压器前需经预热器加热，并在输送到焊枪前，应经过干燥器吸收其中的水分，使保护气体符合焊接要求。减压器的作用是将瓶内高压 CO_2 气体调节为低压（工作压力）气体；流量计的作用是控制及测量 CO_2 气体的流量，以形成良好的保护气流。电磁气阀控制 CO_2 气体的接通与关闭。现在生产的减压流量调节器（见图 6–10）将预热器、减压器和流量计合为一体，使用起来很方便。

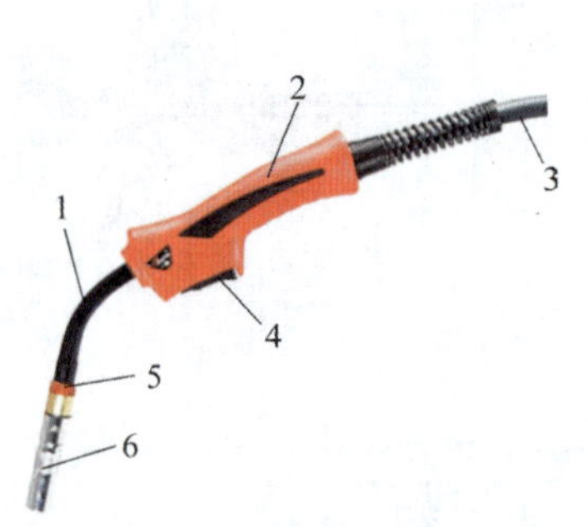

图 6–9　鹅颈式焊枪

1—鹅颈管　2—焊把　3—电缆

4—开关　5—绝缘接头　6—喷嘴

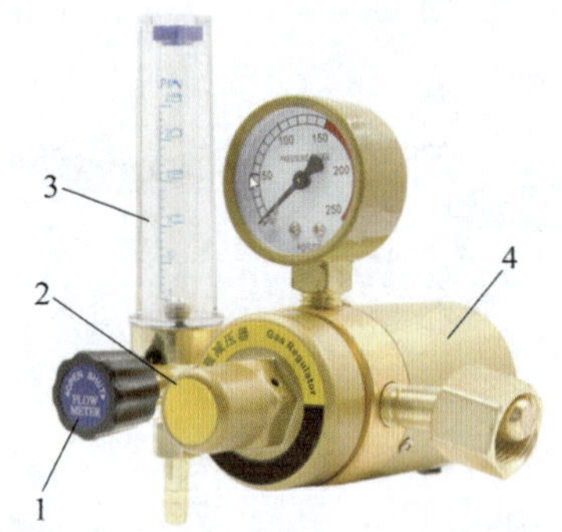

图 6–10　CO_2 气体减压流量调节器

1—电磁气阀　2—减压器

3—流量计　4—预热器

4. 控制系统

CO_2 焊控制系统的作用是对供气系统、送丝系统和供电系统实现控制，其控制程序图如图 6–11 所示。

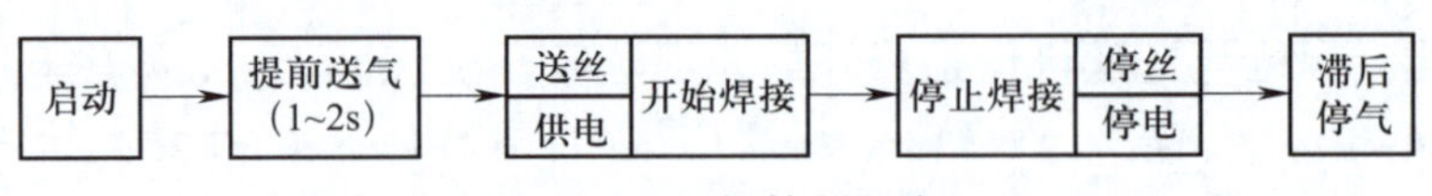

图 6–11　CO_2 焊控制程序图

目前，我国定型生产使用较广泛的 NBC 系列 CO_2 半自动焊机有 NBC–160 型、NBC–250 型、NBC1–300 型、NBC1–500 型等。

七、CO_2 焊的焊接参数

CO_2 焊的主要焊接参数包括焊丝直径、焊接电流、电弧电压、焊接速度、焊丝伸出长度、CO_2气体流量、电源极性、回路电感、装配间隙与坡口尺寸等。

1. 焊丝直径

焊丝直径应根据焊件厚度、焊接空间位置及生产效率的要求来选择。当焊接薄板或进行中、厚板的立焊、横焊、仰焊时，多采用直径 1.6 mm 以下的焊丝；在平焊位置焊接中、厚板时，可以采用直径 1.2 mm 以上的焊丝。焊丝直径的选择见表 6–1。

表 6–1 焊丝直径的选择

焊丝直径 /mm	熔滴过渡形式	焊件厚度 /mm	焊接位置
0.5 ~ 0.8	短路过渡	1.0 ~ 2.5	全位置
	滴状过渡	2.5 ~ 4.0	平位
1.0 ~ 1.2	短路过渡	2.0 ~ 8.0	全位置
	滴状过渡	2.0 ~ 12.0	平位
1.6	短路过渡	3.0 ~ 12.0	全位置
≥ 1.6	滴状过渡	> 6.0	平位

2. 焊接电流

焊接电流的大小应根据焊件厚度、焊丝直径、焊接位置及熔滴过渡形式来确定。焊接电流越大，焊缝厚度、宽度、余高都相应增大。通常直径为 0.8 ~ 1.6 mm 的焊丝，在短路过渡时，焊接电流在 60 ~ 180 A 内选择。细滴过渡时，焊接电流在 150 ~ 500 A 内选择。焊丝直径与焊接电流的关系见表 6–2。

表 6–2 焊丝直径与焊接电流的关系

焊丝直径 /mm	焊接电流 /A	
	细滴过渡	短路过渡
0.8	150 ~ 250	60 ~ 160
1.2	200 ~ 300	100 ~ 175
1.6	350 ~ 500	100 ~ 180

3. 电弧电压

电弧电压必须与焊接电流配合适当；否则，会影响焊缝成形及焊接过程的稳定性。电弧电压随着焊接电流的增大而增大。短路过渡焊接时，通常电弧电压在 16 ~ 24 V 范围内。细滴过渡焊接时，对于直径为 1.2 ~ 3.0 mm 的焊丝，电弧电压可在 25 ~ 36 V 范围内选择。

4. 焊接速度

在一定的焊丝直径、焊接电流和电弧电压条件下，随着焊接速度的加快，焊缝宽度和厚度减小。焊接速度过快，不仅气体保护效果变差，可能出现气孔，而且还易产生咬边、未熔合等缺欠；但焊接速度过慢，则焊接生产效率降低，焊接变形增大。一般 CO_2 半自动焊的焊接速度为 300 ～ 600 mm/min。

5. 焊丝伸出长度

焊丝伸出长度取决于焊丝直径，一般约等于焊丝直径的 10 倍，且不超过 15 mm。焊丝伸出长度过大，会成段熔断，飞溅严重，气体保护效果差；伸出长度过小，不但易造成飞溅物堵塞喷嘴，影响保护效果，也影响焊工视线。

6. CO_2 气体流量

CO_2 气体流量应根据焊接电流、焊接速度、焊丝伸出长度、喷嘴直径等选择，过大或过小的气体流量都会影响气体保护效果。

通常在细丝焊接时，CO_2 气体流量为 8 ～ 15 L/min；粗丝焊接时，CO_2 气体流量为 15 ～ 25 L/min。

7. 电源极性

为了减小飞溅，保持电弧稳定，一般焊机电源极性应选用直流反接。

除上述参数外，焊枪角度、焊枪与母材的距离等因素对焊接质量也有影响，如图 6–12 所示。

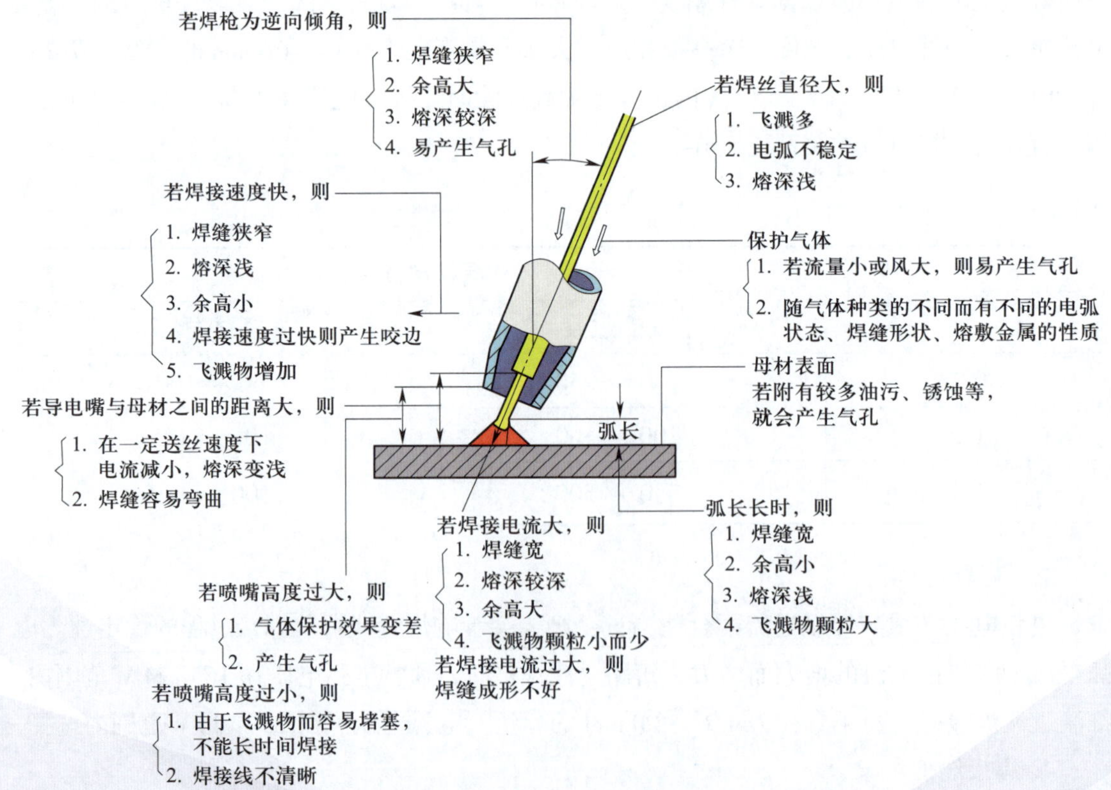

图 6–12 焊接条件对焊接质量的影响

八、熔化极活性气体保护焊（MAG 焊）

熔化极活性气体保护焊（Metal Active Gas Arc Welding，简称 MAG 焊）是在氩气中加入少量的氧化性气体（如氧气、二氧化碳或其混合气体）混合而成的一种混合气体保护焊。我国常用的是 80%（体积分数，下同）的氩气 +20% 的二氧化碳的混合气体，由于混合气体中氩气占的比例较大，故常称为富氩混合气体保护焊。

1. MAG 焊的特点

（1）与纯氩气保护焊相比，其特点如下：

1）熔深较深，熔敷系数高。

2）电弧挺度好，液态金属黏稠现象得到改观。

3）成本稍低。

（2）与纯 CO_2 焊相比，其特点如下：

1）电弧燃烧稳定，飞溅减少，故熔敷系数高，节省焊接材料。

2）对熔池的保护性能较高，焊缝气孔产生概率下降。

3）焊缝成形美观。

4）焊接参数增大，生产效率提高。

2. MAG 焊的设备

除必须采用电弧电压能无级调节的焊接电源外，送丝系统及焊枪、供气系统、控制系统均与 CO_2 焊的设备相同。

3. MAG 焊常用混合气体

MAG 焊常用混合气体的特点和用途见表 6–3。

表 6–3　　MAG 焊常用混合气体的特点和用途

元数	混合气体	特点	用途
二元	$Ar+O_2$	改善了熔滴细化率，电弧稳定性和金属过渡特性好，熔深较深，呈蘑菇形	主要用于碳钢、低合金钢、不锈钢等高合金钢及高强钢的焊接
	$Ar+CO_2$	电弧稳定性和金属过渡特性好，适用于短路过渡及喷射过渡，熔深较深，呈扁平形	主要用于碳钢、低合金钢的焊接
三元	$Ar+O_2+CO_2$	具有短路、粗滴、脉冲、喷射和高密度等过渡形式，各种形式都具有多方面适应性	主要用于各种厚度的碳钢、低合金钢、不锈钢的焊接

课题一　平敷焊 CO_2 焊

学习目标

1. 掌握左向焊法和右向焊法。
2. 熟练掌握平敷焊 CO_2 焊的操作方法。

工艺分析

在操作过程中，引弧及平敷焊手法不稳定，容易产生顶丝的现象。运条速度不均匀，容易使焊缝的成形宽窄不一致；焊丝向熔池送进时，会出现电弧过长或过短的现象；有时还会出现电弧电压与焊接电流不匹配的问题。在练习前期阶段一定要注意保证焊接过程中焊枪的焊接角度保持不变，焊丝始终不离开熔池，焊接速度均匀，摆动频率一致，以便形成波纹均匀的焊缝。

1. 焊前准备

（1）焊件材料：Q235 钢。

（2）焊件尺寸：300 mm × 200 mm × 6 mm，如图 6–13 所示。

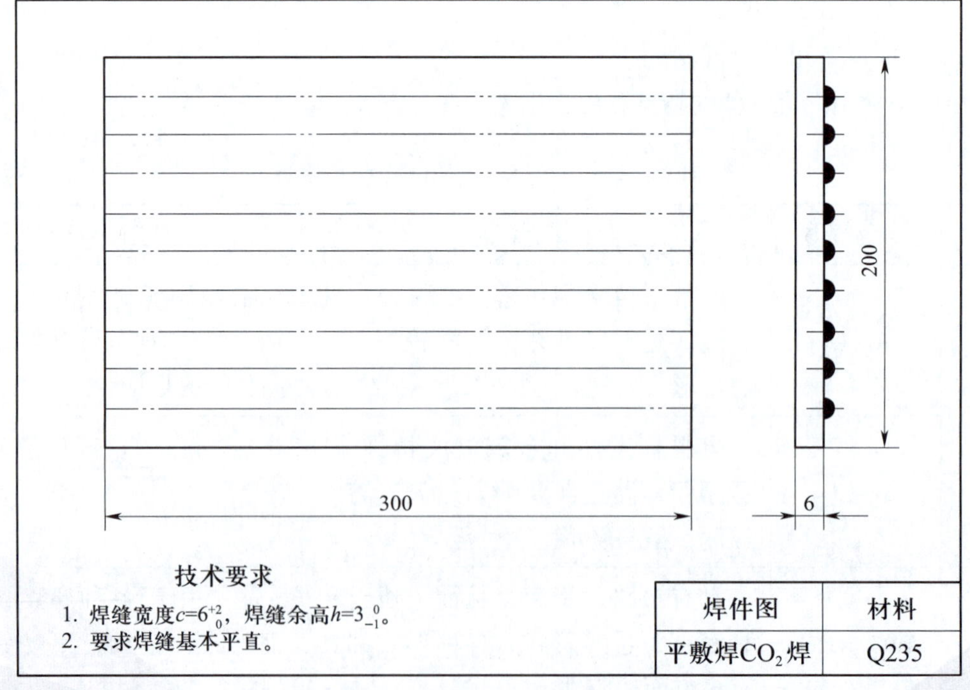

图 6–13　平敷焊 CO_2 焊焊件图

（3）焊接材料：焊丝选用 ER49-1，直径为 1.0 mm。

（4）焊接设备：NBC1-300 型 CO_2 半自动焊机，采用直流反接。

2. 焊前清理

清理钢板上的油污、锈蚀、水分及其他污物，直至露出金属光泽。在钢板长度方向每隔 20 mm 用石笔画一条直线，作为焊接时的运丝轨迹，如图 6-14 所示。为防止飞溅物堵塞喷嘴，在喷嘴上涂一层喷嘴防堵剂。

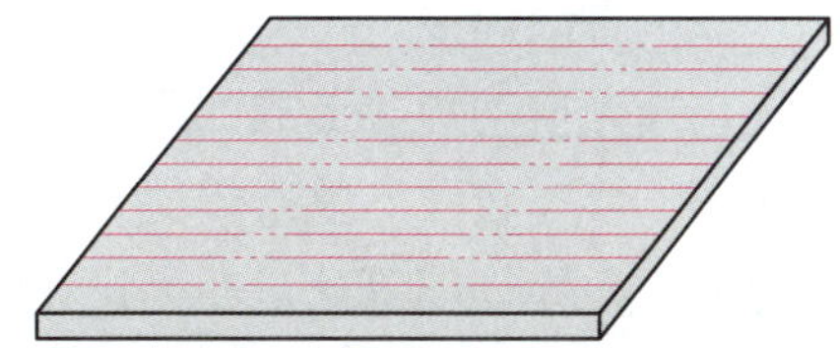

图 6-14　平敷焊焊件

3. 确定焊接参数

平敷焊 CO_2 焊焊接参数见表 6-4。

表 6-4　　平敷焊 CO_2 焊焊接参数

焊丝直径 / mm	焊接电流 / A	电弧电压 / V	焊接速度 /（m/h）	气体流量 /（L/min）
1.0	130 ~ 150	20 ~ 24	20 ~ 30	10 ~ 15

4. 操作步骤及要领

平敷焊 CO_2 焊操作步骤及要领见表 6-5。

表 6-5　　平敷焊 CO_2 焊操作步骤及要领

操作步骤及要领	图示
（1）引弧 采用短路法引弧，引弧前先将焊丝端头较大直径的球形剪去，使之为锐角，以防产生飞溅。同时，保持焊丝端头与焊件相距 2 ~ 3 mm（见图 6-15），喷嘴与焊件相距 10 ~ 15 mm。按动焊枪开关，随后自动送气、送电、送丝，直至焊丝与焊件表面相碰短路，引燃电弧。此时，焊枪有抬起的趋势，须控制好焊枪，然后缓慢引向待焊处，当焊缝金属熔合后，再以正常焊接速度施焊。	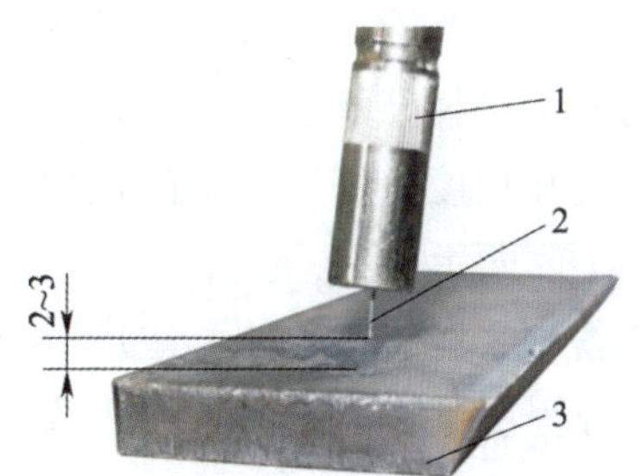 图 6-15　引弧时焊丝离焊件的距离 1—焊枪　2—焊丝　3—焊件

续表

操作步骤及要领	图示
（2）直线焊接 直线无摆动焊接形成的焊缝宽度稍窄，焊缝偏高，熔深较浅。整条焊缝往往在始焊端、焊缝接头、终焊端等处最容易产生缺欠，所以应采取特殊处理措施。 1）始焊端。焊件始焊端处于较低的温度，应在引弧后先将电弧稍微拉长一些，对焊缝端部适当预热，然后再压低电弧进行始焊端的焊接（见图 6–16a、b），这样可以获得具有一定熔深和成形比较整齐的焊缝。图 6–16c 所示为采取过短的电弧起焊而造成的焊缝成形不整齐，应当避免。 重要构件的焊接可在焊件始焊端加引弧板，将引弧时容易出现的缺欠留在引弧板上，如图 6–17 所示。 2）焊缝接头。焊缝接头连接方法有直线无摆动焊缝连接法和摆动焊缝连接法两种，如图 6–18 所示。 ①直线无摆动焊缝连接法。在原熔池前方 10 ~ 20 mm 处引弧，然后迅速将电弧引向原熔池中心，待熔化金属与原熔池边缘吻合填满弧坑后，再将电弧引向前方，使焊丝保持一定的高度和角度，并以稳定的速度向前移动，如图 6–18a 所示。 ②摆动焊缝连接法。在原熔池前方 10 ~ 20 mm 处引弧，然后以直线方式将电弧引向接头处，在接头中心开始摆动，并在向前移动的同时逐渐加大摆幅（使形成的焊缝与原焊缝宽度相同），最后转入正常焊接，如图 6–18b 所示。	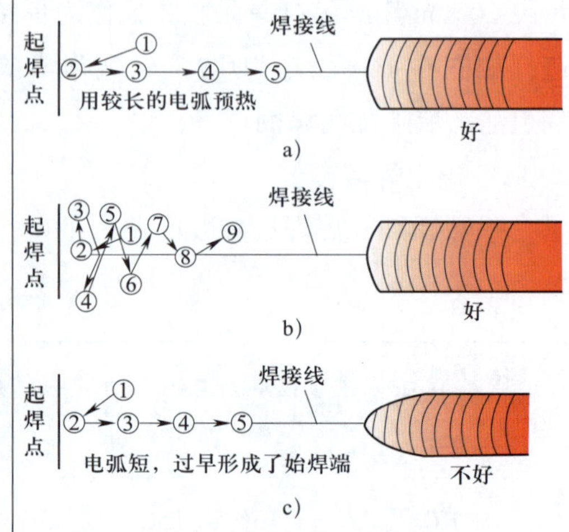 图 6–16　始焊端运丝法对焊缝成形的影响 a）长弧预热起焊的直线焊接 b）长弧预热起焊的摆动焊接 c）短弧起焊的直线焊接 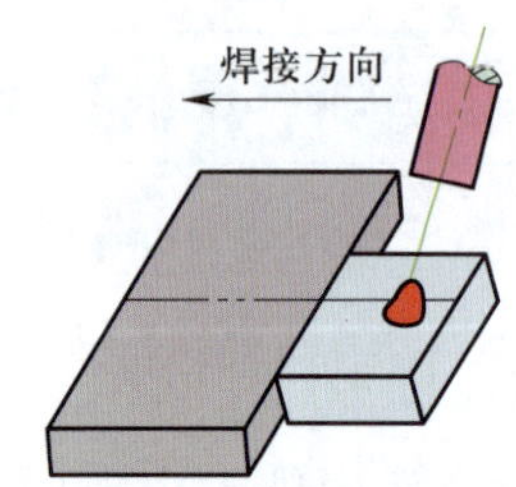 图 6–17　使用引弧板 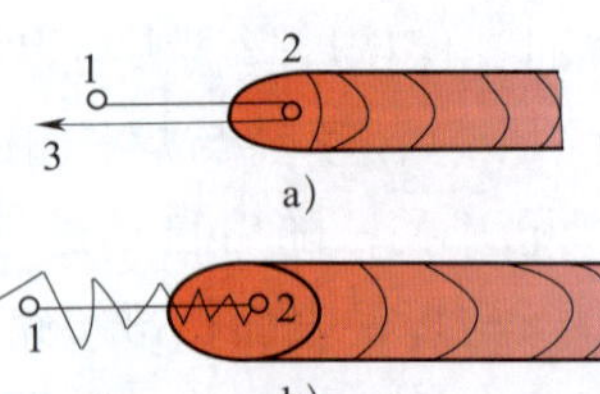 图 6–18　焊缝接头连接方法 a）直线无摆动焊缝连接法 b）摆动焊缝连接法

续表

操作步骤及要领	图示
3）终焊端。若焊缝终焊端出现过深的弧坑，会使焊缝收尾处产生裂纹和缩孔等缺欠。所以在收弧时，如果焊机没有电流衰减装置，应采用多次断续引弧方式填充弧坑，直至将弧坑填平，并且与母材圆滑过渡，如图 6–19 所示。 4）焊枪的运动方法。有左向焊法和右向焊法两种。焊枪自右向左移动称为左向焊法，自左向右移动称为右向焊法，如图 6–20 所示。 ①左向焊法。操作时，电弧的吹力作用在熔池及其前沿处，将熔池金属向前推延，由于电弧不直接作用在母材上，因此熔深较浅，焊道平坦且变宽，飞溅较大，保护效果好。采用左向焊法虽然观察熔池较困难，但易于掌握焊接方向，不易焊偏，如图 6–20a 所示。 ②右向焊法。如图 6–20b 所示，操作时，电弧直接作用到母材上，熔深较深，焊道窄而高，飞溅略小，但不易准确掌握方向，容易焊偏，尤其是对接焊时更明显。 一般 CO_2 焊时均采用左向焊法，后倾角为 10° ~ 15°。	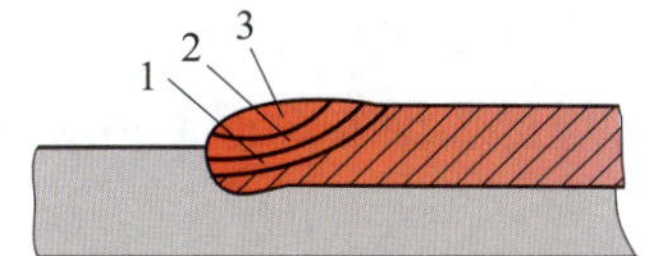 图 6–19　断续引弧填充弧坑 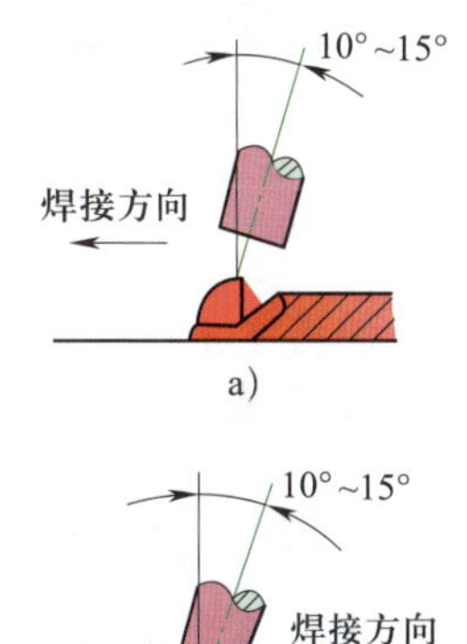 a） 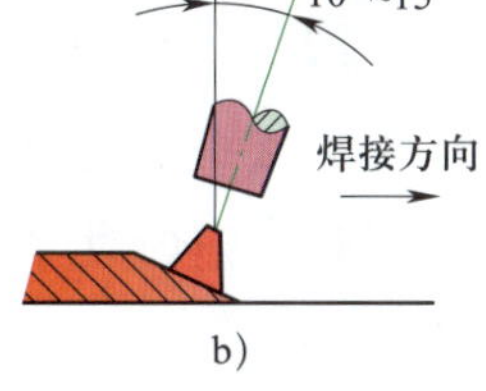 b） 图 6–20　CO_2 焊焊枪的运动方法 a）左向焊法　b）右向焊法
（3）摆动焊接 进行 CO_2 半自动焊时，为了获得较宽的焊缝，往往采用横向摆动运丝方式。常用的摆动方式有锯齿形、月牙形、正三角形、斜圆圈形等，如图 6–21 所示。 摆动焊接时，横向摆动运丝角度和始焊端的运丝要领与直线无摆动焊接一样。在横向摆动运丝时要注意：摆动的幅度要一致，摆动到中间时速度应稍快，而到两侧时要稍作停顿；摆动的幅度不能过大，否则部分熔池不能得到良好的保护作用。一般摆动幅度限制在喷嘴内径的 1.5 倍范围内。运丝时以手腕作为辅助，以手臂操作为主控制和掌握运丝角度。	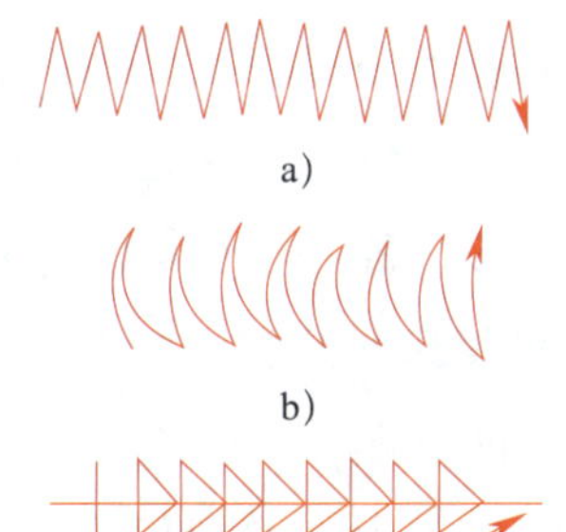 a） b） c） 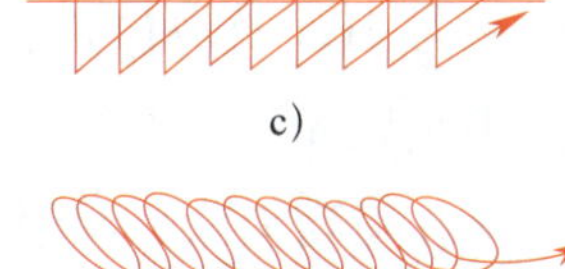 d） 图 6–21　CO_2 半自动焊焊枪的摆动方式 a）锯齿形　b）月牙形 c）正三角形　d）斜圆圈形

5. 焊接质量要求

（1）焊缝边缘直线度误差≤ 2 mm，焊缝宽度差≤ 3 mm。

（2）焊缝与焊件平滑过渡，焊缝余高为 0 ~ 3 mm，余高差≤ 2 mm。

（3）焊缝表面不得有裂纹、未熔合、夹渣、气孔、焊瘤等缺欠。

（4）焊缝边缘咬边深度≤ 0.5 mm，焊缝两侧咬边总长度不得超过焊缝长度的 10%。

（5）焊件表面非焊道上不应有引弧痕迹。

课题二　板 T 形接头平角焊 CO_2 焊

学习目标

熟练掌握板 T 形接头平角焊 CO_2 焊的操作方法。

工艺分析

进行板 T 形接头平角焊 CO_2 焊时，若操作不当，极易产生咬边、未焊透、焊脚下坠等缺欠。因此，施焊时除了正确选择焊接参数外，还要根据焊件厚度和焊脚尺寸来控制焊枪角度。

1. 焊前准备

（1）焊件材料：Q235 钢。

（2）焊件尺寸：200 mm × 100 mm × 10 mm 一块，200 mm × 50 mm × 10 mm 一块，I 形坡口，如图 6–22 所示。

（3）焊接材料：焊丝选用 ER49–1，直径为 1.2 mm。

（4）焊接设备：NBC1–300 型 CO_2 半自动焊机，采用直流反接。

2. 焊件清理与装配

（1）焊前清理

清理焊件坡口面及坡口正、反面两侧各 20 mm 范围内的油污、锈蚀、水分及其他污物，直至露出金属光泽。为便于清理飞溅物和防止堵塞喷嘴，可在焊件表面涂上一层飞溅物防黏剂，或在喷嘴上涂一层喷嘴防堵剂。

（2）装配

组对间隙为 0 ~ 2 mm。

（3）定位焊

定位焊采用与正式焊接相同型号的焊丝，定位焊的位置应在焊件两端的对称处，将焊

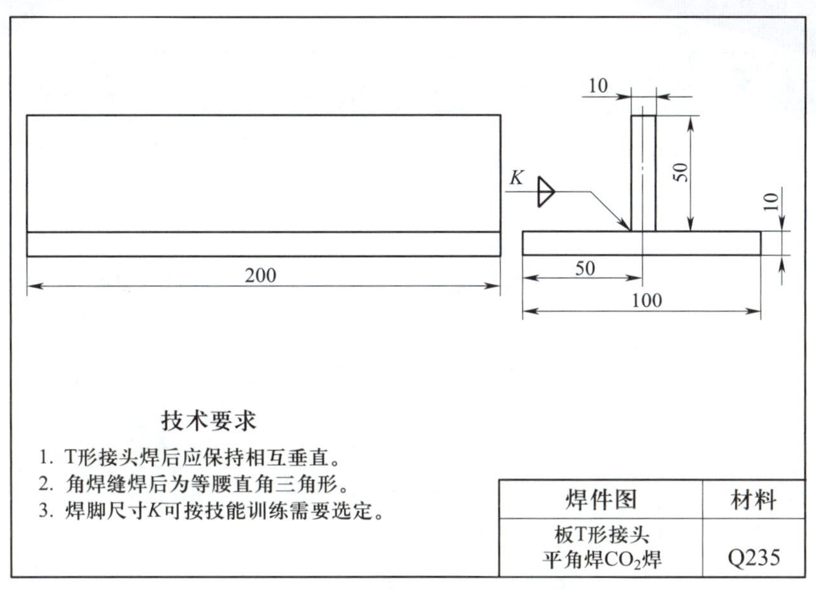

图 6–22　板 T 形接头平角焊 CO_2 焊焊件图

件组焊成 T 形接头，四条定位焊缝长度均为 10 ～ 15 mm。定位焊完毕矫正焊件，保证立板与平板间的垂直度。

3. 确定焊接参数

板 T 形接头平角焊 CO_2 焊焊接参数见表 6–6。

表 6–6　　板 T 形接头平角焊 CO_2 焊焊接参数

焊接层次	焊丝直径 / mm	焊丝伸出长度 /mm	焊接电流 / A	电弧电压 / V	气体流量 /（L/min）	运丝方式
一层一道	1.2	13 ～ 18	220 ～ 250	25 ～ 27	15 ～ 20	斜圆圈形或锯齿形运丝法

4. 操作步骤及要领

板 T 形接头平角焊 CO_2 焊操作步骤及要领见表 6–7。

表 6–7　　板 T 形接头平角焊 CO_2 焊操作步骤及要领

操作步骤及要领	图示
（1）引弧 采用左向焊法，操作时，将焊枪置于右端引弧，如图 6–23 所示。	图 6–23　引弧时焊枪的位置

续表

操作步骤及要领	图示
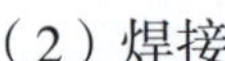 （2）焊接 焊枪指向距离根部 1 ~ 2 mm 处。如果焊枪对准的位置不正确，引弧电压过低或焊接速度过慢都会使熔液下淌，造成焊缝下坠，如图 6–24a 所示；如果引弧电压过高，焊接速度过快或焊枪朝向垂直板，致使母材温度过高，则会使焊缝产生咬边和焊瘤等缺欠，如图 6–24b 所示。 由于采用较大的焊接电流，焊接速度可稍快，同时要适当地做横向摆动，焊枪角度如图 6–25 所示。 焊接过程中要始终控制焊脚尺寸，并保证焊道与焊件熔合良好。	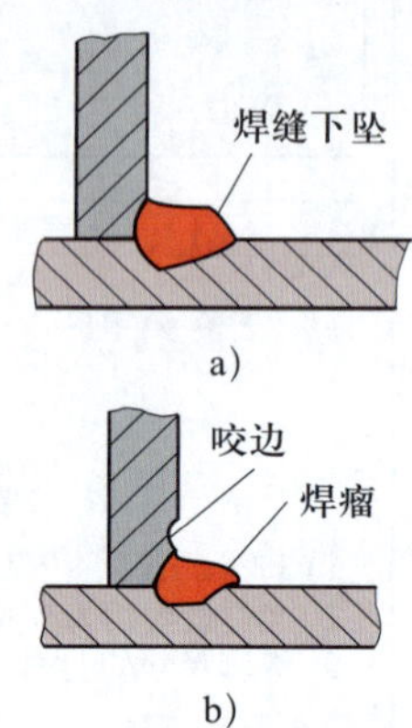 图 6–24　平角焊焊缝的缺欠 a）焊缝下坠　b）咬边、焊瘤 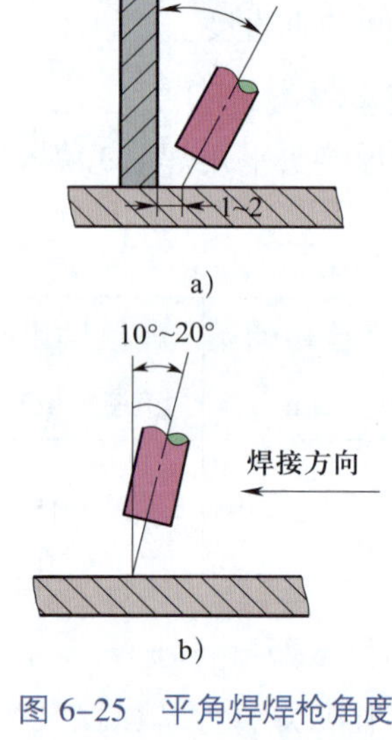 图 6–25　平角焊焊枪角度 a）正面　b）侧面
（3）收弧 焊至终焊端填满弧坑，稍停片刻缓慢地抬起焊枪完成收弧，如图 6–26 所示。	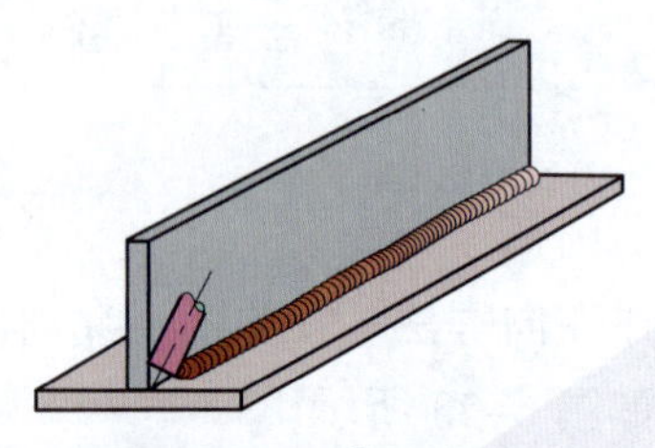 图 6–26　收弧方法

5. 注意事项

（1）施焊过程中灵活掌握焊接速度，防止未熔合、气孔、咬边等缺欠。

（2）熄弧时禁止突然切断电源，在弧坑处必须稍作停留，待填满弧坑后再收弧，以防止产生裂纹和气孔。

（3）当板厚不同时，应使电弧偏向厚板一侧，正确调整焊枪角度，以防止咬边、焊缝下坠，并保持焊脚尺寸正确。

（4）焊后关闭设备电源，用钢丝刷清理焊缝表面，目测或用放大镜观察焊缝表面是否有气孔、裂纹、咬边等缺欠，用焊接检验尺测量焊缝外观成形尺寸。

安全生产

（1）CO_2焊时，电弧温度为 6 000 ~ 10 000 ℃，弧光辐射比焊条电弧焊强，因此应加强防护。

（2）CO_2焊时，飞溅较多，尤其是粗丝（直径大于 1.6 mm）焊接时更易产生大颗粒飞溅物，因此，焊工应使用完善的防护用具，以防止人体被灼伤。

（3）CO_2气体在焊接电弧高温下会分解生成对人体有害的 CO 气体，焊接时还会排出其他有害气体和烟尘，所以应加强通风，特别是在容器内施焊时，要使用能供给新鲜空气的特殊面罩，容器外应有人监护。

（4）CO_2气体预热器所使用的电压不得高于 36 V，且外壳应可靠接地。工作结束时，立即切断电源和气源。

（5）装有液态CO_2的气瓶满瓶压力为 5 ~ 7 MPa，但当遇到外部的热源时，液体会迅速地蒸发为气体，使瓶内压力升高，而且吸收的热量越多，压力越高，这样就有造成爆炸的危险。因此，装有液态CO_2的钢瓶不能接近热源，同时应采取降温等安全措施，避免气瓶发生爆炸事故。

（6）进行大电流粗丝CO_2焊时，应防止焊枪水冷系统漏水而破坏绝缘，并在焊把前加防护挡板，以免发生触电事故。

6. 焊接质量要求

（1）焊脚尺寸为 6 ~ 8 mm。

（2）焊缝过渡圆滑，焊脚对称，成形美观。

（3）焊缝无咬边和焊脚下坠现象。

课题三　板对接平焊 CO_2 焊

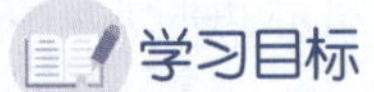

学习目标

掌握板对接平焊 CO_2 焊的操作方法。

工艺分析

与焊条电弧焊相同，板对接平焊 CO_2 焊的基本操作也包括引弧、收弧、接头、摆动等技能。由于焊接过程焊丝是通过送丝机送进的，只需维持弧长不变，并根据熔池情况摆动和移动焊枪。因此，填充焊与盖面焊操作起来相对比较容易，难点在于焊条电弧焊时打底焊采用的是单点击穿断弧法，而 CO_2 焊却采用连弧法焊接，就造成了在单面焊双面成形的打底焊中焊丝容易穿过焊件的根部间隙，而使焊接过程中止。在操作练习的初期要解决这一问题，就要在焊接过程中始终将焊丝端部置于熔池中（熔池前 1/3 处）。

1. 焊前准备

（1）焊件材料：Q235 钢。

（2）焊件尺寸：300 mm × 100 mm × 12 mm，每组两块，V 形坡口，坡口尺寸如图 6–27 所示。

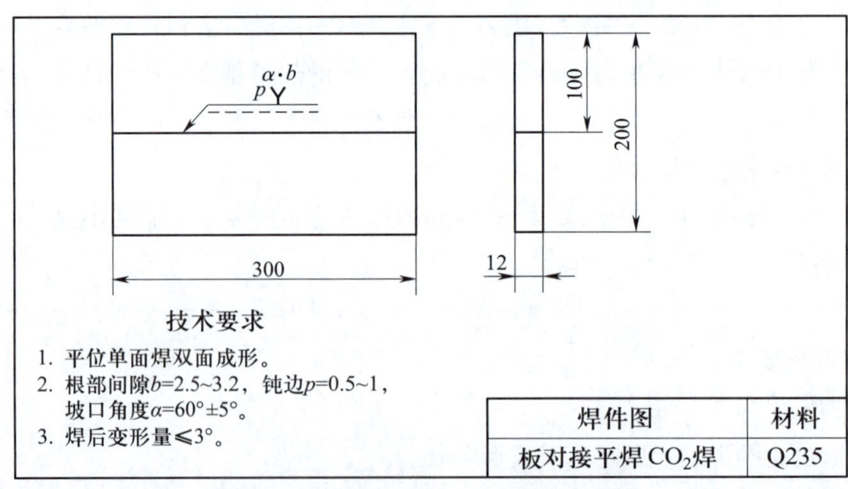

图 6–27　板对接平焊 CO_2 焊焊件图

（3）焊接要求：单面焊双面成形。

（4）焊接材料：焊丝选用 ER49–1，直径为 1.2 mm。

（5）焊接设备：NBC1–300 型 CO_2 半自动焊机，采用直流反接。

2. 焊件清理与装配

（1）钝边

修磨钝边为 0.5 ~ 1 mm，去除毛刺。

（2）焊前清理

清理焊件坡口面及坡口正、反面两侧各 20 mm 范围内的油污、锈蚀、水分及其他污物，直至露出金属光泽。为便于清除飞溅物和防止堵塞喷嘴，可在焊件表面涂上一层飞溅物防黏剂，在喷嘴上涂一层喷嘴防堵剂。

（3）装配

始焊端装配间隙为 2.5 mm，终焊端装配间隙为 3.2 mm，错边量≤ 0.5 mm。

（4）定位焊

在焊件坡口内进行定位焊，焊缝长度为 10 ~ 15 mm。

（5）预置反变形

预置反变形量为 3°，如图 6–28 所示。

图 6–28　预置反变形

3. 确定焊接参数

板对接平焊 CO_2 焊焊接参数见表 6–8。

表 6–8　板对接平焊 CO_2 焊焊接参数

焊接层次	焊丝直径 / mm	焊接电流 / A	电弧电压 /V	运丝方式	气体流量 /（L/min）
打底层	1.2	110 ~ 130	18 ~ 20	锯齿形或月牙形运丝法	15 ~ 20
填充层		130 ~ 150	20 ~ 24	锯齿形或月牙形运丝法	
盖面层		140 ~ 160	21 ~ 25	锯齿形或月牙形运丝法	

4. 操作步骤及要领

采用左向焊法，焊接层次为三层三道，焊道分布如图 6–29 所示。

板对接平焊 CO_2 焊操作步骤及要领见表 6–9。

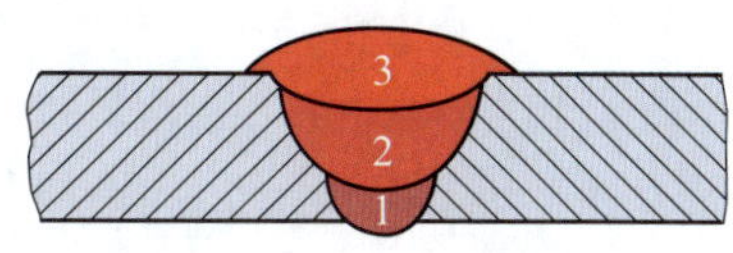

图 6–29　焊道分布

表 6-9　　板对接平焊 CO_2 焊操作步骤及要领

操作步骤及要领	图示
（1）打底焊 1）引弧。将焊件始焊端（间隙小的一端）放于右侧，在右侧定位焊缝处引弧，并略抬高电弧稍作预热，焊至定位焊缝尾部时，将焊枪向下压一下，然后开始向左焊接打底层焊缝，焊枪角度如图 6–30 所示。焊枪沿坡口两侧做小幅度横向摆动，控制电弧在离底边 2 ~ 3 mm 处燃烧，并在坡口两侧稍微停留 0.5 ~ 1 s。焊接时应根据间隙大小和熔孔直径的变化调整横向摆动幅度和焊接速度，尽可能维持熔孔直径不变，以获得宽窄和高低均匀的背面焊缝，如图 6–31 所示，严防烧穿。 2）控制熔孔的大小。熔孔的大小决定背部焊缝的宽度和余高，要求焊接过程中控制熔孔直径始终比间隙大 0.5 ~ 1 mm，如图 6–32 所示。 3）控制电弧的停留时间。控制电弧在坡口两侧的停留时间，以保证坡口两侧熔合良好，使打底层焊缝两侧与坡口接合处稍下凹，焊缝表面平整，如图 6–33 所示。	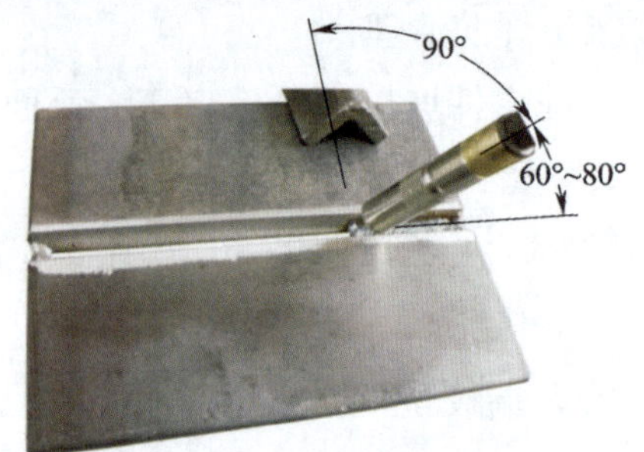 图 6–30　打底焊焊枪角度 根部间隙 快速移动 停 0.5~1s a） ③ ① 根部间隙 ④ ② 快速移动 停 0.5~1s b） 图 6–31　板对接平焊 CO_2 焊焊枪摆动方式 a）月牙形摆动方式　b）倒退式月牙形摆动方式 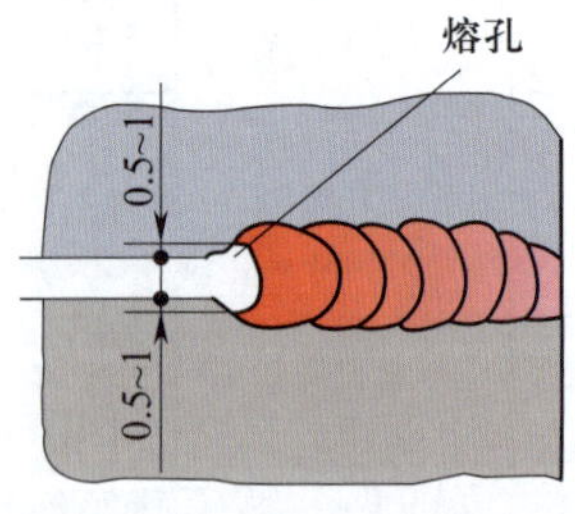 图 6–32　平焊时熔孔的尺寸 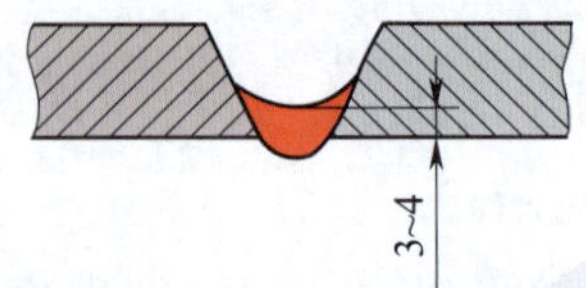 图 6–33　打底层焊缝

续表

操作步骤及要领	图示
4）控制喷嘴的高度。电弧必须在离坡口底部 2 ~ 3 mm 处燃烧，保证打底层厚度不超过 4 mm。 打底层焊缝如图 6–34 所示。	 图 6–34　打底层焊缝背面
（2）填充焊 调试好填充层焊接参数后，按图 6–35 所示的焊枪角度从焊件右端开始焊填充层，焊枪的横向摆动幅度应稍大于打底层焊缝宽度。注意熔池两侧熔合情况，保证焊道表面平整并稍向下凹，使填充层的高度低于母材表面 1.5 ~ 2 mm。焊接时不允许熔化坡口棱边，如图 6–36 所示。	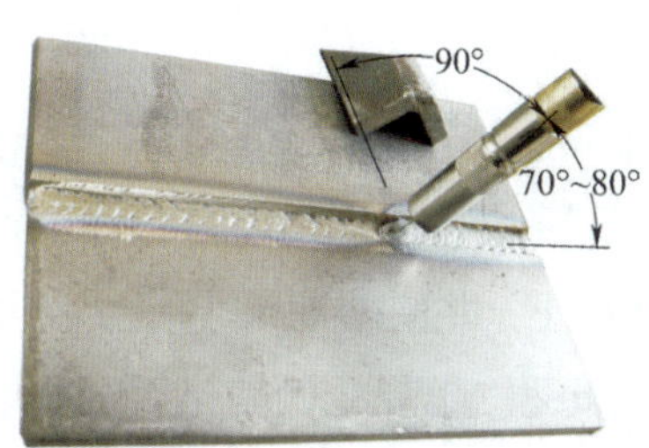 图 6–35　填充焊焊枪角度 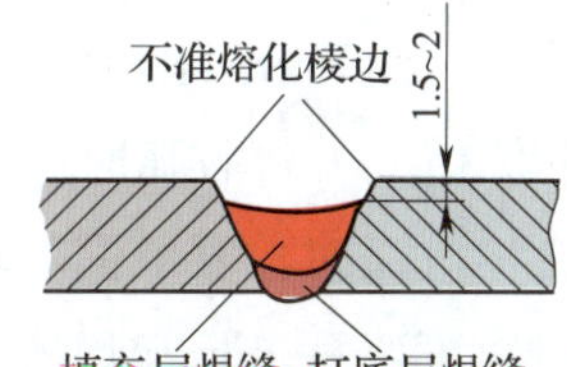 图 6–36　填充层焊缝
（3）盖面焊 调试好盖面层焊接参数后，按图 6–37 所示的焊枪角度从右端开始焊接盖面层。焊接时需注意以下事项： 1）保持喷嘴高度，焊接熔池边缘应超过坡口棱边 0.5 ~ 1 mm，并防止咬边。	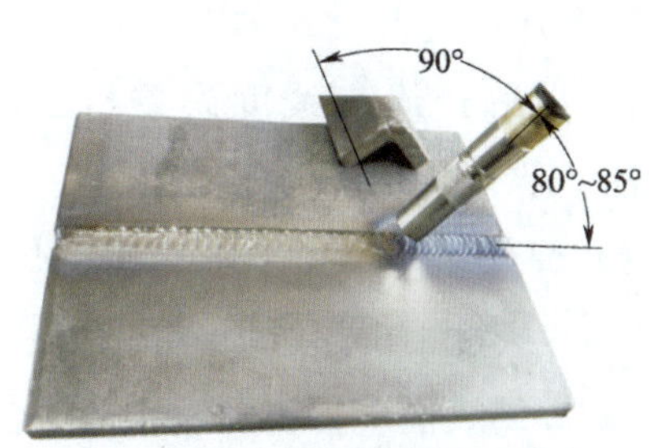 图 6–37　盖面焊焊枪角度

续表

操作步骤及要领	图示
2）焊枪横向摆动幅度应比填充焊时稍大，尽量保持焊接速度均匀，使焊缝外观成形平滑。盖面层焊缝如图 6–38 所示。 3）收弧时要填满弧坑，收弧弧长要短，熔池凝固后方能移开焊枪，以免产生弧坑裂纹和气孔。	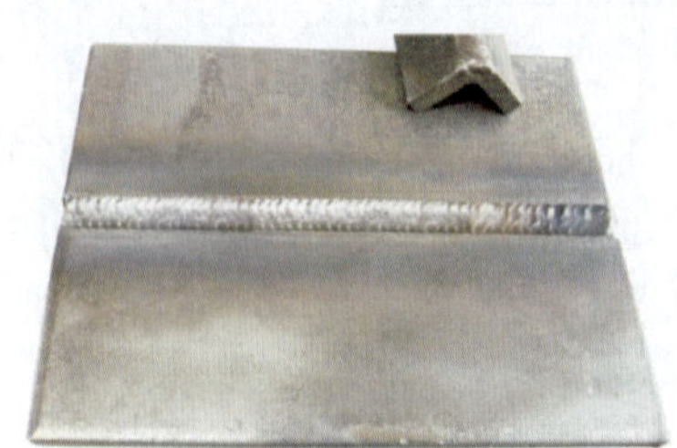 图 6–38　盖面层焊缝

教师指导

【问题 1】怎样防止液态金属下坠？

回答：进行打底焊时，焊枪摆动方法要得当，在坡口两侧稍作停顿，控制熔池温度的上升，并使熔池大小一致，可防止液态金属透过坡口间隙产生下坠。

【问题 2】焊枪倾角是否会影响焊接效果？

回答：焊接操作时应注意焊枪倾角，焊枪倾角太大，不仅会破坏保护气氛，而且液态金属超前流动会阻碍熔孔的形成，使背面焊缝无法成形；焊枪倾角过小，不仅影响操作视线，而且容易出现穿丝现象。

【问题 3】CO_2 焊收弧时应注意哪些问题？

回答：收弧时，要填满弧坑并使弧坑尽量小些，防止弧坑处产生缺欠。当中途中断焊接时，不要马上抬起焊枪，要通过滞后停气做好对熔池的保护，以避免熔池在高温下发生氧化现象。

5. 焊接质量要求

（1）外观检查

1）焊缝边缘直线度误差 ≤ 2 mm；焊道宽度比坡口每侧增宽 0.5 ~ 1 mm，宽度差 ≤ 3 mm。

2）焊缝与母材圆滑过渡；焊缝余高为 0 ~ 3 mm，余高差 ≤ 2 mm；背面凹坑 ≤ 2 mm，长度不得超过焊缝长度的 10%。

3）焊缝表面不得有裂纹、未熔合、夹渣、气孔、焊瘤等缺欠。

4）焊缝边缘咬边深度 ≤ 0.5 mm，焊缝两侧咬边总长度不得超过焊缝长度的 10%。

5）焊件表面非焊道上不应有引弧痕迹，焊件变形量≤ 3°，错边量≤ 0.5 mm。

（2）焊件的射线透照检验要求与焊条电弧焊检验要求相同。

课题四　管板骑座式垂直固定焊 MAG 焊

学习目标

掌握管板骑座式垂直固定焊 MAG 焊的操作方法。

工艺分析

管板骑座式垂直固定焊 MAG 焊的难点是焊工必须根据管子的弯曲连续转动手腕，不断地调整焊枪角度和电弧对中位置，才能保证获得无咬边的对称焊脚，这需要反复练习才能掌握。

1. 焊前准备

（1）焊件材料：管材选用 20 钢管，板材选用 Q235 钢板。

（2）焊件尺寸：管材为 ϕ57 mm × 4 mm，L=90 mm；板材为 100 mm × 100 mm × 10 mm，如图 6–39 所示。

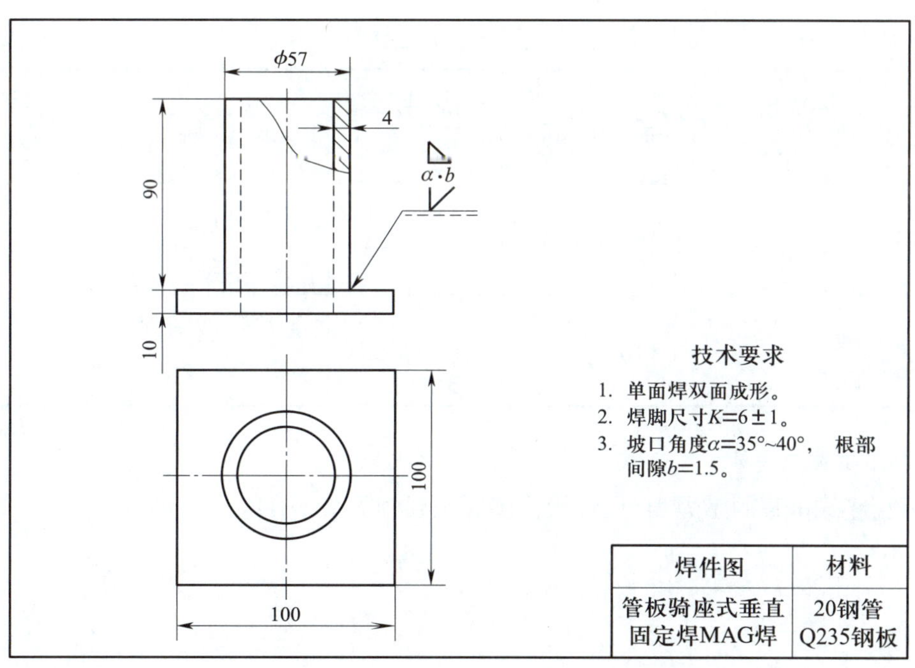

图 6–39　管板骑座式垂直固定焊 MAG 焊焊件图

（3）焊接要求：打底焊为单面焊双面成形，盖面焊为角焊缝。

（4）焊接材料：焊丝选用ER49–1，直径为1.0 mm；保护气体选用80%（体积分数，下同）的氩气+20%的二氧化碳的混合气体，氩气纯度≥99.99%，二氧化碳纯度≥99.5%。

（5）焊接设备：NBC1–300型CO_2半自动焊机，采用直流反接。

2. 焊件清理与装配

（1）钝边

修磨钝边为0.5 ~ 1 mm，去除毛刺。

（2）焊前清理

清理板材正、反面通孔两侧20 mm和管子端部坡口面内、外表面20 mm范围内的油污、锈蚀、水分及其他污物，直至露出金属光泽。

（3）装配

根部装配间隙为1.5 mm，要求管子内孔与板孔同轴，错边量≤0.5 mm，管子与板材垂直。

（4）定位焊

采用两点固定焊件，定位焊缝长度为5 ~ 10 mm，定位焊缝两端修磨成斜坡，以便于接头。焊缝厚度为2 ~ 3 mm，要求焊透，无未熔合、气孔等缺欠。

3. 确定焊接参数

管板骑座式垂直固定焊MAG焊焊接参数见表6–10。

表6–10　管板骑座式垂直固定焊MAG焊焊接参数

焊接层次	焊丝直径/mm	焊接电流/A	电弧电压/V	运丝方式	气体流量/（L/min）
打底层	1.0	90 ~ 110	18 ~ 20	小锯齿形运丝法	10 ~ 15
盖面层		110 ~ 130	19 ~ 22	锯齿形或斜圆圈形运丝法	

4. 操作步骤及要领

管板骑座式垂直固定焊MAG焊操作步骤及要领见表6–11。

表 6–11　　管板骑座式垂直固定焊 MAG 焊操作步骤及要领

操作步骤及要领	图示
（1）打底焊 采用左向焊法，打底焊时焊枪角度及焊接方向如图 6–40 所示。 1）引弧。在定位焊缝中间位置预热引弧，然后向左施焊，待焊到定位焊缝斜坡位置时要将焊枪摆到 90° 位置，以便与定位焊缝良好熔合。 2）焊接。焊接时，焊枪做小锯齿形摆动，保证熔孔直径比间隙大 0.5 ~ 1 mm，焊丝不要离开熔池，始终处于熔池的前 1/3 处，每一个熔池覆盖前一个熔池的 2/3，以便形成波纹均匀的打底层焊缝。	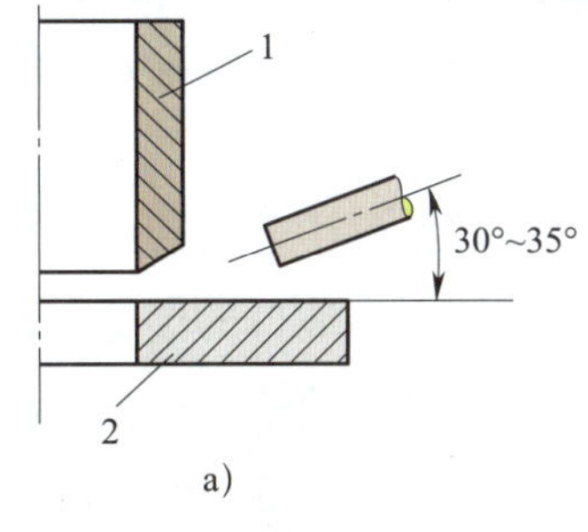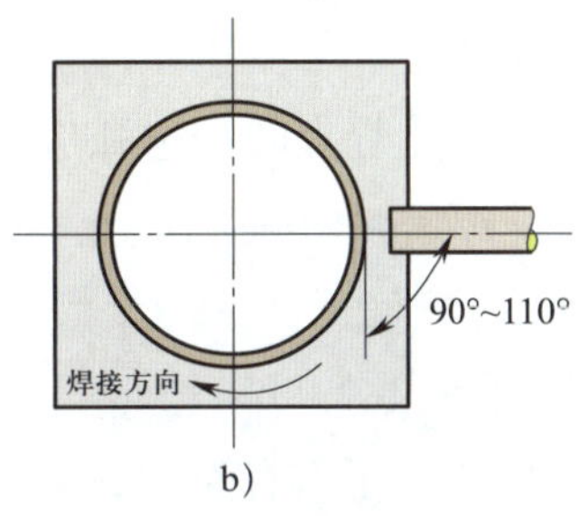 图 6–40　打底焊焊枪角度及焊接方向 a）焊枪角度　b）焊枪角度及焊接方向 1—管材　2—板材
（2）盖面焊 清理打底焊的焊渣和飞溅物，打磨掉打底焊接头处局部凸起，然后按图 6–41 所示的焊枪角度进行盖面层的焊接。 在焊接过程中，焊枪采用锯齿形或斜圆圈形运丝方式，摆动的幅度要比打底焊稍大，并在坡口两侧适当停留，保证熔池边缘超过坡口棱边 0.5 ~ 1 mm，并使焊道平齐。	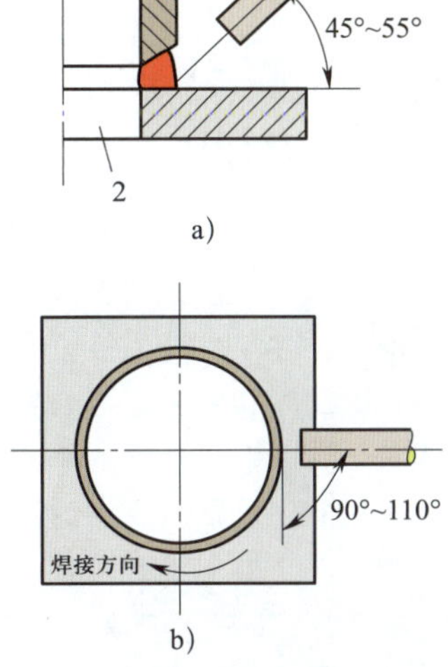 图 6–41　盖面焊焊枪角度及焊接方向 a）焊枪角度　b）焊枪角度及焊接方向 1—管材　2—板材

教师指导

（1）停弧

在焊接过程中，焊工的上身最好跟着焊枪的移动方向前倾，以便清楚地观察焊接熔池，直至不易观察熔池处停弧，停弧时应将电弧移至孔板侧。

（2）接头

打底焊过程中若出现中断，熄弧后再进行接头时，需将接头处打磨成斜坡面，但要注意不能磨损坡口的钝边，以免造成局部间隙变大，影响背面焊缝成形。接头时将焊丝顶端对准熔池最高点处引弧，然后以小锯齿形摆动向左焊接，当电弧摆动到熔池最低处，形成新的熔孔后，再进行正常的焊接。

（3）收弧

当焊接至始焊点时，电弧应向熔池前端移动，将电弧热量分散到坡口根部和始焊点处，保证焊透并填满弧坑。

5. 焊接质量要求

（1）焊缝表面不得有裂纹、未熔合、气孔、焊瘤和未焊透等缺欠。

（2）焊缝的凹度或凸度≤ 1.5 mm，管侧焊脚尺寸为壁厚 +（0 ～ 3）mm。

（3）焊缝表面咬边深度≤ 0.5 mm，两侧的咬边总长度不得超过焊缝长度的 10%；背面凹坑深度小于等于壁厚的 25%，且≤ 1 mm。

（4）焊件上非焊道处不得有引弧痕迹。

第七单元
手工钨极氩弧焊

基 础 知 识

学习目标

1. 了解氩弧焊的原理、特点、分类、设备及焊接材料。
2. 掌握手工钨极氩弧焊的操作要领。

一、氩弧焊的原理、特点及分类

1. 氩弧焊的原理

氩弧焊是使用氩气作为保护气体的一种气体保护电弧焊方法。氩弧焊的原理如图 7–1 所示。焊接时，氩气流从焊枪喷嘴中连续喷出，在电弧区形成严密的气体保护层，使电极和金属熔池与空气隔离。同时，利用电极（钨极或焊丝）与焊件之间产生的电弧热量来熔化焊丝（手工填加的焊丝或自动送给的焊丝）与焊件形成熔池，液态熔池金属凝固后形成焊缝。

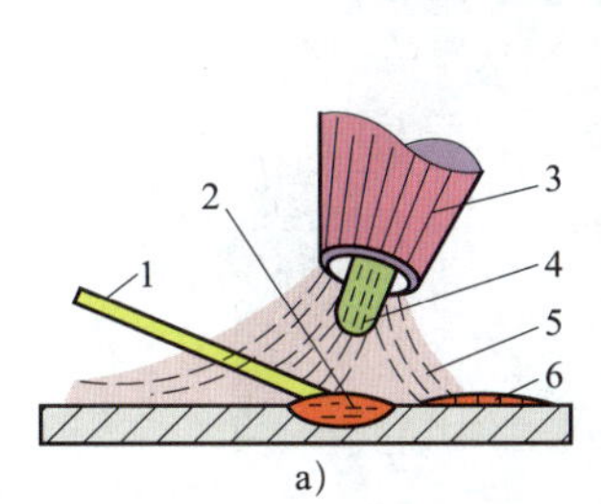

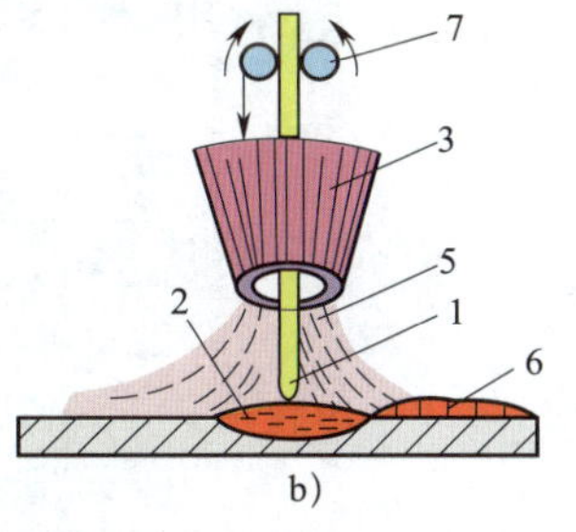

图 7–1 氩弧焊的原理

a）钨极氩弧焊 b）熔化极氩弧焊

1—焊丝 2—熔池 3—喷嘴 4—钨极 5—氩气 6—焊缝 7—送丝滚轮

2. 氩弧焊的特点

（1）焊缝质量高

由于氩气是一种惰性气体，不与金属发生化学反应，合金元素不会被氧化烧损，而且

氩气也不溶于金属，焊接过程基本上是金属熔化和结晶的简单过程，因此，保护效果好，能获得较为纯净及高质量的焊缝。

（2）焊接变形与应力小

由于电弧受氩气流的冷却和压缩作用，电弧的热量集中，且氩弧的温度又很高，故热影响区很窄。因此，焊接变形与应力小，尤其适用于焊接很薄的材料。

（3）焊接范围广泛

几乎所有的金属材料都可以进行氩弧焊，特别适宜焊接化学性质活泼的金属和合金。常用于铝、镁、钛、铜及其合金以及低合金钢、不锈钢、耐热钢等材料的焊接，有时还可用于焊接结构的打底焊。

（4）易于操作

由于氩弧焊为采用氩气保护的明弧焊接，电弧、熔池可见性好，适合各种位置焊接，容易操作且可实现机械化和自动化。

3. 氩弧焊的分类

氩弧焊根据所用的电极材料不同，可分为钨极（不熔化极）氩弧焊和熔化极氩弧焊。按其操作方式不同，又可分为手工氩弧焊、半自动氩弧焊和自动氩弧焊。根据采用的电源种类不同，又可分为直流氩弧焊、交流氩弧焊和脉冲氩弧焊等。

二、钨极氩弧焊的焊接材料、设备及焊接参数

钨极氩弧焊是使用纯钨或活化钨（钍钨、铈钨）为电极的氩气保护焊，简称 TIG 焊。钨极本身不熔化，只起发射电子、产生电弧的作用，故又称不熔化极氩弧焊，焊接过程中一般需要填加焊丝，如图 7–2 所示。

图 7–2　钨极氩弧焊焊接过程

进行钨极氩弧焊时，由于所用的焊接电流受到钨极烧损的限制，因此电弧功率较小，只适用于厚度小于 6 mm 的焊件。

1. 钨极氩弧焊的焊接材料

钨极氩弧焊的焊接材料主要是氩气、钨极和焊丝。

（1）氩气

氩气是无色、无味的惰性气体，不与金属发生化学反应，也不溶于金属。而且氩气的密度比空气大，使用时气流不易漂浮散失，对焊接区的保护作用好。氩弧焊对氩气的纯度要求很高，按我国现行标准规定，其纯度应达到 99.99%。

氩气的电离能较高，引燃电弧较困难，故需采用高频引弧及稳弧装置。但氩弧一旦引燃，燃烧就很稳定。在常用的保护气体中氩弧的稳定性最好。

焊接用工业纯氩以瓶装供应，在温度为 20 ℃时满瓶压力为 14.7 MPa，容积一般为 40 L。瓶体外表按国家标准《气瓶颜色标记》（GB/T 7144—2016）漆成银灰色，并标注深绿色“氩”字样，如图 7–3 所示。

（2）钨极

1）钨极的分类。钨极氩弧焊要求钨极具有电流容量大、损耗小、引弧和稳弧性能好等特性。常用的钨极有纯钨电极（绿头）、钍钨电极（红头）和铈钨电极（灰头）三种，如图 7–4 所示。

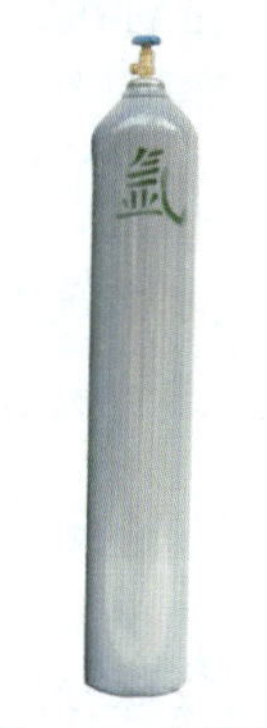

图 7–3　氩气瓶

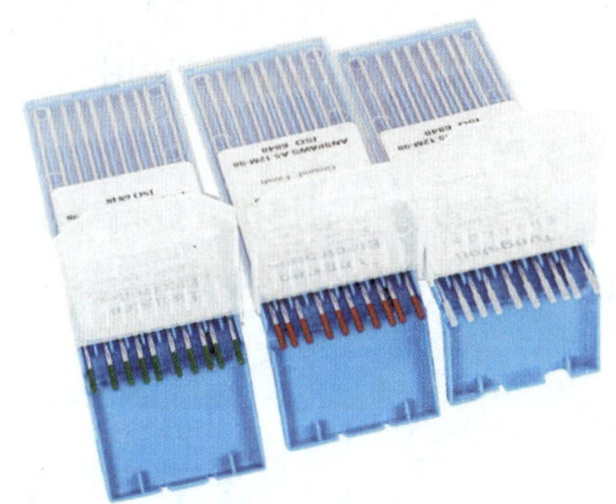

图 7–4　钨极

①纯钨电极。型号为 WP，纯度在 99.5% 以上。纯钨电极要求焊机空载电压较高，使用交流电时承载电流能力较差，故目前很少采用。

②钍钨电极。型号为 WTh20。它是在纯钨中加入 1% ~ 2% 的二氧化钍（ThO_2）制成的。钍钨电极电子发射率提高，增大了许用电流范围，降低了空载电压，改善了引弧和稳弧性能，但是具有微量放射性。

③铈钨电极。型号为 WCe20。它是在纯钨中加入 2% 的氧化铈（CeO）制成的。铈钨电极比钍钨电极更容易引弧，烧损率比钍钨电极低 5% ~ 50%，使用寿命长，放射性极低，是目前推荐使用的电极材料。

2）钨极的规格。常用的钨极直径为 0.5 mm、1.0 mm、1.6 mm、2.0 mm、2.5 mm、3.2 mm、4.0 mm、5.0 mm、6.3 mm、8.0 mm、10 mm 等多种。

3）钨极端部形状。钨极端部的形状对焊接电弧稳定性及焊缝成形有很大的影响，因此使用前应对钨极端部进行磨削。

使用交流电时，钨极端部应磨成球形（见图 7-5a），以减小极性变化对电极的损耗；使用直流电时，因多采用直流正接，为使电弧集中燃烧稳定，钨极端部多磨成圆台形（见图 7-5b）；用小电流施焊时可以磨成圆锥形（见图 7-5c）。

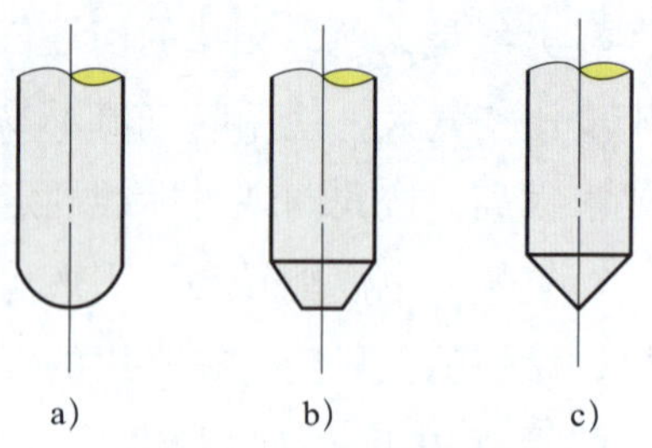

图 7-5　钨极端部的形状

a）球形　b）圆台形　c）圆锥形

（3）焊丝

进行钨极氩弧焊时，惰性气体仅起保护作用，主要靠焊丝中的合金元素调整焊缝成分，保证焊缝质量，对填充金属要求较高，必须严格控制填充金属中硫、磷、有害气体及杂质的含量。根据需要焊接的母材种类，钨极氩弧焊所使用的焊丝有钢焊丝、铝焊丝、铜焊丝等。

钨极氩弧焊按“等强”与“近性”原则选用焊丝，即选用的焊丝成分应与母材相同或接近。焊接钢材时焊丝的含碳量最好比母材稍低些，合金元素含量可稍高。

对于碳钢和低合金钢，焊丝的型号与规格按国家标准 GB/T 8110—2008 选用，具体同第六单元 CO_2 焊焊丝型号与规格的选用。不锈钢焊丝按黑色冶金行业标准《惰性气体保护焊用不锈钢丝》（YB/T 5091—2016）选用。

2. 钨极氩弧焊设备

手工钨极氩弧焊设备包括焊机、焊枪、供气系统、冷却系统、控制系统等部分，其外部接线如图 7-6 所示。自动钨极氩弧焊设备除上述几部分外，还有送丝装置和焊接小车行走机构。

（1）焊机

焊机包括焊接电源及高频振荡器、脉冲稳弧器、消除直流分量装置等控制装置。若采用焊条电弧焊的电源，则应配用单独的控制箱。直流钨极氩弧焊的焊机较为简单，用直流焊接电源附加高频振荡器即可。

1）焊接电源。由于钨极氩弧焊电弧静特性曲线工作在水平段，因此应选用具有陡降外特性的电源。一般焊条电弧焊的电源（如弧焊变压器、弧焊整流器等）都可作为手工钨极氩弧焊电源。

2）引弧及稳弧装置。由于氩气的电离能较高，难以电离，引燃电弧困难，但又不宜采用提高空载电压的方法，因此，钨极氩弧焊必须使用高频振荡器来引燃电弧。对于交流电源，由于电流每秒钟有 100 次经过零点，电弧不稳定，故还需使用脉冲稳弧器，以保证重复引燃电弧并稳弧。

高频振荡器是钨极氩弧焊设备的专用引弧装置，是在钨极和焊件之间加入约 3 000 V 的高频电压，这种焊接电源空载电压只要 65 V 左右即可达到钨极与焊件非接触而点燃电弧的目的。高频振荡器一般仅供焊接时初次引弧，不用于稳弧，引燃电弧后马上切断。

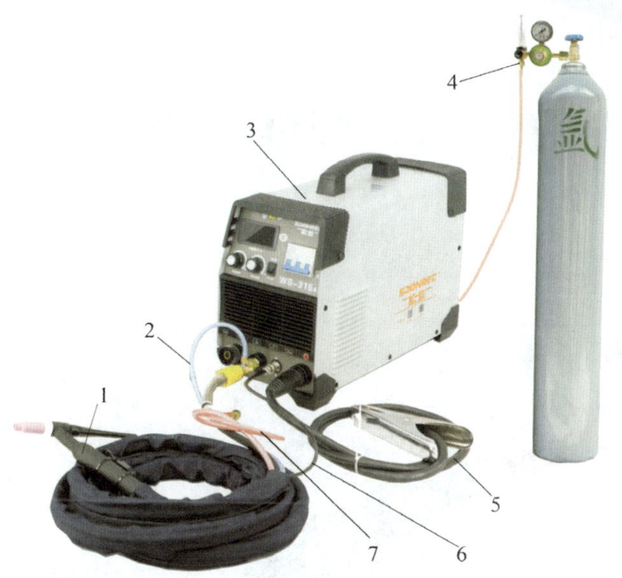

图 7–6　手工钨极氩弧焊设备外部接线

1—焊枪　2—水冷管　3—焊机　4—供气系统　5—地线　6—控制线　7—氩气管

脉冲稳弧器是施加一个高压脉冲而迅速引弧，并保持电弧连续燃烧，从而起到稳定电弧的作用。

（2）焊枪

钨极氩弧焊焊枪的作用是夹持电极、导电和输送氩气流。氩弧焊焊枪分为气冷式焊枪（QQ 系列）和水冷式焊枪（QS 系列）两种，如图 7–7 和图 7–8 所示。气冷式焊枪使用方便，但限于小电流（≤ 150 A）焊接使用；水冷式焊枪适用于大电流和自动焊接。

图 7–7　气冷式焊枪

图 7–8　水冷式焊枪

焊枪一般由枪体、喷嘴、电极夹头、电极帽、手柄和控制开关等组成，如图 7–9 所示。

（3）供气系统

钨极氩弧焊的供气系统由氩气瓶、减压器、气体流量计、电磁气阀、气管组成，其作用是将氩气瓶内的高压气体减至一定的低压，按不同流量要求，将氩气输送至焊接区，达到焊接保护的目的。

氩气减压器用以减压和调压，流量计用来调节和测量氩气流量的大小，有时也将减压器与流量计制成一体，成为组合式，如图 7-10 所示。电磁气阀是控制气体通断的装置（一般置于焊机内部）。

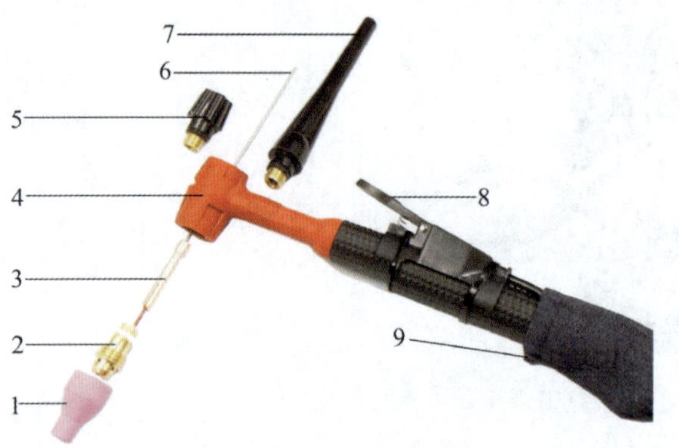

图 7-9　气冷式焊枪的组成

1—喷嘴　2—导流件　3—电极夹头　4—枪体　5—电极帽（短）
6—钨极　7—电极帽（长）　8—控制开关　9—手柄

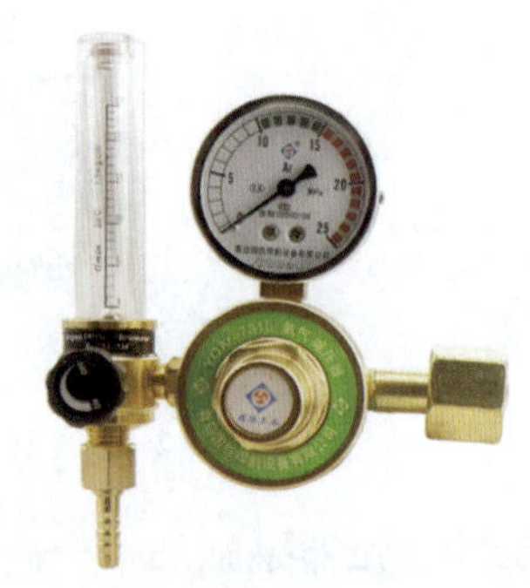

图 7-10　氩气减压器（组合式）

（4）冷却系统

一般选用最大焊接电流在 150 A 以上进行焊接时，必须通水冷却焊枪和电极。冷却水接通并有一定压力后，才能启动焊接设备，通常在钨极氩弧焊设备中用水压开关或手动控制水流量。

（5）控制系统

氩弧焊的控制系统主要用来控制和调节气、水、电各参数以及启动和停止焊接。不同的操作方式有不同的控制程序，但大体按下列程序进行：

焊接程序：提前送气→接通电源→引弧→焊接→停电→滞后停气→焊接结束。

钨极氩弧焊的控制系统必须保证上述动作顺序，并做到各段延时均匀可调。

手工钨极氩弧焊焊接控制程序图如图 7-11 所示。

目前，常用的手工钨极氩弧焊机有 WS-250 型、WS-400 型等直流钨极氩弧焊机，WSJ-150 型、WSJ-500 型等交流钨极氩弧焊机，WSE-150 型、WSE-400 型等交直流钨极氩弧焊机。

3. 钨极氩弧焊焊接参数

手工钨极氩弧焊的主要焊接参数包括电源种类和极性、焊接电流、钨极直径、电弧电压、焊接速度、喷嘴直径、氩气流量、喷嘴与焊件间的距离、钨极伸出长度等。

（1）电源种类和极性

钨极氩弧焊可以采用交流或直流两种焊接电源，采用的电源种类与所焊金属或合金种类有关，见表 7-1。

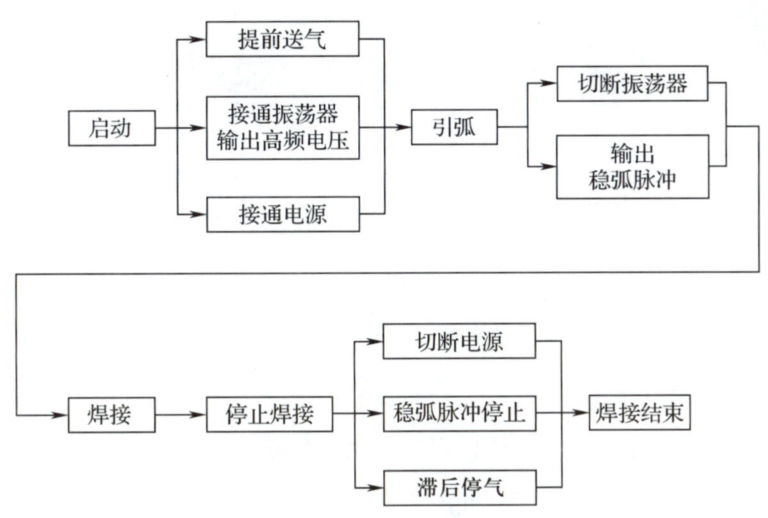

图 7–11　手工钨极氩弧焊焊接控制程序图

表 7–1　　电源种类和极性的选择

材料	直流		交流
	正极性（直流正接）	反极性（直流反接）	
铝及铝合金	×	○	△
铜及铜合金	△	×	○
铸铁	△	×	○
低碳钢、低合金钢	△	×	○
高合金钢、镍及镍合金、不锈钢	△	×	○
钛合金	△	×	○

注：△—最佳；○—可用；×—不可用。

采用直流电源时还要考虑极性的选择，如图 7–12 所示。采用直流反接时，焊件是阴极，质量较大的氩正离子流向焊件，撞击金属表面，可将铝、镁等金属表面致密难熔的氧化膜击碎，这种现象称为“阴极破碎”。但是采用直流反接时，钨极因接正极温度较高，容易过热或烧损。所以，铝、镁及其合金一般不采用直流反接，而应尽可能使用交流电进行焊接。

采用直流正接时，没有“阴极破碎”作用，故适用于焊接不锈钢、耐热钢、钛及钛合金、铜及铜合金。

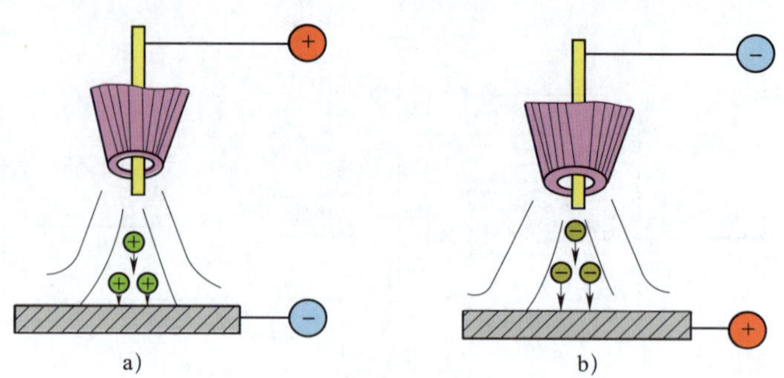

图 7–12 钨极氩弧焊电源的极性
a）直流反接 b）直流正接

（2）焊接电流与钨极直径

通常根据焊件的材质、厚度来选择焊接电流。钨极直径应根据焊接电流的大小而定。如果钨极粗而焊接电流小，钨极端部温度不够，电弧会在钨极端部不规则地飘移，电弧不稳定；如果焊接电流超过钨极相应直径的许用电流，钨极端部温度达到或超过钨极的熔点，会出现钨极端部熔化现象，甚至产生夹钨缺欠。

只有钨极直径与焊接电流选择匹配时，电弧才会稳定燃烧。不锈钢、耐热钢和铝合金手工钨极氩弧焊的钨极直径和焊接电流分别见表 7–2 和表 7–3。

表 7–2 不锈钢和耐热钢手工钨极氩弧焊的钨极直径和焊接电流

材料厚度 /mm	钨极直径 /mm	焊丝直径 /mm	焊接电流 /A
1.0	2.0	1.6	40 ~ 70
1.5	2.0	1.6	50 ~ 85
2.0	2.0	2.0	80 ~ 130
3.0	2.0 ~ 3.0	2.0	120 ~ 160

表 7–3 铝合金手工钨极氩弧焊的钨极直径和焊接电流

材料厚度 /mm	钨极直径 /mm	焊丝直径 /mm	焊接电流 /A
1.5	2.0	2.0	70 ~ 80
2.0	2.0 ~ 3.0	2.0	90 ~ 120
3.0	3.0 ~ 4.0	2.0	120 ~ 130
4.0	3.0 ~ 4.0	2.5 ~ 3.0	120 ~ 140

（3）电弧电压

电弧电压增大时，熔宽稍增大，熔深变浅。当电弧电压过高时，易产生未焊透的缺欠，并使氩气保护效果变差。通过焊接电流和电弧电压的配合，可以控制焊缝形状。电弧电压主要由弧长决定，应在不造成短路的情况下尽量减小电弧长度，一般弧长近似等于钨极直径。

（4）焊接速度

焊接速度通常由焊工根据熔池的大小、形状和焊件熔合情况随时调节。过快的焊接速度会破坏气体保护氛围，焊缝容易产生未焊透和气孔等缺欠；焊接速度太慢时，则焊缝容易烧穿和咬边。同时，焊接速度还显著地影响焊缝成形。因此，应选择合适的焊接速度。

（5）喷嘴直径与氩气流量

喷嘴直径的大小直接影响保护区的范围，一般根据钨极直径来选择。可按下列经验公式确定：

$$D=2d+4$$

式中 D——喷嘴直径，mm；

d——钨极直径，mm。

通常焊枪选定后，喷嘴直径很少改变，而是通过调整氩气流量来加强气体保护效果。流量合适时，熔池平稳，表面明亮、无渣，无氧化痕迹，焊缝成形美观；流量不合适时，熔池表面有渣，焊缝表面发黑或有氧化皮。

氩气的合适流量可按下式计算：

$$Q=(0.8 \sim 1.2)D$$

式中 Q——氩气流量，L/min；

D——喷嘴直径，mm。

当 D 较小时，Q 取下限；D 较大时，Q 取上限。

（6）喷嘴与焊件间的距离

喷嘴与焊件间的距离是指喷嘴端面与焊件间的距离，这个距离越小，保护效果越好。所以，喷嘴距焊件间的距离应尽可能小些，但距离过小，虽对气体保护有利，但能观察的范围和保护区域变小。因此，通常取喷嘴至焊件间的距离为 5 ～ 14 mm。

（7）钨极伸出长度

露在喷嘴外面的钨极长度称为伸出长度。钨极伸出长度过大时，钨极易过热，保护效果差；伸出长度太小时，喷嘴易过热，焊工不便于观察熔化状况，对操作不利。钨极伸出长度须保持一适当的值。对接焊时，钨极伸出长度保持在 3 ～ 4 mm；焊接 T 形接头焊缝时，钨极伸出长度保持在 7 ～ 8 mm。

4. 手工钨极氩弧焊操作要领

（1）持枪姿势及焊枪、焊件与焊丝的相对位置

平焊时持枪姿势如图 7–13a 所示。一般焊枪与焊件表面成 70° ～ 80° 的夹角，焊丝与焊件表面的夹角为 15° ～ 20°，如图 7–13b 所示。

（2）右向焊法与左向焊法

右向焊法是指焊枪从左向右移动，电弧指向已焊部分的焊接方法，此方法有利于气体保护焊缝表面不受高温氧化，适用于厚件的焊接。左向焊法是指焊枪从右向左移动，电弧

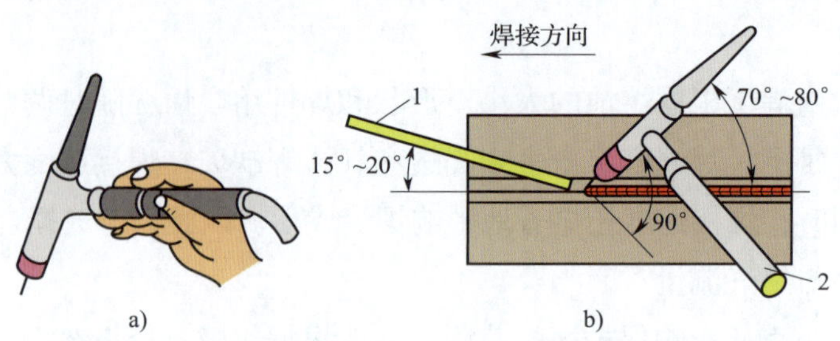

图 7-13 平焊持枪姿势及焊枪、焊件与焊丝的相对位置

a）持枪姿势 b）焊枪、焊件与焊丝的相对位置

1—焊丝 2—焊枪

指向未焊部分的焊接方法，可以起预热作用，易于观察和控制熔池温度，焊缝成形好，容易操作，适用于薄件的焊接。因此，氩弧焊一般均采用左向焊法。

（3）焊丝送进方法

手工钨极氩弧焊送丝方法有连续送丝和断续送丝两种。

1）连续送丝。连续送丝时，要求焊丝比较平直，左手无名指和小指夹住焊丝控制方向；拇指和食指捏住焊丝向熔池方向送进一定距离，然后拇指和食指略松开返回原来位置，再次捏紧焊丝继续送进，如此往复，如图 7-14 所示。连续送丝对气体保护层的扰动小，但比较难掌握，当送丝量较大时多采用此法。

2）断续送丝。断续送丝时，以左手拇指、食指、中指捏紧焊丝，无名指和小指起支承作用，送丝时靠手臂和手腕的上下反复动作，将焊丝端部的熔滴送入熔池，焊丝端部应始终处于氩气保护区内，如图 7-15 所示。全位置焊时多用此法。

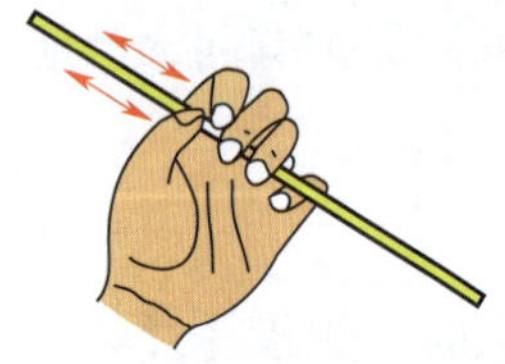

图 7-14 连续送丝的动作

图 7-15 断续送丝的动作

为使熔敷金属和基体金属很好地熔合，电弧引燃后不要立即送入焊丝，要稍停留一定时间，使基体金属形成熔池后再送入焊丝。

（4）引弧

在手工钨极氩弧焊焊接过程中，通常采用引弧器进行引弧。在使用具有引弧器装置的氩弧焊设备时，先将钨极与待焊处保持一定距离，然后接通引弧器，在高频电流或高压脉冲电流的作用下，使氩气电离而引燃电弧。这种引弧方法的优点是能在焊接位置直接引弧，钨极端头的完整性好，钨极损耗小，且引弧端头焊接质量高。

（5）停弧和接头

停弧时，先停止送丝，同时松开焊枪上的控制开关。此时利用焊机上的电流衰减控制

功能保持喷嘴高度不变，待电弧熄灭、熔池冷却后再移开焊枪和焊丝，以防止弧坑、焊道及焊丝端部受高温氧化。

接头是两段焊缝交接的地方，由于温度的差别和填充金属量的变化，易出现超高、凹陷、夹渣（夹杂）、气孔等缺欠，因此，焊接时应计划好焊丝长度，尽量不要在焊接过程中更换焊丝，以减少停弧次数。如果中途停顿或焊丝用完再继续焊接时，要用电弧把起焊处的熔池金属重新熔化，形成新的熔池后再加焊丝，并与原焊道重叠 5 mm 左右。在重叠处要少填加焊丝，避免接头过高。

（6）填充焊丝

填充焊丝时，焊丝的端头切勿与钨极接触；否则，焊丝会被钨极沾染，熔入熔池后造成夹钨。焊丝送入熔池的落点应在熔池的前 1/3 处，焊丝被熔化后移出熔池，然后再将焊丝重复地送入熔池。但是，焊丝不能离开气体保护区，以免灼热的焊丝端头被氧化，降低焊缝质量。

手工钨极氩弧焊是双手同时操作的焊接方法，这点有别于焊条电弧焊。操作时双手要配合协调，才能保证焊缝的质量。

（7）收弧

焊接结束时，如果收弧的方法不正确，在收弧处容易产生弧坑和弧坑裂纹、气孔、烧穿等缺欠。

一般氩弧焊设备都配有电流自动衰减装置，若无电流衰减装置时，通常通过改变操作方法来收弧，其基本要点是逐渐减少热量输入，如改变焊枪角度、拉长电弧、加快焊接速度等。

对于管子封闭焊缝，最后收弧时一般多采用稍拉长电弧，重叠焊缝 10 ~ 20 mm，在重叠部分不加或少加焊丝等方法。

停弧后，氩气开关应延时 3 ~ 5 s 再关闭（一般设备上都有提前送气、滞后关气的装置），防止金属在高温下继续氧化。

课题一　平　敷　焊

学习目标

1. 能够合理地选择平敷焊焊接参数。
2. 掌握手工钨极氩弧焊引弧操作和摆动焊枪的基本方法。
3. 掌握焊道起头、接头和收尾的方法。

平敷焊是在焊缝倾角为 0°、焊缝转角为 90°的焊接位置上堆敷焊道的一种操作方法。它是手工钨极氩弧焊其他位置焊接操作的基础。本课题的主要任务就是通过平敷焊训练掌握手工钨极氩弧焊的基本操作要领。

工艺分析

在引弧及平敷焊操作过程中若手法不稳定，钨极容易粘在焊件上造成夹钨，使焊件产生焊接缺欠，并会因“打钨”而将钨极端部破坏，使焊接电弧热量不集中，从而中断焊接；运条速度不均匀，焊缝的成形宽窄会不一致；喷嘴到焊件之间的距离把握不好，电弧会过长或过短；此外，还有送丝速度不均匀及焊接电流调整不当的问题。在练习前期阶段，可以只做焊枪沿焊接方向移动和断续送丝两个动作，待动作熟练掌握后，再加上焊枪的横向摆动和焊丝的连续送进。特别需要注意的是，焊枪沿焊接方向的移动速度要慢，焊丝的送进要均匀，以便形成饱满的焊缝。

1. 焊前准备

（1）焊件材料：Q235 钢。

（2）焊件尺寸：300 mm × 200 mm × 6 mm，如图 7–16 所示。

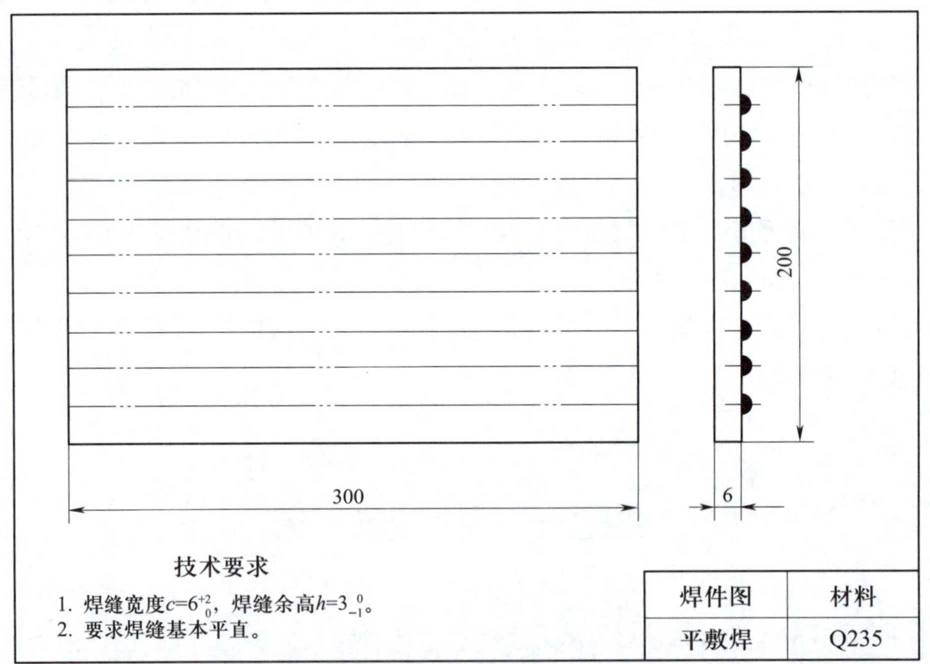

图 7–16　平敷焊焊件图

（3）焊接材料：焊丝选用 ER49–1，直径为 2.5 mm；电极选用铈钨电极（WCe20），直径为 2.5 mm，为使电弧稳定，将其尖角磨成如图 7–17 所示的形状；保护气体用氩气，纯度应≥ 99.99%。

（4）焊接设备：WS-400 型焊机，采用直流正接。使用前应检查焊机各处的接线是否正确、牢固，按要求调试好焊接参数。同时，应检查氩弧焊水冷却系统或气冷却系统有无堵塞、泄漏，如发现故障应及时排除。

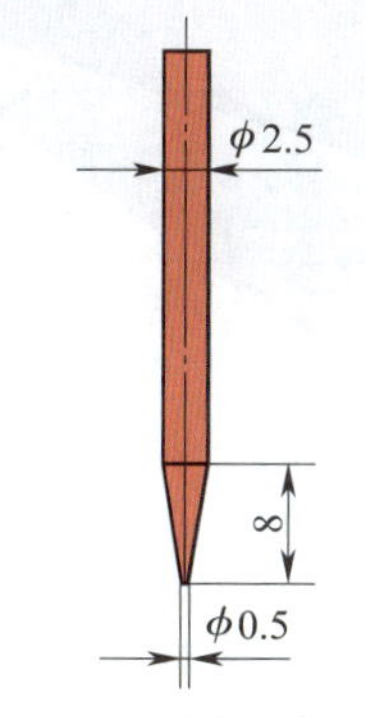

图 7-17 铈钨电极端部形状

2. 焊件清理、画线及装夹

（1）焊前清理

清除焊件表面的油污、锈蚀、水分及其他污物，直至露出金属光泽，然后用丙酮进行清洗。在焊件上以 20 mm 间距用石笔画出焊缝位置线。

（2）装夹

焊接姿势采用蹲姿，装夹高度为 200 ～ 300 mm。

3. 确定焊接参数

平敷焊焊接参数见表 7-4。

表 7-4 平敷焊焊接参数

焊接层次	焊接电流 / A	氩气流量 /（L/min）	钨极直径 / mm	焊丝直径 / mm	钨极伸出长度 /mm	喷嘴直径 / mm	喷嘴至焊件距离 / mm
盖面层	100 ～ 120	8 ～ 10	2.5	2.5	4 ～ 6	8 ～ 10	≤ 12

4. 操作步骤及要领

平敷焊操作步骤及要领见表 7-5。

表 7-5 平敷焊操作步骤及要领

操作步骤及要领	图示
（1）起头 手工钨极氩弧焊通常采用左向焊法，故从焊件的右端开始引弧，如图 7-18 所示。引弧时采用较长的电弧（弧长为 4 ～ 7 mm），在边缘处预热 4 ～ 5 s。当焊件边缘出现“发汗”现象后开始送丝。	图 7-18 起头操作方法

续表

<table>
<tr><th>操作步骤及要领</th><th>图示</th></tr>
<tr><td>（2）正常焊接
施焊时，焊枪、焊丝与焊件的角度如图 7–19 所示。焊丝送入要均匀，焊枪移动要平稳且速度一致。焊丝端部与钨极要保持一定距离，不可相互接触，否则焊接过程会中止，如图 7–20 所示。
焊接时，要密切注意焊接熔池的变化，随时调节焊接参数，保证焊缝成形良好。当熔池增大、焊缝变宽时，说明熔池温度过高，应减小焊枪与焊件的夹角，加快焊接速度；当熔池减小时，说明熔池温度过低，应增大焊枪与焊件的夹角，减慢焊接速度。
焊接过程中，送丝时要将焊丝端部插入熔池中，置于熔池的前 1/3 处，动作要迅速和果断，如图 7–21 所示。焊丝若抬得过高，焊丝端部的熔滴易造成飞溅，导致焊接不稳定和焊缝成形不良，如图 7–22 所示。</td><td>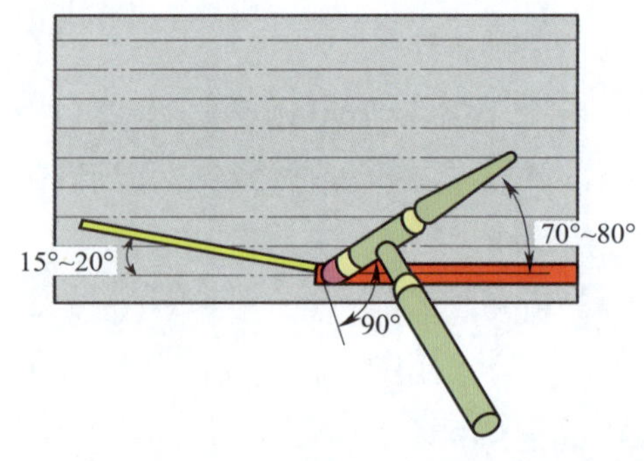

图 7–19　焊接过程中焊枪、焊丝与焊件的角度
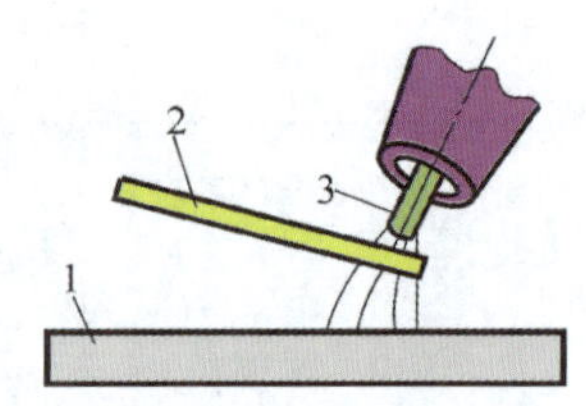

图 7–20　焊丝端部与钨极保持一定距离
1—焊件　2—焊丝　3—钨极
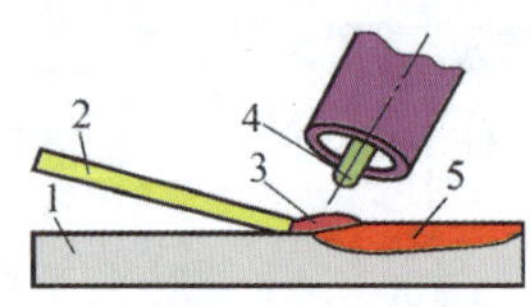

图 7–21　焊丝端部置于熔池前 1/3 处
1—焊件　2—焊丝　3—熔池
4—钨极　5—焊缝
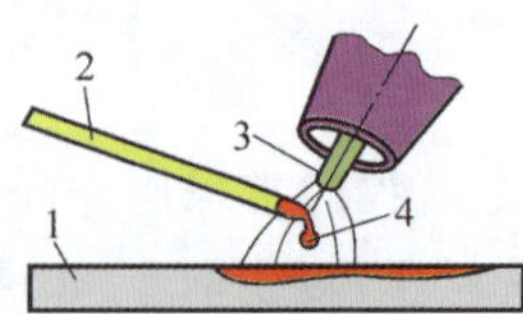

图 7–22　焊丝抬得过高导致焊缝成形不良
1—焊件　2—焊丝　3—钨极　4—熔滴</td></tr>
</table>

续表

操作步骤及要领	图示
（3）接头 当更换焊丝或暂停焊接时需要接头，这时松开焊枪上控制开关（使用接触引弧焊枪时，立即将电弧移至坡口边缘上快速断弧），停止送丝，借焊机电流衰减功能熄弧，但焊枪仍需对准熔池进行保护，待其完全冷却后方能移开焊枪。若焊机无电流衰减功能，应在松开控制开关后稍抬高焊枪，等电弧熄灭、熔池完全冷却后移开焊枪。进行接头前，应先检查接头熄弧处弧坑质量。如果无氧化物等缺欠，则可直接接头进行焊接。如果有缺欠，则必须把缺欠修磨掉，并将其前端打磨成斜面，然后在弧坑右侧 5 ~ 10 mm 处引弧，缓慢向左移动，待弧坑处开始熔化形成熔池后，继续填丝焊接，如图 7–23 所示。	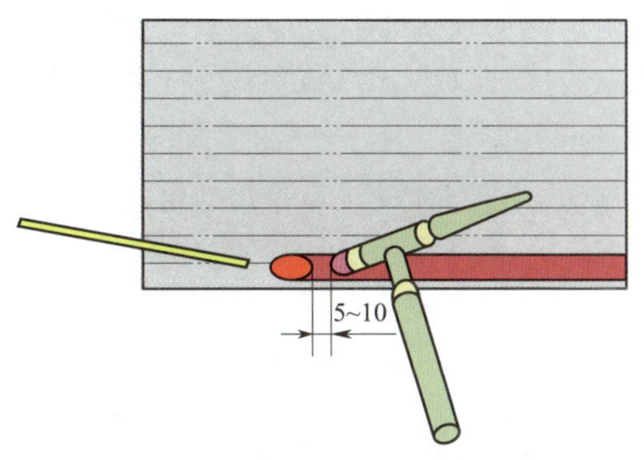 图 7–23　接头的操作方法
（4）收尾 当焊至焊件末端时，应减小焊枪与焊件夹角，如图 7–24 所示，使热量集中在焊丝上，加大焊丝熔化量，以填满弧坑。松开控制开关后，焊接电流将逐渐减小，熔池也随之减小，此时应将焊丝抽离电弧，但不离开氩气保护区。停弧后，氩气延时约 10 s 关闭，从而防止熔池金属在高温下氧化。 一道焊缝焊完，清理焊渣，分析焊接过程中产生的问题并总结经验，然后进行其余焊缝的焊接。	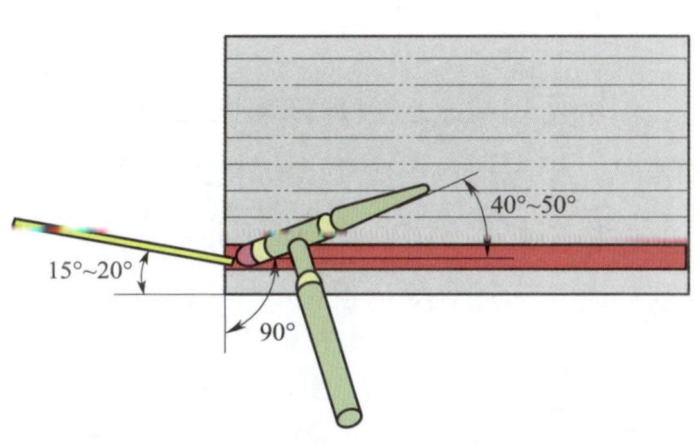 图 7–24　收尾时焊枪、焊丝与焊件的角度

5. 焊接质量要求

（1）焊缝的起头和连接处平滑过渡，无局部过高现象，收尾处弧坑填满。

（2）焊缝表面波纹均匀，无明显未熔合和咬边，其咬边深度≤ 0.5 mm 为合格。

（3）焊缝边缘直线度误差≤ 2 mm。

（4）焊件表面非焊道上不应有引弧痕迹。

教师指导

【问题 1】在操作过程中，若不慎使焊丝与钨极相触碰怎么办？

回答：如果焊丝与钨极相触碰，发生瞬间短路，造成焊缝污染和夹钨，应立即停止焊接，用角向磨光机磨掉被污染处，直至露出金属光泽；被污染的钨极要重新磨尖后方可继续施焊。

【问题 2】手工钨极氩弧焊的氩气流量大小对焊缝质量有什么影响？

回答：如果氩气流量过小，容易产生气孔、焊缝被氧化等缺欠；若氩气流量过大，则会产生紊流，使空气卷入焊接区，降低保护效果。在生产实践中，孔径为 12 ~ 20 mm 的喷嘴，最佳氩气流量范围为 8 ~ 16 L/min。

课题二　T 形接头平角焊

学习目标

1. 能合理选择平角焊焊接参数。
2. 掌握平角焊单层焊操作方法。

工艺分析

平角焊时，一般焊枪与两板成 45° 角，与焊接方向成 65° ~ 80° 角。当两板厚度不等时，相应地调整氩弧焊焊枪的角度，使电弧偏向厚板一侧，厚板所受热量增加，厚、薄两板受热趋于均匀，以保证接头良好地熔合及焊脚高度和宽度相同。平角焊焊枪角度如图 7–25 所示。

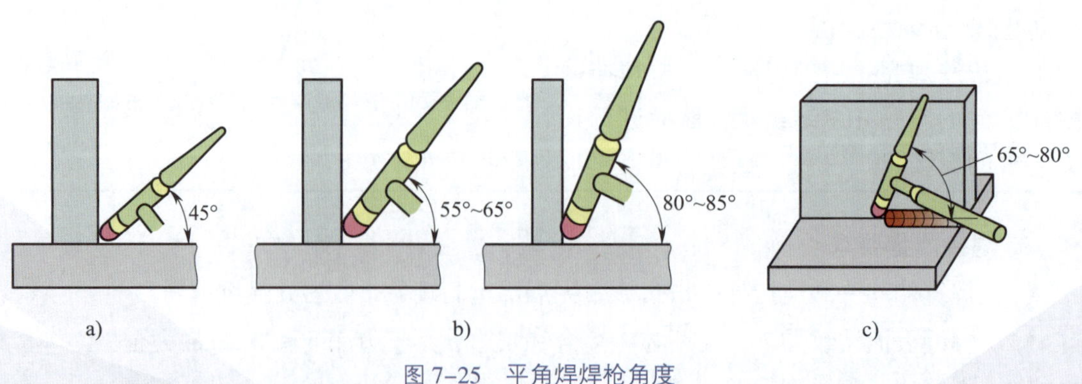

图 7–25　平角焊焊枪角度

a）两板厚度相同　b）两板厚度不等　c）焊枪与焊接方向夹角

本课题两钢板的厚度相等，则氩弧焊焊枪与水平板的夹角为 45°，与焊接方向夹角为 65° ~ 80°。保持电弧长度在 3 ~ 5 mm 范围内；同时要根据喷嘴的直径和焊枪的角度适时调节钨极的伸出长度，保证整个焊接过程都是短弧焊，且气体保护效果好。

1. 焊前准备

（1）焊件材料：Q235 钢。

（2）焊件尺寸：300 mm × 110 mm × 4 mm 一块，300 mm × 50 mm × 4 mm 一块，I 形坡口，如图 7-26 所示。

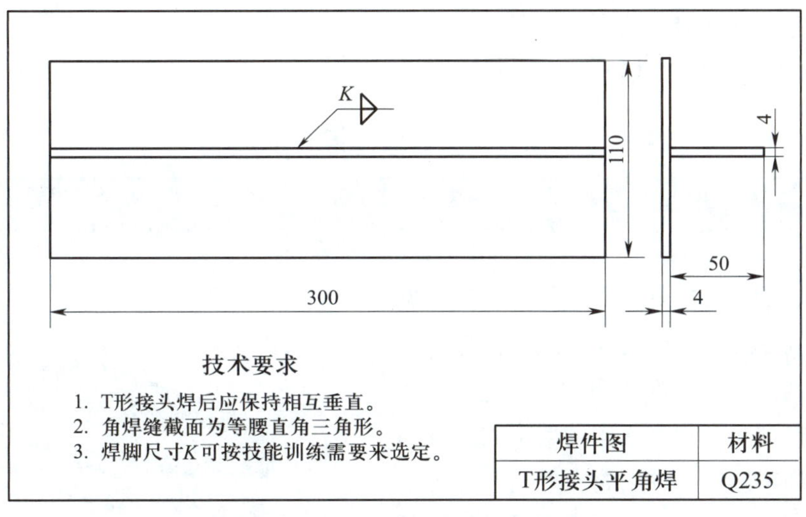

图 7-26　T 形接头平角焊焊件图

（3）焊接要求：一层一道焊，焊脚尺寸为（5 ± 1）mm。

（4）焊接材料：焊丝选用 ER49-1，直径为 2.5 mm；电极选用铈钨电极（WCe20），直径为 2.5 mm；氩气纯度应≥ 99.99%。

（5）焊接设备：WS-400 型焊机，采用直流正接。

2. 焊件清理与装配

（1）焊前清理

清理焊件坡口面与坡口正、反面两侧各 20 mm 范围内的油污、锈蚀、水分及其他污物，直至露出金属光泽。

（2）装配

装配间隙为 0 ~ 2 mm。

（3）定位焊

定位焊缝必须采用与正式焊接相同的焊接材料和焊接方法，定位焊的位置应在焊件两端的对称处，将焊件组焊成 T 形接头，四条定位焊缝长度均为 10 ~ 15 mm。定位焊完毕矫正焊件，保证立板与平板间的垂直度。如果定位焊缝上发现裂纹、气孔等缺欠，应将该段定位焊缝打磨掉重焊，不允许用重熔的方法修补。

3. 确定焊接参数

T 形接头平角焊焊接参数见表 7–6。

表 7–6　　T 形接头平角焊焊接参数

焊接层次	焊接电流 / A	氩气流量 /（L/min）	钨极直径 / mm	焊丝直径 / mm	钨极伸出长度 /mm	喷嘴直径 / mm
盖面层	90 ~ 100	8 ~ 10	2.5	2.5	5 ~ 8	8 ~ 10

4. 操作步骤及要领

T 形接头平角焊操作步骤及要领见表 7–7。

表 7–7　　T 形接头平角焊操作步骤及要领

操作步骤及要领	图示
（1）起头 采用左向焊法，从焊件的右端开始引弧（见图 7–27），引弧时先用长弧在边缘处预热，当焊件边缘出现“发汗”现象即可开始送丝。开始送丝时要时刻注意观察送入的熔滴与焊件的熔合状态，当熔滴与焊件熔合良好后，再迅速填加焊丝。在练习初期可以采用容易操作的断续送丝法送丝，这样可以将更多的注意力放在焊缝的熔合状态上，待操作熟练后再使用连续送丝法填充焊缝，以提高效率。	图 7–27　起头操作方法
（2）焊接 在焊接过程中，焊枪、焊丝与焊件的角度如图 7–28 所示。 在焊接过程中，立板熔化金属有下淌趋势，容易在立板处产生咬边，在水平板处产生未熔合的焊接缺欠。因此，操作时要时刻注意观察立板的熔化情况和液态金属的流动情况，适时调整焊枪的角度和焊丝的送进位置。 在焊接过程中，要求焊枪运行平稳，送丝均匀，保持焊接电弧稳定燃烧，以保证焊接质量。	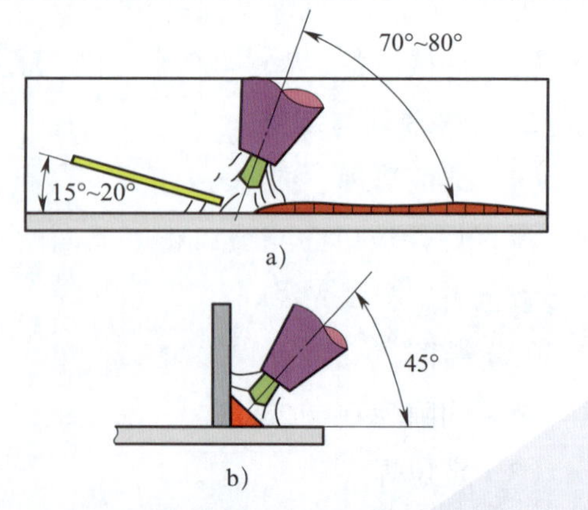 图 7–28　焊枪、焊丝与焊件的角度 a）焊枪、焊丝与焊件的角度　b）焊枪与水平板的角度

续表

操作步骤及要领	图示
（3）接头 当焊丝用完或因其他原因需要停止焊接时，先停止送丝，再松开焊枪上的控制开关，此时利用焊机上的电流衰减功能，继续对焊接区域送气 3 ~ 5 s 进行保护，熔池冷却后再移开焊枪和焊丝，防止弧坑、焊缝及焊丝端部在高温下被氧化。 接头的具体操作方法与本单元课题一“平敷焊”一致（焊枪和焊丝角度仍按图 7–28），在弧坑右侧 5 ~ 10 mm 处引弧（见图 7–29），缓慢向左移动，待弧坑处开始熔化形成熔池后，继续填丝焊接，重叠处一般不加或少加焊丝。	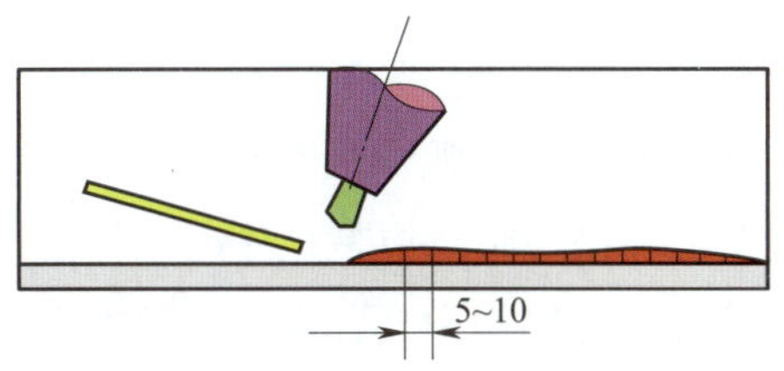 图 7–29 接头的操作方法
（4）收弧 当焊接到焊件左侧末端时，应先减小焊枪角度，使电弧热量集中在焊丝上，加大焊丝熔化量，填满弧坑，如图 7–30 所示。然后松开控制开关，焊接电流开始衰减，熔池随之不断缩小，此时将焊丝抽离熔池，但不能使焊丝脱离氩气保护区，待氩气延时 3 ~ 5 s 后，移开焊枪和焊丝。 在相同的条件下，平角焊所用的焊接电流比平对接焊时稍大些。如果电流过大，容易产生咬边；而电流过小，则会产生未焊透等缺欠。	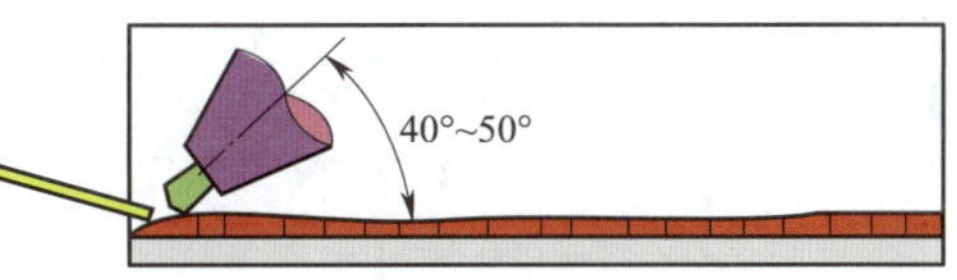 图 7–30 收弧时的焊枪角度

5. 焊接质量要求

（1）焊缝表面不得有裂纹、未熔合、夹渣、气孔、焊瘤等缺欠。

（2）焊缝表面的咬边深度≤ 0.5 mm，两侧的咬边总长度不得超过焊缝长度的 10%。

（3）焊缝的凹度或凸度应小于 1 mm。

（4）焊脚应对称，焊脚尺寸为（5 ± 1）mm。

（5）焊件上非焊道处不得有引弧痕迹。

课题三　板对接平焊（V 形坡口）

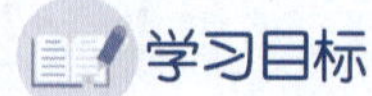

学习目标

掌握板对接平焊（V 形坡口）手工钨极氩弧焊的操作方法。

工艺分析

手工钨极氩弧焊板对接平焊（V 形坡口）相对于焊条电弧焊，只要调整好焊接参数即可轻松控制，但是操作时要注意以下问题：

（1）若操作中动作不协调致使钨极与焊丝相碰，会发生瞬间短路而造成焊缝污染和夹钨。

（2）两手进行焊枪移动与送丝过程中，若出现动作不协调，会影响焊缝成形。

（3）若填充焊丝不均匀，会影响焊缝质量。填充焊丝速度过快，焊缝余高大；速度过慢，则焊缝下凹和咬边。

1. 焊前准备

（1）焊件材料：Q235 钢。

（2）焊件尺寸：300 mm × 100 mm × 6 mm，每组两块，坡口形式及技术要求如图 7–31 所示。

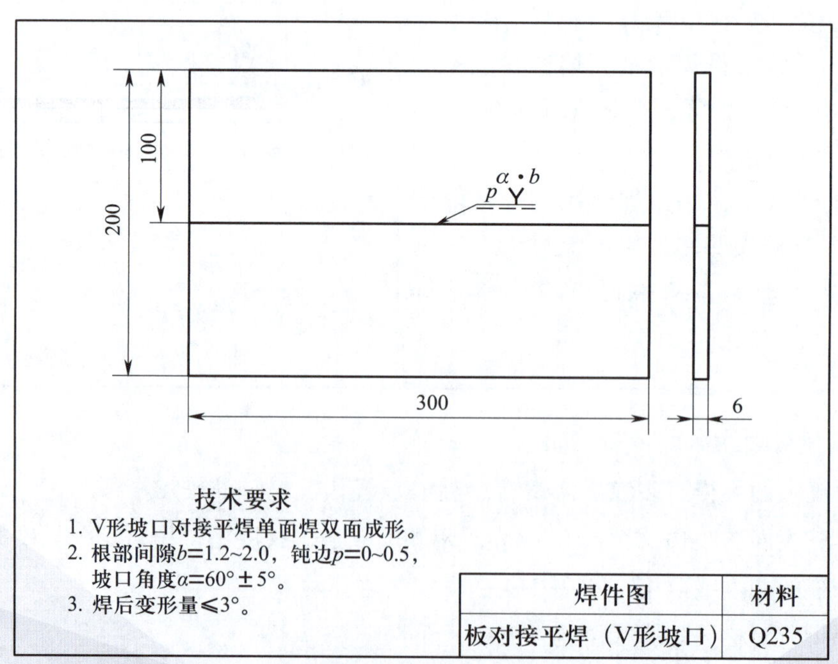

图 7–31　板对接平焊（V 形坡口）焊件图

（3）焊接要求：单面焊双面成形。

（4）焊接材料：焊丝选用 ER49–1，直径为 2.5 mm；电极选用铈钨电极（WCe20），直径为 2.5 mm；氩气纯度应≥ 99.99%。

（5）焊接设备：WS–400 型焊机，采用直流正接。

2. 焊件清理与装配

（1）焊前清理

清理焊件坡口面及坡口正、反面两侧 20 mm 范围内和焊丝表面的油污、锈蚀、水分，直至露出金属光泽，然后用丙酮进行清洗。

（2）装配

装配间隙为 1.2 ~ 2.0 mm，错边量≤ 0.5 mm。

（3）定位焊

采用手工钨极氩弧焊，按表 7–8 中打底层焊接参数在焊件两端正面坡口内进行定位焊，焊缝长度为 10 ~ 15 mm，将焊缝接头预先打磨成斜坡。

（4）预置反变形

装配时要预置反变形量，将组对好的焊件轻轻磕打，使两板向焊后角变形的相反方向折弯成 3°的反变形量。

（5）装夹

焊接姿势采用蹲姿，装夹高度为 200 ~ 300 mm。

3. 确定焊接参数

板对接平焊（V 形坡口）焊接参数见表 7–8。

表 7–8　　板对接平焊（V 形坡口）焊接参数

焊接层次	焊接电流 /A	氩气流量 /（L/min）	钨极直径 /mm	焊丝直径 /mm	钨极伸出长度 /mm	喷嘴直径 /mm	喷嘴至焊件距离 /mm
打底层	90 ~ 100	8 ~ 10	2.5	2.5	4 ~ 6	8 ~ 10	≤ 12
填充层	100 ~ 120						
盖面层	100 ~ 110						

4. 操作步骤及要领

板对接平焊（V 形坡口）操作步骤及要领见表 7–9。

表 7–9　　板对接平焊（V 形坡口）操作步骤及要领

<table>
<tr><th>操作步骤及要领</th><th>图示</th></tr>
<tr><td>（1）打底焊
手工钨极氩弧焊通常采用左向焊法，故将焊件装配间隙大的一端放在左侧，间隙小的一端放在右侧，如图 7–32 所示。
1）引弧。在焊件右端定位焊缝上引弧。引弧时采用较长的电弧（弧长为 4 ～ 7 mm），在坡口处预热 4 ～ 5 s。当定位焊缝左端形成熔池并出现熔孔后开始送丝。
2）焊接。焊接打底层时，采用较小的焊枪倾角和焊接电流，焊枪、焊丝与焊件的角度如图 7–33 所示。焊丝送入要均匀，焊枪移动要平稳，速度一致。焊接时，要密切注意焊接熔池的变化，随时调节有关参数，保证背面焊缝成形良好。当熔池增大，焊缝变宽且出现下凹时，说明熔池温度过高，应减小焊枪与焊件夹角，加快焊接速度；当熔池减小时，说明熔池温度过低，应增大焊枪与焊件夹角，减慢焊接速度。
3）接头。当更换焊丝或暂停焊接时需要接头，这时应松开焊枪上控制开关（使用接触引弧焊枪时，立即将电弧移至坡口边缘上快速熄弧），停止送丝，借焊机电流衰减功能熄弧。接头时引弧的位置在原弧坑后面 5 ～ 10 mm 处，重叠处一般不加或少加焊丝，熔池要贯穿到接头的根部，以确保接头处熔透。
4）收弧。当焊至焊件末端时，应减小焊枪与焊件夹角，使热量集中在焊丝上，加大焊丝熔化量，以填满弧坑。松开控制开关后，焊接电流将逐渐减小，熔池也随之减小，此时应将焊丝抽离电弧。停弧后，氩气延时 3 ～ 5 s 关闭，从而防止熔池金属在高温下氧化。
打底焊背面焊缝如图 7–34 所示。</td><td>

图 7–32　装夹位置
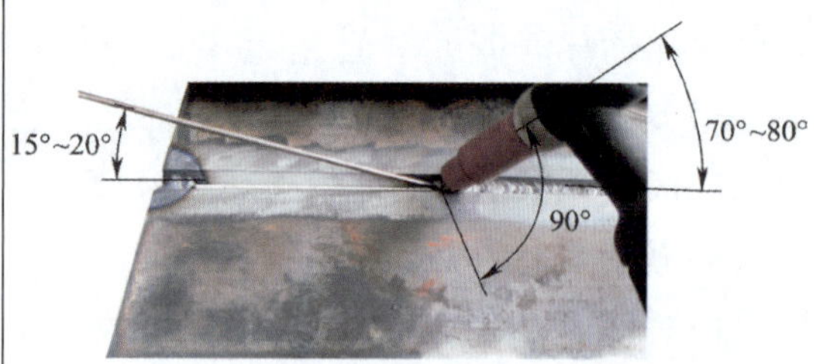

图 7–33　打底焊焊枪、焊丝与焊件的角度

图 7–34　打底焊背面焊缝</td></tr>
</table>

续表

操作步骤及要领	图示
（2）填充焊 按表 7–8 中填充层焊接参数调节好设备，进行填充层焊接。其操作与打底层焊接相同，如图 7–35 所示。焊接时焊枪可做锯齿形横向摆动，其幅度应稍大，并在坡口两侧稍作停留，保证坡口两侧熔合良好，焊道均匀。从焊件右端开始焊接，注意观察熔池两侧熔合情况，保证焊缝表面平整且稍下凹。填充层的焊道焊完后应比焊件表面低 1.0 ~ 1.5 mm（见图 7–36），以免坡口边缘熔化而导致盖面层产生咬边或焊偏现象，焊完后将焊道表面清理干净。	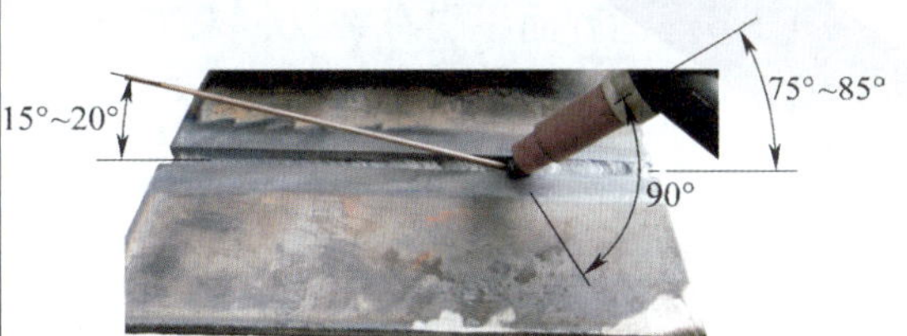 图 7–35　填充层焊接操作 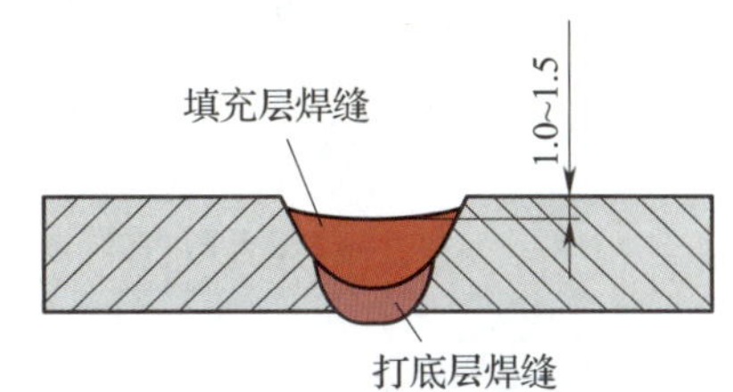 图 7–36　填充层焊缝
（3）盖面焊 按表 7–8 中盖面层焊接参数调节设备，进行盖面层焊接，其操作方法与填充层焊接基本相同（见图 7–37），但要加大焊枪的摆动幅度，保证熔池两侧超过坡口边缘 0.5 ~ 1 mm，并按焊缝余高确定送丝速度与焊接速度，尽可能保持焊接速度均匀，熄弧时必须填满弧坑，盖面层焊缝如图 7–38 所示。	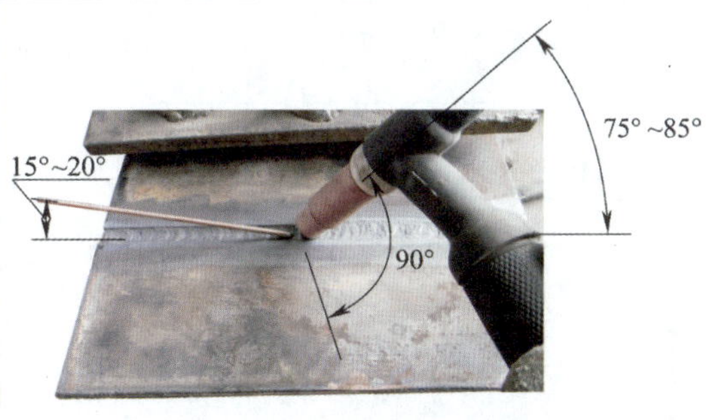 图 7–37　盖面层焊接操作  图 7–38　盖面层焊缝

安全提示

（1）磨削钨极时，应采用密闭式或抽风式砂轮机，焊工应戴口罩和手套。磨削完毕，应洗手、洗脸。

（2）焊接时钨极端部严禁与焊丝接触，以免造成短路。

（3）存放钨极时，若数量较多，最好在铅盒中保存。

5. 焊接质量要求

（1）焊缝表面不得有裂纹、未熔合、未焊透、夹渣、气孔、焊瘤等缺欠。

（2）焊缝表面的咬边深度≤ 0.5 mm，两侧的咬边总长度不得超过焊缝长度的 10%。

（3）焊缝不低于母材。

（4）焊缝宽度应小于等于 8 mm，焊缝宽度差、余高、背面余高、余高差应小于等于 3 mm。

（5）错边量应小于等于 0.5 mm，角变形小于 3°。

（6）焊件上非焊道处不得有引弧痕迹。

课题四　管对接水平转动焊

学习目标

掌握管对接水平转动焊手工钨极氩弧焊的操作方法。

工艺分析

管（小管径）对接水平转动焊手工钨极氩弧焊时，将定位焊缝置于焊接时钟 6 点处，焊枪与焊丝在 12 点处引弧并焊接，如图 7–39 所示；焊接过程中，管子通过焊接变位机（见图 7–40）匀速转动，焊枪与焊丝一直处于 12 点位置进行焊接。

焊接车间若没有焊接变位机，也可按照焊条电弧焊水平转动管的方法进行焊接，即焊枪与焊丝从焊接时钟 3 点的立焊位置开始引弧并焊接，按逆时针方向经过立位→平位爬坡焊焊到 12 点位置，然后停下来，将管子按顺时针方向转动约 90°，再从 3 点位置焊接到 12 点位置，如此反复 4 ～ 5 次，直至管子焊完一周，如图 7–41 所示。

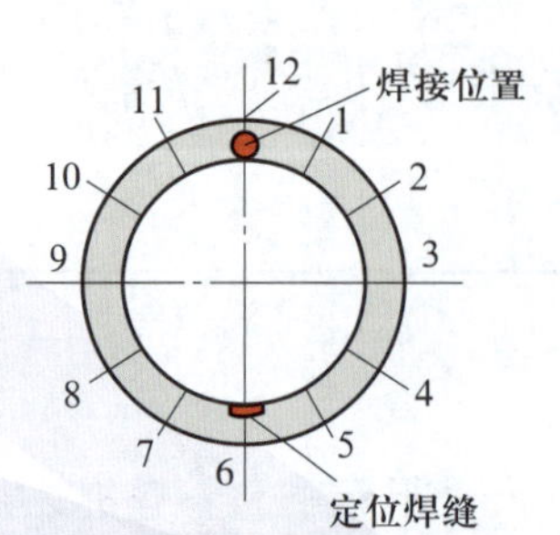

图 7–39　定位焊位置与焊接位置（焊枪与焊丝位置）

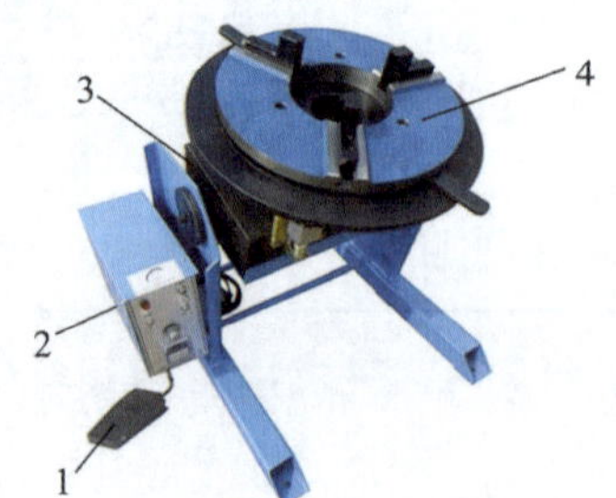

图 7–40　焊接变位机

1—控制踏板　2—控制箱　3—电动机　4—卡盘

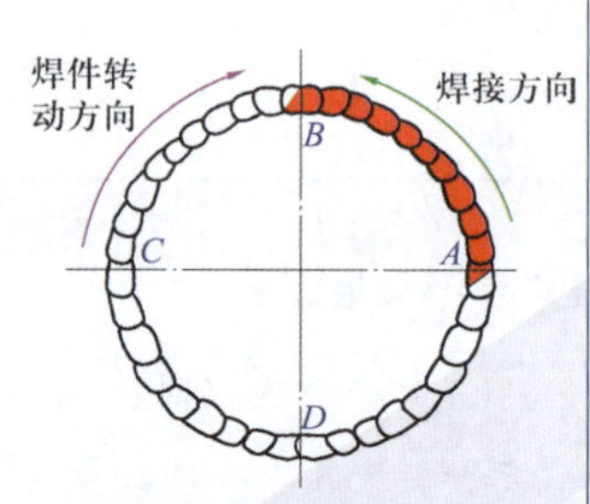

图 7–41　焊接变位方法

1. 焊前准备

（1）焊件材料：20 钢管。

（2）焊件尺寸：ϕ42 mm × 5 mm，L=100 mm，每组两根，坡口角度为 60° ±5°，V 形坡口，如图 7–42 所示。

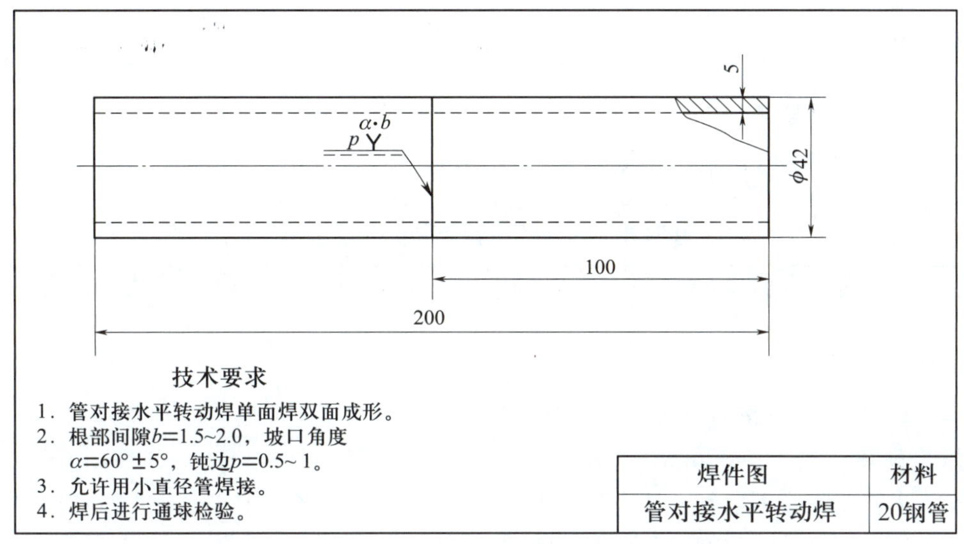

图 7–42　管对接水平转动焊焊件图

（3）焊接要求：单面焊双面成形。

（4）焊接材料：焊丝选用 ER49–1，直径为 2.5 mm；电极选用铈钨电极（WCe20），直径为 2.5 mm；保护气体用氩气，纯度≥ 99.99%。

（5）焊接设备：WS–400 型焊机，采用直流正接。

2. 焊件装配与定位

（1）钝边

修磨钝边为 0.5 ~ 1 mm，去除毛刺。

（2）焊前清理

清理管子坡口及其两侧内、外表面各 20 mm 范围内的油污、锈蚀、水分及其他污物，直至露出金属光泽，然后用干净的棉纱蘸丙酮擦拭管子待焊部位。

（3）装配间隙

装配间隙为 1.5 ~ 2.0 mm，错边量≤ 0.5 mm。

（4）定位焊

一点定位，焊缝长度约 10 mm，要求焊透，不得有气孔、夹渣、未焊透等缺欠，定位焊缝两端修磨成斜坡，以利于接头。

3. 确定焊接参数

管对接水平转动焊焊接参数见表 7–10。

表 7–10　　管对接水平转动焊焊接参数

焊接层次	焊接电流/A	氩气流量/（L/min）	钨极直径/mm	焊丝直径/mm	钨极伸出长度/mm	喷嘴直径/mm	喷嘴至焊件距离/mm
打底层	90 ~ 100	8 ~ 10	2.5	2.5	4 ~ 6	8	≤ 8
盖面层	95 ~ 110	6 ~ 8					

4. 操作步骤及要领

管对接水平转动焊操作步骤及要领见表 7–11。

表 7–11　　管对接水平转动焊操作步骤及要领

操作步骤及要领	图示
（1）打底焊 1）引弧。在管子焊接时钟 12 点处坡口内引弧并预热，如图 7–39 所示，引燃电弧后管子不转动，也不填丝，让电弧对准坡口根部加热，当坡口根部熔化，形成明亮、清晰的熔池后，管子开始转动并向熔池填加焊丝。在填丝的同时，管子沿顺时针方向匀速转动，进行焊接。 2）焊接。在焊接过程中，焊枪、焊丝与焊件的角度如图 7–43 所示，电弧始终保持在 12 点位置，并对准间隙做横向小锯齿形摆动，并保证管子转速与焊接速度一致。 钨极端部与焊件之间的距离为 3 ~ 4 mm，焊丝采用连续送丝法或断续送丝法送入电弧内熔池前方，焊丝送进要有节奏，不能时快时慢，以保证焊缝成形良好。 在焊接过程中，焊枪移动与焊丝送进要协调配合，焊件与焊丝、喷嘴的位置要保持一定距离，避免焊丝端部扰乱气流及触碰钨极。焊丝端部不能脱离氩气保护区，以免焊丝端部被氧化。	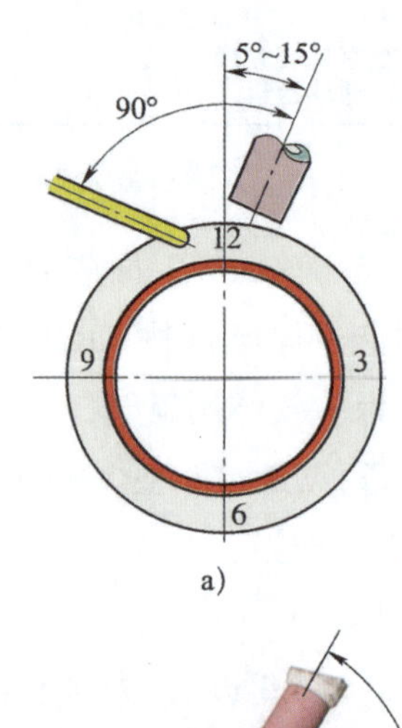 a） 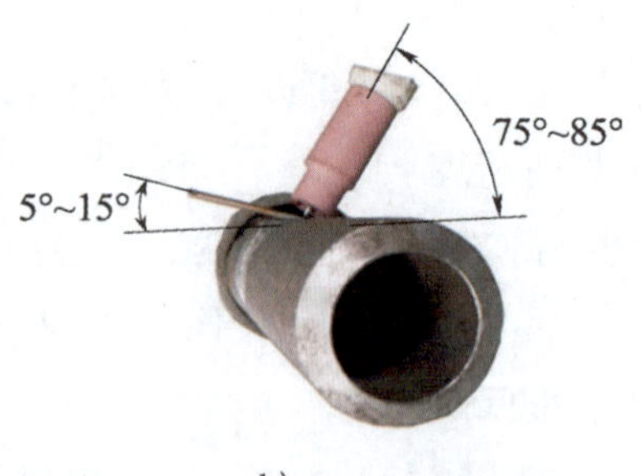 b） 图 7–43　焊枪、焊丝与焊件的角度 a）示意图　b）实物图

续表

操作步骤及要领	图示
当焊接到定位焊缝时，应停止或少送焊丝，电弧应将定位焊缝端部（包括坡口根部）熔化，并与熔池连成一体后，再填丝转入正常焊接。 3）停弧。停弧时先停止转动管子，然后松开焊枪上的控制开关，停止送丝。利用焊机上的电流衰减功能，保持喷嘴高度不变，待电弧熄灭，熔池冷却后，再移开焊枪。 4）接头。在弧坑右侧 10 ~ 15 mm 处引弧，并慢慢向左移动焊枪，待弧坑处形成熔池后，转动管子，同时填丝，转入正常焊接。 当焊接到焊道始焊端时，先停止送丝和管子的转动，待原来的焊缝端头开始熔化时，再填加焊丝至填满弧坑。然后松开控制开关，焊接电流衰减，熔池逐渐缩小，将焊丝抽离熔池，但不脱离氩气保护区，当电弧熄灭，延时切断氩气后，再移开焊丝和焊枪。 打底层焊缝表面要保证内凹，这样有利于盖面焊，如图 7 44 所示。	 图 7–44　打底层焊缝
（2）盖面焊 焊接盖面层的焊接参数见表 7–10，焊枪和焊丝角度、基本操作方法及要点均与焊接打底层时相同。 焊接盖面层时，焊接电流不宜太大。焊枪做横向锯齿形摆动，摆动到坡口边缘时应稍作停留，以保证熔合良好，防止产生咬边。 盖面层焊缝如图 7–45 所示。	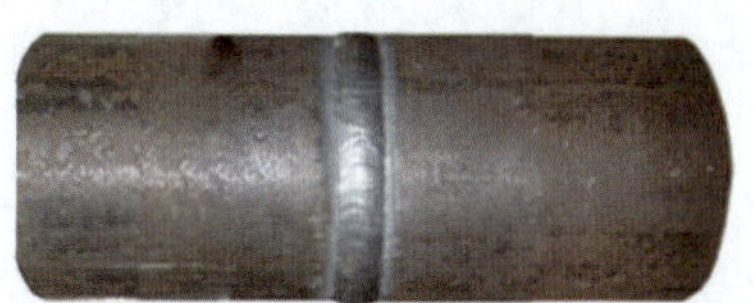 图 7–45　盖面层焊缝

安全提示

在实际生活中，对于间隙为零的薄板或薄管可以采用小电流、断续引弧、不加焊丝点焊的方法进行焊接，这种方法既满足使用要求，又不容易使焊件烧穿，是较为实用的操作技巧。

5. 焊接质量要求

（1）焊缝表面不得有裂纹、未熔合、未焊透、夹渣、气孔、焊瘤等缺欠。

（2）焊缝表面的咬边深度应小于等于 0.5 mm，两侧的咬边总长度不得超过焊缝长度的 10%。

（3）焊缝不低于母材。

（4）焊缝宽度应小于等于 8 mm，焊缝宽度差、余高、背面余高、余高差应小于等于 3 mm。

（5）错边量应小于等于 0.5 mm，角变形小于 3°。

（6）焊件上非焊道处不得有引弧痕迹。

第八单元
碳弧气刨

基础知识

学习目标

1. 了解碳弧气刨的原理、特点、设备、材料及应用范围。
2. 理解碳弧气刨参数、常见缺欠及预防措施。
3. 熟练掌握低碳钢板 U 形坡口的碳弧气刨技术。

一、碳弧气刨的原理、特点及应用范围

1. 碳弧气刨的原理

碳弧气刨是指利用石墨棒或碳棒与工件间产生的电弧将金属熔化，并用压缩空气将熔化金属吹除，实现在金属表面加工沟槽的方法，如图 8–1 所示。

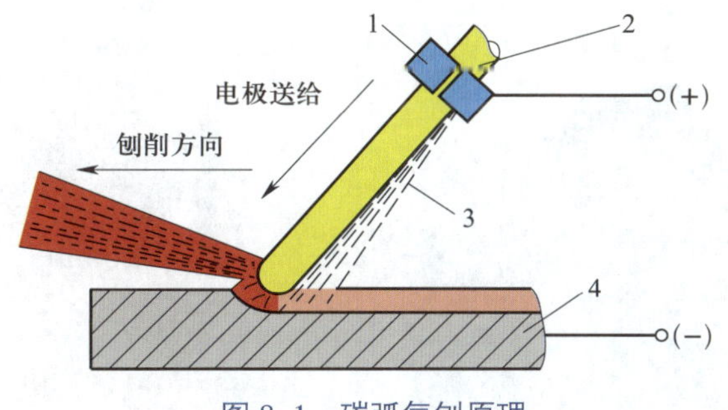

图 8–1　碳弧气刨原理

1—刨钳　2—碳棒　3—压缩空气　4—工件

2. 碳弧气刨的特点

（1）手工碳弧气刨可进行全位置操作，尤其是自动碳弧气刨具有较高的加工精度，可降低劳动强度。

（2）与用风铲或砂轮相比，碳弧气刨时的噪声低，生产效率高。

（3）在清除焊根及清理铸件缺欠时，容易观察到缺欠的形状和深度。

（4）碳弧气刨也存在一些缺点，如碳弧气刨过程中产生烟雾、粉尘和较强的弧光辐射等。

3. 碳弧气刨的应用范围

碳弧气刨广泛应用于清理焊根，清除焊缝缺欠，开焊接坡口（特别是U形坡口），清理铸件的毛边、浇冒口等缺陷，还可用于切割无法用氧乙炔焰切割的各种金属材料。

二、碳弧气刨的设备及材料

碳弧气刨系统主要由电源、气刨枪、碳棒、电缆和气管、空气压缩机等组成，如图8–2所示。

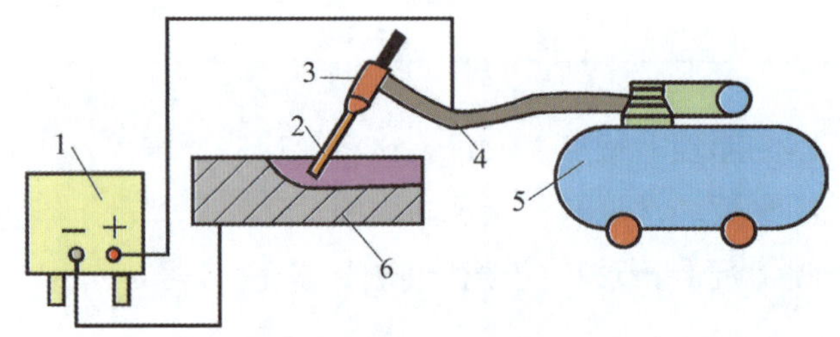

图8–2　碳弧气刨系统的组成

1—电源　2—碳棒　3—气刨枪　4—电缆和气管　5—空气压缩机　6—工件

1. 电源

碳弧气刨对电源的要求是具有陡降的外特性和较好的动特性。它一般使用的电流较大，且连续工作时间较长，故应选用功率较大的电源，如ZX7–500型弧焊逆变器、ZX5–500型弧焊整流器等，如图8–3所示。

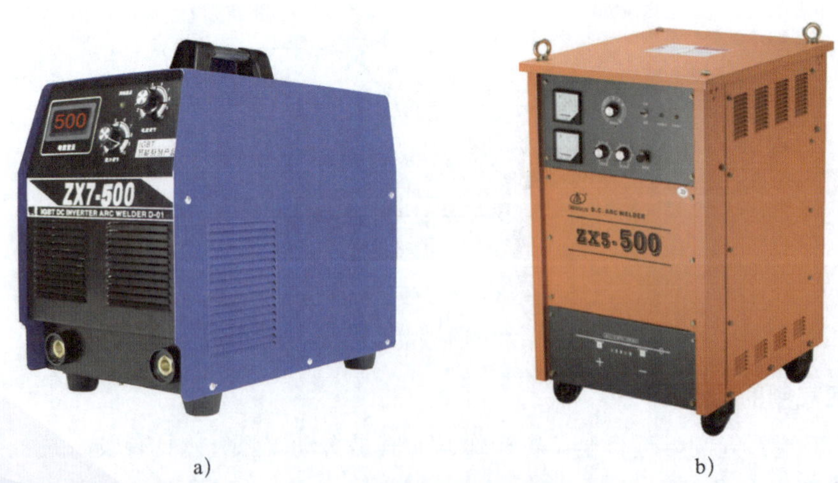

图8–3　碳弧气刨用电源

a）ZX7–500型弧焊逆变器　b）ZX5–500型弧焊整流器

2. 气刨枪

气刨枪是碳弧气刨的主要工具，用以夹持碳棒，传导电流，输送压缩空气等。

气刨枪应具有的性能要求如下：导电性良好，吹出的压缩空气集中而准确，碳棒夹持牢固且更换方便；外壳绝缘良好，质量较轻，体积小，使用方便等。碳弧气刨枪有侧面送风式（见图 8–4a）和圆周送风式（见图 8–4b）两种。

a)　　b)

图 8–4　碳弧气刨枪

a）侧面送风式　b）圆周送风式

（1）侧面送风式碳弧气刨枪

它是应用最广泛的一种气刨枪，特点是送风孔开在钳口附近的一侧，工作时压缩空气从这里喷出，气流恰好对准碳棒的后侧，将熔化的金属吹走，从而达到刨槽或切割的目的。

（2）圆周送风式碳弧气刨枪

它适合全位置操作，特点是压缩空气沿碳棒四周喷流，均匀冷却碳棒并对电弧有一定的压缩作用，刨槽前端不堆积熔渣，便于看清刨槽位置。

3. 碳棒

碳棒用作碳弧气刨时的电极材料，用于传导电流和引燃电弧。在操作过程中，碳棒会不断地被烧损，为了延长其使用寿命及提高导电性，常采用镀铜实心碳棒，根据其截面形状分为圆碳棒（见图 8–5a）和扁碳棒（见图 8–5b）。圆碳棒用于焊缝的清根、开槽及清除焊接缺欠等；扁碳棒用于大面积刨槽及清除表面焊瘤。

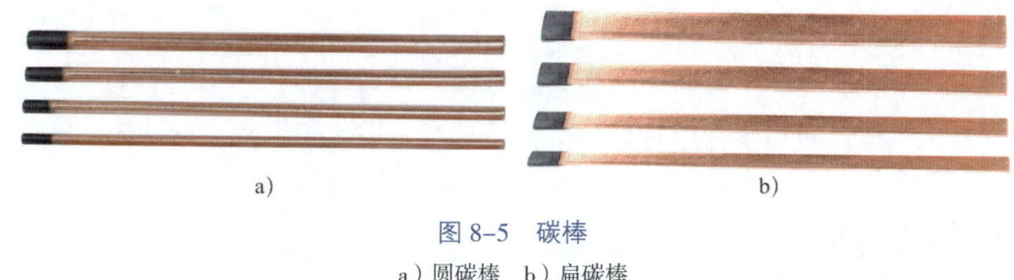

a)　　b)

图 8–5　碳棒

a）圆碳棒　b）扁碳棒

4. 空气压缩机

如图 8–6 所示的空气压缩机用以提供刨削过程中所需要的压缩空气，压缩空气的压力应为 0.5 ~ 1 MPa。

三、碳弧气刨参数

碳弧气刨参数主要包括电源极性、碳棒直径、刨削电流、刨削速度、压缩空气压力、电弧长度、碳棒倾角和碳棒伸出长度等。

图 8–6　空气压缩机

1. 电源极性

碳弧气刨一般都采用直流电源，因此，极性对不同材料气刨过程的稳定性和质量的影响有所不同。常用金属材料碳弧气刨时电源极性的选择见表 8–1。

表 8–1　常用金属材料碳弧气刨时电源极性的选择

金属材料	钢	铸铁	铜及铜合金	铝及铝合金	不锈钢
电源极性	反极性	正极性	正极性	正极性或反极性	反极性

2. 碳棒直径与刨削电流

碳棒直径是根据被刨削金属的厚度来确定的，见表 8–2。被刨削的金属越厚，碳棒直径越大。碳棒直径还与刨槽宽度有关，刨槽越宽，碳棒直径越大，一般碳棒直径应比刨槽的宽度小 2 ~ 4 mm。刨削电流与碳棒直径成正比，一般可根据下面的经验公式选择刨削电流：

$$I=(30\sim50)D$$

式中　I——刨削电流，A；

　　　D——碳棒直径，mm。

表 8–2　钢板厚度与碳棒直径的关系　mm

钢板厚度	≤ 3	4 ~ 6	6 ~ 8	8 ~ 12	10 ~ 15	≥ 15
碳棒直径	一般不刨	4	5 ~ 6	6 ~ 8	8 ~ 10	10

3. 刨削速度

刨削速度对刨槽尺寸、表面质量和刨削过程的稳定性都有一定的影响。刨削速度太快，会造成碳棒与金属相碰，使碳粘在刨槽的顶端，形成“夹碳”的缺欠。刨削速度增大，刨削深度减小，一般刨削速度为 0.5 ~ 1.2 m/min 较合适。

4. 压缩空气压力

压缩空气的压力会直接影响刨削速度和刨槽表面质量。压缩空气的压力高，能迅速吹走液态金属，使碳弧气刨顺利进行，一般压缩空气压力不得低于 0.4 MPa。常用的压缩空气压力为 0.4 ~ 0.6 MPa，它的压力由电流的大小决定，电流与压缩空气压力的关系见表 8–3。

表 8-3　电流与压缩空气压力的关系

电流 /A	190 ~ 270	270 ~ 340	340 ~ 470	470 ~ 550
压缩空气压力 /MPa	0.4 ~ 0.5	0.5 ~ 0.55	0.5 ~ 0.55	0.5 ~ 0.6

从表中可以看出，电流增大时，压缩空气压力也相应升高。因为电流增大，被熔化的金属量也随之增加，只有增大压缩空气压力，才能迅速将熔化的金属吹走，以使熔化金属停留时间不至于过长，从而缩小热影响区，得到光滑的刨槽表面。

5. 电弧长度

碳弧气刨时，电弧长度一般以 1 ~ 2 mm 为宜。电弧过长，会使操作不稳定，甚至熄弧。因此，操作时要求尽量保持短弧，这样可以提高生产效率，还可以提高碳棒的利用率。但电弧太短，又容易形成短路，引起“夹碳”缺欠。在刨削过程中，电弧长度的变化要尽量小些，这样可保证刨槽尺寸均匀。

6. 碳棒倾角

碳棒与刨槽中心线的夹角称为碳棒倾角。倾角的大小影响刨槽的深度，倾角增大，槽深增大，碳棒倾角一般为 25° ~ 45°，如图 8-7 所示。碳棒倾角与刨削深度的关系见表 8-4。

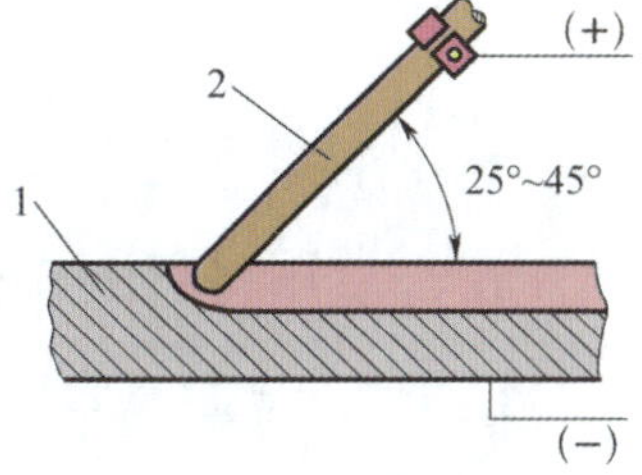

图 8-7　碳棒倾角
1—工件　2—碳棒（电极）

表 8-4　碳棒倾角与刨削深度的关系

碳棒倾角 /°	25	35	40	45	50	85
刨削深度 /mm	2.5	3.0	4.0	5.0	6.0	7.0 ~ 8.0

7. 碳棒伸出长度

碳棒从钳口到电弧端的长度为伸出长度。碳棒伸出长度太长，就会使压缩空气吹到熔池的风力不足，不能将熔化金属顺利吹除，同时，伸出长度太长，碳棒的电阻增大，烧损也快；但伸出长度太短会引起操作不方便。一般碳棒伸出长度以 80 ~ 100 mm 为宜。其长度烧至 30 ~ 40 mm 时，应及时进行调整，如图 8-8 所示。

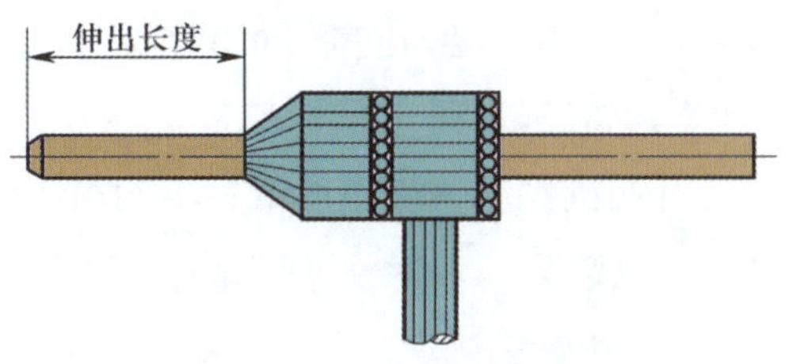

图 8-8　碳棒伸出长度

四、碳弧气刨常见缺欠及预防措施

碳弧气刨操作过程中容易出现夹碳、黏渣、铜斑等缺欠，这些常见缺欠的产生原因及预防措施如下：

1. 夹碳

出现夹碳的主要原因是刨削速度太快或碳棒送进过猛，使碳棒端部触及铁液或未熔化的金属。预防措施如下：操作中，应将刨削速度控制在要求的范围内，并注意引弧动作保持稳定，操作要稳，严格控制电弧长度。

2. 黏渣

产生黏渣的主要原因是压缩空气压力不足，刨削速度过慢。预防措施如下：适当增大压缩空气压力，调整刨削速度。碳弧气刨过程中，应及时用錾子将黏渣铲除；否则，在后续的焊接过程中还会引起夹渣缺欠。

3. 铜斑

出现铜斑的主要原因是碳棒表面镀铜质量不好，或电流过大造成铜皮成块剥落，熔化后集中熔敷到刨槽表面而形成铜斑。预防措施如下：选用质量好的碳棒及选择合适的电流。出现铜斑后，可用钢丝刷或角向磨光机将铜斑清除干净。

五、常用材料的碳弧气刨技术

1. 碳弧气刨的基本操作技术

（1）准备

清理工件表面，检查设备的完好性，检查电源的极性，接通电源。

（2）选择碳弧气刨参数

根据刨削要求和刨削材料选择碳棒截面形状与直径，并调节好工作电流，将碳棒伸出长度调节到 80 ~ 100 mm，打开空气压缩机气阀并调节好压缩空气的流量，使气刨枪的枪口和碳棒对准待刨削部位。

（3）引弧

先缓慢打开气阀，随后通过碳棒与刨件轻轻接触引燃电弧；否则易产生夹碳缺欠或使碳棒烧红。电弧在引燃瞬间不宜拉得过长，以免熄弧。

（4）气刨过程

开始刨削时钢板温度低，不能很快熔化，当电弧引燃后，刨削速度应慢一点；否则易产生夹碳缺欠。当钢板气刨部分熔化形成的熔渣被压缩空气吹除时，可适当加快刨削速度。

1）开始刨削时，碳棒倾角要小，然后逐渐将倾角增大到所需的角度，等刨削深度达到要求后，可将电弧的长度控制在 1 ~ 2 mm 范围内，并沿加工线向前均匀、平稳地刨削。

2）按槽深调整碳棒倾角，一般控制为 25° ~ 45°，并使碳棒的中心线与刨槽中心线重合；否则刨槽形状不对称，如图 8-9 所示。

3）刨削过程中，碳棒不应横向摆动和前后往复移动，只能沿刨削方向做直线运动。

4）操作中要保持均匀的刨削速度，用圆碳棒刨削时，发出均匀、清楚的“嚓嚓”声表示电弧稳定。用扁碳棒刨削 V 形坡口一侧斜面时，有时会使电弧断续、不稳定。

5）垂直位置刨削时，应自上向下操作；水平位置刨削时，可从左向右，也可从右向左操作；仰位刨削时，要注意避免因铁液滴落而导致烫伤。

a)　　b)

图 8-9　刨槽形状

a）刨槽形状对称　b）刨槽形状不对称

（5）收弧

刨削结束时，应先断弧，几秒钟后再关闭压缩空气。只有这样才能将熔化的金属全部吹出刨槽，得到光滑的刨削平面。

（6）清渣

刨槽后应清除刨槽及其边缘的铁渣、毛刺、氧化皮和铜斑等。

2. 低碳钢的碳弧气刨技术

低碳钢和普通低合金高强度结构钢不需要特殊工艺，可直接进行碳弧气刨。刨削加工后的表面有深 0.54 ~ 0.72 mm 的硬化层，但它基本不影响焊接接头的性能。这是因为焊前可用钢丝刷或角向磨光机对刨槽表面进行清理，而在随后的焊接中又会将这层硬化层熔化。

低碳钢的碳弧气刨参数见表 8–5。

表 8–5　　低碳钢的碳弧气刨参数

碳棒规格		刨削电流 /A	刨削速度 /（m/min）	刨槽尺寸与形状	备注
圆碳棒 /mm	ϕ5	200 ~ 250	1.0 ~ 1.2	6.5；5	用于 4 ~ 7 mm 板
	ϕ6	280 ~ 300	1.1 ~ 1.2	8；4	
	ϕ7	300 ~ 350	1.0 ~ 1.2	10；4	

续表

碳棒规格		刨削电流 /A	刨削速度 /（m/min）	刨槽尺寸与形状	备注
圆碳棒 /mm	ϕ8	430 ~ 480	0.7 ~ 1.0	12；6	用于 8 ~ 24 mm 板
	ϕ10	450 ~ 500	0.4 ~ 0.6	14；5	
扁碳棒 /（mm × mm）	4 × 12	350 ~ 400	0.8 ~ 1.2	—	—
	5 × 20	400 ~ 450			
	5 × 25	550 ~ 600			

3. 不锈钢的碳弧气刨技术

不锈钢的碳弧气刨与低碳钢的工艺基本相同，不需要预热。只是在气刨后的表面清理要求比低碳钢高，要打磨出金属光泽后才能进行焊接。

4. 合金钢的碳弧气刨技术

合金钢能否进行碳弧气刨，主要取决于钢材本身淬火倾向的大小。

（1）普通低合金钢（如 Q355 钢和 16MnV 钢等）可采用与低碳钢一样的碳弧气刨工艺，不需要预热。

（2）刨削 12CrMo、12CrMoV、15Cr 等合金钢时，要预热到 200 ℃左右才能收到良好的碳弧气刨效果。

（3）在刨削 Q420、18MnMoNb、20MnMo 等合金钢时，预热温度达到焊接的预热温度时，就能进行正常的碳弧气刨。

（4）对于某些强度等级高、对冷裂纹十分敏感的低合金钢厚板，不宜采用碳弧气刨。

5. 铸铁件的碳弧气刨技术

碳弧气刨用于铸铁件，主要是切割飞边、毛刺及小尺寸冒口等。铸铁件使用碳弧气刨技术时，要注意以下碳弧气刨参数的确定：

（1）碳棒规格

一般选用扁碳棒，碳棒的宽度要比飞边、毛刺宽 2 ~ 3 mm。如果所要碳弧气刨加工的最大宽度比最宽的碳棒还要大，就需要一道一道地并排进行碳弧气刨加工。

（2）刨削电流

碳弧气刨加工铸铁件时，如果所加工的表面还要进行机械加工，应选用偏低或正常的电流值；否则可选用偏大一些的电流值。

课题　低碳钢板 U 形坡口碳弧气刨

学习目标

掌握低碳钢板 U 形坡口碳弧气刨的操作方法。

工艺分析

低碳钢不需要特殊工艺，可直接进行碳弧气刨。本课题工件厚度为 8 mm，要求通过碳弧气刨开 U 形坡口，坡口宽度为 10 mm，坡口深度为 5 mm，可以得知，需要采用圆碳棒，按表 8–5 所列的碳弧气刨参数，选择碳棒直径为 7 mm，刨削电流为 300 ~ 350 A。

对于钢板厚度 $\delta \leqslant 15$ mm 的 U 形坡口的刨削，一般情况下，一次刨削即可完成，本课题钢板厚 8 mm，故采用一次刨削。材料为 Q235 钢，采用直流反接。双面焊的背面清根与本课题操作基本相同，清根时应刨到能看见焊缝正面的填充层为止。

1. 准备

（1）试件材料：Q235 钢。

（2）试件尺寸：300 mm × 100 mm × 8 mm，每组两块，试件及坡口尺寸如图 8–10 所示。

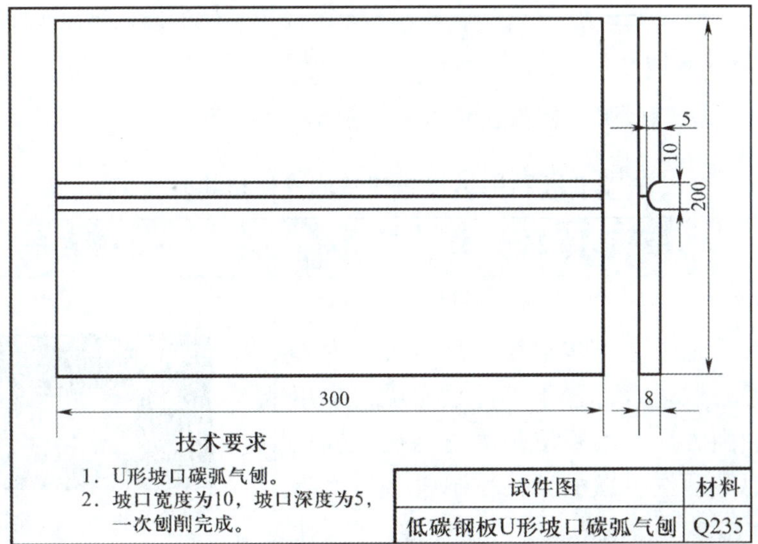

图 8–10　低碳钢板 U 形坡口碳弧气刨试件图

（3）刨削要求：刨削 U 形坡口。

（4）电极材料：圆碳棒，直径为 7 mm。

（5）气刨设备：ZX5-500 型弧焊整流器、空气压缩机（额定排气压力为 0.6 MPa 以上）。

2. 试件清理、装配及设备连接

（1）清理

清理试件表面的油污、锈蚀、水分及其他污物。

（2）装配

在工件两端分别装焊引弧板与引出板，并进行定位焊，如图 8-11 所示。引弧板与引出板的尺寸为 100 mm × 100 mm × 8 mm，刨削后将其用气割割掉。

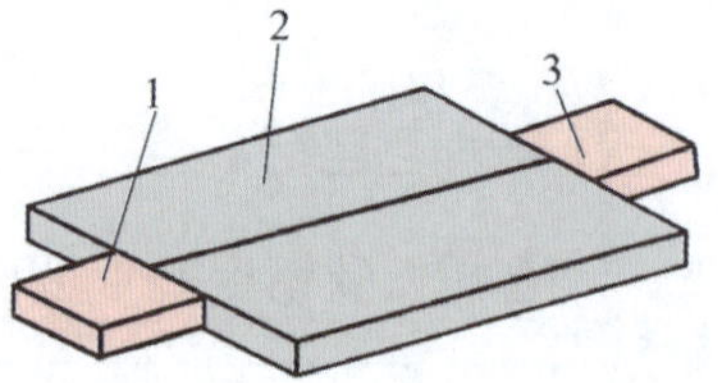

图 8-11　装焊引弧板与引出板

1—引出板　2—工件　3—引弧板

（3）设备连接

将碳弧气刨电源（ZX5-500 型弧焊整流器）、空气压缩机、电缆与气刨枪、气管、碳棒等按图 8-2 所示的连接顺序采用直流反接连接起来。检查设备的完好性和电源的极性（直流反接），并接通电源。

3. 确定碳弧气刨参数

低碳钢板 U 形坡口碳弧气刨参数见表 8-6。

表 8-6　低碳钢板 U 形坡口碳弧气刨参数

电源极性	碳棒直径 / mm	刨削电流 / A	刨削速度 /（m/min）	压缩空气压力 / MPa	刨削方向
直流反接	7	300 ~ 350	1.0 ~ 1.2	0.5 ~ 0.55	自右向左

4. 操作步骤及要领

低碳钢板 U 形坡口碳弧气刨操作步骤及要领见表 8-7。

表 8-7　低碳钢板 U 形坡口碳弧气刨操作步骤及要领

操作步骤及要领	图示
（1）引弧 刨削开始时，先送进压缩空气，再使碳棒中心线与刨槽的中心线重合，置于工件最右端，采用从右向左的刨削方向，然后使碳棒与钢板轻轻接触，并通过划擦动作引燃电弧，控制电弧长度为 1 ~ 3 mm，如图 8-12 所示。	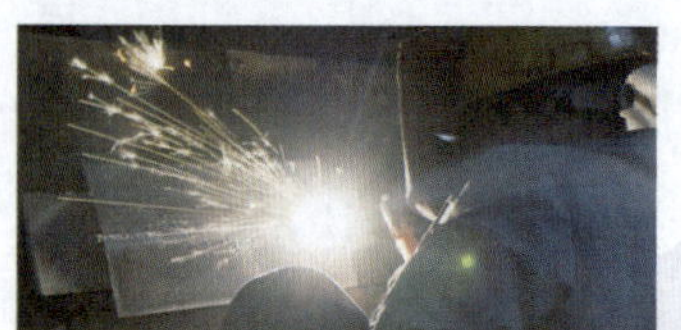 图 8-12　引弧

续表

操作步骤及要领	图示
（2）刨削 开始刨削时，碳棒倾角要小，然后逐渐将倾角增大到所需的角度，等刨削深度达到要求后，保持碳棒倾角 45°，如图 8–13 所示。将电弧的长度控制在 1 ～ 2 mm 范围内。 碳弧气刨时，要求刨件气刨处宽窄和深浅均匀一致，中心线对称，不发生偏斜；表面光洁、平滑，无黏渣和铜斑。要根据压缩空气和空气的摩擦作用所发出的“呲呲”声的变化判断及控制弧长的变化。声音均匀而清脆，表示电弧稳定，弧长无变化。此时，刨出的槽既光滑又深浅一致。 碳弧气刨过程中，碳棒既不做横向摆动，也不做前后往复摆动，移动应平稳。刨削一段长度后，碳棒因烧损而变短，需停弧后调整碳棒的伸出长度，如图 8–14 所示。 操作的基本要领是“准、平、正”。 1）准。对刨槽的基准线（两块钢板的相接处）要看得准，掌握好刨槽的深浅。操作中眼睛要盯住基准线，同时还要顾及刨槽的深浅。 2）平。操作中，手柄要端得平稳，不要上下抖动；否则刨槽表面就会出现明显的凹凸不平。同时，刨削的速度也应十分平稳，不能忽快忽慢。 3）正。进行碳弧气刨时，碳棒夹持要端正。同时，碳棒在移动过程中，除了与工件之间有一合适的倾角外，碳棒的中心线要与刨槽的中心线重合，以保持刨槽的形状对称。	 图 8–13　保持碳棒倾角 45°  图 8–14　停弧后调整碳棒的伸出长度
（3）收弧 刨削到工件的最左端需要收弧时，应先断弧，几秒钟后再关闭压缩空气。以确保熔化的金属全部被吹出刨槽，得到光滑的刨削平面。 刨削后的工件如图 8–15 所示。	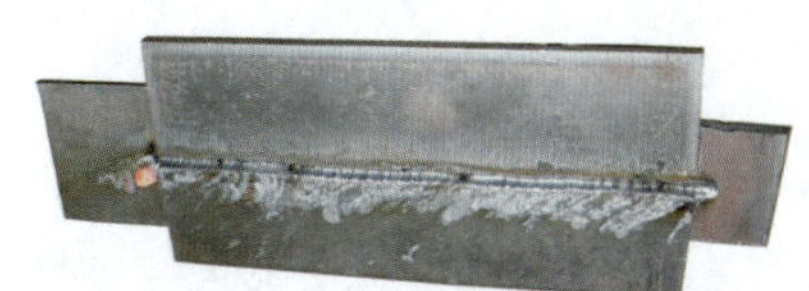 图 8–15　刨削后的工件

续表

操作步骤及要领	图示
（4）清渣 用錾子、锤子将焊渣清理干净，如图 8–16 所示。	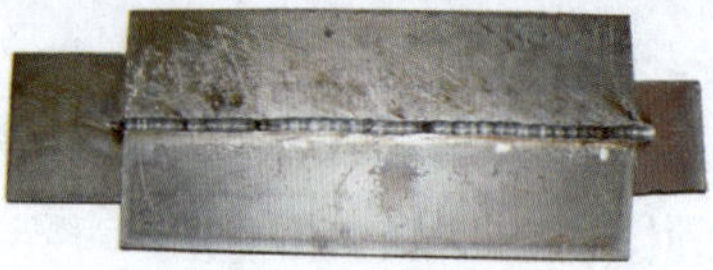 图 8–16　清理后的工件

安全提示

（1）在进行刨削时，压缩空气不允许中断；否则，造成碳棒急剧升温，外层的镀铜层熔化脱落，导致电阻增大，进而烧坏气刨枪。

（2）刨削时，碳棒不断烧损，应及时调整碳棒伸出长度。当碳棒端头离刨枪铜头的距离小于 30 mm 时，应立即调整或更换碳棒，以免烧坏刨枪。

（3）切断电源前，应避免刨枪铜头直接接触工件；否则会烧坏气刨枪。

（4）露天作业时，应尽可能顺风向操作，以防止吹散的铁液及熔渣烧坏工作服或将人烫伤。

（5）碳弧气刨时使用的电流比较大，应注意防止焊机因过载或连续使用而过热。

（6）操作者应注意站立位置，防止被飞溅金属烫伤。

5. 气刨质量要求

（1）坡口的深度差≤ 2 mm，坡口的宽度差≤ 2 mm。

（2）坡口的直线度误差≤ 2 mm。

（3）坡口形状对称，表面光滑，无夹碳、黏渣和铜斑缺欠。

第九单元
埋 弧 焊

基 础 知 识

学习目标

1. 了解埋弧焊的原理、特点、设备及焊接材料。
2. 理解埋弧焊的自动调节原理。
3. 掌握埋弧焊焊接参数的合理选用。

一、埋弧焊的原理、特点及应用范围

1. 埋弧焊的原理

埋弧焊是指电弧在颗粒状焊剂层下燃烧的一种焊接方法，如图 9–1 所示。起焊时，打开焊剂漏斗阀门，焊剂经软管流出后，均匀地堆敷在待焊处，焊丝由送丝机构送进，经导电嘴与焊件轻微接触形成短路，引燃电弧，电弧将焊丝和焊件熔化形成熔池，同时将电弧区周围的焊剂熔化，有部分熔剂蒸发，形成一个封闭的电弧燃烧空间。密度较低的熔渣浮在熔池表面，将液态金属与空气隔绝开来，有利于焊接冶金反应的进行。随着电弧向前移动，熔池液态金属随之冷却凝固而形成焊缝，浮在表面的液态熔渣也随之冷却而形成渣壳。如图 9–2 所示为埋弧焊焊缝截面。

2. 埋弧焊的特点

（1）埋弧焊的优点

1）焊接生产效率高。埋弧焊可采用较大的焊接电流，同时因电弧加热集中，使熔深增加，单丝埋弧焊可一次焊透 20 mm 以下不开坡口的钢板。而且埋弧焊的焊接速度也比焊条电弧焊快，以厚度为 8 ～ 10 mm 的钢板对接焊为例，单丝埋弧焊的焊接速度可达 30 ～ 50 m/h，而焊条电弧焊的焊接速度则不超过 8 m/h，从而提高了焊接生产效率。

2）焊接质量好。因熔池有熔渣和焊剂的保护，使空气中的氮、氧难以侵入，提高了焊缝金属的强度和韧性。同时，由于焊接速度快，热输入相对减少，故热影响区的宽度比

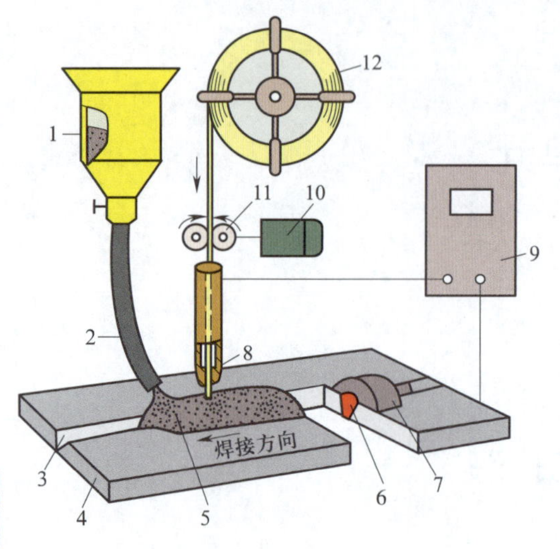

图 9–1 埋弧焊原理

1—焊剂漏斗 2—软管 3—坡口 4—母材 5—焊剂 6—熔敷金属 7—渣壳 8—导电嘴 9—电源 10—电动机 11—送丝机构 12—焊丝

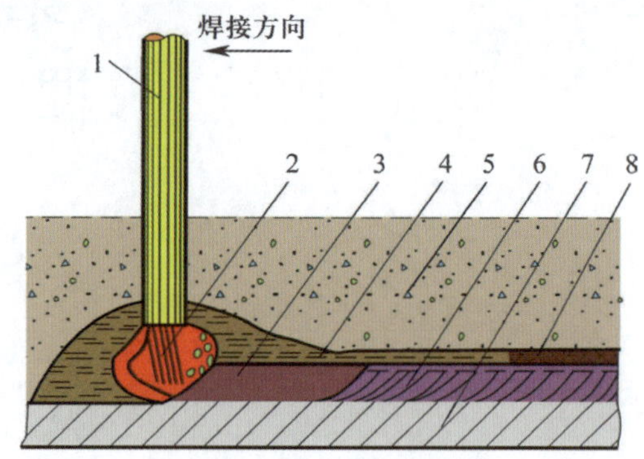

图 9–2 埋弧焊焊缝截面

1—焊丝 2—电弧 3—熔池 4—熔渣 5—焊剂 6—焊缝 7—焊件 8—渣壳

焊条电弧焊小，有利于减少焊接变形及防止近缝区金属过热。另外，焊缝表面光洁、平整、成形美观。

3）改善焊工的劳动条件。由于实现了焊接过程机械化，操作较简便，而且电弧在焊剂层下燃烧，没有弧光的有害影响，焊工操作时可省去面罩，同时烟尘也少，因此，焊工的劳动条件得到了改善。

（2）埋弧焊的缺点

1）焊接位置受限。埋弧焊采用颗粒状焊剂进行保护，一般只适用于平焊或倾斜度不大的位置及角焊位置焊接，其他位置的焊接则需采用特殊装置来保证焊剂对焊缝区的覆盖及防止熔池金属的漏淌。

2）焊接过程不直观。焊接时不能直接观察电弧与坡口的相对位置，容易产生焊偏及未焊透等缺欠，不能及时调整焊接参数，故需要采用焊缝自动跟踪装置来保证焊炬对准焊缝而不焊偏。

3）不适宜小焊件施焊。埋弧焊使用的电流较大，电流小于 100 A 时，电弧稳定性较差，因此，不适宜焊接厚度小于 1 mm 的薄件。

4）无法焊接不规则焊缝。焊接设备比较复杂，维修及保养工作量比较大，且仅适用于长的直焊缝和环形焊缝的焊接，对于一些形状不规则的焊缝无法焊接。

3. 埋弧焊的应用范围

埋弧焊是焊接生产中应用较普遍的工艺方法。由于埋弧焊熔深较深，生产效率高，机械化程度高，因此适用于中、厚板长焊缝的焊接，广泛应用于造船、锅炉与压力容器、化工、桥梁、起重机械、铁路车辆、工程机械、冶金机械以及海洋结构、核电设备等制造中。

随着焊接冶金技术和焊接材料生产技术的发展，埋弧焊所能焊接的材料已从碳素结构钢发展到低合金结构钢、不锈钢、耐热钢以及一些有色金属材料，如镍基合金、铜合金的焊接等。埋弧焊除了主要用于金属结构件的连接外，还可以用来进行金属表面耐磨或耐腐蚀合金层的堆焊。

二、埋弧焊的自动调节

合理选择焊接参数，并保证预定的焊接参数在焊接过程中稳定，是获得优质焊缝的重要条件。

焊条电弧焊通过人工调节来保证选定的焊接参数稳定，即依靠焊工的肉眼观察焊接过程，经分析比较，然后用手调整焊条的运条动作来完成。离开这种人工调节作用，焊条电弧焊的质量是无法保证的。因此，以机械代替手工送进焊丝和移动电弧的埋弧焊必须具有相应的自动调节作用来取代人工调节作用；否则，当遇到弧长干扰等因素时，就不能保证电弧的稳定。由此可见，自动调节是埋弧焊等自动化电弧焊接方法必须考虑的内容。

在焊接过程中，当弧长变化时希望能迅速得到调整，恢复到原来的长度，而电弧长度是由焊丝的送丝速度和焊丝的熔化速度共同决定的，只有焊丝的送丝速度始终等于焊丝的熔化速度，电弧长度才保持稳定不变。因此，当电弧长度发生变化时，为了恢复弧长，可通过两种方法来实现：一是自动调节焊丝的送丝速度，使其等于焊丝的熔化速度；二是自动调节焊丝的熔化速度，使其等于焊丝的送丝速度。

焊丝的送丝速度是指在单位时间送入焊接区的焊丝长度，而焊丝的熔化速度是指单位时间内熔化送入焊接区的焊丝长度。

根据上述两种不同的调节方法，埋弧焊有两种形式：一是焊丝送丝速度在焊接过程中恒定不变，通过改变焊丝熔化速度来消除弧长干扰的等速送丝式，焊机型号有 MZ1-1000 型；二是焊丝送丝速度随电弧电压变化，通过改变送丝速度来消除弧长干扰的变速送丝式，焊机型号有 MZ-1000 型。

三、埋弧焊机

1. 埋弧焊机的分类

埋弧焊机按用途可分为通用焊机和专用焊机两种，通用焊机如小车式的埋弧焊机，专用焊机如埋弧角焊机、埋弧堆焊机等。

按送丝方式可分为等速送丝式埋弧焊机和变速送丝式埋弧焊机两种，前者适用于细焊丝、高电流密度条件下的焊接，后者则适用于粗焊丝、低电流密度条件下的焊接。

按焊丝的数目和形状可分为单丝埋弧焊机、多丝埋弧焊机和带状电极埋弧焊机。目前应用最广泛的是单丝埋弧焊机。常用的多丝埋弧焊机有双丝埋弧焊机和三丝埋弧焊机。带状电极埋弧焊机主要用于大面积堆焊。

按焊机的结构形式可分为小车式、悬挂式、车床式、门架式、悬臂式等。目前小车式和悬臂式用得较多。

尽管生产中使用的焊机类型很多，但根据其自动调节的原理，可以归纳为电弧自身调节的等速送丝式埋弧焊机和电弧电压自动调节的变速送丝式埋弧焊机。

2. 埋弧焊机的组成

埋弧焊机由埋弧焊电源、控制系统、焊接小车和辅助设备四部分组成，如图 9–3 所示。

图 9–3　小车式埋弧焊机的组成

1—埋弧焊电源　2—焊丝盘　3—焊剂漏斗　4—机头　5—导轨　6—焊接小车　7—控制箱

（1）埋弧焊电源

埋弧焊电源可以采用交流电源或直流电源，在双丝和多丝焊工艺中也可以将交流电源和直流电源配合使用。直流电源包括硅弧焊整流器、晶闸管弧焊整流器和逆变式弧焊整流器等；交流电源通常是弧焊变压器。

通常直流电源适用于小电流、快速引弧、短焊缝、高速焊接以及所采用焊剂的稳弧性较差和对焊接参数稳定性有较高要求的场合，而交流电源多用于大电流埋弧焊和采用直流时磁偏吹严重的场合。单丝埋弧焊常用的电源类型见表 9–1。

表 9–1　　单丝埋弧焊常用的电源类型

焊接电流 /A	焊接速度 /（cm/min）	电源类型
300 ～ 500	>100	直流
600 ～ 1 000	3.8 ～ 75	交流、直流
≥ 1 200	12.5 ～ 38	交流

（2）控制系统

常用的埋弧焊机控制系统包括送丝拖动控制系统、行走拖动控制系统、引弧和熄弧自动控制系统等。大型专用焊机还包括横臂升降和收缩、立柱旋转、焊剂回收等控制系统。

（3）焊接小车

1）送丝机构。送丝机构包括送丝电动机及传动系统、送丝滚轮和矫直滚轮等，有直流电动机拖动和交流电动机拖动两种形式。

2）行走机构。焊接小车行走机构包括行走电动机及传动系统、行走轮及离合器等。行走轮一般采用橡胶绝缘轮，以免焊接电流经车轮而短路。

除上述主要组成部分外，埋弧焊机机械系统还有导电嘴、机头调整机构、焊丝盘、焊剂漏斗等部件。

（4）辅助设备

埋弧焊机一般都有相应的辅助设备与焊机相配合，埋弧焊机的辅助设备大致有焊接夹具、工件变位设备、焊机变位设备、焊缝成形设备、焊剂回收与输送设备等。

四、埋弧焊的焊接材料

埋弧焊的焊接材料有焊丝和焊剂，它们的作用相当于焊条电弧焊的焊芯和药皮。

1. 焊丝

埋弧焊中焊丝既作为导电的电极，又作为填充焊缝的金属丝。

埋弧焊使用的焊丝有实心焊丝和药芯焊丝两类，生产中普遍使用的是实心焊丝，药芯焊丝只在某些特殊场合应用。

目前，埋弧焊焊丝的国家标准包括《埋弧焊用非合金钢及细晶粒钢实心焊丝、药芯焊丝和焊丝—焊剂组合分类要求》（GB/T 5293—2018）、《埋弧焊用热强钢实心焊丝、药芯焊丝和焊丝—焊剂组合分类要求》（GB/T 12470—2018）、《埋弧焊用不锈钢焊丝—焊剂组合分类要求》（GB/T 17854—2018）和《埋弧焊用高强钢实心焊丝、药芯焊丝和焊丝—焊剂组合分类要求》（GB/T 36034—2018）。按照焊丝的成分和用途，可分为非合金钢及细晶粒钢焊丝、热强钢焊丝、不锈钢焊丝和高强钢焊丝四类。

（1）非合金钢及细晶粒钢实心焊丝

国家标准 GB/T 5293—2018 规定，实心焊丝型号按照化学成分进行划分，其中字母“SU”表示埋弧焊实心焊丝，“SU”后面的数字或数字与字母的组合表示其化学成分分类。

实心焊丝型号示例如图 9-4 所示。

（2）非合金钢及细晶粒钢实心焊丝—焊剂组合

焊丝—焊剂组合分类由五部分组成。

1）第一部分用字母“S”表示埋弧焊焊丝—焊剂组合。

2）第二部分表示多道焊在焊态或焊后热处理条件下熔敷金属的抗拉强度代号，见表 9-2；或者表示用于双面单道焊时焊接接头的抗拉强度代号，见表 9-3。

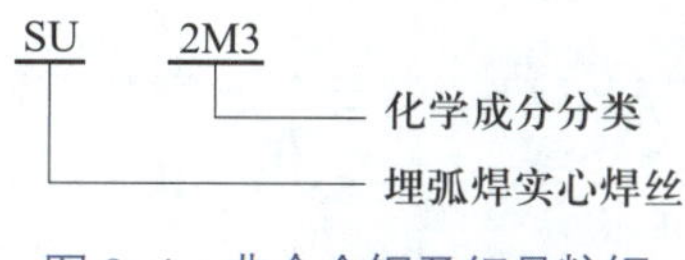

图 9-4　非合金钢及细晶粒钢实心焊丝型号示例

表 9–2　多道焊熔敷金属抗拉强度代号

抗拉强度代号[a]	抗拉强度 R_m/MPa	屈服强度[b] R_{eL}/MPa	断后伸长率 A/%
43X	430 ~ 600	≥ 330	≥ 20
49X	490 ~ 670	≥ 390	≥ 18
55X	550 ~ 740	≥ 460	≥ 17
57X	570 ~ 770	≥ 490	≥ 17

a X 是“A”或者“P”，“A”指在焊态条件下试验；“P”指在焊后热处理条件下试验。

b 当屈服发生不明显时，应测定规定塑性延伸强度 $R_{p0.2}$。

表 9–3　双面单道焊焊接接头抗拉强度代号

抗拉强度代号	抗拉强度 R_m /MPa
43S	≥ 430
49S	≥ 490
55S	≥ 550
57S	≥ 570

3）第三部分表示冲击吸收能量（KV_2）不小于 27 J 时的试验温度代号，见表 9–4。

表 9–4　冲击试验温度代号

冲击试验温度代号	冲击吸收能量（KV_2）不小于 27 J 时的试验温度[a]/℃
Z	无要求
Y	+20
0	0
2	–20
3	–30
4	–40
5	–50
6	–60
7	–70
8	–80
9	–90
10	–100

a 如果冲击试验温度代号后附加了字母“U”，则冲击吸收能量（KV_2）不小于 47 J。

4）第四部分表示焊剂类型代号。

5）第五部分表示实心焊丝型号。

实心焊丝—焊剂组合示例如图 9–5 所示。

图 9–5　非合金钢及细晶粒钢实心焊丝—焊剂组合示例

常用的焊丝直径有 3.0 mm、4.0 mm、5.0 mm、6.0 mm 等。埋弧焊时，各种直径的普通钢焊丝使用的电流范围见表 9–5。

表 9–5　　埋弧焊各种直径的普通钢焊丝使用的电流范围

焊丝直径 /mm	1.6	2.0	2.5	3.0	4.0	5.0	6.0
电流范围 /A	115 ~ 500	125 ~ 600	150 ~ 700	200 ~ 1 000	340 ~ 1 100	400 ~ 1 300	600 ~ 1 600

一定直径的焊丝，使用的电流有一定范围，使用电流越大，熔敷效率越高。而同一电流使用较小直径的焊丝，可获得加大焊缝熔深、减小熔宽的效果。当焊件装配不良时，宜选用较粗的焊丝。

2. 焊剂

进行埋弧焊时，能够熔化形成熔渣和气体，对熔化金属起保护作用并进行复杂的冶金反应的颗粒状物质叫作焊剂。

（1）焊剂的作用

1）焊接时熔化的焊剂产生气体和熔渣，有效地保护电弧和熔池，防止空气中氮、氧等有害气体侵入熔池。焊后焊渣覆盖在焊缝上，减缓了焊缝金属的冷却速度，改善焊缝的结晶状况及气体逸出的条件。

2）对焊缝金属渗合金，改善焊缝的化学成分，提高其力学性能。

3）改善焊接工艺性能，使电弧稳定燃烧，脱渣容易，焊缝成形美观。

（2）焊剂的分类

1）焊剂按制造方法不同主要有熔炼焊剂和烧结焊剂。熔炼焊剂是将原料混合后入炉熔炼，经水冷粒化、烘干而成。其颗粒强度高，化学成分均匀，且不易吸潮，但需经过高温熔炼，因此，不能依靠焊剂向焊缝金属大量渗入合金元素。熔炼焊剂是目前应用最多的一类焊剂，常用于碳钢、低合金钢的焊接。

烧结焊剂是在原料中加入黏结剂混合搅拌后烧结而成的。由于没有熔炼过程，容易通过焊剂向焊缝金属渗入合金元素，且脱渣性好，但化学成分不均匀，易吸潮。烧结焊剂常用于焊接高合金钢或堆焊。

2）焊剂按化学成分不同有高锰焊剂、中锰焊剂、低锰焊剂和无锰焊剂等，并可根据焊剂中二氧化硅和氟化钙的含量高低分成不同的类型。

（3）焊剂型号编制方法

根据国家标准《埋弧焊和电渣焊用焊剂》（GB/T 36037—2018）的规定，焊剂型号按适用焊接方法、制造方法、焊剂类型和适用范围等进行划分，焊剂型号由以下四部分组成：

1）第一部分表示焊剂适用的焊接方法，“S”表示适用于埋弧焊，“ES”表示适用于电渣焊。

2）第二部分表示焊剂制造方法，“F”表示熔炼焊剂，“A”表示烧结焊剂，“M”表示混合焊剂。

3）第三部分表示焊剂类型代号，见表 9–6。

表 9–6　焊剂类型代号

焊剂代号	焊剂类型	焊剂代号	焊剂类型	焊剂代号	焊剂类型
MS	硅锰型	GS	硅镁型	AB	铝碱型
CS	硅钙型	ZS	硅锆型	AS	硅铝型
CG	镁钙型	RS	硅钛型	AF	铝氟碱型
CB	镁钙碱型	AR	铝钛型	FB	氟碱型
CG–I	铁粉镁钙型	BA	碱铝型		
CB–I	铁粉镁钙碱型	AAS	硅铝酸型		

4）第四部分表示焊剂适用范围代号，见表 9–7。

除以上强制分类代号外，根据供需双方协商，可在型号后依次附加可选代号：

第一，冶金性能代号，用数字、元素符号、元素符号和数字组合等表示焊剂烧损或增加合金的程度。

第二，电流类型代号，用字母表示，“DC”表示适用于直流焊接，“AC”表示适用于交流和直流焊接。

第三，扩散氢代号“HX”，其中 X 可为数字 2、4、5、10 或 15，分别表示每 100 g 熔敷金属中扩散氢含量的最大值（mL）。

表 9-7　焊剂适用范围代号

代号*	适用范围
1	用于非合金钢及细晶粒钢、高强钢、热强钢和耐候钢，适用于焊接接头和 / 或堆焊 在接头焊接时，一些焊剂可应用于多道焊和单 / 双道焊
2	用于不锈钢和 / 或镍及镍合金 主要适用于接头焊接，也能用于带极堆焊
2B	用于不锈钢和 / 或镍及镍合金 主要适用于带极堆焊
3	主要用于耐磨堆焊
4	1 类 ~ 3 类都不适用的其他焊剂，例如铜合金用焊剂

* 由于匹配的焊丝、焊带或应用条件不同，焊剂按此划分的适用范围代号可能不止一个，在型号中应至少标出一种适用范围代号。

焊剂型号示例如图 9-6 所示。

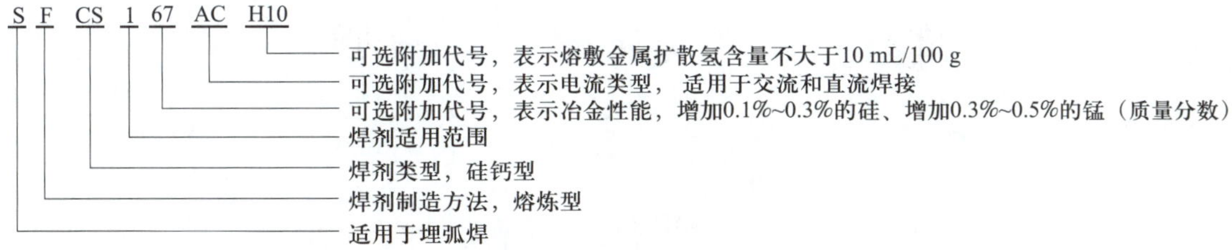

图 9-6　焊剂型号示例

五、埋弧焊焊接参数

埋弧自动焊的焊接参数主要是指焊接电流、电弧电压、焊接速度、焊丝直径、焊丝伸出长度、焊丝倾角、焊件倾角、装配间隙、坡口角度、坡口形式等。这些参数影响着焊缝的形状系数和熔合比，从而决定了焊缝的质量。其中对焊缝成形和焊接质量影响最大的是焊接电流、电弧电压和焊接速度。

1. 焊接电流

焊接时若其他因素不变，焊接电流增大，则电弧吹力增强，焊缝厚度增大。同时，焊丝的熔化速度也相应加快，焊缝余高稍有增大，但电弧的摆动小，所以焊缝宽度变化不大。电流过大，容易产生咬边或成形不良，使热影响区增大，甚至造成烧穿；电流过小，焊缝厚度减小，容易产生未焊透缺欠，电弧稳定性也差。焊接电流对焊缝截面形状的影响如图 9-7 所示。

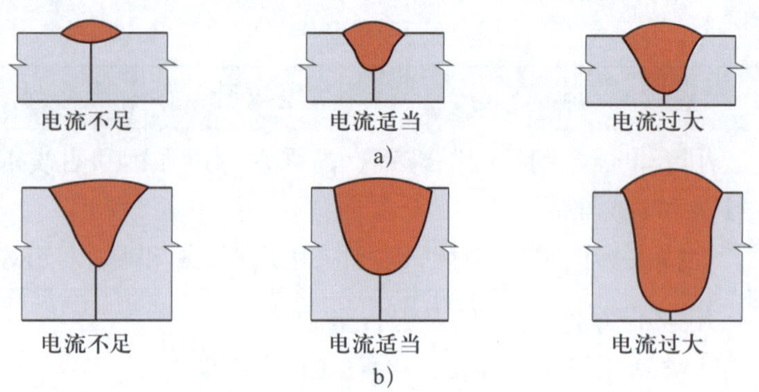

图 9–7　焊接电流对焊缝截面形状的影响

a）I 形坡口　b）Y 形坡口

2. 电弧电压

在其他因素不变的条件下，增加电弧长度，则电弧电压增大。随着电弧电压的增大，焊缝宽度显著增大，而焊缝厚度和余高减小。这是因为电弧电压越大，电弧就越长，则电弧的摆动范围扩大，使焊件被电弧加热面积增大，以致焊缝宽度增大。然而电弧长度增大后，电弧热量损失加大，所以用来熔化母材和焊丝的热量减少，使焊缝厚度和余高减小。电弧电压对焊缝截面形状的影响如图 9–8 所示。

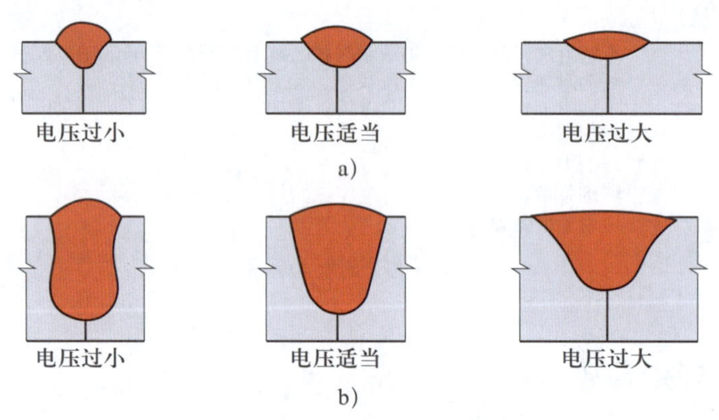

图 9–8　电弧电压对焊缝截面形状的影响

a）I 形坡口　b）Y 形坡口

由此可见，焊接电流是决定焊缝厚度的主要因素，而电弧电压则是影响焊缝宽度的主要因素。为了获得良好的焊缝成形，焊接电流必须与电弧电压进行良好的匹配，见表 9–8。

表 9–8　焊接电流与电弧电压的匹配关系

焊接电流 /A	600 ~ 700	700 ~ 850	850 ~ 1 000	1 000 ~ 1 200
电弧电压 /V	34 ~ 38	38 ~ 40	40 ~ 42	42 ~ 44

3. 焊接速度

焊接速度对焊缝厚度和焊缝宽度有明显的影响。当焊接速度增大时，焊缝厚度和焊缝宽度都将减小。这是因为焊接速度增大时，焊缝中单位时间内输入的热量减少。焊接速度过大，则易形成未焊透、咬边、焊缝成形不良等缺欠；焊接速度过小，则会形成易裂的"蘑菇形"焊缝或产生烧穿、夹渣、焊缝不规则等缺欠。焊接速度对焊缝截面形状的影响如图 9–9 所示。

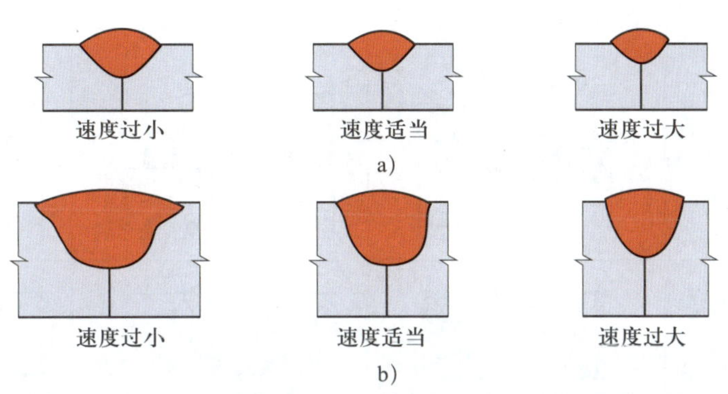

图 9–9 焊接速度对焊缝截面形状的影响

a）I 形坡口 b）Y 形坡口

4. 焊丝直径

当焊接电流不变时，随着焊丝直径的增大，电流密度减小，电弧吹力减弱，电弧的摆动作用加强，使焊缝宽度增大而焊缝厚度减小；焊丝直径减小时，电流密度增大，电弧吹力增大，使焊缝厚度增大。故用同样大小的电流焊接时，小直径焊丝可获得较大的焊缝厚度。不同直径的焊丝所适用的焊接电流见表 9–9。

表 9–9 焊丝直径与焊接电流的关系

焊丝直径 /mm	2.0	3.0	4.0	5.0	6.0
焊接电流 /A	200 ~ 400	350 ~ 600	500 ~ 800	700 ~ 1 000	800 ~ 1 200

5. 焊丝伸出长度

一般将导电嘴出口到焊丝端部的长度称为焊丝伸出长度。当其他焊接参数不变而焊丝伸出长度增大时，电阻热作用增大，使焊丝熔化速度加快，以致焊缝厚度稍有减小，余高略有增大；焊丝伸出长度太短，则易烧坏导电嘴。焊丝伸出长度随焊丝直径的增大而增大，一般在 15 ~ 40 mm 之间。同时，在焊接过程中还应控制焊丝伸出长度的波动范围，一般在 10 mm 左右。

6. 焊丝倾角

焊丝的倾斜方向分为前倾和后倾。倾角的方向和大小不同，电弧对熔池的力和热作用也不同，从而影响焊缝成形。当焊丝后倾一定角度时，由于电弧指向焊接方向，使熔池前面的焊件受到了预热作用，电弧对熔池的液态金属排出作用减弱，会导致焊缝宽度增大而熔深变浅；反之，焊缝宽度较小而熔深较深，但易使焊缝边缘产生未熔合和咬边缺欠，并且使焊缝成形变差。焊丝倾角对焊缝形状的影响见表 9–10。

表 9–10　　焊丝倾角对焊缝形状的影响

焊丝倾角	前倾 15°	垂直	后倾 15°
图示			
焊缝形状			
熔透	深	中等	浅
余高	大	中等	小
熔宽	窄	中等	宽

7. 焊件倾角

焊件有时因处于倾斜位置，因而有上坡焊和下坡焊之分，如图 9–10 所示。上坡焊与焊丝后倾作用相似，焊缝厚度和余高增大，焊缝宽度减小，形成窄而高的焊缝，甚至产生咬边；下坡焊与焊丝前倾作用相似，焊缝厚度和余高都减小，而焊缝宽度增大，且熔池内液态金属容易下淌，严重时会造成未焊透缺欠。所以，无论是上坡焊还是下坡焊，焊件倾角 α 都不得超过 6°；否则会破坏焊缝成形，引起焊接缺欠。焊件倾角对焊缝成形的影响如图 9–10 所示。

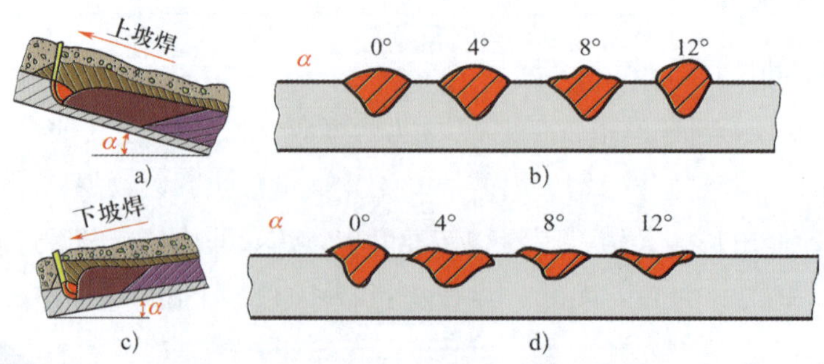

图 9–10　焊件倾角对焊缝成形的影响

a）上坡焊　b）上坡焊焊件倾角对焊缝成形的影响

c）下坡焊　d）下坡焊焊件倾角对焊缝成形的影响

8. 装配间隙与坡口角度

当其他焊接工艺条件不变时，焊件装配间隙与坡口角度增大，使焊缝厚度增大，而余高减小，但焊缝厚度加上余高的焊缝总厚度大致保持不变。因此，为了保证焊缝的质量，埋弧焊对焊件装配间隙与坡口加工的工艺要求较严格。

9. 坡口形式

由于埋弧焊焊接电流大，电弧功率强，对接接头焊件可开或不开坡口。一般情况下，板厚小于 14 mm 可不开坡口（I 形坡口），如图 9–11a 所示；板厚为 14 ~ 22 mm 时，可开 V 形坡口，如图 9–11b 所示；板厚为 22 ~ 50 mm 时，可开 X 形坡口，如图 9–11c 所示；对要求较高的焊件，一般采用 UV 形坡口，如图 9–11d 所示。

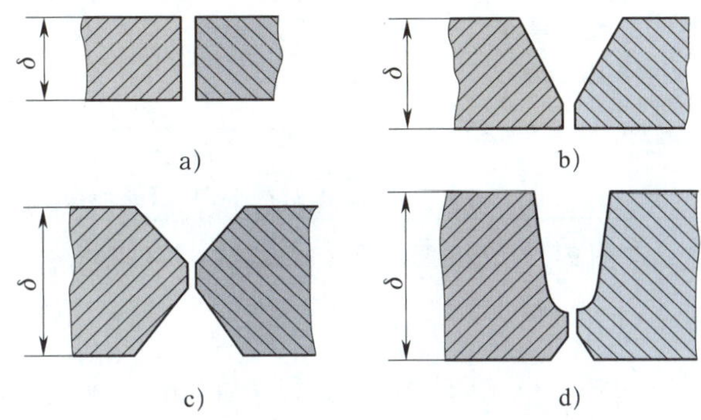

图 9–11　埋弧焊对接焊常用坡口形式

a）I 形坡口　b） V 形坡口　c）X 形坡口　d）UV 形坡口

课题一　板对接平焊（I 形坡口）

学习目标

1. 掌握板对接平焊（I 形坡口）埋弧焊的操作方法。
2. 进一步熟练掌握碳弧气刨的操作方法。
3. 能够处理埋弧焊的一般故障。

工艺分析

埋弧焊为自动焊，焊接参数由设备来保证，操作者需要通过调节焊机的按钮和旋钮来控制焊接参数。在焊接过程中，要仔细观察一些容易产生缺欠的现象，并及时调节焊接参数，以保证焊接质量。因此，掌握埋弧焊机的操作方法，合理选择焊接参数，正确使用埋弧焊操作技术，对于保证焊缝质量尤为重要。

1. 焊前准备

（1）焊件材料：Q235 钢。

（2）焊件尺寸：400 mm × 120 mm × 12 mm，每组两块，焊件尺寸如图 9-12 所示。

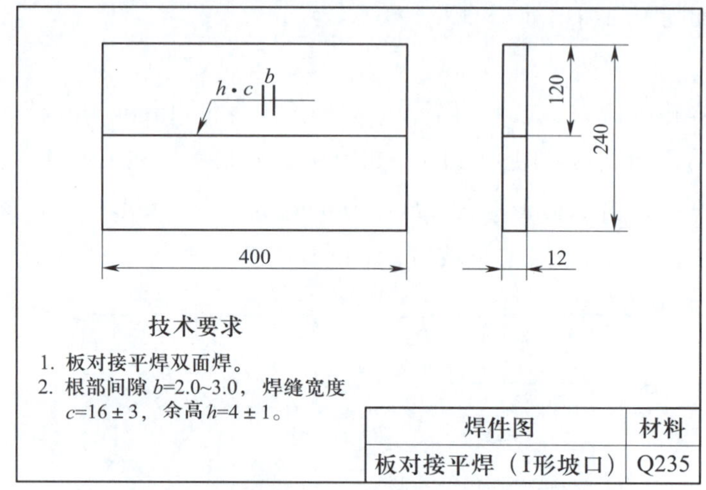

图 9-12　板对接平焊（I 形坡口）焊件图

（3）焊接要求：双面焊。

（4）焊接材料：焊丝为 SU08A（H08A），直径为 4.0 mm，焊前除锈。焊剂为 S43S4MS（HJ431），使用前在 250 ~ 400 ℃烘干 1 ~ 2 h，或按制造商推荐的规范进行烘干。定位焊用 E4315 型焊条，直径为 4.0 mm。

（5）焊接设备：MZ-1000 型埋弧焊机。

2. 焊件清理与装配

（1）焊前清理

清理焊件坡口面及坡口正、反面两侧各 30 mm 范围内的油污、锈蚀、水分及其他污物，直至露出金属光泽。

（2）装配

装配间隙为 2.0 ~ 3.0 mm，错边量≤ 0.5 mm。

（3）定位焊

在焊件两端分别装焊引弧板与引出板，并进行定位焊，如图 9-13 所示。引弧板与引出板的尺寸为 100 mm × 100 mm × 12 mm，焊后将其通过气割割掉，而不能用锤子敲掉。

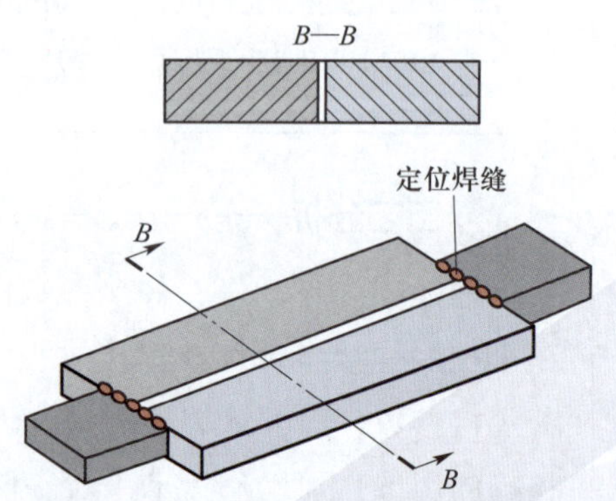

图 9-13　用引弧板与引出板进行定位焊

（4）预置反变形

焊件预置反变形量为 3°。

3. 确定焊接参数

板对接平焊（I 形坡口）焊接参数见表 9-11。

表 9–11　　板对接平焊（I 形坡口）焊接参数

焊接层次	焊丝直径 /mm	焊接电流 /A	焊接电压 /V	焊接速度 /（m/h）
正面	4.0	500 ～ 550	35 ～ 37	30 ～ 32
背面	4.0	550 ～ 600	35 ～ 37	30 ～ 32

4. 操作步骤及要领

板对接平焊（I 形坡口）埋弧焊的焊接顺序是先焊正面的焊道，后焊背面的焊道。具体操作步骤及要领见表 9–12。

表 9–12　　板对接平焊（I 形坡口）操作步骤及要领

操作步骤及要领	图示
（1）垫焊剂垫 焊前将焊件放在水平的焊剂垫上，如图 9–14 所示。焊剂垫内的焊剂型号必须与工艺要求的焊剂相同。焊接时，要保证焊件背面完全与焊剂贴紧。在焊接过程中，更要注意防止因焊件受热变形与焊剂脱开，产生焊漏、烧穿等缺欠。特别是要防止焊缝末端收尾处出现焊漏和烧穿现象。	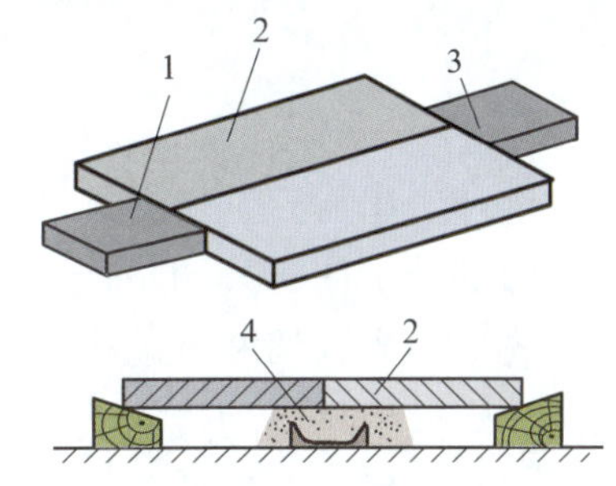 图 9–14　焊剂垫 1—引弧板　2—焊件　3—引出板　4—焊剂
（2）焊丝对中 调整焊丝位置，使焊丝端部对准焊件间隙，但不与焊件接触。拉动焊接小车往返几次，以使焊丝能在整个焊件上对准间隙，如图 9–15 所示。	 图 9–15　焊丝对中
（3）准备引弧 首先，将焊接小车拉到引弧板处，调整好小车行走方向开关位置，锁紧小车行走离合器。然后，按下送丝及退丝按钮，使焊丝端部与引弧板可靠接触，焊剂堆积高度为 40 ～ 50 mm。最后，将焊剂漏斗下面的阀门打开，让焊剂覆盖住焊丝端部，如图 9–16 所示。	 图 9–16　打开焊剂漏斗阀门

续表

操作步骤及要领	图示
（4）引弧 按下“启动”按钮，如图 9–17 所示，引燃电弧，焊接小车沿焊件间隙走动，开始焊接。此时要注意观察控制箱面板上的电流表与电压表读数，检查焊接电流和焊接电压与工艺规定的参数是否相符。如果不相符，则迅速调整相应的旋钮至规定参数为止。	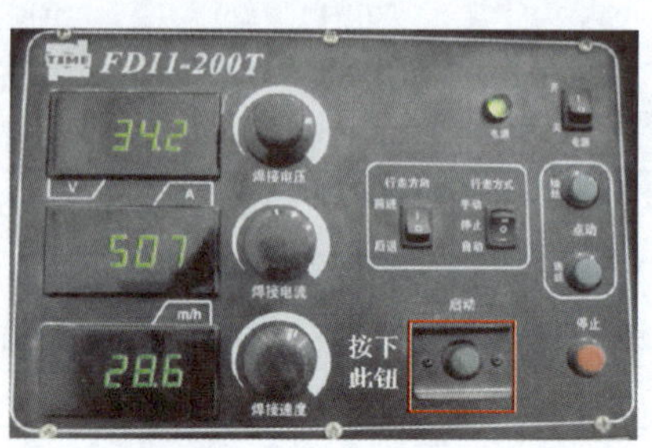 图 9–17　按下“启动”按钮，接通电源
（5）收弧 当熔池全部在引出板中部以后，准备收弧。收弧时要特别注意分两步按“停止”按钮。先按一半，切断电动机的转子供电回路，焊丝依靠电动机的惯性继续送进，电弧继续燃烧，使熔化的焊丝逐渐填满弧坑。当电弧自然熄灭后，再将“停止”按钮按到底，此时切断焊接电源，焊接停止，如图 9–18 所示。	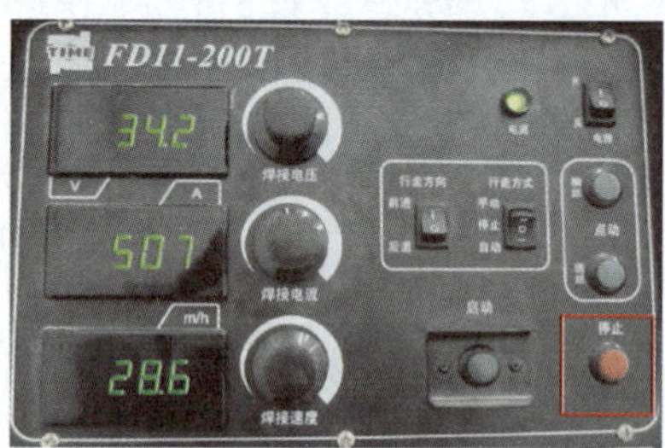 图 9–18　分两步按“停止”按钮
（6）清渣 待焊缝金属及熔渣完全凝固并冷却后，敲掉焊渣，如图 9–19 所示，并检查正面焊道外观质量。要求正面焊道熔深达到焊件厚度的 60% ~ 70%。如果熔深不够，需加大间隙、增大焊接电流或减小焊接速度。	 图 9–19　清渣

续表

操作步骤及要领	图示
（7）清根 将焊件的正面焊缝清理干净后，采用碳弧气刨刨削焊件的背面焊渣，形成深度 3 mm、宽度较均匀的刨槽，如图 9–20 所示。	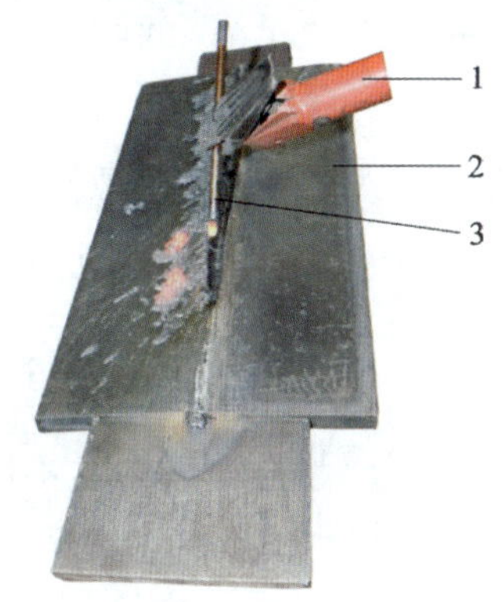 图 9–20　碳弧气刨清根 1—刨钳　2—焊件　3—碳棒
（8）焊接背面焊缝 如图 9–21 所示，背面焊接与焊接正面焊缝的埋弧焊操作方法相同。 完成背面焊缝焊接后，关闭焊剂漏斗的阀门，回收焊剂，清除渣壳。然后扳下离合器手柄，将焊接小车推开，放到适当的位置，检查焊接质量。	 图 9–21　背面焊接

经验点滴

（1）为了防止未焊透或夹渣等缺欠，要求焊工面焊道的熔深达到板厚的 60%～70%。可以通过加大焊接电流或减小焊接速度来实现。

（2）焊接背面焊道时，因为已有正面焊道托住熔池，故不必用焊剂垫，可直接悬空进行焊接。

（3）可以通过观察熔池背面焊接过程中的颜色变化来估计熔深。若熔池背面为红色或淡黄色，表示熔深符合要求，且焊件越薄，颜色越浅。若焊件背面接近白亮时，说明将要烧穿，应立即减小焊接电流或增大焊接速度；若熔池从背面看不见颜色或为暗红色，则表明熔深不够，需增大焊接电流或减小焊接速度。

5. 焊接质量要求

（1）埋弧焊焊件的检查项目和数量：外观检查 1 件，射线透照 1 件。

（2）焊缝外形尺寸：焊缝余高为（4 ± 1）mm，余高差 ≤ 2 mm；焊缝宽度为（16 ±

3）mm，宽度差≤ 2 mm。

（3）焊缝边缘直线度误差≤ 3 mm，焊缝表面不得有咬边和凹坑。

（4）焊件的射线透照应符合能源行业标准《承压设备无损检测　第 2 部分：射线检测》（NB/T 47013.2—2015）的规定，射线透照质量应不低于 AB 级，焊缝缺欠等级不低于Ⅱ级为合格。

6. 埋弧焊一般故障的产生原因及处理方法

埋弧焊一般故障的产生原因及处理方法见表 9–13。

表 9–13　　埋弧焊一般故障的产生原因及处理方法

序号	故障描述	产生原因	处理方法
1	按“启动”按钮后，不见电弧产生，焊丝将机头顶起	焊丝与焊件没有接触	清理接触部分
2	按“启动”按钮，线路工作正常，但引弧不成功	焊接电源未接通，电源接触器接触不良，焊丝与焊件接触不良	接通焊接电源，检查并修复接触器，清理焊丝与焊件的接触点
3	启动后焊丝粘住焊件	焊丝与焊件接触太紧，焊接电压太低或焊接电流太小	保证接触可靠但不要太紧，调整电流、电压至合适值

课题二　板对接平焊（V 形坡口）

学习目标

1. 掌握板对接平焊（V 形坡口）埋弧焊的操作方法。
2. 熟悉埋弧焊常见焊接缺欠的产生原因及预防措施。

工艺分析

埋弧焊与其他焊接方法的不同之处在于焊接参数由设备来保证，中、厚板对接埋弧自动焊时容易出现以下焊接缺欠，应引起重视。

（1）如果焊接速度和送丝速度不均匀或焊丝导电不良，会造成焊缝表面成形不均匀。

（2）如果焊接电流过小或电弧电压过高，以及焊件装配间隙过大，会使焊缝余高过低。

（3）如果焊接速度过快，焊接电流过小，电弧电压过高，并且焊丝偏离接口中心线，容易出现未焊透缺欠。

1. 焊前准备

（1）焊件材料：Q235 钢。

（2）焊件尺寸：400 mm × 120 mm × 22 mm，每组两块，V 形坡口尺寸如图 9–22 所示。

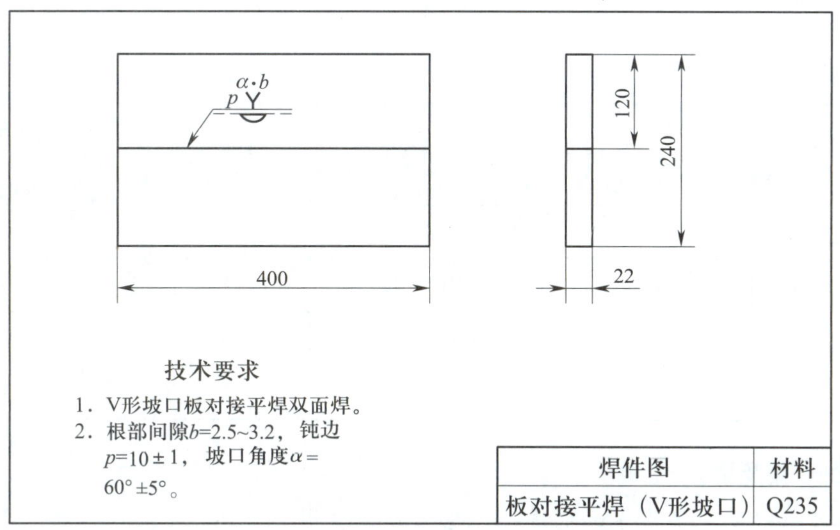

图 9–22　板对接平焊（V 形坡口）焊件图

（3）焊接要求：双面焊。

（4）焊接材料：焊丝为 SU08A（H08A），直径为 4 mm，焊前除锈。焊剂为 S43S4MS（HJ431），焊前焊剂应在 250 ~ 400 ℃烘干 1 ~ 2 h，或按制造商推荐的规范进行烘干。定位焊用 E4315 型焊条，直径为 4.0 mm。

（5）焊接设备：MZ–1000 型埋弧焊机。

2. 焊件清理与装配

（1）钝边

修磨钝边为（10 ± 1）mm，去除毛刺。

（2）焊前清理

清理焊件坡口面及坡口正、反面两侧各 30 mm 范围内的油污、锈蚀、水分及其他污物，直至露出金属光泽。

（3）装配

始焊端装配间隙为 2.5 mm，终焊端装配间隙为 3.2 mm，错边量≤ 1.5 mm。

（4）定位焊

焊件两端装焊引弧板和引出板，引弧板和引出板的尺寸为 100 mm × 100 mm × 10 mm。V 形坡口对接装配及定位焊如图 9–23 所示。

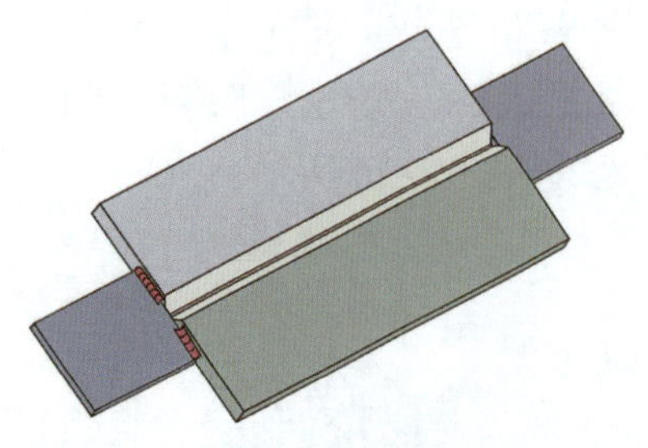

图 9–23　V 形坡口对接装配及定位焊

（5）预置反变形

预置反变形量为 3° ~ 4°。

3. 确定焊接参数

板对接平焊（V 形坡口）埋弧焊焊接参数见表 9–14。

表 9–14　　板对接平焊（V 形坡口）埋弧焊焊接参数

焊接层次		焊丝直径 /mm	焊接电流 /A	焊接电压 /V	焊接速度 /（m/h）
正面	打底层	4.0	500 ~ 550	35 ~ 37	30 ~ 32
	填充层	4.0	550 ~ 600	35 ~ 37	30 ~ 32
	盖面层	4.0	650 ~ 700	36 ~ 38	32 ~ 35
背面		4.0	650 ~ 700	36 ~ 38	32 ~ 35

4. 操作步骤及要领

板对接平焊（V 形坡口）埋弧焊操作步骤及要领见表 9–15。

表 9–15　　板对接平焊（V 形坡口）埋弧焊操作步骤及要领

操作步骤及要领	图示
（1）正面焊 先焊 V 形坡口的正面焊缝，将焊件水平置于焊剂垫上，如图 9–24 所示。焊接操作方法与 I 形坡口对接平焊基本相同。 1）焊丝对中。调整焊丝位置，使焊丝端部对准焊件间隙，但不与焊件接触。拉动焊接小车往返几次，以使焊丝能在整个焊件上对准间隙，如图 9–25 所示。然后下送焊丝，使其端部与引弧板可靠接触，打开焊剂漏斗阀门，让焊剂覆盖焊接处，如图 9–26 所示。	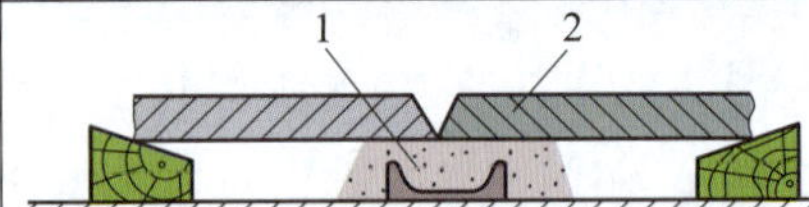 图 9–24　焊剂垫 1—焊剂　2—焊件  图 9–25　焊丝对中 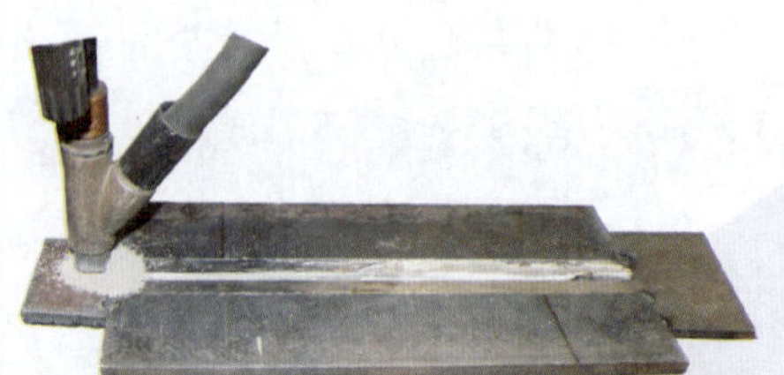 图 9–26　打开焊剂漏斗阀门

续表

操作步骤及要领	图示
2）打底焊。及时调整相应的按钮，使焊接参数符合表 9–14 的规定。按下“启动”按钮，引燃电弧，焊接小车沿焊件间隙走动，开始打底层的焊接，如图 9–27 所示。 3）收弧及清渣。打底焊完成后，必须严格清除渣壳，检查焊道，不得有缺欠，焊道表面应平整或稍下凹，与两侧坡口面熔合良好、均匀，焊道两侧不得有死角。 4）填充焊。将焊丝向上移动 4 ~ 5 mm 后，再进行填充层焊道的焊接，如图 9–28 所示。填充层焊道应低于母材表面 1 ~ 2 mm，并且不得熔化坡口棱边，使焊道表面平整或稍下凹。 5）盖面焊。进行盖面层焊接时，可适当调节焊接参数，使速度慢一些，将电压调至上限，以保证焊缝每侧熔宽为（3 ± 1）mm，焊缝余高为 0 ~ 3 mm。焊接过程如图 9–29 所示。	 图 9–27　打底焊  图 9–28　填充焊 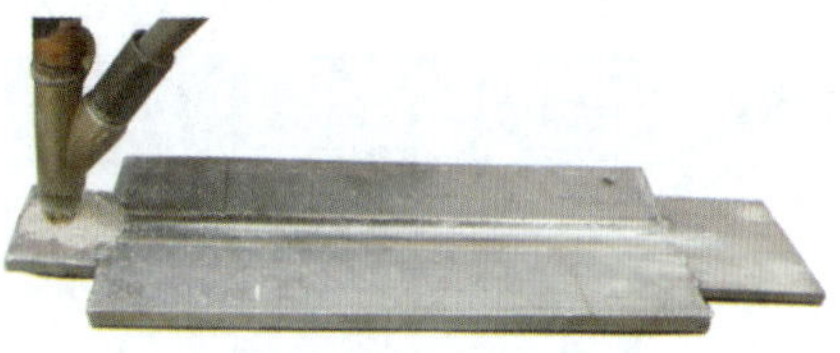 图 9–29　盖面焊
（2）背面焊 正面焊缝焊完后，利用碳弧气刨清除焊根，在背面刨出一定深度与宽度的槽形坡口，如图 9–30 所示。 碳弧气刨后，要彻底清除槽内和槽口表面两侧的刨渣，并用角向磨光机打磨表面后，方可进行背面焊缝的焊接。背面焊缝采用单道焊接，焊接操作同正面焊缝，如图 9–31 所示。 背面焊缝如图 9–32 所示。	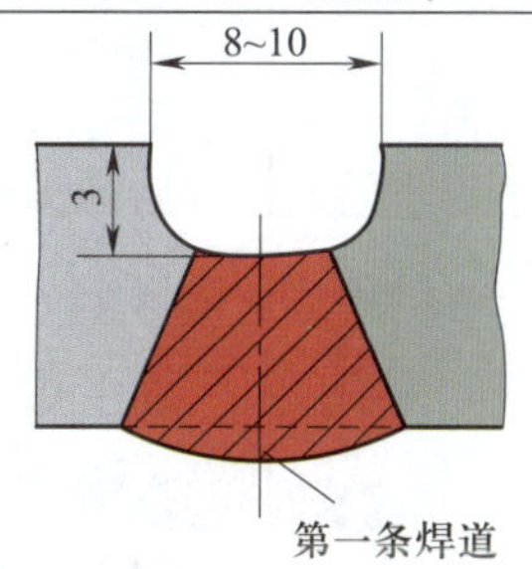 图 9–30　碳弧气刨坡口尺寸  图 9–31　背面焊 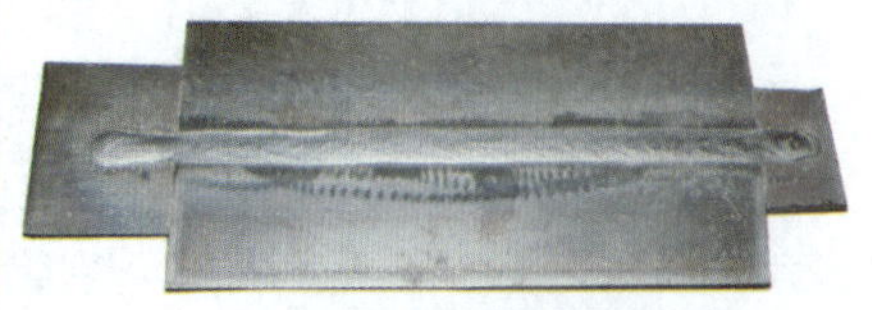 图 9–32　背面焊缝

教师指导

【问题】埋弧焊引弧时，焊丝不能上抽引燃电弧是什么原因？

回答：埋弧焊引弧时，如果按下“启动”按钮后，焊丝不能上抽引燃电弧，而把机头顶起，表明焊丝与焊件接触太紧或接触不良。需要适当剪断焊丝或清理接触表面，再重新引弧。

5. 焊接质量要求

中、厚板对接平焊（V形坡口）埋弧焊焊件的焊接质量要求与本单元课题一“板对接平焊（I形坡口）”焊件的焊接质量要求相同。

6. 埋弧焊常见焊接缺欠的产生原因和预防措施

埋弧焊常见焊接缺欠的产生原因和预防措施见表9–16。

表9–16　埋弧焊常见焊接缺欠的产生原因和预防措施

序号	缺欠	产生原因	预防措施
1	气孔	（1）坡口及其附近表面或焊丝表面有油污、锈蚀等污物存在 （2）焊剂潮湿 （3）焊剂覆盖量不够，空气侵入熔池 （4）焊剂覆盖太厚，使熔池中气体逸出后排不出去 （5）焊接电流大 （6）有磁偏吹存在 （7）极性接反	（1）仔细清理焊丝表面，对坡口预先用钢丝刷除污，并用角向磨光机清理坡口附近表面，然后用火焰烘烤除油 （2）焊剂按规定温度烘干后保持恒温 （3）扩大焊剂软管的直径，使焊剂的覆盖面加大 （4）缩小焊剂软管的直径，使焊剂输送量适当减小 （5）适当减小焊接电流 （6）采用交流焊接 （7）调换极性
2	夹渣	（1）熔渣超前 （2）多层焊时，焊丝偏向一侧；或电流过小，导致焊剂残留在两层焊道之间 （3）前一条焊道清渣不彻底	（1）放平焊件或加快焊接速度 （2）使焊丝始终对准坡口中心线，加大电流，使焊剂熔化干净 （3）每条焊道彻底清渣

续表

序号	缺欠	产生原因	预防措施
2	夹渣	（4）对接时，根部间隙大于3.2 mm，使焊剂流入电弧前的间隙 （5）盖面焊时电压太高，使游离的焊剂卷入焊道	（4）严格装配，保证根部间隙均匀且小于3.2 mm （5）盖面焊时，控制电压不要过高
3	咬边	（1）焊接速度过快 （2）电流与电压匹配不当（如焊接电流过大） （3）衬垫与焊件之间间隙过大，没有贴紧 （4）平角焊时，焊丝偏于底板；船形焊时，焊丝偏离焊缝中心 （5）极性不对	（1）放慢焊接速度 （2）调整焊接电流至合适值 （3）使衬垫与焊件表面紧贴，消除间隙 （4）平角焊时焊丝偏于立板，船形焊时调整焊丝对准焊缝中心 （5）改变极性
4	满溢	（1）电流过大 （2）焊接速度过慢 （3）电压过低	调整焊接参数
5	烧穿	（1）电流过大 （2）焊接速度过慢且电弧电压过低 （3）根部间隙过大	（1）减小电流 （2）控制电弧电压和焊接速度 （3）保证根部间隙不要过大
6	未焊透	（1）焊接参数选择不当（如电流过小、电压过高等） （2）坡口不合理 （3）焊丝偏离接口中心线	（1）调整焊接参数 （2）修整坡口，使之符合要求 （3）使焊丝对准接口中心线

续表

序号	缺欠	产生原因	预防措施
7	裂纹	（1）焊件、焊丝、焊剂等材料配合不当 （2）焊丝中含碳量和含硫量较高 （3）焊接区冷却快，使热影响区硬化 （4）焊缝成形系数太小 （5）多层焊第一层焊道截面小 （6）焊接顺序不合理 （7）焊件刚度高	（1）合理选配焊接材料 （2）选用合格的焊丝 （3）焊前预热，焊后缓冷，降低焊接速度 （4）调整焊接参数，改进坡口 （5）调整焊接参数 （6）合理安排焊接顺序 （7）焊前预热，焊后缓冷
8	余高过大	（1）电流过大或电压过低 （2）上坡焊时倾角过大 （3）焊接时焊丝位置不当 （4）加衬垫焊时，焊件坡口间隙不够大	（1）调整焊接参数 （2）调整上坡焊倾角 （3）确定正确的焊丝位置 （4）适当加大坡口间隙
9	宽度不均匀	（1）焊接速度不均匀 （2）焊丝导电不良	（1）找出原因，消除故障 （2）更换导电嘴衬套

第十单元
等离子弧焊与等离子弧切割

等离子弧是指利用等离子枪将阴极（如钨极）和阳极之间的自由电弧压缩成高温、高电离、高能量密度和高焰流速度的电弧。利用等离子弧作热源进行焊接与切割的工艺方法称为等离子弧焊与等离子弧切割。等离子弧焊与等离子弧切割是现代科学领域中的新技术，应用范围广泛。

基 础 知 识

学习目标

1. 了解等离子弧焊与等离子弧切割的原理、特点、设备及材料。
2. 理解等离子弧焊焊接参数与等离子弧切割参数的合理选择。
3. 掌握不锈钢薄板等离子弧焊与碳钢空气等离子弧切割的技术。

一、等离子弧产生原理、特点及类型

1. 等离子弧

一般的焊接电弧未受到外界的压缩，称为自由电弧。自由电弧中的气体电离是不充分的，能量不能高度集中，并且弧柱直径随着功率的增大而增大，因此，弧柱中的电流密度近乎为常数，其温度也就被限制在 5 730 ~ 7 730 ℃。如果对自由电弧的弧柱进行强迫“压缩”，就能获得导电截面较小而能量更加集中，弧柱中的气体几乎全部达到电离状态的电弧，这种电弧称为等离子弧。

2. 等离子弧的产生原理

目前广泛采用的压缩电弧的方法是将钨极缩入喷嘴内部，并在水冷喷嘴中通以一定压力和流量的等离子气，强迫电弧通过喷嘴孔道，以形成高温、高能量密度的等离子弧。等离子弧的产生如图 10–1 所示（等离子弧切割时无保护气和保护罩），此时电弧受到以下

三种压缩效应：

（1）机械压缩效应

如图 10–1a 所示，在钨极（负极）和焊件（正极）之间加上一个较高的电压，通过激发使气体电离形成电弧，此时用一定压力的气体作用于弧柱，强迫其通过水冷喷嘴的细孔，弧柱便受到机械压缩，使弧柱截面积缩小，称为机械压缩效应。

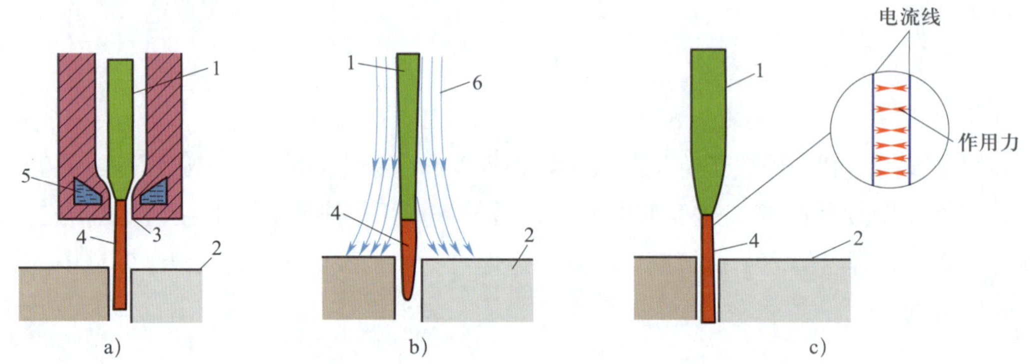

图 10–1　等离子弧的压缩效应

a）机械压缩效应　b）热收缩效应　c）磁收缩效应

1—钨极　2—焊件　3—喷嘴　4—电弧　5—冷却水孔　6—冷却气流

（2）热收缩效应

如图 10–1b 所示，当电弧通过水冷喷嘴，同时又受到不断送给的高速等离子气流（如氩气、氮气、氢气等）的冷却作用时，弧柱外围形成一个低温气流层，电离度急剧下降，迫使弧柱导电截面进一步缩小，电流密度进一步提高，弧柱的这种收缩称为热收缩效应。

（3）磁收缩效应

电弧弧柱受到机械压缩和产生热收缩效应后，喷嘴处等离子弧的电流密度大大提高。若把电弧看成一束平行的同向电流线，这些电流线间将产生相互吸引力，使电弧断面有收缩的倾向，这种收缩现象即为磁收缩效应，这种磁收缩作用迫使电弧进一步受到压缩，如图 10–1c 所示。

在以上三种效应的作用下，弧柱被压缩到很细的程度，弧柱内气体也得到了高度的电离，温度高达 16 000 ~ 33 000 ℃，能量密度剧增，而且电弧挺度好，具有很强的机械冲刷力，形成高能束的等离子弧。

3. 等离子弧的特点

（1）温度高，能量高度集中

等离子弧的导电性好，承受的电流密度大，因此，温度能高达 16 000 ~ 33 000 ℃，并且截面很小，能量高度集中。

（2）电弧挺度好，燃烧稳定

自由电弧的扩散角度约为 45°，而等离子弧由于电离程度高，放电过程稳定，在压缩作用下，其扩散角仅为 5°，故电弧挺度好，燃烧稳定。

（3）具有很强的机械冲刷力

由于等离子弧发生装置内通入的常温压缩气体受到电弧高温加热而膨胀，使气体压力大大增加，高压气流通过喷嘴细通道喷出时，可达到很高的速度，甚至可超过声速，因此，等离子弧有很强的机械冲刷力。

4. 等离子弧的类型及应用

根据电源的不同接法，等离子弧可分为非转移弧、转移弧、联合型弧三种，如图 10–2 所示。

（1）非转移弧

钨极接电源负极，喷嘴接电源正极。等离子弧在钨极与喷嘴内表面之间产生（见图 10–2a），连续送入的等离子气穿过电弧空间，形成从喷嘴喷出的等离子焰，这种等离子弧称为非转移弧。它产生于钨极与喷嘴之间，工件本身不通电，而是被间接加热熔化，其热量的有效利用率不高，故不宜用于较厚材料的焊接和切割。

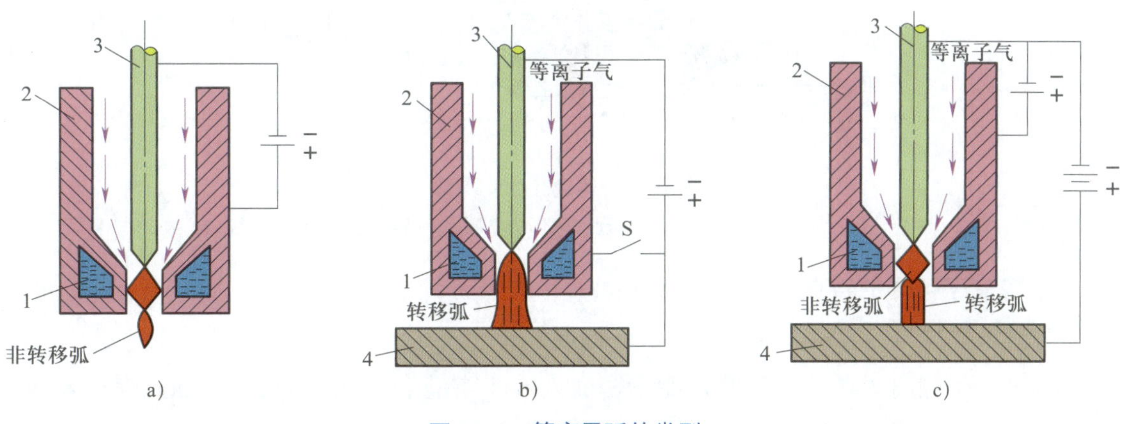

图 10–2　等离子弧的类型

a）非转移弧　b）转移弧　c）联合型弧

1—冷却水孔　2—喷嘴　3—钨极　4—工件

（2）转移弧

钨极接电源负极，工件和喷嘴接电源正极。首先，在钨极和喷嘴之间引燃小电弧，随即接通钨极与工件之间的电路，再切断喷嘴与钨极之间的电路，同时钨极与喷嘴间的电弧熄灭，电弧转移到钨极与工件间直接燃烧，这类电弧称为转移弧（见图 10–2b）。这种等离子弧可以直接加热工件，提高了热量的有效利用率，故可用于中等厚度以上工件的焊接与切割。

（3）联合型弧

转移弧和非转移弧同时存在的等离子弧称为联合型弧（见图 10–2c）。联合型弧的两个电弧分别由两个电源供电。主电源加在钨极和工件间产生等离子弧，是主要焊接热源。另一个电源加在钨极和喷嘴间产生小电弧，称为维持电弧。维持电弧在整个焊接过程中连续燃烧，其作用是维持气体电离，即在某种因素影响下，等离子弧中断时，依靠维持电弧可立即使等离子弧复燃。联合型弧主要用于微弧等离子弧焊和粉末材料的喷焊。

二、等离子弧焊

1. 等离子弧焊的原理

等离子弧焊是指借助水冷喷嘴对电弧的约束作用获得较高能量密度的等离子弧进行焊接的方法。它是利用特殊构造的等离子弧焊枪所产生的高达几万摄氏度的高温等离子弧，有效地熔化焊件而实现焊接的过程，其原理如图 10–3 所示。

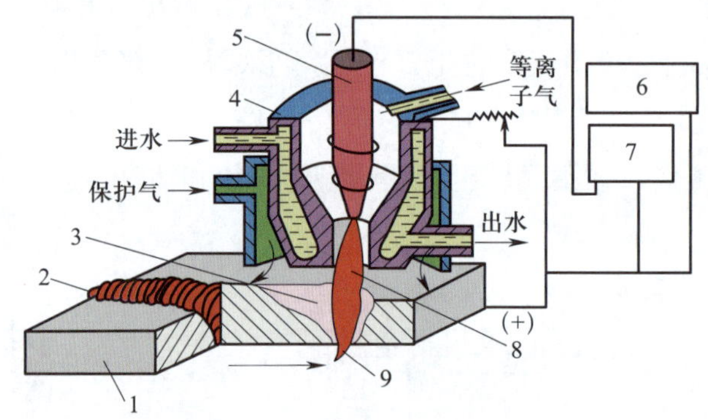

图 10–3　等离子弧焊原理

1—焊件　2—焊缝　3—小孔　4—喷嘴　5—钨极　6—焊接电源　7—高频振荡器　8—等离子弧　9—尾焰

2. 等离子弧焊的特点

等离子弧焊与钨极氩弧焊相比有以下特点：

（1）由于等离子弧的温度高，能量密度大（即能量集中），熔透能力强，焊接 8 mm 或更厚的金属时可不开坡口，不加填充金属，可用比钨极氩弧焊高得多的焊接速度施焊。这不仅提高了焊接生产效率，而且可减小熔宽，增大焊缝厚度，因而可减小热影响区宽度和焊接变形。

（2）由于等离子弧的形态近似于圆柱形，挺直性好，几乎在整个弧长上都具有高温。因此，当弧长发生波动时，熔池表面的加热面积变化不大，对焊缝成形的影响较小，容易得到均匀的焊缝成形。

（3）由于等离子弧的稳定性好，特别是用联合型等离子弧时，使用很小（大于 0.1 A）的焊接电流也能保持稳定的焊接过程，因此其可焊接超薄的焊件。

（4）由于等离子弧焊的钨极是内缩在喷嘴里面的，焊接时不会与焊件接触。因此，不仅可减少钨极损耗，还可防止焊缝金属产生夹钨等缺欠。

3. 等离子弧焊方法

按焊缝成形原理，等离子弧焊有两种基本焊接方法，即小孔型等离子弧焊和熔透型等离子弧焊，其中 30 A 以下的熔透型等离子弧焊又称微束等离子弧焊。

（1）小孔型等离子弧焊

小孔型等离子弧焊又称穿孔焊、锁孔焊或穿透焊，其焊缝成形原理如图 10–4 所示。利用等离子弧能量密度大、电弧挺度好的特点，将焊件的焊接处完全熔透，并产生一个贯穿焊件的小孔。在表面张力的作用下，熔化金属不会从小孔中滴落下去（小孔效应）。随着焊枪的前移，小孔在电弧后锁闭，形成完全熔透的焊缝。

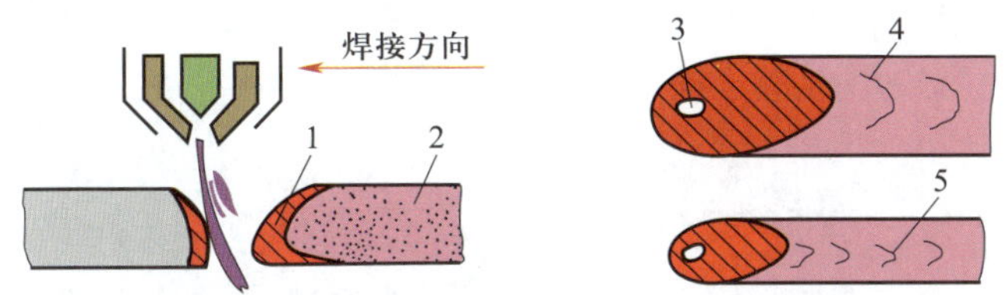

图 10–4　小孔型等离子弧焊焊缝成形原理

1—熔池　2—焊缝　3—小孔　4—正面焊缝　5—背面焊缝

小孔型等离子弧焊采用的焊接电流范围为 100 ~ 300 A，适用于焊接 2 ~ 8 mm 厚的合金钢板材，可以不开坡口和背面不用衬垫进行单面焊双面成形。

（2）熔透型等离子弧焊

当等离子气流量较小、弧柱压缩程度较弱时，等离子弧在焊接过程中只熔透焊件，但不产生小孔效应的熔焊过程称为熔透型等离子弧焊，主要用于薄板单面焊双面成形及厚板的多层焊。

微束等离子弧焊的焊接电流很小（为 0.2 ~ 30 A），主要用来焊接厚度为 0.01 ~ 2 mm 的薄板和细丝等。

4. 等离子弧焊焊接设备

手工等离子弧焊焊接设备由焊接电源、焊枪、控制系统、气路系统和水路系统等部分组成，其外部线路连接如图 10–5 所示。

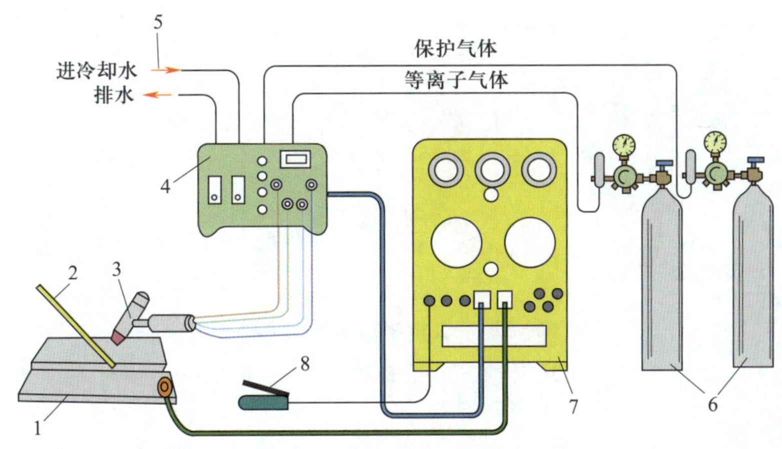

图 10–5　等离子弧焊焊接设备外部线路连接

1—焊件　2—焊丝　3—焊枪　4—控制系统　5—水冷系统　6—供气系统　7—焊接电源　8—启动开关

（1）焊接电源

等离子弧焊一般采用具有垂直下降外特性或陡降外特性的弧焊电源，以防止焊接电流因弧长的变化而变化，从而获得均匀、稳定的熔深及焊缝外形尺寸。等离子弧焊一般采用直流正接，焊接镁、铝薄件时可采用直流反接，焊接镁、铝厚件时可采用交流电源。等离子弧焊与钨极氩弧焊相比，等离子弧焊所需的电源空载电压较高。电源空载电压根据所用等离子气而定，采用氩气作为等离子气时，空载电压应为 65 ~ 80 V；当采用氩气和氢气或氩气与其他双原子气体的混合气体作为等离子气时，电源空载电压应为 110 ~ 120 V。

（2）焊枪

等离子弧焊的焊枪（又称等离子弧发生器）是等离子弧焊设备中的关键组成部分，主要由上枪体、下枪体、钨极和喷嘴等组成。钨极和喷嘴是两个关键部件，对焊接过程和焊接质量有很大影响。

（3）控制系统

控制系统的作用是控制焊接设备各部分按照预定的程序进入、退出工作状态。整个设备的控制电路通常由高频发生器控制电路、送丝电动机拖动电路、焊接小车或专用工艺装备控制电路以及程序控制电路等组成。程序控制电路控制等离子气预通时间、等离子气流递增时间、保护气预通时间、高频引弧及电弧转移、焊件预热时间、电流衰减熄弧、延迟停气等。

（4）气路系统

与氩弧焊或 CO_2 焊相比，等离子弧焊的气路系统比较复杂。典型的气路系统如图 10–6 所示，包括等离子气、保护气等。为避免保护气对等离子气的干扰，保护气和等离子气最好由独立的气路分开供给。

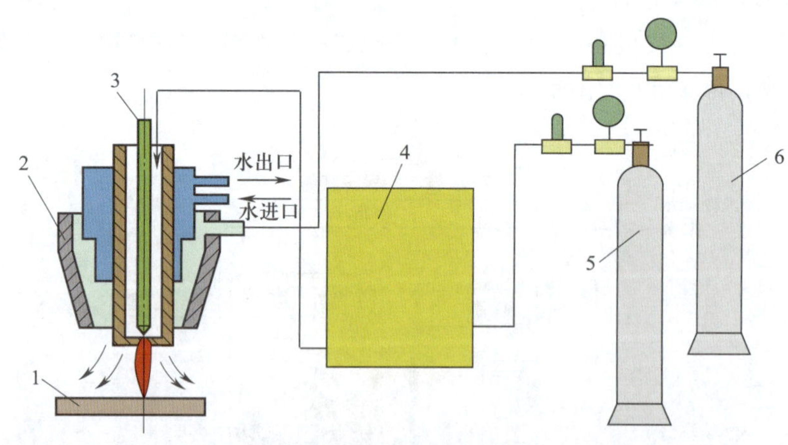

图 10–6　等离子弧焊气路系统

1—焊件　2—焊枪　3—电极　4—控制箱　5—等离子气　6—保护气

（5）水路系统

由于等离子弧的温度在 10 000 ℃以上，为了防止烧坏喷嘴并增加对电弧的压缩作

用，必须对电极及喷嘴进行有效的水冷却。冷却水的流量应不小于 3 L/min，水压不小于 0.2 MPa。水路中应设有水压开关，在水压达不到要求时切断供电回路。

5. 等离子弧焊所用材料

（1）气体

等离子弧焊所采用的气体分为等离子气和保护气。

进行大电流等离子弧焊时，等离子气和保护气用同一种气体，否则会影响等离子弧的稳定性。而进行小电流等离子弧焊时，等离子气一律用氩气；保护气可以用氩气，或者可以用 95%（体积分数，下同）的氩气 +5% 的氢气的混合气体、95% ~ 80% 的氩气 +5% ~ 20% 的二氧化碳的混合气体等。保护气中加入二氧化碳，有利于消除焊缝内的气孔，并能改善焊缝表面成形，但二氧化碳不宜加入过多；否则易引起熔池下塌及飞溅物增加。

（2）电极和极性

一般采用铈钨电极作为电极，焊接不锈钢、钛合金、镍合金等采用直流正接。焊接铝、镁合金时采用直流反接。

为了便于引弧及提高等离子弧的稳定性，一般电极端部磨成 60° 的尖角。电流小、钨极直径较大时锥角可磨得更小一些。电流大、钨极直径大的可磨成圆台形、圆台尖锥形、球形等，以减少烧损。钨极的端部形状如图 10–7 所示。

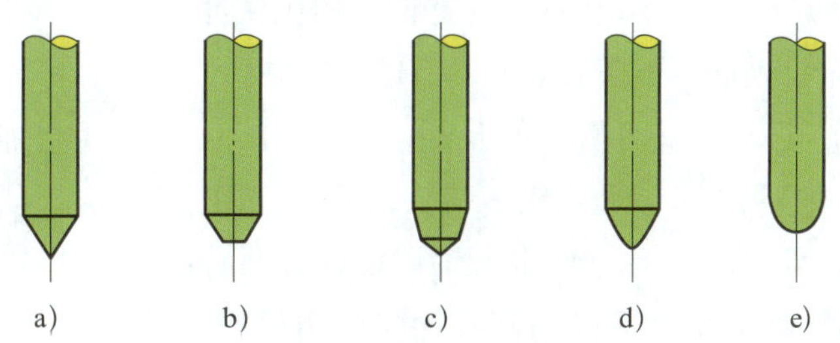

图 10–7　钨极的端部形状

a）尖锥形　b）圆台形　c）圆台尖锥形　d）锥形　e）球形

6. 等离子弧焊焊接参数

等离子弧焊焊接参数主要有等离子气流量、焊接电流、焊接速度、喷嘴到焊件的距离、保护气流量等。

（1）等离子气流量

当喷嘴孔径确定后，等离子气流量大小视焊接电流和焊接速度而定。等离子气流量直接影响熔透能力。为了形成稳定的小孔效应，必须有足够的等离子气流量。

（2）焊接电流

焊接电流由板厚和熔透要求来确定。电流过小，不产生小孔效应；电流过大，则小孔过大，会使熔池金属下坠，还会引起双弧现象。

（3）焊接速度

焊接速度也是影响小孔效应的重要参数。其他条件一定时，焊接速度过慢，焊件过热，会导致背面焊缝金属下坠；焊接速度加快，焊件热输入减小，小孔直径会减小，甚至消失。

（4）喷嘴到焊件的距离

喷嘴到焊件的距离一般保持在 3 ~ 5 mm 范围内。距离过大，会使熔透能力降低；距离过小，将影响操作过程对熔池的观察，并容易因飞溅物堵塞喷嘴。

（5）保护气流量

保护气流量与等离子气流量应有一个适当的比例；否则会导致气流紊乱，影响电弧稳定和保护效果。

三、等离子弧切割

1. 等离子弧切割的原理

利用等离子弧的热能实现切割的方法称为等离子弧切割。等离子弧切割与氧乙炔焰切割有本质上的区别，等离子弧切割是以高温、高速的等离子弧为热源，将被切割件局部熔化，并利用压缩的高速气流的机械冲刷力，将已熔化的金属或非金属吹走而形成狭窄切口的过程，其原理如图 10–8 所示。

2. 等离子弧切割的特点

由于等离子弧能量集中，温度高，具有很大的机械冲击力，并且电弧稳定，因此等离子弧切割具有以下特点：

（1）切割范围广泛。可以切割黑色金属、有色金属及各种高熔点金属，如不锈钢、耐热钢、铸铁以及钨、钼、钛、铜、铝及其合金等。切割不锈钢、铝材时厚度达 200 mm 以上。采用非转移等离子弧还可以切割各种非金属材料，如耐火砖、混凝土、花岗岩、碳化硅等。

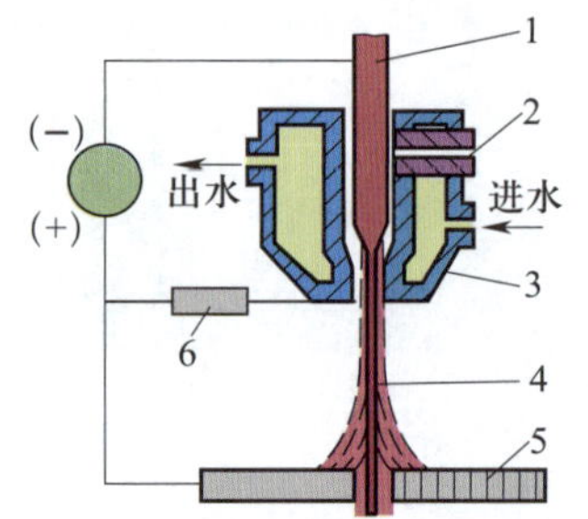

图 10–8　等离子弧切割原理
1—钨极　2—进气管　3—喷嘴
4—等离子弧　5—割件　6—电阻

（2）切割速度快，生产效率高。例如，切割 10 mm 厚的铝板时速度可达 200 ~ 300 m/h，切割 12 mm 厚的不锈钢板时速度可达 100 ~ 130 m/h。

（3）切割质量高。切口狭窄，切割面斜角较大，光洁、整齐，切口的变形和热影响区小，硬度及化学成分变化小，通常可以切后直接进行焊接，无须再对坡口进行加工和清理等。

（4）使用方便，切割成本低。

（5）存在烟尘、强弧光和噪声污染。

3. 等离子弧切割的类型

根据工作气体不同，等离子弧切割包括氩等离子弧切割、氮等离子弧切割、空气等离子弧切割等，其类型及应用见表 10–1。

表 10-1　　等离子弧切割的类型及应用

等离子弧切割的类型	工作气体	主要应用	常用切割厚度 /mm	所用电极
氩等离子弧切割	$Ar+H_2$ $Ar+N_2$ $Ar+N_2+H_2$	常用于切割不锈钢、有色金属及其合金	4 ~ 150	铈钨电极
氮等离子弧切割	N_2、N_2+H_2		0.5 ~ 100	铈钨电极
空气等离子弧切割	压缩空气	常用于切割碳钢和低合金钢，也可切割不锈钢、铜及铜合金、铝及铝合金等	0.1 ~ 40	纯锆或纯铪

4. 等离子弧切割设备

等离子弧切割设备包括电源、控制系统、水路系统、气路系统、割炬等，其外部接线如图 10-9 所示。

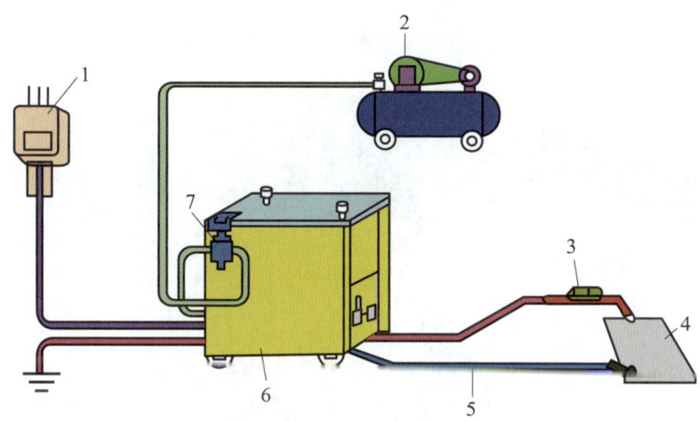

图 10-9　等离子弧切割设备外部接线

1—电源　2—空气压缩机　3—割炬　4—工件　5—接工件的电缆　6—电源（含控制系统）　7—过滤减压网

（1）电源

等离子弧切割均采用具有陡降外特性的直流电源，并采用直流正接。要求具有较高的空载电压，一般空载电压在 150 ~ 400 V 之间。电源类型有两种：一种是专用弧焊整流器；另一种可用两台以上普通弧焊整流器串联构成。

（2）控制系统

控制系统主要包括程序控制接触器、高频振荡器、电磁气阀、水压开关等部件，目的是对供电、供气、供水及引弧等进行控制。等离子弧切割过程的控制程序方框图如图 10-10 所示。

接通电源输入回路 → 通冷却水，使水压开关动作 → 接通小气流 → 接通高频振荡器 → 接通小电流回路（引弧） → 接通切割电流回路，断开小电弧电流和高频电流 → 接通切割气流 → 进入正常切割 → 停止切割，全部控制线路复原

图 10–10　等离子弧切割过程的控制程序方框图

（3）水路系统

由于等离子弧切割的割炬在 10 000 ℃以上的高温下工作，为保持正常切割必须通水冷却，冷却水流量应大于 3 L/min，水压为 0.15 ~ 0.2 MPa。水管设置不宜太长，一般自来水即可满足要求，也可采用循环水。

（4）气路系统

气路系统由气瓶、减压器、流量计和电磁气阀组成。气路系统的气体用于防止钨极氧化、压缩电弧及保护喷嘴不被烧毁。一般气体压力应为 0.25 ~ 0.35 MPa。

（5）割炬

割炬（又称割枪）是产生等离子弧的装置，也是直接进行切割的工具，如图 10–11 所示。等离子弧割炬主要由本体、电极、喷嘴和陶瓷保护罩等部分组成。其中喷嘴是割炬的核心部分，其结构形式和几何尺寸对等离子弧的压缩和稳定有重要影响。

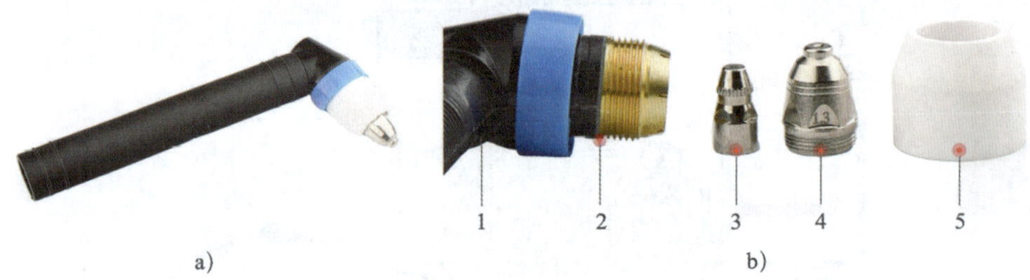

图 10–11　等离子弧割炬

a）外形　b）割炬分解图

1—本体　2—枪头　3—电极　4—喷嘴　5—陶瓷保护罩

5. 等离子弧切割所用材料

（1）气体

等离子弧切割金属材料时，可用氩气、氮气、氢气、氧气或它们的混合气体作为切割用气体。除此之外，空气等离子弧切割采用的气体是压缩空气。气体种类一般根据被切割材料、厚度及切割工艺条件选用。表 10–2 所列为等离子弧切割常用气体的选择。

（2）电极与极性

电极一般用铈钨电极，采用直流电源正接，电极损耗小，等离子弧燃烧稳定。如果使用空气等离子弧切割，一般采用镶嵌式纯锆或纯铪电极。它是将纯锆或纯铪镶嵌在纯铜座中，用直接水冷方式，可以承受较大的工作电流，并减少电极损耗。

表 10-2　等离子弧切割常用气体的选择

工件厚度 /mm	气体种类	空载电压 /V	切割电压 /V	主要用途
≤ 120	N_2	250 ~ 350	150 ~ 200	切割不锈钢、有色金属及合金钢
≤ 150	N_2+Ar（N_2 占 60% ~ 80%）	200 ~ 350	120 ~ 200	
≤ 200	N_2+H_2（N_2 占 50% ~ 80%）	300 ~ 500	180 ~ 300	
≤ 200	Ar+H_2（H_2 占 35%）	250 ~ 500	150 ~ 300	
≤ 150	压缩空气（约含 80%N_2、20%O_2）	240 ~ 320	160 ~ 190	切割碳素钢、低合金钢

6. 等离子弧切割参数

等离子弧切割参数主要包括切割电流、空载电压、切割速度、气体流量、电极内缩量、喷嘴与工件的距离等。

（1）切割电流

切割电流及电压决定了等离子弧功率及能量的大小。在增大切割电流的同时，应相应增大其他参数。如果单纯增大切割电流，则切口变宽，喷嘴烧损会加剧，而且过大的切割电流会产生双弧现象。因此，应根据电极和喷嘴来选择合适的切割电流。一般切割电流可按下式选取：

$$I=(70\sim100)d$$

式中　I——切割电流，A；

d——喷嘴孔径，mm。

（2）空载电压

空载电压高易于引弧，特别是切割厚度大的板材时，空载电压相应要高。此外，空载电压还与割炬结构、喷嘴与工件的距离、气体流量有关。

（3）切割速度

提高切割速度会使切口区域受热减小，切口变窄，甚至不能切透工件；切割速度过慢，会导致切口表面粗糙，甚至在切口底部形成熔瘤，致使清渣困难。因此，应该在保证切透工件的前提下尽可能选择快的切割速度。

（4）气体流量

气体流量要与喷嘴孔径相适应。气体流量大，有利于压缩电弧，能量更为集中，同时工作电压也随之提高，可提高切割速度和切割质量。但气体流量过大，会使电弧散失一定的热量，降低切割能力。

（5）电极内缩量

电极内缩量是指电极端头至喷嘴内表面的距离。由于其不易测量，在已知喷嘴孔道长度的条件下，电极端部至喷嘴内表面的距离一般取 8 ~ 11 mm 为宜。

（6）喷嘴与工件的距离

在电极内缩量一定时，用等离子弧切割一般厚度的工件时，喷嘴与工件的距离为 6 ~ 8 mm；当切割厚度较大的工件时，喷嘴与工件的距离可增大到 10 ~ 15 mm。

常用金属材料等离子弧切割参数见表 10–3。

表 10–3　　常用金属材料等离子弧切割参数

材料	工件厚度 /mm	喷嘴孔径 /mm	空载电压 /V	切割电压 /V	切割电流 /A	氮气流量 /（L/min）	切割速度 /（cm/min）
不锈钢	8	3	160	120	185	32 ~ 36	75 ~ 83
	20	3	160	120	220	35 ~ 38	53 ~ 67
	30	3	230	135	280	42	58 ~ 61
	45	3.5	240	145	340	45	34 ~ 42
铝及铝合金	12	2.8	215	125	250	73	130
	21	3.0	230	130	300	73	125 ~ 130
	34	3.2	240	140	350	73	58
	80	3.5	245	150	350	73	17
碳钢	50	7	252	110	300	17.5	17
	85	10	252	110	300	20.5	8

课题一　板对接平焊等离子弧焊

学习目标

掌握板对接平焊等离子弧焊的引弧、收弧和焊接操作。

工艺分析

焊件的板厚仅为 1 mm，材料为不锈钢 06Cr19Ni10，宜采用微束等离子弧焊。焊接前应准确选择微束等离子弧焊的焊接参数，并采取可靠的焊接夹具，以保证焊件的装配质量，间隙和错边量越小越好。

1. 焊前准备

（1）焊件材料：06Cr19Ni10。

（2）焊件尺寸：300 mm × 100 mm × 1 mm，每组两块，I 形坡口，如图 10–12 所示。

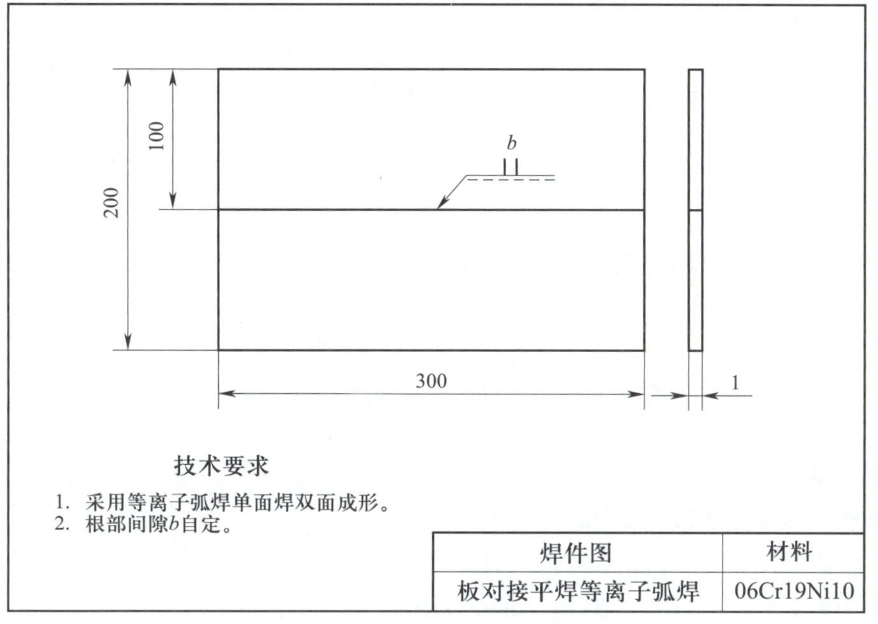

图 10–12　板对接平焊等离子弧焊焊件图

（3）焊接要求：单面焊双面成形。

（4）焊接材料：焊丝选用 H06Cr21Ni10，直径为 1.0 mm。等离子气采用纯氩气（99.99%）。

（5）焊接设备：LH–30 型微束等离子弧焊机及其他辅助设备。

2. 焊件清理与装配

（1）钝边

修磨钝边，去除毛刺。

（2）焊前清理

清理焊件坡口面及坡口正、反面两侧各 20 mm 范围内的油污、锈蚀、水分及其他污物，直至露出金属光泽，并用丙酮清洗干净。

（3）装配

将焊件置于铜垫板上装配，装配时采用 I 形坡口，不留间隙对接，并控制根部间隙不超过板厚的 1/10，不出现错边。

（4）夹紧

采用专用夹具夹紧，如图 10–13 所示。

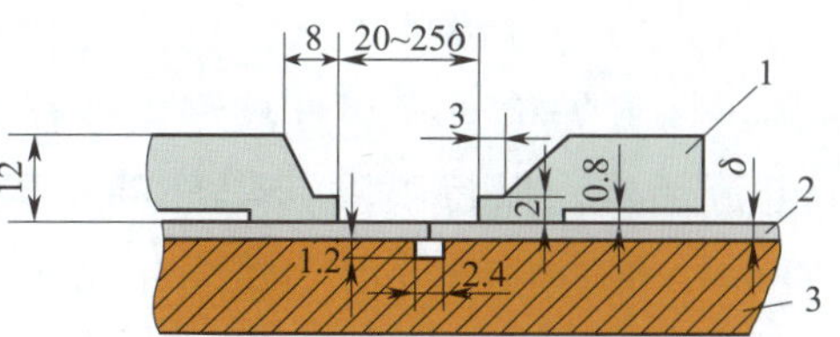

图 10–13　定位焊专用夹具

1—不锈钢压板　2—焊件　3—纯铜板

3. 确定焊接参数

板对接平焊等离子弧焊焊接参数见表 10–4。

表 10–4　板对接平焊等离子弧焊焊接参数

焊接层次	焊接电流 /A	电弧电压 /V	焊接速度 /（mm/min）	等离子气 Ar 流量 /（L/min）	保护气 Ar 流量 /（L/min）	喷嘴孔径 /mm
单层焊	2.6 ~ 2.8	24	270	0.5	10	1.2

4. 操作步骤及要领

板对接平焊等离子弧焊操作步骤及要领见表 10–5。

表 10–5　板对接平焊等离子弧焊操作步骤及要领

操作步骤及要领	图示
（1）操作准备 1）检查焊机外部接线是否正确，气路、水路和电路系统的接头处连接是否牢固可靠。 2）将钨极端部磨成 20° ~ 60° 角，顶端为尖状或稍加磨平。调整钨极与喷嘴的同轴度，接通高频振荡回路。高频火花在钨极和喷嘴之间呈圆周均匀分布在 75% ~ 80% 之间，则同轴度最佳，如图 10–14 所示。	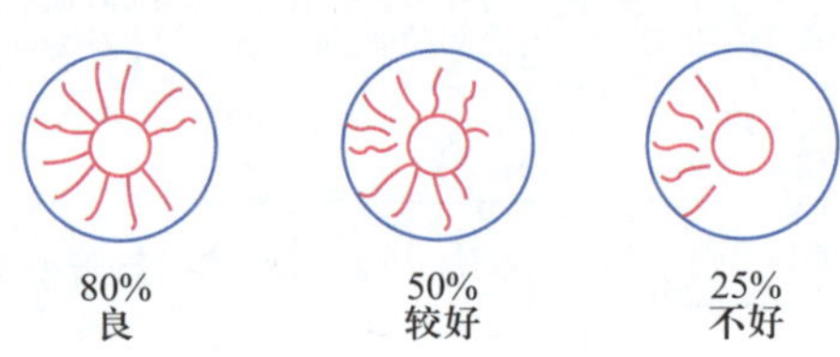 图 10–14　电极同轴度及高频火花
（2）焊接 1）引弧。首先打开气路和水路开关，接通焊接电源。手工操作等离子弧焊枪，在等离子弧焊的焊接过程中，焊枪、焊丝与焊件之间的相对位置及操作方法均与钨极氩弧焊相似，如图 10–15a 所示。按动“启动”按钮，接通高频振荡装置及电极与喷嘴的电源回路，引燃非转移弧。接着焊枪对准焊件，建立转移弧，主电流形成，保持喷嘴与焊件的距离为 4 ~ 5 mm，即可进行等离子弧焊。此时，维弧（非转移弧）电路的高频电流自动断开，维弧电流消失。	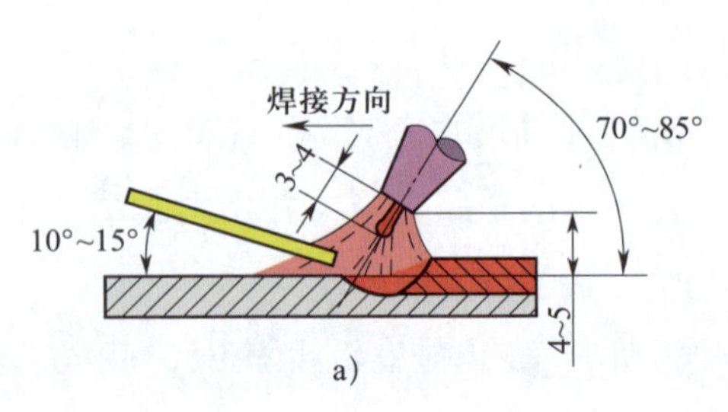

续表

操作步骤及要领	图示
2）采用左向焊法。起焊时，等离子弧在起焊处稍停片刻，用焊丝迅速触及焊接部位，等该部位开始熔化时，立即填入焊丝，焊丝的填入和焊枪的运行动作要配合协调。焊枪移动时要平稳，速度均匀，喷嘴与焊件距离保持在4~5 mm之间，如图10-15b所示。 3）适时、有规律地填充焊丝，如此重复，直至焊完。 4）中途停顿或焊丝用完再继续焊接时，要用等离子弧把起焊处的熔敷金属重新熔化，形成新的熔池后再加焊丝，并与原焊缝重叠5 mm左右。在重叠处要少填焊丝，以免接头过高。	70°~85° 10°~15° 4~5 b) 图10-15　焊枪、焊丝与焊件的相对位置 a）示意图　b）实物图
（3）收弧 当焊至焊缝末端时，适当加入一定量的焊丝填满弧坑，避免产生弧坑缺欠。然后断开电路，随电流衰减熄灭电弧。 最终形成的焊缝如图10-16所示。	 图10-16　焊缝

教师指导

【问题】等离子弧焊与钨极氩弧焊相比具有哪些优点？

回答：（1）等离子弧的温度和能量密度高，不仅焊透能力和焊接速度显著提高，而且可产生小孔效应，实现单面焊双面成形。

（2）焊缝深宽比大，热影响区小，适用于焊接某些可焊性差的材料及双金属等。

（3）电流下限可以用得很低，目前已获得0.1 A以下的微束等离子弧，适用于焊接超薄件。

（4）对焊炬高度变化的敏感性明显降低，电弧断面变化20%时，钨极氩弧焊的焊炬高度只允许变化 ±0.12 mm，等离子弧焊的焊炬则可变化 ±1.2 mm。这对保证焊缝成形和焊透均匀性都十分有益。

5. 焊接质量要求

（1）焊缝表面不得有裂纹、未熔合、夹渣、气孔和焊瘤等缺欠。

（2）焊缝边缘直线度误差≤ 2 mm，焊缝宽度差≤ 2 mm。

（3）焊缝与母材圆滑过渡，焊缝余高为 0 ~ 3 mm，余高差≤ 2 mm。

（4）焊缝边缘咬边深度≤ 0.5 mm。

（5）焊件表面非焊道上不应有引弧痕迹。

（6）保证焊透和背面成形，背面焊缝余高为 0 ~ 3 mm。

6. 等离子弧焊的常见缺欠及产生原因

（1）咬边

1）3 mm 以下的板，不填充焊丝时最容易出现咬边。

2）在装配间隙较大、有明显错边的地方会形成咬边。

3）当焊枪向接口一侧倾斜时，也会形成一侧咬边。

4）当等离子气流量及焊接电流过大时，也会造成咬边，严重时会烧穿焊件。

（2）气孔

1）焊缝的根部和管子焊接首尾焊缝的搭接处容易出现气孔。

2）在焊接电流、电弧电压一定的情况下，提高焊接速度就会产生气孔，并且随着焊接速度的提高，气孔会增多。当焊接速度达到一定值时，即小孔效应消失时，甚至产生贯穿焊缝全长的长气孔。

3）焊接过程中，若焊丝送给速度太快，电弧电压过高，也会产生气孔。

课题二　等离子弧切割

学习目标

1. 熟悉等离子弧切割机的操作步骤和切割程序。
2. 掌握等离子弧切割的操作技能。

工艺分析

12 mm 碳钢等离子弧切割，要合理选择等离子弧切割参数。如果切割速度太快，等离子弧功率不够，气体流量太大或喷嘴离割件距离太远，会产生割件切割不透的现象；如果割件表面有污物，切割速度与割炬高低掌握不均匀，气体流量过小，会产生割件表面粗糙的现象。

1. 切割前准备

（1）试件材料：Q235 钢。

（2）试件尺寸：300 mm × 100 mm × 12 mm，如图 10–17 所示。用石笔在钢板上沿长度方向每隔 20 mm 画一条切割线，作为等离子弧切割的运行轨迹。

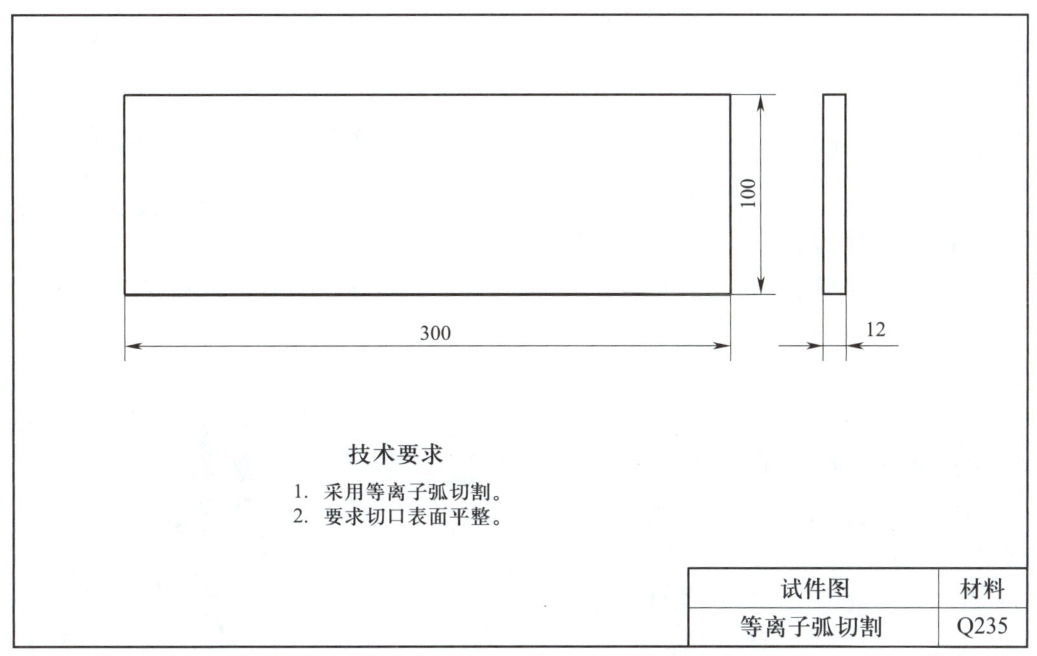

图 10–17　等离子弧切割试件图

（3）铈钨电极：直径为 5.5 mm。

（4）切割设备：LGK–100 型等离子弧切割机。

2. 确定切割参数

等离子弧切割参数见表 10–6。

表 10–6　等离子弧切割参数

板厚 /mm	喷嘴孔径 /mm	切割电流 /A	空气流量 /（L/min）	切割速度 /（mm/min）	空气压力 /MPa
12	0.9	35	15	200	0.4

3. 操作步骤及要领

等离子弧切割操作步骤及要领见表 10–7。

表 10-7　　等离子弧切割操作步骤及要领

操作步骤及要领	图示
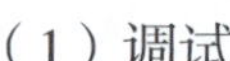（1）调试 1）按等离子弧切割机外部接线图（见图 10-9）连接气路系统和水路系统。 2）把割件安放在多柱支架上，如图 10-18 所示，使割件与电路正极连接牢固。 3）打开水路系统，检查是否有漏水现象。打开气路系统，调节气体流量，如图 10-19 所示。 4）接通控制线路，检查电极同轴度是否最佳（方法同板对接平焊等离子弧焊中钨极与喷嘴同轴度的调整）。 5）调节割炬位置和喷嘴到割件的距离，一般为 5 ~ 7 mm，不可过长或过短。 6）启动切割电源，查看空载电压是否正常，并初步选定切割电流（即旋钮所指示的刻度位置），如图 10-20 所示。 7）戴好面罩准备切割。	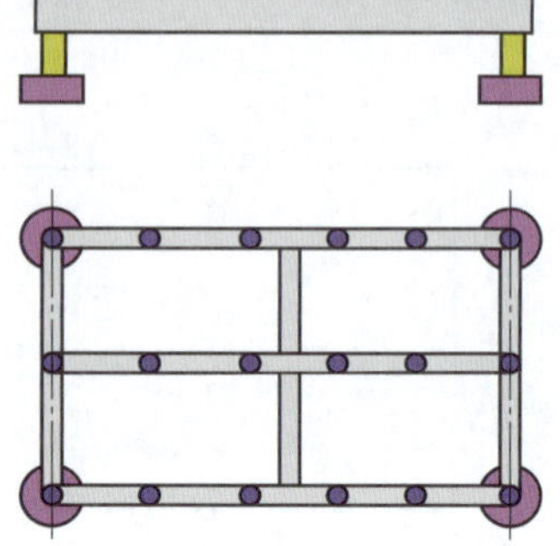 图 10-18　多柱支架  图 10-19　调节气体流量  图 10-20　调节切割电流
（2）切割 1）将割炬移近割件起割边缘，保持割炬垂直于被切割件，如图 10-21 所示，并控制好喷嘴与割件表面间距离。	 图 10-21　割炬位置

续表

操作步骤及要领	图示
2）开启割炬开关，引燃等离子弧，从割件边缘开始起割，将割件边缘切穿后，再移动割炬导入切割尺寸线，如图 10–22 所示。待电弧穿透割件后向切割方向匀速移动，切割速度大小以切穿为前提，宜快不宜慢。切割速度过快，会在切口前端产生翻弧现象，切割不透；切割速度过慢，切口宽而不齐，而且因割透的切口前沿金属远离电弧，相对电弧变长而造成电弧不稳定，甚至熄弧，使切割中断。 3）在整个切割过程中，割炬应与切口两侧平面保持平行，以保证切口平直、光洁。为了提高切割生产效率，割炬在切口所在平面内沿切割方向的反方向应倾斜一个角度（0°～45°），如图 10–23 所示。 4）切割完毕，关闭割炬开关，熄灭等离子弧。此时，压缩空气延时喷出，以冷却割炬。数秒钟后，自动停止喷出。移开割炬，完成切割全过程。 5）关闭水路系统和气路系统。	 图 10–22　沿切割线切割 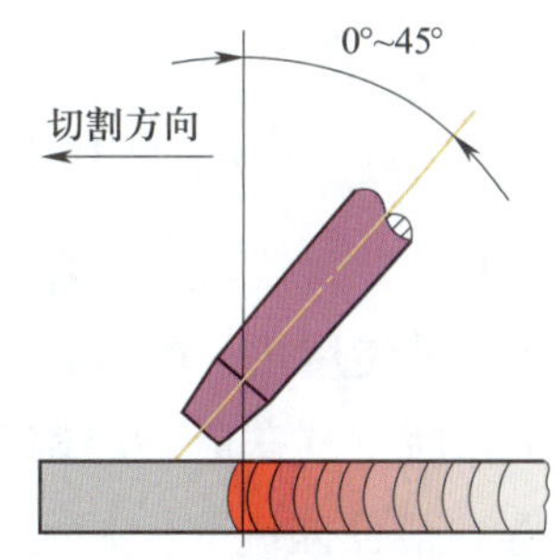 图 10–23　切割时割炬的后倾角

教师指导

【问题】等离子弧切割与其他切割方法相比有哪些特点？

回答：对于普通的结构钢，目前普遍采用氧乙炔焰气割。但是对于不锈钢、铝、铜等，用氧乙炔焰气割难以获得满意的效果。普通的电弧（如碳极电弧、金属极电弧等）作为金属熔化切割的热源时，切割厚度有限，速度较低，切口宽度较大，质量（直线度）较差。因此，除了在一些特定条件下，如水下切割（采用空心碳极或金属极，中心通以氧气的电氧切割）、碳弧气刨外，没有得到广泛的应用。等离子弧作为切割热源，切割厚度大，速度很高，切口宽度较窄，切口质量很高（切口平直，变形小，热影响区小）。目前已成为切割不锈钢、耐热钢、铝、铜、钛、铸铁以及钨、锆等难熔金属的主要方法，随着空气等离子弧切割新方法的研究成功，在普通结构钢中应用等离子弧切割技术的经济合理性也显露出来。此外，采用非转移弧还可以切割非金属，如花岗岩、耐火砖、混凝土等。

4. 等离子弧切割注意事项

（1）切割过程中尽量使等离子焰流垂直于割件，以免增大等离子弧轨迹，相当于增大了割件的实际厚度。

（2）按下割炬开关开始切割时，一般可从割件边缘开始切割。当需要从割件中间开始切割时，应先用钻头在起始切割处钻 ϕ5 mm 孔后再引弧切割；否则容易造成割件翻浆，使喷嘴烧损，如图 10–24 所示。

a）

b）

c）

图 10–24 割件翻浆

a）割件边缘起割 b）预钻孔处起割 c）割件中间起割（翻浆）

（3）切割速度过慢，会使切口增宽，切口下部毛刺和卷边增多；切割速度过快，不仅切不透，而且易使熔化金属倒吹，黏附于喷嘴口，扰乱焰流，烧损喷嘴。

（4）工作时空气压力一般调节为 0.25 ~ 0.4 MPa，根据实际情况可在 ±0.05 MPa 之间变动，以得到最佳匹配。但压力太低，将无力吹走熔化金属，电极喷嘴冷却不好，易烧损；压力太高，又会使切口偏斜，切口温度下降太多，影响切口金属的熔化和流动，进而影响切割厚度。

5. 等离子弧切割常见故障及排除方法

等离子弧切割常见故障现象、产生原因及排除方法见表 10–8。

表 10–8 等离子弧切割常见故障现象、产生原因及排除方法

序号	故障现象	产生原因	排除方法
1	产生双弧	电极对中不良	调整电极与喷嘴的同轴度
		割炬气室的压缩角太小或压缩孔通道过长	改进割炬结构尺寸
		喷嘴漏水	修好漏水处
		切割时等离子焰流上翻或熔渣飞溅至喷嘴	改变割炬角度或先在割件上钻好切割孔
		钨极内缩长度较大，气体流量太小	减小钨极内缩长度，增大气体流量
		喷嘴离割件太近	把割炬稍加提高

续表

序号	故障现象	产生原因	排除方法
2	切口面不光洁	割件表面有污垢	切割前严格清理待割表面
		气体流量过小	适当加大气体流量
		切割速度及割炬与割件的距离掌握不均匀	注意提高操作技能
3	切割不透	等离子弧功率不够	增大功率
		切割速度太快	降低切割速度
		气体流量太大	适当减小气体流量
		喷嘴与割件的距离太大	把喷嘴压低

教师指导

等离子弧焊与等离子弧切割安全防护技术

（1）防电击

等离子弧焊和等离子弧切割所用电源的空载电压较高，尤其在手工操作时，有被电击的危险。因此，电源在使用时必须可靠接地，焊炬或割炬与手柄必须可靠绝缘。可以采用较低电压引燃非转移弧后，再接通较高电压的转移弧回路。如果启动开关装在手柄上，必须对外露开关套上绝缘橡胶套管，避免手直接接触开关。尽可能采用自动操作方法。

（2）防弧光辐射

弧光辐射强度大，它主要由紫外线辐射、可见光辐射与红外线辐射组成。等离子弧比其他电弧的光辐射强度更大，尤其是紫外线强度，故对皮肤损伤严重。操作者在焊接或切割时必须戴上性能良好的面罩、手套，最好加上吸收紫外线的镜片。自动操作时，可在操作者与操作区之间设置防护屏。等离子弧切割时，可采用水中切割的方法，利用水来吸收光辐射。

（3）防灰尘与烟气

等离子弧焊和等离子弧切割过程中伴有大量汽化的金属蒸气、臭氧、氮氧化物等。尤其切割时，由于气体流量大，致使工作场地上的灰尘大量扬起，这些烟气与灰尘对操作者的呼吸道、肺等有严重影响。因此，切割时在栅格工作台下方可以安装排风装置，也可以采取水中切割的方法。

（4）防噪声

等离子弧会产生高强度、高频率的噪声，尤其采用大功率等离子弧切割时，其噪声更大，这对操作者的听觉系统和神经系统非常有害，其噪声能量集中在 2 ~ 8 kHz 范围内。要求操作者戴耳塞，在可能的条件下，应尽量采用自动化切割，使操作者在隔音良好的操作室内工作，也可以采取水中切割的方法，利用水来吸收噪声。

（5）防高频

等离子弧焊和等离子弧切割采用高频振荡器引弧，由于高频电场对人体有一定的危害，因此，引弧频率选择在 20 ~ 60 kHz 较为合适。同时，还要求工件接地可靠，转移弧引燃后，应立即可靠地切断高频振荡器电源。

第十一单元
电　阻　焊

基 础 知 识

学习目标

1. 了解电阻焊的原理、特点、分类及设备。
2. 理解点焊、缝焊与闪光对焊的焊接工艺。
3. 熟练掌握薄板电阻点焊、缝焊及钢筋闪光对焊的操作技术。

一、电阻焊的原理及特点

1. 电阻焊的原理

电阻焊是指焊件组合后通过电极施加压力，利用电流通过接头的接触面及邻近区域产生的电阻热进行焊接的方法。在电阻焊过程中，焊件间接触面上产生的电阻热是电阻焊的主要热源。

2. 电阻焊的特点

（1）优点

1）焊接生产效率高。点焊时通用点焊机的生产效率约为 60 点 /min，而快速点焊机的生产效率可超过 500 点 /min；对焊直径为 40 mm 的棒材每分钟可焊 1 个接头；焊接厚度为 1 ~ 3 mm 的薄板时，缝焊焊接速度为 0.5 ~ 1 m/min。因此，电阻焊非常适用于大批量生产。

2）焊缝质量高。由于电阻焊冶金过程简单，焊缝金属的化学成分均匀，并且基本上与母材一致；热作用集中，受热范围小，热影响区很小，焊接变形较小，容易控制，因此能够获得质量较高的焊缝。

3）焊接成本较低。电阻焊不使用填充材料，焊接时也不需要保护气体，在正常情况下除必要的电力消耗外，几乎没有其他消耗，因此焊接成本较低。

4）焊工的劳动强度低。电阻焊的焊接操作较规范，易于实现机械化和自动化；焊接过程中既没有较强的弧光辐射，也没有有害气体的侵蚀，劳动条件比较好。

（2）缺点

1）缺少易行的检测手段。由于焊接过程进行得比较快，一旦焊接过程中某些工艺因素发生波动，对焊接过程的稳定性产生较大影响时，往往来不及调整。同时，焊后缺少简便、易行的无损检测手段。因此，对重要结构的焊接应慎重选用电阻焊。

2）设备价格高。电阻焊设备比较复杂，除了必要的电力系统外，还需要精度较高的机械系统、水路系统，因此其整套设备的价格比一般焊机要高许多。

3）焊件的厚度、形状和接头形式受到一定程度的限制。点焊、缝焊一般只适用于薄板搭接，如果焊件厚度太大，则受到设备功率的限制；电阻对焊主要适用于紧凑截面的对接接头，而对薄板类零件的焊接比较困难。

二、电阻焊的分类

电阻焊是压焊中应用最广泛的一种焊接方法。它的分类方法很多，一般可根据接头形式和工艺方法、焊接电流和电源能量种类进行划分，具体分类方法如图 11–1 所示。目前，常用的电阻焊方法主要是点焊、缝焊、凸焊和对焊，如图 11–2 所示。

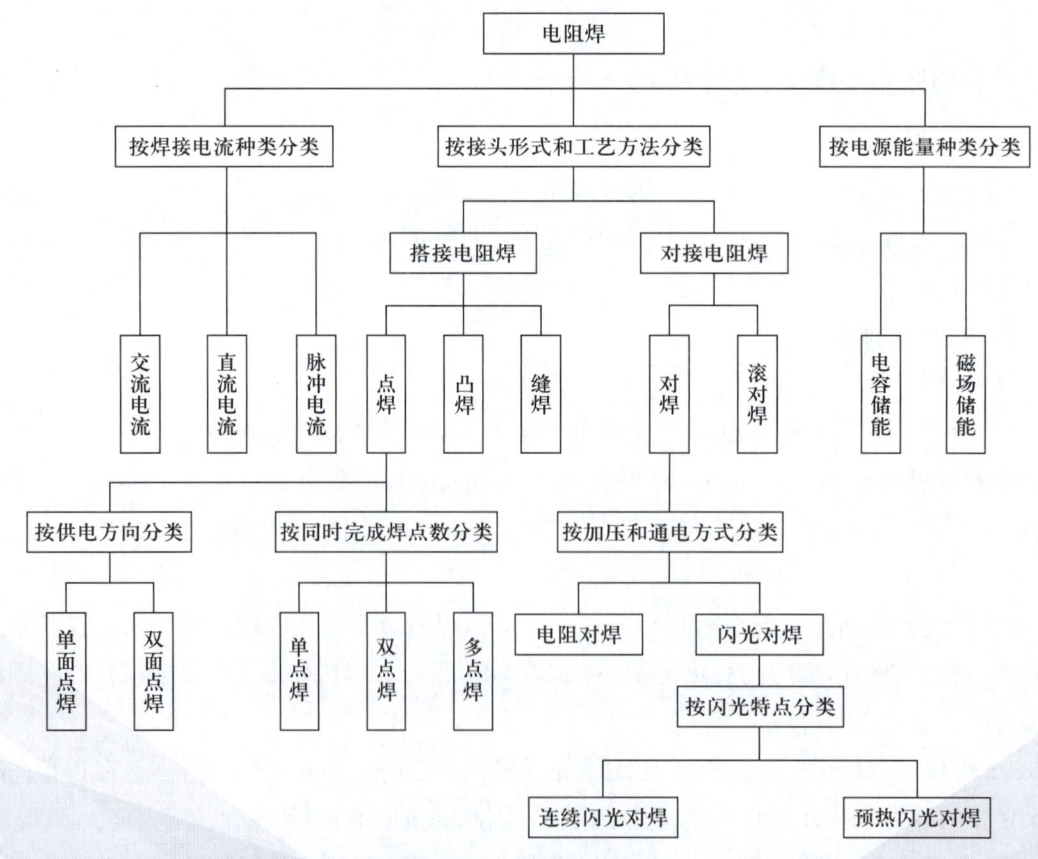

图 11–1　电阻焊的种类

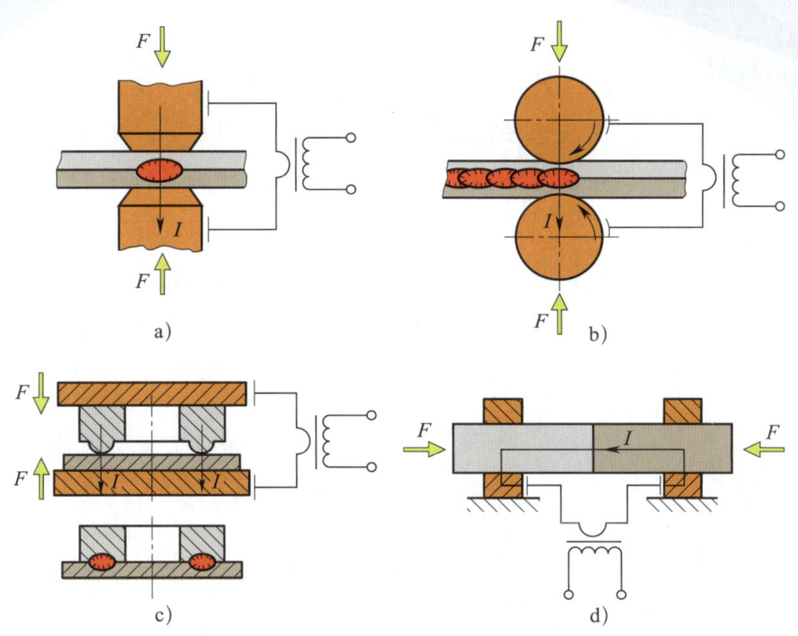

图 11-2 常用的电阻焊方法

a）点焊 b）缝焊 c）凸焊 d）对焊

1. 点焊

点焊是将焊件装配成搭接接头，并压紧在两电极之间，利用电阻热熔化母材金属，形成焊点的电阻焊方法，如图 11-2a 所示。

点焊时，将焊件压紧在两个圆柱形电极间，并通以很大的电流，利用两个焊件具有的较大接触电阻产生大量热量，迅速将焊件接触处加热到熔化状态，形成似透镜状的液态熔池（熔核），当液态金属达到一定数量后断电，在压力的作用下，液态金属冷却凝固形成焊点。

点焊适用于接头不要求气密，厚度小于 3 mm 的冲压、轧制的薄板搭接构件（如汽车驾驶室、客车厢体等薄板冲压件）、铁丝网、交叉钢筋等的焊接。

按焊件供电方向不同，点焊可分为单面点焊和双面点焊。按一次形成焊点的数目不同，点焊可分为单点焊、双点焊、多点焊。多点焊通常用于大批量生产的焊接结构中。

2. 缝焊

缝焊是将焊件装配成搭接或对接接头并置于两滚轮电极之间，滚轮给焊件加压并转动，连续或断续送电，形成一条连续焊缝的电阻焊方法，如图 11-2b 所示。

缝焊实际上是点焊的延伸，即用一个圆形的滚轮代替点焊所用的柱状电极。焊接时，电极在通电、加压的同时滚动，即可得到连续焊缝。在实际生产过程中，为了延长电极使用寿命，保证焊接质量，其通电电流通常是断续的，在焊件上形成一个个焊点，并使每个焊点之间相互重叠而形成焊缝。缝焊一般用于焊接有气密性要求的构件，如汽车油箱、消声器等。

3. 凸焊

凸焊是在一焊件的贴合面上预先加工出一个或多个凸起点，使其与另一焊件表面相接触并通电加热，然后压塌，使这些接触点形成焊点的电阻焊方法，如图 11-2c 所示。

进行凸焊时，一次可在接头处形成一个或多个熔核。凸焊的种类很多，除了板件凸焊外，还有螺母和螺钉类零件凸焊、线材交叉凸焊、管子凸焊和板材 T 形凸焊等。

凸焊主要用于焊接低碳钢和低合金钢的冲压件。板件凸焊最适宜的厚度为 0.5 ~ 4 mm。焊接更薄件时，凸点设计要求严格，需要随动性极好的焊机，因此，厚度小于 0.25 mm 的板件更适合采用点焊。

4. 对焊

对焊均为对接接头，按加压和通电方式不同分为电阻对焊和闪光对焊。

（1）电阻对焊

电阻对焊是将焊件装配成对接接头，使其端面紧密接触，利用电阻热加热至塑性状态，然后迅速施加顶锻力完成焊接的方法。

电阻对焊的焊接过程较简单，接头较光滑，无毛刺，但其力学性能较低，因此仅用于小截面（小于 250 mm^2）金属型材的焊接，如管道、拉杆、小链环等。由于接头中易产生氧化物杂质，对某些合金钢及有色金属焊接时常在氩气、氦气等保护气氛中进行。

（2）闪光对焊

闪光对焊是将焊件装配成对接接头，接通电源，并使其端面逐渐移近达到局部接触，利用电阻热加热这些接触点（产生闪光），使端面金属熔化，直至端部在一定深度范围内达到预定温度时，迅速施加顶锻力完成焊接的方法，如图 11-2d 所示。

闪光对焊是对焊的主要形式，在生产中应用十分广泛。用这种方法所焊得的接头因加热区窄，端面加热均匀，接头质量较高，生产效率也高，故常用于重要的受力对接件。闪光对焊的可焊材料很广泛，所有钢及有色金属几乎都可以进行闪光对焊。通常对焊件的横截面积小则几百平方毫米，大则达数万平方毫米。

三、电阻焊设备

1. 点焊机

固定式点焊机的结构和外形如图 11-3 所示，它由机座、加压机构、焊接回路、电极、传动机构、开关与控制装置等组成。其中主要部分是加压机构、焊接回路和控制装置。

（1）加压机构

电阻焊在焊接中需要对焊件加压，所以加压机构是点焊机的重要组成部分。因各种产品要求不同，点焊机上有多种形式的加压机构。小型薄零件多用弹簧、杠杆式加压机构；无气源车间则用电动机、凸轮加压机构；而更多的点焊机采用气压式加压机构和气—液压式加压机构。

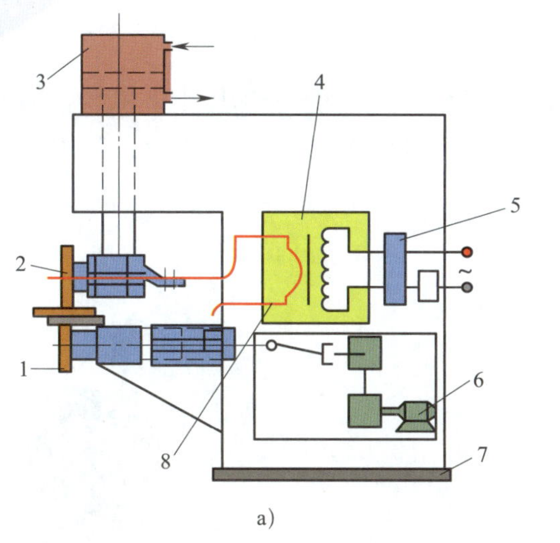

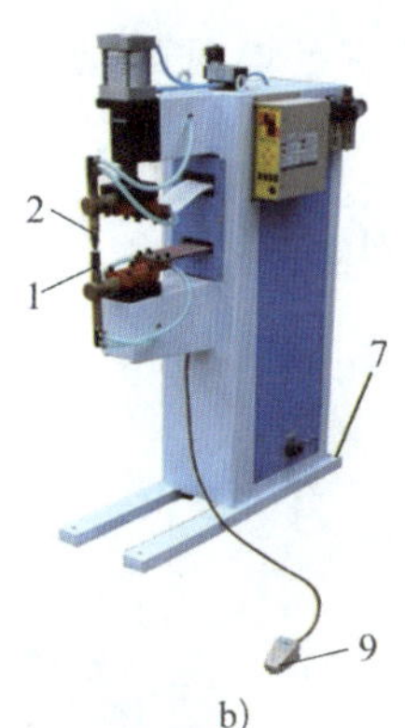

图 11–3　固定式点焊机

a）结构图　b）外形图

1—下电极　2—上电极　3—加压机构　4—电源　5—控制装置
6—传动与减速机构　7—机座　8—焊接回路　9—开关

（2）焊接回路

焊接回路是指除焊件之外参与焊接电流导通的全部零件所组成的导电通路，它由变压器、电极夹、电极、机臂、母线和导电铜排等组成，如图 11–4 所示。

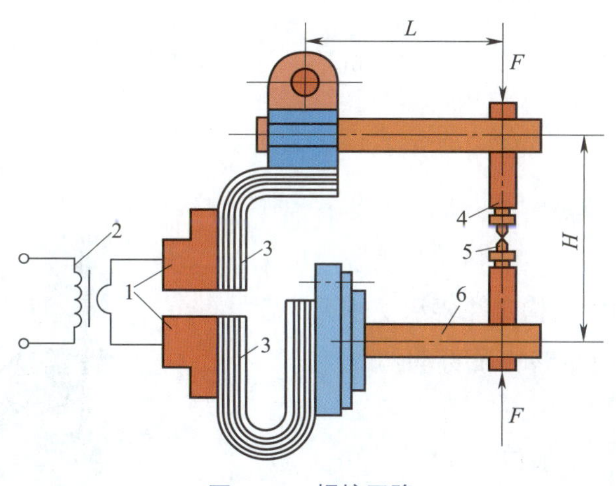

图 11–4　焊接回路

1—导电铜排　2—变压器　3—母线　4—电极夹　5—电极　6—机臂

（3）控制装置

控制装置由开关和同步控制系统两部分组成。在点焊中开关的作用是控制电流的通断；同步控制系统的作用是调节焊接电流的大小，精确控制焊接程序，且当网络电压有波动时能自动进行补偿等。

常用点焊机型号有 DN-10、DN-25、DN3-63 等。

2. 缝焊机和凸焊机

缝焊机、凸焊机与点焊机相似，仅是电极不同，凸焊多采用平面电极，而缝焊则以旋转的滚轮代替点焊时的圆柱形电极。缝焊机的结构如图 11-5 所示，常用的缝焊机型号有 FN-75、FN-100 等。凸焊机的外形如图 11-6 所示，常用的凸焊机型号有 TZ-40、TZ-125、TZ-250 等。

图 11-5　缝焊机的结构

1—下电极　2—上电极　3—加压机构　4—机架

图 11-6　凸焊机的外形

3. 对焊机

对焊机的结构如图 11-7 所示。它由机架、焊接变压器、焊接回路、电极与夹紧机构、送给机构等部分组成。

（1）机架

机架一般由型材焊接而成，其内部装有焊接变压器、气路系统、水路系统和控制系统。机架上安装夹紧机构和送给机构，并要承受较大的顶锻力，因此要求其具有足够的强度和刚度。

（2）焊接回路

对焊机的焊接回路一般包括电极、导电平板、二次软线及变压器二次绕组。焊接回路是由刚性和柔性的导线元件相互串联（有时并联）构成的导电回路。

（3）电极与夹紧机构

电极位于夹紧机构之中。焊件置于上、下电极之间，通过手柄转动螺杆压紧。夹紧机构由两

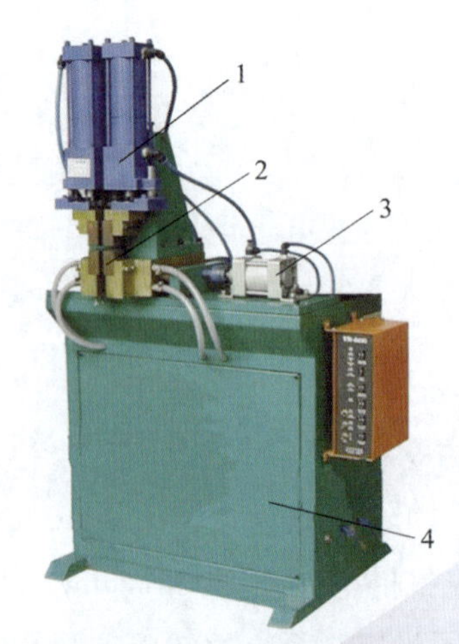

图 11-7　对焊机的结构

1—夹紧机构　2—电极　3—送给机构　4—机架

个夹具构成，一个是固定的，称为固定夹具；另一个是可移动的，称为活动夹具。

（4）送给机构

送给机构的作用是使焊件同夹具一起沿导轨移动，并提供必要的顶锻力，动作应平稳、无冲击。目前常用的送给机构有手动杠杆式送给机构，多用于 100 kW 以下的中、小功率焊机中；弹簧式送给机构，多用于压力小于 1 000 N 的电阻对焊机上；电动凸轮式送给机构，多用于中、大功率自动对焊机上。

常用的对焊机型号有 UN2-16、UN2-63 等。

四、电阻焊工艺

1. 点焊工艺

（1）点焊焊接循环

点焊的焊接循环有四个基本阶段，如图 11-8 所示。

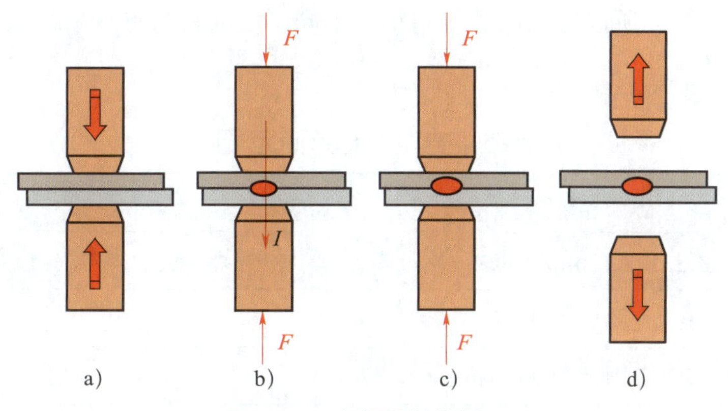

图 11-8　点焊的焊接循环

a）预压阶段　b）焊接阶段　c）锻压阶段　d）休止阶段

1）预压阶段。将待焊的两个焊件搭接在一起，置于上、下铜电极之间，然后施加一定的电极压力，将两个焊件压紧，使焊件间有适当压力。

2）焊接阶段。焊接电流通过焊件，由电阻热将两焊件接触表面加热到熔化温度，并逐渐向四周扩大形成熔核。

3）锻压阶段。当熔核尺寸达到所要求的大小时，切断焊接电流，电极压力继续保持，熔核在电极压力作用下冷却结晶形成焊点。

4）休止阶段。焊点形成后，电极开始提起，去掉压力，到下一个待焊点压紧焊件的时间。

（2）点焊接头形式

点焊接头形式有搭接接头和卷边接头，如图 11-9 所示。设计接头时，必须考虑边距、搭接宽度、焊点间距、装配间隙等。

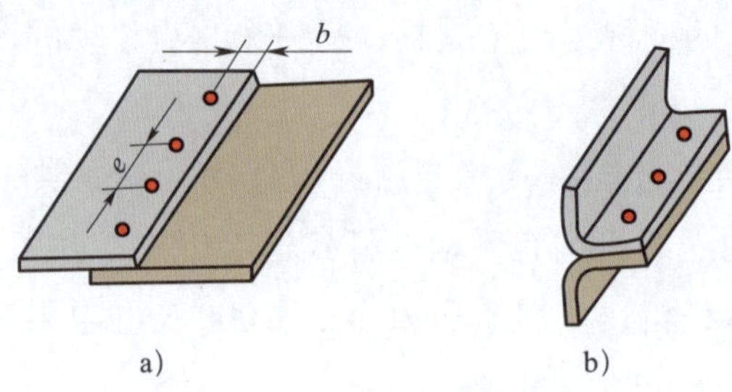

图 11–9　点焊接头形式

a）搭接接头　b）卷边接头

e—焊点间距　b—边距

1）边距与搭接宽度。边距是指焊点（或焊缝）中心至焊件边缘的距离。边距的最小值取决于被焊金属的种类、焊件厚度和焊接参数。搭接宽度一般为边距的两倍。

2）焊点间距。焊点间距是指点焊时相邻两焊点间的中心距。焊点间距是为避免点焊时产生分流影响焊点质量而规定的数值。焊点间距过大，则接头强度不足；焊点间距过小，又有很大的分流，所以应控制焊点间距。不同厚度的材料点焊搭接宽度及焊点间距最小值见表 11–1。

表 11–1　点焊搭接宽度及焊点间距最小值　mm

材料厚度	结构钢		不锈钢		铝合金	
	搭接宽度	焊点间距	搭接宽度	焊点间距	搭接宽度	焊点间距
0.3+0.3	6	10	6	7		
0.5+0.5	8	11	7	8	12	15
0.8+0.8	9	12	9	9	12	15
1.0+1.0	12	14	10	10	14	15
1.2+1.2	12	14	10	12	14	15
1.5+1.5	14	15	12	12	16	20
2.0+2.0	18	17	12	14	20	25
2.5+2.5	18	20	14	16	24	25
3.0+3.0	20	24	18	18	26	30
4.0+4.0	22	26	20	22	30	35

3）装配间隙。接头的装配间隙应尽可能小，因为靠压力消除间隙将消耗一部分压力，使实际的压力降低。一般装配间隙为 0.1 ~ 1 mm。

生产中还会遇到圆棒与圆棒、圆棒与板材的点焊，其接头形式如图 11–10 所示。

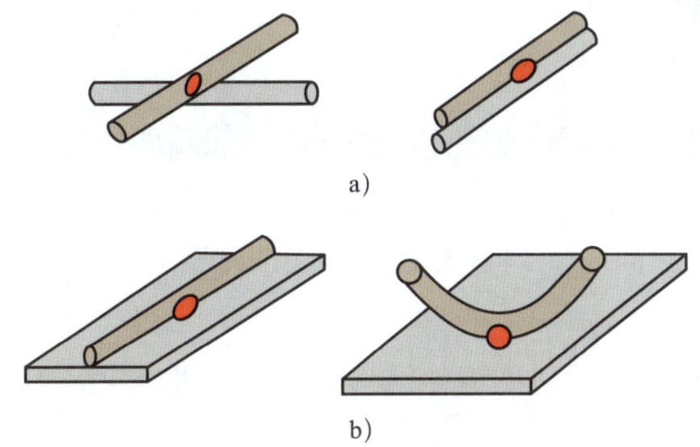

图 11-10　圆棒与圆棒及圆棒与板材的点焊

a）圆棒与圆棒的点焊　b）圆棒与板材的点焊

（3）焊点尺寸

焊点尺寸包括熔核直径（d）、熔深（h）和压痕深度（C），如图 11-11 所示。

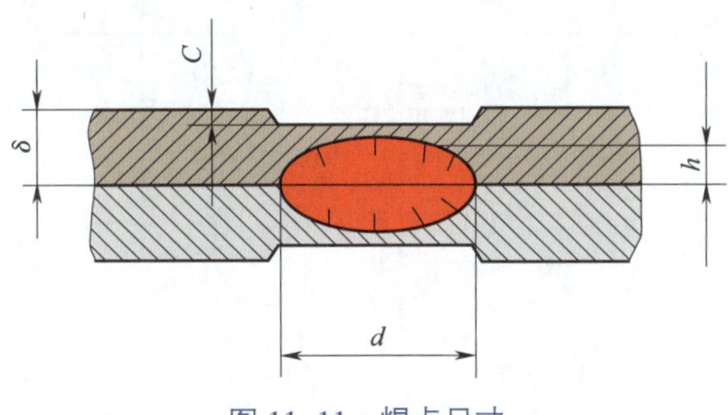

图 11-11　焊点尺寸

d—熔核直径　δ—焊件厚度　C—压痕深度　h—熔深

熔核直径（d）与电极端面直径（$d_{极}$）和焊件厚度（δ）有关，熔核直径与电极端面直径的关系为 $d=(0.9\sim1.4)d_{极}$，同时应满足下式：

$$d=2\delta+3$$

压痕深度 C 是指焊件表面至压痕底部的距离，应满足下式：

$$C=(0.1\sim0.15)\delta$$

（4）点焊焊接参数

点焊焊接参数主要包括焊接电流、焊接时间、电极压力、电极端部形状与尺寸等。

1）焊接电流。焊接电流是决定产热大小的关键因素，将直接影响熔核直径与焊透率，必然影响到焊点的强度。电流太小则能量过小，无法形成熔核或熔核过小；电流太大则能量过大，容易引起飞溅。

2）焊接时间。焊接时间对产热与散热均产生一定的影响，在焊接时间内，焊接区产出的热量除部分散失外，将逐步积累，用来加热焊接区，使熔核扩大到所要求的尺寸。如焊接时间太短，则难以形成熔核或熔核过小。要想获得所要求的熔核，应使焊接时间有一个合适的范围，并与焊接电流相配合。焊接时间一般以周波计算，一周波为 0.02 s。

3）电极压力。电极压力大小将影响焊接区的加热程度和塑性变形程度。随着电极压力的增大，则接触电阻减小，使电流密度降低，从而减慢加热速度，导致焊点熔核直径减小。若在增大电极压力的同时适当延长焊接时间或增大焊接电流，可使焊点熔核直径增大，从而提高焊点的强度。

4）电极端部形状与尺寸。根据焊件结构形式、焊件厚度及表面质量要求等参数的不同，应使用不同形状的电极。

低碳钢点焊焊接参数见表 11–2。

表 11–2　低碳钢点焊焊接参数

板厚 /mm	电极端部直径 /mm	电极压力 /N	焊接通电时间 /s	熔核直径 /mm	焊接电流 /A
0.3	3.2	300 ~ 400	0.06 ~ 0.20	4.0	3 000 ~ 4 000
0.5	4.8	450 ~ 1 350	0.12 ~ 0.48	4.3	4 000 ~ 6 000
0.8	4.8	600 ~ 1 900	0.16 ~ 0.6	5.3	5 000 ~ 7 500
1.0	6.4	750 ~ 2 250	0.20 ~ 0.72	5.4	5 600 ~ 8 800
1.2	6.4	850 ~ 2 700	0.24 ~ 0.8	5.8	6 100 ~ 9 800
1.5	6.4	1 400 ~ 3 800	0.3 ~ 0.9	5.8	7 090 ~ 10 000
2.0	8.0	1 500 ~ 4 700	0.4 ~ 1.28	7.6	8 000 ~ 13 300
3.0	10.0	2 600 ~ 8 000	0.64 ~ 2.1	8.5	10 000 ~ 17 000

2. 闪光对焊工艺

（1）闪光对焊焊接循环

闪光对焊是对焊的主要形式，在生产中应用广泛。闪光对焊可分为连续闪光对焊和预热闪光对焊。连续闪光对焊过程由闪光阶段和顶锻阶段两个主要阶段组成。预热闪光对焊只是在闪光阶段前增加了预热阶段。

1）预热阶段。如图 11–12a 所示，预热阶段是闪光对焊在闪光阶段之前以断续的脉冲电流对焊件进行加热的阶段。

①预热速度的控制。一般预热时焊件的接近速度大于连续闪光初期速度，焊件短接后稍延时即快速分开（开路），即进入匀热期，匀热延时后再原速接近，如此反复，直至加热到预定温度。预热可以通过计数（短接次数）、计时或行程（设预热留量）来控制。

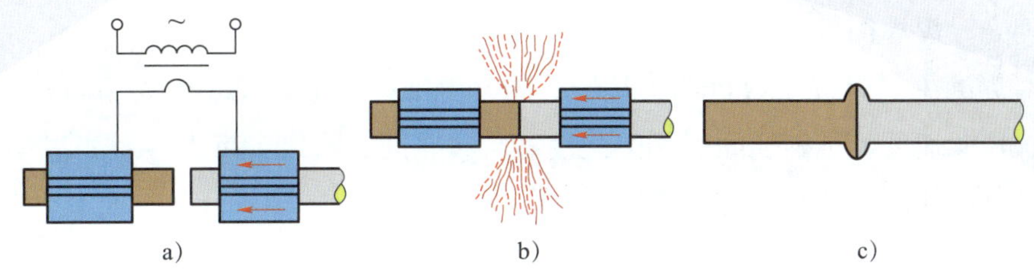

图 11-12　闪光对焊的焊接循环

a）预热阶段　b）闪光阶段　c）顶锻阶段

②预热的转换。预热结束时，可以将焊件的接近速度降低，使焊件从预热阶段转入闪光阶段。转换的方式有两种：一是强制转入闪光阶段，这样预热的热输入方式和能量可任意调节，且转换稳定；二是采用自然转换方式，此时预热时的焊件靠近速度须选用闪光初期的靠近速度，当焊件端面升温到某值时可自然转入闪光阶段。

2）闪光阶段。如图 11-12b 所示，闪光阶段是闪光对焊加热过程的核心。闪光的主要作用是加热焊件。在此阶段，先接通电源，并使两个焊件端面轻微接触。电流通过时，接触点熔化，成为连接两端面的液态金属过梁。在电流的作用下，随着活动夹具的缓慢推进，过梁的液态金属不断产生、蒸发。液态金属微粒不断从接口间喷射出来，形成火花束流——闪光。

在闪光过程中，焊件逐渐缩短，端面温度逐渐升高，活动夹具的推进速度也必须逐渐加大。闪光过程结束前，焊件整个端面形成一层液态金属层，使一定深度的金属达到塑性变形温度。

在这个阶段中，闪光必须稳定而且强烈。所谓稳定，是指在闪光过程中不发生断路和短路现象。断路会减弱焊接处的自保护作用，接头易被氧化。短路会使焊件过烧，导致焊件报废。所谓强烈，是指在单位时间内有相当多的过梁爆破。闪光越强烈，焊接处的自保护作用越好，这在闪光后期尤为重要。

3）顶锻阶段。如图 11-12c 所示，在闪光阶段结束时，立即对焊件施加足够的顶锻压力，接口间隙迅速减小，过梁停止爆破，即进入顶锻阶段。顶锻是实现焊接的最后阶段。顶锻时，要封闭焊件端面的间隙，排出液态金属层及其表面的氧化物杂质。顶锻阶段包括初期通电顶锻和断电继续顶锻（送进、加压）的过程。顶锻是一个快速的锻击过程。它的前期是封闭焊件端面的间隙，防止再氧化。这段时间越短越好。当端面间隙封闭后，断电并继续顶锻。

对焊时，考虑焊件因顶锻缩短而预留的长度称为顶锻留量，它包括间隙、爆破留下的凹坑、液态金属层尺寸及变形量。加大顶锻留量有利于彻底排出液态金属和夹杂物，保证足够的变形量。一般建议最大扭曲角应不超过 80°，使液态金属刚挤出接口呈“第三唇”即可，如图 11-13 所示为合适的顶锻接头。

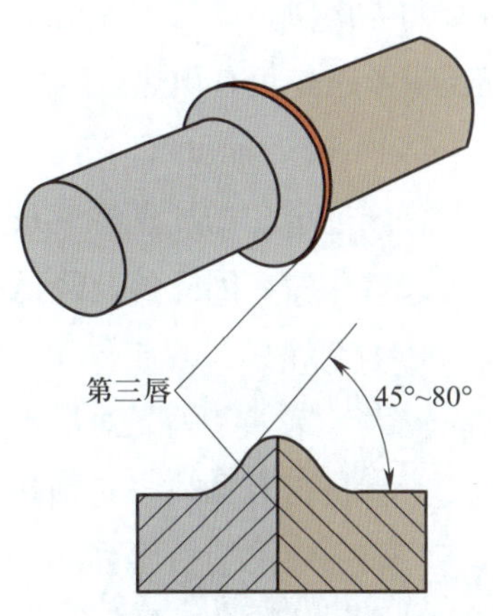

图 11-13　合适的顶锻接头

（2）闪光对焊焊接参数

闪光对焊的主要焊接参数有伸出长度、闪光电流、顶锻电流、闪光留量、闪光速度、顶锻留量、顶锻速度、顶锻压力、预热温度和预热时间、夹钳夹持力等。如图 11–14 所示为连续闪光对焊伸出长度和闪光对焊留量的分配。

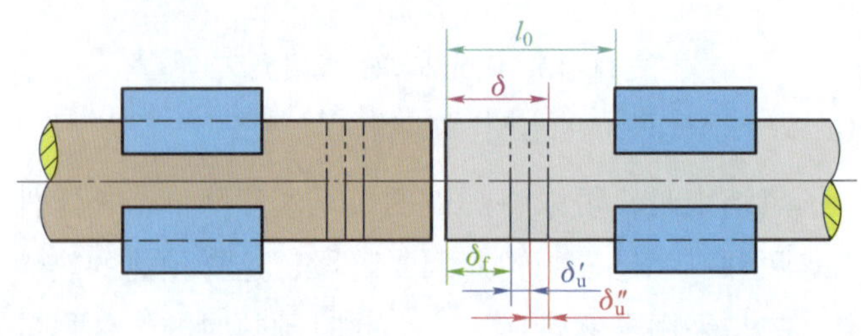

图 11–14 连续闪光对焊伸出长度和闪光对焊留量的分配

δ—总留量 δ_f—闪光留量 δ_u'—有电流顶锻留量 δ_u''—无电流顶锻留量 l_0—伸出长度

1）伸出长度 l_0。伸出长度 l_0 影响沿焊件轴向的温度分布和接头的塑性变形。此外，随着 l_0 的增大，使焊接回路的阻抗增大，需用功率也要增大。一般情况下，棒材和厚壁管材 l_0=（0.7 ~ 1.0）d，d 为圆棒料的直径或方棒料的边长。对于薄板（δ =1 ~ 4 mm），为了顶锻时不失稳，一般取 l_0=（4 ~ 5）δ 。

不同金属对焊时，为了使两个焊件上的温度分布一致，通常是导电性和导热性差的金属伸出长度应较小。

2）闪光电流 I_f 和顶锻电流 I_u。闪光电流取决于焊件截面积和闪光所需要的电流密度。电流密度的大小又与被焊金属的物理性能、闪光速度、焊件截面积和形状以及端面的加热状态有关。在闪光过程中，随着闪光速度的逐渐提高和接触电阻 R_c 的逐渐减小，电流密度将增大。顶锻时，R_c 迅速消失，电流将急剧增大到顶锻电流。

3）闪光留量 δ_f。选择闪光留量时，应满足在闪光结束时整个焊件端面有一个熔化金属层，同时在一定深度上达到塑性变形温度。若闪光留量过小，则不能满足上述要求，会影响焊接质量；若闪光留量过大，又会浪费金属材料，降低生产效率。在选择闪光留量时，还应考虑是否有预热。因为预热闪光对焊时的闪光留量可以比连续闪光对焊小 30% ~ 50%。

4）闪光速度 v_f。足够大的闪光速度才能保证闪光强烈和稳定。但闪光速度过大会使加热区过窄，增加塑性变形的难度。同时，由于需要的焊接电流增加，会增大过梁爆破后的火口深度，因此将会降低接头质量。选择闪光留量和闪光速度时还应考虑下列因素：

①被焊材料的成分和性能。含有易氧化元素多或导电性、导热性好的材料，闪光留量应较大。例如，闪光对焊奥氏体不锈钢和铝合金时，闪光留量要比焊低碳钢时大。

②是否有预热。有预热时容易激发闪光，因而可提高闪光速度。

③顶锻前应有强烈闪光。为了顶锻前有强烈闪光，闪光速度应较大，以保证在端面上获得均匀的熔化金属层。

5）顶锻留量 δ_u。顶锻留量 δ_u 影响液态金属的排出和塑性变形的大小。顶锻留量过小时，液态金属残留在接口中，易形成疏松、缩孔、裂纹等缺欠；顶锻留量过大时，会因晶纹弯曲严重而降低接头的冲击韧度。顶锻留量根据焊件截面积选取，随着截面积的增大而增大。

顶锻时，为防止接口氧化，在端面接口闭合时不立刻切断电流，因此，顶锻留量应包括两部分——有电流顶锻留量 δ'_u 和无电流顶锻留量 δ''_u，$\delta'_u=(0.5\sim1)\delta''_u$。

6）顶锻速度 v_u。为避免接口区因金属冷却而造成液态金属排出及塑性变形的困难，以及防止端面金属氧化，顶锻速度越快越好。最小的顶锻速度取决于金属的性能。焊接奥氏体钢的最小顶锻速度约为焊接珠光体钢的两倍。导热性好的金属（如铝合金），焊接时需要很高的顶锻速度（150～200 mm/s）。对于同一种金属，接口区温度梯度大的，由于接头的冷却速度快，也需要提高顶锻速度。

7）顶锻压力 F_u。顶锻压力通常以单位面积的压力，即顶锻压强来表示。顶锻压强的大小应保证能挤出接口内的液态金属，并在接头处产生一定的塑性变形。顶锻压强过小，则变形不足，接头强度降低；顶锻压强过大，则变形量过大，晶纹弯曲严重，又会降低接头的冲击韧度。

顶锻压强的大小取决于金属性能、温度分布特点、顶锻留量和顶锻速度、焊件端面形状等因素。高温强度高的金属要求大的顶锻压强。增大温度梯度就要提高顶锻压强。由于高的闪光速度会导致温度梯度增大，因此，焊接导热性好的金属（铜、铝及其合金等）时需要大的顶锻压强（150～400 MPa）。

8）预热温度和预热时间。除上述焊接参数外，还应考虑预热温度和预热时间。预热温度根据焊件截面积和材料性能选择。焊接低碳钢时，一般不超过 900 ℃。随着焊件截面积的增大，预热温度应相应提高。

预热时间与焊机功率、焊件截面积大小及金属的性能有关，可在较大范围内变化。预热时间取决于所需预热温度。

预热过程中，预热造成的缩短量很小，不作为焊接参数来规定。

9）夹钳夹持力 F_c。夹钳夹持力必须保证焊件在顶锻时不打滑，夹钳夹持力 F_c、顶锻压力 F_u 与焊件和夹钳间的摩擦因数 f 有关。它们的关系是 $F_c\geqslant\frac{F_u}{2f}$。通常 $F_c=(1.5\sim4.0)F_u$。截面紧凑的低碳钢取下限，冷轧不锈钢板取上限。当夹具上带有顶撑装置时，夹钳夹持力可以大大降低，此时 $F_c=0.5F_u$ 就足够。

3. 缝焊工艺

（1）缝焊形式

缝焊按其滚轮电极的转动和馈电方式不同，分为连续缝焊、断续缝焊和步进缝焊三种形式。

1）连续缝焊。滚轮电极连续转动，焊接电流连续地通过焊接部位而完成焊接。这种形式的缝焊中滚轮电极易发热而磨损，因而很少使用。

2）断续缝焊。滚轮电极连续转动，焊接电流断续地通过焊件。这种缝焊形式使滚轮电极和焊件都有冷却机会，从而克服了连续缝焊易过热的缺点，故被广泛应用。但由于滚轮不断离开焊接区，熔核在压力减小的情况下结晶，因此很容易产生表面过热、缩孔和裂纹等缺欠。

3）步进缝焊。滚轮电极断续转动，电流在滚轮电极停转时通过焊件。由于金属的熔化和结晶均在滚轮电极不动时进行，改善了散热和压固条件，因而可以更有效地提高焊接质量，延长滚轮电极的使用寿命，多用于铝、镁及其合金的焊接。

（2）缝焊接头形式

缝焊的接头形式有搭接接头、压平接头和垫箔对接接头。压平接头的搭接量比一般的搭接接头小得多，为板厚的 1.0 ~ 1.5 倍。垫箔对接缝焊主要用于解决厚板缝焊的困难。

（3）缝焊焊接参数

缝焊接头的形成本质上与点焊相同，因而影响焊接质量的因素也是类似的。缝焊焊接参数主要有焊接电流、电极压力、焊接时间、休止时间、焊接速度和滚轮电极的直径等。

1）焊接电流。缝焊形成熔核所需的热量来源是利用电流通过焊接区电阻产生的热量。在其他条件给定的情况下，焊接电流的大小决定了熔核的焊透率和重叠量。在焊接低碳钢时，熔核平均焊透率为钢板厚度的 30% ~ 70%，以 45% ~ 50% 为最佳。为了获得气密焊缝，熔核重叠量应不小于 20%。

当焊接电流超过某一定值时，继续增大电流只能增大熔核的焊透率和重叠量，而不会提高接头强度，这是很不经济的。如果电流过大，还会产生压痕过深和焊接烧穿等缺欠。缝焊时由于熔核互相重叠而引起较大分流，因此，焊接电流通常比点焊时增大 15% ~ 40%。

2）电极压力。缝焊时电极压力对熔核尺寸的影响与点焊一致。电极压力过大，会使压痕过深，同时会加速滚轮电极的变形和损耗。电极压力不足，则易产生缩孔，并会因接触电阻过大易使滚轮电极烧损，从而缩短其使用寿命。当电极压力较小时，稍微改变焊接电流就对焊缝质量有很大影响。因此，电极压力应足够大，以允许焊接电流有一个较宽的变化范围。

3）焊接时间和休止时间。缝焊时主要通过焊接时间控制熔核尺寸，通过休止时间控制重叠量。在较低的焊接速度时，焊接时间与休止时间之比为 1.25 : 1 ~ 2 : 1，可获得满意的结果。当焊接速度加快时，焊点间距增大，此时要获得重叠量相同的焊缝，就必须增大此比例。为此，在焊接速度较快时，焊接时间与休止时间之比为 3 : 1 或更高。

4）焊接速度。焊接速度与被焊金属材料、板件厚度以及对焊缝强度和质量的要求等有关。通常在焊接不锈钢、高温合金和有色金属时，为了避免飞溅和获得致密性好的焊缝，必须采用较低的焊接速度。有时还采用步进缝焊工艺，使熔核形成的全过程均在滚轮停止的情况下进行。这种缝焊的焊接速度要比常用的断续缝焊低得多。

焊接速度决定了滚轮电极与焊件的接触面积，以及滚轮电极与加热部位的接触时间，因而影响了接头的加热和散热。当焊接速度增大时，为了获得足够的热量，必须增大焊接电流。过大的焊接速度会引起板件表面烧损和电极黏附，因此，即使采用外部水冷却，焊接速度也要受到限制。

课题一　薄板电阻点焊

学习目标

1. 熟悉点焊机的使用方法。
2. 掌握薄板电阻点焊的操作方法。

工艺分析

薄板电阻点焊容易出现的问题如下：如果焊件清理不彻底，焊接电流太小，通电时间太短，压力去除过早，会使熔核太小或未形成熔核，产生未焊透缺欠；如果电极端部不干净或形状不规则，焊接电流大，压力小，会使焊点表面损伤，出现飞溅或烧穿；如果焊接电流太大，通电时间太长，压力太大，会造成压痕太深，焊点严重下凹。因此，焊件清理、焊接电流的选择、通电时间、压力大小等因素都关系到电阻点焊的质量，在操作中应引起重视。

1. 焊前准备

（1）焊件材料：Q235 钢。

（2）焊件尺寸：250 mm × 80 mm × 1.5 mm，每组两块，装配时搭接量为 10 ~ 15 mm，如图 11–15 所示。

（3）焊接材料：选用 Cu–Cr 电极，电极直径为 6.4 mm。修磨好电极端部，尽量使表面光滑；调整好上电极和下电极的位置，保证电极端部平面平行，轴线对中。

（4）焊接设备：DN2–200 型电阻点焊机。使用前应检查焊机各处的接线是否正确、牢固，按要求调试好焊接参数。同时，应检查水冷却系统或气冷却系统有无堵塞、泄漏，如发现故障应及时排除。

2. 焊件清理与装配

（1）焊前清理

用钢丝刷清理焊件表面的锈蚀及污物，并在短时间内进行焊接。

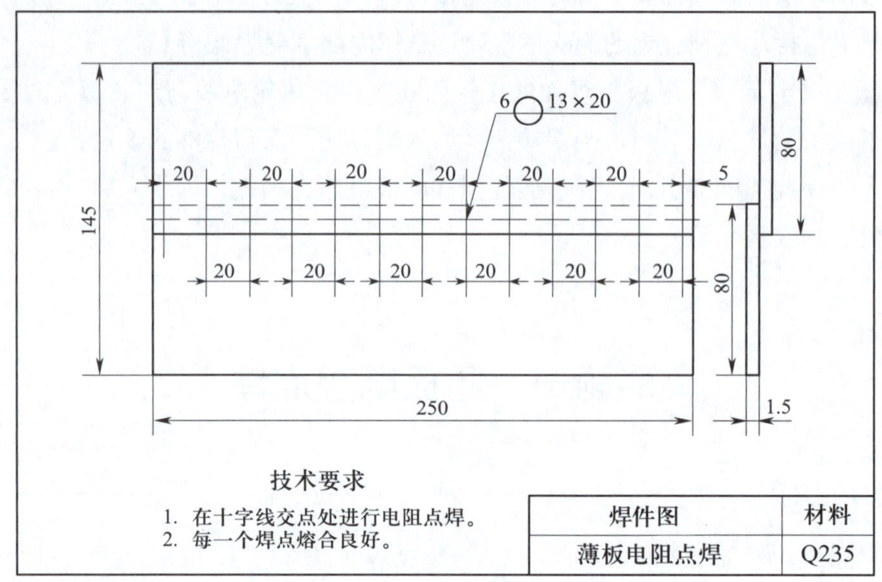

图 11–15 薄板电阻点焊焊件图

（2）装配

为保证焊点位置准确，防止变形，需按图 11–15 所示的装配尺寸在焊件的两端进行定位焊。

3. 确定电阻点焊焊接参数

焊接前确定电阻点焊焊接参数，见表 11–3。

表 11–3 电阻点焊焊接参数

板厚 /mm	焊接通电时间 /s	焊接电流 /kA	电极压力 /kN
1.5	0.2 ~ 0.4	6 ~ 8	1.5

4. 启动焊机

（1）合上电源开关，慢慢打开冷却水阀，并检查排水管是否有水流出。然后打开气源开关，按焊件要求的参数调节气压。检查电极的相互位置，调节上电极和下电极，使接触表面对齐、同轴并贴合良好。

（2）根据焊接要求，通过焊接变压器和控制系统调整各开关及旋钮，调节焊接电流、预压时间、焊接时间、锻压时间、休止时间等参数。

（3）按启动按钮，接通控制系统，约 5 min 后指示灯亮，表示准备工作结束，可以开动焊机进行焊接。

5. 操作步骤及要领

薄板电阻点焊操作步骤及要领见表 11–4。

表 11-4 薄板电阻点焊操作步骤及要领

操作步骤及要领	图示
操作姿势：操作者保持站立姿势，面向电极，右脚向前跨半步踩在脚踏开关上，左手持焊件，右手扳动开关或手动三通阀。 （1）预压 首先将焊件放置在下电极端部，如图 11-16 所示，踩下脚踏开关，电磁气阀通电动作，上电极下降压紧焊件，经过一定的时间预压。	 图 11-16 预压
（2）焊接 触发电路启动工作，按已调好的焊接电流对焊件进行通电加热，如图 11-17 所示。经过一定的时间，触发电路断电，焊接阶段结束。	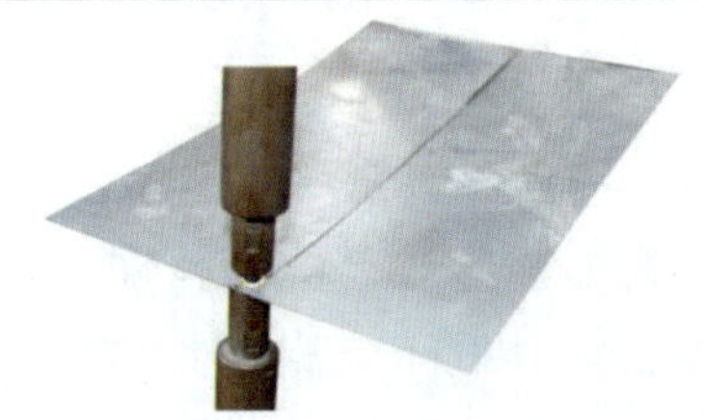 图 11-17 焊接
（3）锻压 在焊件焊点的冷凝过程中，经过一定时间的锻压（见图 11-18）后，电磁气阀随之断开，上电极开始上升，锻压结束。	 图 11-18 锻压
（4）休止 经过一定的休止时间，抬起脚踏开关，获得焊点（见图 11-19），则一个焊点的焊接过程结束，为下一个焊点的焊接做好准备。	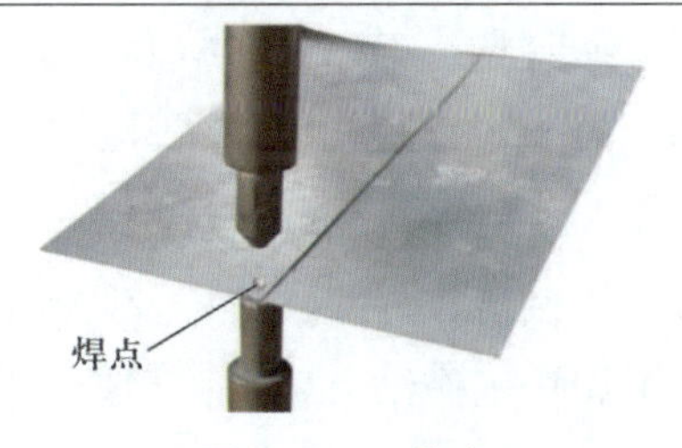 图 11-19 休止

6. 停止操作

焊接停止时，应先切断电源开关，经过 10 min 后再关闭冷却水。

 **教师指导**

【问题】在电阻点焊操作过程中应掌握哪些操作要点？

回答：（1）修磨电极端部，尽量使其表面光滑，并调整好上电极和下电极的位置，保证电极端部平面平行，轴线对中。

（2）焊件较大时应有定位焊工艺装备，以保证焊点位置准确，防止变形。

（3）操作中要保证焊接参数稳定，以确保点焊质量。当电极压力超出选定的焊接参数时，应停止焊接，将压力调到稳定后再继续焊接。

（4）随时观察焊点表面状态，及时修磨电极端部，防止焊件表面粘住电极或烧伤。

（5）若焊机的电极臂温度高于 75 ℃，或操作时出现其他问题，应处理妥当后再继续焊接，以免影响焊接参数的稳定性，进而影响焊接质量。

7. 注意事项

（1）满足点焊的搭接宽度及焊点直径要求。点焊搭接宽度的选择应以满足焊点强度为前提，厚度不同的材料，所需焊点直径也不同，焊接薄板时，焊点直径小；焊接厚板时，焊点直径大。

（2）防止熔核偏移。熔核偏移是指不等厚度、不同材料点焊时，熔核不对称于交界面而向厚板或导电性、导热性差的一边偏移。其结果造成导电性、导热性好的焊件焊透率低。防止熔核偏移的原则：增加薄板或导电性、导热性好的焊件的产热量，加强厚板或导电性、导热性差的焊件的散热。

（3）表面有镀层的焊件点焊时，由于镀层金属的物理性能、化学性能不同于焊件金属本身的性能，必须根据镀层性能选择点焊设备、电极材料和焊接参数，尽量减少对镀层的破坏。

（4）点焊时焊件应放平，焊接顺序的安排要使焊点交叉分布，使焊接应力均匀分布，避免产生累积变形。

（5）随时观察焊点表面状态，及时修磨电极端部，防止焊件表面粘住电极或烧伤。

（6）对于焊件表面要求无压痕或压痕很小时，应使表面要求高的一面放于下电极上，尽可能加大下电极直径，或选用平板定位焊机进行焊接。

（7）焊接前、焊接过程中及焊接结束时，应分阶段进行点焊焊接质量的检验。

（8）焊接工作结束后，关闭焊接电源开关，关闭气路系统和冷却水。

课题二　薄板电阻缝焊

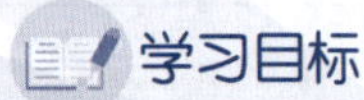

掌握薄板电阻缝焊的操作方法。

工艺分析

低碳钢是焊接性最好的缝焊材料。低碳钢搭接缝焊根据使用目的和用途不同可采用高速、中速和低速三种方案。手动移动焊件时，对便于对准预定焊缝位置的，多采用中速。自动焊接时，如焊机的容量足够，可以采用高速或更高的速度。如焊机容量不够，不降低速度就不能保证足够大的熔宽和熔深时，则只能采用低速。本课题采用中速焊接。

1. 焊前准备

（1）焊件材料：Q235 钢。

（2）焊件尺寸：250 mm × 80 mm × 1.2 mm，每组两块，如图 11–20 所示。

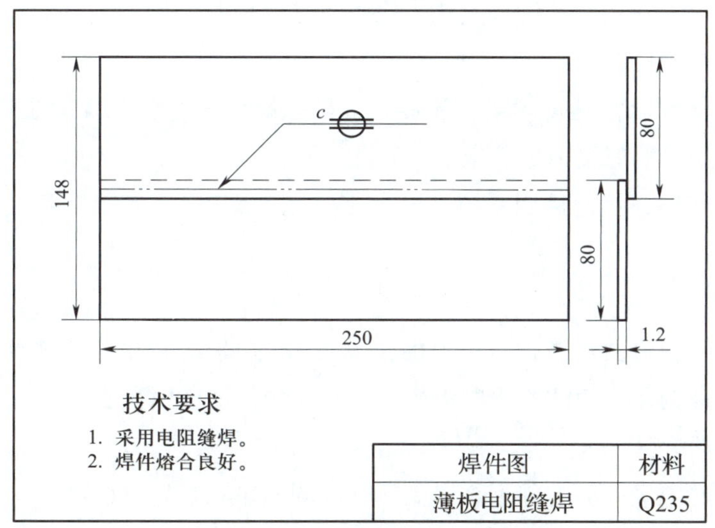

图 11–20　薄板电阻缝焊焊件图

（3）焊接材料：选用圆柱面 Cu–Cr 滚轮，直径为 180 mm。含 5%（质量分数）硼砂的冷却水溶液。

（4）焊接设备：FN–150 型电阻缝焊机。使用前应检查焊机各处的接线是否正确、牢固，按要求调试好焊接参数。

2. 焊件清理与装配

（1）焊前清理

用钢丝刷清理焊件表面的锈蚀及污物，并在短时间内进行焊接。

（2）装配

采用定位销或夹具进行装配，装配间隙要小于 0.5 mm。

（3）定位焊

点焊或在缝焊机上采用脉冲方式进行定位焊，焊点间距为 75 ~ 150 mm，定位焊点的数量应保证能将焊件固定住。定位焊的焊点直径应不小于焊缝宽度，压痕深度小于焊件厚度的 10%。

3. 确定缝焊焊接参数

焊接前确定缝焊焊接参数，见表 11–5。

表 11–5　　缝焊焊接参数

板厚 /mm	搭接量 /mm	焊接速度 /（m/min）	焊接电流 /kA	电极压力 /kN
1.2	12	1.7	16	4.7

4. 启动焊机

（1）合上电源开关。慢慢打开冷却水阀，并检查排水管是否有水流出。然后打开气源开关，按焊件要求的焊接参数调节气压。检查滚轮的相对位置，调节上滚轮和下滚轮，使接触表面对齐并贴合良好。

（2）根据焊接要求，通过焊接变压器和控制系统调整各开关及旋钮，调节焊接电流、焊接速度和电极压力等焊接参数。

（3）按启动按钮，接通控制系统，约 5 min 后指示灯亮，表示准备工作结束，可以开动焊机进行焊接。

5. 焊接操作

缝焊时，每一焊点要经过预压、焊接、锻压三个阶段。但由于缝焊时滚轮电极与焊件间相对位置的迅速变化，使此三阶段不像点焊时区分得那样明显。

（1）预压阶段

即将进入滚轮电极下面的邻近金属受到一定的预热和滚轮电极部分压力作用。

（2）焊接阶段

焊件在滚轮电极直接压紧下被通电加热，由电阻热将两焊件接触表面加热到熔化温度，并逐渐向四周扩大形成熔核。

（3）锻压阶段

当熔核尺寸达到所要求的大小时，从滚轮电极下面出来的邻近金属开始冷却，同时仍受到滚轮电极部分压力作用。

因此，正处于滚轮电极下的焊接区和邻近的两边金属材料在同一时刻将分别处于不同阶段。而对于焊缝上的任一焊点来说，从滚轮下通过的过程也就是经历“预压—焊接—锻压”三个阶段的过程。由于该过程处在动态下进行，预压和锻压阶段的压力作用不够充分，使得缝焊接头质量一般比点焊差，易出现裂纹、缩孔等缺欠。

焊接操作连续通电，在焊件间便出现相互重叠的焊点，从而形成连续的焊缝。

薄板电阻缝焊操作步骤及要领见表 11–6。

表 11-6　　薄板电阻缝焊操作步骤及要领

操作步骤及要领	图示
操作姿势：操作者保持站立姿势，面向滚轮，右脚向前跨半步踩在脚踏开关上，双手持焊件。 （1）预压 打开电源开关，将使用点焊定位好的焊件送到上、下两滚轮间，上电极下降压紧焊件，如图 11-21 所示。	 图 11-21　预压
（2）焊接 触发电路启动工作，按已调好的焊接电流对焊件进行通电加热，如图 11-22 所示。	 图 11-22　焊接
（3）锻压 滚轮旋转，焊件向前移动，焊接操作移向另一焊点，该焊点处于预压与焊接阶段，而从滚轮电极下面出来的邻近金属受到滚轮电极部分压力作用处于锻压阶段，这样每一焊点均经过“预压—焊接—锻压”三个阶段，如图 11-23 所示。待焊件上的焊点全部经过滚轮后，缝焊结束。	 图 11-23　锻压

续表

操作步骤及要领	图示
缝焊焊缝如图 11–24 所示。	图 11–24　缝焊焊缝

6. 停止操作

当焊件全部移出滚轮后，焊接完成。焊接停止时，应先切断电源开关，经过 10 min 后再关闭冷却水。

安全生产

（1）为防止触电，焊机周围应保持干燥、清洁，并垫绝缘胶板，焊工要穿绝缘胶鞋。

（2）为防止压手，操作过程中要集中精力，不允许把手指放到电极间，以免压伤。

（3）为避免烫伤，要做好个人防护，以免被金属飞溅物或焊件烫伤。

7. 注意事项

（1）焊接前必须对焊件表面进行全部或局部（沿焊缝宽约 20 mm）清理。

（2）滚轮电极必须经常修整，在某些镀层板密封焊缝的焊接中，应使用专设的修整刀修整电极。

（3）不等厚度或不同材料缝焊时，可采用与点焊类似的工艺措施，改善熔核偏移情况。

（4）缝焊前必须采用点焊定位，定位间距为 75 ~ 150 mm，并注意定位焊的位置和表面质量；环形焊件定位焊后的间隙应沿圆周均布并不得过大。

（5）焊接长缝时要注意分段调节焊接参数和焊接顺序（如从中间向两端施焊）。

课题三　钢筋闪光对焊

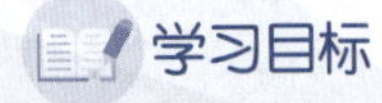
学习目标

掌握钢筋闪光对焊的操作方法。

工艺分析

钢筋闪光对焊适用于水平钢筋的非施工现场连接。焊接工艺对钢筋的端面要求不高，可以免去钢筋端面磨平工艺，因而简化了操作工序，提高了工作效率。由于闪光对焊时接触面积小，接触点处电流密度大，热量集中，加热迅速，因此，焊接热影响区较小，焊接接头质量好；另外，采用了预热方法，使得能在较小功率的对焊机上焊接较大截面的钢筋，所以闪光对焊得到普遍应用。

1. 焊前准备

（1）焊件材料：Q235 钢。

（2）焊件尺寸：ϕ12 mm × 50 mm，每组两根，如图 11–25 所示，实物图如图 11–26 所示。

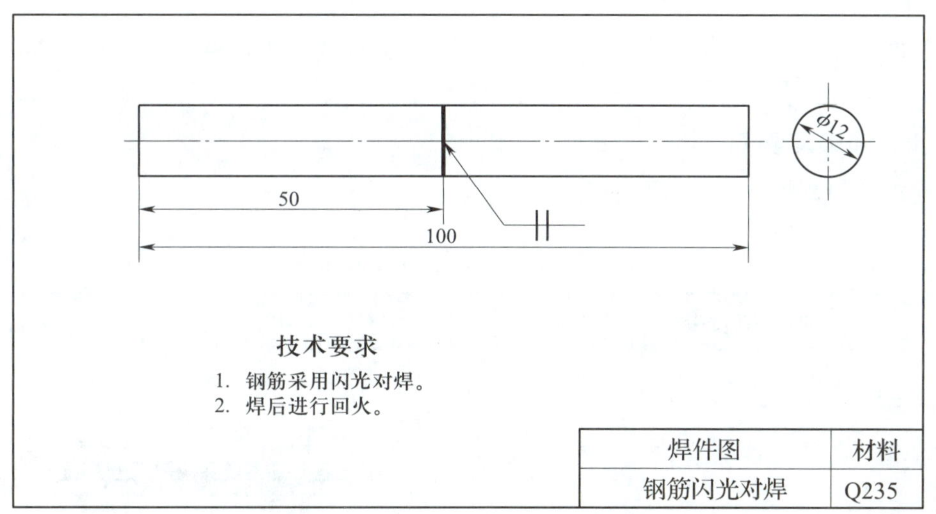

图 11–25 钢筋闪光对焊焊件图

（3）焊接设备：UN2–150 型闪光对焊机。使用前应检查焊机各处的接线是否正确、牢固，按要求调试好焊接参数。

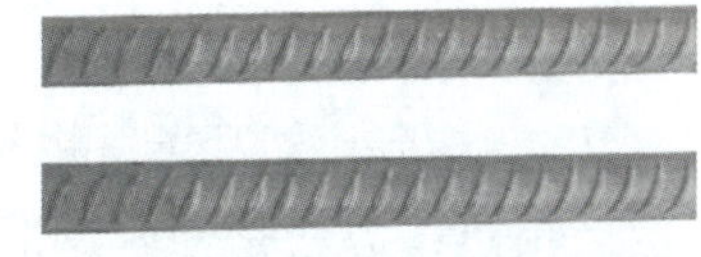

图 11–26 螺纹钢

2. 焊件清理与装配

（1）焊前清理

对焊前清除螺纹钢端头约 30 mm 范围内的油污、锈蚀。弯曲的端头不能装夹，必须将其调直或切除。

（2）调整与装夹

1）按焊件的形状调整钳口，使两钳口中心线对准。

2）调整好钳口距离。

3）调整行程螺钉。

4）将钢筋放在两钳口上，并将两个夹头夹紧、压实。夹紧钢筋时，应使两钢筋端面的凸出部分相接触，以利于均匀加热和保证焊缝与钢筋轴线垂直。

3. 确定闪光对焊焊接参数

焊接前确定闪光对焊焊接参数，见表 11–7。

表 11–7 闪光对焊焊接参数

钢筋直径 /mm	顶锻压力 /MPa	伸出长度 /mm	闪光留量 /mm	顶锻留量 /mm		闪光时间 /s
				有电	无电	
12	60	22	8	1.5	3	4.25

4. 启动焊机

焊接前应检查焊机各部件和接地情况，然后根据焊接要求，调整变压器级次，打开冷却水，合上电源开关。

5. 操作步骤及要领

钢筋闪光对焊操作步骤及要领见表 11–8。

表 11–8 钢筋闪光对焊操作步骤及要领

操作步骤及要领	图示
（1）闪光预热 手握手柄将两钢筋接头端面顶紧并通电，先进行一次闪光，将钢筋端面闪平。然后预热，方法是使两钢筋端面交替地轻微接触和分开，使其间隙发生断续闪光来实现预热；或使两钢筋端面一直紧密接触，用脉冲电流产生电阻热（不闪光）来实现预热，如图 11–27 所示。	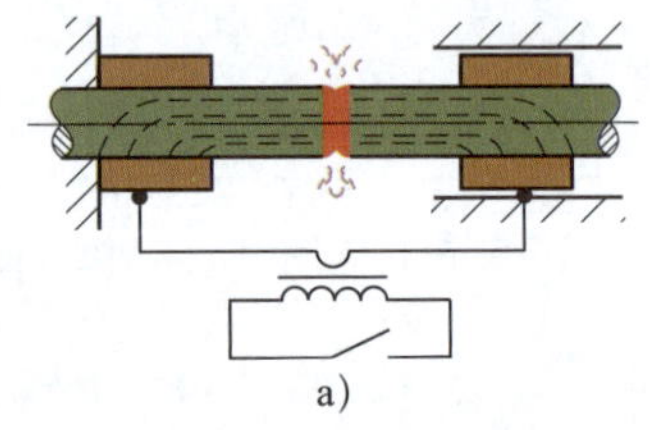 a）  b） 图 11–27 闪光预热 a）示意图 b）实物图

续表

操作步骤及要领	图示
（2）连续闪光加热 当钢筋达到预热温度后进入闪光阶段，火花飞溅喷出，排出接头间的杂质，露出新的金属表面，如图 11–28 所示。	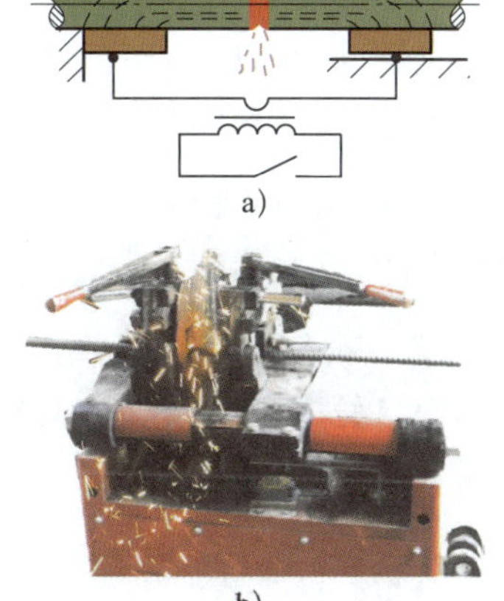 图 11–28　连续闪光加热 a）示意图　b）实物图
（3）顶锻断电并继续顶锻 当闪光到预定的长度时，以一定的压力迅速进行顶锻。先带电顶锻，再无电顶锻到一定长度，焊接接头即告完成，如图 11–29 所示。但顶锻过程中不能造成接头错位、弯曲，加压使接头处形成焊包的最大凸出量以高于母材 2 mm 左右为宜。	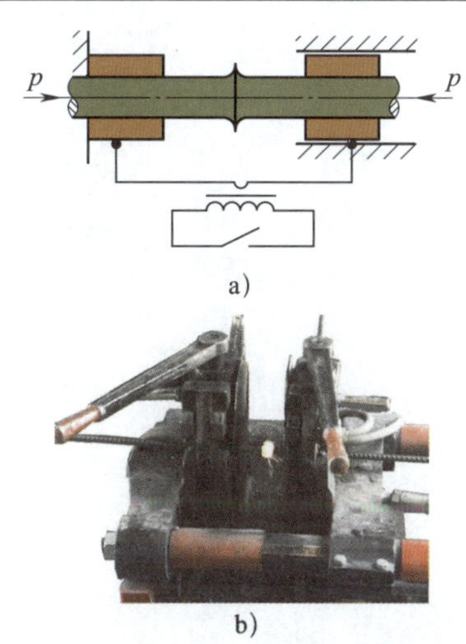 图 11–29　顶锻断电并继续顶锻 a）示意图　b）实物图
（4）卸压 卸下钢筋，焊接完成。 焊接完成的钢筋及焊缝如图 11–30 所示。	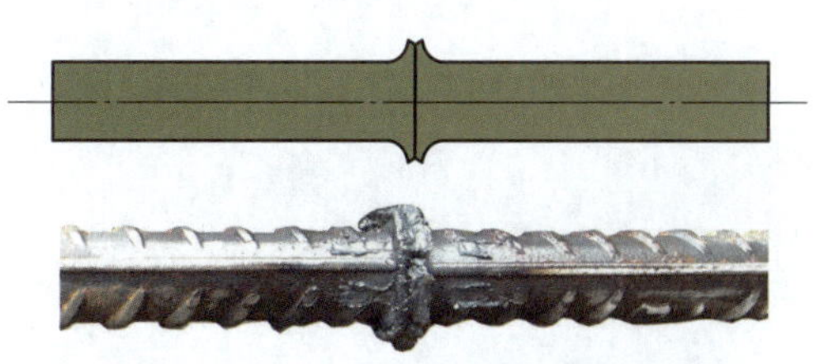 图 11–30　焊接完成的钢筋及焊缝

6. 停止操作

焊接停止时，应先切断电源开关，经过 10 min 后再关闭冷却水。

7. 注意事项

（1）对焊前清除钢筋端头约 30 mm 范围内的锈蚀、污物，并调直或切除弯头。

（2）夹紧钢筋时，应使两钢筋端面的凸出部分相接触，以利于均匀加热和保证焊缝与钢筋轴线垂直。

（3）焊接完毕，应待接头处由白红色变为黑红色才能松开夹具，平稳地取出钢筋，以免引起接头弯曲，同时趁热将焊缝的毛刺打掉。

（4）焊接不同直径的钢筋时，其直径差一般不宜大于 3 mm。焊接时应按大直径钢筋选择焊接参数，并应减小大直径钢筋从夹具中伸出的长度，或利用短料先将大直径钢筋预热，以使两者在焊接过程中加热均匀，保证焊接质量。

第十二单元
焊接机器人操作与编程

基础知识

学习目标

1. 了解焊接机器人的分类及发展、机器人焊接的特点及应用。
2. 了解机器人焊接系统的组成以及机器人坐标系、运动方式、常用编程指令。
3. 熟悉 KUKA 示教器按键的功能，能熟练操作 KUKA 示教器。

一、焊接机器人概述

1. 焊接机器人的发展

焊接机器人就是在焊接生产领域代替焊工从事焊接操作的工业机器人，生产中普遍应用的方式主要有点焊和电弧焊两种。

一台机器人可以完成包括焊接在内的抓物、搬运、安装、焊接、卸料等多种任务，它的发展有以下三个阶段：

第一代弧焊机器人——示教再现型弧焊机器人已在生产中得到广泛应用。弧焊机器人正在向具有视觉或触觉感知功能的第二代弧焊机器人发展，它的视觉系统可以识别焊缝的空间位置及跟踪焊缝；触觉系统也可像人的手指一样，通过触摸焊缝识别焊缝的空间位置并跟踪焊缝。这种第二代弧焊机器人在焊接过程中能察觉焊件由于热变形而产生的焊缝位置的变化，调整焊接位置，保证焊缝质量。第三代弧焊机器人是具有学习、推理和自动规划功能的智能弧焊机器人。早期的焊接机器人缺乏“柔性”，焊接路径和焊接参数须根据实际作业条件预先设置，工作时存在明显的缺点。随着计算机控制技术、人工智能技术以及网络控制技术的发展，焊接机器人也由单一的单机示教再现型向以智能化为核心的多传感、智能化的柔性加工单元（系统）方向发展。

2. 焊接机器人在焊接领域的应用

焊接机器人在焊接领域的应用最早是从汽车装配生产线上的电阻点焊开始的。原因在于电阻点焊的过程相对比较简单，控制方便，且不需要进行焊缝轨迹跟踪，对机器人的精度和重复精度的控制要求比较低。点焊机器人在汽车装配生产线上的大量应用大大提高了汽车装配及焊接的生产效率和焊接质量，同时又具有柔性焊接的特点，即只要改变程序，就可在同一条生产线上对不同的车型进行装配及焊接。

对于有些焊接场合，由于焊件过大或空间几何形状过于复杂，使焊接机器人的焊枪无法到达指定的焊缝位置或焊接姿态，这时必须通过增加 1 ～ 3 个外部轴来增加机器人的自由度。通常有两种做法：一是把机器人装于可以移动的轨道小车或龙门架上，扩大机器人本身的作业空间；二是让焊件移动或转动，使焊件上的焊接部位进入机器人的作业空间。也有的同时采用上述两种方法，让焊件的焊接部位和机器人都处于最佳焊接位置。

由于焊接机器人控制速度和精度的提高，尤其是电弧传感器的开发及在机器人焊接中得到应用，使机器人电弧焊的焊缝轨迹跟踪和控制问题在一定程度上得到很好解决。机器人焊接在汽车制造中的应用从原来比较单一的汽车装配点焊很快发展为汽车装配过程中的电弧焊。机器人电弧焊最大的特点是柔性，即可通过编程随时改变焊接轨迹和焊接顺序，因此适用于焊件品种变化大、焊缝短而多、形状复杂的产品。这正好又符合汽车制造的特点。尤其是现代社会汽车款式的更新速度非常快，采用机器人装备的汽车生产线能够很好地适应这种变化。

另外，机器人电弧焊不仅用于汽车制造业，还可以用于涉及电弧焊的其他制造业，如轮船、机车车辆、锅炉、重型机械等的生产中。

3. 机器人焊接的特点

机器人是由计算机控制的、具有高度柔性的可编程自动化装置，因此，利用机器人焊接具有以下特点：

（1）适用范围广泛

机器人能适应产品多样化，有柔性，在一条生产线上可以混流生产若干种类型的产品。同时，对于生产量的变动和型号的更改，能迅速改进生产线的编组更替，这是专用的自动化生产线不能比拟的，能充分发挥投资的长期效应。

（2）焊接质量高

为了使焊接作业机器人化，需要改变装配方法和加工工序，所以要提高如供给设备的零件、夹具、搬运工具等的精度，这些关系到产品的精度和焊接质量的提高，机器人化的结果可得到稳定的高质量产品。

（3）生产效率高

机器人的作业效率不随操作者变动，可以稳定生产计划，从而提高生产效率。

4. 焊接机器人的分类

机器人是一个机电一体化的设备，焊接机器人按用途不同分为点焊机器人和弧焊机器人两类。

（1）点焊机器人

点焊机器人（见图 12–1）在汽车工业应用广泛，在装配每台汽车车体时，大约 60% 的焊点是由点焊机器人完成的，具有负荷大、动作快、工作点姿态要求严等特点。

最初，点焊机器人只用于增强焊作业（往已拼接好的焊件上增加焊点），后来为了保证拼接精度，又让机器人完成定位焊作业。这样点焊机器人逐渐被要求有更全的作业性能，具体来说点焊机器人有以下特点：

1）安装面积小，工作空间大。

2）能快速完成小节距的多点定位（如每 0.3 ～ 0.4 s 移动 30 ～ 50 mm 节距）。

3）定位精度高（ ± 0.25 mm），以确保焊接质量。

4）持重大（50 ～ 100 kg），以便携带内装变压器的焊钳。

5）内存容量大，示教简单，节省工时。

6）点焊速度与生产线速度相匹配，同时安全可靠性好。

7）有足够的自由度。

（2）弧焊机器人

随着弧焊工艺在各行业的普及，弧焊机器人（见图 12–2）在通用机械、金属结构等许多行业中得到广泛运用。

图 12–1　点焊机器人

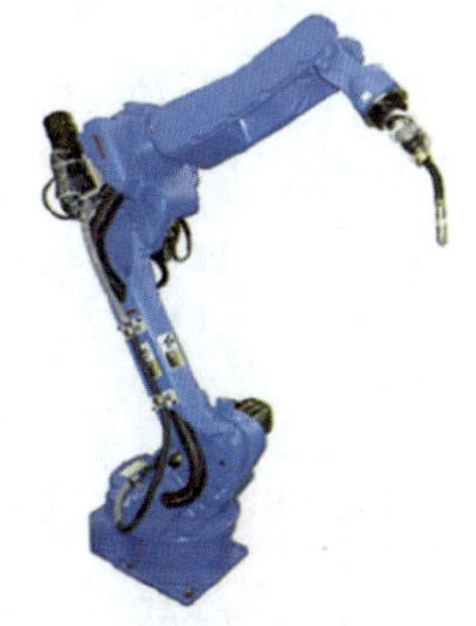

图 12–2　弧焊机器人

弧焊机器人是包括各种电弧焊附属装置在内的柔性焊接系统，而不只是一台以规划的速度和姿态携带焊枪移动的单机，因而对其性能有特殊的要求，其中对运动轨迹要求较严。在弧焊作业中，焊枪应跟踪焊件的焊道运动，并不断填充金属形成焊缝，其轨迹精度为 ±（0.2 ～ 0.5）mm。由于焊枪的姿态对焊缝质量也有一定影响，因此，希望在跟踪焊道的同时焊枪姿态的可调范围尽量大。其基本性能要求如下：

1）能设定焊接条件（如电流、电压、速度等）。

2）摆动功能。

3）坡口填充功能。

4）焊接异常检测功能。

5）焊接传感器（始焊点检测、焊道跟踪）的接口功能。

5. 焊接机器人焊接系统的组成

焊接机器人是一种高度自动化的焊接设备，采用机器人代替手工焊接作业是焊接制造业的发展趋势，是提高焊接质量、降低成本、改善工作环境的重要手段，其实物图如图 12–3 所示。

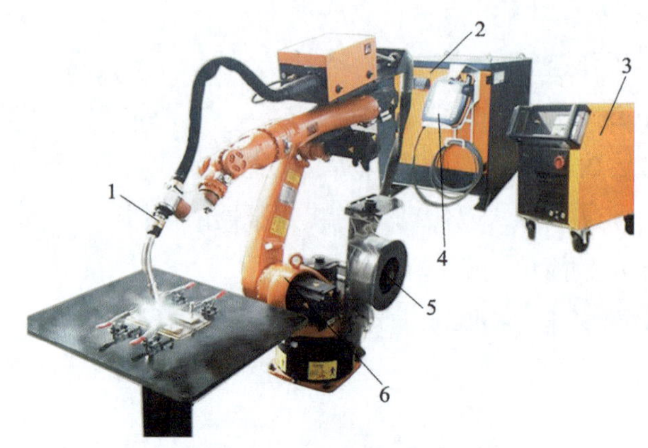

图 12–3　焊接机器人实物图

1—焊枪　2—机器人控制柜　3—焊接电源　4—示教器（手持编程器）　5—送丝机　6—机器人本体

机器人要完成焊接作业，必须依赖于控制系统与辅助设备的支持和配合。完整的焊接机器人系统分为驱动系统、机械结构系统、感受系统、机器人—环境交互系统、人—机交互系统和控制系统。具体到实物由机器人本体、变位机、控制器、焊接系统（专用焊接电源、送丝机、焊枪等）、焊接传感器、焊接辅助设备（供气系统、冷却系统）等组成，如图 12–4 所示。

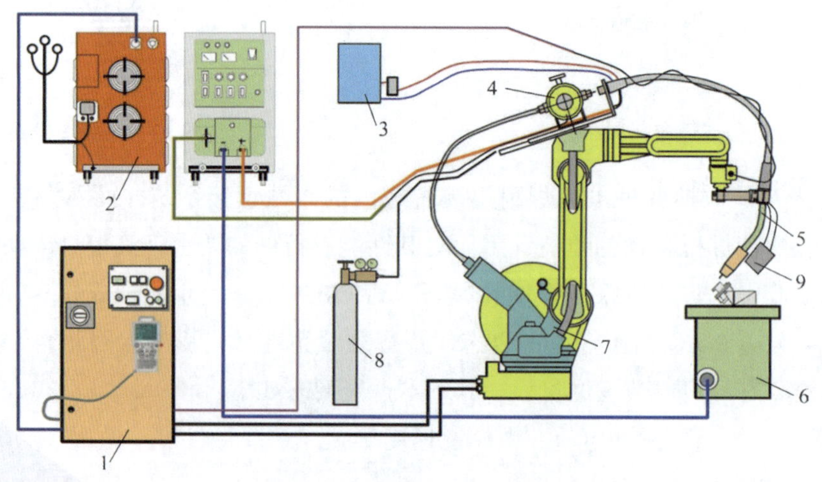

图 12–4　焊接机器人的组成

1—控制柜　2—焊接电源　3—冷却系统　4—送丝机　5—焊枪　6—变位机

7—机器人本体　8—气瓶　9—焊接传感器

（1）机器人本体

机器人本体是焊接机器人的执行机构，它由驱动器、传动机构、连杆、关节、内部传感器（编码盘）等组成。由于具有六个旋转关节的关节式机器人已被证明在机构尺寸相同的情况下工作空间最大，并且能以较高的位置精度和最优的路径到达指定位置，因而在焊接领域得到广泛应用。

（2）变位机

变位机作为机器人焊接生产线及焊接柔性加工单元的重要组成部分，其作用是将焊件旋转（平移）到最佳的焊接位置。在焊接作业前和焊接过程中，变位机通过夹具装夹焊件并使其定位，对焊件的不同要求决定了变位机的负载能力及其运动方式。为了使机械手充分发挥效能，焊接机器人系统通常采用两台变位机，当其中一台进行焊接作业时，另一台则完成焊件的装卸工作，从而提高整个系统的效率。

（3）控制器

控制器位于控制柜中，是机器人的核心部件，它实施机器人的全部信息处理和对机械手的运动控制。如图 12–5 所示为控制器的工作原理。工业机器人控制器大多采用二级计算机结构，细点画线框内为第一级计算机，它的任务是规划和管理。机器人在示教状态时，接收示教系统送来的各示教点位置和姿态信息、运动参数和工艺参数，并通过计算把各点的示教（关节）坐标值转换成直角坐标值，存入计算机内存。

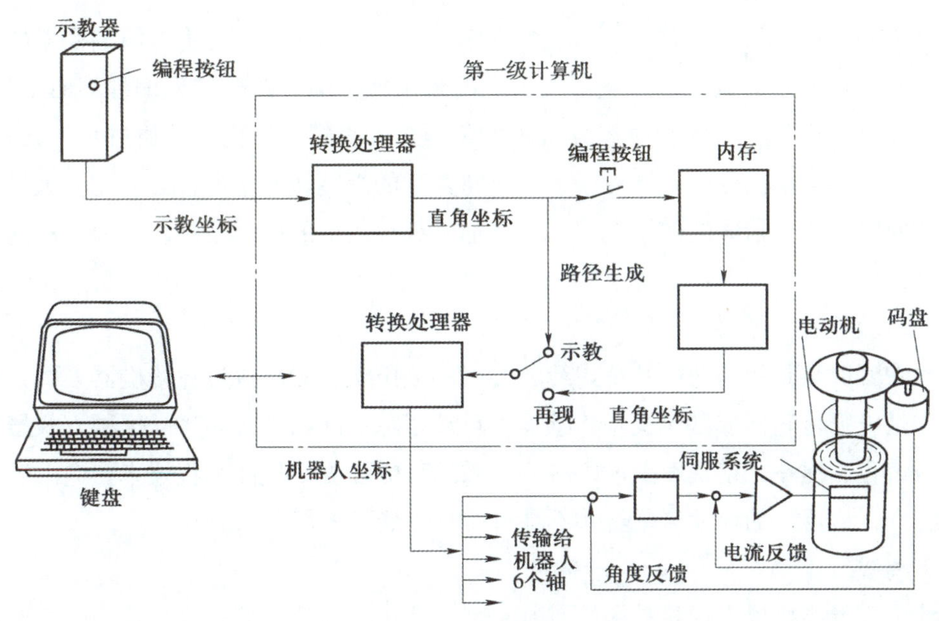

图 12–5 控制器的工作原理

机器人在再现状态时，从内存中逐点取出其位置和姿态坐标值，按一定的时间节拍（又称采样周期）对它进行圆弧或直线插补运算，算出各插补点的位置和姿态坐标值，这就是路径规划生成。然后逐点把各插补点的位置和姿态坐标值转换成关节坐标值分送到各关节。这就是第一级计算机的规划全过程。

第二级计算机是执行计算机，它的任务是进行伺服电动机闭环控制。它接收第一级计算机送来的各关节下一步期望达到的位置和姿态后，又做一次均匀细分，以求运动轨迹更为平滑，然后将各关节的下一细步期望值逐点送给驱动电动机，同时检测光电码盘信号，直到其准确到位。

（4）焊接系统

焊接系统是焊接机器人完成作业的核心装备，由焊钳（点焊机器人）、焊枪（弧焊机器人）、焊接控制器以及水、电、气等辅助部分组成。焊接控制器可根据预定的焊接监控程序，进行焊接参数输入、焊接程序控制及焊接系统故障自诊断，并实现与本地计算机及示教器的通信联系。用于弧焊机器人的焊接电源及送丝设备由于参数选择的需要，必须由机器人控制器直接控制。

（5）焊接传感器

在焊接过程中，尽管机器人操作机、变位机等能达到很高的精度，但由于焊件存在几何尺寸和位置误差，以及焊接过程中产生的焊件热变形，焊接传感器仍是焊接过程中（尤其是焊接大、厚焊件时）不可缺少的设备。焊接传感器的任务是实现焊件坡口的定位、跟踪以及获取焊缝熔透信息。

6. 焊接机器人编程方法

焊接机器人的编程方法目前还以在线示教方式（Teach-in）为主，但编程器的界面比过去有了不少改进，尤其是液晶图形显示屏的采用使新的焊接机器人编程界面更趋友好，操作更容易。然而机器人编程时焊缝轨迹上关键点的坐标位置仍必须通过示教方式获取，然后存入程序的运动指令中。这对于一些形状复杂的焊缝轨迹来说，必须花费大量的时间示教，从而降低了机器人的使用效率，也增加了编程人员的劳动强度。目前解决的方法有以下两种：

（1）示教编程

示教编程时只是粗略获取几个焊缝轨迹上的关键点，然后通过焊接机器人的视觉传感器（通常是电弧传感器或激光视觉传感器）自动跟踪实际的焊缝轨迹。这种方式虽然仍离不开示教编程，但在一定程度上可以减轻示教编程的强度，提高编程效率。但由于电弧焊本身的特点，机器人的视觉传感器并不是对所有焊缝形式都适用。

（2）离线编程

离线编程是指机器人焊接程序的编制、焊缝轨迹坐标位置的获取以及程序的调试均通过一台计算机独立完成，不需要机器人本身的参与。机器人离线编程早在多年前就有，只是由于当时受计算机性能的限制，离线编程软件以文本方式为主，编程人员需要熟悉机器人的所有指令系统和语法，还要知道如何确定焊缝轨迹的空间位置坐标，因此，编程工作

并不轻松、省时。

随着计算机性能的提高和计算机三维图形技术的发展，如今的机器人离线编程系统多数可在三维图形环境下运行，编程界面友好、方便，而且获取焊缝轨迹的坐标位置通常可以采用“虚拟示教”（Virtual Teach-in）的方法，用鼠标轻松点击三维虚拟环境中焊件的焊接部位即可获得该点的空间坐标；在有些系统中，可通过 CAD 图形文件中事先定义的焊缝位置直接生成焊缝轨迹，然后自动生成机器人程序并下载到机器人控制系统。从而大大提高了机器人的编程效率，也减轻了编程人员的劳动强度。

二、KUKA 焊接机器人示教编程简介

1. KUKA 示教器（smartPAD）界面介绍

（1）示教器的结构及功能

示教器是用于机器人的手持编程器。操作者可使用示教器通过手动操作、程序编写或参数配置等控制或调整机器人的行走路线、速度变量、旋转度数和焊接姿态等。

示教器配备一个触摸屏（smartHMI），可用手指或指示笔进行操作，不需要外部鼠标和键盘，如图 12–6 所示。

（2）示教器的面板

1）正面面板。KUKA 机器人示教器正面面板由触摸屏、3D 鼠标、移动键、倍率按键、主菜单键、工艺键、启动键、键盘显示键、钥匙开关和紧急停止键等组成，如图 12–7 所示。各按键的具体功能及操作见表 12–1。

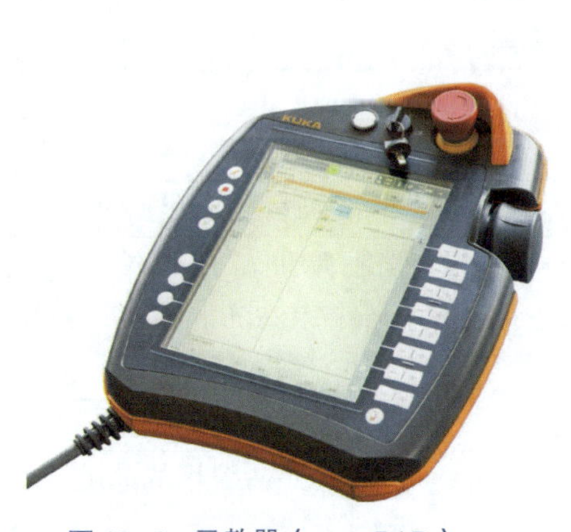

图 12–6　示教器（smartPAD）

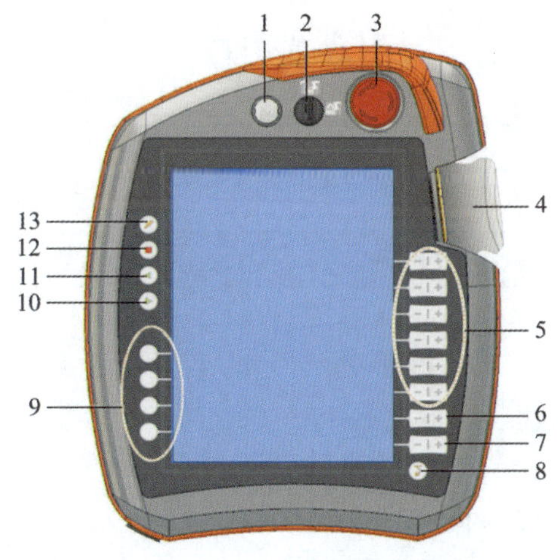

图 12–7　KUKA 机器人示教器（smartPAD）正面

表 12–1　KUKA 机器人示教器（smartPAD）正面面板按键功能及操作

序号	名称	功能及操作
1	smartPAD 按钮	用于拔下 smartPAD 的按钮。按下此按钮后 30 s 内可从机器人控制器上拔下 smartPAD。如果在计时器计时期间没有拔下 smartPAD，则此次计时失效
2	钥匙开关	用于调出连接管理器的钥匙开关。只有当钥匙插入时，方可转动开关。通过连接管理器可以转换四种运行方式，见表 12–2
3	紧急停止键	紧急停止装置，用于在危险情况下关停机器人。紧急停止装置在被按下时将自行闭锁
4	3D 鼠标	用于手动移动机器人
5	移动键	用于手动移动机器人
6	倍率按键（自动运行）	用于设定程序倍率的按键
7	倍率按键（手动运行）	用于设定手动倍率的按键
8	主菜单键	用来在触摸屏（smartHMI）上将菜单项显示出来
9	工艺键	主要用于设定应用程序包中的参数，其功能及操作见表 12–3
10	启动键	通过启动键可启动程序
11	逆向启动键	用逆向启动键可逆向启动程序。程序将逐步运行
12	停止键	用停止键可暂停运行中的程序
13	键盘显示键	用于在 smartHMI 上显示键盘，通常不必特地将键盘显示出来，smartHMI 可识别需要通过键盘输入的情况并自动显示键盘

表 12–2　钥匙开关转换的运行方式

运行方式	名称	功能及操作
T1（机械手处于手动低速运行方式下）	用于测试运行状态、编程和示教	程序验证：程序编定的速度，最高为 250 mm/s 手动运行：手动运行速度，最高为 250 mm/s
T2（机械手处于编程速度运行方式下）	用于测试运行状态	程序验证：编程的速度 手动运行：不可行
AUT（机械手处于外部自动运行方式下）	用于不带上级控制系统的工业机器人	编程运行：编程的速度 手动运行：不可行
AUT EXT（机械手处于外部自动运行方式下）	用于带有上级控制系统（如 PLC）的工业机器人	编程运行：编程的速度 手动运行：不可行

表 12-3　　工艺键的功能及操作

按键名称	功能及操作
送丝键	手动模式下，按下“送丝键”控制焊丝连续伸长
退丝键	手动模式下，按下“退丝键”控制焊丝连续缩短
通电键	自动模式下，按下“通电键”即引弧通电焊接；反之，不通电
摆动键	自动模式下，按下“摆动键”开启程序中所编制的摆动形式；反之，则直线运行

2）背面面板。KUKA 机器人示教器背面面板由确认开关、启动键、USB 接口和型号铭牌等组成，如图 12-8 所示。各部件的具体功能及操作见表 12-4。

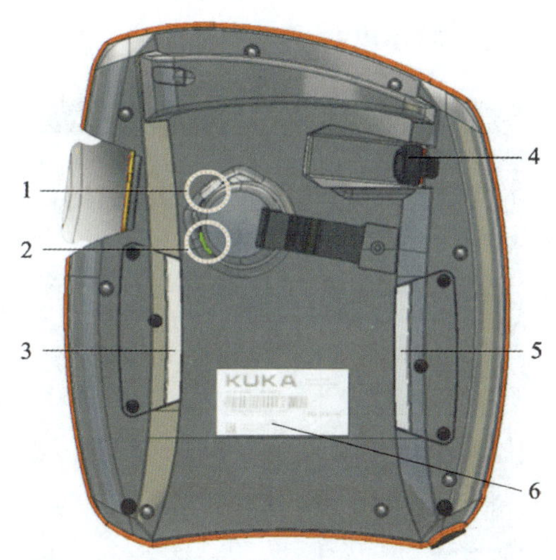

图 12-8　KUKA 机器人示教器（smartPAD）背面

表 12-4　KUKA 机器人示教器（smartPAD）背面面板部件功能及操作

序号	名称	功能及操作
1	确认开关（1）	配合移动键和 3D 鼠标手动控制机器人，按下三个键（图 12-8 中的序号 1、3、5）中任一个（即 3D 鼠标和移动指示灯显示绿色），机器人就能运行。确认开关有未按下、中间位置和按下三个位置。在运行方式 T1 和 T2 下，确认开关必须保持中间位置，这样才能开动机械手。在采用自动运行模式和外部自动运行模式时，确认开关不起作用
2	启动键	程序启动键（绿色按钮），通过启动键可启动一个程序

续表

序号	名称	功能及操作
3	确认开关（2）	同确认开关（1）
4	USB 接口	USB 接口被用于存档 / 还原等方面。仅适用于 FAT32 格式的 USB
5	确认开关（3）	同确认开关（1）
6	型号铭牌	用于标示 smartPAD 的具体型号和参数

（3）示教器的操作界面（KUKA smartHMI）

KUKA 机器人示教器的操作界面由状态栏、信息提示栏、信息窗口、3D 鼠标状态显示、3D 鼠标定位、移动键状态、移动键标记、程序倍率、手动倍率、按键栏、WorkVisual 图标、时钟、信号显示等组成，如图 12-9 所示。具体功能及操作见表 12-5。

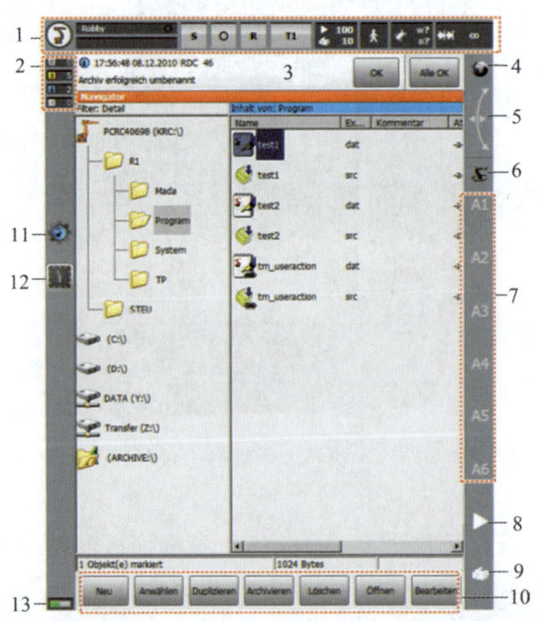

图 12-9　KUKA 机器人示教器（smartPAD）操作界面

表 12-5　KUKA 机器人示教器操作界面的功能及操作

序号	名称	功能及操作
1	状态栏	状态栏显示机器人设置的状态。多数情况下通过触摸就会打开一个窗口，可在其中更改设置
2	信息提示栏	显示每种提示信息类型各有多少条提示信息。触摸提示信息计数器可放大显示

续表

序号	名称	功能及操作
3	信息窗口	信息窗口根据默认设置将只显示最后一条提示信息。触摸提示信息窗口可放大该窗口并显示所有待处理的提示信息。可以被确认的提示信息可用“OK”键确认，所有可以被确认的提示信息可用“全部 OK”键一次性全部确认
4	3D 鼠标状态显示	显示用 3D 鼠标手动移动的当前坐标系。触摸该显示即可显示所有坐标系并可以选择另一个坐标系
5	3D 鼠标定位	显示 3D 鼠标定位，触摸该显示会打开一个显示 3D 鼠标当前定位的窗口，在窗口中可以修改定位
6	移动键状态	显示用移动键手动移动的当前坐标系。触摸该显示即可显示所有坐标系并可以选择另一个坐标系
7	移动键标记	如果选择了与轴相关的移动，这里将显示轴号（如 A1、A2 等）
8	程序倍率	触摸可设定程序倍率
9	手动倍率	触摸可设定手动倍率
10	按键栏	这些按键自动进行动态变化，并总是针对 smartHMI 上当前激活的窗口。最右侧是按键编辑，用这个按键可以调用导航器的多个指令
11	WorkVisual 图标	通过触摸 WorkVisual 图标可至窗口项目管理
12	时钟	显示系统时间。触摸时钟就会以数码形式显示系统时间以及当前日期
13	信号显示	显示存在信号。如果显示以下闪烁：左侧和右侧小灯交替发绿光，交替缓慢（约 3 s）而均匀，则表示 smartHMI 激活

2. 机器人坐标系、运动方式及编程指令

（1）机器人坐标系

为了说明点的位置、运动的快慢和运动方向等，必须选取坐标系。在机器人的操作、编程与投入运行时坐标系具有重要的意义。在机器人控制系统中定义了下列坐标系：WORLD（世界坐标系）、ROBROOT（机器人足部坐标系）、BASE（基坐标系）、TOOL（工具坐标系）、FLANGE（法兰坐标系），如图 12-10 所示，其位置、应用及特点见表 12-6。

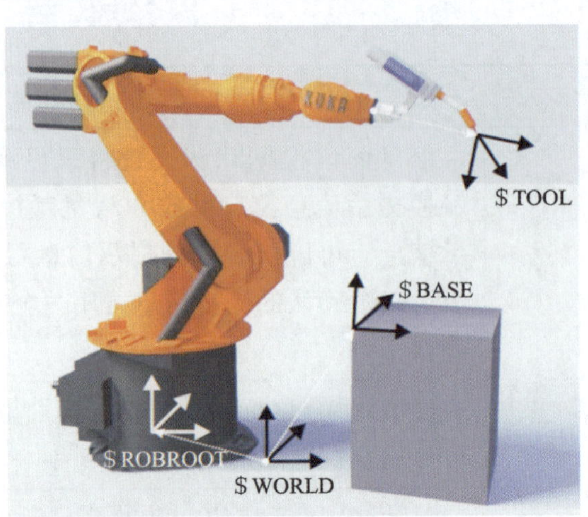

图 12–10　机器人坐标系

表 12–6　坐标系的位置、应用及特点

名称	图示	位置	应用	特点
WORLD	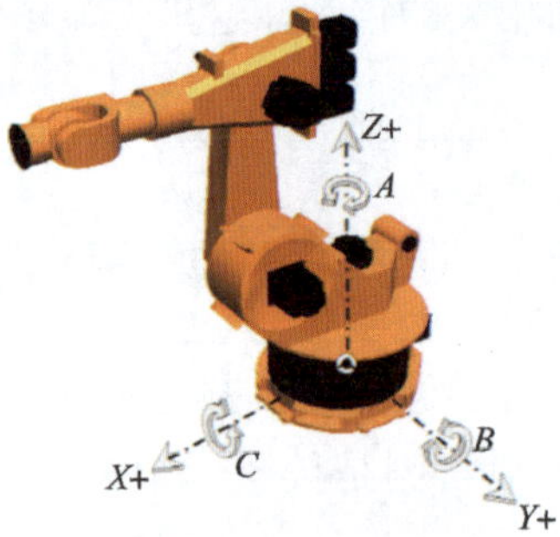	可自由定义	ROBROOT 和 BASE 的原点	大多数情况下位于机器人足部
ROBROOT	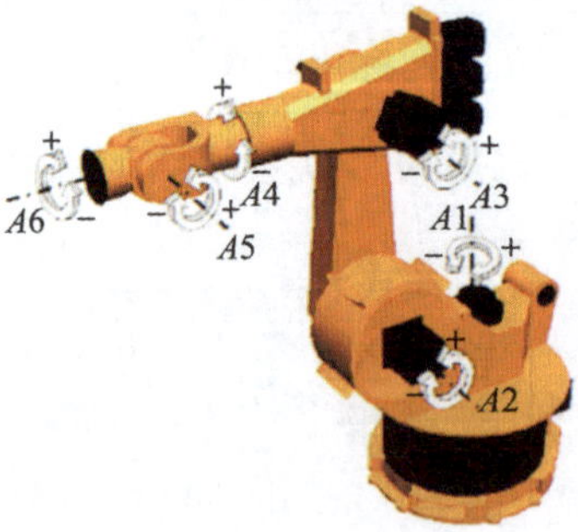	固定于机器人足内	机器人的原点	说明机器人在世界坐标系中的位置
BASE	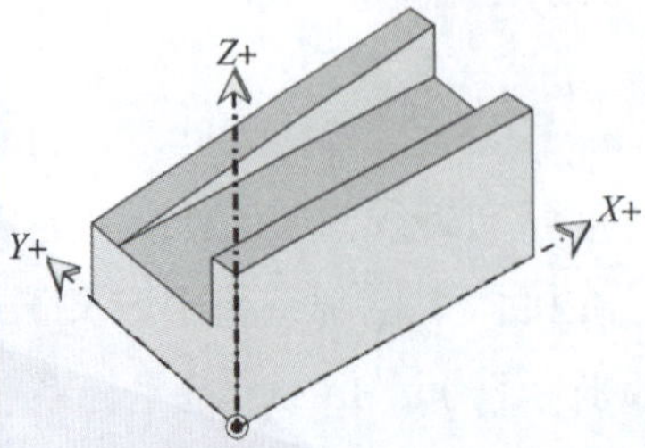	可自由定义	工件、工艺装备	用来说明工件的位置

续表

名称	图示	位置	应用	特点
TOOL		可自由定义	工具	TOOL 坐标系的原点被称为“TCP”
FLANGE		固定于机器人法兰上	TOOL 的原点	原点为机器人法兰中心

在坐标系中可以用两种不同的方式移动机器人，如图 12–11 所示。

1）沿坐标系的坐标轴方向平移（直线）：Z、Y、X。

2）环绕着坐标系的坐标轴方向转动（旋转 / 回转）：角度 A、B、C。

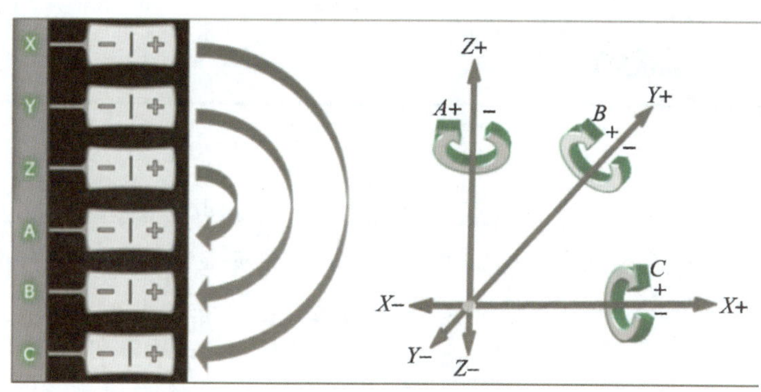

图 12–11　坐标系中移动机器人的方式

（2）机器人运动方式

KUKA 机器人有 PTP（点到点）、LIN（直线）、CIRC（圆弧）三种基本的运动方式，具体见表 12–7。

表 12–7　机器人运动方式

运动方式	图示	说明
PTP		机器人沿最快的轨道将 TCP 移至目标点。一般情况下最快的轨道并不是最短的轨道，也就是说并非直线。因为机器人轴进行回转运动，所以沿曲线轨道比直线轨道运行更快。无法事先知道精确的运动过程

续表

运动方式	图示	说明
LIN		机器人沿一条直线以定义的速度将 TCP 移至目标点
CIRC		机器人沿圆形轨道以定义的速度将 TCP 移至目标点。圆形轨道是通过起点（P_{START}）、辅助点（P_{AUX}）和目标点（P_{END}）定义的

（3）编程指令

1）ARC ON。指令 ARC ON 包含至引燃位置（= 目标点）的运动以及引燃、焊接、摆动参数、焊接速度。电弧引燃并且启用焊接参数后，指令 ARC ON 结束。

2）ARC OFF。指令 ARC OFF 在终端焊口位置（= 目标点）结束焊接过程。在终端位置填满终端弧坑。

3）ARC SWITCH。指令 ARC SWITCH 用于将一条焊缝分为多个焊缝段。一条 ARC SWITCH 指令中包含其中一个焊缝段中的运动、焊接以及摆动参数。对最后一个焊缝段必须使用指令 ARC OFF。

从上述三个编程指令的使用要求可以看出，一段式焊缝至少需要 ARC ON 和 ARC OFF 两个焊接指令，而分段式焊缝则需要 ARC ON、ARC OFF 和 ARC SWITCH 三个焊接指令，如图 12–12 所示。

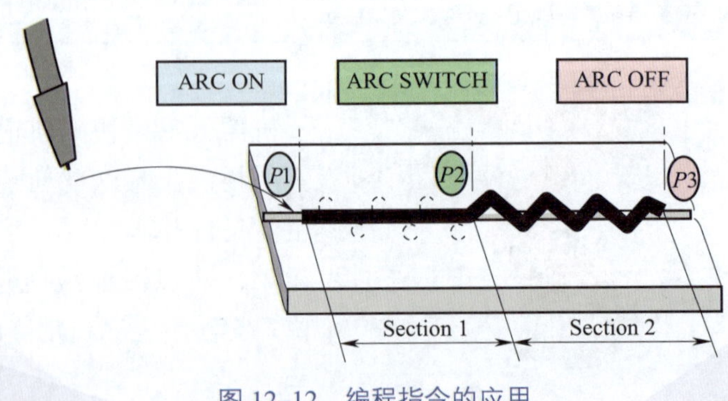

图 12–12　编程指令的应用

（4）焊接流程

下面以焊接一个焊件的两条焊缝为例分析焊接流程，如图 12–13 所示（绿色圆点为示教点，虚线为空运行轨迹，实线为焊接轨迹）。其中焊缝 1 由一段组成，焊缝 2 由三段组成，焊接流程见表 12–8。

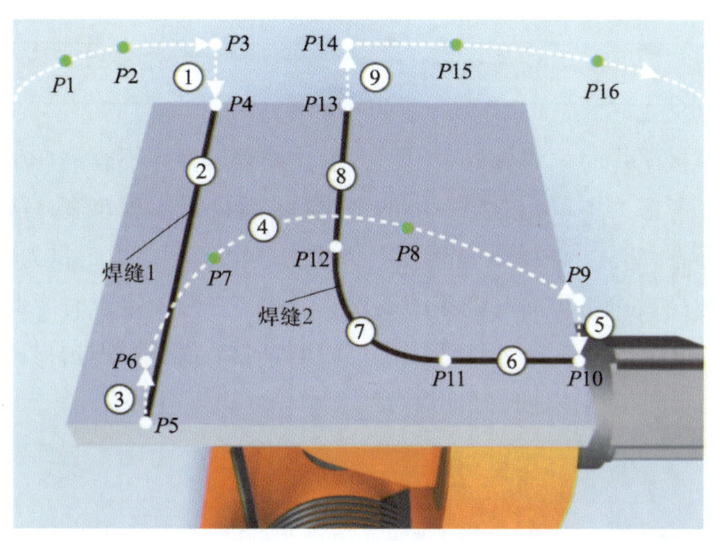

图 12–13　焊接流程分析

表 12–8　焊接流程

序号	运动方式说明	编程指令
①	移向焊缝 1 引燃位置的运动	ARC ON（LIN）
②	焊缝 1（1 个运动）	ARC OFF（LIN）
③	从焊缝 1 移开的运动	LIN
④	移向下一条焊缝的运动	PTP、LIN 或 CIRC
⑤	移向焊缝 2 引燃位置的运动	ARC ON（LIN）
⑥	焊缝 2 的第一段	ARC SWITCH（LIN）
⑦	焊缝 2 的第二段	ARC SWITCH（CIRC）
⑧	焊缝 2 的最后一段	ARC OFF（LIN）
⑨	从焊缝 2 移开的运动	LIN

课题一　板对接平焊

学习目标

掌握焊接机器人板对接平焊打底层和盖面层的示教编程及操作方法。

工艺分析

焊接机器人板对接平焊时，焊件处于平位，示教编程过程中不容易产生位置干涉现象，编程较容易，考虑为本单元的第一个训练课题，为降低编程难度，故将打底层和盖面层分别进行示教编程。但熔敷金属在电弧吹力、电磁压缩力、重力的作用下，打底层焊缝很容易超高或产生焊瘤、烧穿的现象。因此，在装配定位时要保证根部间隙和钝边的相互配合以及焊接参数的合理选用。盖面焊时要注意合理选择摆动偏转值，保证盖面层焊缝能与母材坡口棱边良好地熔合。

1. 焊前准备

（1）焊件材料：Q235 钢。

（2）焊件尺寸：300 mm × 100 mm × 10 mm，每组两块，如图 12–14 所示。

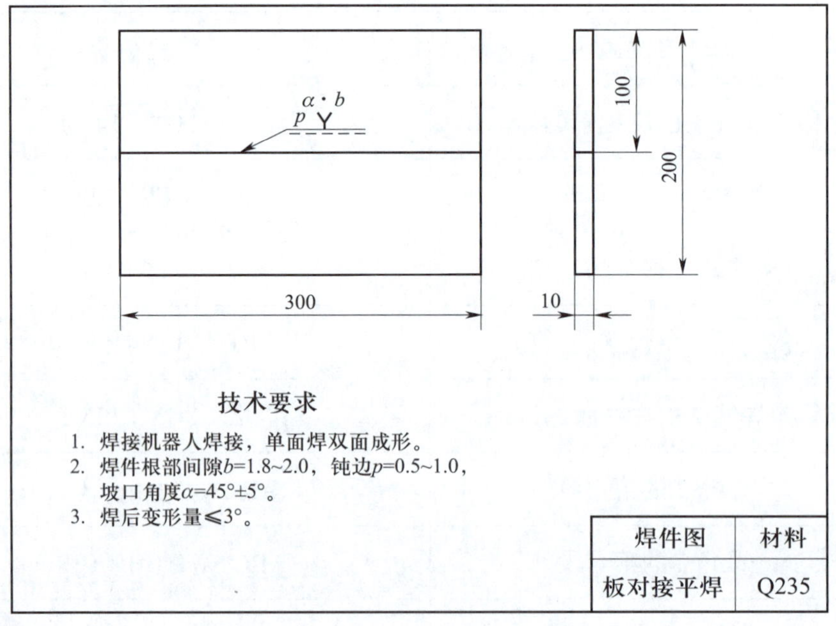

图 12–14　板对接平焊焊件图

（3）焊接要求：单面焊双面成形。

（4）焊接材料：焊丝选用 ER49–1，直径为 1.2 mm。

（5）焊接设备：KR5 R1400 型 KUKA 焊接机器人及 Artsen PM400A 型麦格米特电源。

2. 焊件清理与装配

（1）钝边

修磨钝边为 0.5 ~ 1.0 mm，去除毛刺。

（2）焊前清理

清理焊件坡口面及坡口正、反面两侧各 20 mm 范围内的油污、锈蚀、水分及其他污物，直至露出金属光泽。为便于清除飞溅物和防止堵塞喷嘴，可在焊件表面涂上一层飞溅物防黏剂，在喷嘴上涂一层喷嘴防堵剂。

（3）装配

始焊端装配间隙为 1.8 mm，终焊端装配间隙为 2.0 mm，错边量≤ 0.5 mm。

（4）定位焊

将修磨完毕的焊件按装配间隙进行固定，采用与正式焊接相同型号的焊丝，在距离焊件两端 20 mm 以内的坡口面内进行定位焊，焊缝长度为 10 ~ 15 mm，通过修磨将接头处打薄。

（5）预置反变形

预置反变形量为 0° ~ 1°。

3. 确定焊接参数

焊接机器人板对接平焊焊接参数见表 12–9。

表 12–9　　焊接机器人板对接平焊焊接参数

焊接层次	焊丝直径 / mm	焊接电流 / A	电弧电压 / V	焊接速度 / （m/min）	摆动方式
打底层（1）	1.2	110	18	0.1	梯形摆动
盖面层（2）		110	18	0.1	梯形摆动

4. 操作步骤及要领

初学焊接机器人编程时，可将打底层、盖面层的焊接程序分别编写，以便在打底层焊接出现焊缝偏移时，可用盖面层的程序点位置及摆动幅度对其进行修正。操作熟练后，则可将打底层、盖面层的焊接程序一次编写完。

焊接机器人板对接平焊操作步骤及要领见表 12–10。

表 12–10　　焊接机器人板对接平焊操作步骤及要领

<table>
<tr><th>操作步骤及要领</th><th>图示</th></tr>
<tr><td>（1）编程前准备
首先，检查焊接机器人操作场地用电、用气安全状况，并注意悬挂作业标志，如图 12–15 所示。</td><td>

图 12–15　检查场地</td></tr>
<tr><td>然后，按顺序依次启动总电源、工位电源、焊接机器人配套焊接设备电源。同时，在确认焊接机器人处于锁止状态后，将机器人控制柜电源钥匙切换至“ON”挡，等待示教器自检程序开启。待示教器程序自检完成后，拧动钥匙，选择手动模式，以解除机器人锁止状态，如图 12–16 所示。</td><td>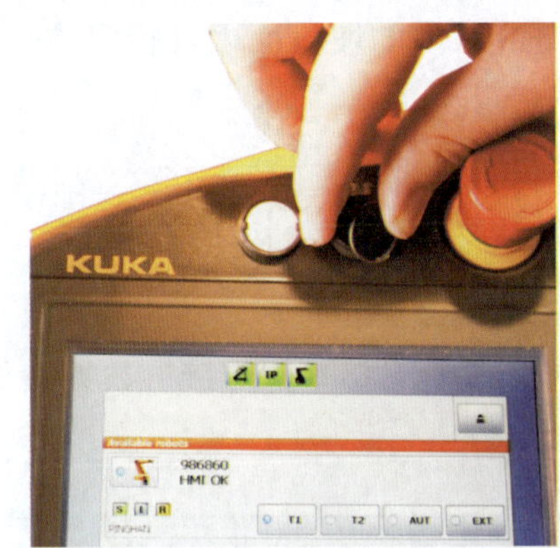

图 12–16　选择手动（T1）模式</td></tr>
<tr><td>最后，调整手动速度（低倍率），选择工具坐标 T1 和基坐标 B0，如图 12–17 所示。手握上电键（确认开关），结合 3D 鼠标手动运行设备，检验各轴机械运行状态。</td><td>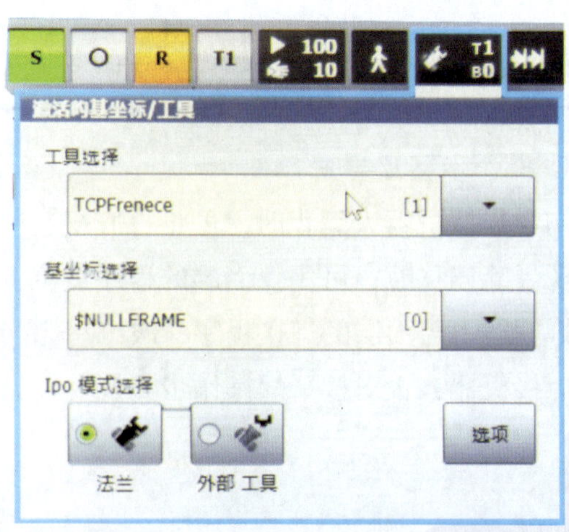

图 12–17　选择工具坐标和基坐标</td></tr>
</table>

续表

操作步骤及要领	图示
（2）初步设置焊接参数 1）打开气瓶瓶阀，调节气体流量为 15 ~ 20 L/min。 2）用钢丝钳剪去焊丝前端污损部位，测量焊丝伸出长度为 10 ~ 12 mm，如图 12–18 所示。 3）按动焊接电源上气体检测按钮【气体检测】，如图 12–19 “A” 所示，检查机器人焊枪端部有无气体送出，必要时使用流量计检测气体流量。 4）按动焊接电源上焊丝直径按钮【焊丝直径】，如图 12–19 “B” 所示，选择所使用的焊丝直径为 1.2 mm。 5）按动焊材类型按钮【焊材类型】，如图 12–19 “C” 所示，选择所焊材料：实心碳钢，100%（体积分数）CO_2。 6）按动焊接控制按钮【焊接控制】，如图 12–19 “D” 所示，选择：2 步。 7）按动焊接方法按钮【焊接方法】，如图 12–19 “E” 所示，选择：直流。	图 12–18　测量焊丝伸出长度 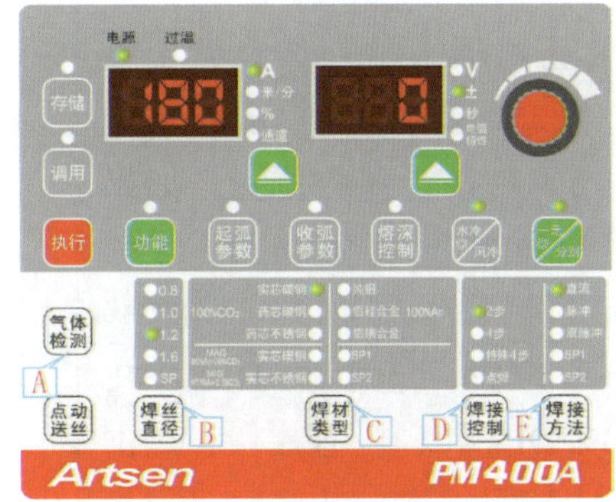 图 12–19　焊接电源控制面板
（3）打底层编程 1）选择基坐标和 TCP 工具。用触屏笔点击示教器屏幕右上方的坐标系选项，在界面中选择 KUKA 机器人默认基坐标系，选择 TCP 为 1 号工具，如图 12–17 所示。 2）新建程序。在示教器屏幕依次点击新建程序文件夹→新建程序（输入程序名为 pinghan），然后打开新建的程序（pinghan）进行编辑，出现以下默认程序语句：	

续表

操作步骤及要领	图示
DEF pinghan（　）　程序名称 INI　系统初始化程序 PTP HOME Vel=100% DEFAULT　HOME 原点，开始安全位置 PTP HOME Vel=100% DEFAULT　HOME 原点，结束安全位置 END　程序结束 新建程序如图 12–20 所示。	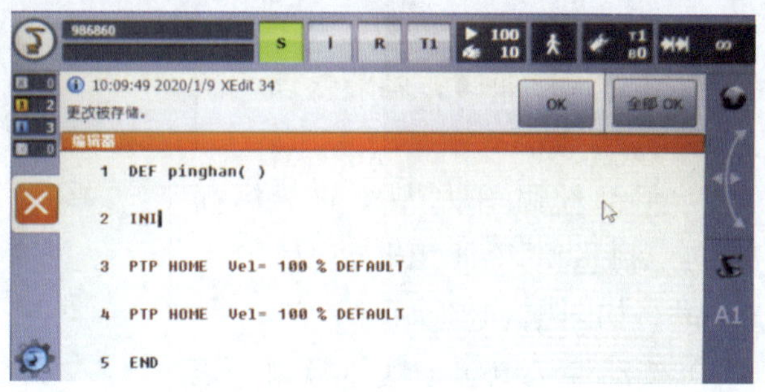 图 12–20　新建程序（pinghan）
HOME 为机器人的初始位置（设计原点），如图 12–21 所示，它位于机器人不易被干涉的位置。如果在编程过程中发现 HOME 点与焊件位置产生干涉，可以将焊枪移至安全点位置，选中“PTP HOME Vel=100% DEFAULT”程序段，点击界面下方“更改”键，点击“确定参数”，再点击指令“OK”进行更改（程序中速度“Vel=100%”可以根据需要自行调整，点击该程序段即可更改）。	 图 12–21　机器人原点位置
3）设置安全过渡点位置。将焊枪移至开始处安全过渡点位置，如图 12–22 所示，点击“指令”键，从该栏中点击“运动”，选择“PTP”或“LIN”，点击“确定参数”，再点击指令“OK”，如图 12–23 所示（程序中速度“Vel=100%”或“Vel=2”可以根据需要自行调整，点击该程序段即可更改）。	 图 12–22　打底层开始处安全过渡点位置

续表

操作步骤及要领	图示
	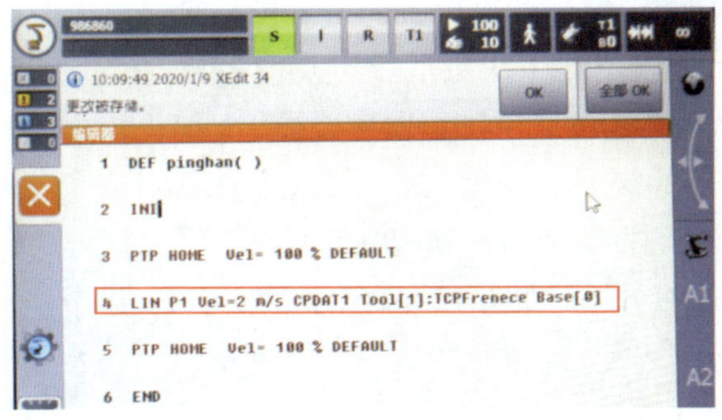 图 12–23　设置始焊处安全过渡点位置
4）设置焊接电流。点击“指令”键，从该栏中点击“模拟输出”，选择“静态”，在弹出的对话框中选择“CHANNEL_1”并更改参数（设置焊接电流，选 0.2，电流值为 110 A），点击指令“OK”，如图 12–24 所示。 设置焊接电流时，数据加 0.01，焊接电流加 5 A，例如，0.2 是 110 A，则 0.21 是 115 A，0.22 是 120 A。	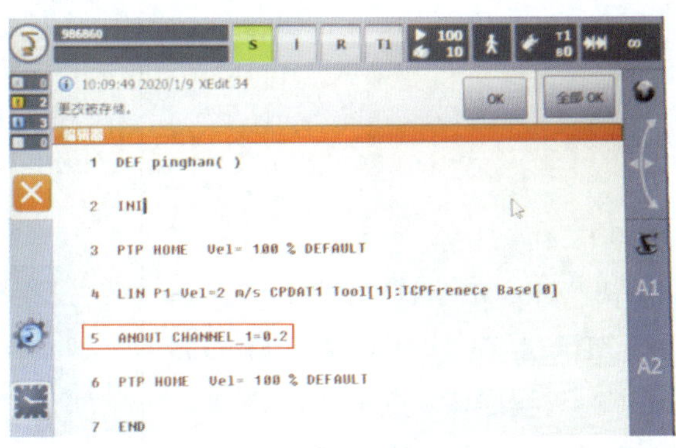 图 12–24　设置打底层焊接电流
5）设置电弧电压。点击“指令”键，从该栏中点击“模拟输出”，选择“静态”，在弹出的对话框中选择“CHANNEL_2”并更改参数（设置电弧电压，选 0.2，电压值为 18 V），点击指令“OK”，如图 12–25 所示。 设置电弧电压时，数据加 0.02，电弧电压加 0.5 V，例如，0.2 是 18 V，0.22 是 18.5 V，0.24 是 19 V。	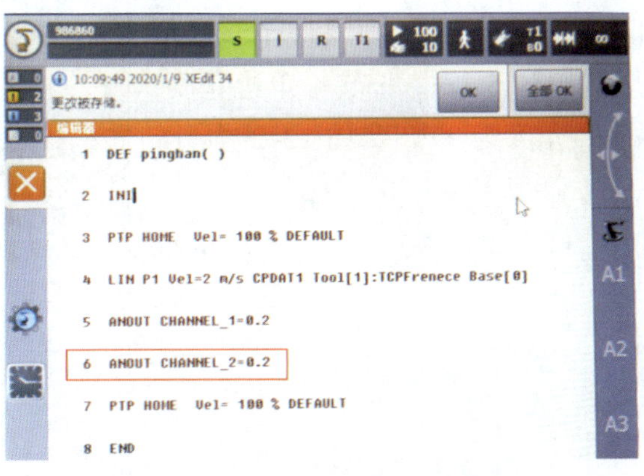 图 12–25　设置打底层电弧电压

续表

操作步骤及要领	图示
6）设置始焊点位置。将焊枪移至始焊点位置（在接近参考点时要降低运行速度，以防止发生碰撞），如图 12-26 所示，点击“指令”键，从该栏中点击“ArcTech”，选择“ARC 开”，如图 12-27 所示。	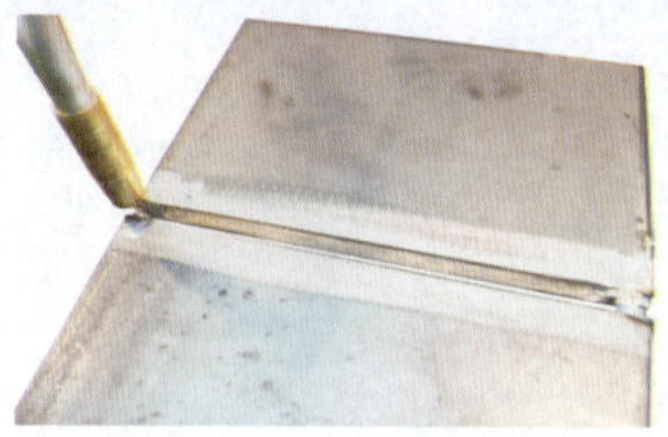 图 12-26　打底焊始焊点位置 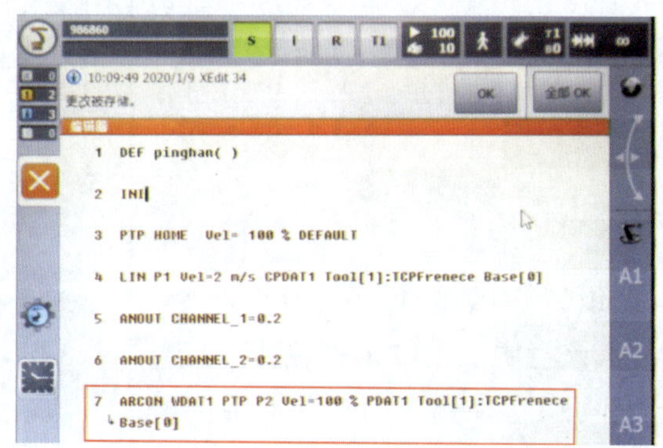 图 12-27　移至始焊点并引弧
选中“ARCON WDAT1 PTP P2 Vel=100% PDAT1 Tool［1］：TCPFrenece Base［0］”程序段，点击“WDAT1”，展开对话框后，从“焊接参数”项中调整机器人焊接速度为 0.1 m/min，如图 12-28 所示。从“摆动”项中选择“Trapezoid（梯形）”，并调整长度（层间距）为 2.5 mm，偏转（单边宽度）2 mm，角度为 90°，如图 12-29 所示。	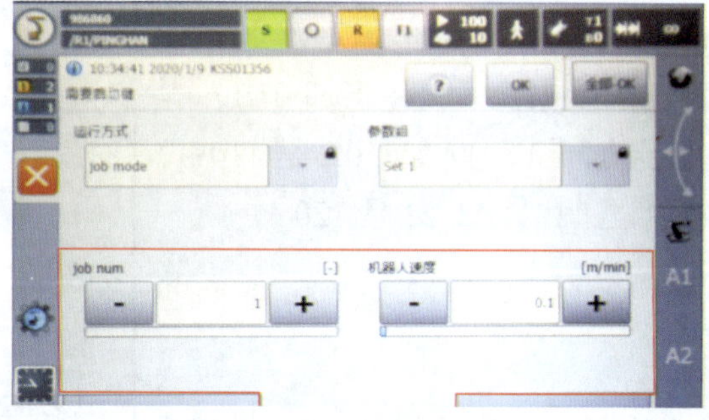 图 12-28　设置焊接速度 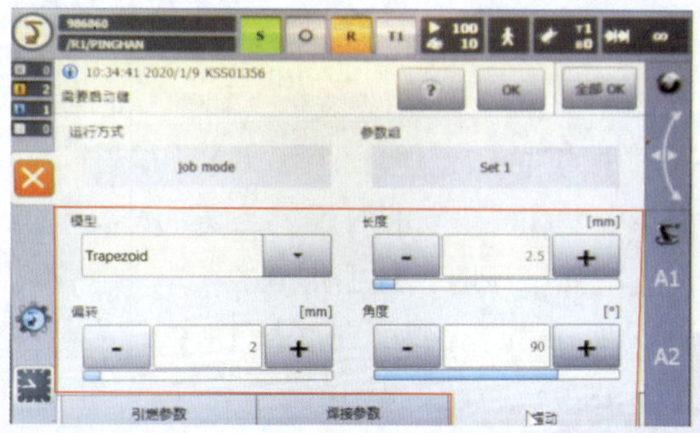 图 12-29　设置摆动参数

续表

操作步骤及要领	图示 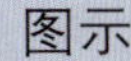
7）设置终焊点位置。将焊枪移至终焊点位置，如图 12-30 所示，点击“指令”键，从该栏中点击“ArcTech”，选择“ARC 关”，点击“确定参数”，再点击指令“OK”，如图 12-31 所示。	 图 12-30　打底焊终焊点位置 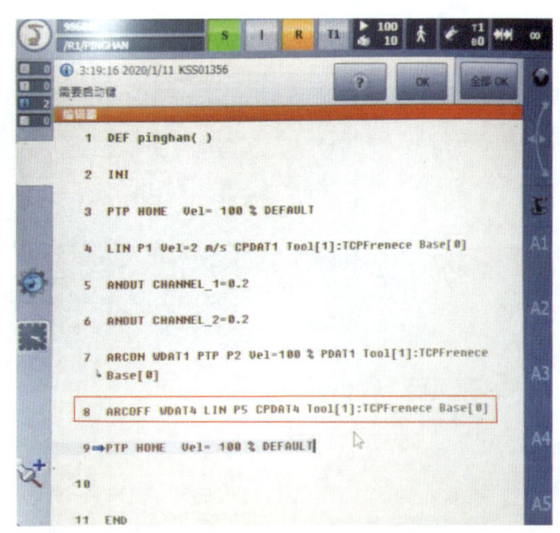 图 12-31　移至终焊点并熄弧
8）设置安全过渡点位置。将焊枪移至结束处安全过渡点位置，如图 12-32 所示，点击“指令”键，从该栏中点击“运动”，选择“PTP”或“LIN”，点击“确定参数”，再点击指令“OK”，如图 12-33 所示。	 图 12-32　打底层结束处安全过渡点位置

续表

操作步骤及要领	图示 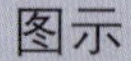
9）返回安全位置。将焊枪返回安全位置（机器人原点位置），如图 12–21 所示，选中“PTP HOME Vel=100% DEFAULT”程序段，点击界面下方“更改”键，点击“确定参数”，再点击指令“OK”，如图 12–34 所示。	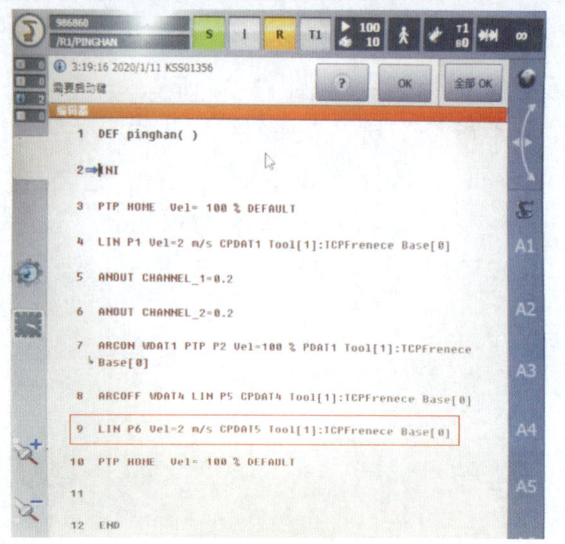 图 12–33　设置打底层终焊处安全过渡点位置 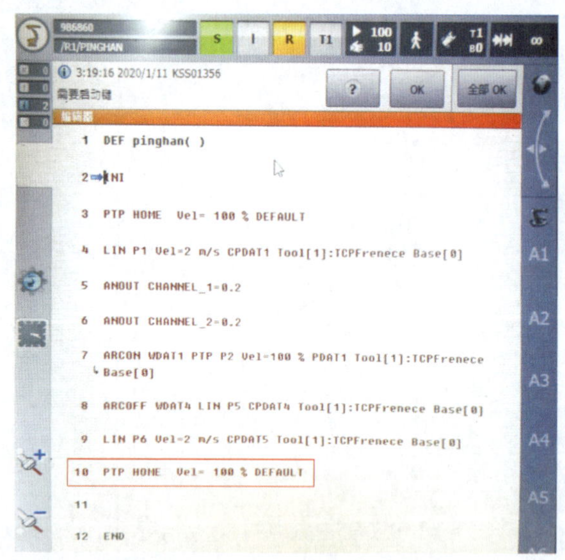 图 12–34　返回安全位置程序
10）程序复位。点击“界面”上方“R”键，选择程序复位，如图 12–35 所示。	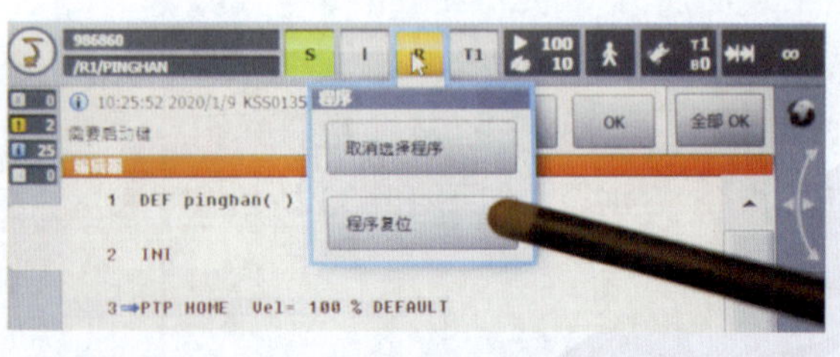 图 12–35　程序复位

续表

操作步骤及要领	图示
11）模拟运行。首先，模拟运行前检查通电状态，确认其关闭，如图 12–36 所示，设置运行方式，若设置运行方式为“动作”（见图 12–37），程序运行过程中在每个点上暂停，包括在辅助点和样条段点上暂停；若设置运行方式为“Go”（见图 12–38），则程序不停顿地运行，直至程序结尾。设置运行速度，如图 12–39 所示，然后在手动（T1）模式下（见图 12–16）按下启动键（见图 12–40），模拟运行程序。	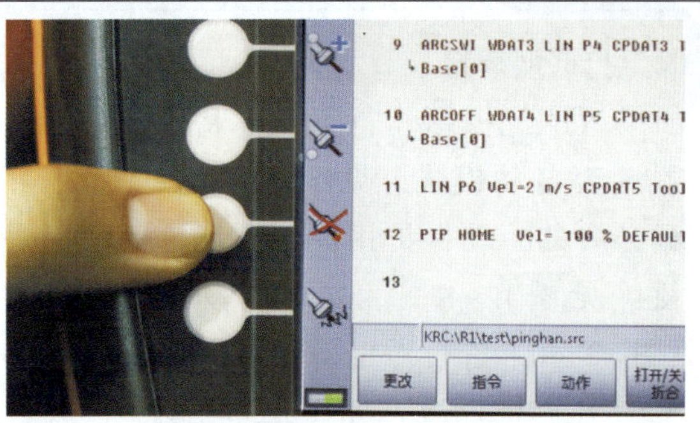 图 12–36　检查通电状态  图 12–37　设置运行方式—动作 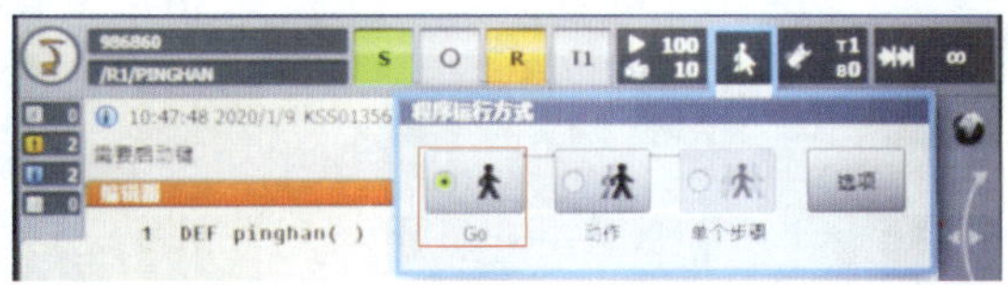 图 12–38　设置运行方式—Go 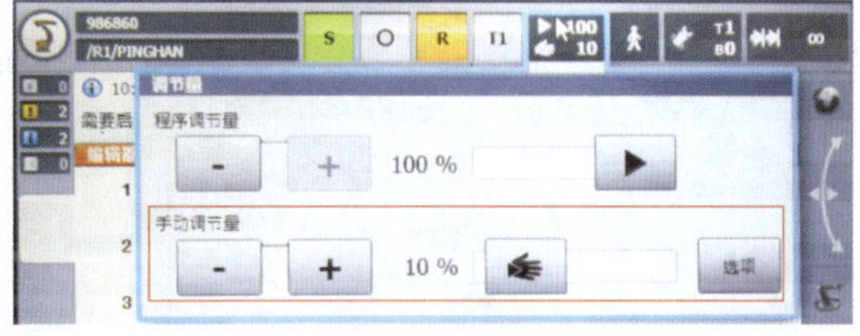 图 12–39　设置运行速度 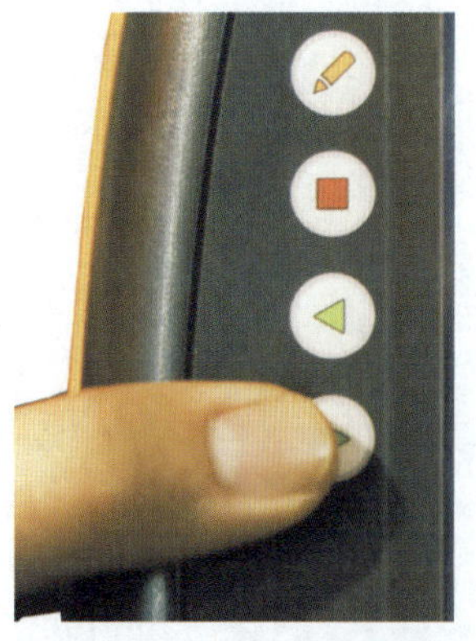 图 12–40　按下启动键

续表

<table>
<tr><th>操作步骤及要领</th><th>图示</th></tr>
<tr><td>

（4）打底层焊接

如果程序经模拟运行无误，将示教器调至自动模式（见图 12-41），穿戴必要的劳动保护用品，开启通电键（见图 12-42），按下启动键（见图 12-40）进行通电焊接，并观察机器人运行情况，如图 12-43 所示，示教器可以挂在控制柜上或握于手中。

打底层背面焊缝如图 12-44 所示。

</td><td>

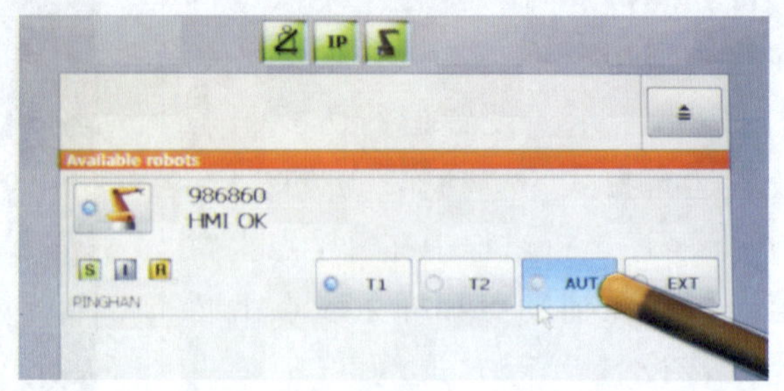

图 12-41　选择自动模式

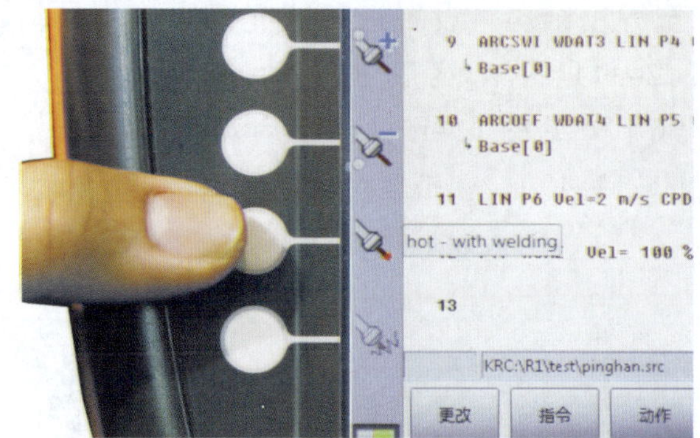

图 12-42　开启通电键

图 12-43　观察机器人运行情况

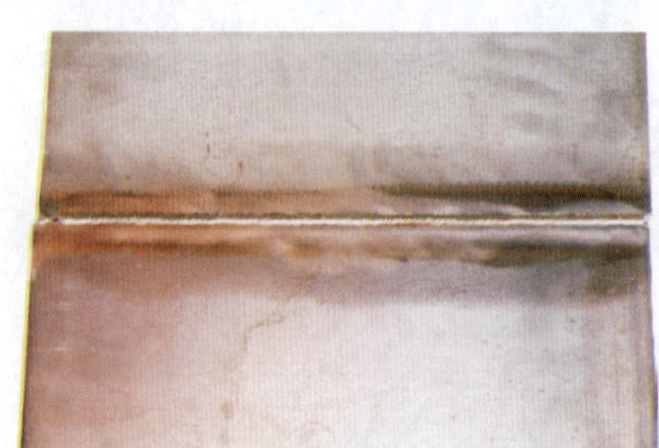

图 12-44　打底层背面焊缝

</td></tr>
</table>

续表

操作步骤及要领	图示
（5）盖面层编程 盖面层的示教编程同打底层编程一样，只是在设置焊接电流、电弧电压、焊接速度和摆动项里面的具体参数时可略作调整，具体程序如图 12–45 所示。	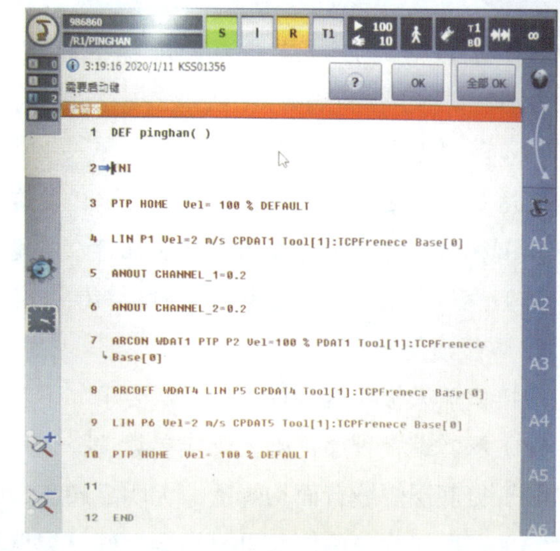 图 12–45　盖面层示教编程程序
这里与打底层一样，选用焊接电流为 110 A，电弧电压为 18 V，焊接速度为 0.1 m/min。需要略作调整的是，从“摆动”项中选择“Trapezoid（梯形）”，并调整长度（层间距）为 2.5 mm，偏转（单边宽度）4.1 mm，角度为 90°，如图 12–46 所示。	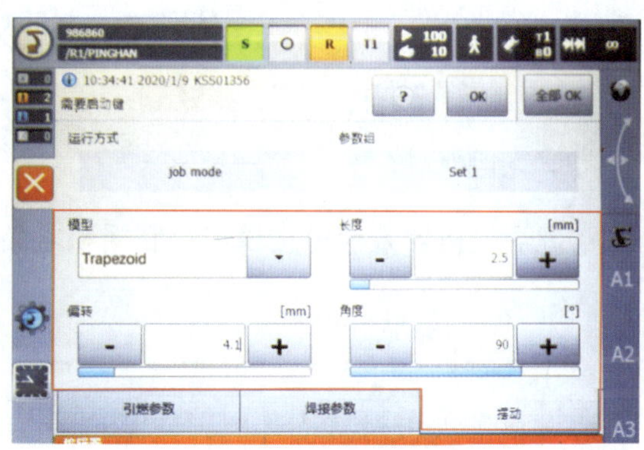 图 12–46　设置摆动参数
（6）盖面层焊接 盖面层焊接具体操作同打底层焊接一样，焊接完成后的盖面层焊缝如图 12–47 所示。	 图 12–47　盖面层焊缝

注意事项

（1）示教编程过程中要不断地观察机器人，防止误操作情况下可能发生的碰撞现象。

（2）编程后，必须用示教器对整个程序手动检查一遍，未经检查禁止自动运行程序。

（3）机器人自动运行前，应确保机器人当前位置处于参考点位置或者机器人能够无碰撞地到达程序的起始点位置；同时，应确保没有人员在机器人的活动范围内。

（4）机器人自动运行期间不要在机器人下走动。

（5）操作完成后，应使机器人回到 HOME 位置。

5. 焊接质量要求

焊接机器人板对接平焊焊接质量要求如下：

（1）示教编程程序正确，焊接参数选择合理。

（2）打底层焊缝背面均焊透，无明显超高、焊瘤或烧穿等缺欠。

（3）盖面层焊缝两侧与母材熔合良好，焊缝波纹均匀、美观。

课题二　板对接横焊

学习目标

掌握焊接机器人板对接横焊打底层和盖面层的示教编程及操作方法。

工艺分析

焊接机器人板对接横焊时，比平位焊接难度略大，要考虑焊接机器人焊枪与焊件位置的干涉，因此，在编程过程中要充分考虑到 HOME 点→安全过渡点→燃弧点或熄弧点→安全过渡点→HOME 点运行过程中无位置干涉或碰撞事件发生。横焊时焊缝容易在上板产生咬边，下板产生熔合不良。因此，横焊时所要求的焊接参数比平焊时严格，要充分考虑合理的焊枪角度、焊接速度、焊接电流和电弧电压等。

1. 焊前准备

（1）焊件材料：Q235 钢。

（2）焊件尺寸：300 mm × 100 mm × 10 mm，每组两块，如图 12-48 所示。

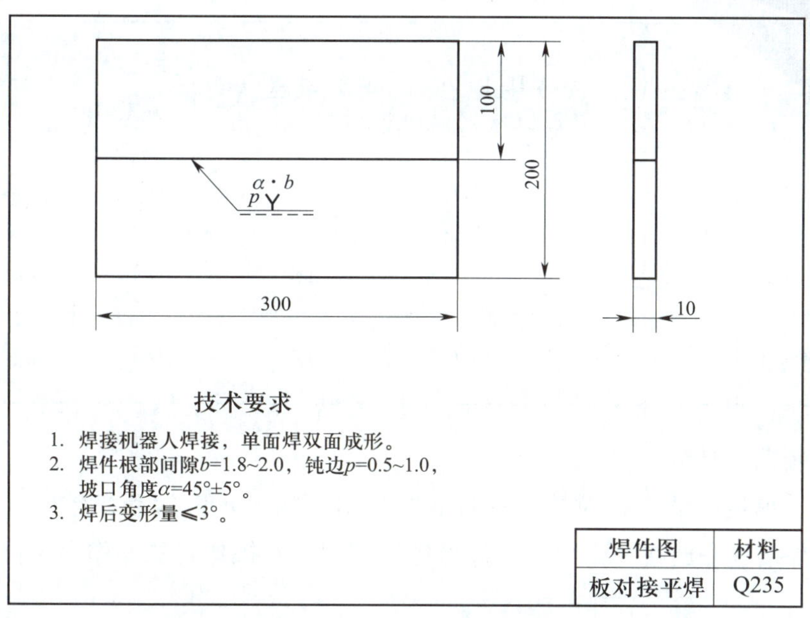

图 12-48　板对接横焊焊件图

（3）焊接要求：单面焊双面成形。

（4）焊接材料：焊丝选用 ER49-1，直径为 1.2 mm。

（5）焊接设备：KR5 R1400 型 KUKA 焊接机器人及 Artsen PM400A 型麦格米特电源。

2. 焊件清理与装配

（1）钝边

修磨钝边为 0.5 ~ 1.0 mm，去除毛刺。

（2）焊前清理

清理焊件坡口面及坡口正、反面两侧各 20 mm 范围内的油污、锈蚀、水分及其他污物，直至露出金属光泽。

（3）装配

始焊端装配间隙为 1.8 mm，终焊端装配间隙为 2.0 mm，错边量≤ 0.5 mm。

（4）定位焊

将修磨完毕的焊件按装配间隙进行固定，采用与正式焊接相同型号的焊丝，在距离焊件两端 20 mm 以内的坡口面内进行定位焊，焊缝长度为 10 ~ 15 mm，通过修磨将接头处打薄。

（5）预置反变形

预置反变形量为 0° ~ 1°。

3. 确定焊接参数

焊接机器人板对接横焊焊接参数见表 12-11。

表 12–11　　　　焊接机器人板对接横焊焊接参数

<table>
<tr><th colspan="2">焊接层次</th><th>焊丝直径 /mm</th><th>焊接电流 /A</th><th>电弧电压 /V</th><th>焊接速度 /（m/min）</th><th>摆动方式</th></tr>
<tr><td colspan="2">打底层（1）</td><td rowspan="3">1.2</td><td>110</td><td>18</td><td>0.1</td><td>梯形摆动</td></tr>
<tr><td rowspan="2">盖面层</td><td>第一道（2）</td><td>110</td><td>18</td><td>0.1</td><td>None（不摆动）</td></tr>
<tr><td>第二道（3）</td><td>110</td><td>18</td><td>0.1</td><td>None（不摆动）</td></tr>
</table>

4. 操作步骤及要领

在掌握了焊接机器人板对接平焊打底层和盖面层的示教编程操作后，可将打底层和盖面层的焊接程序放在一个程序文件里进行编写，对操作者的操作水平提出了更高的要求。

焊接机器人板对接横焊操作步骤及要领见表 12–12。

表 12–12　　　　焊接机器人板对接横焊操作步骤及要领

<table>
<tr><th>操作步骤及要领</th><th>图示</th></tr>
<tr><td>（1）打底层编程
编程前准备和初步设置焊接参数同本单元课题一。
1）选择基坐标和 TCP 工具。用触屏笔点击示教器屏幕右上方的坐标系选项，在界面中选择 KUKA 机器人默认基坐标系，选择 TCP 为 1 号工具，如图 12–49 所示。
2）新建程序。在示教器屏幕依次点击新建程序文件夹→新建程序（输入程序名为 henghan），然后打开新建的程序（henghan）进行编辑，出现以下默认程序语句：
DEF henghan（　）　程序名称
INI　系统初始化程序</td><td>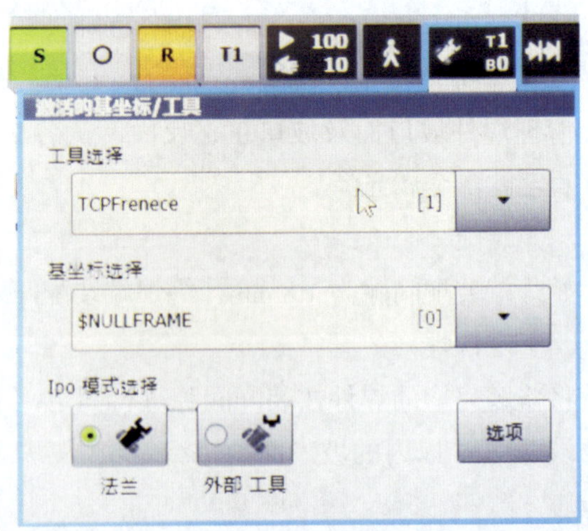

图 12–49　选择基坐标和 TCP 工具</td></tr>
</table>

续表

操作步骤及要领	图示
PTP HOME Vel=100%　HOME 原点， DEFAULT　开始安全位置 PTP HOME Vel=100%　HOME 原点， DEFAULT　结束安全位置 END　程序结束 新建程序如图 12-50 所示。	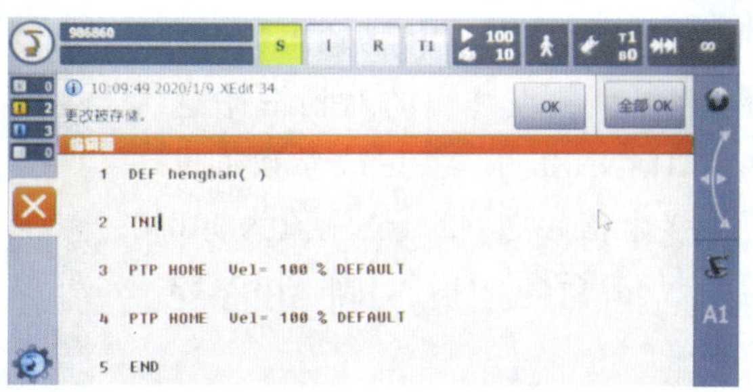 图 12-50　新建程序（henghan）
3）设置安全过渡点位置。将焊枪移至开始处安全过渡点位置，如图 12-51 所示，点击“指令”键，从该栏中点击“运动”，选择“PTP”或“LIN”，点击“确定参数”，再点击指令“OK”，如图 12-52 所示。	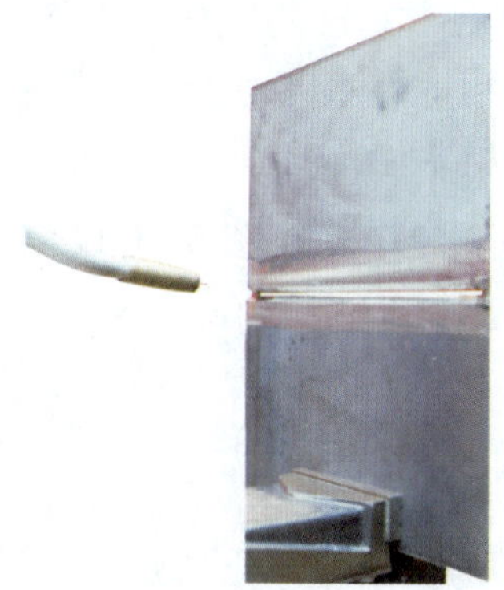 图 12-51　打底层开始处安全过渡点位置 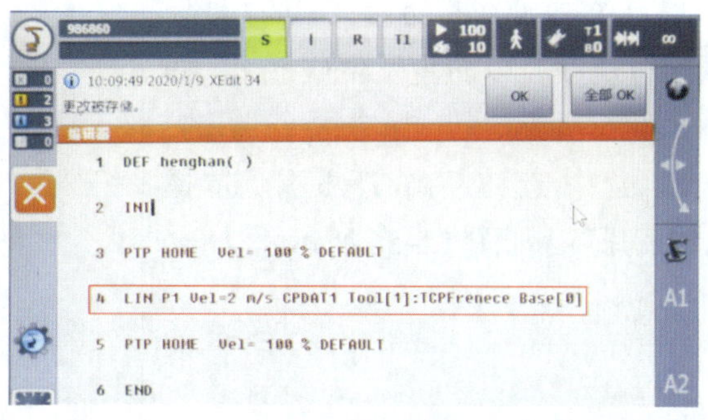 图 12-52　设置始焊处安全过渡点位置

续表

<table>
<tr><th>操作步骤及要领</th><th>图示</th></tr>
<tr><td>4）设置焊接电流。点击“指令”键，从该栏中点击“模拟输出”，选择“静态”，在弹出的对话框中选择“CHANNEL_1”并更改参数（设置焊接电流，选 0.2，电流值为 110 A），点击指令“OK”，如图 12–53 所示。</td><td>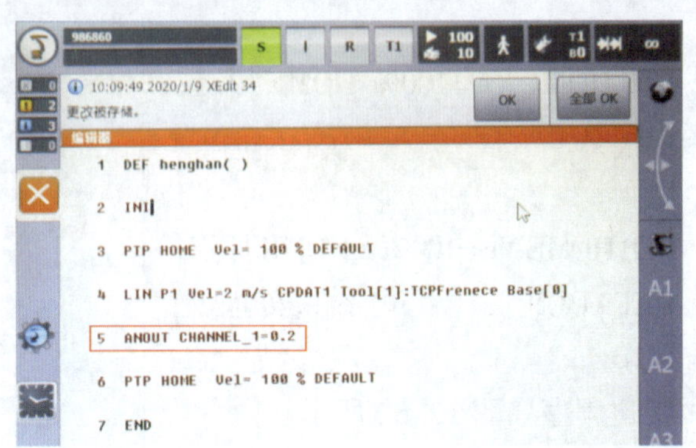

图 12–53　设置打底层焊接电流</td></tr>
<tr><td>5）设置电弧电压。点击“指令”键，从该栏中点击“模拟输出”，选择“静态”，在弹出的对话框中选择“CHANNEL_2”并更改参数（设置电弧电压，选 0.2，电压值为 18 V），点击指令“OK”，如图 12–54 所示。</td><td>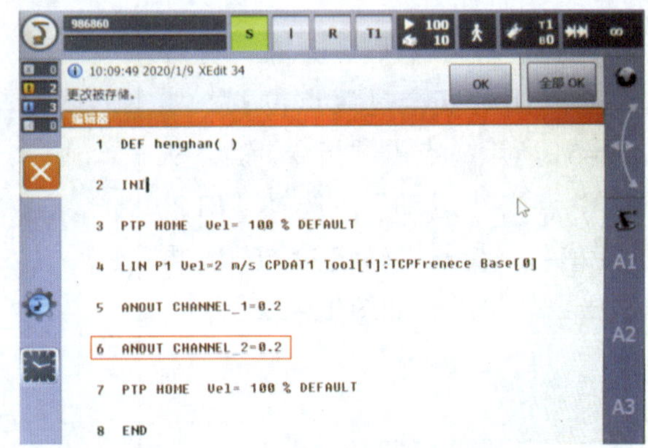

图 12–54　设置打底层电弧电压</td></tr>
<tr><td>6）设置始焊点位置。将焊枪移至始焊点位置（在接近参考点时要降低运行速度，以防止发生碰撞），如图 12–55 所示，点击“指令”键，从该栏中点击“ArcTech”，选择“ARC 开”，如图 12–56 所示。</td><td>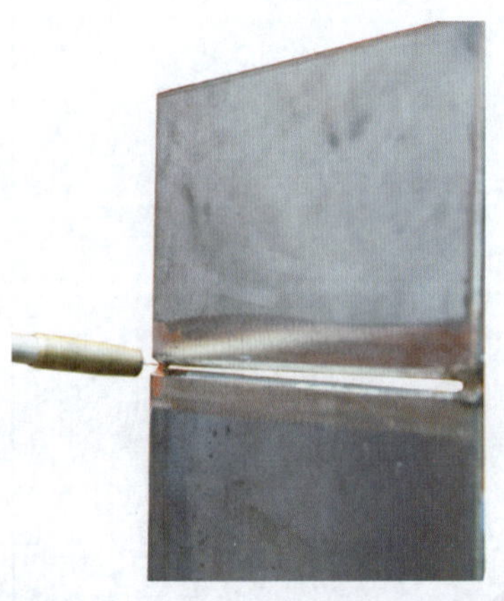
图 12–55　打底焊始焊点位置</td></tr>
</table>

续表

操作步骤及要领	图示
选中“ARCON WDAT1 PTP P2 Vel=100% PDAT1 Tool［1］: TCPFrenece Base［0］”程序段，点击“WDAT1”，展开对话框后，从“焊接参数”项中调整机器人焊接速度为 0.1 m/min，如图 12–57 所示。从“摆动”项中选择“Trapezoid（梯形）”，并调整长度（层间距）为 2.5 mm，偏转（单边宽度）2 mm，角度为 90°，如图 12–58 所示。	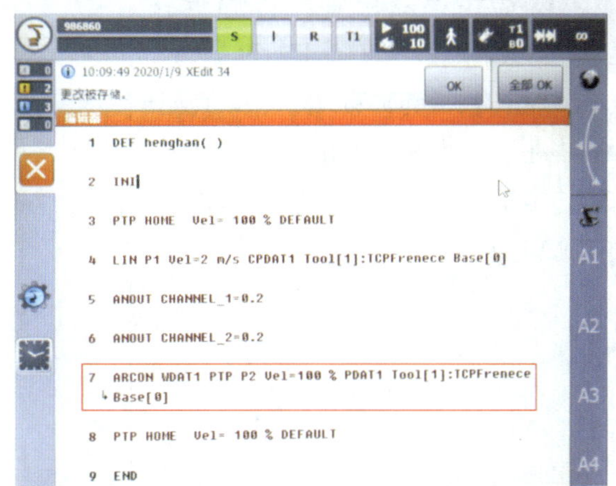 图 12–56 移至始焊点并引弧 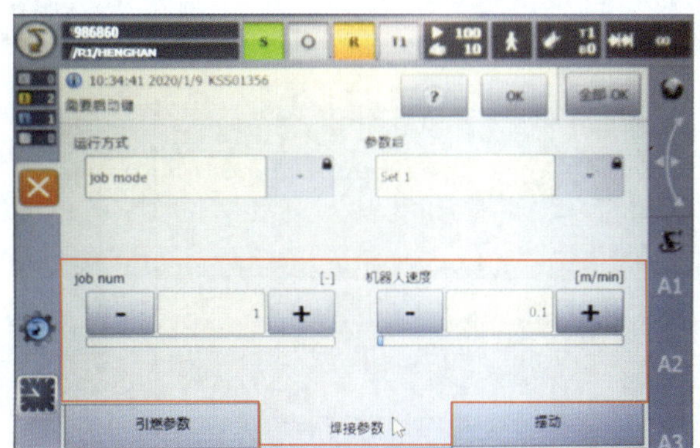 图 12–57 设置焊接速度 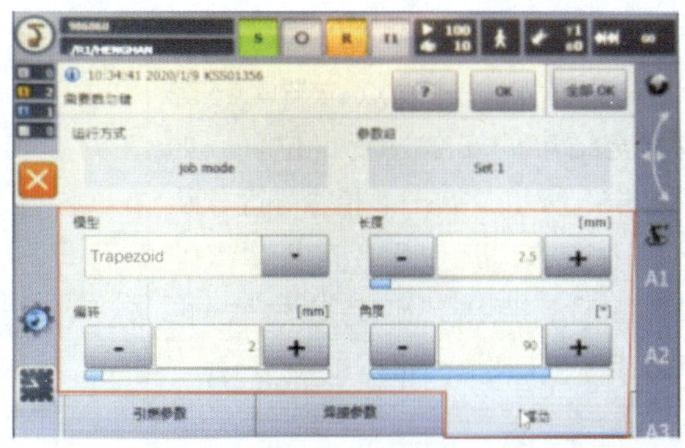 图 12–58 设置摆动参数

续表

操作步骤及要领	图示
7）设置终焊点位置。将焊枪移至终焊点位置，如图 12–59 所示，点击“指令”键，从该栏中点击“ArcTech”，选择“ARC 关”，点击“确定参数”，再点击指令“OK”，如图 12–60 所示。	 图 12–59　打底焊终焊点位置 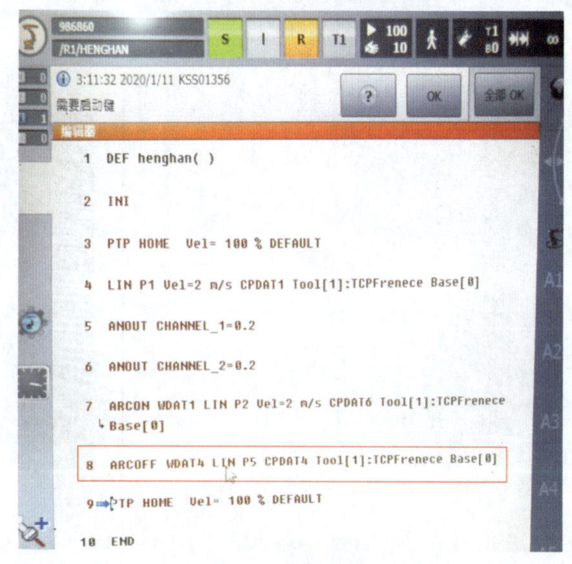 图 12–60　移至终焊点并熄弧
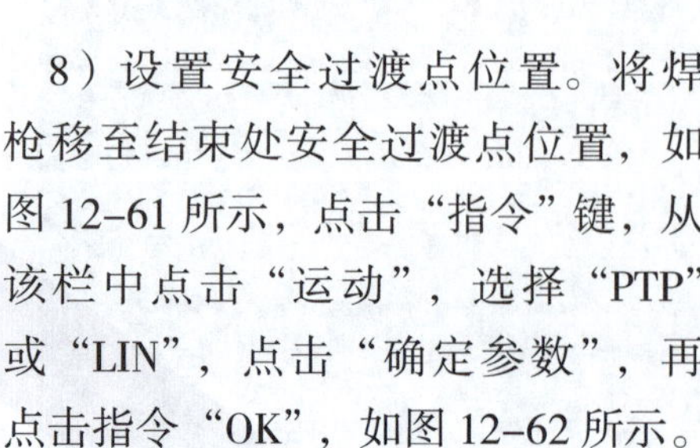 8）设置安全过渡点位置。将焊枪移至结束处安全过渡点位置，如图 12–61 所示，点击“指令”键，从该栏中点击“运动”，选择“PTP”或“LIN”，点击“确定参数”，再点击指令“OK”，如图 12–62 所示。	 图 12–61　打底层结束处安全过渡点位置

续表

操作步骤及要领	图示
	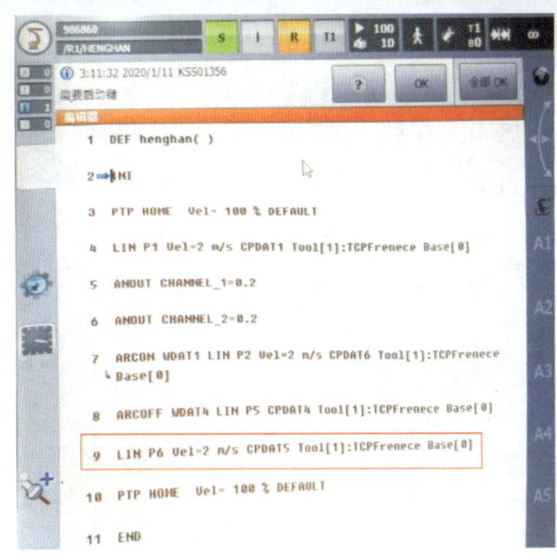 图 12-62　设置打底层终焊处安全过渡点位置
（2）盖面层第一道编程 1）设置安全过渡点位置。将焊枪移至盖面层开始处安全过渡点位置，如图 12-63 所示，点击“指令”键，从该栏中点击“运动”，选择“PTP”或“LIN”，点击“确定参数”，再点击指令“OK”，如图 12-64 所示。	 图 12-63　盖面层第一道开始处安全过渡点位置 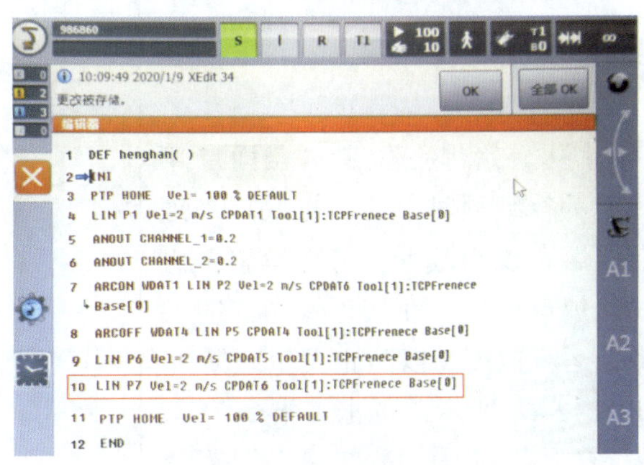 图 12-64　设置盖面层第一道开始处安全过渡点位置

续表

<table>
<tr><th>操作步骤及要领</th><th>图示</th></tr>
<tr><td>2）设置焊接电流。点击“指令”键，从该栏中点击“模拟输出”，选择“静态”，在弹出的对话框中选择“CHANNEL _1”并更改参数（设置焊接电流，选 0.2，电流值为 110 A），点击指令“OK”，如图 12-65 所示。</td><td>
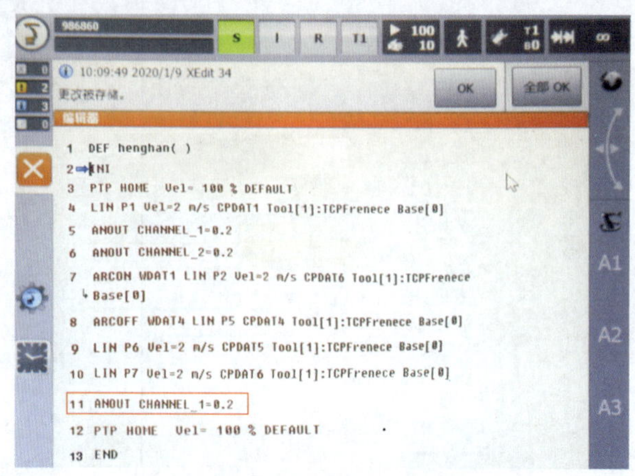

图 12-65　设置盖面层第一道焊接电流
</td></tr>
<tr><td>3）设置电弧电压。点击“指令”键，从该栏中点击“模拟输出”，选择“静态”，在弹出的对话框中选择“CHANNEL_2”并更改参数（设置电弧电压，选 0.2，电压值为 18 V），点击指令“OK”，如图 12-66 所示。</td><td>
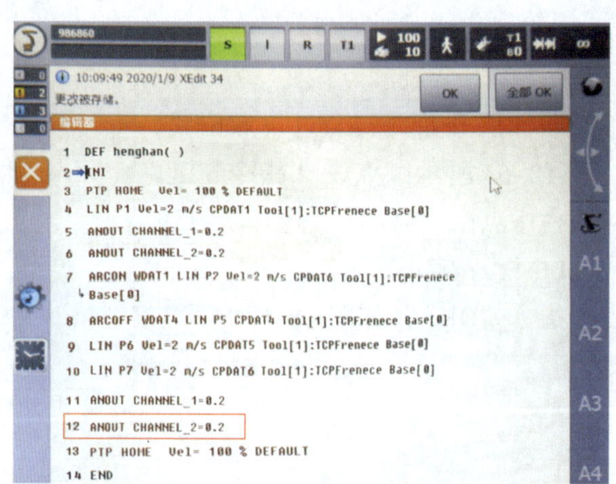

图 12-66　设置盖面层第一道电弧电压
</td></tr>
<tr><td>4）设置始焊点位置。盖面层第一道示教编程时，要以打底层焊道下侧熔合线为基准。将焊枪移至直线始焊点位置（在接近参考点时要降低运行速度，以防止发生碰撞），如图 12-67 所示，点击“指令”键，从该栏中点击“ArcTech”，选择“ARC 开”，如图 12-68 所示。</td><td>

图 12-67　盖面层第一道始焊点位置
</td></tr>
</table>

续表

<table>
<tr><th>操作步骤及要领</th><th>图示</th></tr>
<tr><td></td><td>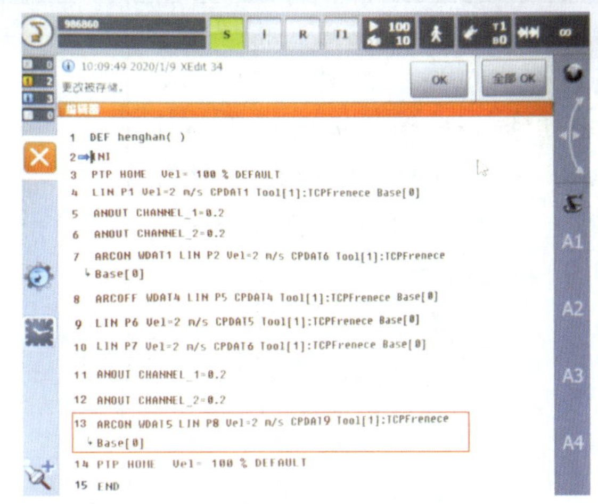

图 12-68　移至盖面层第一道始焊点并引弧</td></tr>
<tr><td>选　中“ARCON WDAT5 LIN P8 Vel=2 m/s CPDAT9 Tool［1］: TCPFrenece Base[0]”程序段，点击“WDAT5”，展开对话框后，从“焊接参数”项中调整机器人焊接速度为 0.1 m/min，如图 12-69 所示。从“摆动”项中选择摆动模型（类型）为“None”，如图 12-70 所示。</td><td>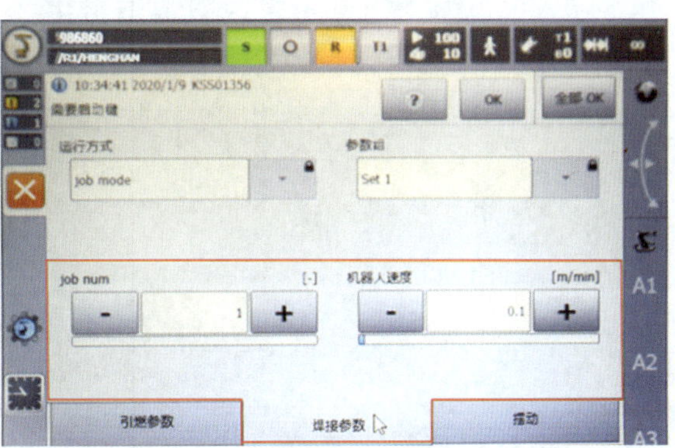

图 12-69　设置盖面层第一道焊接速度

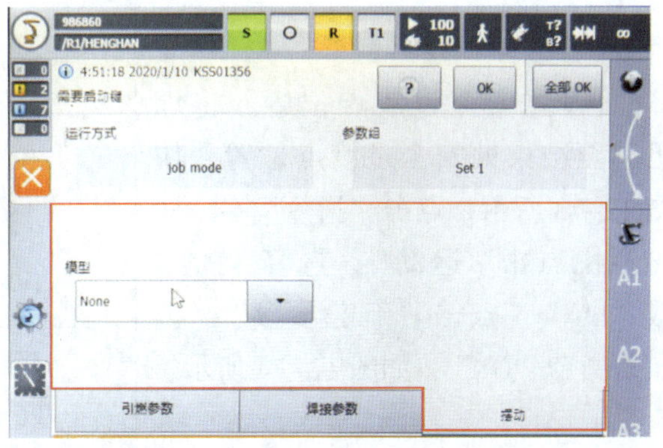

图 12-70　设置盖面层第一道摆动参数</td></tr>
</table>

续表

操作步骤及要领	图示
5）设置终焊点位置。将焊枪移至终焊点位置，如图 12–71 所示，点击“指令”键，从该栏中点击“ArcTech”，选择“ARC 关”，点击“确定参数”，再点击指令“OK”，如图 12–72 所示。	 图 12–71　盖面层第一道终焊点位置 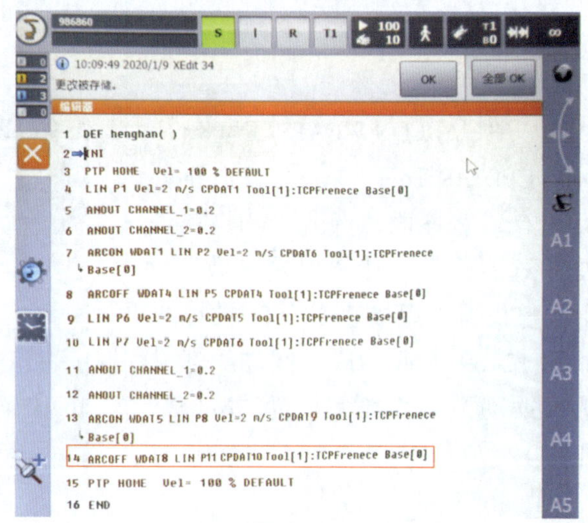 图 12–72　移至盖面层第一道终焊点并熄弧
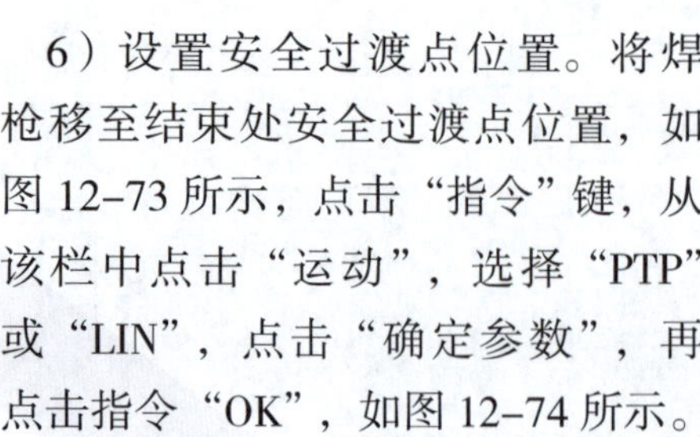 6）设置安全过渡点位置。将焊枪移至结束处安全过渡点位置，如图 12–73 所示，点击“指令”键，从该栏中点击“运动”，选择“PTP”或“LIN”，点击“确定参数”，再点击指令“OK”，如图 12–74 所示。	 图 12–73　盖面层第一道结束处安全过渡点位置

续表

<table>
<tr><th>操作步骤及要领</th><th>图示</th></tr>
<tr><td></td><td>

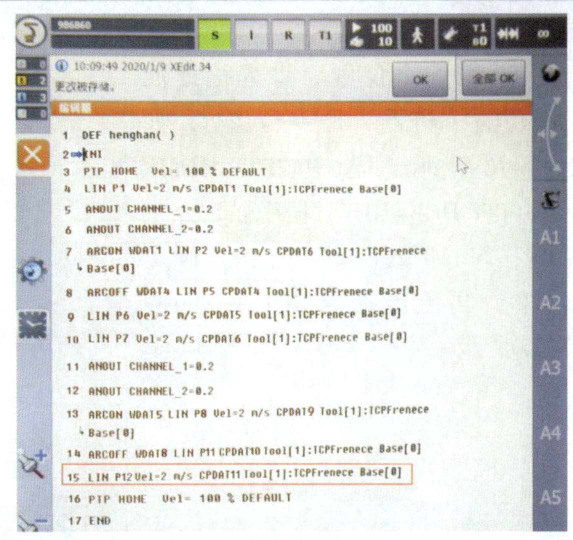

图 12-74　设置盖面层第一道终焊处安全过渡点位置

</td></tr>
<tr><td>

（3）盖面层第二道编程

盖面层第二道示教编程同盖面层第一道一样，只是要以打底层焊道上侧熔合线为基准，同时调整机器人姿态，以确保熔合良好。可以在设置焊接电流、电弧电压、焊接速度和摆动项里面的具体参数时略作调整，具体程序如图 12-75 所示。

这里与打底层一样，选用焊接电流为 110 A，电弧电压为 18 V，焊接速度为 0.1 m/min，“摆动”项的摆动模型（类型）依然选择“None”。

</td><td>

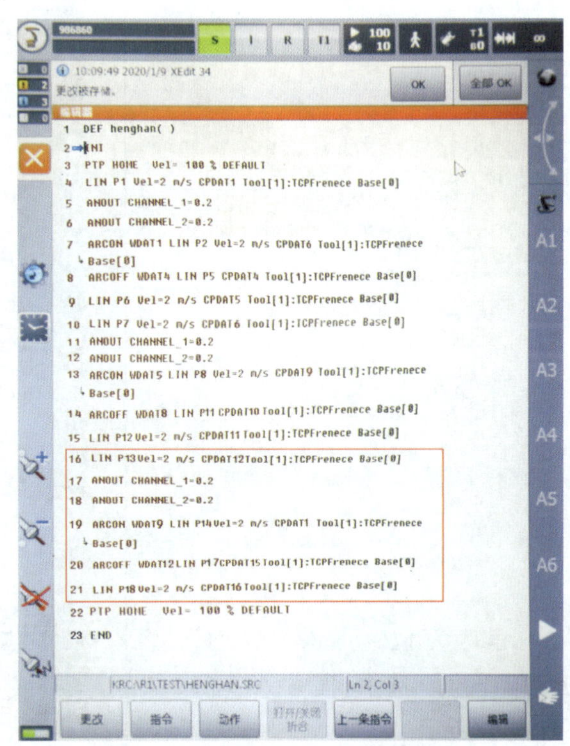

图 12-75　盖面层第二道示教编程程序

</td></tr>
</table>

续表

操作步骤及要领	图示 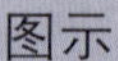
（4）调试与焊接 1）返回安全位置。将焊枪返回安全位置（机器人原点位置），如图 12–76 所示，选中“PTP HOME Vel=100% DEFAULT”程序段，点击界面下方“更改”键，点击“确定参数”，再点击指令“OK”，如图 12–77 所示。	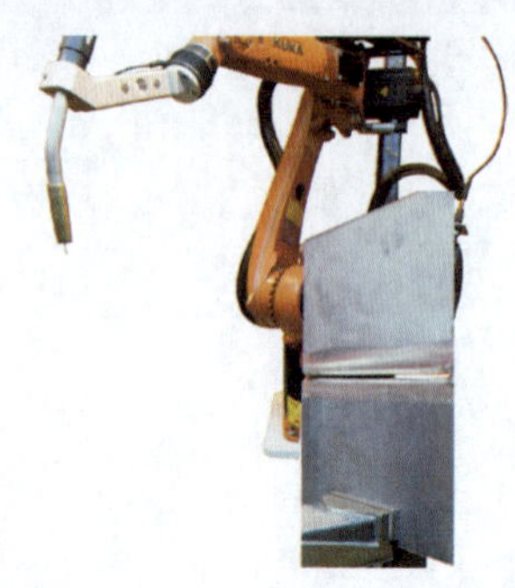 图 12–76　机器人原点位置 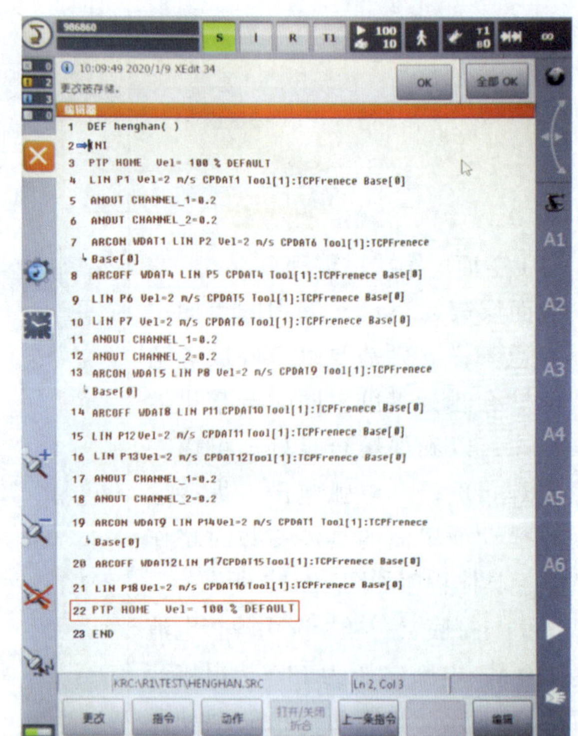 图 12–77　返回安全位置程序
2）程序复位。点击“界面”上方“R”键，选择程序复位，如图 12–78 所示。	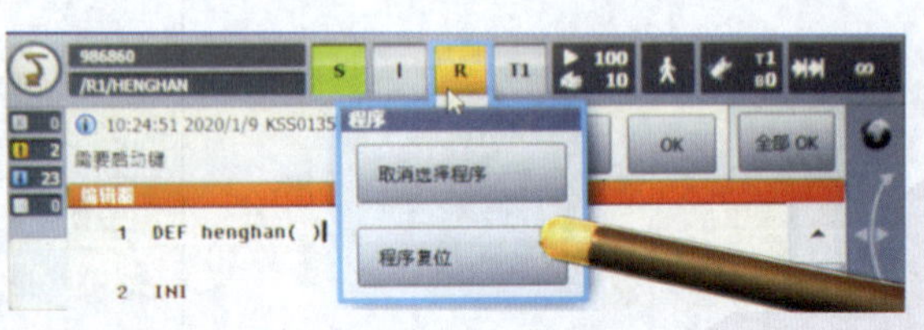 图 12–78　程序复位

续表

操作步骤及要领	图示
3）模拟运行。首先，模拟运行前检查通电状态，确认其关闭，如图 12-79 所示。设置运行方式，若设置运行方式为“动作”（见图 12-80），程序运行过程中在每个点上暂停，包括在辅助点和样条段点上暂停；若设置运行方式为“Go”（见图 12-81），则程序不停顿地运行，直至程序结尾。设置运行速度，如图 12-82 所示，然后在手动（T1）模式下（见图 12-16）按下启动键（见图 12-83），模拟运行程序。	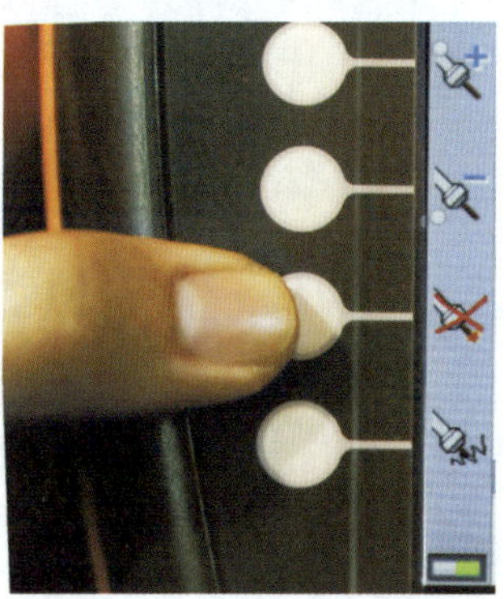 图 12-79 检查通电状态  图 12-80 设置运行方式—动作  图 12-81 设置运行方式—Go 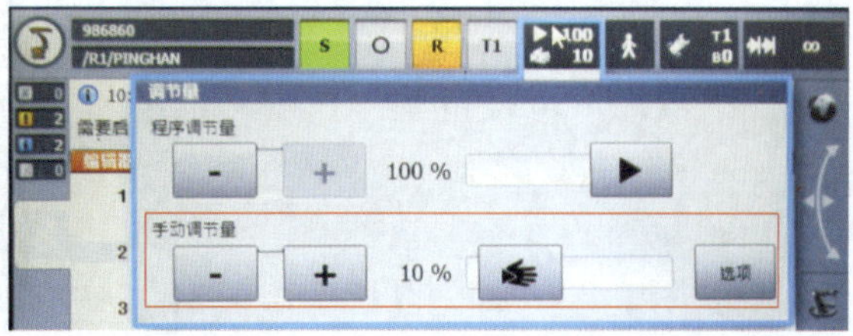 图 12-82 设置运行速度

续表

操作步骤及要领	图示
	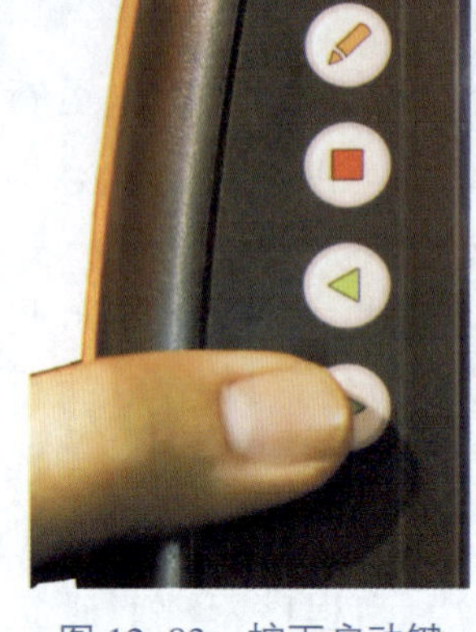 图 12–83　按下启动键
4）焊接。如果程序经模拟运行无误，将示教器调至自动模式（见图 12–84），穿戴必要的劳动保护用品，开启通电键（见图 12–85），按下启动键（见图 12–83）进行通电焊接，并观察机器人运行情况，如图 12–86 所示，示教器可以挂在控制柜上或握于手中。	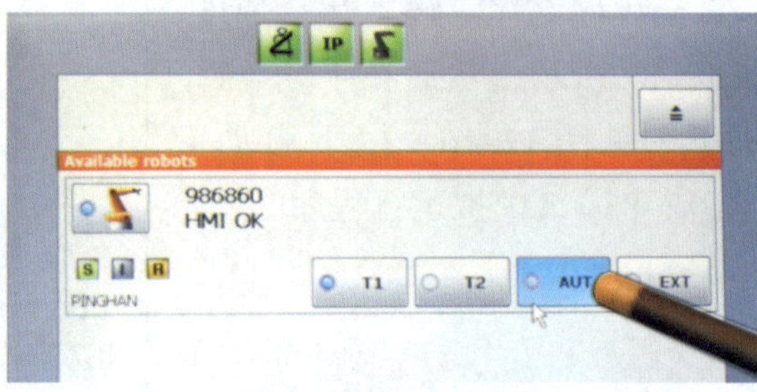 图 12–84　选择自动模式 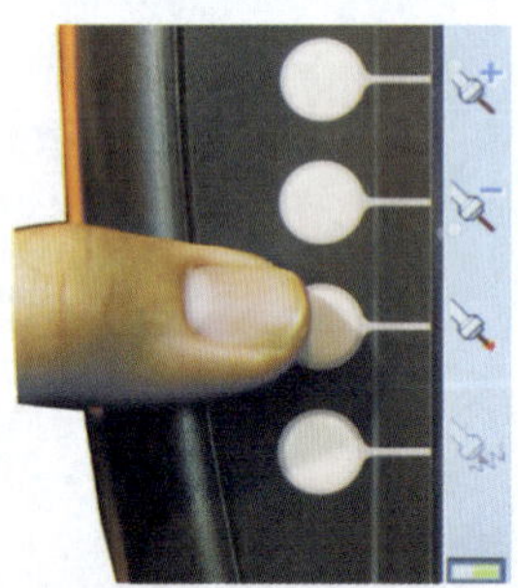 图 12–85　开启通电键  图 12–86　观察机器人运行情况

续表

操作步骤及要领	图示
打底层背面焊缝和盖面层焊缝分别如图 12–87 和图 12–88 所示。	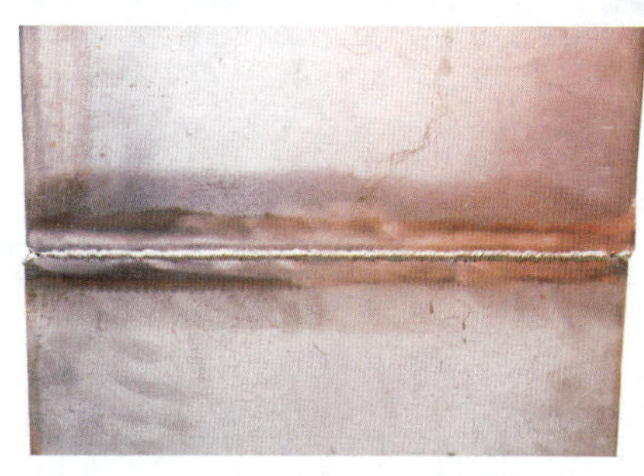 图 12–87　打底层背面焊缝  图 12–88　盖面层焊缝

 编程技巧

（1）焊枪空间过渡要求移动轨迹较短、平滑、安全。

（2）为了获得最佳的焊接参数，要制作焊件进行多次焊接试验。

（3）采用合理的焊枪姿态、焊枪相对于接头的位置。编程过程中要不断调整机器人各轴位置，合理地确定焊枪相对于接头的位置、角度与焊丝伸出长度。焊件的位置确定后，焊枪相对于接头的位置必须通过编程者的双眼观察，难度较大。这就要求编程者善于总结并积累经验。

（4）编制程序一般不能一步到位，要在机器人焊接过程中不断检验和修改程序，调整焊接参数和焊枪姿态等，才会形成一个好程序。

5. 焊接质量要求

焊接机器人板对接横焊焊接质量要求如下：

（1）示教编程程序正确，焊接参数选择合理。

（2）打底层焊缝背面均焊透，无明显咬边、未熔合或烧穿等缺欠。

（3）盖面层焊缝两侧与母材熔合良好，下侧焊缝无明显下坠，上侧焊缝无明显咬边。焊缝与母材的熔合线直且清晰，两盖面层焊缝重合 1/2 ～ 2/3 且过渡平滑，焊缝波纹均匀、美观。

课题三　管对接垂直固定焊

学习目标

掌握焊接机器人管对接垂直固定焊打底层和盖面层的示教编程及操作方法。

工艺分析

管对接垂直固定焊的焊接位置为横焊，但其编程方法却与板对接横焊不同：板对接横焊焊接过程中焊枪走直线，编程时只需找到始焊点和终焊点两个点，即可调用“LIN”指令进行焊接；而管对接垂直固定焊焊枪在焊接过程中要不断地随着管子的弯曲移动，因此，编程时不仅要找到始焊点和终焊点两个点，还需要找到两个点之间的至少一个辅助点，才可调用“CIRC”指令进行焊接，而且这些点若选取不合理，在焊接过程中很容易使焊枪产生偏移，从而影响焊接质量。

因此该课题将一个圆弧分成两段，每段分别选取始焊点、终焊点和中间辅助点三个点进行编程操作。其中第一段圆弧的终焊点同时也是第二段圆弧的始焊点，为简化操作，在该位置不采用断弧命令。待熟练操作后，可以不拆分圆弧，而是采用选取始焊点、终焊点和圆弧中间的多个辅助点的方式进行编程操作。

1. 焊前准备

（1）焊件材料：20 钢管。

（2）焊件尺寸：ϕ 133 mm × 5 mm，L=100 mm，每组两根，坡口形式及尺寸如图 12–89 所示。

（3）焊接要求：单面焊双面成形。

（4）焊接材料：焊丝选用 ER49–1，直径为 1.2 mm。

（5）焊接设备：KR5 R1400 型 KUKA 焊接机器人及 Artsen PM400A 型麦格米特电源。

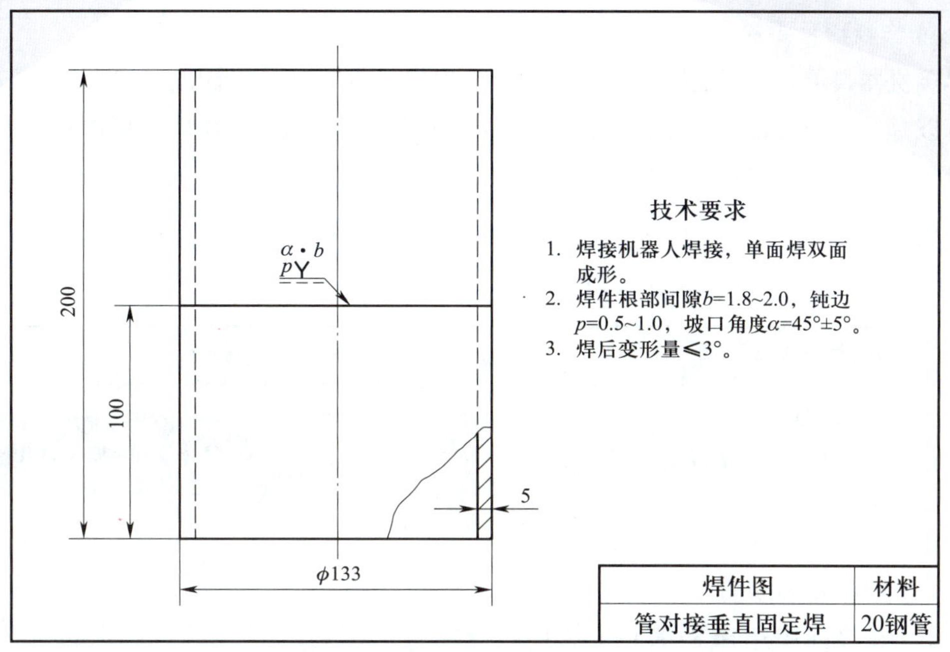

图 12–89　管对接垂直固定焊焊件图

2. 焊件清理与装配

（1）钝边

修磨钝边为 0.5 ~ 1.0 mm，去除毛刺。

（2）焊前清理

清理焊件坡口面及坡口正、反面两侧各 20 mm 范围内的油污、锈蚀、水分及其他污物，直至露出金属光泽。

（3）装配

始焊端装配间隙为 1.8 mm，终焊端装配间隙为 2.0 mm，错边量≤ 0.5 mm。

（4）定位焊

将修磨完毕的焊件在焊件坡口面内进行定位焊，定位焊采用与正式焊接相同型号的焊丝，按圆周方向在焊件坡口内均布 2 ~ 3 处，焊缝长度为 10 ~ 15 mm，通过修磨将接头处打薄。

3. 确定焊接参数

焊接机器人管对接垂直固定焊焊接参数见表 12–13。

表 12–13　焊接机器人管对接垂直固定焊焊接参数

焊接层次	焊丝直径 /mm	焊接电流 /A	电弧电压 /V	焊接速度 /（m/min）	摆动方式
打底层（1）	1.2	110	18	0.1	梯形摆动
盖面层（2）		130	19	0.1	梯形摆动

4. 操作步骤及要领

焊接机器人示教编程的圆弧命令由三个点构成，即始焊点、辅助点和终焊点，其中辅助点可以是一个也可以是多个，辅助点越多，圆弧精度越高，但相应的操作难度也越大，操作者可以根据圆弧直径的大小和自身操作水平合理地选择辅助点的数量。

焊接机器人管对接垂直固定焊操作步骤及要领见表 12–14。

表 12–14　焊接机器人管对接垂直固定焊操作步骤及要领

<table>
<tr><th>操作步骤及要领</th><th>图示</th></tr>
<tr><td>
（1）打底层编程
编程前准备和初步设置焊接参数同本单元课题一。
1）选择基坐标和 TCP 工具。用触屏笔点击示教器屏幕右上方的坐标系选项，在界面中选择 KUKA 机器人默认基坐标系，选择 TCP 为 1 号工具，如图 12–90 所示。
2）新建程序。在示教器屏幕依次点击新建程序文件夹→新建程序（输入程序名为 guanguan），然后打开新建的程序（guanguan）进行编辑，出现以下默认程序语句：
DEF guanguan（　）　程序名称
INI　系统初始化程序
PTP HOME Vel=100% DEFAULT　HOME 原点，开始安全位置
PTP HOME Vel=100% DEFAULT　HOME 原点，结束安全位置
END　程序结束
新建程序如图 12–91 所示。
3）设置安全过渡点（P1）位置。将焊枪移至开始处安全过渡点位置，如图 12–92 所示，点击“指令”键，从该栏中点击“运动”，选择“PTP”或“LIN”，点击“确定参数”，再点击指令“OK”，如图 12–93 所示。
</td><td>
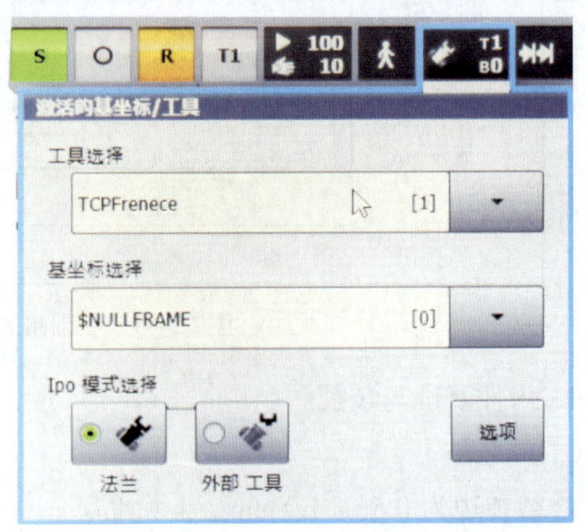

图 12–90　选择基坐标和 TCP 工具
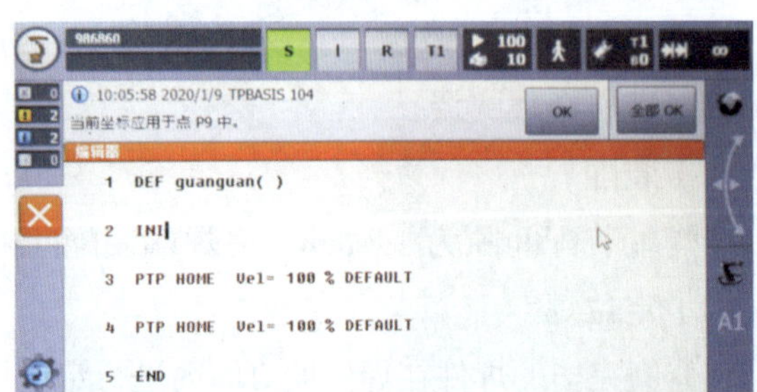

图 12–91　新建程序（guanguan）

图 12–92　打底层开始处安全过渡点位置
</td></tr>
</table>

续表

<table>
<tr><th>操作步骤及要领</th><th>图示</th></tr>
<tr><td></td><td>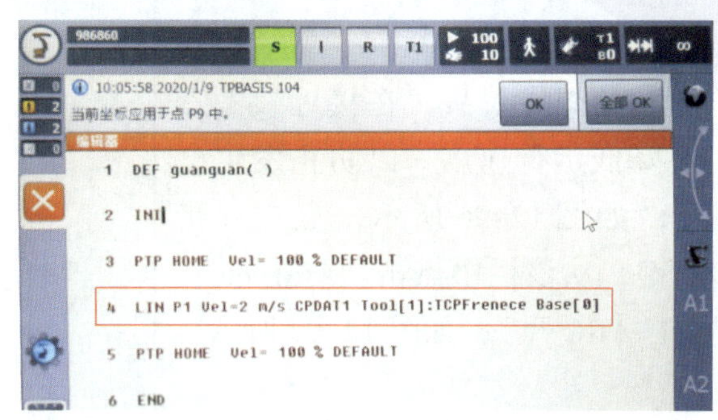

图 12–93　设置始焊处安全过渡点位置</td></tr>
<tr><td>4）设置焊接电流。点击“指令”键，从该栏中点击“模拟输出”，选择“静态”，在弹出的对话框中选择“CHANNEL_1”并更改参数（设置焊接电流，选 0.2，电流值为 110 A），点击指令“OK”，如图 12–94 所示。</td><td>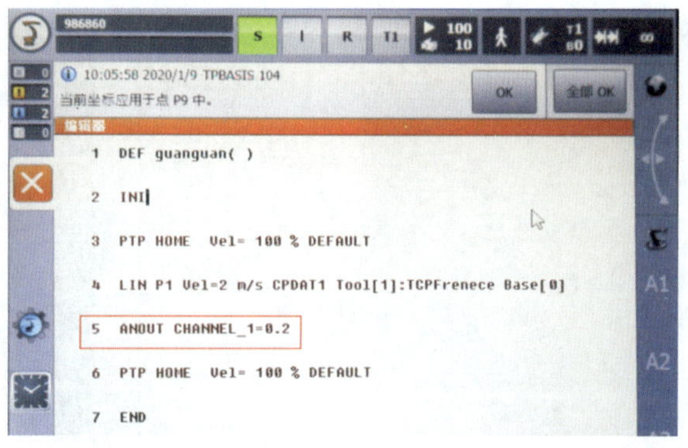

图 12–94　设置打底层焊接电流</td></tr>
<tr><td>5）设置电弧电压。点击“指令”键，从该栏中点击“模拟输出”，选择“静态”，在弹出的对话框中选择“CHANNEL_2”并更改参数（设置电弧电压，选 0.2，电压值为 18 V），点击指令“OK”，如图 12–95 所示。</td><td>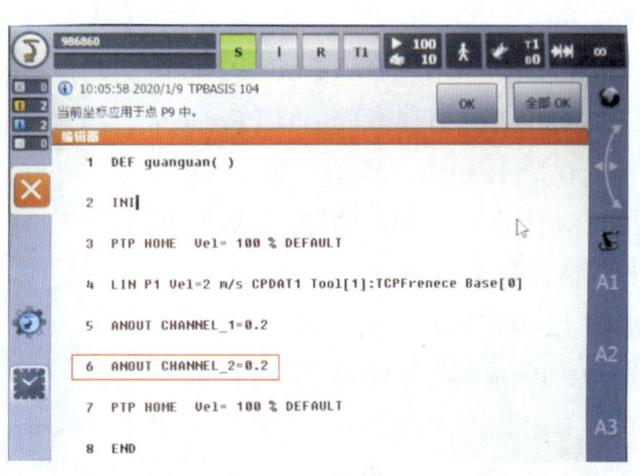

图 12–95　设置打底层电弧电压</td></tr>
</table>

续表

操作步骤及要领	图示
6）设置始焊点（*P*2）位置。将焊枪移至始焊点位置（在接近参考点时要降低运行速度，以防止发生碰撞），如图 12–96 所示，点击“指令”键，从该栏中点击“ArcTech”，选择“ARC 开”，如图 12–97 所示。	 图 12–96　打底焊始焊点位置 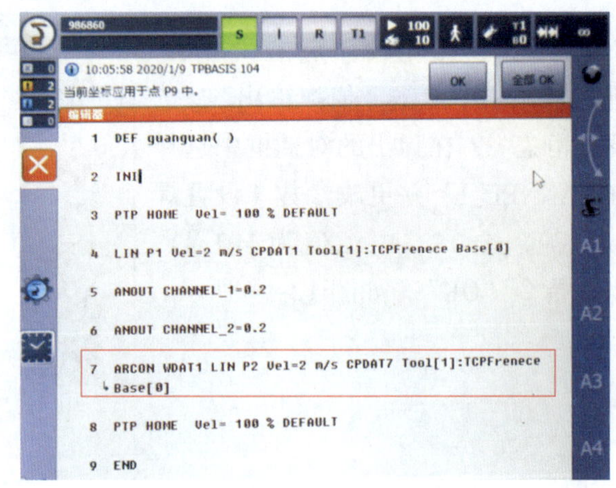 图 12–97　移至始焊点并引弧
选中“ARCON WDAT1 LIN P2 Vel=2 m/s CPDAT7 Tool［1］: TCPFrenece Base［0］”程序段，点击“WDAT1”，展开对话框后，从“焊接参数”项中调整机器人焊接速度为 0.1 m/min，如图 12–98 所示。从“摆动”项中选择“Trapezoid（梯形）”，并调整长度（层间距）为 2 mm，偏转（单边宽度）2 mm，角度为 90°，如图 12–99 所示。	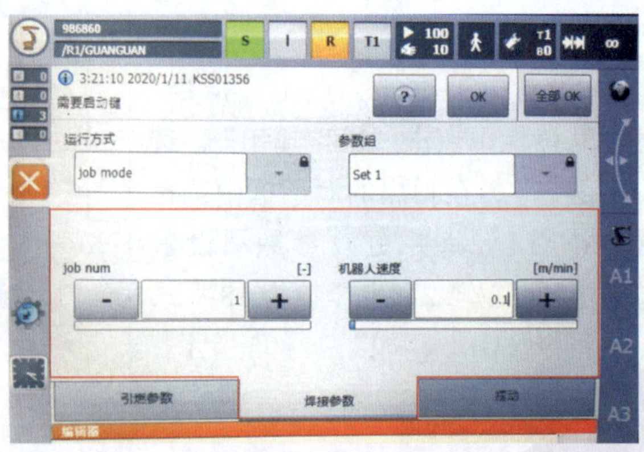 图 12–98　设置焊接速度

续表

操作步骤及要领	图示
7）设置打底焊第一段圆弧辅助点（*P*3）、第一段圆弧终焊点（*P*4）位置。将焊枪移至第一段圆弧辅助点（*P*3）位置，如图 12–100 所示，点击“指令”键，从该栏中点击“ArcTech”，选择“ARC SWITCH”，将该语句中的“PTP”或“LIN”更换为“CIRC”，点击界面下方“Touchup 辅助点”，将焊枪移至第一段圆弧终焊点（*P*4）位置，如图 12–100 所示，点击界面下方“修整 Touchup 结束点”，最后点击“确定参数”，再点击指令“OK”，程序如图 12–101 所示。	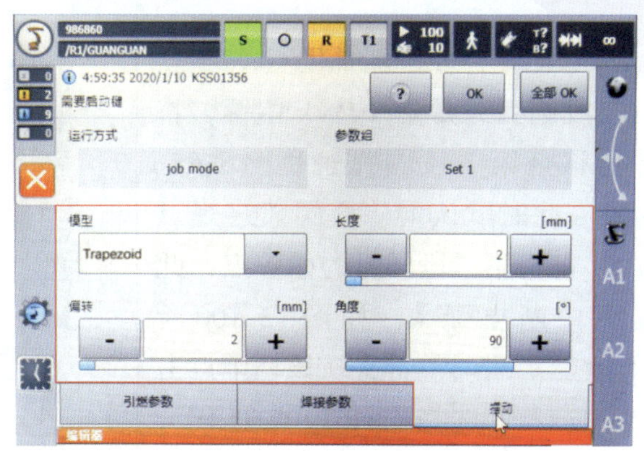 图 12–99　设置摆动参数 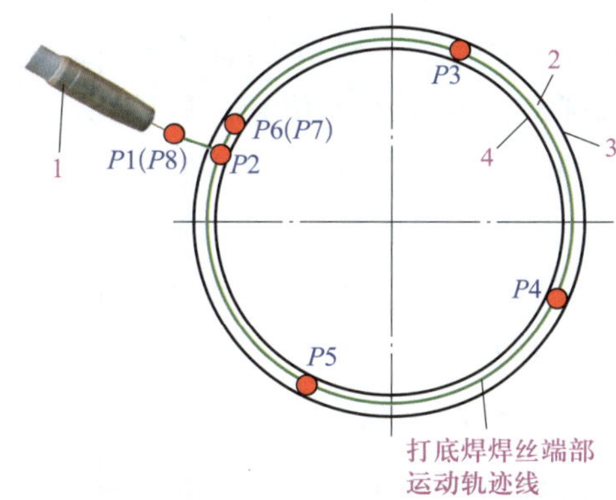 图 12–100　打底焊焊丝端部运动轨迹线 1—焊枪　2—坡口面　3—钢管外壁　4—钢管内壁 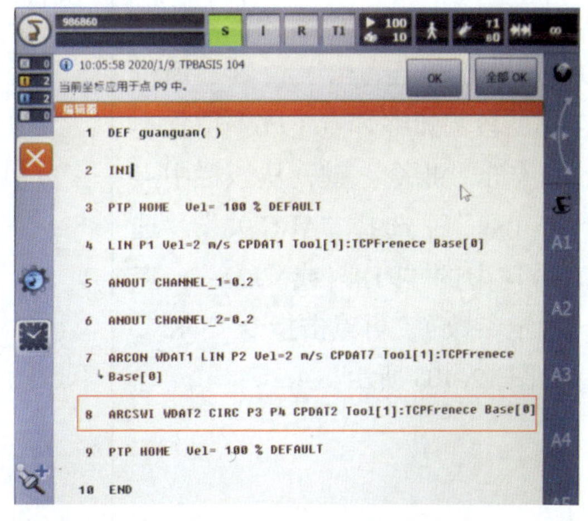 图 12–101　设置 *P*3、*P*4 位置

续表

操作步骤及要领	图示
8）设置第二段圆弧辅助点（*P*5）、第二段圆弧终焊点（*P*6）位置。将焊枪移至第二段圆弧辅助点（*P*5）位置［此时默认上一段圆弧终焊点（*P*4）即为第二段圆弧的始焊点，此处不中断电弧］，如图 12–100 所示。点击“指令”键，从该栏中点击“ArcTech”，选择“ARC SWITCH”，将该语句中的“PTP”或“LIN”更换为“CIRC”，点击界面下方“Touchup 辅助点”，将焊枪移至第二段圆弧终焊点（*P*6）位置，如图 12–100 所示，点击界面下方“修整 Touchup 结束点”，最后点击“确定参数”，再点击指令“OK”，程序如图 12–102 所示。	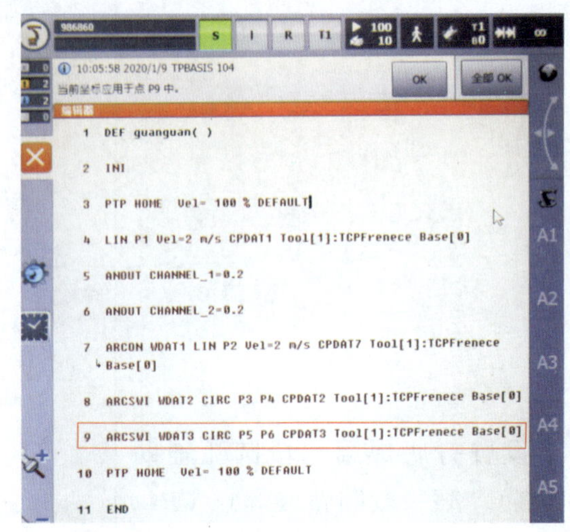 图 12–102　设置 *P*5、*P*6 位置
第一段圆弧始焊点（*P*2）和第二段圆弧终焊点（*P*6）之间的距离约为 5 mm，目的是将焊缝重合一部分，将焊缝接头，形成一个封闭圆环。 9）设置终焊点（*P*7）位置。焊枪处于第二段圆弧终焊点（*P*6）位置不动，再点击“指令”键，从该栏中点击“ArcTech”，选择“ARC 关”，选中该语句中的“PTP”或“LIN”，点击“确定参数”，再点击指令“OK”，程序如图 12–103 所示。	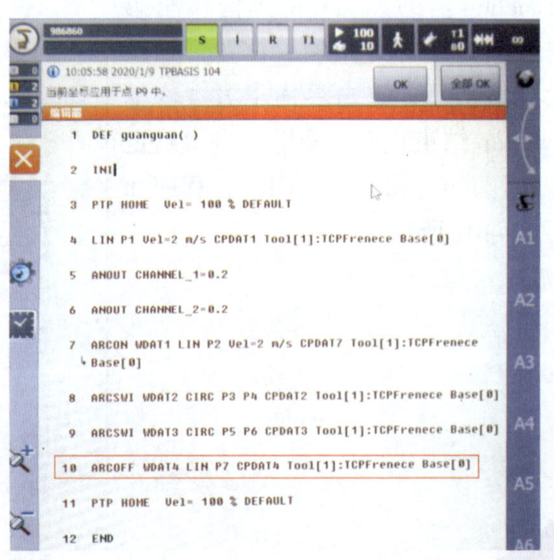 图 12–103　设置终焊点（*P*7）位置

续表

操作步骤及要领	图示
10）设置安全过渡点（*P*8）位置。将焊枪移至结束处安全过渡点（*P*8）位置（*P*8 点可以与 *P*1 点相同，也可以不同，只要在返回 HOME 点过程中不与焊件产生干涉即可），如图 12-100 所示，点击“指令”键，从该栏中点击“运动”，选择“PTP”或“LIN”，点击“确定参数”，再点击指令“OK”，程序如图 12-104 所示。 这样打底焊焊丝端部完整的运动轨迹线由两段圆弧共 8 个点组成，如图 12-100 所示。其中 *P*1 为始焊处安全过渡点，*P*2 为第一段圆弧始焊点，*P*3 为第一段圆弧辅助点，*P*4 既是第一段圆弧终焊点也是第二段圆弧始焊点，*P*5 为第二段圆弧辅助点，*P*6 为第二段圆弧终焊点，然后原地不动调用“ARC 关”，将 *P*6 命名为终焊点 *P*7，所以这里 *P*6 和 *P*7 两个点的位置是相同的，*P*8 为终焊处安全过渡点。	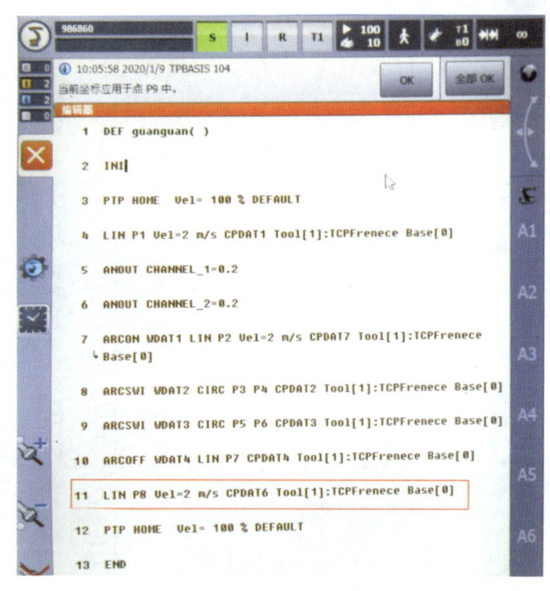 图 12-104　设置安全过渡点（*P*8）位置
11）返回安全位置。将焊枪返回安全位置（机器人原点位置），如图 12-105 所示，选中“PTP HOME Vel=100% DEFAULT”程序段，点击界面下方“更改”键，点击“确定参数”，再点击指令“OK”，程序如图 12-106 所示。	 图 12-105　焊枪返回安全位置

续表

<table>
<tr><th>操作步骤及要领</th><th>图示</th></tr>
<tr><td>

12）程序复位。点击“界面”上方“R”键，选择程序复位，如图 12–107 所示。

13）模拟运行。首先，模拟运行前检查通电状态，确认其关闭，如图 12–108 所示。设置运行方式，若设置运行方式为“动作”（见图 12–109），程序运行过程中在每个点上暂停，包括在辅助点和样条段点上暂停；若设置运行方式为“Go”（见图 12–110），则程序不停顿地运行，直至程序结尾。设置运行速度，如图 12–111 所示，然后在手动（T1）模式下（见图 12–16）按下启动键（见图 12–112），模拟运行程序。

</td><td>

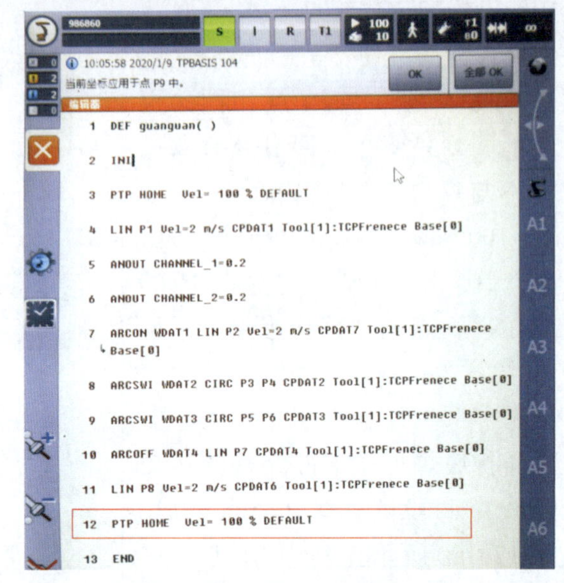

图 12–106　返回安全位置程序

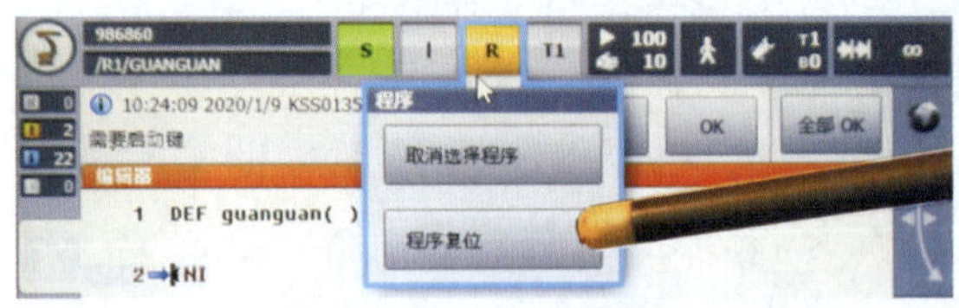

图 12–107　程序复位

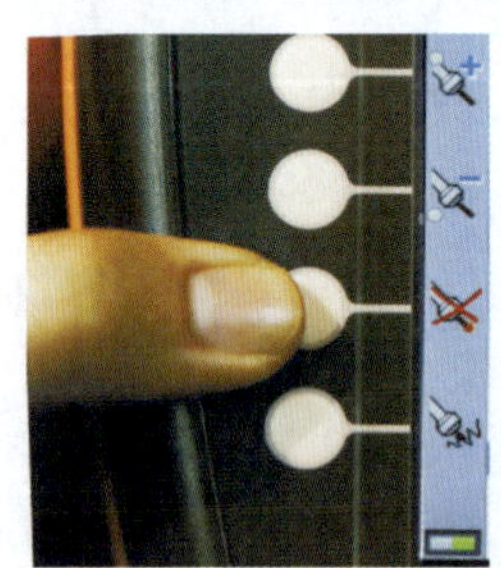

图 12–108　检查通电状态

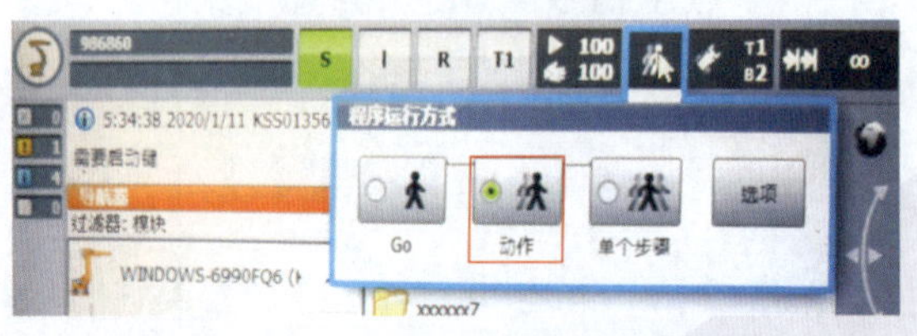

图 12–109　设置运行方式—动作

</td></tr>
</table>

续表

<table>
<tr><th>操作步骤及要领</th><th>图示</th></tr>
<tr><td></td><td>

图 12-110　设置运行方式—Go

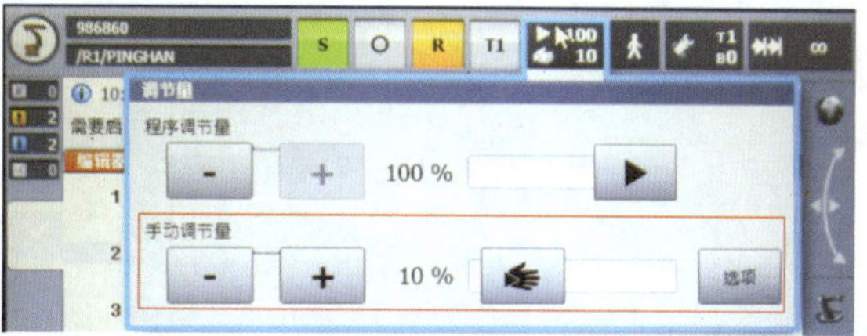

图 12-111　设置运行速度

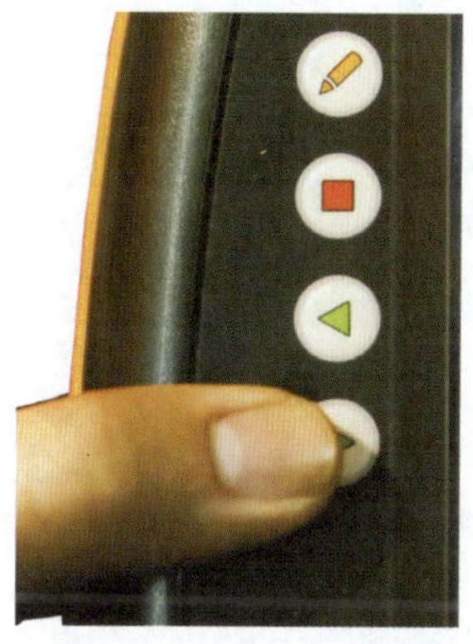
图 12-112　按下启动键
</td></tr>
<tr><td>
（2）打底层焊接

如果程序经模拟运行无误，将示教器调至自动模式（见图 12-113），穿戴必要的劳动保护用品，开启通电键（见图 12-114），按下启动键（见图 12-112）进行通电焊接，并观察机器人运行情况，如图 12-115 所示，示教器可以挂在控制柜上或握于手中。
</td><td>
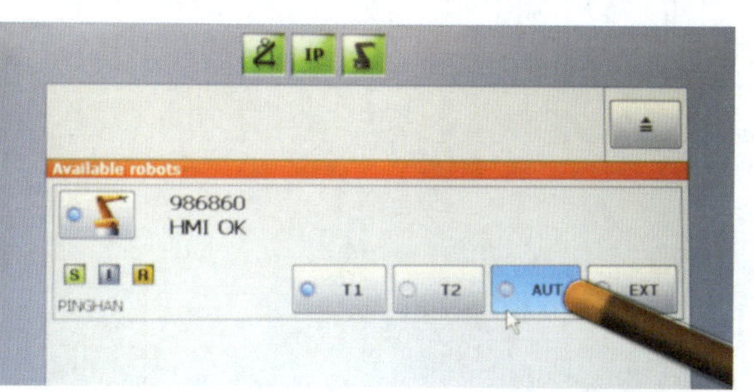

图 12-113　选择自动模式
</td></tr>
</table>

续表

操作步骤及要领	图示
	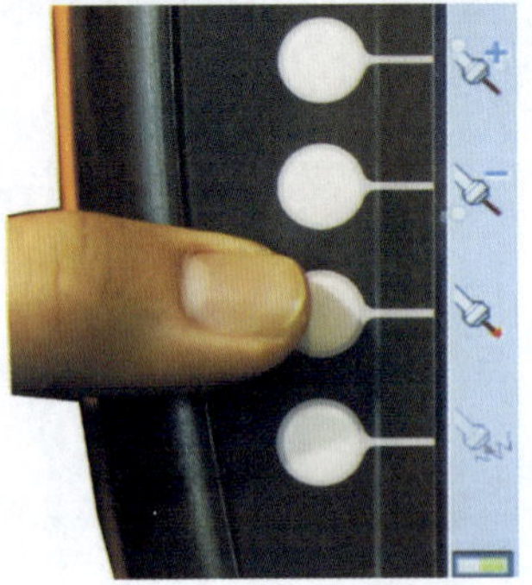 图 12-114　开启通电键
	 图 12-115　观察机器人运行情况
打底层内部焊缝如图 12-116 所示。	 图 12-116　打底层内部焊缝

续表

<table>
<tr><th>操作步骤及要领</th><th>图示</th></tr>
<tr><td>（3）盖面层编程
盖面层的示教编程同打底层编程一样，只是在设置焊接电流、电弧电压、焊接速度和摆动项里面的具体参数时可略作调整，具体程序如图 12–117 所示。</td><td>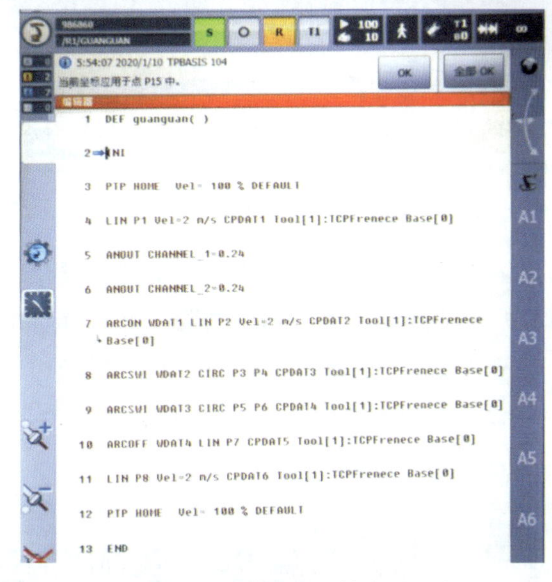
图 12–117　盖面层示教编程程序</td></tr>
<tr><td>这里选用焊接电流为 130 A（程序中“ANOUT CHANNEL_1=0.24”），电弧电压为 19 V（程序中“ANOUT CHANNEL_2=0.24”），焊接速度为 0.1 m/min。需要略作调整的是，从“摆动”项中选择“Trapezoid（梯形）”，并调整长度（层间距）为 2.5 mm，偏转（单边宽度）4 mm，角度为 90°，如图 12–118 所示。</td><td>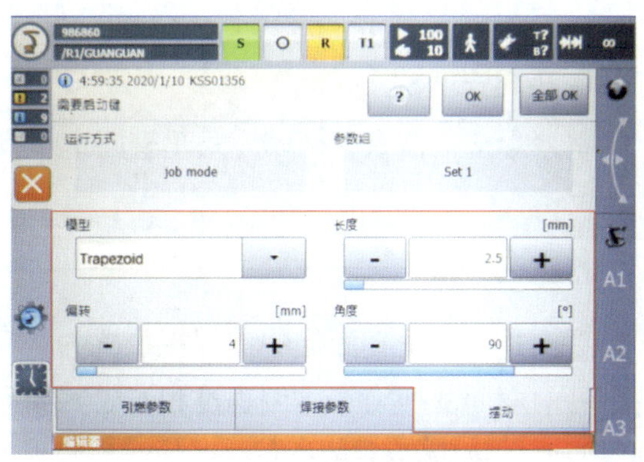
图 12–118　设置摆动参数</td></tr>
<tr><td>（4）盖面层焊接
盖面层焊接具体操作同打底层焊接一样，焊接完成后的盖面层焊缝如图 12–119 所示。</td><td>
图 12–119　盖面层焊缝</td></tr>
</table>

注意事项

（1）管对接垂直固定焊时，形成圆弧的始焊点、辅助点和终焊点应在圆弧上均匀分布，且在编程过程中要始终注意调整焊枪的姿态，以便于减少焊接缺欠和利于焊缝成形。

（2）机器人运动轨迹精度为 ±0.1 mm，因此，机器人焊接焊件的装配要求要高于手工焊接的焊件，在下料、坡口加工、打磨以及装配定位方面要严格按照标准和规范进行操作。

5. 焊接质量要求

焊接机器人管对接垂直固定焊焊接质量要求如下：

（1）示教编程程序正确，焊接参数选择合理。

（2）打底层焊缝背面均焊透，无明显咬边、未熔合、烧穿或焊瘤等缺欠。

（3）盖面层焊缝两侧与母材熔合良好，熔合线直且清晰，焊缝波纹均匀、美观。

课题四　管板骑座式垂直固定焊

学习目标

掌握焊接机器人管板骑座式垂直固定焊打底层和盖面层的示教编程及操作方法。

工艺分析

管板骑座式垂直固定焊的焊接位置为平角焊，只是在焊接过程中焊枪要不断地随着钢管的弯曲变换姿态。编程过程与管对接垂直固定焊基本相同，编程时将整个圆弧分成两段，每段圆弧有三个点，分别是始焊点、辅助点和终焊点。只是由于本课题所采用的钢管直径（ϕ57 mm）小，因此，编程过程中焊枪姿态的变换更加频繁和快速。因管板厚度不同，编程时将焊枪摆到合适的姿态更利于焊缝的成形。

1. 焊前准备

（1）焊件材料：20 钢管、Q235 钢板。

（2）焊件尺寸：钢管：ϕ57 mm × 5 mm，L=100 mm；钢板：100 mm × 100 mm × 10 mm，如图 12–120 所示。

（3）焊接要求：单面焊。

（4）焊接材料：焊丝选用 ER49–1，直径为 1.2 mm。

（5）焊接设备：KR5 R1400 型 KUKA 焊接机器人及 Artsen PM400A 型麦格米特电源。

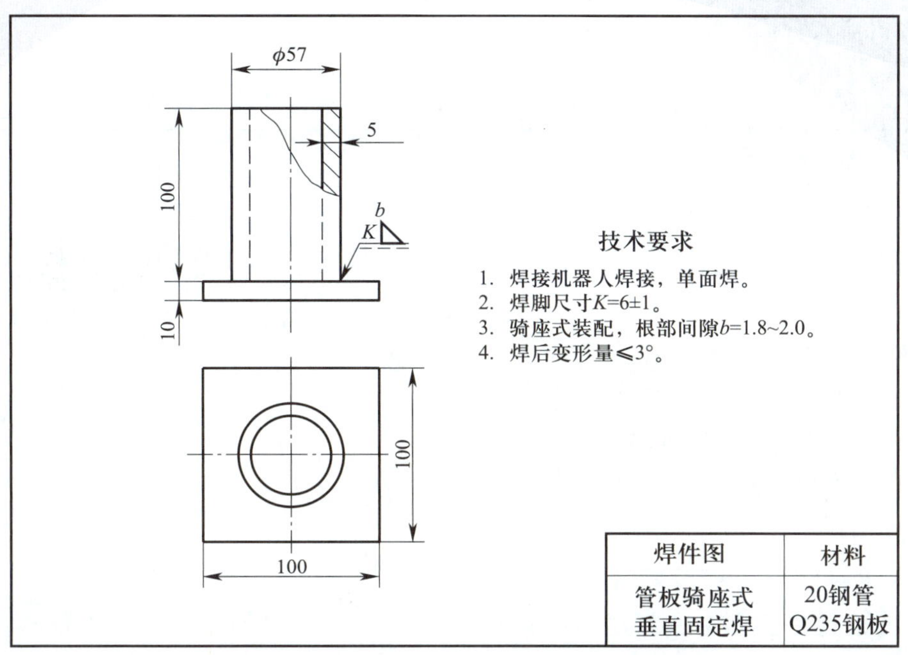

图 12-120　管板骑座式垂直固定焊焊件图

2. 焊件清理与装配

（1）焊前清理

清理焊件待焊处两侧各 20 mm 范围内的油污、锈蚀、水分及其他污物，直至露出金属光泽。

（2）装配

始焊端装配间隙为 1.8 mm，终焊端装配间隙为 2.0 mm。

（3）定位焊

将修磨完毕的焊件采用骑座式装配定位，定位焊采用与正式焊接相同型号的焊丝，按圆周方向在焊件坡口内均布两处，焊缝长度为 10 ~ 15 mm，通过修磨将接头处打薄。

3. 确定焊接参数

焊接机器人管板骑座式垂直固定焊焊接参数见表 12-15。

表 12-15　　焊接机器人管板骑座式垂直固定焊焊接参数

焊接层次	焊丝直径 /mm	焊接电流 /A	电弧电压 /V	焊接速度 /（m/min）	摆动方式
盖面层	1.2	130	19	0.1	梯形摆动

4. 操作步骤及要领

机器人焊接过程中电流密度大，熔深较深，即使不开脉冲模式也可以保证焊接质量。因此，在焊接薄壁焊件时通常采用大电流一次成形，以保证机器人焊接的工作效率。

焊接机器人管板骑座式垂直固定焊操作步骤及要领见表 12–16。

表 12–16　　焊接机器人管板骑座式垂直固定焊操作步骤及要领

操作步骤及要领	图示
（1）编程 编程前准备和初步设置焊接参数同本单元课题一。 1）选择基坐标和 TCP 工具。用触屏笔点击示教器屏幕右上方的坐标系选项，在界面中选择 KUKA 机器人默认基坐标系，选择 TCP 为 1 号工具，如图 12–121 所示。	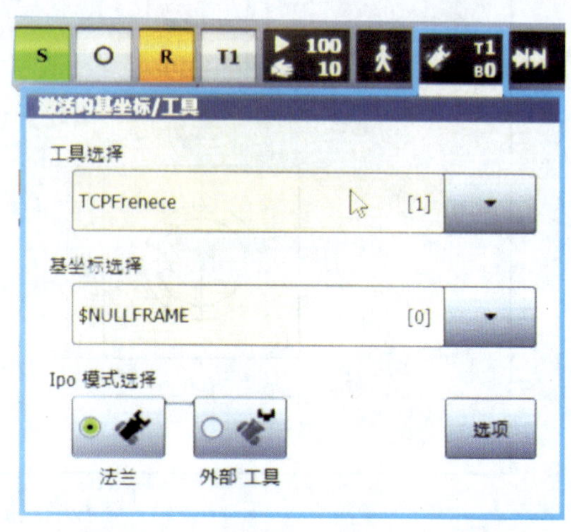 图 12–121　选择基坐标和 TCP 工具
2）新建程序。在示教器屏幕依次点击新建程序文件夹→新建程序（输入程序名为 guanban），然后打开新建的程序（guanban）进行编辑，出现以下默认程序语句： DEF guanban（　）　程序名称 INI　系统初始化程序 PTP HOME Vel=100% DEFAULT　HOME 原点，开始安全位置 PTP HOME Vel=100% DEFAULT　HOME 原点，结束安全位置 END　程序结束 新建程序如图 12–122 所示。	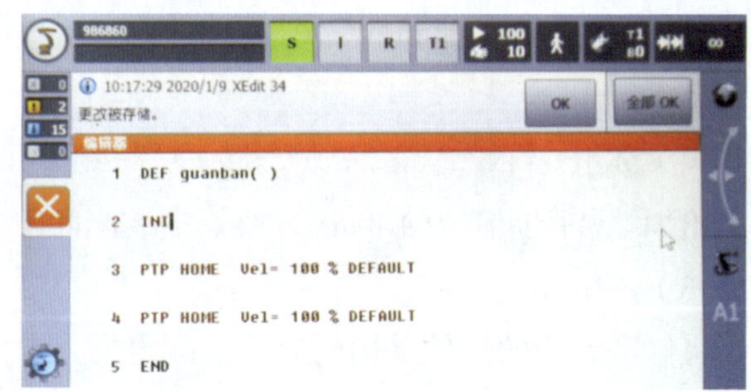 图 12–122　新建程序（guanban）
3）设置安全过渡点（*P*1）位置。将焊枪移至开始处安全过渡点位置，如图 12–123 所示，点击“指令”键，从该栏中点击“运动”，选择“PTP”或“LIN”，点击“确定参数”，再点击指令“OK”，如图 12–124 所示。	 图 12–123　盖面层开始处安全过渡点位置

续表

操作步骤及要领	图示
	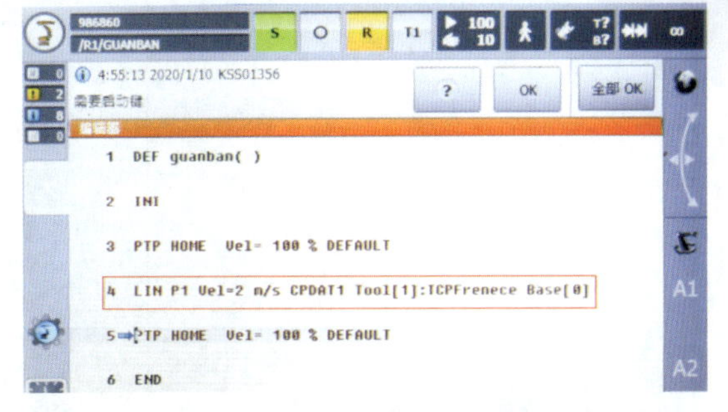 图 12–124　设置始焊处安全过渡点位置
4）设置焊接电流。点击“指令”键，从该栏中点击“模拟输出”，选择“静态”，在弹出的对话框中选择“CHANNEL_1”并更改参数（设置焊接电流，选 0.24，电流值为 130 A），点击指令“OK”，如图 12–125 所示。	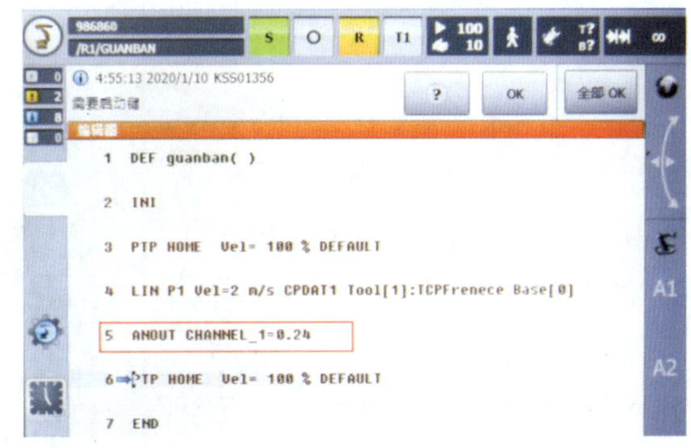 图 12–125　设置焊接电流
5）设置电弧电压。点击“指令”键，从该栏中点击“模拟输出”，选择“静态”，在弹出的对话框中选择“CHANNEL_2”并更改参数（设置电弧电压，选 0.24，电压值为 19 V），点击指令“OK”，如图 12–126 所示。	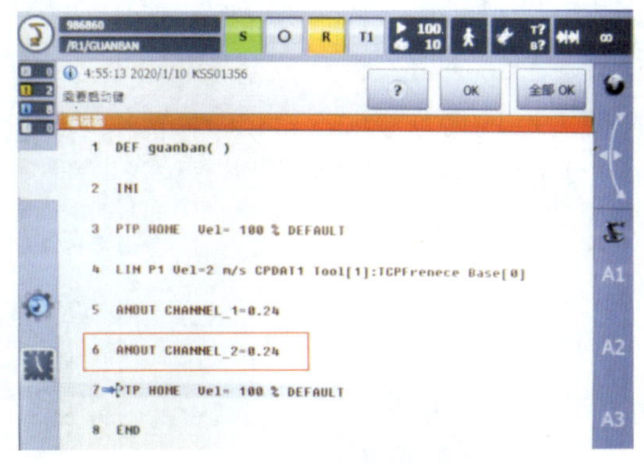 图 12–126　设置电弧电压
6）设置始焊点（*P*2）位置。将焊枪移至始焊点位置，摆好焊枪姿态，如图 12–127 所示，点击“指令”键，从该栏中点击“ArcTech”，选择“ARC 开”，如图 12–128 所示。	 图 12–127　始焊点位置

续表

操作步骤及要领	图示
	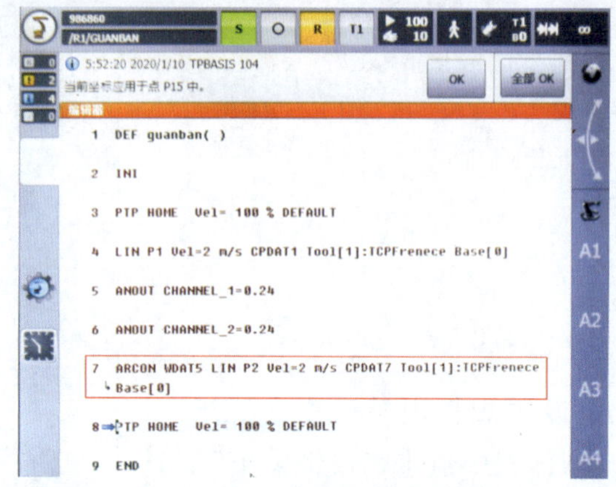 图 12–128　移至始焊点并引弧
选中“ARCON WDAT5 LIN P2 Vel=2 m/s CPDAT7 Tool［1］: TCPFrenece Base［0］”程序段，点击“WDAT5”，展开对话框后，从“焊接参数”项中调整机器人焊接速度为 0.1 m/min，如图 12–129 所示。从“摆动”项中选择“Trapezoid（梯形）”，并调整长度（层间距）为 2.5 mm，偏转（单边宽度）3.5 mm，角度为 90°，如图 12–130 所示。	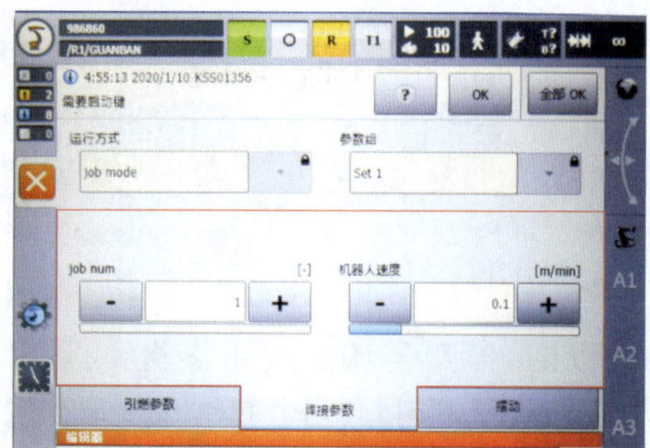 图 12–129　设置焊接速度 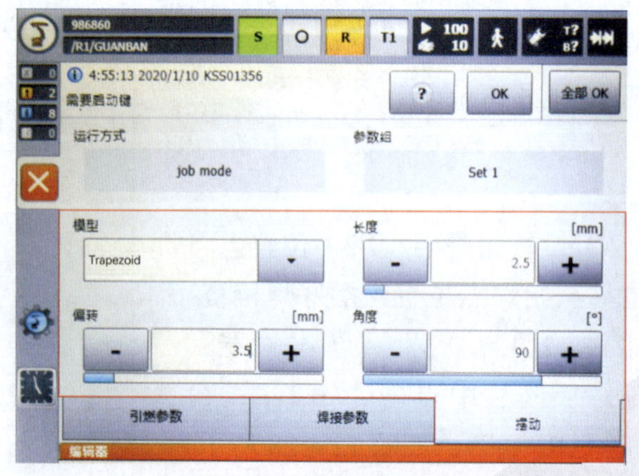 图 12–130　设置摆动参数

续表

<table>
<tr><th>操作步骤及要领</th><th>图示</th></tr>
<tr><td>
7）设置盖面焊第一段圆弧辅助点（P3）、第一段圆弧终焊点（P4）位置。将焊枪移至第一段圆弧辅助点（P3）位置，如图 12-131 所示，点击“指令”键，从该栏中点击“ArcTech”，选择“ARC SWITCH”，将该语句中的“PTP”或“LIN”更换为“CIRC”，点击界面下方“Touchup 辅助点”，将焊枪移至第一段圆弧终焊点（P4）位置，如图 12-131 所示，点击界面下方“修整 Touchup 结束点”，最后点击“确定参数”，再点击指令“OK”，程序如图 12-132 所示。

8）设置第二段圆弧辅助点（P5）、第二段圆弧终焊点（P6）位置。将焊枪移至第二段圆弧辅助点（P5）位置［此时默认上一段圆弧终焊点（P4）即为第二段圆弧的始焊点，此处不中断电弧］，如图 12-131 所示。点击“指令”键，从该栏中点击“ArcTech”，选择“ARC SWITCH”，将该语句中的“PTP”或“LIN”更换为“CIRC”，点击界面下方“Touchup 辅助点”，将焊枪移至第二段圆弧终焊点（P6）位置，如图 12-131 所示，点击界面下方“修整 Touchup 结束点”，最后点击“确定参数”，再点击指令“OK”，程序如图 12-133 所示。

第一段圆弧始焊点（P2）和第二段圆弧终焊点（P6）之间的距离约为 5 mm，目的是将焊缝重合一部分，将焊缝接头，形成一个封闭圆环。
</td><td>
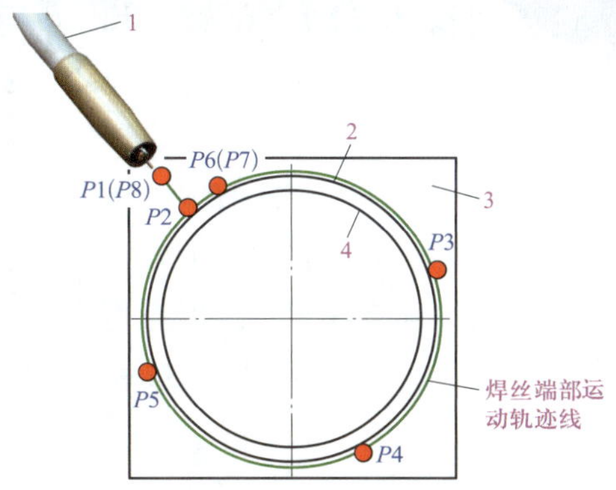

图 12-131　焊丝端部运动轨迹线
1—焊枪　2—钢管外壁　3—钢板　4—钢管内壁

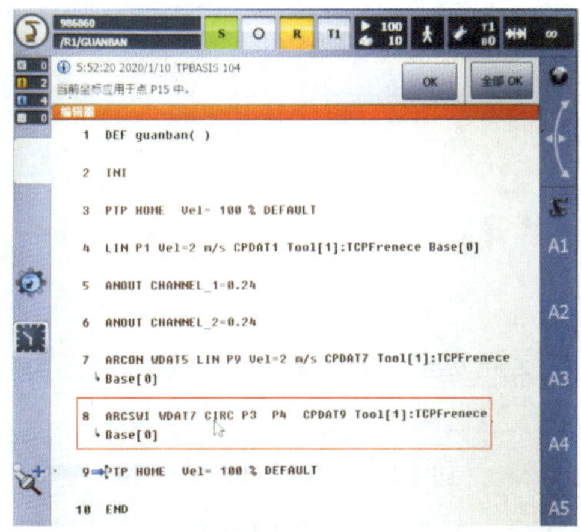

图 12-132　设置 P3、P4 位置

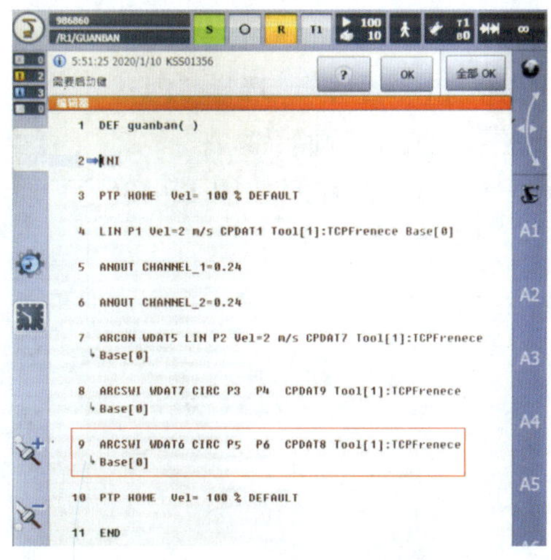

图 12-133　设置 P5、P6 位置
</td></tr>
</table>

续表

操作步骤及要领	图示
9）设置终焊点（*P*7）位置。焊枪处于第二段圆弧终焊点（*P*6）位置不动，再点击“指令”键，从该栏中点击“ArcTech”，选择“ARC关”，选中该语句中的“PTP”或“LIN”，点击“确定参数”，再点击指令“OK”，程序如图 12-134 所示。	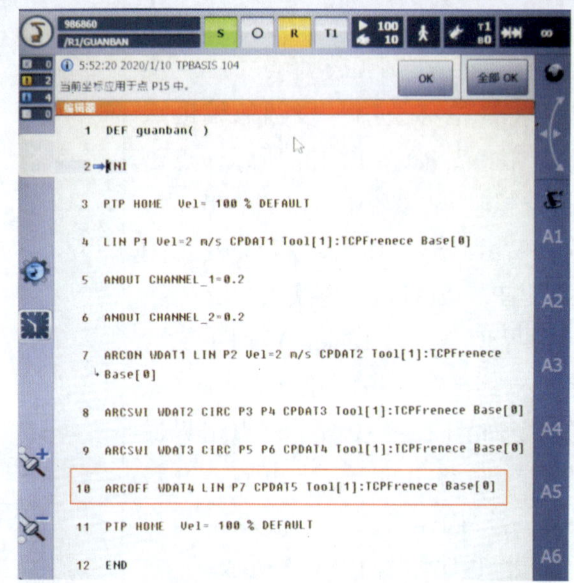 图 12-134　设置终焊点（*P*7）位置
10）设置安全过渡点（*P*8）位置。将焊枪移至结束处安全过渡点（*P*8）位置（*P*8 点可以与 *P*1 点相同，也可以不同，只要在返回 HOME 点过程中不与焊件产生干涉即可），如图 12-131 所示，点击“指令”键，从该栏中点击“运动”，选择“PTP”或“LIN”，点击“确定参数”，再点击指令“OK”，程序如图 12-135 所示。	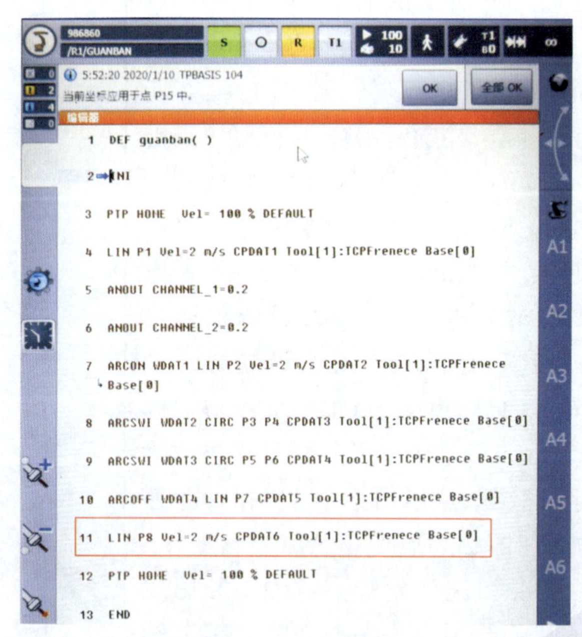 图 12-135　设置终焊处安全过渡点（*P*8）位置

续表

操作步骤及要领	图示
这样盖面焊焊丝端部完整的运动轨迹线由两段圆弧共 8 个点组成，如图 12-131 所示。其中 *P*1 为始焊处安全过渡点，*P*2 为第一段圆弧始焊点，*P*3 为第一段圆弧辅助点，*P*4 既是第一段圆弧终焊点也是第二段圆弧始焊点，*P*5 为第二段圆弧辅助点，*P*6 为第二段圆弧终焊点，然后原地不动调用“ARC 关”，将 *P*6 重新命名为终焊点 *P*7，所以这里 *P*6 和 *P*7 两个点的位置是相同的，*P*8 为终焊处安全过渡点。 11）返回安全位置。将焊枪返回安全位置（机器人原点位置），如图 12-136 所示，选中“PTP HOME Vel=100% DEFAULT”程序段，点击界面下方“更改”键，点击“确定参数”，再点击指令“OK”，程序如图 12-137 所示。	 图 12-136　焊枪返回安全位置 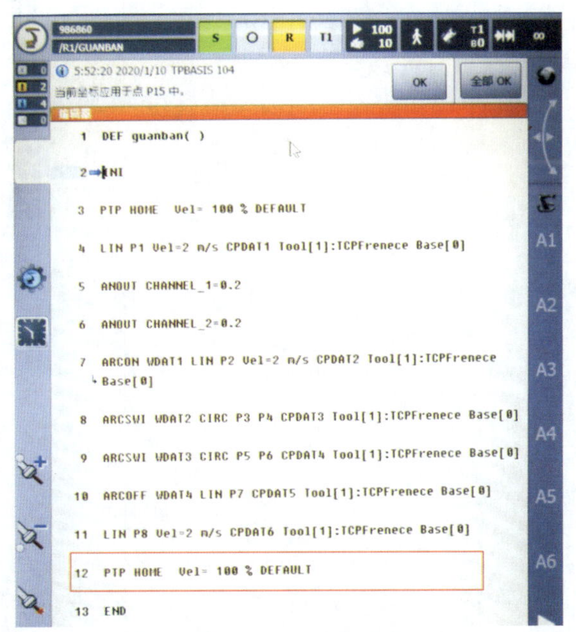 图 12-137　返回安全位置程序

续表

操作步骤及要领	图示
12）程序复位。点击“界面”上方“R”键，选择程序复位，如图 12-138 所示。 13）模拟运行。首先，模拟运行前检查通电状态，确认其关闭，如图 12-139 所示，设置运行方式，若设置运行方式为“动作”（见图 12-140），程序运行过程中在每个点上暂停，包括在辅助点和样条段点上暂停；若设置运行方式为“Go”（见图 12-141），则程序不停顿地运行，直至程序结尾。设置运行速度，如图 12-142 所示，然后在手动（T1）模式下（见图 12-16）按下启动键（见图 12-143），模拟运行程序。	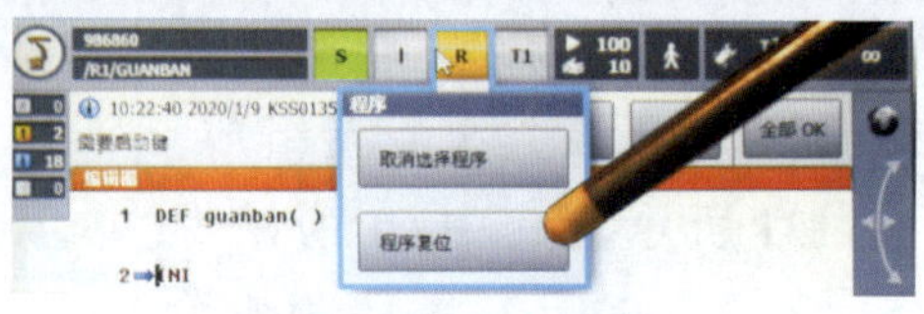 图 12-138　程序复位 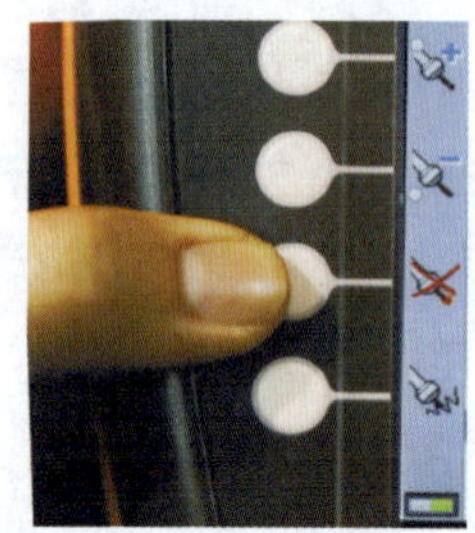 图 12-139　检查通电状态 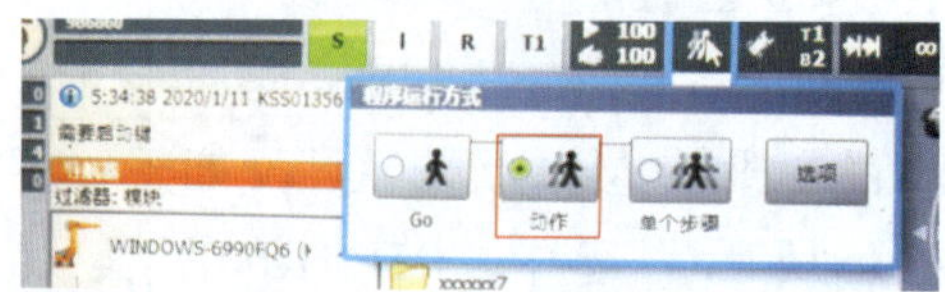 图 12-140　设置运行方式—动作  图 12-141　设置运行方式—Go 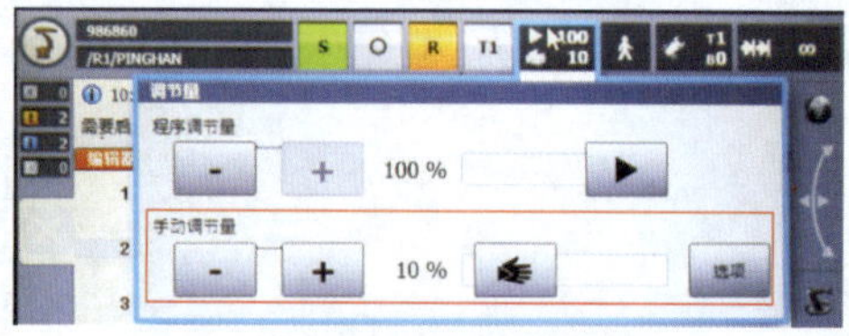 图 12-142　设置运行速度 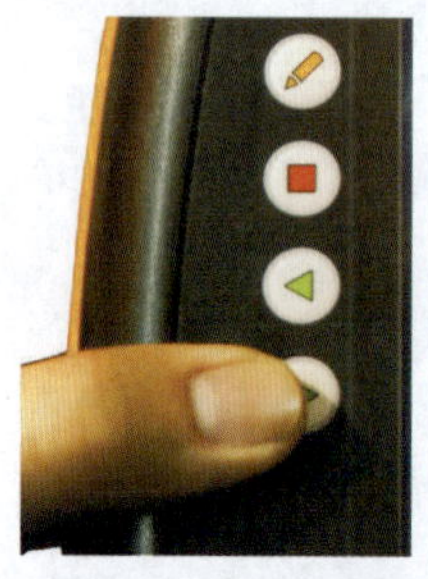 图 12-143　按下启动键

续表

操作步骤及要领	图示
（2）焊接 如果程序经模拟运行无误，将示教器调至自动模式（见图 12-144），穿戴必要的劳动保护用品，开启通电键（见图 12-145），按下启动键（见图 12-143）进行通电焊接，并观察机器人运行情况，如图 12-146 所示，示教器可以挂在控制柜上或握于手中。	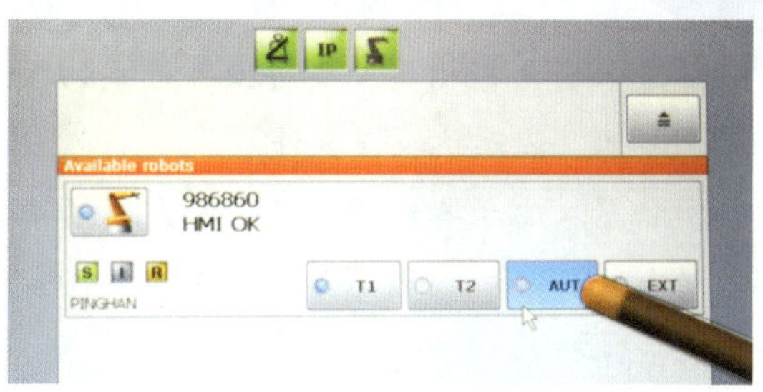 图 12-144　选择自动模式 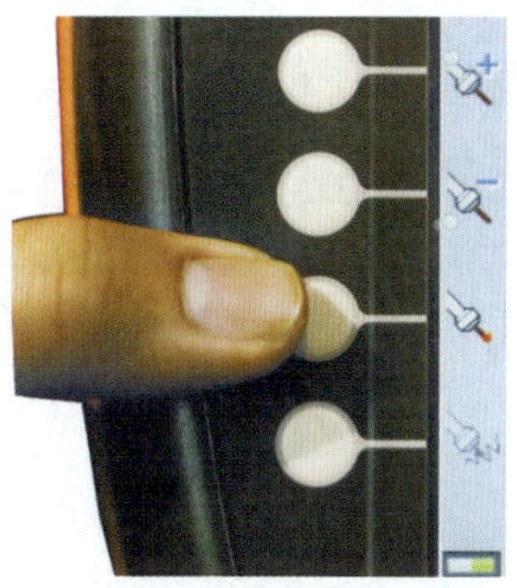 图 12-145　开启通电键  图 12-146　观察机器人运行情况
管板骑座式垂直固定焊焊缝如图 12-147 所示。	 图 12-147　管板骑座式垂直固定焊焊缝

注意事项

（1）在焊接过程中出现异常或感觉不安全时，要立即按下紧急停止按钮，使机器人停止工作。

（2）进入安全栅栏前，要将操作模式切换至手动模式（示教模式），操作人员必须随身携带示教器，以防他人误操作。

（3）机器人由于各种原因可能会出现预料之外的动作，操作人员应一直保持正面面对机器人进行操作（视线勿离开机器人），不能背对机器人，而且还要处于机器人动作范围外进行作业。

（4）工作结束后，应使机械手臂置于零位或安全位置。

5. 焊接质量要求

焊接机器人管板骑座式垂直固定焊焊接质量要求如下：

（1）示教编程程序正确，焊接参数选择合理。

（2）焊缝两侧与母材熔合良好，焊缝波纹均匀、美观且无明显咬边、未熔合等缺欠。

（3）焊脚对称且满足尺寸要求。